"十二五"普通高等教育本科国家级规划教材

"十二五"江苏省高等学校重点教材

(编号：2013-1-169)

信号

与线性系统

XINHAO YU XIANXING XITONG 第6版 上册

原著 管致中 夏恭恪 孟 桥

修订 孟 桥 夏恭恪

U0337499

高等教育出版社·北京

内容简介

本书是"十二五"普通高等教育本科国家级规划教材,同时也是"十二五"江苏省高等学校重点教材。作者在第5版的基础上,根据长期的教学实践以及技术发展的需要,对原教材作了修订,使其更加贴近当前的教学要求。

本书将第5版内容进行了扩充,增加了第4版中的随机变量、随机过程、线性系统对随机信号的响应这三章,并参考学校实际教学安排将全书划分为上、下两册,按照先连续系统后离散系统、先时域分析法后变换域分析法、先输入-输出描述后状态空间描述、先确定后随机的顺序,由浅入深地对信号与系统的分析方法进行了全面的介绍。上册的具体内容包括:绪论、连续时间系统的时域分析、连续信号的正交分解、连续时间系统的频域分析、连续时间系统的复频域分析、连续时间系统的系统函数、离散时间系统的时域分析、离散时间系统的变换域分析、线性系统的状态变量分析。书中引入大量的工程应用实例,加深读者对相关内容的理解。

本书可作为普通高等学校电子信息与电气信息类专业本科生"信号与系统"课程的教材,也可以作为相关领域工程技术人员的参考资料。

图书在版编目(CIP)数据

信号与线性系统.上册/管致中,夏恭恪,孟桥著.
--6版.--北京:高等教育出版社,2015.6(2024.11重印)
　ISBN 978-7-04-044665-4

　Ⅰ.①信…　Ⅱ.①管…②夏…③孟…　Ⅲ.①信号理论-高等学校-教材②线性系统-高等学校-教材　Ⅳ.①TN911.6

中国版本图书馆 CIP 数据核字(2015)第 014073 号

策划编辑	王　楠	责任编辑	王　楠	封面设计	于文燕	版式设计	马敬茹
插图绘制	杜晓丹	责任校对	吕红颖	责任印制	高　峰		

出版发行	高等教育出版社	网　　址	http://www.hep.edu.cn
社　　址	北京市西城区德外大街4号		http://www.hep.com.cn
邮政编码	100120	网上订购	http://www.hepmall.com.cn
印　　刷	北京汇林印务有限公司		http://www.hepmall.com
开　　本	787mm×1092mm　1/16		http://www.hepmall.cn
印　　张	31.5	版　　次	1979年2月第1版
字　　数	710千字		2015年6月第6版
购书热线	010-58581118	印　　次	2024年11月第12次印刷
咨询电话	400-810-0598	定　　价	45.40元

第 6 版前言

这一版最大的变化，是对原来第 4 版和第 5 版的内容进行了综合。在第 4 版以及以前的各版中，都包含随机信号处理方面的内容，从而使得教材内容覆盖了系统对确定性信号的响应和对随机信号的响应两个方面的内容，分上、下两册发行。在第 5 版的改编中，因为考虑到很多学校将这部分内容放到了通信原理或者统计信号处理等课程中讲授，所以删去了这一部分内容，以使得教材内容得以减少到单本教材发行。但是从近年使用的情况看，需要在信号与系统课程中讲授随机信号处理内容的学校也不少，由此就形成了第 4 版和第 5 版并行发行的情况，影响了教材内容的更新。所以在第 6 版中，我们恢复了随机信号分析等相关三章的内容。同时，按照实际教学需求，在章节次序上作了一些调整，将状态变量分析的内容从第十一章调整到了第九章，将前九章的内容组织成为教材的上册，覆盖了大部分学校的教学要求。而离散傅里叶变换和数字滤波器等内容从原来的第九章、第十章推后到第十章和第十一章，并与后面随机信号分析的三章内容一起构成了教材的下册，提供给有增加数字信号处理以及随机信号处理基本内容教学需要的学校选用。由此，读者可以根据各自的需求，决定是否只需要学习上册内容，或者需要学习全部上下册相关的内容。

在各章具体内容的安排上，依然延续了原教材先连续后离散、先时域后变换域的学习路径。相关的编写思路等可以参考第 5 版和第 4 版的前言部分。在教学进程的组织上，前八章内容是相互关联的，构成了信号与线性系统分析的基础。而后面的内容则是在前八章内容的基础上的进一步延伸，可以分为状态变量分析法（第九章）、离散傅里叶变换与数字滤波器（第十章、第十一章）以及随机信号及其通过系统后的响应（第十二章至第十四章）三个部分，这三个部分之间相互没有联系，可以在教学或者学习中根据实际需要进行取舍或者调整讲述顺序。在教材修订的同时，我们也通过精品资源共享课程以及中国大学 MOOC 等平台，建设了网络以及 MOOC 等各种新型的教学资源，可以供读者在阅读学习时参考。

在这次修订中，我们还根据当前教学的需求以及计算机辅助分析的发展对分析技术手段的影响，在内容上做了一些修整。例如，杜阿美尔积分目前已经完全被卷积积分所替代，在系统响应分析中不再使用了，所以在第二章中去掉了对这方面内容的介绍；系统的频率特性用计算机很容易绘出，所以再详细讨论波特图的画法就显得比较过时了，所以这次修订中对波特图介绍也进行了简化，只保留了一阶实数极零点的波特图分析，重点放在对波特图构成特点的介绍，去掉了比较繁琐的共轭极点的波特图等内容；在第十二章的例题中，原先采用查表法计算正态分布的相关数值，因为涉及很多查表法转换计算，非常繁琐，而通过计算机辅助计算软件可以使计算过程得以简化,所以这次修订中在例题的最后增加了一个用 MATLAB 进行正态分布数值计算的非常简单的代码实例。此外,在章节上也略微做了一些调整,去掉了原来的 §6.2"系统函数的图形表示"等内容,将相关部分移到了使用这些图示的地方进行介绍;原来的 §6.3、§6.4 合并为一节,集中介绍系统的极零图,以便于教学内容的组织。

近年来,工程专业认证开始进入了各个工科专业,成为高等工程教育质量保障的一个重要环节,并将与华盛顿协议等国际工程认证体系接轨,从而促进我国高等工程教育水平的提高。工程认证从学生的需要出发,对高等工程教育的各个方面进行考核,要求各个课程对学生的毕业要求提供必要的支撑。这给我们提供了一个审视课程教学体系、教学内容的新视角。在 2015 年版的工程专业认证通用标准中,对毕业达成度提出了 12 点要求。而信号与系统课程则与其前 4 点要求(工程知识,问题分析,设计/开发解决方案、研究)完全或者部分相关。在这 4 点毕业要求中,要求学生能够将数学、自然科学、工程基础和专业知识用于解决复杂工程问题;能够应用数学、自然科学和工程科学的基本原理,识别、表达、分析复杂工程问题,以获得有效结论;能够设计针对复杂工程问题的解决方案,设计满足特定需求的系统、单元(部件)或者工艺流程;能够基于科学原理并采用科学方法对复杂工程问题进行研究,包括设计实验、分析与解释数据等。而以上这些正是这门课程的核心内容,直接支撑了这些毕业要求的实现。这也要求我们在相关的习题或者考卷内容的设计上,必须能够对相关毕业要求的达成度进行观测和评估,以对学生在这些方面达到的程度进行评测,从而能够为专业认证的相关指标提供必要的参考数据。

本次修订工作由孟桥和夏恭恪共同制定了修订原则,具体修订工作由孟桥完成。本次修订工作得到了江苏省教育厅"十二五"重点教材建设项目的支持。樊祥宁、王琼、曹振新、董志芳、俞菲、冯熳等教师对相关内容的完善和优化方面提出了许多宝贵意见;在多年的教学过程中以及在中国大学 MOOC 上与同学们的交流和讨论也为本次修订带来了许多启发;高等教育出版社的各位编辑对本书的校正和排版做了大量的工作。在此一并对这些关心和帮助过本书修订工作的人们致以诚挚的谢意。

由于作者水平有限,教材中可能依然存在疏漏或错误之处,敬请读者批评指正。作者的邮箱地址为:mengqiao@seu.edu.cn,欢迎提出宝贵意见。

作 者

2015 年 6 月 20 日 于东南大学

第 5 版前言

"信号与系统"课程是电子信息与电气信息类专业学生的一门非常重要的专业基础课程,它一方面起着连接基础课程和专业课程的重要桥梁作用,同时也为后续相关的专业课程学习打下了坚实的基础。

这套教材从 1979 年第 1 版起,历经多次修改,每一次修改都是与教学需求的改变以及相关技术的发展相联系的。本次修订也不例外。修订版在内容上依然保持了原教材的特色,按照先连续系统后离散系统、先时域分析法后变换域分析法、先输入-输出描述后状态空间描述的顺序,对信号与系统的分析方法进行全面的介绍。教材首先从连续时间系统的时域分析法开始,以学生在物理或者电路中早已熟悉的电路问题为实例,介绍线性系统的时域分析方法。其内容与电路类课程的相关内容有一定的连接,同时也兼顾到高等数学中介绍过的线性微分方程等方面的知识。在时域法介绍完以后,通过信号分解的角度,介绍线性系统的频域分析法;然后,通过对傅里叶变换进行扩展,进一步介绍线性系统的拉普拉斯分析。在介绍线性系统分析方法的同时,结合实例,逐步引出稳定、因果、系统频响等工程中非常重要的概念。

在完整地介绍了连续时间系统分析方法以后,教材转向了对离散时间系统分析方法的介绍。在介绍了离散时间信号和系统等相关概念后,逐步介绍了离散时间系统的时域分析法、频域分析法以及 z 变换分析法。在这部分内容中,离散时间系统对读者而言可能是一个新的概念,但是其分析方法以及稳定、因果、系统频响等概念与连续时间系统有很多相似之处,通过与连续时间系统分析相关概念的比较分析,对这部分内容的理解会容易得多。考虑到当前数字系统已经在各个领域得到广泛的应用,教材中也专门设定了两章,介绍离散傅里叶变换以及数字滤波器的设计。

教材的最后一章介绍了线性系统的状态变量分析方法,并由此引出了可控制性、可观测性等系统特性。这部分内容的介绍以连续时间系统为主,然后将相关的方法和结论扩展到离散时间系统分析。总之,掌握了连续时间系统和离散时间系统分析之间的联系,可以达到事半功倍的效果。

教材内容由浅入深,由简单到复杂,将一些基本概念和基本分析方法逐步引出。在各章内容中,大量结合工程应用中的实例,特别是电路系统方面的例子,加深读者对相关内容的理解。

本版教材是在 2004 年出版的《信号与线性系统(第 4 版)》(上、下册)基础上进一步进行修订的。本次修订的一个主要的工作,就是去除了原教材中关于随机信号分析相关的内容(原教材的第 12 至 14 章),以使得原来的上下册教材可以合并为一册,便于教学。原来的教材从系统对确定性信号响应的分析自然延伸到系统对随机信号的分析,为学生学习通信、雷达信号处理等课程打下了良好的基础,成为原教材的特色之一。但近年来,由于对各门课程教学学时的一再压缩,教学内容受到一定的影响,大多数学校将系统对随机信号分析的内容放在了"通信原理"或者"统计信号处理"等专业课程中讲授,而在"信号与系统"课程中不再介绍。所以这次修订删除了这部分的内容,使得教材与当前的课程体系相适应。

除了删除最后 3 章以外,其他各章基本保持了原有内容,包括例题、图表和习题,但也根据需要进行了一定的修改。为了使教师更快熟悉本书的内容,这里将一些改动之处以及改动时的考虑归纳如下。

在 §2.1 节中,增加了对线性系统零状态响应求解的基本思路的介绍,那就是将复杂信号分解为若干个简单信号的和,通过求解系统对简单信号的响应以及线性系统的叠加性,求得系统对任意信号的响应。第四章对系统频域分解法的介绍部分,原教材重点通过几个电路的例子说明求解过程,$H(j\omega)$ 与一般的线性微分方程之间的关系则通过将微分方程两边同求傅里叶变换的方法简要说明。在这次修订中则反之,着重介绍了 $H(j\omega)$ 与微分方程的关系;而对电路分析的部分(相当于电路的正弦稳态分析),则作为一种不需要写出微分方程而直接从电路得到 $H(j\omega)$ 的快捷方法加以介绍。这样,无论读者是否有电路分析方面的基础,都可以很快掌握系统的频域分析方法。在这一章的最后,增加了对调幅波通过系统后调制信号不失真的证明。第五章中,删除了原来的"阶跃信号作用于 RLC 串联电路的响应"一节,因为相关的内容在很多电路分析教材中都会介绍。在对双边拉普拉斯变换计算的介绍中,强调了对基本的指数型左边信号拉普拉斯变换公式的直接应用,简化了左边信号的正、反变换的求解过程。第六章中,通过极零图画系统频响的内容是一个比较难处理的知识点,因为有了计算机以后,从系统函数画系统频响图变得非常方便,不再有人会采用这种方法来画系统的频响图了。但是其中反映出的极零点对系统频响的影响,以及由此导出的全通系统等概念,在电子线路等其他课程中又是非常重要的概念。与此相似的还有关于波特图的画法。这两个部分的内容虽然直接使用价值不大,但是完全删去也是不合适的,这里仅进行了一些删减。对系统的稳定性的介绍方面,从系统的全响应出发,分别从零输入和零状态两个方面讨论系统的稳定性条件,使得对系统 BIBO 稳定条件的研究更加充分。对于原教材中的根轨迹部分,因为现在用计算机求方程的根以及画根轨迹非常方便,所以这里仅仅保留了根轨迹的定义和使用价值方面的简单内容,删去了对根轨迹作图画法的介绍。在第十一章关于连续时间系统状态方程分析法的介绍中,保留了相对比较简单的复频域分析法,删除了相对复杂且实际使用得很少的时域分析法方面的内容。

教材中,也对一些专有名词做了统一。例如,系统的幅度频率和相位频率特性,有些地方简称为"幅度特性"和"相位特性",有些地方简称为"幅频特性"和"相频特性",这里统一使用后一种说法,因为这种名称可以同时体现出频谱图中的横、纵坐标的意义;"取样""抽样"也是在离散时间系统中互用的两个名词,在本教材中统一为"抽样"。

在修订中,孟桥和夏恭恪共同确定了本次修订的原则,具体修订工作由孟桥完成。清华大学郑君里教授审阅了全文并提出了许多非常宝贵的修改意见,高等教育出版社各位编辑与作者的通力协作为本书的出版提供了有利条件。研究生江敏伟、彭杰等在文字校对、公式图表号调整等方面做了大量的工作。在长期教学过程中与各位从事信号与系统教学的同仁的研讨以及与广大学生的交流,也对本书的修订有着很大的助益。这里一并对这些关心和帮助过本书修订工作的人们致以深深的谢意。

　　由于作者水平有限,本版教材中可能依然存在疏漏和不足之处,敬请读者批评指正。作者的邮箱地址为:mengqiao@ seu. edu. cn,欢迎提出宝贵意见。

作　者

2011 年 4 月 8 日　于东南大学

第 4 版前言

本书是 1992 年《信号与线性系统》第三版的修订版本。新版本在内容上仍然覆盖了信号与系统课程教学基本要求的所有内容,在体系结构上保留了原书的特色。按照先连续系统后离散系统、先时域分析法后变换域分析法、先输入-输出描述后状态空间描述、先确定信号后随机信号的顺序,对信号与系统的分析方法进行了全面的介绍,由浅入深,由简单到复杂,将一些基本概念和基本分析方法逐步引出。同时,根据当前信息和通信技术的发展动态,结合高校教学改革的形势和要求,综合近十年来教学实践中的经验和教学需要,对教材内容进行了修订,以期能够更好地为各个高校信号与系统课程的教学服务。

与上一版相比,本书最大区别在于在第八章 z 变换之后增加了离散傅里叶变换和数字滤波器两章的内容,在以往的教学体系中这些内容都是出现在专业课《数字信号处理》中的。增加这两章的原因是多方面的。首先,这些内容已经与前面两章的内容构成了一个完整的体系,引入这些内容使离散时间信号与系统分析的内容更加完善。其次,这也是工程应用的需要。离散傅里叶变换作为一个重要的数学工具,在通信、自动控制和信息处理等各个领域都有广泛的应用,原书仅在第八章中用一个小节介绍这些方面的内容显然不能满足读者的需要,所以在本版中对离散傅里叶变换作了较详细的介绍,包括其性质、应用、快速算法以及由此引出的循环卷积运算等内容,以满足读者对这些方面的要求。同时,随着计算机技术和超大规模集成电路技术的发展,在很多场合连续信号处理的工作是由离散时间系统进行的,数字滤波器在工程中的应用越来越多,这就要求从事这方面工作的技术人员能够深入了解数字滤波器的工作原理,能够根据实际工作的要求设计出数字滤波器。所以在第十章中,我们重点介绍了数字滤波器处理连续信号的工作原理以及 FIR、IIR 滤波器的设计方法。在对 IIR 滤波器设计方法的介绍中,避开复杂的模拟滤波器的设计方法,重点讨论了如何以已知的模拟滤波器的系统函数为原型设计出数字滤波器,而对于如何求出原型模拟滤波器未作详细介绍,只是以例题的方式给出了一个比较容易计算和理解的巴特沃思滤波器设计的例子。在很多工程应用中,利用巴特沃思滤波器设计出的数字滤波器基本上能够满足需要。而对于 FIR 滤波器,由于它容易实现线性相位、设计方法简单、系统稳定性容易得到保证等种种优点,是第十章介绍的重点。通过第十章的学习,读者基本上可以设计出满足工程应用需要的数字滤波器。

增加离散傅里叶变换和数字滤波器这两章的另外一个重要的原因就是教学的需要。近年来随着教学改革的深化以及人才培养的需要,在很多高校中信号与系统从原来仅对通信和信息类专业本科生开设的课程,变成了通信、信息、自动控制、电气工程、计算机技术、生物医学工程等诸多学科本科生的必修课程,有些高校中还为非电类专业开设了本课程,这些专业的读者对原本在数字信号处理中这两方面的内容也有迫切的需要,但常常由于总课时的限制又无法开设数字信号处理课程。在这种情况下,这两章的内容可以作为对这方面知识的一个补充。同时,考虑到有很多专业(特别是通信和信息专业)在后续的专业课中开设有数字信号处理课程,所以虽然根据内容的连续性将这两章排在了第八章之后,但是与后面第十一章以后的内容并没有联系,完全可以跳过以避免不同课程之间教学内容的重复。所以教师可以根据总的教学计划以及课时的具体情况决定是否在教学中采用这两章的内容。

本书中其他各章的内容中基本保持了大多数原有内容,包括例题、图表和习题,但也根据需要进行了一定的修改。为了使教师更快熟悉本书的内容,这里将一些改动之处以及改动时考虑归纳如下。

在第一章的信号概念中,加入了信号的运算内容,包括算术运算、时延、尺度变换、反褶等,为后面章节里有关内容(如卷积计算、傅里叶变换性质等)的讨论打下基础。在时域分析中,则删除了一些较陈旧的内容,如杜梅尔积分等。同时考虑到原来的数值积分与后面的离散卷积重复,故也一并删去。对连续信号频域分析的内容进行了调整,调整后的第三章主要讨论一般信号的谱分析,而系统的频域分析法以及谱分析的应用(例如调制解调)等集中在第四章中讨论,这样一来使体系更为简明,也更便于教学;同时加强了周期性信号的谱密度函数分析,从而使频域求解方法统一在谱密度函数的基础上,加深了对 FS 与 FT 之间关系的理解。在第六章中,将系统的奈奎斯特判据和根轨迹合并为反馈系统稳定性判据,强调了两种方法的共同应用背景,体系更为合理,同时也使得读者对控制理论有了初步的了解,便于理解和掌握。

在第七章和第八章对离散时间系统时域和频域分析法的介绍中,加强了与连续时间系统分析方法的比较,同时在其中也增加了一些经典的非电离散时间系统的例子,加深读者对离散时间系统的理解,使知识融会贯通。在第八章中还对利用留数法计算反 z 变换的算法进行了深入介绍,不仅讨论了它在单边反变换中的应用,而且也讨论了它在双边反变换中的应用。原来在第八章中的数字滤波器和离散傅里叶变换两个小节现各自分别扩展为第九章和第十章,内容更加完整。

在第十一章状态变量分析法中,对状态方程建立过程的侧重点放到了"由输入-输出方程求状态方程"上,相应的内容也提到"电系统状态方程的建立"之前。这首先是因为由输入-输出方程建立状态方程的过程比较规则和简单,读者容易掌握,通过它可以加快对状态方程和输出方程的理解,也便于引出状态方程的矩阵形式以及介绍状态方程的多样性。另外一个原因是考虑到有些非电专业的读者对电系统分析不是很熟悉,这时可以通过这一节学习状态变量的建立过程,不会被复杂的电网络分析难倒,对于这些读者来说完全可以跳过"电系统状态方程的建立"这一节。此外,鉴于计算机数值分析方法在科研和工程中的广泛应用,在这一章中还加强了对系统的数值分析方法的介绍,在原来欧拉方法的基础上进一步介绍了龙格-库塔方法,并将这种数值分析方法从线性系统分析推广到了非线性系统分析,并通过两个著名的非线性系统的例子向读者揭示了混沌等非线性系统的一些重要的特性。介绍这些内容的目的并不是向读者系统介绍非线性系统的分析方法,而是想通过它向读者打开探索非线性系统的大门。

对于教材中最后三章有关随机信号的内容,基本保持了原来的结构和体系。对其中一些统计量(例如均值、自相关函数等)的物理意义也进行了深入讨论。同时在最后一章对最佳滤波器的设计方法进行了更为详细的介绍,并通过实例分析了匹配滤波器的工作原理和效果,以利于读者进一步学习和掌握在通信、雷达声呐等应用场合的信号处理的原理。在这三章内容中,第十三章为随机信号的分析,第十四章则为系统对随机信号响应的分析方法。而第十二章"随机变量"中的内容似乎与本书的主题"信号与线性系统分析"有些不符。在这次修订过程中,考虑到有些读者可能缺乏这些方面的基础知识,且原书这章有着鲜明的不同于其他数学类教材的特色,就是结合工程实例对概率论进行介绍,对于从事电子技术和通信方面工作的读者仍具有一定的参考价值,所以在新版中依然保留了第十二章。如果读者在先修课程中已经学过这些方面的知识,也可以跳过这章。

为配合双语教学的进行,本版改变了以前各版本中只在索引中给出有关名词和术语的英文形式的方式,在正文第一次出现有关名词和术语时就给出其英文词汇以及缩写,使读者在阅读时能够直接接触和熟悉相应的英文词汇,为今后阅读相关的英文文献打下基础。在索引中,有关名词的排列也由原来按笔画顺序排列改为按汉字的拼音字母顺序排列,以方便读者查找。

本书的原作者管致中参加了修订版大纲的审定。上册内容的具体的修订工作由夏恭恪完成,下册内容的具体修订工作由孟桥完成。清华大学郑君里教授审阅了全文并提出了许多非常宝贵的修改意见,谨致以衷心的感谢。

在本书的编写过程中,熊明珍老师以及梅霆、杨长清、魏强等研究生在文字录入上提供了帮助。此外,在长期的教学过程中与各位从事信号与系统教学的同仁的研讨以及与广大同学的交流,也对本书的编写有着很大的助益。高等教育出版社的各位编辑与作者的愉快合作为本书的出版创造了良好的条件。这里一并对这些关心和帮助过本书修订工作的人们致以深深的谢意。

由于作者水平有限,修订版中可能依然存在疏漏和不足之处,敬请读者批评指正。

作　者

2003 年 9 月 6 日于东南大学

第 3 版前言

本书是 1982 年出版的《信号与线性系统》一书的修订版本。新版本包含了原版本的全部内容，当然也同样覆盖了 1986 年国家教委颁发的高等工业学校"信号与系统"课程教学基本要求的内容，另外还增加了一些新内容。全书扩展为 12 章，仍分上、下两册出版。

与原版本相比，主要的变动是增添了三章有关随机变量、随机过程与随机信号通过线性系统的内容。这是因为实际带有信息的信号都是具有不可预知的随机性的；同时考虑到随着电子科学技术的发展，对微弱信号的检测与分析的重要性日益突出，实际问题中噪声背景多不能忽略。这样，过去为通信类专业学生所要求的有关随机过程的理论和概率方法方面的知识也已为其他非通信类专业学生所需要，而且将成为科技工作者的专业基础知识的重要组成部分。非通信类专业在后续课程中一般不再设有随机信号分析课程。为使这些学生也能有一些这方面的基础知识，因此增添了这部分并未列入课程基本要求的内容，以供各校按自己的教学安排情况自行决定是否选用。

"信号与线性系统"是一门"开放性的"基础理论课程，每一部分内容俱可根据专业需要深化和扩展。如离散信号的 Z 域分析可扩展到数字信号处理的内容；复频域分析可扩展到网络综合的内容；状态变量分析可扩展到状态控制的内容等。本书中所增添的随机信号分析也可扩展到通信理论的内容。

除增添随机信号分析的内容外，其他章节内容也有少量增删。如增加了单边谱与希尔伯特变换、双边拉普拉斯变换、离散系统的稳定性判据、系统的可观性与可控性等，使全书的系统性更加完整。同时对原书中个别不妥的提法也作了相应的订正。原书所选习题与正文内容配合不够密切，有些题目计算较繁，这次对习题作了较大的增删，以使能更好地符合教学要求。

本书由夏恭恪负责上册及全书习题的修订工作，管致中负责下册修订工作。全书承清华大学郑君里教授仔细审阅并提出宝贵的意见，谨致以衷心的感谢。

修订版中仍可能存在疏漏甚至错误之处，欢迎读者随时提出，以便今后进一步修订。

编　者
1991 年 12 月于东南大学

　　《信号与线性系统》是无线电技术类专业的主要技术基础课之一。我们曾一度将此课与电路分析课合并成一课,由于两课程的内容密切相关,这样安排对于统一处理教学内容是有好处的。但是这样一个大课学时过多,在教学计划中安排不便,并且这两部分内容,不少院校是由两个教研组分别开课的;另外也有人主张有关信号与系统方面的理论推迟到高年级学习可能更为有利。所以,在 1980 年春修订的无线电技术专业参考性教学计划中,把这门大课分成为两课。同年 6 月,在高等学校工科电工教材编审委员会电路理论及信号分析编审小组的会议上,审订了《信号与系统》课程的教学大纲。本书就是根据这个教学大纲对原来我们编写的《电路、信号与系统》的下册重新进行改编而成的。

　　在教材体系的处理上,本书按照由时域分析到变换域分析、由连续时间系统到离散时间系统、由系统的输入-输出方程表示法到状态变量方程表示法这样的顺序安排,以便将一些基本分析方法和基本概念逐步引出,逐步巩固,逐步扩大,使学生较易接受。在本书第一章绪论中,对于信号和系统的概念以及系统分析方法的特点作了一般介绍。第二章是以卷积法为主要内容的连续时间系统的时域分析法。第三章信号分析,先讨论信号表示为正交函数集的一般方法,然后着重研究了信号的频谱特性。第四章则根据信号的频谱特性和系统的频率特性,很自然地引出了连续时间系统的频域分析法。第五章再把频域的概念推广到复频域,得到了用拉普拉斯变换来分析连续时间系统的复频域分析法。鉴于由复频域分析中引出的转移函数的重要意义,特以第六章一章来讨论连续时间系统的特性与转移函数的关系。在对连续时间系统的分析作了全面介绍后,第七、第八两章转而介绍离散时间系统的分析。第七章先讨论离散信号的特性及离散时间系统的描述法,然后研究离散时间系统的时域分析法。第八章是离散时间系统的变换域分析,主要是 Z 变换法,也简要介绍了离散傅里叶变换的概念。最后第九章,介绍了系统在状态空间中的描述法,再用和前面所述的解输入-输出方程相对比的方法,介绍了连续时间系统和离散时间系统的状态方程的变换域解法和时域解法。

　　和原来我们编写的《电路、信号与系统》一书下册比较,本书有较大的改动。已调波的频谱分析主要应用于通信系统及电路中,可在其他有关课程中去学习,因此在本课程中予以删去。这样,本书的体系也显得更加合理了。书中强调了转移函数的概念。为适应数字技术发展的需要,把离散时间系统提高到与连续时间系统并重的地位。此外,还增加了一些新内容,包括沃尔什函数,根轨迹,数字滤波器,离散傅里叶变换,线性时变系统与非线性系统的状态方程解法,等等。至于根据我们在教学实践中遇到的问题以及兄弟院校提出的建议而作的增删和修改,包括习题的重新选编就更多了,这里不再一一列举。由于本课程是一技术基础课,学生应当通过本课程的教学集中力量学好有关的基本理论和基本分析方法。所以,和《电路、信号与系统》下册一样,本书不可能也不应当把信号与系统方面的内容包罗无遗。例如随机信号、反馈系统、综合理论等内容,本书基本上均未涉及,留到高年级必修课和选修课中去学习。

当前,我国高等学校教学中存在的较普遍的问题之一是课堂灌输偏多,对于学生自己去掌握知识的积极性则发挥得不够。我们不主张在使用本教材时教师要逐章逐节地依次在课堂上讲一遍。在符合教学大纲基本要求的前提下,教师完全可以根据自己的经验和观点在诸如内容的取舍上、讲解的次序上以及阐明问题的方法上,采取不同的做法,而不必过多地受教材的约束。目前,最好要减少一点讲课时数,留一部分内容让学生自学,以培养学生独立学习的能力。还要告诉学生,学习一门课程不要只读一本教科书,应当尽量读点参考书,以便开阔思路,学得更活。

本书除第四、五两章外均由管致中同志编写,第四、五章由夏恭恪同志编写,全部习题由华似韵同志选编,教研组内还有一些同志对本书初稿提出了建议并参加了出版的辅助工作。

本教材初稿经清华大学常迵教授审阅。郑君里同志也看过书稿。他们都提出了一些宝贵的修改意见。对于我们原编写的教材《电路、信号与系统》,合肥工业大学芮坤生教授以及其他兄弟院校同志曾提出了宝贵的修改建议。这些意见对本书的改编帮助很大,在此我们谨向上述院校的同志们致以衷心的感谢。

由于我们学识水平有限或工作中的疏忽,本书仍可能留有错误或不妥之处。欢迎读者继续提出意见,寄交人民教育出版社或直接寄给我们,以便今后进一步修改。

编 者

一九八一年十二月于南京工学院

第 1 版前言

《电路、信号与系统》是无线电技术类专业的第一门技术基础课。学生在学习了高等数学、物理学等课的基础上,再通过本课程的学习,将进一步掌握专业所需的基本概念、基本理论和基本方法。根据 1977 年 10 月教育部召开的高等学校工科基础课教材座谈会上确定的教材编写计划,属于这一性质的教材有两种类型;本教材是其中之一。同年 12 月,在高等学校工科基础课电工、无线电教材编写会议上,讨论审订了《电路、信号与系统》教材的编写大纲,本书就是根据这个大纲编写的。

按照编写大纲的要求,本课程应当继承原《电路及磁路基础》课和《无线电技术基础》课线性电路部分中有用的基本内容,删除其中陈旧繁琐的内容,同时还要引进一些为适应科学技术迅速发展所需要的新内容。因此,本教材应当包括有关电路定理与电路特性,信号分析方法与信号的频谱特性,线性系统的各种分析方法,以及一些典型信号加于一些典型电路后电路响应的特性等主要内容,并且要将这些内容组成一个新的有机的体系。

在教材体系的处理上,考虑到如果把稳态分析和瞬态分析、时域分析法和频域分析法、连续信号系统和离散信号系统全部一下和盘托出,势必会使初学的低年级学生感到头绪纷繁,概念混杂。从教学法的角度看,这样做是不适当的。因此,各种基本分析方法与基本概念要先易后难逐步引出,逐步巩固,逐步扩大。在组织本书的内容时,我们把激励信号施加于线性系统而后求取系统响应作为贯穿全书的主要线索。在本书上册第一、二、三章,首先研究如何应用电路定理去分析直流和正弦形交流等简单激励源作用于简单电路的方法,继而在第四章中对单频率正弦信号通过 RC、LC 电路这样的简单线性系统进行了分析,再进一步在第五章中介绍了一般的二端对网络的分析法,然后再在第六章把集中参数系统的分析扩展到作为分布参数系统的传输线。这样,在本书上册中,就构成了单频信号作用于线性系统的稳态分析的一个完整体系。在本书下册第七、八章,先介绍信号的频谱分析法及信号的频谱特性,从而将一复杂信号分解为许多正弦分量,同时把激励源的接入也看成为无限多个稳定的正弦分量的作用相叠加;然后在第九章中利用傅里叶积分和叠加定理,就很自然地从线性系统的稳态分析法过渡到瞬态分析法,再在第十章中将频域分析法推广到复频域,引出了重要的分析线性系统的拉普拉斯变换法。在第十一章时域分析法中,也是先将信号在时域中进行分解,然后运用叠加积分,这就构成了另一重要的分析线性系统的卷积法。第十二章是把上述频域、时域分析法应用于求解状态方程;最后,第十三章,把连续时间系统的分析方法扩展引申到离散时间系统。所以,从稳态到瞬态,从频域到时域,从连续到离散,这就是本书的体系,也是本书的特点。本课程应有的基本概念、基本理论和基本方法,都是按这个体系组织起来的。

根据过去的教学经验,我们在编写本书时,对于原《电路及磁路基础》课和《无线电技术基础》课线性电路部分中一些陈旧繁琐的内容,作了删减,例如交流电路的一些部分、磁路、谐振电路中谐振特性的一些部分、影像参数滤波器等。过去有关耦合电路和变压器的内容散处在各课中,从不同的角度去进行分析,各自得出需用的结论,其间缺乏互相关联;现在把这方面的内容集中在第三章中统一处理,用统一的分析方法引出在不同条件下的各种实用等效电路。过去只讨论 LC 电路的频率特性,对于同样重要的 RC 电路的频率特性却很少讨论;现在在第四章中补充了这部分内容。网络拓扑、信号分析中的正交函数集等概念,还有最后三章,都是为适应新技术发展的需要而增加的新内容。

本教材是给低年级学生使用的,不可能也不应当把有关电路、信号与系统的内容包罗无遗。例如,网络综合理论、随机过程、反馈系统、时变系统等,本书均未涉及。这些内容均将在后继的高年级必修和选修课中学习。再如状态方程、离散时间系统等内容,本书也只是对其基本理论和基本分析方法进行介绍,而把进一步深入研究的内容留给后继课程。

科学技术在迅速发展,为适应形势的需要,在学校里应该使学生学什么,课程的内容如何组织,这些始终是教师不断面临的问题。解决这些问题的方案不应该只有一种,而是可以见仁见智、百家争鸣,提出多种方案。因此我们认为,教师在使用本教材时,不宜受过多的约束,在内容的取舍上、讲解的次序上以及阐明问题的方法上,都可以有自己的看法和做法。例如,有的院校把传输线、已调波的频谱等内容划归别的课程,有的院校认为时域分析法可提前学习,而且还要强调古典解法,诸如此类,当然都是可以的。对于学生,我们认为也要告诉他们,不要只读一本教科书,还应该读点参考书,才能思路开阔。

本书一至六章由沙玉钧同志编写,绪论、七、八、十一、十二、十三章由管致中同志编写,九、十章由夏恭恪同志编写,前六章习题由江金蓉同志选编,后七章习题由华似韵同志选编,教研组内还有一些同志参加了辅助工作。本书原稿由华南工学院冯秉铨教授主审,并于 1978 年 12 月举行了审稿会议讲行集体审稿。审稿会由冯秉铨教授主持,大连工学院、上海交通大学、北京工业学院、北京航空学院、华中工学院、华南工学院、西北电讯工程学院、西安交通大学、合肥工业大学、重庆大学、南京工学院、浙江大学、清华大学等兄弟院校都派代表参加了审稿,提出了许多宝贵意见。此外,有的兄弟院校还给我们寄来了书面意见。这些意见对于本书的修改定稿帮助很大。在这里我们谨向上述院校和同志们致以衷心的感谢。

由于本书编写的时间紧迫,成书匆促,又由于我们学识水平有限,书中很可能还留有疏漏或错误之处。我们非常欢迎读者提出本书存在的问题,寄交人民教育出版社编辑部,或者直接寄给我们,以便今后据以修改。

编　者

一九七九年元月于南京工学院

目　录

第一章

绪　论

§1.1　信号传输系统

　　信息传输是与人们的生产和生活密切相关的技术。在古代,烽火台上的狼烟、战场上冲锋的号角、航海航行中的灯塔等,都是信息传输的工具。在信息化高度发展的今天,信息传输技术更是进入了人们日常生活的方方面面:上至天文,下至地理;大到宇宙空间,小到核子粒子等的研究;从工农业生产,到社会、家庭生活,到处可以看到信息传输的实例。信息传输已经成为通信工程、信息工程、自动控制、电子器件、电气技术、计算机技术等电子电气类相关学科的一个重要的研究内容,同时在机械工程、交通运输、经济管理甚至社会科学等领域也得到了广泛的应用。

　　各种实际的场合下,信息传输的具体任务头绪纷繁,但其中一个共同的主要任务,是要解决如何将带有信息的信号通过某种系统由发送者传送给接收者。为了完成信息传递的任务,需要将信号进行相应的变换和处理。人们在互相传告某个事件时,是在互相传递着相应的信息。信息要用某种物理方式表达出来,例如可以用语言、文字或图画来表达,还可以用收、发双方事先约定的编码来表达。这些语言、文字、图画、编码等,分别是按一定规则组织起来因而含有了信息的一组一组的约定符号,这种用约定方式组成的符号统称为**消息**(message)。消息一般不便于直接传输,所以要利用一些转换设备,把各种不同的消息转变成为便于传输的**信号**(signal),最常见的信号是电信号。电信号常常是随着时间变化的电压或电流等电的量,这种变化是与语言的声音变化或者图画的色光变化等相对应的。这样变化着的电压或电流,分别构成了代表声音、图像和编码等消息的信号,因而信号中也就包含了消息中所含有的信息。所以,带有信息的信号是信息传输技术的工作对象。

　　信号的传输和处理,要由许多不同功能的单元组织起来的一个复杂系统来完成。从广泛的意义上说,一切信息的传输过程都可以看成是通信,一切完成信息传输任务的系统都是通信系统,例如电报、电话、电视、雷达、导航等系统均属之。以一个传统的电视广播系统为例,所要传输的信息包含在一些配有声音的画面之中。在传输这些画面时,先要利用电视摄像机把画面的光线色彩转变成图像信号,并利用话筒把声音转变成伴音信号,这些就是电视要传输的带有信息的原始信号。然后,把这些信号送入电视发射机,发射机能够产生一种反映上述信号变化的、便于传播的高频电信号。最后,由天线将高频电信号转换为电磁波发射出去,在空间传播。电视接收者用接收天线截获了电磁波的一小部分能量,把它转变成高频电信号送入电视接收机。接收机的作用正好和发射机相反,它能从送入的高频电信号中恢复出原来的图像信号与伴音信号,并把这两种信号分别送到显像管和喇叭,使接收者能看到传输的画面,同时还听到画面配有的伴音。这个过程,可以用一个简明的方框图表示,如图 1-1 所示。这个图表示了一般通信系统的组成,其中**转换器**(transducter)指的是把消息转换为电信号或者反过来把电信号还原成消息的装置,如摄像机和显像管、话筒和喇叭等设备。因为这些装置完成了从一种形式的能量转换为另一种形式的能量的工作,所以也常称之为换能器。**信道**(channel)指的是信号传输的通道,在有线电话中它是一对导线;在利用电磁波传播的无线电通信系统中,它可以是电磁波传播的空间、卫星通信中的人造卫星,也可以是微波波导或同轴电缆;在光通信中,则是光导纤维。如果理解得更加广泛的话,发射机和接收机也可以看成是信号通道的一部分,因此有时也称它们为信道机。所以一个通信系统的工作,主要是包括消息到信号的转换、信号的处理和信号的传输,有时还要对信号进行监测。

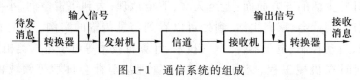

图 1-1 通信系统的组成

　　通信技术研究的任务,是要保证通过信道传输后的输出信号能够尽量保持输入信号的原来样子或达到某种需要的变换。由此产生了一系列的研究课题,例如:信号通过通信系统的各个部分以后会产生什么样的变化? 什么样的信号适合在系统中传输? 什么样的系统适合信号传输? 怎样能够使得不同的信号可以在同一个信道中同时传输而不相互干扰? 为了解决这些问题,必须建立系统性的分析方法,以满足工程应用中的需求。

　　随着信息和通信技术的飞速发展,对信息的传输和处理的工作内容也变得日趋丰富。仍然以电视传输为例,目前的数字电视技术并不是直接传输图像和声音信号,而是将其进行数字化处理以后再进行传输,这就产生很多其他问题:如何对图像和声音信号进行数字化处理? 如何传输数字化处理后的信号? 如何精简或者压缩传输的内容以提高传输的效率? 等等。这些问题的提出不断对信号与系统分析体系提出新的要求,不断使得信号与系统分析体系得到丰富和完善。

　　除了通信系统以外,还有其他各种电子学的系统也担负着信号的传输和处理工作,例如自动控制系统就是其中之一。这些系统的组成部分与通信系统的组成不一样,工作目的也有些差异,例如自动控制系统研究的不是如何传输信号,而是如何控制信号,使得系统可以达到指定的状态。但是它们所涉及的基本理论和方法同样是信号的处理、系统对信号的传输等。此外,随着信息技术的发展,信号与系统分析手段也逐渐引入到许多非电系统中。所以,信号与系统分析理论的应用范围越来越广泛,成为诸多学科的重要基础。

由以上简略的叙述可以看出,对于通信、自控、电气及计算机等学科,信号和系统的基本分析方法以及它们的基本特性都是必须具备的知识,本课程就是为研究这方面的基本理论而设置的。在本章下面几节中将分别介绍信号、系统、系统分析等问题中的一些基本概念,以方便对后面各章内容的理解。

§1.2 信号的概念

在信号传输系统中传输的主体是信号,系统所包含的各种电路、设备则是为实施这种传输的各种手段。因此,电路、设备的设计和制造的要求,必然要取决于信号的特性。随着信息技术的不断发展,信号的传输速度越来越快,容量越来越大,对通信技术提出的要求也就越来越高。这就是信号分析具有重要意义的原因。

广义地说,信号是随着时间变化的某种物理量。在电系统中,信号是随着时间变化的电量,它们通常是电压或电流,在某些情况下,也可以是电荷或磁通。在其他的系统中,信号也可以是其他的物理量,例如温度、湿度、应力、动能、势能等,甚至可以是一些非物理量,例如股票的价格、股市的指数等,都可以看成是信号。

信号可以表示为一个时间的函数,所以在信号分析中,信号和函数二词常相通用。除了表示为时间变量的函数以外,有些信号也可以表示成其他变量的函数。例如静态图像可以表示为空间坐标的函数,动态图像可以同时表示为空间和时间的函数等。在本课程中介绍的信号主要是指以时间为变量的函数,这样可以便于读者理解相关概念。但是以此为基础的相关基本原理、基本方法和分析结论也可以扩展到以其他物理量为自变量的信号以及相应的处理系统。

信号可按不同方式进行分类,通常的分类如下所示。

1. 确定信号与随机信号

当信号是一确定的时间函数时,给定某一时间值,就可以确定一相应的函数值。这样的信号是**确定信号**(determinate signal)。但是,带有信息的信号往往具有不可预知的不确定性,它们是一种**随机信号**(random signal)。随机信号不是一个确定的时间函数,当给定某一时间值时,其函数值并不确定,而只知道此信号取某一数值的概率。

严格地说,在实际工程中遇到的信号绝大部分都是随机信号。这首先表现在待传输的信号往往都是随机信号,因为对于接收者来说,信号如果是完全确定了的时间函数,就不可能由它得到任何新的信息,因而也就失去了传输信号的目的。其次,在信号传输过程中,除了人们所需要的带有信息的信号外,同时也还会夹杂着如噪声、干扰等人们所不需要的信号,它们大都带有更大的随机性质。

虽然随机信号在工程中更加常见，但是其表述和分析比确定信号要复杂得多。事实上，实际工程中的随机信号与确定信号有很多相近的特性。例如，乐音在一定时间内近似于周期信号。从这一意义上来说，确定信号是一种近似的、理想化了的随机信号，做这样的处理能够使问题分析大为简化。而且对确定性信号分析的很多方法和结论对随机信号的分析也有很大的借鉴意义。本书将主要对确定信号进行分析，而对随机信号的分析则在本书下册最后三章内容中去讨论。

2. 连续信号与离散信号

确定信号可以表示为确定的时间函数，如果在某一时间间隔内，对于一切时间值，除了若干不连续点外，该函数都给出确定的函数值，这信号就称为**连续信号**（continuous signal）。在日常生活中遇到的信号大都属于连续信号，例如音乐、声音、电路中的电流和电压等。实际上，所谓连续信号是指它的时间变量 t 是连续的。因此，为了更加确切，也常把这种信号称为**连续时间信号**（continuous-time signal）。如图 1-2(a)、(b) 所示的两个函数，都是在时间间隔 $-\infty < t < \infty$ 内的连续信号，只是在 $t < 0$ 的范围内，两者的信号值均为零。这些信号都属于连续信号。这里 $t = 0$ 是一个任意选取的时间参考起点。这种在 $t < 0$ 其值为零的函数，称为**有始函数**（causal function）[①]。应注意的是，连续信号中可以包含有不连续点。如图 1-2(b) 中所示函数 $f(t)$，在 $t = 0$ 和 $t = t_1$ 处是不连续的，因在该两点处信号的左、右极限不相等，即

$$\lim_{\varepsilon \to 0} f(t+\varepsilon) \neq \lim_{\varepsilon \to 0} f(t-\varepsilon) \tag{1-1}$$

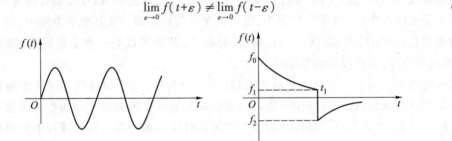

图 1-2 连续信号

若用 $f(t_0^+)$ 表示 $\lim_{\varepsilon \to 0} f(t_0+\varepsilon)$，用 $f(t_0^-)$ 表示 $\lim_{\varepsilon \to 0} f(t_0-\varepsilon)$，则 $f(t_0^+) - f(t_0^-)$ 称为在 $t = t_0$ 处的不连续值。显然，图 1-2(b) 中信号在 $t = 0$ 处的不连续值是 f_0，这是一正值；在 $t = t_1$ 处的不连续值是 $f_2 - f_1$，是一负值。信号函数的不连续点也称为**断点**（break point），在断点处不连续值常称为跳变值，如不连续值为正，则称为正跳变；为负，则称为负跳变。

和连续信号相对应的是**离散信号**（discrete signal）。离散信号的时间函数只在某些不连续的时间值上给定函数值，如图 1-3 所示。图中函数 $f(t_k)$ 只在 $t_k = -1$、0、1、2、3 等离散的时刻给出函

① causal function 通常译为"因果函数"，但"因果"一词不能确切地表示在 $t < 0$ 时它的值为零的意思，故本书中称之为"有始函数"。有始函数的时间起始点也可不设定为零，而取某一时间 t_0。

数值(图中括号内的数值)。所以,所谓离散信号,实际上指的是它的时间变量 t 取离散值 t_k,因而这种信号也常称为**离散时间信号**(discrete-time signal)。当 $t_k<0$ 时,如果函数值 $f(t_k)$ 均为零,则这种离散时间函数也是有始的。离散时间信号可以在均匀的时间间隔上给出函数值,也可以在不均匀的时间间隔上给出函数值,但一般都采用均匀间隔。

离散时间信号在现实生活中也有很多,例如水文观测中水位线的记录值就是一个例子。一般情况下记录员总是在一些固定的时刻记录水位值,而其他时间则没有记录值,所以它是一个离散时间信号。在实际工程中,也有很多场合将连续时间信号转化成为离散时间信号,以方便用计算机进行处理。关于这方面的内容在第七章中将有详细介绍。

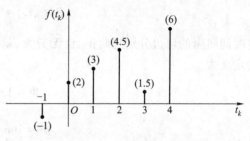

图 1-3 离散信号

如果将离散时间信号在各个时间点上的信号的幅度也取离散值,就形成了**数字信号**(digital signal)。这种信号适合在计算机、信号处理器等数字设备中进行信息传输、存储、处理,且具有很强的抗干扰能力,在通信、广播电视、控制等领域得到越来越广泛的应用。而与之相反的,在时间和取值上都是连续的连续时间信号有时也称为**模拟信号**(analog signal)。

在本书的第七章中将对离散时间信号的分类和分析等方面的内容进行深入的研究。

3. 周期信号与非周期信号

用确定的时间函数表示的信号,又可分为**周期信号**(periodic signal)和**非周期信号**(non-periodic signal)。周期信号是指对于任意的时间点 t,都满足

$$f(t)=f(t+T) \tag{1-2}$$

其中的 T 被称为信号的周期。从直观上看,周期信号是一段长度为 T 的信号按照时间 T 不断重复而构成的信号。常见的周期信号如正弦、余弦等。而不满足上述特性的信号被称为非周期信号。

周期信号的分析在很多工程应用中有非常重要的意义,通过傅里叶变换等数学工具的分析可以得到很多重要的结论。严格数学意义上的理想周期信号应该是一个无始无终地重复着某一变化规律的信号,这种重复性应该从无穷远的过去一直到无穷远的将来。显然这样的信号在实际工程中是不存在的,所以在工程中的所谓周期信号只是指在较长时间内按照某一规律重复变化的信号,但是其特性与理想的周期信号非常接近。在本书中的周期信号依然是指数学上严格的周期信号,这种信号在分析的时候很方便,而且其分析的结果与实际的长时间周期信号也非常接近,具有很高的实用价值。

4. 能量信号与功率信号

信号还可以用它的能量特点来加以区分。假设信号 $f(t)$ 在实际应用中是一个电路网络输出的电流或者电压,将它施加在一个电阻值为 1 Ω 的负载电阻上,则在一定的时间间隔 (t_1,t_2)

里,负载电阻中消耗的信号能量为

$$W(t_1, t_2) = \int_{t_1}^{t_2} f^2(t)\,\mathrm{d}t \tag{1-3}$$

把这段时间内信号的能量值对于时间取平均,即得在此时间内信号的平均功率

$$P(t_1, t_2) = \frac{1}{t_2 - t_1}\int_{t_1}^{t_2} f^2(t)\,\mathrm{d}t \tag{1-4}$$

将时间间隔的两边分别趋向正、负无穷大,就可以得到信号在整个时间区间的能量和平均功率的定义为

$$W = \lim_{T \to \infty}\int_{-T}^{T} f^2(t)\,\mathrm{d}t \tag{1-5}$$

$$P = \lim_{T \to \infty}\frac{1}{2T}\int_{-T}^{T} f^2(t)\,\mathrm{d}t \tag{1-6}$$

如果信号能量为非零的有限值,则称其为**能量信号**(energy signal);如果信号平均功率为非零的有限值,则称其为**功率信号**(power signal)。能量信号因为其能量有限,在无穷大的时间区间内平均功率一定为零,所以对它无法从平均功率去考察,只能从能量去加以考察;而功率信号在无穷大的时间区间内的总能量一定为无穷大,对于它而言总能量就没有意义,因而只能从功率去加以考察。显然,在时间间隔无限趋大的情况下,周期信号平均功率为有限值,是一个典型的功率信号;而只在有限时间内为非零值、其他时间点上的数值都为零的脉冲信号的能量值有限,但是平均功率等于零,是一个典型的能量信号;存在于无限时间内的非周期信号可以是能量信号,也可以是功率信号,这要根据信号具体内容而定。

　　实际应用中,信号的具体形式是千变万化的,不同的信号有着不同的特征。确定性信号通常可以表示为确定的时间函数,可以用随时间变化的波形来描述,它包含了信号的全部信息量。所以信号的特性首先表现为它的时间特性。信号的时间特性主要是指信号随时间变化的特性。例如,同一形状的波形重复出现的周期短或长、信号波形本身的变化速率等。图 1-4 表示一个周期性的脉冲信号,这个信号对时间变化的快慢,一方面由它的重复周期 T 表现出来,另一方面由脉冲的持续时间 τ,以及脉冲上升和下降边沿陡直的程度表现出来。当

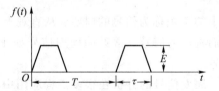

图 1-4　周期性脉冲信号

然,信号作为一个时间函数,除了变化速率外,还可有其他的特性,例如图中的脉冲幅度 E 的大小之类。

　　除了时间特性外,信号还具有频率特性。从后面的第三章中可以看到,对于一个复杂信号,可以用傅里叶分析法把它分解为许多不同频率的正弦分量,而每一正弦分量则以它的幅度和相位来表征。各个正弦分量可以将其幅度和相位分别按频率高低依次排列成**频谱**(frequency spectrum)。这样的频谱,同样也包含了信号的全部信息量。复杂信号频谱中各分量的频率,理论上说可以扩展至无限,但是由于原始信号的能量一般均集中在频率较低的范围内,高于某一频率

的分量在工程实用上可以忽略不计。这样，每一信号的频谱都有一个有效的频率范围，这个范围称为信号的**频带**（frequency band）。

信号的频谱和信号的时间函数既然都包含了信号所带有的全部信息量，都能表示出信号的特点，那么信号的时间特性和频率特性之间就不可能互不相关、互相独立，而必然具有密切的联系。例如，在图 1-4 中，重复周期 T 的倒数就是这个周期性脉冲信号的基波频率，周期的大或小分别对应着低的或高的基波和谐波频率。同时，脉冲持续时间 τ 和边沿的陡度决定着脉冲中的能量向高频方向分布的程度，也就是决定着信号的频带宽度。有关信号的这些特性，将在第三章中做进一步研究。

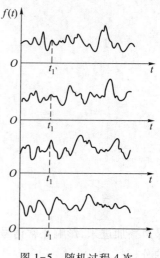

图 1-5　随机过程 4 次
测量的结果

对于随机信号的描述则比确定信号要复杂得多。因为具有某种程度上的不确定性，对随机信号的每次测量所得的结果在细节上都是不同的，不大可能会重复出现，因此是一组随机的过程或数据。图 1-5 所示就是一个典型的随机信号 4 次测量所得到的结果。从图中可见，在同一时刻（例如 t_1）4 次测量值都是不尽相同的。对随机信号的分析需要从统计的观点去进行讨论，并用概率方法来确定。随机信号也有连续与离散之分。对于随机信号的分析也同样可以从时间特性与频率特性两方面去进行讨论。有关随机信号的特性及随机信号通过线性系统的分析将在本书下册最后三章中讨论。

§1.3　信号的简单处理

所谓对信号的处理，从数学意义来说，就是将信号经过一定的数学运算转变为另一信号。这种处理的过程可以通过算法来实现，也可以让信号通过一个实际的电路来实现。本节将介绍一些简单的信号处理，如叠加、相乘、平移、反褶、尺度变换等。至于对信号复杂的处理运算将在后面再逐步介绍。

1. 信号的相加与相乘

两个信号的相加（乘）即为两个信号的时间函数相加（乘），反映在波形上则是将相同时刻对应的函数值相加（乘）。图 1-6 所示就是两个信号相加的一个例子。

在实际生活中有很多信号叠加的例子，如卡拉 OK 中演唱者的歌声与背景音乐的混合就是一种信号叠加的过程，影视动画中添加背景也是如此。在信号传输过程中也常有不需要的干扰

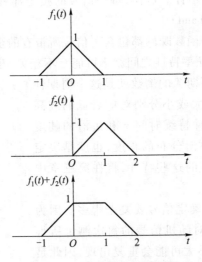

图 1-6 两个信号相加的例子

和噪声叠加进来,影响正常信号的传输。信号相乘则常用于如调制、解调、混频、频率变换等系统的分析。

例题 1-1 绘出抽样函数 $\mathrm{Sa}(t) = \dfrac{\sin t}{t}$ 的波形。

解: $\mathrm{Sa}(t)$ 可视为 $\sin t$ 与 $\dfrac{1}{t}$ 两信号相乘所得的结果,将图 1-7 中所示两信号 $\sin t$ 与 $\dfrac{1}{t}$ 相应波形对应时间点上函数值相乘,并考虑到在原点处,$\mathrm{Sa}(t)$ 为 0 与 ∞ 的乘积,运用洛必塔法则

$$\lim_{t \to 0}\mathrm{Sa}(t) = \frac{(\sin t)'}{t'}\bigg|_{t=0} = \cos t \bigg|_{t=0} = 1$$

则 $\mathrm{Sa}(t)$ 的波形如图 1-7(c)所示。

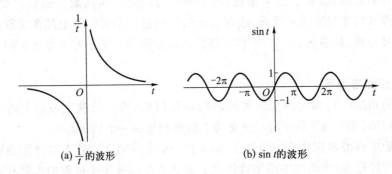

(a) $\dfrac{1}{t}$ 的波形   (b) $\sin t$ 的波形

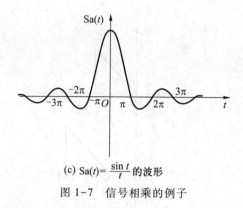

(c) $\mathrm{Sa}(t) = \dfrac{\sin t}{t}$ 的波形

图 1-7　信号相乘的例子

2. 信号的延时

发射机发出的信号传输到接收机的过程中，必须经过一定的信道。信号在信道中的传输总是要花费一定的时间，这使得接收机收到的信号与发射机发送的信号相比，有一定的时间上的滞后，存在着时间上的延时（time delay）。例如，在雷达、声呐及地震探矿中反射的信号比发射的信号要延迟一段时间，其时间取决于信号在信道中传输的速度以及传输信道的长度。此外，信号有时也会通过不同的路径传输到同一个接收机，而不同路径会导致信号所用的传输时间不同，因而接收机接收到的不同信道传来的信号之间也会产生延时的现象。如在无线电视信号传输过程中，电视信号可以直接传输到电视机的接收天线上，也可能会通过附近的建筑物反射再传送到天线，所以电视机天线有时会收到多个从同一个电视台发出的、但是在时间上相互滞后的信号，从而造成重影干扰现象，成为实际工作中必须面对和解决的问题。此外还有一些应用场合，例如声表面波滤波器、合成孔径雷达等，则是巧妙地利用这些延时，达到一定的信号处理的目的。

信号 $f(t)$ 延时 t_0 后的信号表示为 $f(t-t_0)$，显然 $f(t)$ 在 $t=0$ 时的值 $f(0)$，在 $f(t-t_0)$ 中将出现在 $t=t_0$ 时刻。如果 t_0 为正值，则其波形在保持信号形状不变的同时，沿时间轴右移 t_0 的距离；如 t_0 为负值则向左移动。图 1-8 为信号延时的示例。

3. 信号的尺度变换与反褶

当时间坐标的尺度发生变换时将使信号产生展缩。例如，录像机在播放录像带上记录的信号时，如果播放慢镜头，则图像中的动作速度放慢，播放的时间增加；而在播放快镜头时，图像中的动作速度加快，播放时间减少。这些变化统称为信号的时间尺度变换（time scaling）。如将录像带倒放，则会造成图像中动作的时间顺序与原动作完全相反。

信号 $f(t)$ 经尺度变换后的信号可以表示为 $f(at)$，其中 a 为一常数。显然在 t 为某值 t_1 时的值 $f(t_1)$，在 $f(at)$ 的波形中将出现在 $t=\dfrac{t_1}{a}$ 的位置。假设 a 为正数，当 $a>1$ 时，信号波形被压缩（scale-down）；而 $a<1$ 时，信号波形被展宽（scale-up）。如 $a=-1$，则 $f(at)$ 的波形为 $f(-t)$，波形产生对称于纵坐标轴的反褶（reflection）。前面提到的录像机快放、慢放和倒放的例子中，如果是两

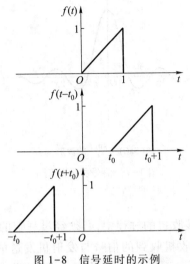

图 1-8 信号延时的示例

倍速快放,则 $a=2$;如果两倍速的慢放,则 $a=\dfrac{1}{2}$;如果是倒放,则 $a=-1$。当 a 为负值且不等于1时,则反褶与尺度变换同时存在。图1-9给出了尺度变换引起信号波形变化的示例。

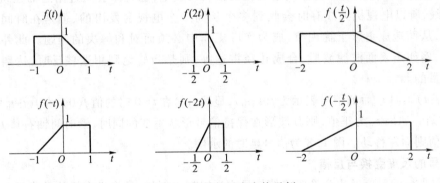

图 1-9 信号的尺度变换示例

在信号简单处理过程中常有综合延时、尺度变换与反褶的情况,这时相应的波形分析可分步进行。分步的次序可以有所不同。因为在处理过程中,坐标轴始终是时间 t,因此每一步的处理都应针对时间 t 进行。

例题 1-2 已知信号波形如图 1-10(a)所示,试画出 $f(1-2t)$ 的波形。

解:本题由 $f(t)$ 形成 $f(1-2t)$ 的过程,按延时、反褶、尺度变换的先后,可组成各种不同的分步次序。例如:将 $f(t)$ 先向左延时成 $f(1+t)$,再反褶成 $f(1-t)$,最后进行尺度变换得到 $f(1-2t)$,每一步产生的信号相应的波形如图 1-10(b)、(c)、(d)所示。请注意上面的

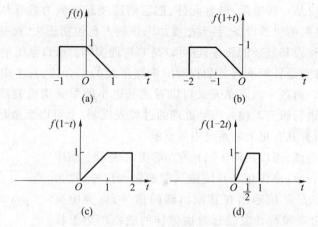

图 1-10   由信号 $f(t)$ 形成信号 $f(1-2t)$ 的示例

反褶和尺度变换中,仅对括号中的 t 做了取反或尺度计算。

本题还有很多变换方法,举例如下。

方法 1:将 $f(t)$ 先向左延时成 $f(1+t)$,再尺度变换成 $f(1+2t)$,最后进行反褶得到 $f(1-2t)$。

方法 2:将 $f(t)$ 先尺度变换成 $f(2t)$,再反褶成 $f(-2t)$,最后向右延时 $\frac{1}{2}$ 得到 $f(1-2t)$。

方法 3:将 $f(t)$ 先尺度变换成 $f(2t)$,再向左延时 $\frac{1}{2}$ 得到 $f(2t+1)$,最后反褶得到 $f(1-2t)$。

方法 4:将 $f(t)$ 先反褶成 $f(-t)$,再尺度变换成 $f(-2t)$,最后向右延时 $\frac{1}{2}$ 得到 $f(1-2t)$。

方法 5:将 $f(t)$ 先反褶成 $f(-t)$,再向右延时 1 得到 $f(1-t)$,最后尺度变换得到 $f(1-2t)$。

相应的波形作为练习留给读者自行画出。这里提请读者注意各种方法中延时量的大小和方向的变化,每一步的处理都是针对时间变量 t 进行的。各种方法得到的最后结果一定是相同的。

§1.4 系统的概念

所谓**系统**(system),当然不限于前面所说的通信系统、自动控制系统等电系统,它也包括诸如机械系统、化工系统之类的其他物理系统,还包括像生产管理、交通运输等非物理的系统。从一般的意义上说,系统是一个由若干互有关联的单元组成的、具有某种功能、用来达到某些特定目标的有机整体。例如图 1-1 所示的通信系统就是由转换器、发射机、接收机等单元构成。系统的组成单元可以仅仅是一些电阻、电容元件,把它们连接起来成为具有某种简单功能的电路系统;也可以是一些巨大的机器设备,甚至把参加工作的人也包括进去,这些单元组织成为一个庞大的体系去完成某种极其复杂的任务;也可以是非物理实体。所以系统的意义十分广泛。

电子学中,系统常常是各种不同复杂程度的电路单元的组合体,各个电路单元完成特定的信号传输与处理任务。而各个电路单元又可以看成是更小的单元构成的系统。所以一个电路既可以从系统的角度进行研究对输入信号处理的过程或机制,也可以当做是一个更大的系统的一个基本单元,从而研究其在更大的系统中的贡献。

一个简单系统的功能,可以用图 1-11 的方框图来表示。图中的方框代表某种系统;$e(t)$ 是作用在系统输入端的输入信号,称为激励(excitation);$r(t)$ 是系统输出在其输出端的信号,称为响应(response)。系统的功能和特性就是通过由怎样的激励产生怎样

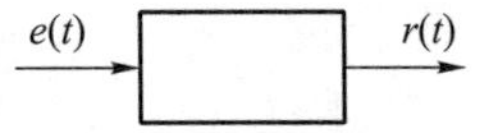

图 1-11　系统的方框图

的响应来体现。这里所示的系统只有一个输入和一个输出,被称为单输入 - 单输出(single input single output, SISO)系统,复杂的系统可以是多输入 - 多输出(multiple input multiple output, MIMO)系统。

不同的系统具有各种不同的特性。按照系统的特性,系统可做如下的分类。

1. 线性系统和非线性系统

通俗地说,线性系统(linear system)是由线性元件组成的系统,非线性系统(nonlinear system)则是含有非线性元件的系统。但是,什么是线性元件? 什么是非线性元件? 在定义上比较模糊,容易造成循环论证等逻辑上的错误。而且有的由非线性元件组成的系统在一定的工作条件下,也可以看成是一线性系统。例如三极管是一个非线性元件,但是在输入小信号的情况下可以作为线性元件分析。所以,这种定义是不严格的。

对于线性系统应该由它的特性来规定其确切的意义。所谓线性系统是同时具有齐次性(homogeneity property)和叠加性(superposition property)的系统。

系统的齐次性是指当输入激励改变为原来的 k 倍时,输出响应也相应地改变为原来的 k 倍,这里 k 为任意常数。即如果由激励 $e(t)$ 产生的系统的响应是 $r(t)$,则由激励 $ke(t)$ 产生的该系统的响应应该是 $kr(t)$。或者用符号表示为

若
$$e(t) \rightarrow r(t)$$

则
$$ke(t) \rightarrow kr(t) \tag{1-7}$$

系统的叠加性是指当有几个激励同时作用于系统上时,系统的总响应等于各个激励分别作用于系统所产生的响应分量之和。如果 $r_1(t)$ 为系统在 $e_1(t)$ 单独作用时的响应,$r_2(t)$ 为同一系统在 $e_2(t)$ 单独作用时的响应,则在激励 $e_1(t)+e_2(t)$ 作用时此系统的响应为 $r_1(t)+r_2(t)$。或者用符号表示为

若
$$e_1(t) \rightarrow r_1(t), \quad e_2(t) \rightarrow r_2(t)$$

则
$$e_1(t)+e_2(t) \rightarrow r_1(t)+r_2(t) \tag{1-8}$$

在实际工程中,符合叠加条件的系统往往同时也具有齐次性,电系统就属这种情况。但在

一些特殊的场合下,也存在并不同时具备齐次性和叠加性的系统。例如,一个处理复数输入信号的系统,其特性为仅仅允许信号的实部通过,当输入信号 $e(t) = R(t) + jI(t)$ 时,输出 $r(t) = R(t)$。可以证明,这个系统满足叠加性,但是不一定满足齐次性,特别是当 $k = j$ 时,$ke(t) = jR(t) - I(t)$,该信号作用于系统上的时候,输出应该是 $-I(t)$,显然不等于 $kr(t)$,也就是说系统不满足齐次性。

将式(1-7)与式(1-8)合并起来,就可得到线性系统应当具有的特性为

若
$$e_1(t) \rightarrow r_1(t), \quad e_2(t) \rightarrow r_2(t)$$

则
$$k_1 e_1(t) + k_2 e_2(t) \rightarrow k_1 r_1(t) + k_2 r_2(t) \tag{1-9}$$

或者说,具有这种特性的系统,称为线性系统。非线性系统不具有上述特性。

可以证明,严格满足式(1-9)的线性系统,在激励信号 $e(t) = 0$ 的时候,响应信号 $r(t)$ 也一定为零。但是在应用中往往有一些意外。首先是实际工程中出现的对激励信号了解的不完整性。在实际工程中,往往是在某个特定的初始时刻(一般定义为 $t=0$)以后才开始对系统进行激励和观测的。这时所讨论的"激励"和"响应"往往都是指初始时刻以后($t>0$ 时)系统上的输入和输出信号,在初始时刻以前($t<0$ 时)系统所接受到的激励信号往往由于缺乏观测信息而无法确切地追溯。而且此前系统的结构也会产生一些变化(例如电路的一些开关的闭合)造成描述系统的方程的变动,会使得对这段时间内系统状态的解算变得更加困难。但是,初始时刻以前系统所受到的激励的影响显然会以一定的形式存储在系统中的储能部件(例如电系统的电容、电感和互感等)中,一定也会对初始时刻以后的响应产生影响。其次,即使是完整地了解了从负无穷到正无穷的整个时间区间内系统输入的激励信号,但是由于系统内部常常包含一些有源的部件(例如电路中的信号源、电池等),一些储能元件也会由于种种原因而储存了一定的能量,这些都可能对系统的响应产生影响。上述的两种因素都会造成即使是在 $e(t) = 0$ 的时候,响应信号 $r(t) \neq 0$,系统无法满足式(1-9)描述的线性特性,从而被排除在线性系统之外。而这两种情况在实际应用中经常出现,而且这时的系统也确实可以利用线性系统分析的方法进行分析。所以有必要寻找更加切合实际的线性系统定义方法。

上述两种例外情况的共同特点,是系统响应中存在一些与激励信号无关的部分,这部分响应不受激励信号的影响,即使是激励信号为零也会出现。从后面的章节中可以看到,这部分响应可以通过系统的初始储能状态确定。为了将这种系统部件的初始储能状态对系统输出产生的响应与激励信号产生的响应相区别,同时也是为了方便分析,往往将系统的响应分为两个部分:零输入响应(zero-input response)$r_{zi}(t)$ 和零状态响应(zero-state response)$r_{zs}(t)$。其中 $r_{zi}(t)$ 为外加激励为零时由初始状态单独作用产生的响应;$r_{zs}(t)$ 为初始状态为零时由外加激励单独作用产生的响应。根据线性系统的叠加特性,系统的全响应应该等于零输入响应与零状态响应两部分的和,即

$$r(t) = r_{zi}(t) + r_{zs}(t) \tag{1-10}$$

式(1-10)有时也被称为分解性(decomposition property)。显然在此时,与初始时刻以后的激励信号 $e(t)$ 直接相关联的是 $r_{zs}(t)$,而 $r_{zi}(t)$ 与激励信号无关。对于这时的系统,往往将初始状态

视为独立于信号源以外的产生响应的因素。如果系统满足式(1-10)表达的分解性,且 $r_{zs}(t)$ 满足式(1-9)的线性要求,即系统具有分解性且同时具有零状态线性,则该系统仍可以被判定为线性系统。

2. 非时变系统和时变系统

系统又可根据其中是否包含有随时间变化参数的元件而分为**非时变系统**(time-invariant system)和**时变系统**(time-varying system)。非时变系统又称**时不变系统**或**定常系统**(fixed system),它的性质不随时间变化,或者说,它具有响应的形状不随激励施加的时间不同而改变的特性。这种系统是由定常参数的元件构成的,例如通常的电阻、电容元件的参数 R、C 等均视为是非时变的。设非时变系统对于激励 $e(t)$ 的响应是 $r(t)$,则当激励延迟一段时间而成为 $e(t-t_0)$ 时,其响应也延迟一段相同时间而形状不变,成为 $r(t-t_0)$,如图 1-12 所示。或者用符号表示为

若 $$e(t)\rightarrow r(t)$$

则 $$e(t-t_0)\rightarrow r(t-t_0) \tag{1-11}$$

系统若具有式(1-11)表示的性质则为非时变系统,不具有上述性质则为时变系统。时变系统中包含有时变元件,这些元件的参数是某种时间的函数。例如,变容元器件的电容量就是受某种外界因素控制而随时间变化的。时变系统的参数随时间而变化,所以它的性质也随时间而变化。例如,如果图 1-12 中描述的系统满足

$$r(t) = \begin{cases} e(t) & t < t_0 \\ 0 & \text{其他} \end{cases} \tag{1-12}$$

当激励信号为图中左下角的 $e(t-t_0)$ 时,输出信号 $r(t)=0$,不再是图中右下角的信号。此时"非时变"特性不再存在。

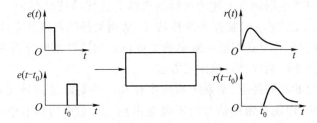

图 1-12　非时变系统的激励和响应

系统是否线性和是否时变是两个互不相关的独立概念,线性系统可以是非时变的或者是时变的,非线性系统同样也可以是非时变的或者是时变的。如果将式(1-11)和式(1-9)加以合并,可得线性非时变系统的特性为

若 $$e_1(t)\rightarrow r_1(t), \quad e_2(t)\rightarrow r_2(t)$$

则 $$k_1 e_1(t-t_1)+k_2 e_2(t-t_2)\rightarrow k_1 r_1(t-t_1)+k_2 r_2(t-t_2) \tag{1-13}$$

3. 连续时间系统与离散时间系统

连续时间系统(continuous-time system)和**离散时间系统**(discrete-time system)是根据它们所

传输和处理的信号的性质而定的。前者传输和处理连续信号,它的激励和响应在连续时间的一切值上都有确定的意义;与后者有关的激励和响应信号则是不连续的离散序列。例如,由电阻、电容、电感等器件构成的电系统是用于处理连续的电压或者电流信号的,属于连续时间系统;而数字计算机处理的是离散时间序列,是一种典型的离散时间系统。在实际工作中,离散时间系统常常与连续时间系统联合运用,同时包含有这两者的系统称为**混合系统**(hybrid system),例如在手机电路中就同时存在处理模拟信号和数字信号的部件。连续时间系统和离散时间系统都可以是线性的或非线性的,同时也可以是非时变的或时变的。

4. 因果系统和非因果系统

人们生活的世界,所有事物的发展都必须遵循因果律。一切物理现象,都要满足先有原因然后产生结果这样一个显而易见的因果关系,结果不能早于原因而出现。对于一个系统,激励是原因,响应是结果,响应不可能出现于施加激励之前。所以响应先于激励的系统是制造不出来的,也就是在物理上是不可实现的。

符合因果律的系统称为**因果系统**(causal system),不符合因果律的系统称为**非因果系统**(non- causal system)。例如$r'(t)=e(t+1)$,该系统在t时刻的输出与$t+1$时刻的激励有关,显然该系统为一非因果系统。如$r'(t)=e(t-1)$,则该系统为因果系统。有关这方面的内容将在第四章中详细讨论

除了上面介绍的分类方法以外,系统还可以按照它们的参数是集总的或分布的分为集总参数系统和分布参数系统;可以按照系统内是否含源而分为无源系统和有源系统;可以按照系统内是否含有记忆元件而分为即时系统和动态系统。这些在其他相关的专业课程中将有详细介绍,这里不再赘述。

本书主要研究集总参数的、线性非时变的连续时间和离散时间系统。至于分布参数的、非线性的和时变的系统,将在其他课程中讨论。

§1.5 线性非时变系统的分析

系统分析的任务,通常是在给定系统的结构和参数的情况下去研究系统的特性,包括已知系统的输入激励,欲求系统的输出响应;有时也可以从已给的系统激励和响应去分析系统应有的特性,知道了系统的特性,就可以对系统进行识别;也可能按照信号处理中对系统输入-输出关系的需求,完成特定系统的设计。

在系统理论中,线性非时变系统的分析占有特殊的重要地位。这首先是因为许多实用的系统具有线性非时变的特性。例如由电阻、电容、电感等系统组成的电系统都是这样的系统。其次是在系统理论中,只有线性非时变系统已经建立了一套完整的分析方法,而对于时变的、尤其

是非线性的系统的分析,都存在一定的困难,实用的非线性系统和时变系统的分析方法,大多是在线性非时变系统分析方法的基础上加以引申得来的。有些非线性系统在一定的工作条件下,也近似地具有线性系统的特性,因而可以采用分段线性近似的方法,通过线性系统的分析方法来加以处理,例如在小信号工作条件下的线性放大器就是如此。此外就综合而言,由于线性非时变系统易于综合实现,因此工程上许多重要的问题都是基于逼近线性模型来进行设计而得到解决的。所以线性非时变系统分析在实际应用中有着非常广泛的应用价值。

为了能够对系统进行分析,就需要把系统的工作表达为数学形式,即所谓建立系统的数学**模型**(model),这是进行系统分析的第一步。有了数学模型,然后第二步就可以运用数学方法去处理,例如解出系统在一定的初始条件和一定的输入激励下的输出响应。第三步再对所得的数学解给以物理解释,赋予物理意义。现在来对这些分析步骤略作扼要说明。

模型并非物理实体,它由一些理想元件结合组成。每个理想元件各代表着系统的一种特性。这些理想元件的连接不必与系统中实际元件的组成结构完全相当,但它们结合的总体所呈现的特性与实际系统的特性应该相近。也仅仅是从这些特性的角度说,模型才近似地代表了系统。

例如由一个电阻器和一个电容器串联而成的电路,通常用如图 1-13 所示的电路图来代表,这就是一个模型。对于这样一个电路图,一般就理解为 R 代表电阻器的阻值,C 代表电容器的容量。其实,这只是在频率较低时的一种近似,或者说,这个电路图是实际电路的一个低频模型。因为实际的电阻器还具有分布电

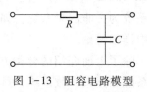

图 1-13 阻容电路模型

容和引线电感,实际的电容器也还具有漏电导和引线电感,当工作频率较高时,这些因素都必须考虑。这时,单独一个电阻器或电容器本身就要用若干个理想元件组成的等效电路来表示,所以实际阻容电路的高频模型就会比低频模型复杂得多。工作频率更高时,电路将呈现分布参数的特性,就无法用集总参数的模型来表示了。

如大家所熟悉的,电路理论中常用的理想元件有理想电阻、理想电容、理想电感、理想变压器等。每一理想元件所代表的物理特性,表示为端子上电压-电流间的一定运算关系。例如,对于电阻为 $u=Ri$,对于电容为 $u = \dfrac{q}{C} = \dfrac{1}{C}\int_{-\infty}^{t} i(\tau)\mathrm{d}\tau$,等等。除了理想的无源元件外,另外还有理想有源元件,包括理想电压源、理想电流源以及各种理想受控源,这些都是电路模型中常见的理想元件。作为系统模型基本组成部分,还有一些理想的运算单元,常见的有放大器、积分器、延时器、加法器、乘法器等,它们中的每一种完成一种运算功能。例如,放大器的输出信号是输入信号的 K 倍,加法器的输出信号是若干个输入信号之和,等等。这些理想的运算器的特性,可以与实际的电路做得很接近。它们本身都各是一个小系统,另一方面又可用来作为一个大系统模型的基本单元。这些运算单元常常抽象地分别用各种形状的框图标上输入、输出信号流向来表示,如图 1-14 所示。

根据系统的物理特性,把理想元件或理想运算器加以组合连接,就可构成常见的电路图,或

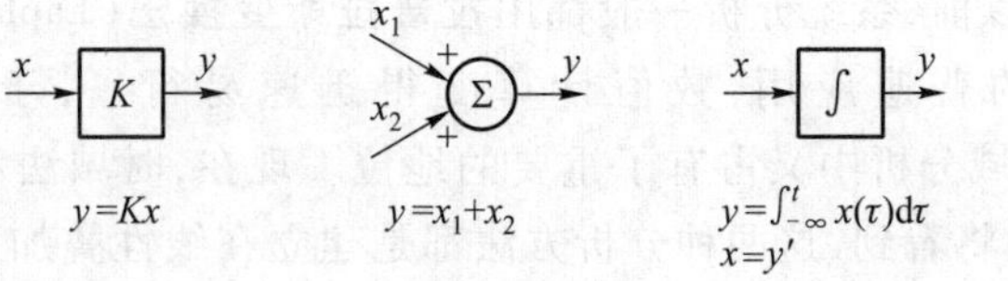

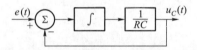

$$y=Kx \qquad y=x_1+x_2 \qquad \begin{array}{c} y=\int_{-\infty}^{t} x(\tau)\mathrm{d}\tau \\ x=y' \end{array}$$

(a) 标量乘法器　　　　(b) 加法器　　　　(c) 积分器

图 1-14　理想运算器

者系统的模拟图,这些图就是用符号表示的系统模型。应用基尔霍夫定律,即可由电路图写出电路方程;从系统的模拟图,也可容易地直接写出系统方程。如图 1-13 所示的 RC 电路,如输入端加上一电压源 $e(t)$,而以电容上电压作为输出,则由基尔霍夫电压定律不难写出该系统的输入-输出方程为

$$RC\frac{\mathrm{d}u_C(t)}{\mathrm{d}t}+u_C(t)=e(t)$$

　　同样,如用加法器、标量乘法器及积分器按图 1-15 连接构成一连续时间系统,则由 $u_C(t)$ 逆推出加法器输出信号应为 $RCu_C'(t)$。再由加法器的输出等于输入之和,不难得出与上述方程相同的方程。因此由图 1-13 的 RC 电路组成的系统与图 1-15 所示框图描述的系统是等效的。有关用模拟框图来描述系统的进一步讨论将在第五章进行。

图 1-15　框图描述系统的一例

　　电路方程和系统方程是用数学形式表示的电路和系统的模型,称为数学模型,它们描述了电路和系统的工作情况。有了这种数学模型,才有可能对系统进行数学分析。因此,能否建立一个合理的数学模型,成为近代科学研究中对于各种系统进行科学分析的一个首要问题。所幸,在电系统中,已经由前人找到了许多合用的理想元件,还有像基尔霍夫定律那样精确的物理定律可资应用,使得建立系统的数学模型的工作较易进行。在其他某些学科领域中,也会有类似的定律为数学模型的建立提供对应的数学工具。

　　在连续时间系统中,线性动态系统的数学模型是线性微分方程,非线性系统的数学模型则是非线性微分方程。线性非时变系统的数学模型是常系数线性微分方程,而时变系统的微分方程的系数往往是时间函数。

　　根据建立数学模型时选取变量的观点和方法不同,系统的微分方程可以是**输入-输出方程**(input-output equation),也可以是**状态方程**(state equation)。为了分析线性非时变的连续时间系统,从一定的初始条件和一定的激励来求取系统响应,就必须求解描述该系统的常系数线性微分方程。求解微分方程的古典方法是在时域中的直接解法。但是,对于在复杂信号激励下的系统,用古典方法求微分方程的特解常很困难。于是人们另找出路,改用变换域的方法去求解。

在 20 世纪四五十年代以前,系统分析一般都用**拉普拉斯变换法**(Laplace transform method)。后来,由于数字计算机的普遍应用,数值计算变得迅速易行了,于是利用叠加概念,**卷积**(convolution)方法在时域分析中又占有了重要的地位。现在,时域法和变换域法是系统分析的两种并重的方法。以后将看到,这两种分析方法都是建立在线性叠加以及系统参数不随时间变化等基本概念上的。所以,线性系统的分析一般就是指线性非时变系统的分析。

随着数字技术的迅速发展,离散时间系统的分析显得日益重要。线性离散时间系统的数学模型是线性差分方程,差分方程也可以是输入-输出方程或状态方程。求解差分方程也可以用时域法或变换域法,这里的时域法是和连续时间系统相类似的卷积法,而变换域法可以是 z 变换(z- transform)或其他变换。

作为工程技术的分析,常常不能以由数学模型求得数学解为满足,还要进一步从中引出有用的物理结论和重要概念。例如,在许多情况下,要通过分析的结果考察系统达到了什么样的信号处理的目的,考察这个作为系统响应的解怎样受系统参数的影响,研究为了使系统响应达到所希望的要求应该采取何种措施等问题。只有解决了这些问题,才能够使系统在实际应用中发挥出更大的作用。

建立数学模型的工作要结合具体的系统来进行,所以将在后续课程中分别介绍。本书着重研究线性非时变连续和离散时间系统的时域与变换域解法,各种典型信号通过上述系统的情况,信号和系统的特性,并引出一些重要的概念。

§1.6　非电系统的分析

线性系统的分析方法不但适用于信号传输系统或电系统,而且还可以应用到其他非电的学科中,只要所研究的是线性系统的问题,并且能设法建立适当的数学模型来描写此系统。非电系统的分析方法与电系统非常相似,现在举几个例子来加以说明。

1. 机械系统与电系统的相似性

例如:

(1)物体产生机械运动时遇到的阻尼作用相当于电路中电阻的作用:机械运动的阻力与物体运动速度有关,在简单的情况下,阻力与速度成正比,即 $F = cv = c\dfrac{dx}{dt}$,其中 c 为与电阻相对应的阻尼系数,v 是速度,x 是位移;显然此式与电路中的压降 $u = Ri = R\dfrac{dq}{dt}$ 相当。

(2)机械系统中物体的惯性与电元件的储能可以比拟:具有质量 M 的物体为克服其惯性而产生运动所需的力为 $F = M\dfrac{dv}{dt} = M\dfrac{d^2x}{dt^2}$,物体运动时储有动能 $W = \dfrac{1}{2}Mv^2$;这两式分别与电路中电

感上的压降 $u=L\dfrac{\mathrm{d}i}{\mathrm{d}t}=L\dfrac{\mathrm{d}^2q}{\mathrm{d}t^2}$ 以及电感储有磁场能 $W=\dfrac{1}{2}Li^2$ 相当。

（3）机械系统的弹簧与电路中电容器可以比拟：弹簧伸长或压缩所需的力与它伸长或压缩的长度（即位移）成正比，即 $F=kx$，其中 k 是弹簧常数，弹簧伸长或压缩时储有位能 $W=\dfrac{1}{2}kx^2$；这两式分别与电路中电容上的压降 $u=\dfrac{q}{C}=Sq$ 以及电容器储有电场能 $W=\dfrac{1}{2}\cdot\dfrac{q^2}{C}=\dfrac{1}{2}Sq^2$ 相当，这里电容量 C 的倒数 S 称为**电弹**[①]。

由以上可见，机械系统和电系统具有如下的可以比拟的对应关系：阻尼系数 c 与电阻 R，质量 M 与电感 L，弹簧常数 k 与电弹 S，机械力与电压，速度与电流，位移与电荷。机械系统也可以由若干个环节耦合起来，使运动由一处传向另一处，这就相当于电系统的耦合回路。

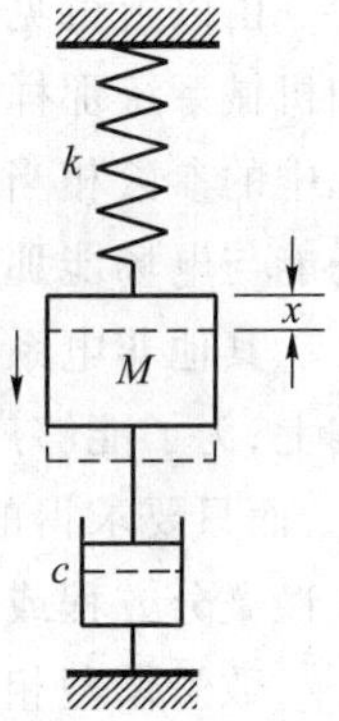

图 1-16 表示一机械减震系统，其中 k 为弹簧常数，M 为物体质量，c 为减震黏滞液体的阻尼系数，x 为物体偏离其平衡位置的位移。这是一个没有外力作用的自由振动系统，描述其运动的微分方程为

$$M\frac{\mathrm{d}^2x}{\mathrm{d}t^2}+c\frac{\mathrm{d}x}{\mathrm{d}t}+kx=0 \qquad (1-14)$$

式中，第一项是物体运动时的惯性力，在图中是向下顺着运动方向的；第二项是阻尼力；第三项是弹簧恢复力，后二者的方向均为逆运动向上。显然，此式和串联振荡电路的微分方程

图 1-16 机械减震系统

$$L\frac{\mathrm{d}^2q}{\mathrm{d}t^2}+R\frac{\mathrm{d}q}{\mathrm{d}t}+\frac{1}{C}q=0 \qquad (1-15)$$

具有完全相同的形式。当给定了初始位移或与之相当的边界条件时，式（1-14）即可解出。如果图 1-16 中的物体受某种随时间变化的外力 $F(t)$ 作用，这个系统就成为受迫振动系统，系统方程式（1-14）的右方也要相应地加上 $F(t)$ 这一项。这种情况与受迫振荡电路相当。

2. 热系统与电系统的相似性

例如：

（1）物体既可以储存热能，也可以在有温度差时传导热能，这与电系统中可以储存电荷和在有电压差时传导电荷相当。因此可以设想热能与电荷相比拟，温度与电压相比拟。实验结果表明，物体中热能 Q 增加的速率与物体温度 θ 增升的速率近似地成正比，即 $\dfrac{\mathrm{d}Q}{\mathrm{d}t}=C_t\dfrac{\mathrm{d}\theta}{\mathrm{d}t}$。这里比例常数 C_t 称为热容量，它与物体的比热和质量有关。把热能的变化率理解为热能的

---

① elastance，电弹，或称倒电容。

流,那么此式就与电路中的 $\dfrac{\mathrm{d}q}{\mathrm{d}t}=i=C\dfrac{\mathrm{d}u}{\mathrm{d}t}$ 相当,而热容量 C_t 与电容量 C 可比拟。

（2）再从热传导方面看。假设导热物体的热容量极小,则由物体一面流入的热能和另一面流出的热能应近似相等。实验表明,在这种情况下,流经物体的热能的速率与物体两面间的温度差成正比,即 $\dfrac{\mathrm{d}Q}{\mathrm{d}t}=G_t(\theta_1-\theta_2)$。这里的比例常数 G_t 称为热传导,它与导热率、导热物体的截面积及长度有关。此式又与电路中的 $\dfrac{\mathrm{d}q}{\mathrm{d}t}=i=G(u_1-u_2)$ 相当,而热传导 G_t 与电导 G 可比拟。

由以上可见,热系统在一定程度上也可以和电系统相比拟,从而建立适当的数学模型,但不如机械系统那样能够与电系统全面对应。因为热系统中只有热容量和热传导两个参数与电系统中的参数相当,同时热能也仅仅与电荷相当,而不是像机、电两个系统中动能与位能分别和磁场能与电场能那样严格地对应。

其他非电系统中要想找出上面所说的那些物理概念上相近的比拟关系,并非都能做到。事实上,为了能够广泛地应用线性系统的分析方法,并无必要去寻找这种严格的物理意义上的类比,而只要求得的数学模型形式上相同就可以了。也就是说,系统的工作只要能够表述为一个线性微分方程或线性差分方程,就可用线性系统的分析方法去求解、研究了。

数学模型相同的系统通常称为相似系统。由于电系统的分析、测量比较直观方便,因此运用相似系统的概念,对非电系统的分析常可用相似的电系统的分析来代替,从而为非电系统的分析提供了一种快速简洁的分析手段。

为了说明系统分析方法的应用范围,这里再来举一个简化了的预测人口的例子。从宏观的统计角度看,人口是一个连续的时间函数,设 $P(t)$ 代表这个函数。假定某一地区根据历年统计表明,其人口增长速度正比于总人口,于是就可得到该地区从某一时间开始的人口增长的简单数学模型

$$\frac{\mathrm{d}P(t)}{\mathrm{d}t}=KP(T)$$

或

$$\frac{\mathrm{d}P(t)}{\mathrm{d}t}-KP(t)=0 \tag{1-16}$$

式中 K 是一定时间单位（例如一年）的百分增长率,根据上述假定,它应是一常数。若知道了某一初始时刻 $t=0$ 时的人口 P_0,即可求得这个简单微分方程的解是一指数函数 $P(t)=P_0\mathrm{e}^{Kt}$。由此就可预测若干个时间单位（如若干年）后的总人口。例如,当人口百分增长率 K 为每年 2% 时,读者可以自行算得,约 35 年后,人口将增加一倍。

式（1-16）只是表明人口变化的一个简单的数学模型。在一般情况下,人口增长率当然不仅与总人口有关,而且还与食物、医疗卫生等生活条件以及控制生育的措施有关,也还与社会意识等因素有关。如果把这些因素计入后的数学模型仍然是一线性微分方程,那么线性系统的分析方法也就仍然适用。怎样去建立一个包括这些因素的数学模型,是社会科学研究的问题。这个

例子说明了数学分析作为一个有力的手段,如何广泛地应用于各个学科领域。同时,这也说明了本课程的广泛适用意义。但是,本书也只在这里指出这种广泛适用性,作为通信及电子类专业的基础教材,以后的讨论将仍限于电系统的分析。

习　题

1.1　说明波形如图 P1-1 所示的各信号是连续信号还是离散信号。

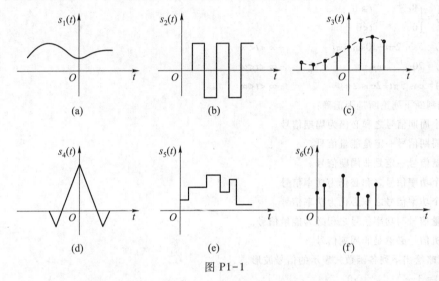

图 P1-1

1.2　说明下列信号是周期信号还是非周期信号。若是周期信号,求其周期 T。

（a）$a \sin t - b \sin 3t$

（b）$a \sin 4t + b \cos 7t$

（c）$a \sin 3t + b \cos \pi t, \pi \approx 3$ 和 $\pi \approx 3.141\cdots$

（d）$a \cos \pi t + b \sin 2\pi t$

（e）$a \sin \dfrac{5t}{2} + b \cos \dfrac{6t}{5} + c \sin \dfrac{t}{7}$

（f）$(a \sin 2t)^2$

（g）$(a \sin 2t + b \sin 5t)^2$

提示:如果包含有 n 个不同频率余弦分量的复合信号是一个周期为 T 的周期信号,则其周期 T 必为各分量信号周期 $T_i(i=1,2,3,\cdots,n)$ 的整数倍。即有 $T = m_i T_i$ 或 $\omega_i = m_i \omega$。式中 $\omega_i = \dfrac{2\pi}{T_i}$ 为各余弦分量的角频率,$\omega = \dfrac{2\pi}{T}$ 为复合信号的基波频率,m_i 为正整数。

因此只要能找到 n 个不含整数公因子的正整数 m_1、m_2、m_3、$\cdots$、m_n,使

$$\omega_1 : \omega_2 : \omega_3 : \cdots : \omega_n = m_1 : m_2 : m_3 : \cdots : m_n$$

成立,就可判定该信号为周期信号,其周期为

$$T = m_i T_i = m_i \frac{2\pi}{\omega_i}$$

如复合信号中某两个分量频率的比值为无理数,则无法找到合适的 m_i,该信号常称为概周期信号。概周期

信号是非周期信号,但如选用某一有理数频率来近似表示无理数频率,则该信号可视为周期信号。所选的近似值改变,则该信号的周期也随之变化。例如 $\cos t+\cos\sqrt{2}t$ 的信号,如令 $\sqrt{2}\approx1.41$,则可求得 $m_1=100$,$m_2=141$,该信号的周期为 $T=200\pi$;如令 $\sqrt{2}\approx1.414$,则该信号的周期变为 $2\,000\pi$。

1.3 说明下列信号中哪些是周期信号,哪些是非周期信号;哪些是能量信号,哪些是功率信号。计算它们的能量或平均功率。

(1) $f(t)=\begin{cases}5\cos 10\pi t & t\geqslant 0\\0 & t<0\end{cases}$

(2) $f(t)=\begin{cases}8\mathrm{e}^{-4t} & t\geqslant 0\\0 & t<0\end{cases}$

(3) $f(t)=5\sin 2\pi t+10\sin 3\pi t \qquad -\infty<t<\infty$

(4) $f(t)=20\mathrm{e}^{-10|t|}\cos \pi t \qquad -\infty<t<\infty$

(5) $f(t)=\cos 5\pi t+2\cos 2\pi^2 t \qquad -\infty<t<\infty$

1.4 试判断下列论断是否正确:

(1) 两个周期信号之和必仍为周期信号。

(2) 非周期信号一定是能量信号。

(3) 能量信号一定是非周期信号。

(4) 两个功率信号之和必仍为功率信号。

(5) 两个功率信号之积必仍为功率信号。

(6) 能量信号与功率信号之积必为能量信号。

(7) 随机信号必然是非周期信号。

1.5 粗略绘出下列各函数式表示的信号波形。

(1) $f(t)=3-\mathrm{e}^{-t} \qquad t>0$

(2) $f(t)=5\mathrm{e}^{-t}+3\mathrm{e}^{-2t} \qquad t>0$

(3) $f(t)=\mathrm{e}^{-t}\sin 2\pi t \qquad 0<t<3$

(4) $f(t)=\dfrac{\sin at}{at}$

(5) $f(k)=(-2)^{-k} \qquad 0<k\leqslant 6$

(6) $f(k)=\mathrm{e}^{k} \qquad 0\leqslant k<5$

(7) $f(k)=k \qquad 0<k<n$

1.6 已知信号 $f(t)$ 波形如图 P1-6 所示,试绘出 $f(t-4)$、$f(t+4)$、$f\left(\dfrac{t}{2}\right)$、$f(2t)$、$f\left(-\dfrac{t}{2}\right)$、$f\left(-\dfrac{t}{2}+1\right)$ 的波形。

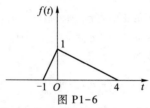

图 P1-6

1.7　改变例题 1-2 中信号处理的次序为:(1) 反褶,时延,尺度变换;(2) 尺度变换,反褶,时延;(3) 尺度变换,时延,反褶。重绘 $f(1-2t)$ 的波形,并与例题 1-2 的结果相比较。

1.8　试判断下列方程所描述的系统是否为线性系统,是否为时变系统。

(1)　$\dfrac{\mathrm{d}r(t)}{\mathrm{d}t}+r(t)=e(t)+5$

(2)　$\dfrac{\mathrm{d}r(t)}{\mathrm{d}t}+tr(t)+5\displaystyle\int_{-\infty}^{t}r(\tau)\mathrm{d}\tau=\dfrac{\mathrm{d}e(t)}{\mathrm{d}t}+e(t)$

(3)　$r(t)=10e^{2}(t)+10$

(4)　$\dfrac{\mathrm{d}^{2}r(t)}{\mathrm{d}t^{2}}-r(t)\dfrac{\mathrm{d}r(t)}{\mathrm{d}t}=10e(t)$

1.9　证明线性非时变系统有如下特性:若系统在激励 $e(t)$ 作用下响应为 $r(t)$,则当激励为 $\dfrac{\mathrm{d}e(t)}{\mathrm{d}t}$ 时响应必为 $\dfrac{\mathrm{d}r(t)}{\mathrm{d}t}$。

提示　$\qquad\qquad\qquad\dfrac{\mathrm{d}f(t)}{\mathrm{d}t}=\lim\limits_{\Delta t\to 0}\dfrac{f(t)-f(t-\Delta t)}{\Delta t}$

1.10　一线性非时变系统具有非零的初始状态,已知当激励为 $e(t)$ 时系统全响应为 $r_{1}(t)=e^{-t}+2\cos\pi t,t>0$;若初始状态不变,激励为 $2e(t)$ 时系统的全响应为 $r_{2}(t)=3\cos\pi t,t>0$。求在同样初始状态条件下,如激励为 $3e(t)$ 时系统的全响应 $r_{3}(t)$。

1.11　一具有两个初始条件 $x_{1}(0)$、$x_{2}(0)$ 的线性非时变系统,其激励为 $e(t)$,输出响应为 $r(t)$,已知:

(1) 当 $e(t)=0,x_{1}(0)=5,x_{2}(0)=2$ 时,$r(t)=e^{-t}(7t+5),t>0$;

(2) 当 $e(t)=0,x_{1}(0)=1,x_{2}(0)=4$ 时,$r(t)=e^{-t}(5t+1),t>0$;

(3) 当 $e(t)=\begin{cases}1,t>0\\0,t<0\end{cases},x_{1}(0)=1,x_{2}(0)=1$ 时,$r(t)=e^{-t}(t+1),t>0$。

求 $e(t)=\begin{cases}3,t>0\\0,t<0\end{cases}$ 时的零状态响应。

第二章

连续时间系统的时域分析

§2.1 引言

线性连续时间系统的分析,可以归结为建立并且求解线性微分方程的过程。在系统的微分方程中,包含有表示激励和响应的时间函数以及它们对于时间的各阶导数的线性组合。系统的复杂性常由系统的阶数来表示,系统阶数就是描述该系统的微分方程的阶数。在分析过程中,如果不经过任何变换,则所涉及的函数的变量都是时间 t,这种分析方法称为**时域分析法**(time-domain analysis method)。如果为了便于求解方程而将时间变量变换成其他变量,则相应地称为**变换域分析法**(transform domain analysis method)。例如,在后面第三和第四章中,就是采用傅里叶变换将时间变量变换为频率变量去进行分析,这种方法被称为**频域分析法**(frequency-domain analysis method)。

如上一章所述,进行系统分析时,首先要建立系统的数学模型。对于电系统,这一工作一般并不困难。当这系统是一个线性电路时,只要利用众所周知的理想电路元件特性,根据基尔霍夫定律,就可以列出一个或者一组描述电路工作的线性微分方程。例如,对于图 2-1 所示的 *RLC* 串联电路,可以列出方程

$$L\frac{\mathrm{d}i(t)}{\mathrm{d}t} + Ri(t) + \frac{1}{C}\int_{-\infty}^{t} i(\tau)\mathrm{d}\tau = e(t) \tag{2-1a}$$

或

$$L\frac{\mathrm{d}^2 i(t)}{\mathrm{d}t^2} + R\frac{\mathrm{d}i(t)}{\mathrm{d}t} + \frac{1}{C}i(t) = \frac{\mathrm{d}e(t)}{\mathrm{d}t} \tag{2-1b}$$

这是一个二阶微分方程,因此原电路是一个二阶系统。又如,对于图 2-2 所示的双耦合电路,可以写出一对微分方程

$$\begin{cases} L\dfrac{\mathrm{d}^2 i_1}{\mathrm{d}t^2} + R\dfrac{\mathrm{d}i_1}{\mathrm{d}t} + \dfrac{1}{C}i_1 + M\dfrac{\mathrm{d}^2 i_2}{\mathrm{d}t^2} = \dfrac{\mathrm{d}e}{\mathrm{d}t} \\[2mm] L\dfrac{\mathrm{d}^2 i_2}{\mathrm{d}t^2} + R\dfrac{\mathrm{d}i_2}{\mathrm{d}t} + \dfrac{1}{C}i_2 + M\dfrac{\mathrm{d}^2 i_1}{\mathrm{d}t^2} = 0 \end{cases} \tag{2-2}$$

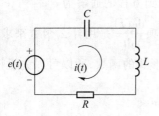

图 2-1　RLC 串联电路

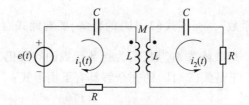

图 2-2　双耦合电路

这里为了表述方便,用 i_1、i_2、e 简化表达 $i_1(t)$,$i_2(t)$,$e(t)$。可以用消元法来简化这两个联立的二阶微分方程,就会导出一个四阶的微分方程。例如消去 i_1,即可得

$$(L^2-M^2)\frac{\mathrm{d}^4 i_2}{\mathrm{d}t^4}+2RL\frac{\mathrm{d}^3 i_2}{\mathrm{d}t^3}+\left(\frac{2L}{C}+R^2\right)\frac{\mathrm{d}^2 i_2}{\mathrm{d}t^2}+\frac{2R}{C}\frac{\mathrm{d}i_2}{\mathrm{d}t}+\frac{1}{C^2}i_2=-M\frac{\mathrm{d}^3 e}{\mathrm{d}t^3}$$

可见这是一个四阶系统。由此推广到一般,对于一个 n 阶线性系统,其激励函数与响应函数,或者输入函数与输出函数之间的关系,总可以用下列形式的微分方程——输入-输出方程来描述

$$\frac{\mathrm{d}^n r}{\mathrm{d}t^n}+a_{n-1}\frac{\mathrm{d}^{n-1}r}{\mathrm{d}t^{n-1}}+\cdots+a_1\frac{\mathrm{d}r}{\mathrm{d}t}+a_0 r$$

$$=b_m\frac{\mathrm{d}^m e}{\mathrm{d}t^m}+b_{m-1}\frac{\mathrm{d}^{m-1}e}{\mathrm{d}t^{m-1}}+\cdots+b_1\frac{\mathrm{d}e}{\mathrm{d}t}+b_0 e$$

$$(2-3)$$

其中 r 为响应函数,e 为激励函数,它们都是时间函数。对于线性非时变系统,组成系统的元件都是参数恒定的线性元件,因此式中各系数 a 和 b 都是常数,这里令 r 的最高阶导数的系数 $a_n=1$,仍不失该式的普遍性。

式(2-3)是一个常系数的 n 阶线性常微分方程,在作线性系统的分析时,就必须求解这个微分方程。这种常系数微分方程的古典解法,是在高等数学中已经讨论过的直接解法。该法将微分方程式(2-3)的解分为两个组成部分,一为与该方程相应的齐次方程(即令该式右方为零所得的方程)的通解,另一为满足此非齐次方程的特解。齐次方程的通解为 n 个指数项之和,其中包含有 n 个待定常数,要用 n 个初始条件确定。作为系统的响应来说,解的这部分就是**自然响应**(natural response)或称**自由响应**。满足非齐次方程的特解,要根据方程右方函数即系统的激励函数的具体形式来求解,解的这部分就是**受迫响应**(forced response)。

以式(2-1b)的二阶方程为例,它的相应的齐次方程为

$$L\frac{\mathrm{d}^2 i(t)}{\mathrm{d}t^2}+R\frac{\mathrm{d}i(t)}{\mathrm{d}t}+\frac{1}{C}i(t)=0$$

该方程对应的特征方程为

$$L\lambda^2+R\lambda+\frac{1}{C}=0$$

解此特征方程,可以得到方程的特征根 λ_1、λ_2,由此可以得到方程的通解为 $c_1 e^{\lambda_1 t} + c_2 e^{\lambda_2 t}$,其中 c_1、c_2 为待定系数[①]。至于式(2-1b)的特解,要看此式右边的项 $\dfrac{de(t)}{dt}$ 是用什么函数来求取。例如,当该项是一指数函数 $Ae^{\gamma t}$ 时,因为指数函数的导数仍为同形式的函数,所以可以先设该方程的特解为 $Be^{\gamma t}$。于是式(2-1b)的完全解具有下面形式:

$$i(t) = c_1 e^{\lambda_1 t} + c_2 e^{\lambda_2 t} + Be^{\gamma t}$$

将该解代入方程(2-1b),即可得出系数 B,从而得到特解[②]。然后,当给定了初始条件 $i(0)$、$i'(0)$ 后,将它们代入 $i(t)$ 及 $i'(t)$ 中,系数 c_1、c_2 亦可随之确定。这个解的前两项代表系统的自由响应,最后一项代表系统的受迫响应。

对于一个可以用低阶微分方程描述的系统,如果激励信号又是直流、正弦或指数之类的简单形式的函数,那么用上述古典的求解微分方程的办法去分析线性系统是很方便的。但是,如果激励信号是某种较为复杂的函数,求方程的特解就不是这样容易了。特别是当系统又须用高阶微分方程描述时,利用古典法求解方程的工作将变得格外困难。所以,在实际应用中,常采用近代时域法以及后面第三至第五章介绍的变换域法来求解系统响应。本章重点介绍近代时域法。

与古典法将响应分为自然响应和受迫响应求解不同,近代时域法将响应分为**零输入响应**(zero-input response)和**零状态响应**(zero-state response)两部分。正如我们在第一章中介绍过的,零输入响应是系统在无输入激励的情况下仅由初始条件引起的响应;零状态响应是系统在无初始储能或称为状态为零的情况下,仅由外加激励源引起的响应。根据叠加定理,在分别求得了这两个响应分量后再进行叠加,就可得全响应。在概念上,零输入响应和自然响应都与激励信号没有关系,零状态响应和受迫响应都与激励信号相关,这两对概念有一定的联系,容易混淆,但是它们是有区别的。在§2.9中,将通过一个例题讨论它们之间的联系和区别。

求解零输入响应时,因为不用考虑激励信号,也就是不用考虑其特解部分,只要通过古典法,解出上述齐次方程并利用初始条件确定解中的待定系数即可,解算工作的困难不大。在§2.3中将详细讨论具体的求解方法。

求解零状态响应时,则需求解含有激励函数而初始条件为零的非齐次方程,理论上也可以使用古典法求解,但是当激励信号是一个复杂的信号时,求解响应中的特解就成为一个难题。所以实际工程中一般不采用古典法求解零状态响应,而是采用**叠加积分法**(superposition integral method)或者变换域法求解。变换域法会在第三章之后介绍,本章主要介绍在时域中使用的叠加积分法。

叠加积分法利用了线性非时变系统的叠加性,它将激励信号 $e(t)$ 分解为一些用较为简单的子信号 $f_i(t)$($i = 1, 2, 3, \cdots$)的加权和

---

① 若特征方程具有二重根,即 $\lambda_1 = \lambda_2 = \lambda$,则通解为 $c_1 e^{\lambda t} + c_2 t e^{\lambda t}$。

② 这里指的是 γ 不等于方程的特征根 λ_1、λ_2 的情况;若 $\gamma = \lambda_1$ 或 $\gamma = \lambda_2$,则应设特解为 $Bte^{\gamma t}$。

$$e(t)=\sum_i a_i f_i(t) \qquad\qquad (2-4)$$

如果能够得到系统对各个子信号 $f_i(t)$ 的零状态响应 $r_i(t)$，利用线性系统的齐次性和叠加性，将系统对各个子信号的响应相叠加，就可以得到系统对整个激励信号的零状态响应

$$r_{zs}(t)=\sum_i a_i r_i(t) \qquad\qquad (2-5)$$

叠加积分法在使用中必须解决几个问题。第一个问题是选用什么样的子信号集作为分解任意复杂信号的基础。实际应用中用于分解复杂信号的子信号往往是很多个甚至是无穷多个信号的集合，这些子信号首先必须能够完成任意信号（或者至少绝大多数实际应用中遇到的信号）的分解任务，而且用这些子信号合成的信号应该与原信号完全相符，没有误差。其次，系统对子信号的响应要容易求解，这样才能够达到简化计算的目的。第三，系统对各个子信号的响应之间应该有一定的联系，或者能够找到一个通用的表达式统一表示子信号集中各个子信号的响应。如前所述，子信号集往往由很多甚至无穷多个子信号组成，如果每个子信号的响应都要一一求解，那将给实际应用带来很大的计算量，无法实现。§2.4 将介绍时域分析法中用于分解信号的两种子信号：阶跃信号和冲激信号。

叠加积分法在使用中必须解决的第二个问题，是在给定了子信号集以后，如何将任意信号如式（2-4）那样分解为子信号集中的信号的加权和，这里希望能够有一个对任意信号都适合的分解方法或者分解公式。§2.5 将介绍时域分析法中信号的分解方法。

叠加积分法在使用中必须解决的最后一个问题当然就是如何求解系统对各个子信号的响应 $r_i(t)$。§2.6 将介绍如何求解系统对阶跃和冲激信号的零状态响应。

在解决了以上 3 个问题后，不难通过式（2-5）得到系统对激励信号的零状态响应。当然，最后最好能够得到一个包含了上面 3 个问题的解答的统一的公式，能够一次性地计算出结果。在时域法中，这就是 §2.7 中介绍的叠加积分公式。

利用叠加积分分析线性系统的方法，早为人们所知道，它的困难在于要对某些复杂函数进行积分。近年来，随着计算机应用的日趋广泛，利用计算机可以很方便地进行数值积分运算，而且还可以运用数值积分处理无法表示为解析形式而仅是一组数据或一条曲线的激励函数，所以利用叠加积分（主要是卷积积分）分析线性系统的时域分析法日渐得到广泛的应用。

目前，卷积法和以后将要讨论的拉普拉斯变换法是线性连续时间系统的两种主要分析方法。本章首先介绍系统方程的一种简单表示方法——算子表示法，接着讨论如何在时域中求系统方程的零输入解，然后详细研究信号的时域分解以及利用叠加积分求系统方程的零状态解的具体算法。

§2.2 系统方程的算子表示法

如上节所述，描写线性系统的激励函数和响应函数间关系的微分方程，具有式（2-3）的

形式。式中 $\dfrac{\mathrm{d}}{\mathrm{d}t}$ 和 $\dfrac{\mathrm{d}^n}{\mathrm{d}t^n}$ 等为时域中的微分算子符号,当它们作用于某一时间函数时,该函数就要对时间变量 t 分别进行一次和 n 次微分运算。为了方便起见,把微分算子符号用 p 来代表,即令

$$\frac{\mathrm{d}}{\mathrm{d}t}=p, \qquad \frac{\mathrm{d}^n}{\mathrm{d}t^n}=p^n \tag{2-6}$$

又把积分算子符号用 $\dfrac{1}{p}$ 来代表,即令

$$\int_{-\infty}^{t} (\quad)\,\mathrm{d}\tau = \frac{1}{p}(\quad) \tag{2-7}$$

于是有

$$\frac{\mathrm{d}x}{\mathrm{d}t}=px, \qquad \frac{\mathrm{d}^n x}{\mathrm{d}t^n}=p^n x$$

$$\int_{-\infty}^{t} x\,\mathrm{d}\tau = \frac{1}{p}x$$

利用这样的符号,积分微分方程或微分方程就可用较为简化的形式写出。例如,对式(2-1a)、式(2-1b)和式(2-3)可以分别写成

$$Lpi+Ri+\frac{1}{Cp}i=e$$

$$Lp^2 i+Rpi+\frac{1}{C}i=pe$$

$$p^n r+a_{n-1}p^{n-1}r+\cdots+a_1 pr+a_0 r$$
$$=b_m p^m e+b_{m-1}p^{m-1}e+\cdots+b_1 pe+b_0 e$$

或者,仿照代数方程中把公共因子提出来的办法,还可以将以上诸式分别写成

$$\left(Lp+R+\frac{1}{Cp}\right)i=e \tag{2-8a}$$

$$\left(Lp^2+Rp+\frac{1}{C}\right)i=pe \tag{2-8b}$$

$$(p^n+a_{n-1}p^{n-1}+\cdots+a_1 p+a_0)r$$
$$=(b_m p^m+b_{m-1}p^{m-1}+\cdots+b_1 p+b_0)e \tag{2-9a}$$

虽然在这里把算子符号 p 像代数量那样处理,但是不要忘记它不是代数量。因此,在 $(p^2+ap+b)x$ 这样的式子中,(p^2+ap+b) 并不是用来与函数 x 相乘的代数量,而它作为一个整体,是一个作用在函数 x 的运算符号,代表着一定的运算过程,即

$$(p^2+ap+b)x=\frac{\mathrm{d}^2 x}{\mathrm{d}t^2}+a\frac{\mathrm{d}x}{\mathrm{d}t}+bx$$

利用算子符号可以把微分方程写成代数方程形式的算子方程,于是就会自然地产生这样一个问题,即代数方程中的运算规则在算子方程中是否适用? 对于这个问题的回答是:一般适用,但有例外。例如,在代数方程式中有关系$(y+a)(y+b)=y^2+(a+b)y+ab$,在算子方程中关系$(p+a)(p+b)=p^2+(a+b)p+ab$ 是否也成立呢? 只要加以运算检验,就可以证明这关系是成立的,因为

$$
\begin{aligned}
(p+a)(p+b)x &= \left(\frac{\mathrm{d}}{\mathrm{d}t}+a\right)\left(\frac{\mathrm{d}}{\mathrm{d}t}+b\right)x \\
&= \left(\frac{\mathrm{d}}{\mathrm{d}t}+a\right)\left(\frac{\mathrm{d}x}{\mathrm{d}t}+bx\right) \\
&= \frac{\mathrm{d}}{\mathrm{d}t}\left(\frac{\mathrm{d}x}{\mathrm{d}t}+bx\right)+a\left(\frac{\mathrm{d}x}{\mathrm{d}t}+bx\right) \\
&= \frac{\mathrm{d}^2x}{\mathrm{d}t^2}+b\frac{\mathrm{d}x}{\mathrm{d}t}+a\frac{\mathrm{d}x}{\mathrm{d}t}+abx \\
&= [p^2+(a+b)p+ab]x
\end{aligned}
$$

把这检验法加以推广,不难得出结论,即由 p 的多项式所组成的运算符号可以像代数式那样相乘和因式分解。容易证明,代数运算中的分配律和结合律在算子方程中完全适用。

如果算子方程中牵涉到乘除计算,就必须加以小心,这时代数计算法则有时成立,有时不成立。例如,$p\dfrac{1}{p}x=\dfrac{\mathrm{d}}{\mathrm{d}t}\displaystyle\int_{-\infty}^{t}x\mathrm{d}\tau=x$,这里也像代数式中一样,分子分母中的 p 可以消去。但是

$$
\frac{1}{p}px = \int_{-\infty}^{t}\left[\frac{\mathrm{d}x}{\mathrm{d}t}\right]_{t=\tau}\mathrm{d}\tau = x(t)-x(-\infty)
$$

这里除非 $x(-\infty)=0$,否则分母和分子中的 p 就不能消去。这表明在一般情况下,有

$$
p\frac{1}{p}x \neq \frac{1}{p}px
$$

也就是,微分和积分的运算次序不能任意颠倒,两种运算也不一定能抵消。同样,若对式

$$
\frac{\mathrm{d}x}{\mathrm{d}t}=\frac{\mathrm{d}y}{\mathrm{d}t}
$$

两边积分,可得

$$
x=y+c
$$

其中 c 为积分常数。由此可见,对于等式 $px=py$,两边的算子 p 一般也不好消去。

以上讨论说明,代数量的运算规则对于算子符号一般也可应用,只是在分子分母中或在等式两边相同的算子符号却不能随便消去。

现在再来考察式(2-9a),把此式左、右两边 p 的多项式分别记为 $D(p)$ 和 $N(p)$,则有

$$
D(p)r(t)=N(p)e(t) \tag{2-9b}
$$

这一微分方程又可进一步写成

$$r(t) = \frac{N(p)}{D(p)}e(t) \tag{2-9c}$$

这里,等式右边分母中出现多项式 $D(p)$,除了如式(2-9b)中表示它是作用在等式左边函数 $r(t)$ 上的运算符号外,别无其他意义。把式(2-9c)中的 p 的分式 $\dfrac{N(p)}{D(p)}$ 定义为**转移算子**(transfer operator) $H(p)$,即

$$H(p) = \frac{N(p)}{D(p)} = \frac{b_m p^m + b_{m-1} p^{m-1} + \cdots + b_1 p + b_0}{p^n + a_{n-1} p^{n-1} + \cdots + a_1 p + a_0} \tag{2-10}$$

于是,在时域中响应函数与激励函数之间的关系,就可用下列简明的一般形式表示

$$r(t) = H(p)e(t) \tag{2-11}$$

当求系统的零输入响应时,激励 $e(t)$ 为零,就要解齐次方程

$$D(p)r(t) = 0 \tag{2-12}$$

当求系统的零状态响应时,则要解式(2-11)的非齐次方程。

把微分方程写成算子方程后,就可以利用它与代数方程间的相似关系,很方便地求解齐次方程。而且,以后还将看到,算子形式的微分方程与其拉普拉斯变换式有类似的形式。

通过微分算子,还可以简化从电路建立其数学模型的过程。电路中的电容和电感的特性可以用算子简单地表达为

$$u_L(t) = L\frac{\mathrm{d}}{\mathrm{d}t}i_L(t) = Lp i_L(t)$$

$$u_C(t) = \frac{1}{C}\int_{-\infty}^{t} i_C(\tau)\,\mathrm{d}\tau = \frac{1}{Cp}i_C(t)$$

可见,从形式上看,电感 L 和电容 C 都可以看成是一个阻值为 Lp 和 $\dfrac{1}{Cp}$ 的电阻。由此电路建模问题就可以转为一个纯电阻网络分析的问题,过程可以大大简化。这里以一个例子来说明。

例题 2-1 用算子法列写出图 2-3 所示电路的微分方程。

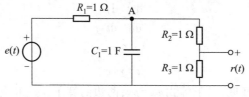

图 2-3 例题 2-1 电路

解:如果将图中的电容 C_1 看成是一个阻值为 $\dfrac{1}{C_1 p}$ 的电阻,那这里就是一个简单的电阻分压网络了。首先可以计算分到 A 点上的电压 $u_A(t)$,根据并联电阻计算原理和电阻分压的原理不难得到

$$u_{\mathrm{A}}(t) = \cfrac{\cfrac{1}{C_1 p + \cfrac{1}{R_2 + R_3}}}{R_1 + \cfrac{1}{C_1 p + \cfrac{1}{R_2 + R_3}}} e(t) = \cfrac{1}{p + \cfrac{3}{2}} e(t)$$

而 $r(t)$ 是 $u_{\mathrm{A}}(t)$ 在电阻 R_2 和 R_3 上的分压,由此可以得到

$$r(t) = \frac{R_3}{R_2 + R_3} u_{\mathrm{A}} = \cfrac{\cfrac{1}{2}}{p + \cfrac{3}{2}} e(t)$$

由此可得这个电路的转移算子为

$$H(p) = \cfrac{\cfrac{1}{2}}{p + \cfrac{3}{2}}$$

根据前面转移算子定义式(2-10)与原始的微分方程(2-9a)的对应关系,不难得到它所对应的微分方程为

$$r'(t) + \frac{3}{2} r(t) = \frac{1}{2} e(t)$$

显然,这个过程比按照多个网孔列写微分方程形式的基尔霍夫方程然后再消元的方法,要简单快捷得多。

§2.3 系统的零输入响应

系统的零输入响应是当系统没有外加激励信号时的响应。若系统在 $t \geqslant 0$ 时未施加输入信号,但由于 $t < 0$ 时系统的工作,可以使其中的储能元件蓄有能量,而这能量不可能突然消失,它将逐渐释放出来,直至最后消耗殆尽。零输入响应正是由这种初始的能量分布状态,即初始条件所决定的。

为求系统的零输入响应,就要解式(2-12)所示的齐次方程

$$D(p) r(t) = (p^n + a_{n-1} p^{n-1} + \cdots + a_1 p + a_0) r(t) = 0$$

这里简要回顾一下高等数学中微分方程的齐次解的经典法求解过程,先来讨论求解一阶和二阶齐次方程的简单情况。一阶齐次方程为

$$(p-\lambda)r(t) = 0 \tag{2-13}$$

此式即

$$\frac{\mathrm{d}r(t)}{\mathrm{d}t} - \lambda r(t) = 0$$

或

$$\frac{\mathrm{d}r(t)}{r(t)} = \lambda\,\mathrm{d}t$$

等式双方取不定积分,得

$$\ln r(t) = \lambda t + k$$

或

$$r(t) = ce^{\lambda t} \tag{2-14a}$$

式中 $c = e^k$,k 即为取不定积分时的待定积分常数,所以 c 也是一个待定的常量,可以根据 $t=0$ 时由未加激励前的初始储能决定的初始条件 $r(0)$ 来确定的,得到 $c = r(0)$,于是得

$$r(t) = r(0)e^{\lambda t} \tag{2-14b}$$

这结果也可由将分离变量后的微分方程取定积分得到,此时对初始条件的考虑表示在定积分的下限中,即

$$\int_{r(0)}^{r(t)} \frac{\mathrm{d}r(\tau)}{r(\tau)} = \lambda \int_0^t \mathrm{d}\tau$$

更加一般的情况下初始条件可以是任意 $t = t_0$ 时刻系统零输入响应的值 $r_{zi}(t_0)$。读者可自行证明,此时 $r(t) = r_{zi}(t_0)e^{\lambda(t-t_0)}$。请注意此时必须代入的是零输入响应在 $t = t_0$ 的值 $r_{zi}(t_0)$,不是全响应在 $t = t_0$ 的值 $r(t_0)$。如果实际给出的是 $r(t_0)$,则必须先设法求出零状态响应在 $t = t_0$ 的值 $r_{zs}(t_0)$,然后根据分解特性,计算出 $r_{zi}(t_0) = r(t_0) - r_{zs}(t_0)$,然后代入式(2-14b)。

现在,再来考察二阶的齐次方程

$$(p^2 + a_1 p + a_0)r(t) = 0 \tag{2-15a}$$

假设 λ_1 和 λ_2 分别是方程 $p^2 + a_1 p + a_0 = 0$ 的两个根,则此式可写为

$$(p-\lambda_1)(p-\lambda_2)r(t) = 0 \tag{2-15b}$$

或者

$$(p-\lambda_1)(pr(t)-\lambda_2 r(t)) = (p-\lambda_2)(pr(t)-\lambda_1 r(t)) = 0$$

如果

$$(p-\lambda_1)r(t) = 0 \tag{2-16a}$$

和

$$(p-\lambda_2)r(t) = 0 \tag{2-16b}$$

两式之一能够成立,式(2-15)也就能得到满足。可见,对于算子形式的微分方程,也可以像代数方程那样处理。由式(2-14),可得式(2-16)中两个一阶齐次方程的解分别为 $r_1(t) = c_1 e^{\lambda_1 t}$ 和 $r_2(t) = c_2 e^{\lambda_2 t}$,其中 c_1 和 c_2 为待定常数。既然这两个解中的任一个都能满足式(2-15a),那么它

们的和当然亦能满足。所以二阶齐次方程解的一般形式应为

$$r(t) = c_1 e^{\lambda_1 t} + c_2 e^{\lambda_2 t} \tag{2-17}$$

其中常数 c_1 和 c_2 也和前述一样由未加激励前的初始条件确定。若设 $t = 0$ 时，$r(t) = r(0)$，$r'(t) = r'(0)$ 将这条件代入式(2-17)及其一阶导数，即有

$$\begin{cases} r(0) = c_1 + c_2 \\ r'(0) = \lambda_1 c_1 + \lambda_2 c_2 \end{cases} \tag{2-18}$$

解此联立式，就可求得常数 c_1 和 c_2。

上述方法可以推广到求解式(2-12)所示的一般形式的 n 阶齐次方程，为此先要把此式写成因式相乘的形式，即

$$D(p)r(t) = (p^n + a_{n-1}p^{n-1} + \cdots + a_1 p + a_0)r(t) \tag{2-19}$$
$$= (p - \lambda_1)(p - \lambda_2)\cdots(p - \lambda_n)r(t) = 0$$

式中 λ_1、λ_2、$\cdots$、λ_n 为方程 $D(p) = p^n + a_{n-1}p^{n-1} + \cdots + a_1 p + a_0 = 0$ 的 n 个根，在这里，假设这些根均为单根。若把算子符号 p 看成代数量，则代数方程 $D(p) = 0$ 称为系统的**特征方程**(characteristic equation)，各 λ 值即为特征方程的根；或者当把式(2-10)转移算子 $H(p)$ 中的 p 看成代数量时，各 λ 值即为 $H(p)$ 的极点。与二阶齐次方程的解相似，式(2-19)的解的一般形式应为

$$r(t) = c_1 e^{\lambda_1 t} + c_2 e^{\lambda_2 t} + \cdots + c_n e^{\lambda_n t} \tag{2-20}$$

这也就是 n 阶线性系统在假设根全为单根时零输入响应的一般形式，式中各 λ 值为响应中的**自然频率**(natural frequency)，c_1、c_2、$\cdots$、c_n 是 n 个应由初始条件确定的常数，显然为确定这些常数，需要 n 个初始条件。现在设初始条件为 $t = 0$ 时 $r(t)$ 及其直至 $n-1$ 阶的各阶导数的值 $r(0)$、$r'(0)$、$r''(0)$、$\cdots$、$r^{(n-1)}(0)$，把这些初始值代入式(2-20)及直至 $n-1$ 阶的各阶导数式，可得下列联立方程组

$$\begin{cases} r(0) = c_1 + c_2 + \cdots + c_n \\ r'(0) = \lambda_1 c_1 + \lambda_2 c_2 + \cdots + \lambda_n c_n \\ r''(0) = \lambda_1^2 c_1 + \lambda_2^2 c_2 + \cdots + \lambda_n^2 c_n \\ \qquad \cdots\cdots\cdots\cdots \\ r^{(n-1)}(0) = \lambda_1^{n-1} c_1 + \lambda_2^{n-1} c_2 + \cdots + \lambda_n^{n-1} c_n \end{cases} \tag{2-21a}$$

此联立式可以记为如下矩阵形式

$$\begin{bmatrix} r(0) \\ r'(0) \\ r''(0) \\ \vdots \\ r^{(n-1)}(0) \end{bmatrix} = \begin{bmatrix} 1 & 1 & 1 & \cdots & 1 \\ \lambda_1 & \lambda_2 & \lambda_3 & \cdots & \lambda_n \\ \lambda_1^2 & \lambda_2^2 & \lambda_3^2 & \cdots & \lambda_n^2 \\ \vdots & \vdots & \vdots & & \vdots \\ \lambda_1^{n-1} & \lambda_2^{n-1} & \lambda_3^{n-1} & \cdots & \lambda_n^{n-1} \end{bmatrix} \begin{bmatrix} c_1 \\ c_2 \\ c_3 \\ \vdots \\ c_n \end{bmatrix} \tag{2-21b}$$

其中由各 λ 值构成的系数矩阵称为**范德蒙德矩阵**(Vandermonde matrix)。常数 c_1、c_2、$\cdots$、c_n 可应

用克拉默(Cramer)定理解以上联立方程得到,或者用逆矩阵的形式表示为

$$
\begin{bmatrix} c_1 \\ c_2 \\ c_3 \\ \vdots \\ c_n \end{bmatrix} = \begin{bmatrix} 1 & 1 & 1 & \cdots & 1 \\ \lambda_1 & \lambda_2 & \lambda_3 & \cdots & \lambda_n \\ \lambda_1^2 & \lambda_2^2 & \lambda_3^2 & \cdots & \lambda_n^2 \\ \vdots & \vdots & \vdots & & \vdots \\ \lambda_1^{n-1} & \lambda_2^{n-1} & \lambda_3^{n-1} & \cdots & \lambda_n^{n-1} \end{bmatrix}^{-1} \begin{bmatrix} r(0) \\ r'(0) \\ r''(0) \\ \vdots \\ r^{(n-1)}(0) \end{bmatrix} \tag{2-21c}
$$

式中等号右边第一个矩阵右肩上标有幂次-1,表示它是原矩阵的逆矩阵。

上述各式中的初始条件是以响应函数 $r(t)$ 及其各阶导数在 $t=0$ 时的值的形式给出的。但在实际问题中,初始条件也常常并不以这种方便的形式给出。这时,为利用式(2-21c)求解各待定常数 c,就要把所给的初始值转换成系统方程中 $r(t)$ 及其导数的初始值。这种转换方法一般并不困难,可由本节末的例题中看到,这里不作详细讨论。

式(2-19)所示方程 $D(p)=0$ 的根曾经假定全部是单根。如果有重根,那么方程的解也就不同于式(2-20)所示的简单形式。当特征方程中有一 k 阶的重根 λ 时,也就是方程中具有因子 $(p-\lambda)^k$ 时,则微分方程

$$(p-\lambda)^k r(t) = 0 \tag{2-22}$$

的解应为

$$r(t) = (c_0 + c_1 t + \cdots + c_{k-1} t^{k-1}) e^{\lambda t} \tag{2-23}$$

这个解加上对应于方程 $D(p)=0$ 的其他根的解,即为零输入响应函数的完全解。

例题 2-2 图 2-1 所示 RLC 串联电路中,设 $L=1$ H,$C=1$ F,$R=2$ Ω[①]。若激励电压源 $e(t)$ 为零,且电路的初始条件为:(1) $i(0)=0$,$i'(0)=1$ A/s;(2) $i(0)=0$,$u_C(0)=10$ V,这里压降 u_C 的正方向与电流 i 的正方向一致。分别求上述两种初始条件时电路的零输入响应电流。

解: 图 2-1 所示,RLC 串联电路的微分方程如式(2-1b)为

$$L \frac{\mathrm{d}^2 i(t)}{\mathrm{d}t^2} + R \frac{\mathrm{d}i(t)}{\mathrm{d}t} + \frac{1}{C} i(t) = \frac{\mathrm{d}e(t)}{\mathrm{d}t}$$

将元件值代入,并因已给 $e(t)=0$,则此式成为

$$(p^2 + 2p + 1) i(t) = 0$$

即

$$(p+1)^2 i(t) = 0$$

方程 $(p+1)^2 = 0$ 有一等于-1的二重根。按照式(2-23),微分方程的解为

$$i(t) = c_0 e^{-t} + c_1 t e^{-t}$$

(1) 当应用初始条件 $i(0)=0$ 和 $i'(0)=1$ A/s 时,先求 $i(t)$ 的导数。

$$i'(t) = -c_0 e^{-t} + c_1 e^{-t} - c_1 t e^{-t}$$

---

① 在网络理论中,为便于应用通用的设计表格并便于进行计算,要将元件、频率等数值分别对某种参考值进行归一化,使这些数值成为数量级相近的值,如电阻 1 Ω,电容 2 F,电感 1 H,角频率 1 rad/s 等。实际的数值当然不会这样简单,但为简化计算,本书均将采用此类归一化值。有关归一化的问题,可参看网络理论的书籍。

将初始条件代入 $i(t)$ 和 $i'(t)$ 式得常数

$$c_0 = 0, \quad c_1 = 1$$

故得零输入响应电流为

$$i(t) = te^{-t}, \quad t \geq 0$$

该电流的波形如图 2-4 所示。在本例题中,描述 RLC 电路的微分方程有两个重根,这时电路工作在临界阻尼状态。图 2-4 实际上是临界阻尼时 RLC 电路的零输入响应的波形。

（2）当初始条件为 $i(0) = 0$ 和 $u_C(0) = 10\ \text{V}$ 时,可由此导得初始条件 $i(0)$ 和 $i'(0)$。电路的微分方程可由式（2-1a）写成

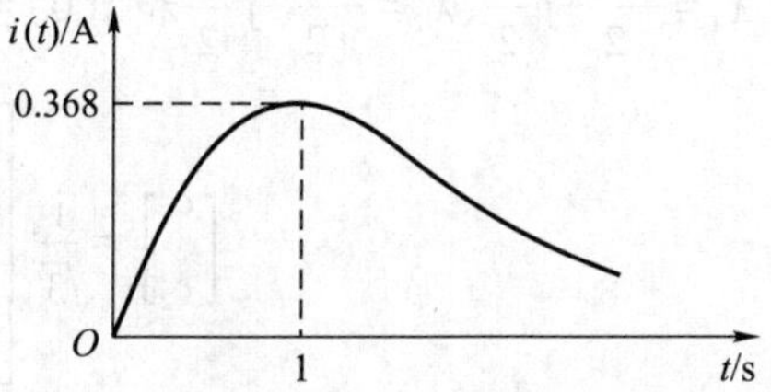

$$L\frac{\mathrm{d}i(t)}{\mathrm{d}t} + Ri(t) + u_C(t) = e(t)$$

因 $e(t) = 0$,代入元件值,可得

$$i'(t) + 2i(t) + u_C(t) = 0$$

再令 $t = 0$,并代入初始值 $i(0)$ 和 $u_C(0)$,则得

$$i'(0) = -10\ \text{A/s}$$

于是,和上面一样可由 $i(0)$ 和 $i'(0)$ 求得常数

$$c_0 = 0, \quad c_1 = -10$$

另一种确定常数的方法,是根据 $i(t)$ 得到 $u_C(t)$ 的表达式,根据式（2-1a）,可以得到

$$u_C(t) = -i'(t) - 2i(t) = -c_1 e^{-t} - c_2(e^{-t} + te^{-t})$$

再令 $t = 0$,并与 $i(0) = 0$ 导出的方程联立,可以得到同样的结果。

确定了 c_1 和 c_2 后,可以得到零输入响应电流为

$$i(t) = -10te^{-t}, \quad t \geq 0$$

这里 $i(t)$ 为负值,表示电容放电电流的实际方向和图示方向相反。

这里提请读者注意,例题中给出的是 $t = 0$ 时刻的初始条件,零状态响应计算出的是其对 $t = 0$ 以后的时间内响应的影响,所以这里在零输入响应的结果后都加了一个 $t \geq 0$ 的限制条件,表示结论只对 $t \geq 0$ 的时间区间成立。

例题 2-3 上题中如将电路电阻改为 $1\ \Omega$,初始条件仍为 $i(0) = 0, i'(0) = 1\ \text{A/s}$,求零输入响应电流。

解： 在此情况下,系统的微分方程成为

$$(p^2 + p + 1)i(t) = 0$$

方程 $p^2 + p + 1 = 0$ 有一对共轭根：

$$\lambda_{1,2} = -\frac{1}{2} \pm \mathrm{j}\frac{\sqrt{3}}{2}$$

按照式（2-20）,微分方程的解为

$$i(t) = c_1 e^{\lambda_1 t} + c_2 e^{\lambda_2 t}$$

图 2-4 所示为 $i(t)/\text{A}$,峰值 0.368 出现在 $t = 1$ 处。

图 2-4　例题 2-2 所求的电流

系数 c_1、c_2 可由式(2-21c)来求得,即

$$\begin{bmatrix} c_1 \\ c_2 \end{bmatrix} = \begin{bmatrix} 1 & 1 \\ \lambda_1 & \lambda_2 \end{bmatrix}^{-1} \begin{bmatrix} i(0) \\ i'(0) \end{bmatrix}$$

$$= \frac{1}{\lambda_2 - \lambda_1} \begin{bmatrix} \lambda_2 & -1 \\ -\lambda_1 & 1 \end{bmatrix} \begin{bmatrix} i(0) \\ i'(0) \end{bmatrix}$$

将 $\lambda_1 = -\frac{1}{2} + j\frac{\sqrt{3}}{2}$、$\lambda_2 = -\frac{1}{2} - j\frac{\sqrt{3}}{2}$ 和 $i(0) = 0$、$i'(0) = 1$ 代入得

$$\begin{bmatrix} c_1 \\ c_2 \end{bmatrix} = \frac{j}{\sqrt{3}} \begin{bmatrix} -\frac{1}{2} - j\frac{\sqrt{3}}{2} & -1 \\ \frac{1}{2} - j\frac{\sqrt{3}}{2} & 1 \end{bmatrix} \begin{bmatrix} 0 \\ 1 \end{bmatrix} = \begin{bmatrix} -j\frac{1}{\sqrt{3}} \\ j\frac{1}{\sqrt{3}} \end{bmatrix}$$

于是得零输入响应电流为

$$i(t) = \left[-j\frac{1}{\sqrt{3}}e^{\left(-\frac{1}{2} + j\frac{\sqrt{3}}{2}\right)t} + j\frac{1}{\sqrt{3}}e^{\left(-\frac{1}{2} - j\frac{\sqrt{3}}{2}\right)t} \right] A$$

$$= \frac{2}{\sqrt{3}}e^{-\frac{1}{2}t}\sin\frac{\sqrt{3}}{2}t \ A, \quad t > 0$$

这是一减幅"正弦"波,如图 2-5 所示。由电路理论可知,这是属于欠阻尼的情况。LC 电路将产生阻尼振荡。

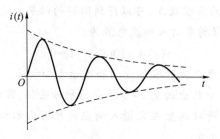

图 2-5 例题 2-3 所求的电流

§2.4 奇异函数

系统的全响应是零输入响应与零状态响应之和。上节讨论了零输入响应的时域解法,后面几节将讨论零状态响应的时域解法。正如我们在 §2.1 中介绍的,零状态响应可以通过信号分

解的方法求得,而信号分解首先必须确定的是用于分解的子信号。本节先介绍几个用于信号时域分解的理想化信号的函数,其中主要的是**阶跃函数**(step function)和**冲激函数**(impulse function)。这些函数或其各阶导数都有一个或多个间断点,在间断点上的导数用一般方法就不好确定。这样的函数,统称为**奇异函数**(singularity function)。

阶跃函数可用来表示理想化了的开关接通—信号源的情况。图 2-6(a)表示一电路接通电压为 E 的直流电压源,在 AA′处的电压可以表示为如下的阶跃函数。

$$u_A(t) = \begin{cases} E & \text{当 } t>0 \\ 0 & \text{当 } t<0 \end{cases} \tag{2-24}$$

这里把接通的瞬间作为 $t=0$,即时间的起算点。这一电源可用图 2-6(b)所示模型表示,其中 $\varepsilon(t)$ 为如图 2-7(a)所示的函数,并按下式定义:

$$\varepsilon(t) = \begin{cases} 1 & \text{当 } t>0 \\ 0 & \text{当 } t<0 \end{cases} \tag{2-25}$$

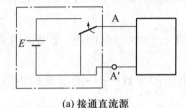

(a) 接通直流源　　　　　　　　　(b) 接通直流源的模型

图 2-6　接通直流源的模型

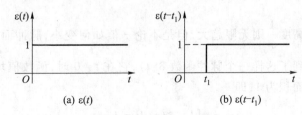

(a) $\varepsilon(t)$　　　　　　　　　(b) $\varepsilon(t-t_1)$

图 2-7　单位阶跃函数

这一函数称为**单位阶跃函数**(unit step function),当它乘以一常数 E 时,即成为式(2-24)所示的阶跃函数。阶跃函数在发生跃变的地方,函数值未定义。

函数 $\varepsilon(t)$ 在 $t=0$ 处发生跃变。可以证明,$\varepsilon(t-t_1)$ 是表示在 $t=t_1$ 处发生跃变的单位阶跃函数,如图 2-7(b)所示。

任何一个函数 $f(t)$ 乘以单位阶跃函数后,其乘积在阶跃之前为零,在阶跃之后保持原 $f(t)$ 值。例如一正弦函数 $\cos \omega t$,在 $-\infty <t<\infty$ 范围内本是连续的,但 $\cos (\omega t)\varepsilon(t)$ 就只剩下 $t>0$ 范围内仍为原来的函数 $\cos \omega t$。所以单位阶跃函数 $\varepsilon(t-t_1)$ 和另一函数相乘,有将后者从 t_1 之前全部切除的作用。

下面来讨论冲激函数。为此,先考虑把一个用单位阶跃函数表示的电压信号源接到一电容器上,如图 2-8 所示,并欲求通过电容器的电流。显然,充电电流应为

$$i(t) = C\frac{\mathrm{d}\,\varepsilon(t)}{\mathrm{d}t}$$

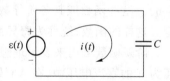

图 2-8 单位阶跃电压加于电容器上

在 $t \neq 0$ 时,函数 $\varepsilon(t)$ 的导数均等于零;但当 $t \neq 0$ 时,此导数不存在,因而电流也无法确定。这个问题,是因为把信号源和电容器都加以理想化后引起的。在实际的电路中,必定存在电阻,信号源也不可能供给无限大功率。若在电路中引入电阻,或者把信号源改成非理想的,就都可以得到合理的电流值。如果设想由非理想接入情况渐趋理想化,则在极限情况下的上述充电电流也还是可以想象的。

图 2-9(a)所示为一种非理想直流源接入的情况,它表示加到电容器上的电压 $u(t)$ 在一定的时间范围 $-\frac{\tau}{2} < t < \frac{\tau}{2}$ 内按线性规律逐渐增大到稳定值 1。这样,在同一时间范围内,$\frac{\mathrm{d}u(t)}{\mathrm{d}t} = \frac{1}{\tau}$。若把这个电压代替图 2-8 中的单位阶跃电压,则在 $-\frac{\tau}{2} < t < \frac{\tau}{2}$ 范围内,充电电流为 $i = \frac{C}{\tau}$。当 $t < -\frac{\tau}{2}$ 与 $t > \frac{\tau}{2}$ 时,$i = 0$。图 2-9(b)所示为上述电源电压的导数 $\frac{\mathrm{d}u(t)}{\mathrm{d}t}$ 所呈现的矩形脉冲形状。如将纵坐标尺度乘以 C,则该图即代表电流波形。注意这一导数曲线下的面积为 1。现在,试设想 τ 值逐渐减小而趋近于零,则电压 $u(t)$ 逐渐趋近于一单位阶跃函数;同时,$\frac{\mathrm{d}u(t)}{\mathrm{d}t}$ 这个脉冲的宽度 τ 亦趋于零,而脉冲高度 $\frac{1}{\tau}$ 则无限趋大,但是不论 τ 值如何变小,脉冲面积始终保持为 1。于是在极限情况下,就得到了这样一个脉冲函数 $\delta(t)$,它在 $t \neq 0$ 时,函数值均为零,在 $t = 0$ 处,函数值为无限大,而脉冲面积为 1,即

$$\begin{cases} \displaystyle\int_{-\infty}^{\infty} \delta(t)\,\mathrm{d}t = 1 \\ \delta(t) = 0, t \neq 0 \end{cases} \tag{2-26}$$

这个函数 $\delta(t)$ 称为**单位冲激函数**(unit impulse function),亦称狄拉克(Dirac)**函数**或 **δ 函数**。当上述脉冲面积不为 1 而为某一常数 A 时,$A\delta(t)$ 就是一般的冲激函数,而 A 值称为冲激强度。与单位阶跃函数 $\varepsilon(t-t_1)$ 相类似,可以证明,$\delta(t-t_1)$ 是在 $t = t_1$ 处函数值无限趋大的单位冲激函数。冲激函数在时域图形中用一箭头表示,如图 2-10 所示,冲激强度用括号标注在箭头旁边。

以上的说明只是从一个趋于极限的方波脉冲去想象冲激函数,实际上冲激函数不一定是矩形脉冲的极限情况,也可以从其他如三角形脉冲、高斯脉冲、抽样函数等信号导出,当宽度无限趋小而脉冲面积保持不变时,它们也均收敛于冲激函数。

冲激函数是对于强度甚大而作用时间甚短的物理量的理想模型。例如,乒乓球运动员在抽

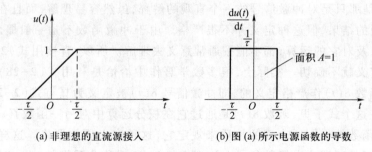

(a) 非理想的直流源接入　　　　　(b) 图 (a) 所示电源函数的导数

图 2-9　非理想直流源接入及该电源函数的导数

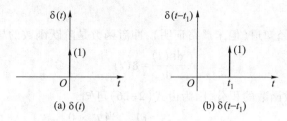

(a) $\delta(t)$　　　　　　　(b) $\delta(t-t_1)$

图 2-10　单位冲激函数

杀时,球拍击球的力 F 很大而球拍和球接触的时间 Δt 极短,力和时间的乘积 $F\Delta t$ 是击球的冲量,这是一个有限值。此时,如果要用一理想函数去描述击球的情况,则看成击球力无限趋大而击球时间无限趋小,二者的乘积仍为原来的冲量,这就是冲激函数。乒乓球受到的冲击的大小用冲量 $F\Delta t$ 表示,这就相当于冲激函数的强度。

　　现在来考虑任何一个函数 $f(t)$ 乘以单位冲激函数后在 $-\infty < t < \infty$ 范围内进行积分的情况。因为除 $t=0$ 外,在所有其他 t 值,$\delta(t)$ 均为零。所以乘积 $\delta(t)f(t)$ 也是除 $t=0$ 外在其他 t 值上均为零。而 $t=0$ 时,$f(t)=f(0)$,于是 $\delta(t)f(t)=\delta(t)f(0)$,其积分则为

$$\int_{-\infty}^{\infty}\delta(t)f(t)\,\mathrm{d}t = \int_{-\infty}^{\infty}\delta(t)f(0)\,\mathrm{d}t = f(0)\int_{-\infty}^{\infty}\delta(t)\,\mathrm{d}t$$
$$= f(0)$$

即

$$\int_{-\infty}^{\infty}\delta(t)f(t)\,\mathrm{d}t = f(0) \tag{2-27}$$

显然,函数 $f(t)$ 必须在 $t=0$ 处是连续的,式(2-27)才有意义。将式(2-27)推广,可得

$$\int_{-\infty}^{\infty}f(t)\delta(t-t_1)\,\mathrm{d}t = f(t_1) \tag{2-28}$$

同样,这时在 $t=t_1$ 处,函数 $f(t)$ 应为连续的。由此可见,用一单位冲激去乘某一函数并进行积分,其结果等于冲激所在处的该函数之值。随着冲激所处位置的移动,可以抽取任何所需时刻的函数值。单位冲激函数的这种性质称为**抽样性质**(sampling property)。

　　到这里再回过去探讨一下冲激函数的定义问题。前面通过脉冲信号的极限导出了冲激

函数的定义,但是那只是对冲激信号的一个直观的解释,虽然容易理解,而且在大多数情况下能够推导出正确的结果,但这种定义并不很严格。由于冲激函数不是一般概念的函数,对于这个函数本身以及对它的运算,都不能按通常意义去理解。所以,直接用式(2-26)来作为此函数的严格的定义就不确切。实际上,很多数学著作中恰恰是利用式(2-28)描述的抽样性质对单位冲激函数 $\delta(t)$ 作严格定义的,即冲激信号 $\delta(t)$ 被定义为具有式(2-28)这样的抽样性质的函数。在这个式子里,函数 $\delta(t)$ 是通过它在积分运算中对另一函数 $f(t)$ 的作用来定义的,用它对另一函数的作用所表现的性质来规定它,这种定义更加严格。这样的函数不是通常意义的函数,而是所谓**广义函数**(generalized function),或称**分配函数**(distribution function)。本章附录中,对从分配函数来看冲激函数的定义和性质作了初步的讨论,有兴趣的读者可以作为参考。

从前面的讨论中已经知道(但未严格证明),冲激函数是阶跃函数的导数,即

$$\frac{\mathrm{d}\varepsilon(t)}{\mathrm{d}t} = \delta(t) \tag{2-29}$$

反过来,阶跃函数是冲激函数的积分,因为由式(2-26)可知

$$\int_{-\infty}^{t} \delta(\tau)\,\mathrm{d}\tau = \begin{cases} 1 & \text{当 } t > 0 \\ 0 & \text{当 } t < 0 \end{cases}$$

将这对公式和式(2-25)比较就可看出

$$\int_{-\infty}^{t} \delta(\tau)\,\mathrm{d}\tau = \varepsilon(t) \tag{2-30}$$

奇异函数不仅局限于阶跃函数和冲激函数,它们的若干次积分和若干次导数,也都是奇异函效。例如,当对单位阶跃函数进行积分时,可得

$$R(t) = \int_{-\infty}^{t} \varepsilon(\tau)\,\mathrm{d}\tau = \begin{cases} \int_{0}^{t} \mathrm{d}\tau = t & \text{当 } t > 0 \\ \int_{-\infty}^{t} 0 \cdot \mathrm{d}\tau = 0 & \text{当 } t < 0 \end{cases} \tag{2-31}$$

由此式及图 2-11 定义的函数 $R(t)$ 称为单位**斜变函数**(ramp function)。为求单位冲激函数的导数,可先考虑图 2-12(a)所示的矩形脉冲的导数。由于该矩形脉冲是由两个阶跃函数叠加而成,即

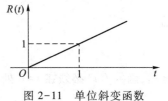

图 2-11　单位斜变函数

$$\frac{1}{\tau}\varepsilon\left(t+\frac{\tau}{2}\right) - \frac{1}{\tau}\varepsilon\left(t-\frac{\tau}{2}\right)$$

根据式(2-29),它的导数显然为

$$\frac{1}{\tau}\delta\left(t+\frac{\tau}{2}\right) - \frac{1}{\tau}\delta\left(t-\frac{\tau}{2}\right)$$

所以上述矩形脉冲的导数是一正一负的两个强度为 $\frac{1}{\tau}$ 的冲激函数,它们分别位于 $-\frac{\tau}{2}$ 和 $\frac{\tau}{2}$ 处。

当 τ 值减小时,脉冲面积仍保持为 1,作为导数的两个冲激的强度却与 τ 成反比地增大,而其距离则渐靠拢。τ 值趋近于零时,脉冲即趋于一单位冲激函数,其导数则趋于图 2-12(b)所示的单位**冲激偶**(doublet),并记为 $\delta'(t)$①。单位冲激偶是这样一种函数:当 t 从负值趋于零时,它是一强度为无限大的正的冲激函数;当 t 从正值趋于零时,它是一强度为无限大的负的冲激函数。

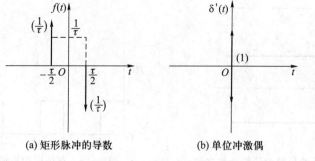

(a) 矩形脉冲的导数   (b) 单位冲激偶

图 2-12   单位冲激偶

§2.5   信号的时域分解

如 §2.1 所述,在时域中求解线性系统的零状态响应时,先要把外加的复杂激励信号在时域中分解成一系列子信号,然后分别计算各子信号通过系统的响应,最后在输出处叠加而得总的零状态响应函数。时域中的子信号是上一节中曾经介绍过的奇异信号,信号在时域中的分解,就是把信号的时间函数用若干个奇异函数之和来表示。

1. 脉冲信号表示为奇异函数之和

某些脉冲信号用奇异函数来表示特别方便。例如,图 2-13 表示一个矩形脉冲可以分解为两个幅度相同但跃起时间错开的正、负阶跃函数之和。即

$$f(t) = A\,\varepsilon(t) - A\,\varepsilon(t-\tau) \tag{2-32}$$

而图 2-14 所示的有始周期矩形脉冲可表示为

---

① 表示奇异函数的符号,除了本节按国家标准介绍的外,还有其他标记方法。如把单位冲激函数记为 $u_0(t)$,对它进行一次积分后所得的单位阶跃函数记作 $u_{-1}(t)$,进行二次积分后的单位斜变函数记为 $u_{-2}(t)$,对它进行一次微分的单位冲激偶记作 $u_1(t)$,进行二次微分所得的函数 $\delta''(t)$ 记为 $u_2(t)$,等等。

$$f(t) = A\varepsilon(t) - A\varepsilon(t-\tau) + A\varepsilon(t-T) - A\varepsilon(t-T-\tau) +$$
$$A\varepsilon(t-2T) - A\varepsilon(t-2T-\tau) + \cdots$$
$$= A\sum_{n=0}^{\infty}\left[\varepsilon(t-nT) - \varepsilon(t-nT-\tau)\right] \tag{2-33}$$

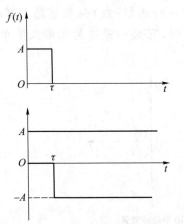

图 2-13 矩形脉冲分解为阶跃函数之和

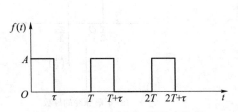

图 2-14 有始周期矩形脉冲信号

同理,对于如图 2-15 所示的有始周期锯齿形脉冲信号,也可以用一个斜变函数和一系列负的阶跃函数之和来表示,即

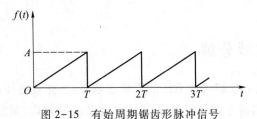

图 2-15 有始周期锯齿形脉冲信号

$$f(t) = \frac{A}{T}R(t) - A\varepsilon(t-T) - A\varepsilon(t-2T) - \cdots$$
$$= \frac{A}{T}R(t) - A\sum_{n=1}^{\infty}\varepsilon(t-nT) \tag{2-34}$$

同样,三角形脉冲也很容易用斜变函数之和来表示。

这里,要提出注意的是,图 2-14 和图 2-15 中的函数以及式(2-33)和式(2-34)中,都是假定在 $t<0$ 时,函数值 $f(t)$ 为零。这种函数,实际上并不是数学意义上的无始无终的周期函数。对于真正的周期函数,上列函数图和函数式中,还要按周期性的重复规律补足 $t<0$ 的部分。真正数学意义的无始无终的周期信号是不存在的,实际的信号都有起始的时间,把这起始时间称为零,作为起算点。在此以前,即 $t<0$ 时,信号为零。在上一章中曾经指出,表示这种信号的函

数称为有始函数。

2. 任意函数表示为冲激函数的积分

对于一个任意函数,就不能像上述有规律的脉冲波那样简单地用奇异函数之和来表示了。图 2-16(a)中的光滑曲线代表一任意有始函数 $f(t)$,这样的函数可以用一系列冲激函数之和来近似地表示。设要考虑的是时间间隔 0 到 t 的函数情况,把此间隔分成宽度为 Δt 的 n 等分,然后就可以用图中所示的阶梯波来近似原来的信号,对于如图 2-16(a)所示的任意函数 $f(t)$,可以用如图 2-16(a)所示的办法,采用 2-16(b)中所示的门脉冲的叠加来近似。定义门函数

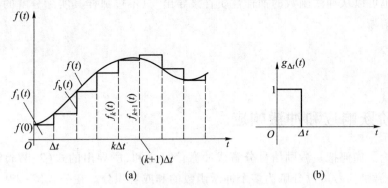

图 2-16　用冲激函数之和近似地表示一任意函数

$$g_{\Delta t}(t) = \begin{cases} 1 & 0 < t < \Delta t \\ 0 & \text{其他} \end{cases} \tag{2-35}$$

其中 Δ 为门信号中脉冲的宽度。则通过与上面类似的过程可以将 $f(t)$ 近似为

$$f_{\mathrm{b}}(t) = \sum_{k=0}^{n} f(k\Delta t) g_{\Delta t}(t - k\Delta t) \tag{2-36}$$

对该近似式作一些处理

$$f_{\mathrm{b}}(t) = \sum_{k=0}^{n} f(k\Delta t) \frac{g_{\Delta t}(t - k\Delta t)}{\Delta t} \Delta t$$

公式中的 $\dfrac{g_{\Delta t}(t - k\Delta t)}{\Delta t}$ 在一定的 Δt 下实际上是一个起始于 $k\Delta t$、宽度为 Δt、高度为 $\dfrac{1}{\Delta t}$ 的矩形脉冲,其面积固定为 1。当 Δt 无限趋小而成为 $\mathrm{d}\tau$ 时,求和变成了积分,不连续变量 $k\Delta t$ 成为连续变量 τ,而 $\dfrac{g_{\Delta t}(t - k\Delta t)}{\Delta t}$ 就成为在 $t = k\Delta t$(也就是 $t = \tau$)处出现的冲激函数 $\delta(t - \tau)$,此时阶梯波 $f_{\mathrm{a}}(t)$ 收敛于 $f(t)$,即

$$f(t) = \int_{0}^{t} f(\tau)\delta(t - \tau)\mathrm{d}\tau \tag{2-37a}$$

这就是在时域中把一任意函数分解为无限多个冲激函数相叠加的叠加积分表示式。式中 τ 也只是一过渡的积分变量。

事实上,此式与上一节中讨论的单位冲激函数的抽样性质的式(2-28)是同一意义,只不过将其中的积分变量 t 换成了 τ,将抽样时间 t_1 换成了 t,将 $\delta(t-t_1)$ 换成了 $\delta(\tau-t)$[①]。积分计算的积分限在式(2-28)中是 $-\infty$ 到 ∞,而在这里是 0 到 t,似乎有些不同,但是考虑到式(2-37a)中的被积分函数只在 $\tau=t$ 时才有非零值,所以即使将其积分限扩大到 $-\infty$ 到 ∞ 也不会对结果有影响。所以两者是等价的。有很多资料上将上面的积分公式直接表达为

$$f(t) = \int_{-\infty}^{\infty} f(\tau)\delta(t-\tau)\,\mathrm{d}\tau \tag{2-37b}$$

所以这个公式也可以从冲激函数的抽样性质直接导出,只不过那样其实际分解的物理含义不如这种推导方法清晰。

§2.6　阶跃响应和冲激响应

上一节讨论了如何把一激励信号分解成冲激信号之和,所导出的式(2-37a)说明了这样一个事实,那就是激励信号可以分解为多个冲激函数的和或者积分。在公式(2-37b)中,信号可以分解为很多个子信号 $f(\tau)\delta(t-\tau)$ 的积分,各个冲激脉冲分别出现在时间 $t=\tau$ 上,幅度为 $f(\tau)$。各个子信号之间除了出现的位置不同、强度不同以外,基本的波形都是相同的。对于线性非时变系统而言,并不需要一一求出系统对各个子信号 $f(\tau)\delta(t-\tau)$ 的响应,如果能够得到系统对冲激信号 $\delta(t)$ 的响应,那么通过齐次性和非时变特性,就可以方便地得到其他子信号 $f(\tau)\delta(t-\tau)$ 的响应,然后通过叠加性就可以得到系统对整个激励信号的响应。所以,如何能够求出系统对冲激信号的响应,就成为下一步需要解决的关键问题。

求**阶跃响应**(step response)和**冲激响应**(impulse response)的任务是这样的:给定一零状态的系统,把阶跃函数或冲激函数作为激励源加于此系统的输入处,然后要解得系统输出处的响应函数。如 §2.4 中已经讨论过的,单位阶跃函数和单位冲激函数之间存在着通过微分或积分可以互求的简单关系。同样,在单位阶跃响应和单位冲激响应之间也存在着这样的关系。本节先讨论对于线性非时变系统激励函数与响应函数之间存在的一般关系,然后再具体研究求解阶跃响应和冲激响应的问题。

在上一章已经指出,对于一个线性系统,如果在施加激励函数 $e_1(t)$ 和 $e_2(t)$ 时分别得到响应函数 $r_1(t)$ 和 $r_2(t)$,则该系统在施加激励函数 $k_1e_1(t)+k_2e_2(t)$ 时将得到响应函数 $k_1r_1(t)+k_2r_2(t)$。对于一个非时变系统,如果在施加激励函数 $e(t)$ 时得到响应 $r(t)$,则在施加激励函数 $e(t-\tau)$ 时将得到响应函数 $r(t-\tau)$。就是说激励函数延迟一段时间而不改变其他特性,则响应函数也延

---

①　按照直接的对应关系,$\delta(t-t_1)$ 应该被换为 $\delta(\tau-t)$,但是考虑到 $\delta(t)$ 是偶函数,有 $\delta(\tau-t)=\delta(t-\tau)$,所以这里将 $\delta(t-t_1)$ 换成了 $\delta(\tau-t)$。

迟同一时间而不改变其他特性。

根据上面所述关系,对于一个线性非时变系统,如果在施加激励函数 $e(t)$ 时得到响应函数 $r(t)$,则必有在施加激励函数

$$\lim_{\Delta t \to 0} \frac{e(t) - e(t - \Delta t)}{\Delta t}$$

时将得到响应函数

$$\lim_{\Delta t \to 0} \frac{r(t) - r(t - \Delta t)}{\Delta t}$$

也就是当激励函数为 $\dfrac{\mathrm{d}}{\mathrm{d}t} e(t)$ 时,响应函数为 $\dfrac{\mathrm{d}}{\mathrm{d}t} r(t)$。或者说当系统的输入由原来的激励函数改变为它的导数时,输出也由原来的响应函数改变为它的导数。由此可以得出结论,因为单位冲激函数是单位阶跃函数的导数,所以单位冲激响应应当是单位阶跃响应的导数。单位冲激响应以符号 $h(t)$ 表示,单位阶跃响应以 $r_\varepsilon(t)$ 表示,则有

$$h(t) = \frac{\mathrm{d}}{\mathrm{d}t} r_\varepsilon(t) \tag{2-38}$$

反过来,也可以得到单位阶跃响应是单位冲激响应的积分的结论。但在对此进行讨论前,先对所谓 $t=0$ 的概念稍加考察。前面曾经指出过,$t=0$ 是一个开始计算时间的参考点,一般也就是指开始施加激励即接通电路的时刻。由于激励源有时是奇异信号,在接通的瞬刻将发生电压或电流的突变,从而可能导致系统储能状态的突变。在这种情况下去考察 $t=0$ 这一时刻系统中电压、电流的初始值时,t 由正值趋于零和由负值趋于零的上述初始值可能不相等。为了标示这种区别,常把 t 由正值趋于零的瞬时记为 $t=0^+$,它代表刚刚施加激励后的起始时刻;而把 t 由负值趋于零的瞬时记为 $t=0^-$,它代表施加激励前一瞬的起始时刻。相应地,各种初始量值亦可分别表示。例如,将代表初始状态的电感电流表示为 $i_L(0^+)$ 或 $i_L(0^-)$,将电容电压表示为 $u_c(0^+)$ 或 $u_c(0^-)$。这里 0^- 时的值是激励施加前一瞬的初始状态,0^+ 时的值是激励施加后一瞬的初始状态,后者包括前者以及因施加激励而产生状态突变两部分的和。在本书中,如果不加特别说明,以后对于"初始状态"或"初始条件"一词即理解为 0^- 时的状态或条件。例如在 §2.4 讨论零输入响应的时候,其初始条件严格意义上讲应该是 $r(0^-)$、$r'(0^-)$ 等在 $t=0^-$ 时刻的值。实际的信号中不会有冲激函数那样的奇异信号,系统的响应中不会出现状态突变,0^+ 和 0^- 时系统的输出相同,在 0 旁就不必加正或负号。但是在讨论系统对冲激信号的响应的时候,因为假设加在系统上的是一个奇异的信号,它有可能造成系统响应的突变,这时 0^+ 和 0^- 就必须加以区分了。

现在,再回来讨论阶跃响应和冲激响应的关系问题。利用线性非时变系统的特性,按照类似于得到式(2-38)的论证可知,对于一个线性非时变系统,如果在施加激励函数 $e(t)$ 后,其零状态响应函数为 $r(t)$,则当激励函数为 $\displaystyle\int_{0^-}^{t} e(\tau) \mathrm{d}\tau$ 时,其零状态响应函数为 $\displaystyle\int_{0^-}^{t} r(\tau) \mathrm{d}\tau$。这里考

虑激励函数 $e(t)$ 是一有始函数,即当 $t<0$ 时函数值均为零,积分下限所以取 0^-[①]。因为阶跃函数是冲激函数的积分,所以阶跃响应应当是冲激响应的积分。即

$$r_g(t) = \int_{0^-}^{t} h(\tau)\,\mathrm{d}\tau \tag{2-39}$$

由以上讨论可见,阶跃响应和冲激响应之间存在着简单地取导数或取积分的互求关系,两者之中只要知道一个,就可以求另一个。上述关系,当然不仅适用于阶跃响应和冲激响应的互求,它们同样可以用来求系统对其他奇异函数如斜变函数和冲激偶等的响应,但这些响应一般较少应用。在线性系统的分析中,冲激响应是更重要的,并且阶跃响应可以通过把冲激响应进行积分得到,所以下面只讨论冲激响应的求法。

系统的冲激响应可以由系统的微分方程来计算。系统微分方程的一般形式如式(2-9a)所示,当激励函数 $e(t)$ 为单位冲激函数 $\delta(t)$ 时,响应函数 $r(t)$ 即为系统的冲激响应 $h(t)$,于是式(2-9a)成为微分算子形式。

$$(p^n + a_{n-1}p^{n-1} + \cdots + a_1 p + a_0)h(t)$$
$$= (b_m p^m + b_{m-1}p^{m-1} + \cdots + b_1 p + b_0)\delta(t) \tag{2-40}$$

先假设 $n>m$,并且系统特征方程的根 λ 均为单根。这时,用转移算子表示的冲激响应应为

$$h(t) = H(p)\delta(t)$$
$$= \frac{b_m p^m + b_{m-1}p^{m-1} + \cdots + b_1 p + b_0}{p^n + a_{n-1}p^{n-1} + \cdots + a_1 p + a_0}\delta(t)$$
$$= \left[\frac{k_1}{p-\lambda_1} + \frac{k_2}{p-\lambda_2} + \cdots + \frac{k_n}{p-\lambda_n}\right]\delta(t)$$
$$= \frac{k_1}{p-\lambda_1}\delta(t) + \frac{k_2}{p-\lambda_2}\delta(t) + \cdots + \frac{k_n}{p-\lambda_n}\delta(t) \tag{2-41}$$

其中的每一部分都代表了一个一阶的微分方程。为了求解 $h(t)$,先来讨论上式中由部分分式第一项所构成的一阶微分方程的解。该方程具有如下形式

$$h_1(t) = \frac{k_1}{p-\lambda_1}\delta(t)$$

或表达为微分方程的形式

$$\frac{\mathrm{d}}{\mathrm{d}t}h_1(t) - \lambda_1 h_1(t) = k_1 \delta(t)$$

此式可以应用求解一般一阶微分方程的方法来解出。将上面等式双方均乘以 $\mathrm{e}^{-\lambda_1 t}$,可得

$$\mathrm{e}^{-\lambda_1 t}\frac{\mathrm{d}h_1(t)}{\mathrm{d}t} - \lambda_1 \mathrm{e}^{-\lambda_1 t}h_1(t) = k_1 \mathrm{e}^{-\lambda_1 t}\delta(t)$$

注意到上式左方为 $\mathrm{e}^{-\lambda_1 t}h_1(t)$ 的导数,则有

---

① 根据同样理由,再回过去看式(2-37a),就可知道,式中的积分下限应为 0^-。

$$\frac{\mathrm{d}}{\mathrm{d}t}[\,\mathrm{e}^{-\lambda_1 t}h_1(t)\,] = k_1\mathrm{e}^{-\lambda_1 t}\delta(t)$$

将此等式双方从 0^- 到 t 取定积分,成为

$$\mathrm{e}^{-\lambda_1 t}h_1(t) - h_1(0^-) = k_1\int_{0^-}^{t}\mathrm{e}^{-\lambda_1\tau}\delta(\tau)\mathrm{d}\tau$$

在冲激施加之前,系统的初始状态为零,故 $h_1(0^-) = 0$,于是得

$$h_1(t) = k_1\int_{0^-}^{t}\mathrm{e}^{\lambda_1(t-\tau)}\delta(\tau)\mathrm{d}\tau = k_1\mathrm{e}^{\lambda_1 t}\varepsilon(t) \tag{2-42}$$

根据同样的方法可以把式(2-41)各部分分式项所构成的一阶微分方程逐一解出,从而得到冲激响应

$$h(t) = \sum_{i=1}^{n}k_i\mathrm{e}^{\lambda_i t}\varepsilon(t) \tag{2-43}$$

这个解的形式与式(2-20)所示的零输入响应相似,只是在零输入响应中,各项系数 c 由初始条件确定,而在这里的冲激响应中,各项系数 k 是转移算子展开为部分分式时的各系数。

上面的这种算法的基础是英国的工程师奥利弗·海维赛德(Oliver Heaviside)在 19 世纪 80 年代提出的运算微积分,§2.2 中介绍的微分算子实际上就是海维赛德在提出运算微积分时提出的。这种方法的核心步骤是通过式(2-41)中的部分分式分解,将复杂的系统通过算子表达式的代数运算分解成一系列简单系统的和,所以也有人将其称为海维赛德部分分式分解法。但是实际上式(2-41)中的部分分解运算的正确性是一个值得推敲的问题,因为如前所述,系统的转移算子仅仅是微分方程的一个表达形式,并不是一个真正的代数表达式,有些代数运算法则对它并不适用。这种运算微积分方法从一出现就引起了很大的争议,直至后来人们从 18 世纪末法国数学家拉普拉斯的著作中找到了依据,证明了运算微积分与拉普拉斯变换等价,争论才得以平息。在第五章中将看到,这种算法的过程与拉普拉斯变换求解系统冲激响应的过程完全相同。

式(2-43)的冲激响应只是在转移算子分母和分子的阶数具有 $n>m$ 的关系时才成立,此时的转移算子 $H(p)$ 的形式在代数中被称为真分式。如果 $n=m$,因式分解的结果会有所变化,例如对于一阶微分方程

$$H(p) = \frac{b_1 p}{p-\lambda}$$

利用微分算子方法,通过代数中的多项式除法运算,将其分解为常数与真分式的和,然后可以得到

$$h(t) = H(p)\delta(t) = \frac{b_1 p}{p-\lambda}\delta(t)$$

$$= \left(b_1 + \frac{b_1\lambda}{p-\lambda}\right)\delta(t) = b_1\delta(t) + \frac{b_1\lambda}{p-\lambda}\delta(t)$$

上式结果中的后面一项表示了一个简单的一阶系统,其冲激响应可以引用式(2-43)的结论;而其前面部分表示的子系统的转移算子为 $H_1(p) = b_1$,实际上它表示的微分方程为 $r_1(t) = b_1 e(t)$,

在 $e(t) = \delta(t)$ 时其响应为 $h_1(t) = b_1\delta(t)$。由此可以得到

$$h(t) = b_1\delta(t) + b_1\lambda e^{\lambda t}\varepsilon(t) \tag{2-44}$$

通过类似的方法可以计算出高阶 $n = m$ 系统的冲激响应,其一般表达式为

$$h(t) = \sum_{i=1}^{n} k_i e^{\lambda_i t}\varepsilon(t) + b_m\delta(t) \tag{2-45}$$

其中 b_m 是式(2-40)中 $p^m\delta(t)$ 项的系数。

如果 $n < m$,一样可以采用上面的多项式除法进行处理,将 $H(p)$ 表达为一个真分式和多项式的和,然后进行冲激响应的计算。此时 $h(t)$ 中除了包含式(2-45)中的指数函数和冲激函数外,还可能包含有直到 $\delta^{(m-n)}(t)$ 的冲激函数的各阶导数。

上面讨论的都是系统特征根没有重根的情况。如果有重根,在 $H(p)$ 的因式中会出现 $\dfrac{1}{(p-\lambda)^k}$ 项。可以证明此时的子系统对应的冲激响应为

$$\frac{k}{(p-\lambda)^2}\delta(t) = kte^{\lambda t}\varepsilon(t) \tag{2-46}$$

$$\frac{k}{(p-\lambda)^n}\delta(t) = k\frac{t^{n-1}}{(n-1)!}e^{\lambda t}\varepsilon(t) \tag{2-47}$$

除了上面介绍的部分分式分解法以外,在时域中求解冲激响应还可以使用系数平衡法、初始条件法等其他方法,但是都没有部分分式分解法简便,这里就不再介绍了,有兴趣的读者可以参阅其他文献。

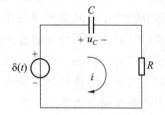

图 2-17 单位冲激电压源激励的 RC 电路

例题 2-4 RC 串联电路初始状态为零,受激于单位冲激电压源,如图 2-17 所示,求响应电流及电容上的响应电压。

解:如果将其中的电容 C 看成一个阻值为 $\dfrac{1}{Cp}$ 的电阻,则依照电阻网络分析理论可以得到

$$i(t) = \frac{1}{R + \dfrac{1}{Cp}}\delta(t) = \frac{Cp}{RCp+1}\delta(t) = \frac{\dfrac{1}{R}p}{p + \dfrac{1}{RC}}\delta(t)$$

由此可以得到其转移算子为

$$H(p) = \frac{\dfrac{1}{R}p}{p + \dfrac{1}{RC}} \tag{2-48}$$

其冲激响应为

$$h(t) = H(p)\delta(t) = \frac{\dfrac{1}{R}p}{p + \dfrac{1}{RC}}\delta(t) = \left(\frac{1}{R} - \frac{\dfrac{1}{R^2C}}{p + \dfrac{1}{RC}} \right)\delta(t)$$

$$= \frac{1}{R}\delta(t) - \frac{1}{R^2C}e^{-\frac{t}{RC}}\varepsilon(t)$$

电容上的响应电压为

$$u_C(t) = \frac{1}{C}\int_{-\infty}^{t} i(\tau)\,\mathrm{d}\tau$$

$$= \frac{1}{RC}\int_{-\infty}^{t}\delta(t)\,\mathrm{d}t - \frac{1}{R^2C^2}\int_{-\infty}^{t}e^{-\frac{\tau}{RC}}\varepsilon(\tau)\,\mathrm{d}\tau$$

$$= \frac{1}{RC}\varepsilon(t) - \frac{1}{RC}(1 - e^{-\frac{t}{RC}})\varepsilon(t)$$

$$= \frac{1}{RC}e^{-\frac{t}{RC}}\varepsilon(t)$$

上述响应电流和响应电压分别示于图 2-18(a)和(b)。

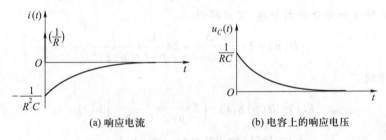

(a) 响应电流　　　　　　　(b) 电容上的响应电压

图 2-18　串联 RC 电路对冲激电压源的响应

在本题中，因为系统的初始状态为零，所以在 0^- 时刻电容上的电压一定是零。但是从电压波形中可以看到，在 0^+ 时刻电容上的电压为 $\dfrac{1}{RC}$，也就是在 $t=0$ 时刻，电容上的电压出现了突变。

学过电路分析的读者可能还记得，在电路分析教材中常常强调电感中电流与电容上电压都不能产生突变，这里在电容上发生的电压突变似乎与电路理论中的规则不符合。产生这种突变的原因在于冲激函数这种信号源是理想化的模型，具有无限大的瞬间功率，可以在瞬间对电容或者电感充入一定的能量，从而在一瞬间改变系统的储能状态。所以在分析系统的冲激响应的时候，电感电流或电容电压发生突变是可能的。但是这种理想化的激励源在实际应用中是不存在的，系统的冲激响应也是一种在理想化的激励源作用下的理想的响应信号，但是在实际应用中也不存在。所以在求解实际系统对实际信号的响应时，电路理论中的规则依然成立。

例题 2-5　设系统的微分方程为

$$\frac{d^2}{dt^2}r(t)+4\frac{d}{dt}r(t)+4r(t)=e(t)$$

试求此系统的冲激响应。

解：首先写出该系统的转移算子

$$H(p)=\frac{1}{p^2+4p+4}=\frac{1}{(p+2)^2}$$

由式(2-41)可以得到系统的冲激响应为

$$h(t)=H(p)\delta(t)=\frac{1}{(p+2)^2}\delta(t)=te^{-2t}\varepsilon(t)$$

例题 2-6　设系统的微分方程为

$$\frac{d^2}{dt^2}r(t)+4\frac{d}{dt}r(t)+4r(t)=2\frac{d^2}{dt^2}e(t)+9\frac{d}{dt}e(t)+11e(t)$$

试求此系统的冲激响应。

解：根据微分方程，写出该系统的转移算子

$$H(p)=\frac{2p^2+9p+11}{p^2+4p+4}$$

通过多项式除法和部分分式分解，可以得到

$$H(p)=2+\frac{p+3}{p^2+4p+4}=2+\frac{1}{p+2}+\frac{1}{(p+2)^2}$$

由此可以得到

$$h(t)=H(p)\delta(t)=\left(2+\frac{1}{p+2}+\frac{1}{(p+2)^2}\right)\delta(t)$$
$$=2\delta(t)+e^{-2t}\varepsilon(t)+te^{-2t}\varepsilon(t)$$

由上面几个例题可以看到，通过转移算子求解系统的冲激响应非常方便。在求得了冲激响应之后，通过式(2-39)不难得到系统的阶跃响应。

冲激响应除可以在时域中直接求解外，也可以比较方便地由取系统函数的拉普拉斯反变换来求得。关于这个问题，要留待第五章去进行讨论。

§2.7　叠加积分

在前面两节里，分别讨论了信号在时域中分解成为阶跃函数或冲激函数的和或积分，以及系统的阶跃响应和冲激响应求解方法。现在就可以进一步来讨论如何利用叠加定理，把系统对激励信号的各分量的响应进行叠加以求取系统零状态响应。

如前面式(2-37a)所示,激励信号可以表示成为冲激信号的和,这里将该公式重写如下:

$$f(t) = \int_0^t f(\tau)\delta(t-\tau)\mathrm{d}\tau$$

将输入的激励信号$e(t)$按照上式进行分解

$$e(t) = \int_0^t e(\tau)\delta(t-\tau)\mathrm{d}\tau$$

假设线性非时变系统的冲激响应为$h(t)$,则

(1)根据时不变特性,系统对$\delta(t-\tau)$的响应为$h(t-\tau)$;

(2)根据齐次性,系统对$e(\tau)\delta(t-\tau)\mathrm{d}\tau$的响应为$e(\tau)h(t-\tau)\mathrm{d}\tau$;

(3)根据叠加性,系统对$\int_0^t e(\tau)\delta(t-\tau)\mathrm{d}\tau$的响应为$\int_0^t e(\tau)h(t-\tau)\mathrm{d}\tau$。

由此可得系统对$e(t) = \int_0^t e(\tau)\delta(t-\tau)\mathrm{d}\tau$的响应为

$$r(t) = \int_0^t e(\tau)h(t-\tau)\mathrm{d}\tau \tag{2-49a}$$

更严格的意义上,积分应该从0^-开始

$$r(t) = \int_{0^-}^t e(\tau)h(t-\tau)\mathrm{d}\tau \tag{2-49b}$$

这个积分称为**卷积积分**。图2-19给出了卷积积分的近似示意图。其中(a)表示将激励函数分解成若干个脉冲函数;(b)为系统对第k个脉冲的冲激响应,由于系统的非时变性质,这些响应每个形状都一样,但它对应的函数值则与激励的脉冲高度成正比;(c)中粗曲线为将这些冲激响应叠加后所得的总响应曲线。当Δt无限趋小时,叠加波形才准确地表示了卷积积分。

给定了一个系统或其微分方程,就可以用上一节讨论的办法求出系统的阶跃响应或冲激响应,然后再由本节的叠加积分去求得系统的零状态响应。叠加积分利用了线性系统的叠加性质,并且上面讨论的阶跃响应和冲激响应都应是非时变的。所以式(2-49)只适用于线性非时变系统。

叠加积分可以推广用于线性时变系统,这时阶跃响应和冲激响应除了是时间变量t的函数外,它们还同时是施加阶跃和冲激的时间τ的函数。例如,对应于非时变系统的冲激响应$h(t-\tau)$,时变系统中冲激响应的表达式为$h(t,\tau)$。于是系统的响应为

$$r(t) = \int_{0^-}^t e(\tau)h(t,\tau)\mathrm{d}\tau$$

这是式(2-49a)的推广形式。

例题2-7 激励电压

$$e(t) = \left(\frac{1}{2}t+1\right)\left[\varepsilon(t)-\varepsilon(t-2)\right] + (t+1)\varepsilon(t-2)$$

如图2-20(a)所示,加于图2-20(b)所示的RC串联电路。设其中$R = \frac{1}{2}\ \Omega, C = 2\ \mathrm{F}$,且初始状态

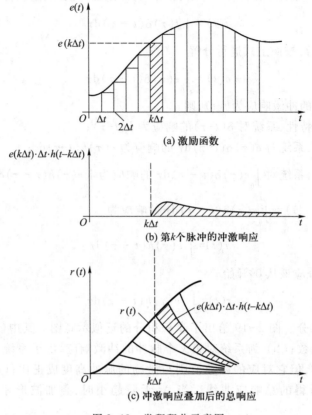

(a) 激励函数

(b) 第k个脉冲的冲激响应

(c) 冲激响应叠加后的总响应

图 2-19 卷积积分示意图

$i(0^-)$ 为零,求响应电流 $i(t)$。

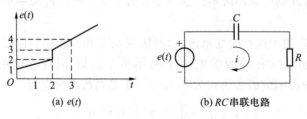

(a) $e(t)$ (b) RC 串联电路

图 2-20 例题 2-7 的激励电压和电路

解:这个 RC 电路受激于单位冲激电压源后的响应电流已由例题 2-4 解得,代入已知元件值,就是本题所需的冲激响应,即

$$h(t) = \frac{1}{R}\delta(t) - \frac{1}{R^2 C}\mathrm{e}^{-\frac{t}{RC}}\varepsilon(t) = 2\delta(t) - 2\mathrm{e}^{-t}\varepsilon(t)$$

激励电压可以写成

$$e(t) = \left(\frac{1}{2}t+1\right)\varepsilon(t) + \frac{1}{2}t\,\varepsilon(t-2)$$

根据式（2-49a），响应电流为

$$i(t) = \int_{0^-}^{t} e(\tau)h(t-\tau)\mathrm{d}\tau$$

$$= \int_{0^-}^{t} \left[\left(\frac{1}{2}\tau + 1\right)\varepsilon(\tau) + \frac{1}{2}\tau\,\varepsilon(\tau-2)\right]\left[2\delta(t-\tau) - 2\mathrm{e}^{-(t-\tau)}\varepsilon(t-\tau)\right]\mathrm{d}\tau$$

$$= \int_{0^-}^{t} (\tau+2)\,\varepsilon(\tau)\delta(t-\tau)\mathrm{d}\tau - \int_{0^-}^{t} (\tau+2)\mathrm{e}^{-(t-\tau)}\varepsilon(\tau)\,\varepsilon(t-\tau)\mathrm{d}\tau +$$

$$\int_{0^-}^{t} \tau\,\varepsilon(\tau-2)\delta(t-\tau)\mathrm{d}\tau - \int_{0^-}^{t} \tau\mathrm{e}^{-(t-\tau)}\varepsilon(\tau-2)\,\varepsilon(t-\tau)\mathrm{d}\tau$$

考虑到单位冲激函数的抽样性质，以及后二积分的实际积分限是从 2 到 t，则上式成为

$$i(t) = (t+2)\varepsilon(t) - \left[\tau\mathrm{e}^{-(t-\tau)} + \mathrm{e}^{-(t-\tau)}\right]_0^t\varepsilon(t) +$$

$$t\,\varepsilon(t-2) - \left[\tau\mathrm{e}^{-(t-\tau)} - \mathrm{e}^{-(t-\tau)}\right]_2^t\varepsilon(t-2)$$

代入积分上下限，并经整理，最后得

$$i(t) = (1+\mathrm{e}^{-t})\varepsilon(t) + \left[1+\mathrm{e}^{-(t-2)}\right]\varepsilon(t-2)$$

该响应电流的波形如图 2-21 所示。

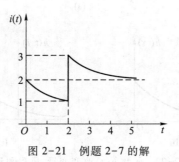

图 2-21　例题 2-7 的解

§2.8　卷积及其性质

　　应用卷积积分是时域分析的基本手段，所以本节还要对卷积和它的性质作进一步研究，以便能有更深入的了解。

　　上述式（2-49）所示的卷积积分式，是数学上一种称为**卷积**（convolution）的运算方法的应用。两个具有共同变量 t 的函数 $f_1(t)$ 和 $f_2(t)$ 相卷积而成为第三个相同变量 t 的函数 $g(t)$，这种

运算关系是由下式定义的

$$g(t) = f_1(t) * f_2(t) = \int_{-\infty}^{\infty} f_1(\tau) f_2(t - \tau) \, d\tau \tag{2-50}$$

式中 $f_1(t) * f_2(t)$ 是两函数相卷积的简写符号。这里的积分限 $-\infty$ 到 ∞，与式(2-49b)中的 0^- 到 t 不同，这是因为式(2-49b)中的激励函数是一个有始信号，它在 $\tau < 0$ 时的函数值为零。同时对于一个服从因果律的实际系统，冲激响应 $h(\tau)$ 在 $\tau < 0$ 时其值亦应为零，加了上述限制后积分限即缩小为 0^- 到 t。而在式(2-50)中函数 $f_1(t)$ 和 $f_2(t)$ 则无此限制，其适用范围也比式(2-49b)广得多。

为了用图解来说明卷积的意义，先要说明一下函数 $h(t-\tau)$ 和函数 $h(\tau)$ 的关系。图 2-22 (a)所示函数 $h(t)$，当把其中的变量 t 换为 τ，函数 $h(\tau)$ 的形状与 $h(t)$ 完全一样。函数 $h(-\tau)$ 是对于纵轴与 $h(\tau)$ 相对称的，这只要将 $h(\tau)$ 的曲线按纵轴反褶过来即可得到，如图 2-22(b)所示。函数 $h(t-\tau)$ 则是将 $h(-\tau)$ 延时 t 而得到，如图 2-22(c)所示。由此图可见，函数 $h(t-\tau)$ 在 $\tau > t$ 时函数值为零。由于这种反褶的关系，卷积有时也称**褶积**。

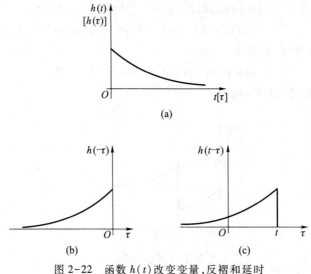

图 2-22　函数 $h(t)$ 改变变量,反褶和延时

根据式(2-50)卷积的定义，函数 $e(t)$ 与函数 $h(t)$ 相卷积后的值 $r(t)$，就是对于某一 t 值时关于自变量 τ 的两个函数的乘积 $e(\tau)h(t-\tau)$ 的曲线下的面积。这面积是与函数中 t 的数值有关的。这种关系示于图 2-23。其中图(a)是 $h(t-\tau)$ 中 t 为 -1 的情形，这时乘积 $e(\tau)h(t-\tau)$ 对于所有的 τ 值均为零，因此其积分值 $r(-1) = 0$。图(b)是 $h(t-\tau)$ 中 t 为 1 的情形，这时乘积 $e(\tau)$ $h(t-\tau)$ 除 $0 < \tau < 1$ 一段外均为零，在这一段曲线下的面积 $r(1) = r_1$。依此类推，在图(c)和(d)中各为 $t = 3$ 和 $t = 5$ 的情形，其相应的卷积积分的值分别是 $r(3) = r_3$ 和 $r(5) = r_5$。不同的 t 可以得到不同的积分结果，将这些积分值按照变量 t 作出的如图(e)所示的曲线，就是函数 $e(t)$ 和 $h(t)$ 相卷积后所得的新函数 $r(t)$。当 $e(t)$ 代表激励函数，$h(t)$ 代表系统的单位冲激响应函数时，$r(t)$ 即代表系统在 $e(t)$ 的激励下的零状态响应函数。

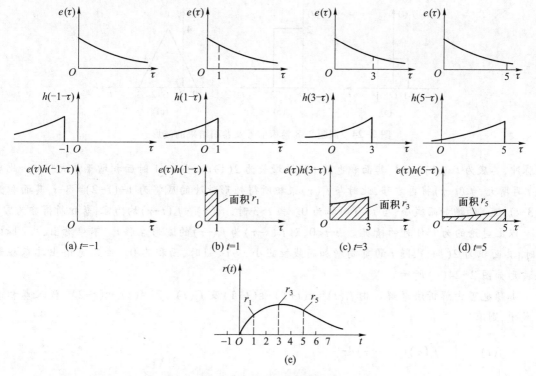

图 2-23　卷积的图像说明

由图也可明显地看出,虽然在一般情况下,卷积积分的积分区间应取自时间$-\infty$到时间$+\infty$。但如在某段时间$f_1(\tau)$与$f_2(t-\tau)$两个因数中有一个为零,则在该段时间内卷积积分值因被积函数$f_1(\tau)f_2(t-\tau)$为零而必然为零,也就无需再进行积分。这样实际的积分区间将会有所缩小。如设$f_1(\tau)$与$f_2(t-\tau)$两个函数值不为零的区间的左边界分别为t_{L1}、t_{L2},右边界分别为t_{R1}、t_{R2},则被积函数$f_1(\tau)\cdot f_2(t-\tau)$仅在$t_{L1}$与$t_{L2}$二者中之大值到$t_{R1}$与$t_{R2}$二者中之小值时间范围内方不为零。因此卷积积分的下限应取两函数左边界t_{L1}、t_{L2}中的大值,而上限则应取两函数右边界t_{R1}、t_{R2}中的小值。对于图 2-23 所示卷积积分而言,因为$e(\tau)$的左边界为0,$h(t-\tau)$的左边界为$-\infty$,故积分下限应取0。$e(\tau)$的右边界为∞,$h(t-\tau)$的右边界为t,故积分上限应取t。亦即卷积积分区间为0^-到t。这里积分下限取0^-的理由已如前述,是由于考虑在$t=0$处可能有冲激函数或其导数存在。

例题 2-8　绘出图 2-24(a)、(b)所示波形的函数经卷积积分后所得结果函数的波形。

解:用图解法,将图 2-24(a)、(b)中图形的时间坐标轴改为τ,将$f_2(\tau)$反褶为$f_2(-\tau)$,即为$f_2(t-\tau)$在$t=0$时的位置,将其与$f_1(\tau)$相乘则得一矩形脉冲,其底为-1至0,其值为1,高度为2,面积为$2\times1=2$,所以卷积所得结果为$f(0)=2$。

当t增加,$f_2(t-\tau)$为$f_2(-\tau)$的波形右移t,在$0<t<1$范围内,$f(\tau)\cdot f_2(t-\tau)$仍为一高度为2的矩

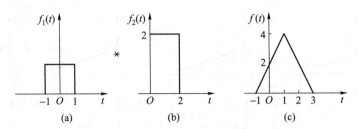

图 2-24 例题 2-8 卷积信号及卷积结果的波形

形脉冲,其底为 $t-(-1)=t+1$,其面积也随 t 线性增长为 $2(1+t)$,当 $t=1$ 时面积增至最大值 4。此后随 t 再增大,$f_2(t-\tau)$ 将再右移,此时与 $f_1(\tau)$ 乘积所得矩形脉冲的底将为 $1-(t-2)=3-t$,其面积为 $2(3-t)$,随 t 的增加而减小,当 $t=3$ 时降为 0。当 $t>3$ 时,$f_1(\tau)\cdot f_2(t-\tau)$ 均为零,卷积所得亦为零。

以上讨论的为 $t>0$ 时的情况。如 $t<0$,则 $f_2(t-\tau)$ 为 $f_2(-\tau)$ 的波形左移 t。不难看出,当 $-1<t<0$ 时,其面积为 $2(1+t)$,随 t 的负向增加而线性减小,当 $t<-1$ 时,面积为 0。由此可给出其卷积结果波形如图 2-24(c)所示。

本题也可由解析法求解。由 $f_1(t)=\varepsilon(t+1)-\varepsilon(t-1)$ 及 $f_2(t)=2[\varepsilon(t)-\varepsilon(t-2)]$ 代入卷积表达式中,则有

$$
\begin{aligned}
f(t) &= \int_{-\infty}^{\infty} f_1(\tau) f_2(t-\tau)\,\mathrm{d}\tau \\
&= \int_{-\infty}^{\infty} [\varepsilon(\tau+1)-\varepsilon(\tau-1)]\cdot 2[\varepsilon(t-\tau)-\varepsilon(t-\tau-2)]\,\mathrm{d}\tau \\
&= 2\Bigg[\int_{-\infty}^{\infty}\varepsilon(\tau+1)\,\varepsilon(t-\tau)\,\mathrm{d}\tau - \int_{-\infty}^{\infty}\varepsilon(\tau+1)\,\varepsilon(t-\tau-2)\,\mathrm{d}\tau - \\
&\qquad \int_{-\infty}^{\infty}\varepsilon(\tau-1)\,\varepsilon(t-\tau)\,\mathrm{d}\tau + \int_{-\infty}^{\infty}\varepsilon(\tau-1)\,\varepsilon(t-\tau-2)\,\mathrm{d}\tau\Bigg]
\end{aligned}
$$

在第一个积分表达式中,考虑到 $\varepsilon(\tau+1)$ 在 $\tau+1<0$,即 $\tau<-1$ 时为 0,$\varepsilon(t-\tau)$ 在 $t-\tau<0$,即 $\tau>t$ 时为 0,其积分函数不为 0 的区间将减缩为 $[-1,t]$,因此,其积分区间只需取 $[-1,t]$,而在此区间内 $\varepsilon(\tau+1)$ 及 $\varepsilon(\tau-1)$ 俱为 1,因此第一个积分可写为 $\int_{-1}^{t}\mathrm{d}\tau$。同理,其他三个积分区间也有相应减缩。这样可得

$$
\begin{aligned}
f(t) &= 2\Bigg[\int_{-1}^{t}\mathrm{d}\tau - \int_{-1}^{t-2}\mathrm{d}\tau - \int_{1}^{t}\mathrm{d}\tau + \int_{1}^{t-2}\mathrm{d}\tau\Bigg] \\
&= 2[(t+1)\varepsilon(t+1)-(t-1)\varepsilon(t-1)-(t-1)\varepsilon(t-1)+(t-3)\varepsilon(t-3)] \\
&= 2[(t+1)\varepsilon(t+1)-2(t-1)\varepsilon(t-1)+(t-3)\varepsilon(t-3)]
\end{aligned}
$$

由此亦可得到图 2-24(c)的波形。在上述积分求解过程中,读者应注意到因为积分上下限中含有参变量 t,而积分存在时其上限必须大于下限,否则该积分为 0,因此积分结果中分别加上该积

分存在的时间范围 $\varepsilon(t+1)$ 等。

　　利用卷积积分来求系统的响应,也会遇到积分上的困难。为了便于应用,把某些函数相卷积的关系制成卷积表,如表 2-1 所示,以便查索。这样简单的表当然是不敷应用的,特别是有一些激励函数和冲激响应无法用解析式表示,这时就必须借助于数值计算。目前有很多的计算机辅助计算程序都提供了数值积分的计算功能,例如 MATLAB,计算结果可以达到很高的精度。

表 2-1　卷　积　表

序号	$f_1(t)$	$f_2(t)$	$f_1(t)*f_2(t)=f_2(t)*f_1(t)$
1	$f(t)$	$\delta(t)$	$f(t)$
2	$f(t)$	$\delta'(t)$	$\dfrac{\mathrm{d}f(t)}{\mathrm{d}t}$
3	$f(t)$	$\varepsilon(t)$	$\displaystyle\int_{-\infty}^{t} f(\tau)\,\mathrm{d}\tau$
4	$\dfrac{\mathrm{d}f(t)}{\mathrm{d}t}$	$\displaystyle\int_{-\infty}^{t} g(\tau)\,\mathrm{d}\tau$	$f(t)*g(t)$
5	$e^{\lambda t}\varepsilon(t)$	$\varepsilon(t)$	$\dfrac{-1}{\lambda}(1-e^{\lambda t})\varepsilon(t)$
6	$\varepsilon(t)$	$\varepsilon(t)$	$t\varepsilon(t)$
7	$\varepsilon(t)-\varepsilon(t-t_1)$	$\varepsilon(t)-\varepsilon(t-t_2)$	$t\varepsilon(t)-(t-t_1)\varepsilon(t-t_1)-$ $(t-t_2)\varepsilon(t-t_2)+$ $(t-t_1-t_2)\varepsilon(t-t_1-t_2)$
8	$e^{\lambda_1 t}\varepsilon(t)$	$e^{\lambda_2 t}\varepsilon(t)$	$\dfrac{1}{\lambda_2-\lambda_1}(e^{\lambda_2 t}-e^{\lambda_1 t})\varepsilon(t)\,,\lambda_1\neq\lambda_2$
9	$e^{\lambda t}\varepsilon(t)$	$e^{\lambda t}\varepsilon(t)$	$te^{\lambda t}\varepsilon(t)$
10	$\varepsilon(t)-\varepsilon(t-t_1)$	$e^{\lambda t}\varepsilon(t)$	$-\dfrac{1}{\lambda}(1-e^{\lambda t})\left[\varepsilon(t)-\varepsilon(t-t_1)\right]-$ $\dfrac{1}{\lambda}(e^{-\lambda t_1}-1)e^{\lambda t}\varepsilon(t-t_1)$
11	$t^n\varepsilon(t)$	$e^{\lambda t}\varepsilon(t)$	$\dfrac{n!}{\lambda^{n+1}}e^{\lambda t}\varepsilon(t)-\displaystyle\sum_{j=0}^{n}\dfrac{n!}{\lambda^{j+1}(n-j)!}\cdot t^{n-j}\varepsilon(t)$
12	$t^m\varepsilon(t)$	$t^n\varepsilon(t)$	$\dfrac{m!\ n!}{(m+n+1)!}t^{m+n+1}\varepsilon(t)$

续表

序号	$f_1(t)$	$f_2(t)$	$f_1(t)*f_2(t)=f_2(t)*f_1(t)$
13	$t^m e^{\lambda_1 t}\varepsilon(t)$	$t^n e^{\lambda_2 t}\varepsilon(t)$	$\displaystyle\sum_{j=0}^{m}\frac{(-1)^j m!(n+j)!}{j!(m-j)!(\lambda_1-\lambda_2)^{n+j+1}}\cdot t^{m-j}e^{\lambda_1 t}\varepsilon(t)+$ $\displaystyle\sum_{k=0}^{n}\frac{(-1)^k n!(m+k)!}{k!(n-k)!(\lambda_2-\lambda_1)^{m+k+1}}\cdot t^{n-k}e^{\lambda_2 t}\varepsilon(t),$ $\lambda_1\neq\lambda_2$
14	$e^{-\alpha t}\cos(\beta t+\theta)\varepsilon(t)$	$e^{\lambda t}\varepsilon(t)$	$\left[\dfrac{\cos(\theta-\varphi)}{\sqrt{(\alpha+\lambda)^2+\beta^2}}e^{\lambda t}-\dfrac{e^{-\alpha t}\cos(\beta t+\theta-\varphi)}{\sqrt{(\alpha+\lambda)^2+\beta^2}}\right]\varepsilon(t),$ $\varphi=\arctan\dfrac{-\beta}{\alpha+\lambda}$

卷积是一种数学运算法,它具有一些有用的基本性质。这些性质中有一些与代数中乘法运算的性质很相像,例如,卷积也遵从互换律、分配律和结合律等运算法则。但另外也有像微分和积分等性质,又不同于乘法运算。下面就来分别介绍这些性质。

1. 互换律

设有 $u(t)$ 和 $v(t)$ 两函数,则

$$u(t)*v(t)=v(t)*u(t) \tag{2-51}$$

这个关系已经在式(2-49)中看到。要证明这关系,只要把积分变量 τ 换成 $(t-x)$ 即可,由此得

$$u(t)*v(t)=\int_{-\infty}^{\infty}u(\tau)v(t-\tau)\mathrm{d}\tau=\int_{-\infty}^{\infty}v(x)u(t-x)\mathrm{d}x=v(t)*u(t)$$

这一关系也很容易从图2-23由几何意义上去理解。在该图中,倒换卷积函数的次序,意即保持 $h(\tau)$ 如图2-22(a)那样不动,而将 $e(\tau)$ 反褶过来沿 τ 轴滑动,这时乘积曲线 $h(\tau)e(t-\tau)$ 下的面积将和原来曲线 $e(\tau)h(t-\tau)$ 的面积完全一样。读者可以对例题2-8用互换律再求结果来验证一下。

2. 分配律

设有 $u(t)$、$v(t)$ 和 $w(t)$ 三函数,则

$$u(t)*[v(t)+w(t)]=u(t)*v(t)+u(t)*w(t) \tag{2-52}$$

这个关系是显而易见的,只要根据卷积的定义即可证得

$$u(t)*[v(t)+w(t)]=\int_{-\infty}^{\infty}u(\tau)[v(t-\tau)+w(t-\tau)]\mathrm{d}\tau$$

$$=\int_{-\infty}^{\infty}u(\tau)v(t-\tau)\mathrm{d}\tau+\int_{-\infty}^{\infty}u(\tau)w(t-\tau)\mathrm{d}\tau$$

$$=u(t)*v(t)+u(t)*w(t)$$

3. 结合律

设有 $u(t)$、$v(t)$ 和 $w(t)$ 三函数,则

$$u(t)*[v(t)*w(t)] = [u(t)*v(t)]*w(t) \tag{2-53}$$

此式等号两方都是一个二重积分,其中各包含有两个积分变量,在证明这关系式时,要进行积分次序的变换。先看 $v(t)$ 和 $w(t)$ 的卷积,此时的积分变量是 τ,即

$$v(t)*w(t) = \int_{-\infty}^{\infty} v(\tau)w(t-\tau)\mathrm{d}\tau$$

然后,$u(t)$ 再与上式卷积,若此时的积分变量为 λ,则由卷积定义

$$u(t)*[v(t)*w(t)] = \int_{-\infty}^{\infty} u(\lambda)\left[\int_{-\infty}^{\infty} v(\tau)w(t-\lambda-\tau)\mathrm{d}\tau\right]\mathrm{d}\lambda$$

在上式右边方括号中,对于变量 τ 而言,λ 无异于一常数。引用新积分变量 $x = \lambda+\tau$,则 $\tau = x-\lambda$, $\mathrm{d}\tau = \mathrm{d}x$,将这些关系代入上式右边方括号内,则有

$$u(t)*[v(t)*w(t)] = \int_{-\infty}^{\infty} u(\lambda)\left[\int_{-\infty}^{\infty} v(x-\lambda)w(t-x)\mathrm{d}x\right]\mathrm{d}\lambda$$

变换积分次序,并根据卷积定义,即得

$$u(t)*[v(t)*w(t)]$$
$$= \int_{-\infty}^{\infty}\left[\int_{-\infty}^{\infty} u(\lambda)v(x-\lambda)\mathrm{d}\lambda\right]w(t-x)\mathrm{d}x$$
$$= \int_{-\infty}^{\infty}[u(x)*v(x)]w(t-x)\mathrm{d}x$$
$$= [u(t)*v(t)]*w(t)$$

在作上述推演的过程中,读者应注意,积分变量 τ、λ、x 等都是在定积分过程中所设的变量,在积分完毕并代入积分上下限后,这些变量不再在结果中出现。因此,只要不去用一个符号重复代表不同的积分变量,以致造成混淆,上述积分变量原则上可用任意符号来代表。

综上所述,卷积运算在一定程度上与代数中的乘法运算颇为相似。把上面一些基本性质综合运用,还可以得出一些其他的卷积运算关系。但是,两个函数的卷积毕竟不同于两个函数相乘,所以上述相似关系不能随意引申。例如,两个函数相卷积后的微分和积分就不能应用两个函数相乘后的微分和积分的规律了。

4. 函数相卷积后的微分

两个函数相卷积后的导数等于两函数中之一的导数与另一函数相卷积。即

$$\frac{\mathrm{d}}{\mathrm{d}t}[u(t)*v(t)] = u(t)*\frac{\mathrm{d}v(t)}{\mathrm{d}t} = \frac{\mathrm{d}u(t)}{\mathrm{d}t}*v(t) \tag{2-54}$$

这一关系可用卷积的定义直接证明如下

$$\frac{\mathrm{d}}{\mathrm{d}t}[u(t)*v(t)] = \frac{\mathrm{d}}{\mathrm{d}t}\int_{-\infty}^{\infty} u(\tau)v(t-\tau)\mathrm{d}\tau$$
$$= \int_{-\infty}^{\infty} u(\tau)\frac{\mathrm{d}v(t-\tau)}{\mathrm{d}t}\mathrm{d}\tau$$

$$= u(t) * \frac{\mathrm{d}v(t)}{\mathrm{d}t}$$

同样可以证明

$$\frac{\mathrm{d}}{\mathrm{d}t}[u(t) * v(t)] = v(t) * \frac{\mathrm{d}u(t)}{\mathrm{d}t}$$

因为 $u(t) * v(t) = v(t) * u(t)$，所以合并以上关系即可得式(2-54)。

应用上述推演还可以导出相似的高阶导数的公式。

5. 函数相卷积后的积分

两个函数相卷积后的积分等于两函数之一的积分与另一函数相卷积。即

$$\int_{-\infty}^{t} [u(x) * v(x)] \mathrm{d}x = u(t) * \left[\int_{-\infty}^{t} v(x) \mathrm{d}x\right]$$

$$= \left[\int_{-\infty}^{t} u(x) \mathrm{d}x\right] * v(t) \qquad (2-55)$$

这一关系也可用卷积的定义直接证明

$$\int_{-\infty}^{t} [u(x) * v(x)] \mathrm{d}x = \int_{-\infty}^{t} \left[\int_{-\infty}^{\infty} u(\tau) v(x - \tau) \mathrm{d}\tau\right] \mathrm{d}x$$

$$= \int_{-\infty}^{\infty} u(\tau) \left[\int_{-\infty}^{t} v(x - \tau) \mathrm{d}x\right] \mathrm{d}\tau$$

$$= u(t) * \left[\int_{-\infty}^{t} v(x) \mathrm{d}x\right]$$

用同样方法可以证明

$$\int_{-\infty}^{t} [v(x) * u(x)] \mathrm{d}x = v(t) * \left[\int_{-\infty}^{t} u(x) \mathrm{d}x\right]$$

根据 $u(t) * v(t) = v(t) * u(t)$ 并合并以上关系，即可得式(2-55)。

应用这样的推演，还可以导出相似的多重积分的公式。

由以上关系不难证明

$$\frac{\mathrm{d}u(t)}{\mathrm{d}t} * \int_{-\infty}^{t} v(x) \mathrm{d}x = u(t) * v(t) \qquad (2-56)$$

这即是卷积表 2-1 中的第 4 号公式。

为了说明卷积的微分和积分性质的应用，现在再回过来考察一下表 2-1 中的几个公式。表中第 1 号公式表示，一函数和单位冲激函数的卷积仍等于该函数。事实上，这就是单位冲激函数的抽样性质，这个公式在前面推导式(2-37b)时已经证明过。有了这公式，再利用卷积的微分性质即可得到第 2 号公式；由第 1 号公式再利用卷积的积分性质又可得到第 3 号公式。按照类似的方法，还可以推得第 5、第 6 号公式。这就作为练习，留给读者去自行导出。

6. 函数延时后的卷积

如果

$$f_1(t) * f_2(t) = f(t)$$

则有

$$f_1(t-t_1) * f_2(t-t_2) = f(t-t_1-t_2) \tag{2-57}$$

这一关系也称为卷积的延时性质,可由卷积的定义直接证明。

$$f_1(t-t_1) * f_2(t-t_2) = \int_{-\infty}^{\infty} f_1(\tau-t_1)f_2(t-t_2-\tau)\,d\tau$$

令 $\tau-t_1=x$,则

$$f_1(t-t_1) * f_2(t-t_2)$$
$$= \int_{-\infty}^{\infty} f_1(x)f_2[(t-t_1-t_2)-x]\,dx$$
$$= f(t-t_1-t_2)$$

利用卷积的延时性质可以方便地由表 2-1 中第 5 号公式导得第 10 号公式,由第 6 号公式导得第 7 号公式。

7. 相关与卷积

两个时间实函数 $x(t)$ 与 $y(t)$ 的**相关**(correlation)运算是由下面的积分所定义的,即

$$R_{xy}(t) = \int_{-\infty}^{\infty} x(\tau)y(\tau-t)\,d\tau \tag{2-58a}$$

$$R_{yx}(t) = \int_{-\infty}^{\infty} y(\tau)x(\tau-t)\,d\tau \tag{2-58b}$$

式中相关运算所得的结果 $R_{xy}(t)$ 称为 $x(t)$ 与 $y(t)$ 的**互相关函数**(cross-correlation function),而 $R_{yx}(t)$ 则称为 $y(t)$ 与 $x(t)$ 的互相关函数。

对式(2-58)如作 $\lambda=\tau-t$ 的变量置换,并在置换后将积分变量 λ 仍用 τ 来表示,则式(2-58)亦可写成

$$R_{xy}(t) = \int_{-\infty}^{\infty} x(\tau+t)y(\tau)\,d\tau \tag{2-59a}$$

$$R_{yx}(t) = \int_{-\infty}^{\infty} y(\tau+t)x(\tau)\,d\tau \tag{2-59b}$$

比较一下式(2-58)与式(2-59)即可看出

$$R_{xy}(t) = R_{yx}(-t)$$

如进行相关运算的是同一时间信号,则称相关运算所得的结果为**自相关函数**(autocorrelation function)$R_{xx}(t)$。显然

$$R_{xx}(t) = \int_{-\infty}^{\infty} x(\tau)x(\tau-t)\,d\tau = \int_{-\infty}^{\infty} x(\tau+t)x(\tau)\,d\tau$$
$$= R_{xx}(-t) \tag{2-60}$$

即自相关函数为时间 t 的偶函数。

比较一下相关运算的定义式(2-59)与卷积运算的定义式(2-50)即可发现二者有如下的简单关系,即

$$R_{xy}(t) = \int_{-\infty}^{\infty} x(\tau)y(\tau-t)\mathrm{d}\tau = \int_{-\infty}^{\infty} x(\tau+t)y(\tau)\mathrm{d}\tau$$
$$= x(t) * y(-t)$$
$$\text{(2-61a)}$$

$$R_{yx}(t) = \int_{-\infty}^{\infty} y(\tau)x(\tau-t)\mathrm{d}\tau = \int_{-\infty}^{\infty} y(\tau+t)x(\tau)\mathrm{d}\tau$$
$$= x(-t) * y(t)$$
$$\text{(2-61b)}$$

与卷积的图解类似,相关运算也可用图解来说明,即某一 t 时刻的相关系数 $R_{xy}(t)$ 表示信号 $x(\tau)$ 与另一延时 t 时间的信号 $y(\tau-t)$ 相乘后所得曲线下的面积。它与卷积的图解区别仅在于延时前 $y(\tau)$ 不经过反褶而已。

相关函数在讨论随机信号时很有用,例如通过相关函数可以方便地求取随机信号的功率谱,在雷达和声纳信号处理中可以通过相关函数求解两个信号之间的延时等。

例题 2-9 用卷积的微分与积分性质解例题 2-8。

解:因为 $f(t) = f_1(t) * f_2(t) = \dfrac{\mathrm{d}f_1(t)}{\mathrm{d}t} * \int_{-\infty}^{t} f_2(\tau)\mathrm{d}\tau,\dfrac{\mathrm{d}f_1(t)}{\mathrm{d}t}$ 及 $\int_{-\infty}^{t} f_2(\tau)\mathrm{d}\tau$ 的波形如图 2-25 (a)、(b) 所示。因为 $\delta(t) * f(t) = f(t)$,再考虑到分配律与延时性。因此卷积的结果应为:$\int_{-\infty}^{t} f_2(\tau)\mathrm{d}\tau$ 的波形左移一单位与右移一单位的波形之差。二者相叠加则为图 2-25(c) 所示的三角波形解。

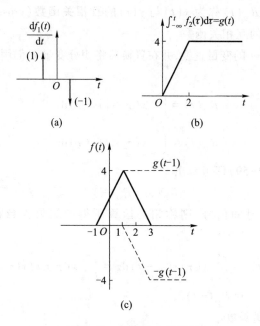

(a)   (b)

(c)

图 2-25　例题 2-9 的波形

例题 2-10 求矩形脉冲 $f_1(t)=\varepsilon(t-t_1)-\varepsilon(t-t_2)$，$t_2>t_1$ 和指数函数 $f_2(t)=\mathrm{e}^{-t}\varepsilon(t)$ 的卷积。

解： 按卷积定义有

$$g(t)=f_1(t)*f_2(t)=\int_{-\infty}^{\infty}f_1(\tau)f_2(t-\tau)\mathrm{d}\tau$$

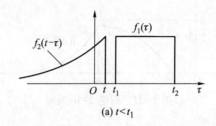

(a) $t<t_1$

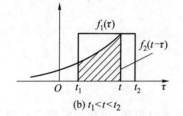

(b) $t_1<t<t_2$

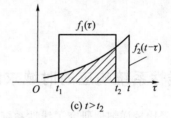

(c) $t>t_2$

图 2-26 例题 2-10 的积分区间图

由图 2-26(a) 可见，$f_1(\tau)$ 的左边界为 t_1，右边界为 t_2；$f_2(t-\tau)$ 的左边界为 $-\infty$，右边界为 t。因此

$$t<t_1 \qquad g(t)=0$$

$$t_1<t<t_2 \qquad g(t)=\int_{t_1}^{t}\mathrm{e}^{-(t-\tau)}\mathrm{d}\tau=1-\mathrm{e}^{-(t-t_1)}$$

$$t>t_2 \qquad g(t)=\int_{t_1}^{t_2}\mathrm{e}^{-(t-\tau)}\mathrm{d}\tau=\mathrm{e}^{-(t-t_2)}-\mathrm{e}^{-(t-t_1)}$$

将所得结果归并则可得

$$g(t)=\left[1-\mathrm{e}^{-(t-t_1)}\right]\left[\varepsilon(t-t_1)-\varepsilon(t-t_2)\right]+\left[\mathrm{e}^{-(t-t_2)}-\mathrm{e}^{-(t-t_1)}\right]\varepsilon(t-t_2)$$

$$=\left[1-\mathrm{e}^{-(t-t_1)}\right]\varepsilon(t-t_1)-\left[1-\mathrm{e}^{-(t-t_2)}\right]\varepsilon(t-t_2)$$

本题也可运用卷积的微分与积分性质来求解，由式(2-56)有

$$g(t)=f_1(t)*f_2(t)=\frac{\mathrm{d}f_1(t)}{\mathrm{d}t}*\int_{-\infty}^{t}f_2(\tau)\mathrm{d}\tau$$

$$=\left[\delta(t-t_1)-\delta(t-t_2)\right]*(1-\mathrm{e}^{-t})\varepsilon(t)$$

$$=\left[1-\mathrm{e}^{-(t-t_1)}\right]\varepsilon(t-t_1)-\left[1-\mathrm{e}^{-(t-t_2)}\right]\varepsilon(t-t_2)$$

其结果与直接卷积所得结果相同。本题的解还可以由阶跃函数与指数函数相卷积的结果，即卷积表中第 5 号公式，通过延时特性直接得出。从本例中可以看出利用卷积的性质来求卷积常常比直接根据定义用积分来求卷积方便。

如在上述解中令 $t_1 = 1, t_2 = 4$，则有

$$g(t) = \left[1 - e^{-(t-1)} \right] \varepsilon(t-1) - \left[1 - e^{-(t-4)} \right] \varepsilon(t-4)$$

此时响应曲线如图 2-27 所示。

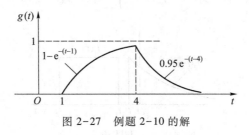

图 2-27　例题 2-10 的解

§2.9　线性系统响应的时域求解

前面几节已经比较详细地研究了线性系统的时域分析法，现在把它简要地归纳一下。一个线性非时变系统对于某一激励函数的响应，可以看成由零输入响应和零状态响应两部分组成。零输入响应由系统的特性和开始计算时间 $t = 0$ 时系统的初始储能决定，它可由求解齐次方程得到。零状态响应则由系统的特性和外加激励函数决定，它可由激励函数和系统的单位冲激响应相卷积得到。

由式(2-10)和式(2-11)，系统微分方程的算子形式为

$$r(t) = H(p)e(t)$$

其中

$$H(p) = \frac{N(p)}{D(p)}$$

为转移算子。设特征方程无重根，且考虑到 $N(p)$ 的幂次一般低于 $D(p)$，则有

$$
\begin{aligned}
H(p) &= \frac{N(p)}{(p - \lambda_1)(p - \lambda_2) \cdots (p - \lambda_n)} \\
&= \frac{k_1}{p - \lambda_1} + \frac{k_2}{p - \lambda_2} + \cdots + \frac{k_n}{p - \lambda_n} \\
&= \sum_{j=1}^{n} \frac{k_j}{p - \lambda_j}
\end{aligned}
\tag{2-62}
$$

系统的零输入响应为

$$r_{zi}(t) = \sum_{j=1}^{n} c_j e^{\lambda_j t} \varepsilon(t) \qquad t \geq 0 \tag{2-63}$$

式中 λ_j 是把算子符号 p 看成代数量时特征方程 $D(p) = 0$ 的 n 个根中的第 j 个根，其相应的各系

数 c_j 须由未加输入时的初始条件确定。

为求系统的零状态响应,先要求系统的冲激响应,可以直接根据式(2-62)得到

$$h(t) = H(p)\delta(t) = \left(\sum_{j=1}^{n} \frac{k_j}{p - \lambda_j} \right) \delta(t) = \sum_{j=1}^{n} \frac{k_j}{p - \lambda_j} \delta(t)$$

括号中的部分分式 $\dfrac{k_j}{p - \lambda_j}$ 作用于单位冲激函数时的冲激响应

$$h_j(t) = \frac{k_j}{p - \lambda_j} \delta(t)$$

由此可以得到

$$h(t) = \sum_{j=1}^{n} k_j \mathrm{e}^{\lambda_j t} \varepsilon(t) \tag{2-64}$$

然后,通过卷积积分可以得到系统的零状态响应为

$$r_{zs}(t) = h(t) * e(t) = \sum_{j=1}^{n} k_j \mathrm{e}^{\lambda_j t} \varepsilon(t) * e(t) \tag{2-65}$$

这样,由系统的零输入响应分量和零状态响应分量组成的全响应为

$$r(t) = r_{zi}(t) + r_{zs}(t) = \left[\sum_{j=1}^{n} c_j \mathrm{e}^{\lambda_j t} \varepsilon(t) + \sum_{j=1}^{n} k_j \mathrm{e}^{\lambda_j t} \varepsilon(t) * e(t) \right] \varepsilon(t) \tag{2-66}$$

这就是系统特征方程无重根时计算系统响应的一般公式。当特征方程有重根时,则式(2-66)中的有关项将具有式(2-23)的形式。

下面来举几个典型信号通过系统的例子,一方面说明时域分析法的应用,另一方面还要通过这些例子介绍一些重要的概念。

例题 2-11　RC 电路如图 2-28 所示,设 $R = 1\ \Omega$,$C = 1\ \mathrm{F}$。电源电压 $e(t) = (1 + \mathrm{e}^{-3t})\varepsilon(t)$;电容上初始电压为 $u_C(0^-) = 1\ \mathrm{V}$。求电容上响应电压 $u_C(t)$。

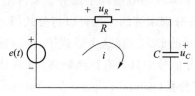

图 2-28　RC 电路

解: 本题的电路方程为

$$RC \frac{\mathrm{d}u_C(t)}{\mathrm{d}t} + u_C(t) = e(t)$$

代入元件值后成为

$$(p + 1) u_C(t) = e(t)$$

由此式知 $\lambda = -1$，因此零输入响应为

$$u_{Czi}(t) = c_1 e^{-t} \varepsilon(t)$$

代入初始电压，求得 $c_1 = 1$，故有

$$u_{Czi}(t) = e^{-t} \varepsilon(t)$$

由例题 2-4 可知本题电路的冲激响应为

$$h(t) = \frac{1}{RC} e^{-\frac{t}{RC}} \varepsilon(t) = e^{-t} \varepsilon(t)$$

因此零状态响应为

$$u_{Czs}(t) = e(t) * h(t) = \int_0^t (1 + e^{-3\tau}) e^{-(t-\tau)} d\tau$$

$$= \left(1 - \frac{1}{2} e^{-t} - \frac{1}{2} e^{-3t}\right) \varepsilon(t)$$

全响应电容电压为

$$u_C(t) = \underbrace{e^{-t} \varepsilon(t)}_{\text{零输入响应}} + \underbrace{\left(1 - \frac{1}{2} e^{-t} - \frac{1}{2} e^{-3t}\right) \varepsilon(t)}_{\text{零状态响应}} \quad\quad (2\text{-}67a)$$

$$= \underbrace{\frac{1}{2} e^{-t} \varepsilon(t)}_{\text{自然响应}} + \underbrace{\left(1 - \frac{1}{2} e^{-3t}\right) \varepsilon(t)}_{\text{受迫响应}} \quad\quad (2\text{-}67b)$$

$$= \underbrace{\left(\frac{1}{2} e^{-t} - \frac{1}{2} e^{-3t}\right) \varepsilon(t)}_{\text{瞬态响应}} + \underbrace{\varepsilon(t)}_{\text{稳态响应}} \quad\quad (2\text{-}67c)$$

从这个例子的最终结果可以看出，系统的全响应可以有多种分解方法。例如，可以如式(2-67a)表示的那样，分解为零输入响应和零状态响应两个部分。实际上在例题的求解过程中就是将响应分为零输入和零状态两个部分分别求解的。也可以将公式(2-67a)里面的各个部分重新整理一下，改写成如公式(2-67b)所示的形式。在这个形式下，全响应可以分为两个部分：前一部分中，信号的模式是 $e^{-t} \varepsilon(t)$，这部分信号中只含有自然频率(也就是 e 的指数部分关于 t 的函数的系数) $\lambda = -1$，是系统的**自然响应分量**(natural response components)；后面的部分中有两个信号模式：$\varepsilon(t)$ 和 $e^{-3t} \varepsilon(t)$，其特征频率分别为 0 和 -3，这两个频率并不属于系统的特征频率，而是由激励信号所带来的，它们被称为系统的**受迫响应分量**(forced response components)。式(2-67a)还可以整理成式(2-67c)的形式，它也是将全响应分为两个部分：前一部分随着时间增长而趋于零，被称为**瞬态响应分量**(transient response components)；而后一部分随着时间增长而趋于稳定，被称为**稳态响应分量**(steady-state response components)。

式(2-67a)、(2-67b)、(2-67c)三者之间完全是相等的，它们只是从不同的物理含义的角度对系统全响应的各个组成部分进行观察，在实际应用中有很重要的意义。零输入响应、零状

态响应、自然响应、受迫响应等响应分量之间也是有联系的。其中,自然响应与零输入响应都与激励信号无关,容易被误解为是相同的概念;同样,受迫响应与零状态响应都与激励信号有关,也会被误认为等同。但是从这个例题中,可以看到它们是不一样的:零输入响应必然是自然响应的一部分,零状态响应中则同时包含受迫响应和部分自然响应;零输入响应和零状态响应中的自然响应两部分合起来构成总的自然响应。

此外,自然响应、受迫响应与瞬态响应和稳态响应也有一定的对应关系:对于一个稳定的系统[①]而言,自然响应必然属于瞬态响应,同时受迫响应中随时间增长而衰减消失的部分也是瞬态响应中的一部分;而受迫响应中随时间增长仍继续存在并趋于稳定响应的部分则是稳态响应。

例题 2-12 求图 2-29(a)所示的矩形脉冲作用于图 2-28 的电路上的零状态响应。

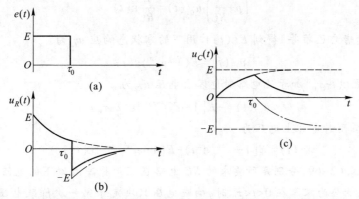

图 2-29 矩形脉冲 $e(t)$ 激励下 RC 电路中电阻和电容元件上的响应电压 u_R 和 u_C

解:由图 2-13 及式(2-32)可知,这个信号可由两个阶跃函数叠加组成,即

$$e(t) = E\,\varepsilon(t) - E\,\varepsilon(t-\tau_0)$$

所以分别求得电路对这两个阶跃函数的响应,就可叠加得到电路对矩形脉冲的响应。

设系统为零状态,先考虑阶跃函数 $E\,\varepsilon(t)$ 加于此电路时电阻 R 上的电压 u_{R1},显然这时的电路方程为

$$u_{R1}(t) + \frac{1}{C}\int_{-\infty}^{t} \frac{u_{R1}(\tau)}{R}\mathrm{d}\tau = E\,\varepsilon(t)$$

或

$$\left(p + \frac{1}{RC}\right) u_{R1}(t) = E\delta(t)$$

很易求解此式得

$$u_{R1}(t) = E\mathrm{e}^{-\frac{t}{RC}}\varepsilon(t)$$

同理,阶跃函数 $-E\,\varepsilon(t-\tau_0)$ 加于此电路时电阻上电压 u_{R2} 为

---

① 关于系统的稳定性详见本书第六章。

$$u_{R2}(t) = -Ee^{-\frac{t-\tau_0}{RC}}\varepsilon(t-\tau_0)$$

将上面两个电压叠加,同时令 $\frac{1}{RC}=\alpha$,则得矩形脉冲作用时电阻上电压为

$$u_R(t) = Ee^{-\alpha t}\varepsilon(t) - Ee^{-\alpha(t-\tau_0)}\varepsilon(t-\tau_0) \tag{2-68}$$

其次,考虑阶跃函数 $E\varepsilon(t)$ 加于此电路时电容 C 上的电压 u_{C1},显然这时的电路方程为

$$RC\frac{\mathrm{d}u_{C1}(t)}{\mathrm{d}t} + u_{C1}(t) = E\varepsilon(t)$$

或

$$\left(p+\frac{1}{RC}\right)u_{C1}(t) = \frac{E}{RC}\varepsilon(t)$$

由此不难计算(读者自己推导)得到 $E\varepsilon(t)$ 作用下的零状态响应 u_{C1} 为

$$u_{C1}(t) = E(1-e^{-\alpha t})\varepsilon(t)$$

同理,阶跃函数 $-E\varepsilon(t-\tau_0)$ 加于此电路时电容上电压 u_{C2} 为

$$u_{C2}(t) = -E[1-e^{-\alpha(t-\tau_0)}]\varepsilon(t-\tau_0)$$

于是得矩形脉冲作用时电容上电压为

$$u_C(t) = E[1-e^{-\alpha t}]\varepsilon(t) - E[1-e^{-\alpha(t-\tau_0)}]\varepsilon(t-\tau_0) \tag{2-69}$$

式(2-68)和式(2-69)分别是所要求的 RC 电路在矩形脉冲激励下的电阻和电容上的响应电压。在 $t<0$ 时,响应为零。在 $0<t<\tau_0$ 时,响应电压只决定于第一次阶跃电压。在 $t>\tau_0$ 时,响应电压由前后两个阶跃电压联合决定。响应的波形示于图 2-29(b)和(c),图中虚线表示对于由 $t=0$ 时开始的第一个阶跃电压的响应,点画线表示对于由 $t=\tau_0$ 时开始的第二个阶跃电压的响应,实线为二者叠加所得的对于矩形脉冲的响应。

在系统理论中的一个重要问题是系统参数对于系统特性的影响。例如在例题 2-12 中的 RC 电路的冲激响应按指数律作单调衰减,其特性表现为衰减的快慢,它的衰减速度完全由乘积 RC 决定。令 $\tau=RC$,因为 τ 具有时间的量纲,所以称为电路的**时间常数**(time constant);它的倒数 $\alpha=\frac{1}{\tau}=\frac{1}{RC}$ 则称为电路的**衰减常数**(damping constant)。有了这两个常数之一,就可知道此 RC 电路的特性。由指数 $e^{-\frac{t}{RC}}=e^{-\frac{t}{\tau}}$ 可知,当 $t=\tau$ 时,该指数值降为原数值的 $\frac{1}{e}$。或者说,时间变量 t 每增加一个 τ,则 τ 结束时的指数值就降为 τ 开始时指数值的 $\frac{1}{e}$。因此,时间常数 τ 就是电路的自然响应下降为原来的 $\frac{1}{e}$ 所需要的时间。显然,时间常数 τ 值越大或者衰减常数 α 值越小,则响应的衰减越慢;反之,则响应衰减越快。

图 2-29(b)和(c)所示的 RC 电路电阻上电压 u_R 和电容上电压 u_C 波形的衰减部分,就是按

照上述规律减小其电压值的。电容电压 u_C 的上升部分则是按 $(1-e^{-\frac{t}{\tau}})$ 的规律增长的,时间常数 τ 值大或小直接决定电压增加的慢或快。电路时间常数 τ 值的所谓大小,通常是相对于外加激励的某种时间参数而言的,在这里就是相对于矩形脉冲的宽度 τ_0 而言的。当 $\tau \ll \tau_0$ 时,如图 2-30(a) 所示,在矩形脉冲的第二个阶跃到来之前,电路对于第一个阶跃的响应中的瞬态部分早已结束而达稳态。当 $\tau \gg \tau_0$ 时,如图 2-30(b) 所示,在矩形脉冲的第二个阶跃到来之际,电路对于第一个阶跃的瞬态响应还远未结束。前一种情况下的 u_C 和后一种情况下的 u_R 比较接近输入的矩形脉冲。但是当时间常数 τ 很小时,电阻电压 u_R(或电路电流)的波形呈一正一负的尖顶脉冲形,这种输出响应近似于输入矩形脉冲的导数,所以这时的电路具有**微分电路**(differential circuit)的性质。当时间常数 τ 很大时,电容电压 u_C 的波形略似折线形,在矩形脉冲激励存在期间,电路的输出响应近似于输入阶跃函数的积分,所以这时的电路具有**积分电路**(integrating circuit)的性质。当电路在满足上述条件时,不仅对于矩形脉冲的输入具有微分或积分作用,可以证明,对于其他输入信号,也有同样的作用。

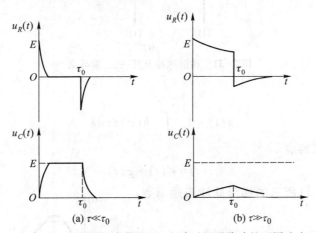

图 2-30 不同时间常数的 RC 电路对矩形脉冲的不同响应

RL 电路的情况大体类似,只是它的电路时间常数是 $\tau = \dfrac{L}{R}$,衰减常数是 $\alpha = \dfrac{1}{\tau} = \dfrac{R}{L}$。在一定的条件下,$RL$ 电路也具有微分和积分的作用。这些就留待读者自己去试行分析。

除了指数信号和矩形脉冲信号以外,在实际应用中还会遇到梯形脉冲信号作用于系统的情况,这里举一个例子。设有如图 2-31 所示的梯形脉冲 $e(t)$ 作用于一单位冲激响应为 $h(t)$ 的零状态系统,欲求此系统对梯形脉冲的响应。响应函数为

$$r(t) = e(t) * h(t)$$

这里激励函数 $e(t)$ 为一比较复杂的函数,为简化计算,可以利用式(2-61)的卷积积分的微积分特性,将 $r(t)$ 表达为

$$r(t) = e''(t) * \int_{-\infty}^{t} \int_{-\infty}^{\lambda} h(\tau) \mathrm{d}\tau \mathrm{d}\lambda \tag{2-70}$$

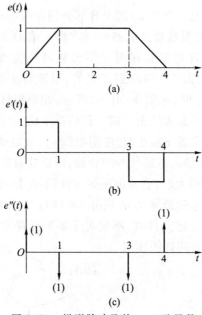

图 2-31 梯形脉冲及其一、二阶导数

假设函数

$$g(t) = \int_{-\infty}^{t} \int_{-\infty}^{\lambda} h(\tau) \, d\tau \, d\lambda$$

则式(2-70)可以写成

$$r(t) = e''(t) * g(t) \tag{2-71}$$

对于如图 2-31(a)所示的梯形脉冲激励函数，它的二阶导数显然为

$$e''(t) = \delta(t) - \delta(t-1) - \delta(t-3) + \delta(t-4)$$

单位冲激函数与 $g(t)$ 相卷积仍为 $g(t)$，所以用上式与 $g(t)$ 相卷积可得

$$r''(t) = g(t)\varepsilon(t) - g(t-1)\varepsilon(t-1) -$$
$$g(t-3)\varepsilon(t-3) + g(t-4)\varepsilon(t-4) \tag{2-72}$$

这种分析方法提供了一个近似地求解一个系统对于任意激励函数的响应的启示。因为一个任意激励函数总可以用由若干个直线段组成的折线来近似地表示，取此折线的二阶导数，就成为该任意激励的近似的二阶导数，如图 2-32 所示。然后仿前法，即可求得系统对该任意激励函数的近似响应函数。显然，所取折线的直线段越多，结果也越准确。当准确

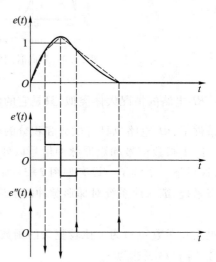

图 2-32 任意激励函数以折线
近似表示后求其导数

度要求较高时,则冗繁的计算工作需要借助计算机来进行。

附录　从分配函数观点看冲激函数

所谓**分配函数**(distribution function)或**广义函数**(generalized function)是指这类函数的定义不是像通常函数那样对应于自变量的变化值所取的函数值来定义,而是由它对另一函数(常称**检验函数**(testing function))的作用效果来定义的。检验函数要求是普通函数,它随时间的变化是连续的并且具有任意阶的导数。

例如,为了检测一个线性非时变系统的特性,可以通过在系统输入端施加一个测试信号,在系统输出端观察所产生的响应来作出判断。显然此响应由下面积分所确定,即

$$r(t) = e(t) * h(t) = \int_{-\infty}^{\infty} e(\tau)h(t-\tau)\mathrm{d}\tau \qquad (2\text{-}73)$$

如果在系统输出端观察到的响应为单位冲激响应 $h(t)$,则不论所加的为何种测试信号均可看成是单位冲激函数 $\delta(t)$。因为对系统来说,它们产生相同的作用效果,即具有相同的输出。因此从分配函数角度来看,单位冲激函数可定义为满足

$$\int_{-\infty}^{\infty} \delta(\tau)h(t-\tau)\mathrm{d}\tau = h(t) \qquad (2\text{-}74\mathrm{a})$$

的函数 $\delta(t)$。如推广到一般情况,上式可改写为

$$\int_{-\infty}^{\infty} \delta(\tau)f(t-\tau)\mathrm{d}\tau = f(t) \qquad (2\text{-}74\mathrm{b})$$

式中 $f(t)$ 为任一检验函数。式(2-74b)说明,如一分配函数与检验函数的卷积仍为该检验函数本身,则此分配函数即为 $\delta(t)$。这就是单位冲激函数的定义。如检验函数取为 $f(-t)$,则有

$$\int_{-\infty}^{\infty} \delta(\tau)f(-t+\tau)\mathrm{d}\tau = f(-t) \qquad (2\text{-}75)$$

令 $t=0$,并考虑到检验函数在 $t=0$ 点上是连续的,即有 $f(0^-)=f(0^+)=f(0)$,则式(2-75)变为

$$\int_{-\infty}^{\infty} \delta(\tau)f(\tau)\mathrm{d}\tau = f(0) \qquad (2\text{-}76\mathrm{a})$$

如将时间变量 τ 改为 t 表示,则有

$$\int_{-\infty}^{\infty} \delta(t)f(t)\mathrm{d}t = f(0) \qquad (2\text{-}76\mathrm{b})$$

式(2-76)也同样可以表达 $\delta(t)$ 对检验函数 $f(t)$ 的作用效果,因此也是 $\delta(t)$ 的另一定义式。此式表明,如一分配函数与检验函数相乘后取时间自 $-\infty$ 到 $+\infty$ 的积分所得的值,等于该检验函数在 $t=0$ 处的值,则此分配函数即为 $\delta(t)$。

分配函数对某一检验函数的作用效果,也可视为对此函数赋值。即分配函数 $g(t)$ 作用于检

验函数 $\varphi(t)$ 时就产生一个与此函数有关的数值,用数学关系表示可写为

$$\langle g(t)、\varphi(t)\rangle = R\langle\varphi(t)\rangle \tag{2-77}$$

式中 $\langle\ \rangle$ 表示赋值,R 为与 $\varphi(t)$ 有关的某一数值。如式(2-75)即表明 $\delta(t)$ 对检验函数的赋值为 $f(0)$。一般来说,这个赋值是由一个与式(2-76)相类似的积分来表达的。只要对检验函数产生相同的赋值,则所加的是同一分配函数。所以从分配函数的观点来看,除正文中给出的当 τ 无穷缩小但保持面积为 1 的矩形脉冲满足 $\delta(t)$ 的定义外,还有许多函数的极限也同样满足 $\delta(t)$ 的定义式(2-76)。它们也同样可以用来表示 $\delta(t)$。例如:

双边指数函数 $\quad\displaystyle\lim_{\tau\to 0}\frac{1}{2\tau}e^{-\frac{|t|}{\tau}}$

三角脉冲 $\quad\displaystyle\lim_{\tau\to 0}\frac{1}{\tau}\left(1-\frac{|t|}{\tau}\right)[\varepsilon(t+\tau)-\varepsilon(t-\tau)]$

高斯脉冲 $\quad\displaystyle\lim_{\tau\to 0}\frac{1}{\tau}e^{-\pi\left(\frac{t}{\tau}\right)^2}$

抽样脉冲 $\quad\displaystyle\lim_{k\to\infty}\frac{\sin kt}{\pi t}$

等。

下面从分配函数的观点来讨论单位冲激函数 $\delta(t)$ 的一些主要性质。

(1) 抽样性

取检验函数为 $f(\tau+t_1)$,由式(2-76a)则有

$$\int_{-\infty}^{\infty}\delta(\tau)f(\tau+t_1)\,\mathrm{d}\tau = f(t_1)$$

再令 $t=\tau+t_1$,则上式变为

$$\int_{-\infty}^{\infty}\delta(t-t_1)f(t)\,\mathrm{d}t = f(t_1) \tag{2-78}$$

式(2-78)表明,延时 t_1 时间的单位冲激函数与 $f(t)$ 相乘后再取积分可抽取出 $f(t)$ 在时间 t_1 处的值。

(2) 与普通函数相乘

$$\delta(t-t_1)f(t) = f(t_1)\delta(t-t_1) \tag{2-79a}$$

如令 $t_1=0$,则有

$$\delta(t)f(t) = f(0)\delta(t) \tag{2-79b}$$

式(2-79)表明,在 t_1 时刻出现的单位冲激函数与 $f(t)$ 相乘所得结果仍是在同一时刻出现的冲激函数,仅其冲激强度由 1 变为 $f(t)$ 在 t_1 时刻的函数值。式(2-79)证明如下:

因为有

$$\int_{-\infty}^{\infty}\delta(t-t_1)f(t)\varphi(t)\,\mathrm{d}t = f(t_1)\varphi(t_1)$$

$$\int_{-\infty}^{\infty}f(t_1)\delta(t-t_1)\varphi(t)\,\mathrm{d}t = f(t_1)\varphi(t_1)$$

式(2-79a)两边的分配函数对检验函数 $\varphi(t)$ 的赋值相同,故两者相等。

(3) 单位冲激函数是单位阶跃函数的导数

因为

$$\int_{-\infty}^{\infty} \frac{\mathrm{d}\,\varepsilon(t)}{\mathrm{d}t}\varphi(t)\,\mathrm{d}t = \varepsilon(t)\varphi(t)\bigg|_{-\infty}^{\infty} - \int_{-\infty}^{\infty} \varepsilon(t)\varphi'(t)\,\mathrm{d}t$$

$$= \varphi(\infty) - \int_{0}^{\infty} \varphi'(t)\,\mathrm{d}t = \varphi(0)$$

与式(2-76b)相比较,可见 $\dfrac{\mathrm{d}\,\varepsilon(t)}{\mathrm{d}t}$ 与 $\delta(t)$ 对检验函数 $\varphi(t)$ 有相同的赋值 $\varphi(0)$。所以

$$\frac{\mathrm{d}\,\varepsilon(t)}{\mathrm{d}t} = \delta(t) \tag{2-80}$$

(4) $\delta(t)$ 为偶函数

因为

$$\int_{-\infty}^{\infty} \delta(-t)\varphi(t)\,\mathrm{d}t = \varphi(0^{-})$$

而检验函数在 $t=0$ 处连续,有 $\varphi(0^{-}) = \varphi(0^{+}) = \varphi(0)$,故

$$\delta(-t) = \delta(t) \tag{2-81}$$

(5) 尺度变换

$$\delta(at) = \frac{1}{|a|}\delta(t) \tag{2-82}$$

式(2-82)表明,如时间尺度压缩 a 倍,则冲激强度变为 $\dfrac{1}{|a|}$。这也很易由等式两边对 $\varphi(t)$ 有相同赋值来证明。因为令 $at=\tau$,有

$$\int_{-\infty}^{\infty} \delta(at)\varphi(t)\,\mathrm{d}t = \frac{1}{|a|}\int_{-\infty}^{\infty} \delta(\tau)\varphi\left(\frac{\tau}{a}\right)\mathrm{d}\tau$$

$$= \frac{1}{|a|}\varphi(0)$$

$$\int_{-\infty}^{\infty} \frac{1}{|a|}\delta(t)\varphi(t)\,\mathrm{d}t = \frac{1}{|a|}\varphi(0)$$

故式(2-82)成立。

(6) 冲激偶 $\delta'(t)$

因为

$$\int_{-\infty}^{\infty} \delta'(t)\varphi(t)\,\mathrm{d}t = \delta(t)\varphi(t)\bigg|_{-\infty}^{\infty} - \int_{-\infty}^{\infty} \delta(t)\varphi'(t)\,\mathrm{d}t \tag{2-83}$$

$$= -\varphi'(0)$$

式(2-83)为冲激偶的定义式。即冲激偶与一普通函数相乘后再取由时间 $-\infty$ 到 $+\infty$ 的积分即等

于该函数在 $t=0$ 处导数的负值。

（7）冲激偶与普通函数相乘

$$f(t)\delta'(t)=f(0)\delta'(t)-f'(0)\delta(t) \tag{2-84}$$

此式仍然可由两边对检验函数 $\varphi(t)$ 有相同赋值来证明。因为由式（2-83）有

$$\int_{-\infty}^{\infty} f(t)\delta'(t)\varphi(t)\mathrm{d}t = \int_{-\infty}^{\infty}\delta'(t)\big[f(t)\varphi(t)\big]\mathrm{d}t$$
$$= -\big[f(t)\varphi(t)\big]'\big|_{t=0}$$
$$= -f(0)\varphi'(0)-f'(0)\varphi(0)$$

而

$$\int_{-\infty}^{\infty}\big[f(0)\delta'(t)-f'(0)\delta(t)\big]\varphi(t)\mathrm{d}t$$
$$= -f(0)\varphi'(0)-f'(0)\varphi(0)$$

故式（2-84）成立。

习　题

2.1 写出图 P2-1 中输入 $i(t)$ 和输出 $u_1(t)$ 及 $u_2(t)$ 之间关系的线性微分方程并求转移算子。

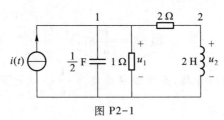

图 P2-1

2.2 写出图 P2-2 中输入 $e(t)$ 和输出 $i_1(t)$ 之间关系的线性微分方程并求转移算子 $H(p)$。

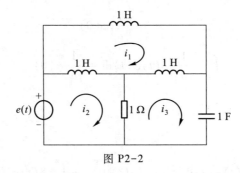

图 P2-2

2.3 通过微分算子法分别求图 P2-3(a)、(b)、(c)所示网络的下列转移算子。

（1）i_1 对 $f(t)$；　　　　　　　（2）i_2 对 $f(t)$；

（3）u_o 对 $f(t)$。

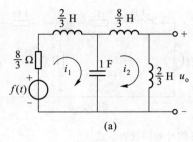

(a)

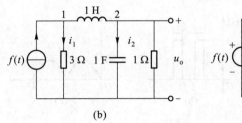

(b)　　　　　　　　　(c)

图 P2-3

2.4　已知系统的转移算子及未加激励时的初始条件分别为：

（1）$H(p) = \dfrac{p+3}{p^2+3p+2}$，$r(0) = 1, r'(0) = 2$；

（2）$H(p) = \dfrac{p+3}{p^2+2p+2}$，$r(0) = 1, r'(0) = 2$；

（3）$H(p) = \dfrac{p+3}{p^2+2p+1}$，$r(0) = 1, r'(0) = 2$。

求各系统的零输入响应并指出各自的自然频率。

2.5　已知系统的微分方程与未加激励时的初始条件分别如下：

（1）$\dfrac{\mathrm{d}^3}{\mathrm{d}t^3}r(t) + 2\dfrac{\mathrm{d}^2}{\mathrm{d}t^2}r(t) + \dfrac{\mathrm{d}}{\mathrm{d}t}r(t) = 3\dfrac{\mathrm{d}}{\mathrm{d}t}e(t) + e(t)$，

　　　$r(0) = r'(0) = 0, r''(0) = 1$；

（2）$\dfrac{\mathrm{d}^3}{\mathrm{d}t^3}r(t) + 3\dfrac{\mathrm{d}^2}{\mathrm{d}t^2}r(t) + 2\dfrac{\mathrm{d}}{\mathrm{d}t}r(t) = 2\dfrac{\mathrm{d}}{\mathrm{d}t}e(t)$，

　　　$r(0) = 1, r'(0) = r''(0) = 0$。

求其零输入响应，并指出各自的自然频率。

2.6　已知电路如图 P2-6 所示，电路未加激励的初始条件为：

（1）$i_1(0) = 2\ \mathrm{A}, i'_1(0) = 1\ \mathrm{A/s}$；　　　（2）$i_1(0) = 1\ \mathrm{A}, i_2(0) = 2\ \mathrm{A}$。

求上述两种情况下电流 $i_1(t)$ 及 $i_2(t)$ 的零输入响应。

2.7　利用冲激函数的抽样性求下列积分值：

（1）$\displaystyle\int_{-\infty}^{\infty} \delta(t-2)\sin t\, \mathrm{d}t$；　　　（2）$\displaystyle\int_{-\infty}^{\infty} \dfrac{\sin 2t}{t}\delta(t)\, \mathrm{d}t$；

（3）$\displaystyle\int_{-\infty}^{\infty} \delta(t+3)\mathrm{e}^{-t}\, \mathrm{d}t$；　　　（4）$\displaystyle\int_{-\infty}^{\infty} (t^3+4)\delta(1-t)\, \mathrm{d}t$。

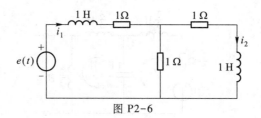

图 P2-6

2.8 写出图 P2-8 所示各波形信号的函数表达式。

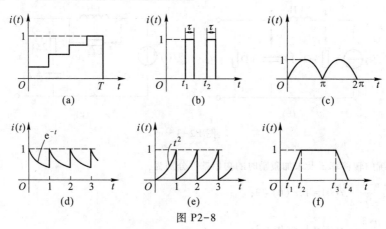

图 P2-8

2.9 求题 2.8 所给各信号的导函数并绘其波形。

2.10 已知信号 $f(t)$ 波形如图 P2-10 所示,试绘出下列函数的波形。

(1) $f(2t)$;   (2) $f(t)\varepsilon(t)$;

(3) $f(t-2)\varepsilon(t)$;   (4) $f(t-2)\varepsilon(t-2)$;

(5) $f(2-t)$;   (6) $f(-2-t)\varepsilon(-t)$。

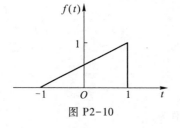

图 P2-10

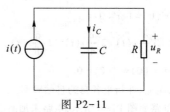

图 P2-11

2.11 图 P2-11 所示电路,求激励 $i(t)$ 分别为 $\delta(t)$ 及 $\varepsilon(t)$ 时的响应电流 $i_C(t)$ 及响应电压 $u_R(t)$ 并绘其波形。

2.12 图 P2-12 所示电路,求激励 $e(t)$ 分别为 $\delta(t)$ 及 $\varepsilon(t)$ 时的响应电流 $i(t)$ 及响应电压 $u_L(t)$ 并绘其波形。

2.13 求图 P2-13 所示电路的冲激响应 $u(t)$。

2.14 图 P2-14 所示电路中,元件参数为:$L_1=L_2=M=1$ H,$R_1=4$ Ω,$R_2=2$ Ω,响应为电流 $i_2(t)$。求冲激响应 $h(t)$ 及阶跃响应 $r_\varepsilon(t)$。

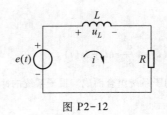

图 P2-12

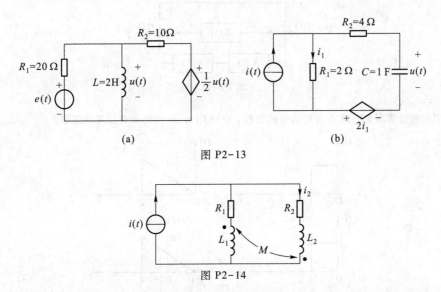

(a)   (b)

图 P2-13

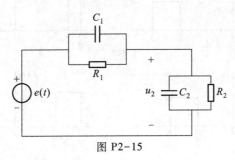

图 P2-14

2.15 图 P2-15 所示电路中,元件参数为 $C_1 = 1$ F, $C_2 = 2$ F, $R_1 = 1$ Ω, $R_2 = 2$ Ω,响应为电压 $u_2(t)$,求冲激响应与阶跃响应。

图 P2-15

2.16 求取下列微分方程所描述的系统的冲激响应。

(1) $\dfrac{\mathrm{d}}{\mathrm{d}t}r(t) + 2r(t) = e(t)$;

(2) $2\dfrac{\mathrm{d}}{\mathrm{d}t}r(t) + 8r(t) = e(t)$;

(3) $\dfrac{\mathrm{d}^3}{\mathrm{d}t^3}r(t) + \dfrac{\mathrm{d}^2}{\mathrm{d}t^2}r(t) + 2\dfrac{\mathrm{d}}{\mathrm{d}t}r(t) + 2r(t) = \dfrac{\mathrm{d}^2}{\mathrm{d}t^2}e(t) + 2e(t)$;

（4）$\dfrac{\mathrm{d}}{\mathrm{d}t}r(t)+3r(t)=2\dfrac{\mathrm{d}}{\mathrm{d}t}e(t)$；

（5）$\dfrac{\mathrm{d}^2}{\mathrm{d}t^2}r(t)+3\dfrac{\mathrm{d}}{\mathrm{d}t}r(t)+2r(t)=\dfrac{\mathrm{d}^3}{\mathrm{d}t^3}e(t)+4\dfrac{\mathrm{d}^2}{\mathrm{d}t^2}e(t)-5e(t)$。

2.17 线性系统由图 P2-17 所示的子系统组合而成。设子系统的冲激响应分别为 $h_1(t)=\delta(t-1)$，$h_2(t)=\delta(t)-\delta(t-3)$。求组合系统的冲激响应。

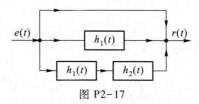

图 P2-17

2.18 用图解法求图 P2-18 中各组信号的卷积 $f_1(t)*f_2(t)$，并绘出所得结果的波形。

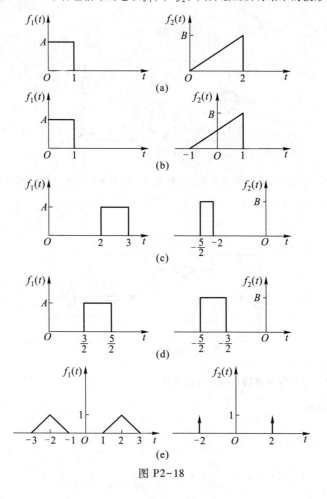

图 P2-18

2.19　由卷积的交换律分别用

$$f(t) = \int_{-\infty}^{\infty} f_1(\tau) f_2(t - \tau) \, dt$$

及

$$f(t) = \int_{-\infty}^{\infty} f_2(\tau) f_1(t - \tau) \, dt$$

求图 P2-19 所示信号的卷积。请注意积分限的确定。

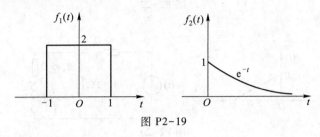

图 P2-19

2.20　用卷积的微分积分性质求下列函数的卷积。

(1) $f_1(t) = \varepsilon(t)$，$f_2(t) = \varepsilon(t-1)$；

(2) $f_1(t) = \varepsilon(t) - \varepsilon(t-1)$，$f_2(t) = \varepsilon(t) - \varepsilon(t-2)$；

(3) $f_1(t) = (\sin 2\pi t)[\varepsilon(t) - \varepsilon(t-1)]$，$f_2(t) = \varepsilon(t)$；

(4) $f_1(t) = e^{-t} \varepsilon(t)$，$f_2(t) = \varepsilon(t-1)$。

2.21　已知某线性系统单位阶跃响应为 $r_\varepsilon(t) = (2e^{-2t} - 1)\varepsilon(t)$，试利用卷积的性质求图 P2-21 所示波形信号激励下的零状态响应。

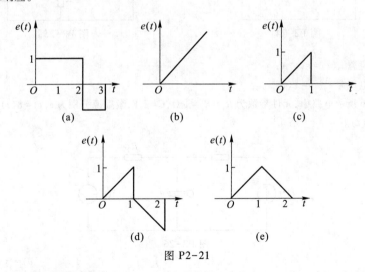

图 P2-21

2.22　图 P2-22 所示电路，其输入电压 $e(t)$ 为单个矩形脉冲，求零状态响应电流 $i_2(t)$。

2.23　图 P2-23 所示电路，其输入电压为单个倒锯齿波，求零状态响应电压 $u_L(t)$。

2.24　图 P2-24 所示电路设定初始状态为零。

(1) 如电路参数 $R = 2\ \Omega$，$C = 5\ \text{F}$ 时，测得响应电压 $u(t) = 2e^{-0.1t}\varepsilon(t)\ \text{V}$ 求激励电流 $i(t)$；

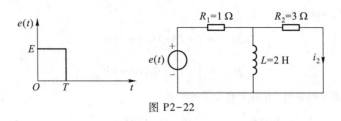

图 P2-22

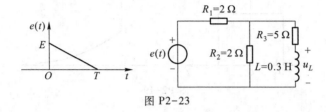

图 P2-23

（2）如激励电流 $i(t) = 10\varepsilon(t)$ A 时，测得响应电压 $u(t) = 25(1-e^{-0.1t})\varepsilon(t)$ V，求电路元件参数 R, C。

2.25 已知图 P2-25 所示电路的初始状态为零，求下列两种情况下流过 AB 的电流 $i(t)$。

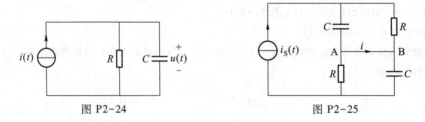

图 P2-24

图 P2-25

（1）激励为电流源 $i_\mathrm{S}(t) = \varepsilon(t)$ A；

（2）激励改为电压源 $e_\mathrm{S}(t) = \varepsilon(t)$ V。

2.26 图 P2-26 所示电路中，元件参数为 $R_1 = R_2 = 1\ \Omega, C = 1$ F，激励源分别为 $e(t) = \delta(t)$ V，$i(t) = \varepsilon(t)$ A，求电容 C 上的电压 $u_C(t)$。

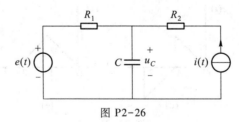

图 P2-26

2.27 已知图 P2-27 所示电路，在 $t = 0$ 时合上开关 S_1，经 0.1 s 后又合上开关 S_2，求流过电阻 R_2 的电流 $i(t)$。

2.28 已知图 P2-28 所示电路中，元件参数如下：$R_1 = 1\ \Omega, R_2 = 2\ \Omega, L_1 = 1$ H，$L_2 = 2$ H，$M = \dfrac{1}{2}$ H，$E = 3$ V，设 $t = 0$ 时开关 S 断开，求一次电压 $u_1(t)$ 及二次电流 $i_2(t)$。

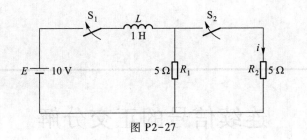

图 P2-27

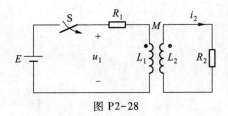

图 P2-28

第三章

连续信号的正交分解

§3.1 引言

从上一章已经看到，为了求解一个复杂信号作用于线性系统后的响应，可以先把这个复杂信号分解成许多组成此信号的分量，各个分量都用同样形式的子信号表示，例如阶跃函数、冲激函数之类。求系统的响应时，将这些简单的信号分量分别施加于系统并分别求出其解，然后再利用叠加定理求得总响应。信号分析就是要研究信号如何表示为各分量的叠加，并从信号分量的组成情况去考察信号的特性。上一章介绍的时域法里是采用阶跃或者冲激信号作为子信号，但是实际上子信号还有很多其他的选取方法。前面 §2.1 曾经简单讨论过子信号的选取法则，这里进一步深入讨论一下应该根据什么原则来选择子信号，以及怎样的一个函数集才能完全地表示各种各样的复杂信号。

信号的分解，在某种意义上与矢量的分解有相似之处。一个矢量可以在某一坐标系统中沿着各坐标轴求出其各分量；一组坐标轴构成一个矢量空间。坐标系统可以有多种，其中最常用的则是坐标轴互相正交的坐标系统。与其类似，一个信号也可以对于某一函数集找出此信号在各函数中的分量；一个函数集可构成一个**信号空间**（signal space）。用来表示信号分量的函数集也有多种选取方法，而其中常用的则是**正交函数集**（set of orthogonal functions）。

在实际应用中使用得最多的正交函数集是三角函数集，即傅里叶（Fourier）级数。任一信号，只要符合一定的条件，都可以分解为一系列不同频率的正弦分量[①]。每一个特定频率的正弦分量，都有它相应的幅度和相位。因此，对于一个信号，它的各分量的幅度和相位分别是频率的函数；或者合起来，它的复数幅度是频率的函数。这样，信号一方面可用一时间函数来表示，另一方面又可用一频率函数来表示，前者称为该信号在时域中的表示，后者称为在频域中的表示。不论在时域中或者在频域中，都可以全面地描写一个信号。所以，信号分析总要涉及把信号的

---

① 正弦函数 $\sin(\omega t+\varphi)$ 和余弦函数 $\cos(\omega t+\varphi)$ 除了有相位差 $\dfrac{\pi}{2}$ 外，函数形式完全相同。所以"正弦"一词，在本书中常是正弦和余弦的统称。

表述从时域变换到另一域,以及两个域之间的关系问题。

正弦函数可以看成由两个指数函数 $e^{j\omega t}$ 和 $e^{-j\omega t}$ 组成,从后面的内容中可以看到,这种形式的指数函数集也是正交函数集。如果把这里指数中的 $\pm j\omega$ 换成复数 $s=\sigma\pm j\omega$,则复指数函数 e^{st} 和 $e^{s^* t}$ 可以联合组成按指数律变幅的"正弦"函数。这种复指数函数或变幅正弦函数亦可作为信号分解的单元函数,也就是信号亦可表示为**复频率**(complex frequency)$s=\sigma\pm j\omega$ 的函数。这时,信号的表述就从时域变换到复频域。这部分内容会在第五章中介绍。

离散信号除了变换到频域去研究外,还可根据需要通过 z **变换**(z-transform)变到 z 域,或者通过**沃尔什**(Walsh)**变换**变到**序域**(sequence domain)。这方面的内容会在第八章中介绍。

本章先介绍信号如何表示为正交函数集,然后着重讨论连续信号的傅里叶分析,研究信号的频域特性。最后简要介绍沃尔什函数。关于把频域分析推广到复频域以及离散信号的分析等内容将在本书后面有关章节中讨论。

§3.2   正交函数集与信号分解

在解析几何以及工程矢量分析等数学课程中,我们知道在空间中的任意一个矢量都可以分解为多个标准矢量的加权和,例如二维矢量 A 可以在直角坐标中分解为沿着相互垂直的 x 和 y 方向的两个标准矢量 U_x 和 U_y 的加权和。

$$A=c_1 U_x+c_2 U_y$$

这里的 U_x 和 U_y 就像两个标准的"标尺",成为度量和表征任意二维矢量的工具。在这两个标尺下,只要确定了系数 c_1 和 c_2,那矢量 A 就被唯一地确定了。

信号的分解也是将任意信号分解为类似标准的"标尺"函数的加权和,它与矢量的分解颇有相似之处,通过矢量分解可以更加形象地理解信号分析的相关内容,可以帮助我们更好地记住信号分析中的一些重要结论。因此本节先来回顾一下大家熟悉的矢量分解,再用类比的方法来说明如何将一信号分解为正交函数集,最后介绍作为完备正交函数集的正弦函数集和指数函数集。

1. 矢量的分量和矢量的分解

我们先从二维矢量的分解开始。先看看如何用一个标准矢量 U_1 的加权 $c_1 U_1$ 近似表示矢量 A。如图 3-1 所示,矢量 $c_1 U_1$ 总是与 U_1 同方向的,所以用它表示一个任意矢量 A 的时候,总会有误差 E 存在。在图 3-1 中,图(a)情况下误差 E 的长度最小,也就是说,当误差 E 垂直于 U_1 时的 $c_1 U_1$ 最接近 A。此时分量 $c_1 U_1$ 的模为

$$c_1 |U_1|=|A|\cos\theta$$

故有

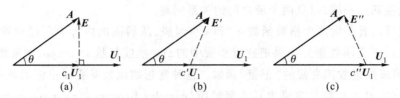

图 3-1 矢量 A 在矢量 U_1 上的分量

$$c_1 = \frac{|A|\cos\theta}{|U_1|} = \frac{|A||U_1|\cos\theta}{|U_1|^2} = \frac{A \cdot U_1}{U_1 \cdot U_1} \qquad (3-1)$$

这就是仅用 U_1 的加权近似表示 A 时的最佳系数 c_1 的计算公式。$c_1 U_1$ 称作 A 在 U_1 方向上的投影,这就像一个立在平地上的竹竿在阳光的照射下在地面上形成的影子。显然,阳光的入射角度不同,在地面形成的影子也不同,所以投影有很多种,图 3-1 中三个图都可以是矢量 A 的投影。当阳光入射方向垂直于地面的时候,对应的投影被称为"垂直投影",这就是图 3-1(a) 的情况,此时用投影 $c_1 U_1$ 去近似代表原矢量,误差矢量最小。这个结论也可以从解析角度来解算得到,也就是考察 c_1 取何值,误差矢量长度的平方 $|E|^2 = |A - c_1 U_1|^2$ 为最小,则只要令

$$\frac{\partial}{\partial c_1} |A - c_1 U_1|^2 = 0$$

亦可导得式(3-1)[①]。c_1 是在最小平方误差的意义上标志着两个矢量 A 和 U_1 相互近似的程度的量,当 A 和 U_1 相同时,由式(3-1)得 $c_1 = 1$;当 A 和 U_1 互相垂直时,两矢量间夹角为直角,由式(3-1)得 $c_1 = 0$,有的文献上将 A 和 U_1 的相互垂直状态称为**正交**(orthogonal),此时有 $A \cdot U_1 = 0$。

完备性(complete)是用于分解矢量的矢量集必须满足的条件,它是指用这个矢量集中的矢量可以准确无误地表示任意一个矢量,不会有误差。从图 3-1 可以看出,仅仅用一个标准矢量 U_1 的加权 $c_1 U_1$ 来表示 A 总是有误差的,不可能满足完备性。这时候,如果再引入另一个标准矢量 U_2,就可以解决这个问题,如图 3-2 所示。此时可以将矢量 A 表示为

$$A = c_1 U_1 + c_2 U_2 \qquad (3-2)$$

理论上,只要 U_1 和 U_2 不在一个方向上,都可以保证能够找到合适的 c_1 和 c_2,使得 $c_1 U_1 + c_2 U_2$ 可以精确地等于 A,如图 3-2(a) 所示。但此时确定系数 c_1 和 c_2 的计算公式可能会比较复杂。如果进一步要求 U_1 和 U_2 相互垂直或者正交,也就是 $U_1 \cdot U_2 = 0$,如图 3-2(b) 所示,这时候 U_1 和 U_2 就构成了一个**正交矢量集**(set of orthogonal vectors),此时 c_1 和 c_2 的计算公式也就可以参考式(3-1)的推导过程,得到类似的结论

$$c_m = \frac{A \cdot U_m}{U_m \cdot U_m} \qquad m = 1, 2, \cdots \qquad (3-3)$$

上面讨论的是二维矢量分解的问题。如果扩展到一个三维空间中的矢量 A 的分解,两个标

---

① 此式的解析推导可参阅 Mason S J,Zimmermann H J,Electronic Circuits,Signals,and Systems,§ 6.10,John Wiley and Sons,Inc.1960。

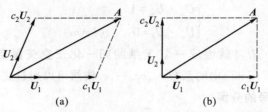

图 3-2　平面的矢量 A 分解为二维的正交矢量集

准矢量就不完备了,应当用三个标准矢量的加权和来代表,即

$$A = c_1 U_1 + c_2 U_2 + c_3 U_3 \qquad (3-4)$$

如图 3-3 所示。如果进一步要求其中的标准矢量 U_1、U_2 和 U_3 之间相互正交,也就是

$$U_1 \cdot U_2 = U_2 \cdot U_3 = U_3 \cdot U_1 = 0 \qquad (3-5)$$

由此 U_1、U_2 和 U_3 就构成了一个三维空间中的正交矢量集。这个时候,式(3-4)中的各个系数的计算,一样可以套用式(3-3)。

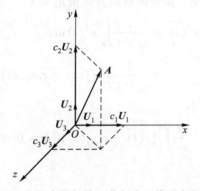

图 3-3　空间中的矢量 A 分解为三维正交矢量集

　　上面提到了矢量集的正交和完备两个概念。正交和完备是两个相互独立的概念,一个矢量集可以是正交完备的,也可以是正交但不完备的,或者是完备而不正交的。两个概念不要混淆。除了这两个概念以外,有时候对矢量集中的矢量还有第三个要求,就是**归一化**(normalized),也就是要求其中的每一个矢量 U_m 的长度等于 1,即

$$|U_m| = 1 \qquad m = 1, 2, \cdots \qquad (3-6)$$

这样在式(3-3)中分母部分固定等于 1,对应公式就比较简单一些。满足完备、正交、归一化条件的矢量集就构成了**归一化的正交矢量空间**。

　　上述概念可以加以引申推广到 N 维空间。虽然在我们观察到的世界中并不存在超过三维的 N 维空间,但是许多物理问题可以借助于这个概念去处理。显然,在这种 N 维的矢量空间中,三维的正交矢量集也是不完备的了。由式(3-2)和式(3-4)不难推想,这种 N 维的分解公式为

$$A = c_1 U_1 + c_2 U_2 + c_3 U_3 + \cdots + c_N U_N \qquad (3-7)$$

其中的 U_m 满足

$$\begin{cases} \boldsymbol{U}_m \cdot \boldsymbol{U}_m = 1 \\ \boldsymbol{U}_m \cdot \boldsymbol{U}_l = 0 \qquad (l \neq m) \end{cases} \tag{3-8}$$

这样的矢量集 $\{\boldsymbol{U}_1, \boldsymbol{U}_2, \cdots, \boldsymbol{U}_N\}$ 就组成一个 N 维的**归一化正交矢量空间**（normalized orthogonal vector space）。这时候，式（3-7）中的系数 $c_1, c_2, \cdots, c_N$ 依然可以通过式（3-3）计算得到。

2. 信号的分量和信号的分解

与矢量的分解相似，信号的分解是指将任意信号分解为多个标准信号的加权和。现在利用函数与矢量相类比的方法来研究如何将一信号分解为其分量。

让我们在区间 $t_1 \leqslant t \leqslant t_2$ 内考察信号的分解。与矢量分解的分析过程类似，这里依然从单个标准函数 $g_1(t)$ 的加权 $c_1 g_1(t)$ 近似表达任意函数 $f(t)$ 开始讨论。正如在矢量分解中的情况一样，这种近似一定存在误差 $\varepsilon(t)$

$$\varepsilon(t) = f(t) - c_1 g_1(t) \tag{3-9}$$

矢量近似中最佳系数选择的依据，是使得误差矢量长度的平方最小；而这里系数 c_1 的选择，则是要求使误差函数的方均值为最小。误差函数的方均值定义为

$$\begin{aligned} \overline{\varepsilon^2(t)} &= \frac{1}{t_2 - t_1} \int_{t_1}^{t_2} \varepsilon^2(t) \, \mathrm{d}t \\ &= \frac{1}{t_2 - t_1} \int_{t_1}^{t_2} [f(t) - c_1 g_1(t)]^2 \, \mathrm{d}t \end{aligned} \tag{3-10}$$

欲求此值最小时的 c_1，应令

$$\frac{\partial}{\partial c_1} \int_{t_1}^{t_2} [f(t) - c_1 g_1(t)]^2 \, \mathrm{d}t = 0$$

亦即

$$\int_{t_1}^{t_2} \frac{\partial}{\partial c_1} [f^2(t) - 2c_1 f(t) g_1(t) + c_1^2 g_1^2(t)] \, \mathrm{d}t$$

$$= -2 \int_{t_1}^{t_2} f(t) g_1(t) \, \mathrm{d}t + 2c_1 \int_{t_1}^{t_2} g_1^2(t) \, \mathrm{d}t = 0$$

由此不难解得

$$c_1 = \frac{\displaystyle\int_{t_1}^{t_2} f(t) g_1(t) \, \mathrm{d}t}{\displaystyle\int_{t_1}^{t_2} g_1^2(t) \, \mathrm{d}t} \tag{3-11}$$

将此式和式（3-1）相比较，可以看出二者之间有类似之处，只是式（3-1）中的矢量点乘积在这里换成函数相乘的积分。同矢量分解中的系数 c_1 是在最小平方误差的意义上表征了矢量 $\boldsymbol{A}$ 和 $\boldsymbol{U}_1$ 之间的相近程度一样，这里的系数 c_1 则是在最小方均误差的意义上表征了函数 $f(t)$ 和 $g_1(t)$ 相关联的程度。当 $c_1 = 0$ 时，称函数 $f(t)$ 和 $g_1(t)$ 在区间 (t_1, t_2) 内为**正交**（orthogonal），此时根据式（3-11），应该有

$$\int_{t_1}^{t_2} f(t) g_1(t) \mathrm{d}t = 0 \tag{3-12}$$

与矢量分解的情况一样,仅仅用一个标准函数 $g_1(t)$ 的加权 $c_1 g_1(t)$ 难以精确地表示任意函数 $f(t)$,会存在很大的误差。解决这个问题的途径也与矢量分解一样,就是引入多个标准函数。例如用 N 个标准函数 $g_1(t)$、$g_2(t)$、$\cdots$、$g_N(t)$ 构成函数集,用于对信号进行分解

$$f(t) \approx c_1 g_1(t) + c_2 g_2(t) + \cdots + c_r g_r(t) + \cdots + c_N g_N(t) \tag{3-13}$$

这个函数集中的各个函数之间也可以要求是相互正交的,也就是满足

$$\int_{t_1}^{t_2} g_l(t) g_m(t) \mathrm{d}t = 0 \qquad l \neq m$$

这时,这 N 个函数 $g_1(t)$、$g_2(t)$、$\cdots$、$g_N(t)$ 组成的函数组在区间 (t_1, t_2) 内互相正交,构成了一个 N 维的**正交信号空间**(orthogonal signal space)。如果进一步能够保证

$$\int_{t_1}^{t_2} g_r(t) g_r(t) \mathrm{d}t = 1 \qquad r = 1, 2, \cdots, N$$

那么上述函数集就称为是归一化正交的。通过与式(3-11)类似的推导过程,可以得到使式(3-13)左右两边的误差的方均值达到最小的系数 c_r 为

$$c_r = \frac{\int_{t_1}^{t_2} f(t) g_r(t) \mathrm{d}t}{\int_{t_1}^{t_2} g_r^2(t) \mathrm{d}t} \qquad r = 1, 2, \cdots, N \tag{3-14}$$

此式与式(3-3)有类似之处,只是将矢量的点乘积换成函数相乘的积分。一个函数可以用一正交函数集的加权和来代表,这一事实初看起来似乎颇难想象。但是,从后面的内容中我们会看到,任何周期性信号都可以用傅里叶级数把它表示为基波分量和各次谐波分量之和,那么以上的论述也就易于理解了。

用一正交矢量集中的分量去代表任意一个矢量,这矢量集必须是一完备的正交矢量集。与此相似,用一正交函数集中的分量去代表任意一个函数,这函数集也必须是一**完备的正交函数集**,也就是说,用式(3-13)分解时,希望等式左右两边能够严格相等,公式中的约等符号能够变为严格的等于符号。矢量分解中,二维空间矢量可以用两个标准正交矢量进行完备分解,三维空间矢量可以通过三个标准正交矢量进行分解。但是在函数分解中,往往无法找到含有有限个函数的完备函数集,而完备的正交函数集往往都由无穷多个函数组成

$$f(t) = c_1 g_1(t) + c_2 g_2(t) + \cdots + c_r g_r(t) + \cdots = \lim_{n \to \infty} \sum_{m=1}^{n} c_m g_m(t) \tag{3-15}$$

要完全无误差地去代表任意一信号,理论上说,应取无限多个谐波分量。当采用了含有无限多个相互正交的函数的完备正交函数集时,函数 $f(t)$ 可以精确地而不是近似地表示为一个包含无限多个相互正交的函数的无穷级数。但在实际计算中,只能计算有些项分解的结果。这时,所取分量函数的项数愈多,精确度也愈高,或者说方均误差愈小。随着所取项数无限趋大,方均误差亦趋于零,这时的正交函数集也就成为完备的。例如傅里叶级数中的余弦函数和正弦函数 1、

$\cos\Omega t$、$\cos2\Omega t$、$\cdots$、$\sin\Omega t$、$\sin2\Omega t$、$\cdots$，构成一正交函数集。当取有限个分量去代表某一信号时，一般会有误差。随着所取谐波分量数的增加，误差趋近零。

可以证明，对于一个在区间(t_1,t_2)内的完备正交函数集中的所有函数，不可能另外再找到一个异于零的函数能在同一区间内和它们相正交。这是因为如果存在这样的完备正交函数集以外的一个函数$x(t)$，与完备正交函数集中所有的函数正交

$$\int_{t_1}^{t_2} x(t)g_r(t)\,\mathrm{d}t = 0 \qquad r = 0,1,2,\cdots$$

则按照式(3-14)计算出的各个系数都等于0，这时就无法用式(3-15)那样的等式通过正交函数集中函数的线性组合来表示$x(t)$，这个正交函数集一定不会是完备的。关于这个问题，只要用正交矢量集来加以类比，就很容易理解。还要指出，同矢量集的正交和完备是两个独立的概念一样，函数的正交和完备也是两个独立的概念，非正交的函数集也可能是完备或者不完备的，完备的函数集也可能是正交或者非正交的。

3. 复函数的分解

以上的讨论，仅限于实函数的情况。但在工程应用中，也会遇到复函数的情况，也就是函数值同时有实部和虚部。而且用复函数组成的正交函数集，在分析计算中可以带来很多方便。下一节中的指数傅里叶级数就属于这种情况。所以有必要将上面对实函数的讨论推广到复函数去。设$f(t)$和$g_1(t)$是这样的复函数，$f(t)$在$g_1(t)$中的分量仍记为$c_1g_1(t)$，这里的系数c_1一般是复数。用这个分量在区间(t_1,t_2)内去近似表示原函数$f(t)$时，将有一个与式(3-9)形式相同、实际上却是复函数形式的误差函数。这时，c_1的选择就依然是采用方均误差标准，但这里的方均误差的定义，是误差函数的模的平方的平均值

$$\overline{\varepsilon(t)^2} = \frac{1}{t_2-t_1}\int_{t_1}^{t_2} |f(t) - c_1g_1(t)|^2\,\mathrm{d}t$$

$$= \frac{1}{t_2-t_1}\int_{t_1}^{t_2} [f(t) - c_1g_1(t)][f^*(t) - c_1^*g_1^*(t)]\,\mathrm{d}t$$

其中函数符号右上角的"$*$"是指复共轭计算。由此可以导得分量系数为

$$c_1 = \frac{\displaystyle\int_{t_1}^{t_2} f(t)g_1^*(t)\,\mathrm{d}t}{\displaystyle\int_{t_1}^{t_2} g_1(t)g_1^*(t)\,\mathrm{d}t} \tag{3-16}$$

同样，从此式可以看出两函数在区间(t_1,t_2)内正交的条件是

$$\int_{t_1}^{t_2} f(t)g_1^*(t)\,\mathrm{d}t = \int_{t_1}^{t_2} f^*(t)g_1(t)\,\mathrm{d}t = 0 \tag{3-17}$$

若有一在区间(t_1,t_2)内互相正交的复变函数集$g_1(t)$、$g_2(t)$、$\cdots$、$g_N(t)$，则在此区间内，各函数间应具有以下关系

$$\int_{t_1}^{t_2} g_l(t)g_m^*(t)\,\mathrm{d}t = 0 \qquad l \neq m \tag{3-18}$$

如果这是一个完备的正交复函数集,则任意函数(实或复)$f(t)$在区间(t_1,t_2)内可以表示为

$$f(t) = c_1 g_1(t) + c_2 g_2(t) + \cdots + c_r g_r(t) + \cdots \qquad (3-19)$$

此式与式(3-15)具有相同的形式,只是其中的系数c和函数$g(t)$均是复数。同样,可以导得上式中第r个分量的系数为

$$c_r = \frac{\int_{t_1}^{t_2} f(t) g_r^*(t) \, dt}{\int_{t_1}^{t_2} g_r(t) g_r^*(t) \, dt} \qquad (3-20)$$

实函数是复函数当虚部为零时的特殊情况。对于实函数集应有$g_m(t) = g_m^*(t)$。在此条件下,式(3-20)就简化为式(3-14)的相应公式。

　　信号在正交函数集中的分解是多样的。在矢量分解中,坐标轴经过转换,可以有不同的选取方法;同样,表示信号的正交函数集也可以经过变换而有不同的选取方法。正如坐标的转换不影响矢量本身一样,正交函数集的变换也不影响所表示的函数本身。所以,从使用一个正交函数集变换到使用另一个正交函数集去表示一个函数,可以比作在矢量空间中,从一个坐标系转换到另一个坐标系去表示一个矢量。也像各种坐标系中有的应用起来较为方便一样,在各种正交函数集中,傅里叶级数是既方便又很有用的。除傅里叶级数外,工程技术中运用到的还有沃尔什函数、勒让德函数、切比雪夫函数等,它们也都是正交函数集。

§3.3　信号表示为傅里叶级数

　　三角函数是工程中最常用的正交函数集。本节将对三角傅里叶级数和指数傅里叶级数作进一步研究,以备本章频谱分析之用。

1. 三角傅里叶级数

三角傅里叶级数采用的正交函数集为

$$\{1, \cos\Omega t, \sin\Omega t, \cos 2\Omega t, \sin 2\Omega t, \cdots, \cos n\Omega t, \sin n\Omega t, \cdots\}$$

可以证明其中的函数之间具有以下关系:

$$\begin{cases} \int_{t_1}^{t_1+T} \cos^2 n\Omega t \, dt = \int_{t_1}^{t_1+T} \sin^2 n\Omega t \, dt = \dfrac{T}{2} \\[2mm] \int_{t_1}^{t_1+T} \cos m\Omega t \cos n\Omega t \, dt = \int_{t_1}^{t_1+T} \sin m\Omega t \sin n\Omega t \, dt = 0, m \neq n \\[2mm] \int_{t_1}^{t_1+T} \sin m\Omega t \cos n\Omega t \, dt = 0, m、n \text{ 为任何整数} \end{cases} \qquad (3-21)$$

其中$T = \dfrac{2\pi}{\Omega}$为上述三角函数的公共周期,m和n为正整数。这表示上述各余弦函数和各正弦函

数,在时间间隔(t_1,t_1+T)内,均互相正交;即在此间隔内,将$\cos n\Omega t$和$\sin n\Omega t$合起来形成一正交函数集。用 0、1、2、… 等整数作为 n 代入,并注意到 $\cos 0 = 1$,则此正交函数集为 1、$\cos \Omega t$、$\cos 2\Omega t$、…、$\cos n\Omega t$、…、$\sin \Omega t$、$\sin 2\Omega t$、…、$\sin n\Omega t$、…,而 $\sin 0 = 0$ 不计在此函数集内。当所取函数有无限多个时,这是一完备的正交函数集。

对于任何一个周期为 T 的周期信号 $f(t)$,都可以求出它在上述各函数中的分量,从而将此函数在区间(t_1,t_1+T)内表示为

$$
\begin{aligned}
f(t) = \frac{a_0}{2} &+ a_1\cos \Omega t + a_2\cos 2\Omega t + \cdots + \\
&a_n\cos n\Omega t + \cdots + \\
&b_1\sin \Omega t + b_2\sin 2\Omega t + \cdots + \\
&b_n\sin n\Omega t + \cdots \\
= \frac{a_0}{2} &+ \sum_{n=1}^{\infty}(a_n\cos n\Omega t + b_n\sin n\Omega t)
\end{aligned} \tag{3-22a}
$$

这就是函数 $f(t)$ 在上述区间内的三角傅里叶级数表示式。式中的系数$\frac{a_0}{2}$和各 a_n、b_n 都是分量系数。$\frac{a_0}{2}$实际上就是函数 $f(t)$ 在该区间内的平均值,亦即**直流分量**(direct component),这里之所以将其设定为$\frac{a_0}{2}$,是为了使得后面推导出的系数 a_0 的计算公式与其他下标不等于零的系数 a_n 一致。当 n 为 1 时,$a_1\cos n\Omega t$ 和 $b_1\sin n\Omega t$ 合成一(角)频率为 $\Omega = \frac{2\pi}{T}$的正弦分量[①],称为**基波分量**(fundamental component),Ω 称为**基波频率**(fundamental frequency)。当 n 大于 1 时,$a_n\cos n\Omega t$ 和 $b_n\sin n\Omega t$ 合成一频率为 $n\Omega$ 的正弦分量,称为 n **次谐波分量**(harmonic component),$n\Omega$ 称为 n **次谐波频率**(harmonic frequency)。由式(3-14)和式(3-21)可得分量系数

$$
\begin{cases}
a_n = \dfrac{\displaystyle\int_{t_1}^{t_1+T} f(t)\cos n\Omega t \mathrm{d}t}{\displaystyle\int_{t_1}^{t_1+T} \cos^2 n\Omega t \mathrm{d}t} = \dfrac{2}{T}\int_{t_1}^{t_1+T} f(t)\cos n\Omega t \mathrm{d}t \\[4mm]
b_n = \dfrac{\displaystyle\int_{t_1}^{t_1+T} f(t)\sin n\Omega t \mathrm{d}t}{\displaystyle\int_{t_1}^{t_1+T} \sin^2 n\Omega t \mathrm{d}t} = \dfrac{2}{T}\int_{t_1}^{t_1+T} f(t)\sin n\Omega t \mathrm{d}t
\end{cases} \tag{3-23a}
$$

---

① 频率为周期之倒数,即$f = \dfrac{1}{T}$;角频率为频率之 2π 倍,即 $\Omega = 2\pi f$。在进行理论分析时,往往用角频率 Ω 比较方便,但为简化起见,又常省去"角"字而即称为频率。当进行实际计算时,则要考虑一个 2π 的乘数,这一点请读者注意。

当 $n=0$ 时,有

$$a_0 = \frac{2}{T} \int_{t_1}^{t_1+T} f(t) \, dt$$

而直流分量为

$$\overline{f(t)} = \frac{1}{T} \int_{t_1}^{t_1+T} f(t) \, dt = \frac{a_0}{2} \tag{3-23b}$$

对式(3-22a)进行转换,将 $a_n \cos n\Omega t$ 和 $b_n \sin n\Omega t$ 合成一正弦分量为

$$a_n \cos n\Omega t + b_n \sin n\Omega t = A_n \cos(n\Omega t + \varphi_n)$$

此时式(3-22a)成为

$$f(t) = \frac{a_0}{2} + \sum_{n=1}^{\infty} A_n \cos(n\Omega t + \varphi_n) \tag{3-22b}$$

系数 a_n、b_n 和幅度 A_n、相位 φ_n 之间的关系为

$$\begin{cases} A_n = \sqrt{a_n^2 + b_n^2} & \varphi_n = -\arctan \dfrac{b_n}{a_n} \\ a_n = A_n \cos \varphi_n & b_n = -A_n \sin \varphi_n \end{cases} \tag{3-24}$$

由式(3-22b)就可以十分清楚地看出,在一定的时间间隔内,任意一个代表信号的函数可以用一直流分量和一系列谐波分量之和来表示。而式(3-23)、式(3-24)则为此直流分量和各次谐波分量的幅度和相位的求法。由这两式还可看出,系数 a_n 和幅度 A_n 都是频率 $n\Omega$ 的偶函数,系数 b_n 和相位 φ_n 都是频率 $n\Omega$ 的奇函数。这些奇偶关系,是很有用的概念。

这里还需指出的是,要使一周期信号分解为谐波分量的公式(3-22)的等号严格成立,函数 $f(t)$ 应当满足下列条件:

(a) 在一周期内,函数是绝对可积的,即 $\int_{t_1}^{t_1+T} |f(t)| \, dt$ 应为有限值;

(b) 在一周期内,函数的极值数目为有限;

(c) 在一周期内,函数 $f(t)$ 或者为连续的,或者具有有限个这样的间断点,即当 t 从较大的时间值和较小的时间值分别趋向间断点时,函数具有两个不同的有限的极限值。

这些条件称为**狄利克雷(Dirichlet)条件**。如果 $f(t)$ 满足这个条件,那按式(3-22)进行的分解就是完备的。实际工程中的周期信号,大都能满足该条件,因此以后除非有需要,一般不作特别说明。

实用中进行信号分析时,不可能取无限多次谐波项,而只能取有限项来近似地表示。当然,这样就不可避免地要有一误差,即

$$f(t) = \frac{a_0}{2} + \sum_{k=1}^{n} (a_k \cos k\Omega t + b_k \sin k\Omega t) + \varepsilon_n(t)$$

其中 $\varepsilon_n(t)$ 为级数在 n 次谐波项上终止而致的误差函数。对于一定的 n 值,按式(3-23)计算分量系数 a、b 所得的近似,是在最小方均误差 $\overline{\varepsilon_n^2(t)}$ 意义上的最佳近似。用任何其他的方法来选择

这些系数,都将导致方均误差的增大。n 越大,即所取级数的项数越多,方均误差也越小;随着 n 无限趋大而使该级数成为一完备正交函数集时,方均误差亦趋于零。这在数学上被称为方均收敛。

现在来研究用三角傅里叶级数表示图 3-4 所示的信号 $f(t)$。这个信号称为方波,它的正半周和负半周是形状完全相同的矩形,并可用函数式表示为

$$\begin{cases} f(t) = 1 & 0 < t < \dfrac{T}{2} \\[2mm] f(t) = -1 & \dfrac{T}{2} < t < T \end{cases} \tag{3-25}$$

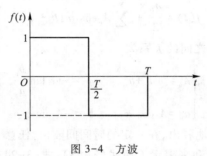

图 3-4　方波

先把这函数展开为三角级数,为此就要求出分量系数 a 和 b。利用式(3-23)计算 a_0、a_n 和 b_n 值:

$$a_0 = \frac{2}{T}\int_0^T f(t)\,\mathrm{d}t = \frac{2}{T}\left(\int_0^{\frac{T}{2}}\mathrm{d}t - \int_{\frac{T}{2}}^T \mathrm{d}t\right) = 0$$

$$a_n = \frac{2}{T}\int_0^T f(t)\cos n\Omega t\,\mathrm{d}t$$

$$= \frac{2}{T}\left(\int_0^{\frac{T}{2}}\cos n\Omega t\,\mathrm{d}t - \int_{\frac{T}{2}}^T \cos n\Omega t\,\mathrm{d}t\right) = 0$$

$$b_n = \frac{2}{T}\int_0^T f(t)\sin n\Omega t\,\mathrm{d}t = \frac{2}{T}\left(\int_0^{\frac{T}{2}}\sin n\Omega t\,\mathrm{d}t - \int_{\frac{T}{2}}^T \sin n\Omega t\,\mathrm{d}t\right)$$

$$= \begin{cases} \dfrac{4}{n\pi} & \text{当 } n \text{ 为奇数} \\[2mm] 0 & \text{当 } n \text{ 为偶数} \end{cases}$$

因此,该非周期性方波在区间 $(0, T)$ 内可以表示为

$$f(t) = \frac{4}{\pi}\left(\sin \Omega t + \frac{1}{3}\sin 3\Omega t + \frac{1}{5}\sin 5\Omega t + \cdots\right) \tag{3-26}$$

级数求得以后,再进一步来考察增加所取级数项数时,如何改善近似程度。图3-5(a)的三个图

分别表示用基波、基波与三次谐波和基波与三次、五次谐波去近似地表示该矩形波的情况,图中画阴影线的部分是用近似函数来代表原矩形信号时二者相差的部分。很易看出,随着所取项数的增多,近似程度也更好了,即合成函数的边沿更陡峭了,而顶部虽然有较多起伏,但更趋平坦了。把原来的方波减去近似函数,即得图3-5(b)所示的三种情况下的误差函数。图3-5(c)则是误差函数的平方及由此计算得到的方均误差值。由于误差函数的对称性质,这里只从时间间隔 $\left(\dfrac{T}{4},\dfrac{T}{2}\right)$ 内去求取方均误差值。可以看出,随着级数项数的增加,方均误差由 19% 至 10% 至 7%,等等,近似的程度亦愈趋改善。但是,对于具有不连续点的函数,即使所取级数的项数无限增大,在不连续处,级数之和仍不收敛于函数 $f(t)$;在跃变点附近的波形,总是不可避免地存在有起伏振荡,从而使跃变点附近某些点的函数值超过 1 而形成过冲。随着级数所取项数的增多,这种起伏振荡存在的时间将缩短。但其引起的过冲值则趋于信号跳变值的约 9% 的固定值。这种现象称为**吉布斯(Gibbs)现象**。它表明即使所取项数趋向无穷大,用三角函数合成的函数在不连续点附近不可能每一点都收敛于原函数,且最大的差异收敛于与间断点处的跳变量相关的常数。但是这个不收敛的区间非常窄,宽度收敛于 0,所以误差的平均值依然收敛于 0。好在这种间断点只在理想的信号中存在,例如阶跃函数或者冲激函数等。实际工程中的信号一般不

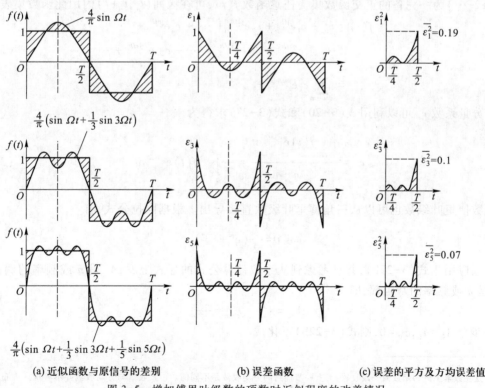

(a) 近似函数与原信号的差别   (b) 误差函数   (c) 误差的平方及方均误差值

图 3-5　增加傅里叶级数的项数时近似程度的改善情况

存在这样的间断点，即使信号的值在某个时间点附近出现了很快的变化，但是也是在一个有限的时间内（虽然可能非常非常短）完成的。这时不会出现吉布斯现象，当级数项数趋向无穷大时，合成的信号在每个时间点上都会收敛于原函数[①]。

2. 指数傅里叶级数

指数傅里叶级数采用了复指数形式的函数集

$$\{1, e^{j\Omega t}, e^{-j\Omega t}, e^{j2\Omega t}, e^{-j2\Omega t}, \cdots, e^{jn\Omega t}, e^{-jn\Omega T}, \cdots\}$$

很易证明，这些指数函数之间具有如下关系

$$\begin{cases} \int_{t_1}^{t_1+T} (e^{jn\Omega t})(e^{jn\Omega t})^* \, dt = T \\ \int_{t_1}^{t_1+T} (e^{jm\Omega t})(e^{jn\Omega t})^* \, dt = 0, \, m \neq n \end{cases} \tag{3-27}$$

与三角函数的情况相似，其中 $T = \dfrac{2\pi}{\Omega}$ 为指数函数的公共周期，m、n 为整数。其中后一个公式说明上述指数函数符合式（3-18）的条件，因此在函数 $e^{jn\Omega t}$ 中用各正负整数代入所构成的函数集，在时间间隔 (t_1, t_1+T) 内成正交。若 n 取 $-\infty$ 到 $+\infty$ 包括 0 在内的所有整数，则函数集 $e^{jn\Omega t}$（其中 $n = 0、\pm 1、\pm 2、\cdots$）为一完备的正交函数集。任意函数 $f(t)$，可在区间 (t_1, t_1+T) 内用此函数集表示为

$$\begin{aligned} f(t) &= c_0 + c_1 e^{j\Omega t} + c_2 e^{j2\Omega t} + \cdots + c_n e^{jn\Omega t} + \cdots \\ &\quad + c_{-1} e^{-j\Omega t} + c_{-2} e^{-j2\Omega t} + \cdots + c_{-n} e^{-jn\Omega t} + \cdots \end{aligned} \tag{3-28}$$

$$= \sum_{n=-\infty}^{\infty} c_n e^{jn\Omega t}$$

式中的分量系数 c_n 可以利用式（3-20）和式（3-27）求得为

$$c_n = \frac{\int_{t_1}^{t_1+T} f(t) e^{-jn\Omega t} \, dt}{\int_{t_1}^{t_1+T} e^{jn\Omega t} e^{-jn\Omega t} \, dt} = \frac{1}{T} \int_{t_1}^{t_1+T} f(t) e^{-jn\Omega t} \, dt \tag{3-29}$$

指数傅里叶级数也可以从三角傅里叶级数直接导出。根据欧拉公式，有

$$\cos \theta = \frac{1}{2}(e^{j\theta} + e^{-j\theta})$$

将这关系应用于式（3-22b），并且考虑到从系数计算公式的形式上看，A_n 是 n 或频率的偶函数，而 φ_n 是 n 或频率的奇函数，即

$$A_{-n} = A_n, \quad \varphi_{-n} = -\varphi_n$$

再进一步令 $A_0 = a_0, \varphi_0 = 0$，则式（3-22b）可化成

---

① 这在数学上称为函数的一致收敛，与上一节提到的方均收敛是不同的。一致收敛与方均收敛并不等价。吉布斯现象就是一个满足方均收敛但不满足一致收敛的例子。一致收敛在数学上比较严格，但是因为基于方均收敛意义上的相关公式更好推导，所以它在实际应用中被使用得更多。

$$f(t) = \frac{a_0}{2} + \frac{1}{2}\sum_{n=1}^{\infty}\left[A_n e^{j(n\Omega t + \varphi_n)} + A_n e^{-j(n\Omega t + \varphi_n)}\right] \tag{3-30}$$

$$= \frac{1}{2}\sum_{n=-\infty}^{\infty} A_n e^{j(n\Omega t + \varphi_n)} = \frac{1}{2}\sum_{n=-\infty}^{\infty} \dot{A}_n e^{jn\Omega t}$$

式中 $\dot{A}_n = A_n e^{j\varphi_n}$。此式实质上就是式（3-28），只是两式的系数间具有 $c_n = \frac{1}{2}\dot{A}_n$ 的关系而已。因此，由式（3-29），显然可得

$$\dot{A}_n = \frac{2}{T}\int_{t_1}^{t_1+T} f(t)\,e^{-jn\Omega t}\mathrm{d}t \tag{3-31}$$

由此可见，三角傅里叶级数和指数傅里叶级数虽然形式不同，但实际上它们是属于同一性质的级数，即都是将一信号表示为直流分量和谐波分量之和。$\dot{A}_n$ 是第 n 次谐波分量的复数幅度。在实用中，虽然三角傅里叶级数谐波概念较为直观，但常常是用指数级数更为方便，只要由式（3-31）求得复数幅度 $\dot{A}_n$，信号分解的任务就全部完成了。

在指数级数中，虽然因引用 $-n$ 而出现了 $-n\Omega$，但这并不表示存在着什么负频率，而只是将第 n 次谐波的正弦分量分写成两个指数项后出现的一种数学形式。这里要注意的是，在指数级数中，n 为同值正整数和负整数的项都属于此正交函数集，例如 $e^{j\Omega t}$ 和 $e^{-j\Omega t}$ 两个函数符合式（3-17）的正交条件。但是，在三角级数中，例如 $\cos\Omega t$ 与 $\cos(-\Omega t)$ 或 $\sin\Omega t$ 与 $\sin(-\Omega t)$ 等不符合式（3-12）的正交条件，也就是说函数 $\cos n\Omega t$ 或 $\sin n\Omega t$ 中当 n 为同值正整数和负整数时构成的一对函数并不互相正交。因此函数 $\sin(-\Omega t)$、$\sin(-2\Omega t)$、$\sin(-3\Omega t)$……不包含在所讨论的三角级数集中。

上面对于傅里叶级数的讨论，都随时指明了代表信号的函数，是在区间 (t_1, t_1+T) 内可以表示为正交函数集中分量之和。至于区间之外，未加说明。事实上，三角级数和指数级数中所有各项都是按 T 作为周期而重复的函数。即当 $T = \dfrac{2\pi}{\Omega}$ 时，有

$$\cos n\Omega t = \cos n\Omega(t+kT)$$
$$\sin n\Omega t = \sin n\Omega(t+kT)$$
$$e^{jn\Omega t} = e^{jn\Omega(t+kT)}$$

其中 k 为任意正负整数。所以，用傅里叶级数表示的函数，在区间 (t_1, t_1+T) 之外是此区间之内的重复，它是一周期性函数。反过来说，如果原信号也是一个周期为 T 的信号，只要在以任何时间 t_1 为起始点的一个周期内将它表示为傅里叶级数，则此级数也就在 $(-\infty, +\infty)$ 的整个时间区间内表示了这一周期信号。但是，对于非周期信号则不一定如此，例如对于图 3-4 及式（3-25）所示的方波，只是在区间 $(0, T)$ 之内才能用式（3-26）的傅里叶级数来表示，而在该区间之外，就不能用此式表示。只有当按图 3-4 所示波形构成一周期信号时，式（3-26）才在整个区间 $(-\infty, +\infty)$ 内表示这周期信号。由此可见，用一正交函数集来表示一个信号时，应当注意这信号是否

为周期性的,以及这表示式所适用的时间范围。

3. 函数的偶、奇性质及其与谐波含量的关系

当表示信号的时间函数满足 $f(t)=f(-t)$ 的关系时,称之为时间 t 的**偶函数**(even function);当满足 $f(t)=-f(-t)$ 的关系时,则称之为时间 t 的**奇函数**(odd function)。如图 3-6(a)所示的周期三角形脉冲即是偶函数。图 3-6(b)所示的周期锯齿形脉冲即是奇函数。更简单一点,如余弦函数 $\cos \Omega t$ 和正弦函数 $\sin \Omega t$ 也分别是周期性的偶函数和奇函数。当然,偶函数和奇函数并不都是周期性的。偶函数对于纵轴对称,奇函数对于原点对称。由对称关系可知,两个偶函数相乘或两个奇函数相乘所得的函数都是偶函数,而一个偶函数和一个奇函数相乘所得的函数是奇函数。由这种对称关系,又很容易得出,对于偶函数有

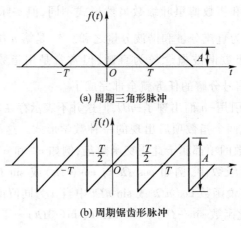

(a) 周期三角形脉冲

(b) 周期锯齿形脉冲

图 3-6 周期性的偶函数与奇函数

$$\int_{-\tau}^{0} f(t)\,\mathrm{d}t = \int_{0}^{\tau} f(t)\,\mathrm{d}t \tag{3-32a}$$

或

$$\int_{-\tau}^{\tau} f(t)\,\mathrm{d}t = 2\int_{0}^{\tau} f(t)\,\mathrm{d}t \tag{3-32b}$$

其中 τ 是任一时间值。对于奇函数则有

$$\int_{-\tau}^{0} f(t)\,\mathrm{d}t = -\int_{0}^{\tau} f(t)\,\mathrm{d}t \tag{3-33a}$$

或

$$\int_{-\tau}^{\tau} f(t)\,\mathrm{d}t = 0 \tag{3-33b}$$

现在来考虑周期性偶函数和奇函数的谐波含量。由式(3-23),分量系数可写为

$$a_n = \frac{2}{T}\int_{-\frac{T}{2}}^{\frac{T}{2}} f(t)\cos n\Omega t\,\mathrm{d}t$$

$$b_n = \frac{2}{T} \int_{-\frac{T}{2}}^{\frac{T}{2}} f(t) \sin n\Omega t \, \mathrm{d}t$$

当 $f(t)$ 为偶函数时,$f(t)\cos n\Omega t$ 为偶函数而 $f(t)\sin n\Omega t$ 为奇函数,由上述对称关系可知 $b_n = 0$。所以,当把一周期性偶函数表示的信号分解为其谐波分量时,其中只包含余弦项谐波分量 $a_n \cos n\Omega t$,并且当函数的平均值不为零时还存在直流分量 $\frac{a_0}{2}$,但无正弦项谐波分量 $b_n \sin n\Omega t$。

同样,当 $f(t)$ 为奇函数时,则 $a_0 = a_n = 0$,所以在一个以周期性奇函数表示的信号中,只包含正弦项谐波分量 $b_n \sin n\Omega t$,而无直流分量和余弦项谐波分量 $a_n \cos n\Omega t$。例如式(3-26)所示的傅里叶级数中只有正弦项谐波分量,就是因为按图 3-4 所示方波构成的周期信号是一奇函数。又如,图 3-6 所示的周期三角形脉冲和锯齿形脉冲展开为傅里叶级数后分别为

$$f(t) = A\left[\frac{1}{2} - \frac{4}{\pi^2}\left(\cos \Omega t + \frac{1}{3^2}\cos 3\Omega t + \frac{1}{5^2}\cos 5\Omega t + \cdots + \right.\right. \tag{3-34}$$

$$\left.\left.\frac{1}{n^2}\cos n\Omega t + \cdots\right)\right], n = 1 \setminus 3 \setminus 5 \cdots$$

$$f(t) = \frac{A}{\pi}\left[\sin \Omega t - \frac{1}{2}\sin 2\Omega t + \frac{1}{3}\sin 3\Omega t + \cdots + \right. \tag{3-35}$$

$$\left.\frac{(-1)^{n+1}}{n}\sin n\Omega t + \cdots\right], n = 1 \setminus 2 \setminus 3 \setminus \cdots$$

前者为偶函数,式中只有直流项和余弦项;后者为奇函数,式中只有正弦项。

函数的偶、奇性由坐标轴的对称关系决定,所以,当移动坐标轴时,可以使偶、奇关系互相转变。例如,对于图 3-6(a)所示的周期三角形脉冲,若将坐标原点移至 $\left(\frac{T}{4}, \frac{A}{2}\right)$ 时,则该偶函数也就转变为奇函数。但是这种转变并非总是可能的,例如图 3-6(b)所示的周期性锯齿形脉冲,不管怎样移轴,也不能把它变为偶函数。

对于一般的非奇非偶的信号,总可以分解为一个偶分量与一个奇分量的叠加,即

$$f(t) = f_e(t) + f_o(t) \tag{3-36}$$

考虑到偶分量 $f_e(t) = f_e(-t)$,奇分量 $f_o(t) = -f_o(-t)$,则

$$f(-t) = f_e(-t) + f_o(-t) = f_e(t) - f_o(t) \tag{3-37}$$

联解式(3-36)及式(3-37)可得信号的偶、奇分量如下:

$$\begin{cases} f_e(t) = \dfrac{f(t) + f(-t)}{2} \\[2mm] f_o(t) = \dfrac{f(t) - f(-t)}{2} \end{cases} \tag{3-38}$$

将信号分解为偶、奇分量有时对求解信号的傅里叶级数会带来方便。例如图3-7(a)所示的锯齿信号 $f(t)$,将其对称于纵轴反褶即得图 3-7(b)所示的 $f(-t)$。再由式(3-38)则可得偶、奇分量

分别如图 3-7(c)及图 3-7(d)所示。

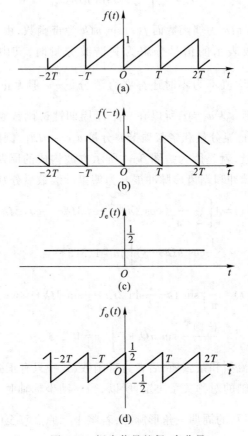

图 3-7 锯齿信号的偶、奇分量

由图可见,偶分量 $f_e(t)$ 为幅度是 $\frac{1}{2}$ 的直流分量,无需再作展开。奇分量为一与图 3-6(b)所示波形相类的对称锯齿形脉冲,二者仅在时间上延时了半个周期。只需在式(3-35)中令 $A=1$,并考虑延时的影响,即可得其傅里叶级数展开式。与 $\frac{1}{2}$ 的直流分量合并在一起就可直接得到 $f(t)$ 的傅里叶级数展开式为

$$f(t) = \frac{1}{2} - \frac{1}{\pi}\left[\sin \Omega t + \frac{1}{2}\sin 2\Omega t + \frac{1}{3}\sin 3\Omega t + \cdots\right]$$

$$= \frac{1}{2} - \frac{1}{\pi}\sum_{n=1}^{\infty} \frac{\sin n\Omega t}{n}$$

不用再进行积分计算。

在实际工作中,还常常会遇到一些信号,表示它的函数符合条件

$$f\left(t+\frac{T}{2}\right)=-f(t) \tag{3-39}$$

这样的函数称**奇谐函数**（odd harmonic function）。这种函数如图 3-8 所示。显然，奇谐函数必定是周期为 T 的周期性函数，它的任意半个周期的波形可由将前半周期波形沿横轴反褶后得到。这类函数常常有半周期是正值，半周期是负值，而正负两半周期的波形完全相同。代表奇次谐波的余弦项 $a_{2k+1}\cos(2k+1)\Omega t$ 和正弦项 $b_{2k+1}\sin(2k+1)\Omega t$（$k=0,1,2,\cdots$），以及由这些项叠加所组成的函数符合式（3-39）；而代表偶次谐波的余弦项 $a_{2k}\cos 2k\Omega t$、正弦项 $b_{2k}\sin 2k\Omega t$ 和代表直流分量的常数项，以及由这些项叠加所组成的函数，都不符合式（3-39）的条件。所以奇谐函数中不包含直流分量和偶次谐波而只包含奇次谐波，奇谐函数之名也由此而来。例如，式（3-26）所示的傅里叶级数中只有奇次正弦项的谐波分量，就是因为按图 3-4 方波构成的周期信号不仅是一奇函数，而且是一奇谐函数。又如图 3-6（a）所示的周期三角形脉冲，若将横轴上移 $\frac{A}{2}$，即除去其直流分量，就成为一奇谐函数，同时又是一偶函数，此时式（3-34）中将只包含奇次余弦项谐波分量。图 3-6（b）所示的周期锯齿形脉冲是一奇函数而不是奇谐函数，所以式（3-35）中包含有奇次和偶次的正弦项谐波分量。

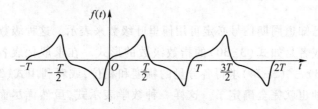

图 3-8 奇谐函数

与奇谐函数相对应，也可定义**偶谐函数**（even harmonic function）为符合下列条件的函数

$$f\left(t+\frac{T}{2}\right)=f(t) \tag{3-40}$$

试设想图 3-8 所示波形中，将负半周沿横轴反褶为正半周，这时的函数就是偶谐函数。这种函数的另一个例子是经过全波整流后所得的电流，如图 3-9 所示。偶谐函数也是周期性函数，它的任意半个周期的波形与前半周期的波形完全相同，也就是说，偶谐函数是两半周期完全相同的周期性函数[1]。这种函数中只包含偶次谐波分量。例如，图 3-9 所示函数既是偶函数，又是偶谐函数，所以展开为傅里叶级数后只有偶次余弦项

$$f(t)=\frac{2A}{\pi}+\frac{4A}{\pi}\left(\frac{1}{3}\cos 2\Omega t-\frac{1}{15}\cos 4\Omega t+\frac{1}{35}\cos 6\Omega t-\cdots+\right.$$

---

[1] 偶谐函数事实上是周期缩减为 $\frac{T}{2}$ 的周期信号。其各次谐波分量的频率比以 T 为周期的信号增加一倍。

$$\left. \frac{(-1)^{\frac{n}{2}+1}}{n^2-1} \cos n\Omega t + \cdots \right), n = 2、4、6、\cdots$$

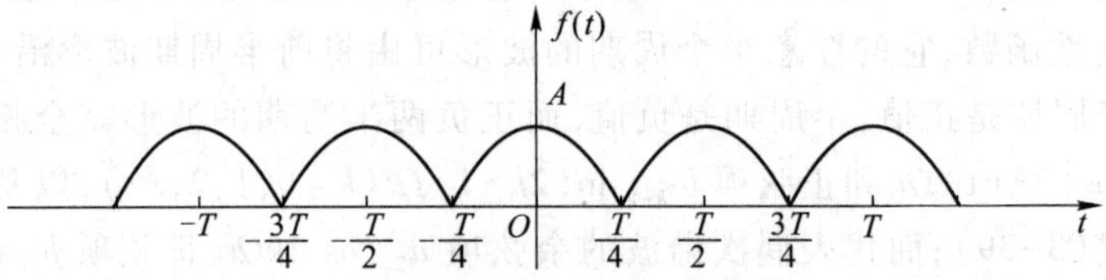

图 3-9 偶谐函数

　　熟悉了函数的奇、偶和奇谐、偶谐等性质后,对于一些波形所包含的谐波分量常可迅速作出判断,并便于迅速计算傅里叶级数的分量系数。

§3.4 周期信号的频谱

　　由上一节讨论,已知道周期信号必定可用傅里叶级数来表示。这种级数或者是如式(3-22)的三角级数的形式,或者是如式(3-30)的指数级数的形式。在求取代表各次谐波的各级数项时,只要利用式(3-23)、式(3-24)求得各分量的幅度和相位,或者利用式(3-31)求得各分量的复数幅度,则各级数项也就完全确定了。这样一种数学表示式,虽然详尽而确切地表达了信号分解的结果,但往往不够直观,不能一目了然。为了能既方便又明白地表示一个信号中包含有哪些频率分量,各分量所占的比重怎样,就采用了称为频谱图的表示方法。为说明这问题,现在重新来考察按图 3-4 所示波形构成的周期信号,这信号在一个周期内的函数表示为式(3-25)的形式。把它分解为傅里叶级数后,信号的三角级数表示为式(3-26)的形式,即

$$f(t) = \frac{4}{\pi}\left(\sin \Omega t + \frac{1}{3}\sin 3\Omega t + \frac{1}{5}\sin 5\Omega t + \frac{1}{7}\sin 7\Omega t + \cdots\right)$$

由此表示式可以看出信号中不包含偶次谐波分量,各奇次谐波的幅度则为 $\frac{4}{n\pi}$。现在,用一些不同长度的线段来分别代表基波、三次谐波、五次谐波等等的幅度,然后将这些线段按着频率高低依次排列起来,如图 3-10 所示。这种图就称为频谱图。图中每一条谱线代表一个基波或一个谐波分量,谱线的高度即谱线顶端的纵坐标位置代表这一正弦分量的幅度,谱线所在的横坐标的位置代表这一正弦分量的频率(图 3-10 中是用角频率表示的)。从频谱图中可以一目了然地看出这个信号包含有哪些频率的正弦分量,以及每个分量所占的比重。因为这种频谱只表示出了各分量的幅度,所以称为**幅度频谱**(amplitude spectrum)。有时如果需要,也可以把分量的相位用一个个线段代表并且排列成谱状,这样的频谱就称为**相位频谱**(phase spectrum)。一般如果

不做特别说明,通常所说的频谱即指幅度频谱。

由图 3-10 可以看出这种周期信号频谱的几个特点。第一,这种频谱由不连续的线条组成,每一条线代表一个正弦分量,所以这样的频谱称为**不连续频谱**(non-continuous spectrum)或**离散频谱**(discrete frequency spectrum)。第二,这种频谱的每条谱线,都只能出现在基波频率 Ω 的整数倍的频率上,频谱中不可能存在任何具有频率为基波频率非整数倍的分量。第三,各条谱线的高度,也即各次谐波的幅度,总的趋势是随着谐波次数的增高而逐渐减小的;当谐波次数无限增高时,谐波分量的幅度亦就无限趋小。频谱的这三个特点,分别称为频谱的离散性、谐波性、收敛性。这些特性虽然是从一个特殊的周期信号得出的,但是它们也是具有普遍意义的。以后可以看到,其他周期信号的频谱往往也具有这些特性。

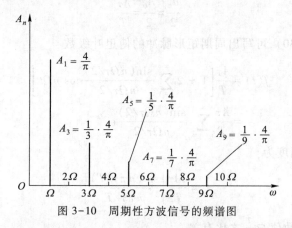

图 3-10   周期性方波信号的频谱图

现在再来进一步研究周期矩形脉冲信号的频谱,这种信号具有十分重要的典型意义。周期矩形脉冲信号如图 3-11 所示,其中 A 为脉冲幅度,τ 为脉冲持续时间(亦称脉冲宽度),T 为脉冲重复周期。这信号在一周期内的表示式为

$$f(t)=\begin{cases} A & 当 -\dfrac{\tau}{2}<t<\dfrac{\tau}{2} \\[2mm] 0 & 当 -\dfrac{T}{2}<t<-\dfrac{\tau}{2} 及 \dfrac{\tau}{2}<t<\dfrac{T}{2} \end{cases}$$

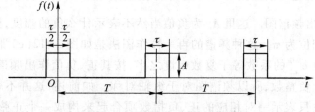

图 3-11   周期性矩形脉冲信号

为求该信号的频谱,可先求出傅里叶级数的复数幅度。由式(3-31),得

$$\dot{A}_n = \frac{2}{T} \int_{-\frac{\tau}{2}}^{\frac{\tau}{2}} f(t) \mathrm{e}^{-jn\Omega t} \mathrm{d}t = \frac{2}{T} \int_{-\frac{\tau}{2}}^{\frac{\tau}{2}} A\mathrm{e}^{-jn\Omega t} \mathrm{d}t$$

$$= \frac{4A\sin(n\Omega\tau/2)}{n\Omega T} = \frac{2A\tau}{T} \left[\frac{\sin(n\Omega\tau/2)}{n\Omega\tau/2} \right] \tag{3-41a}$$

$$= \frac{2A\tau}{T} \left[\frac{\sin(n\pi\tau/T)}{n\pi\tau/T} \right]$$

在上式中令 $n=0$,求其极限值,得直流分量

$$\frac{a_0}{2} = \frac{A_0}{2} = \frac{A\tau}{T}$$

根据式(3-22b)和(3-30),可写出周期矩形脉冲的傅里叶级数

$$f(t) = \frac{A\tau}{T} \left[1 + 2\sum_{n=1}^{\infty} \frac{\sin(n\Omega\tau/2)}{n\Omega\tau/2} \cos n\Omega t \right] \tag{3-42a}$$

$$= \frac{A\tau}{T} \sum_{n=-\infty}^{\infty} \frac{\sin(n\Omega\tau/2)}{n\Omega\tau/2} \mathrm{e}^{jn\Omega t} \tag{3-42b}$$

该信号第 n 次谐波的幅度为

$$A_n = \frac{2A\tau}{T} \left| \frac{\sin(n\pi\tau/T)}{n\pi\tau/T} \right| \tag{3-41b}$$

由式可见,谐波的幅度数值与 $\frac{\tau}{T}$ 之比有关。

如令 $T=4\tau$,并依次令 $n=0$、$n=1$、$n=2$、$\cdots$,分别求出 A_0、A_1、$A_2\cdots$各次谐波的幅度值(A_0 是直流分量的二倍)。将这些幅度值用相应长度的线段代表并按频率高低依次排列,即可得到如图 3-12(a)所示的幅度频谱。至于各次谐波的相位,由式(3-41a)可知,当角度 $\frac{n\pi\tau}{T}$ 在第一、二象限时,A_n 为正实数,即相位为零;当此角度在第三、四象限时,A_n 为负实数,即相位为 π。对于这种比较简单的情况,没有必要另作相位频谱,可以把相位值标注在幅度频谱图上,如图 3-12(a)所示。或者也可以像图 3-12(b)那样把复数幅度 A_n,亦即式(3-42a)中 $\cos n\Omega t$ 的系数,按其正、负值作出频谱图。这里 A_n 为负值当然不表示什么负的幅度,因幅度总是正值,而是如前述,这只表示相位为 π。这种频谱的再一种作图法是如图 3-12(c)那样把指数级数的复系数,即式(3-42b)中 $\mathrm{e}^{jn\Omega t}$ 的系数等于复数幅度之半,按其正、负值作出频谱图。由于指数级数中 n 的取值是一切正、负整数,所以频谱图对于纵轴对称。如前述,这并不表示有什么负频率,因为频率总是正的,它只表示一对相应的正、负指数项合起来构成一个正弦分量。把频谱图画成图 3-12 那样,只有在复数幅度 A_n 为实数时才是可能的;若 A_n 为复数,幅度频谱和相位频谱

就不能合在一张图中,而必须分画两张。

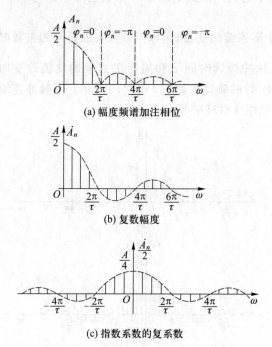

图 3-12 周期性矩形脉冲的频谱图

观察以上各频谱图,可以看出它们同样具有离散性、谐波性和收敛性等特点。尽管这种频谱的幅度不是随着谐波次数的增大作单调地减小,而是有某些参差起伏的现象,但它们的总趋势仍是随着频率的增加而减小的。由式(3-41a)可知,频谱谱线顶点连线所构成的包络线具有 $\dfrac{\sin x}{x}$ 的形式,这里的 x 相当于式中的 $\dfrac{n\Omega\tau}{2}$。但 $\dfrac{n\Omega\tau}{2}$ 是一个不连续的频率变量,而 x 则是等于 $\dfrac{\omega\tau}{2}$ 的连续变量。这包络线表示了幅度变化的规律。当 $x=\dfrac{\omega\tau}{2}$ 是 π 的整数倍时,或 ω 是 $\dfrac{2\pi}{\tau}$ 的整数倍时,频谱的包络线为零值。如果某些谐波的频率正好等于 $\dfrac{2\pi}{\tau}$ 的整数倍,则这些谐波的幅度等于零。可以证明,当 $T=4\tau$ 时,四次、八次、十二次等谐波幅度均为零,已如图示。这说明这些谐波的正弦函数和原信号函数是互相正交的。函数 $\dfrac{\sin x}{x}$ 在通信理论中有重要作用,称为**抽样函数**,记以符号 $\mathrm{Sa}(x)$,即

$$\mathrm{Sa}(x)=\frac{\sin x}{x} \tag{3-43}$$

于是,式(3-41)和(3-42)中与它同形式的那部分函数也可以记为 $\mathrm{Sa}\left(\dfrac{n\Omega\tau}{2}\right)$ 或 $\mathrm{Sa}\left(\dfrac{n\pi\tau}{T}\right)$ [①],只是

这里变量 $\dfrac{n\Omega\tau}{2}$ 或 $\dfrac{n\pi\tau}{T}$ 是一个不连续的变量,所以函数代表的是 n 为整数时的离散量。

现在再来进一步讨论脉冲持续时间 τ 和周期 T 之间的比值改变时,对频谱结构有什么影响。周期矩形脉冲在 $T=4\tau$ 时的频谱图如图 3-13(a)所示。当脉冲连续时间 τ 不变而重复周期增大为 $T_1=8\tau$ 时,其频谱如图 3-13(b)所示。

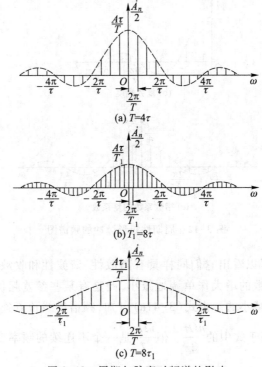

图 3-13　周期与脉宽对频谱的影响

由图可以看出,谱线间的间隔随周期增大相应地成反比减小了,即谱线逐渐密集了。这是

---

① 在有的文献中,定义一个类似的函数

$$\mathrm{sinc}(x)=\frac{\sin\pi x}{\pi x}$$

称为 sinc 函数,见 Oppenheim A V,et.al,Signals and Systems,Prentice-Hall,Inc.1983。此函数与抽样函数的关系为

$$\mathrm{sinc}(x)=\mathrm{Sa}(\pi x)$$

所以

$$\mathrm{Sa}\left(\frac{n\pi\tau}{T}\right)=\mathrm{sinc}\left(\frac{n\tau}{T}\right)$$

但也有将 $\dfrac{\sin x}{x}$ 定义为 sinc 函数的,见 Gabel R A,Roberts Richard A,Signal and Linear Systems,John Wiley and Sons,Inc.,1980。

因为相邻谱线间的间隔是基波频率 $\Omega = \dfrac{2\pi}{T}$，随着周期增大，基波频率就成反比地减小。同时，由式(3-41a)可知，随着周期增大，同频率分量的幅度也相应地成反比减小。例如，当周期由 $T = 4\tau$ 增大为 $T_1 = 8\tau$ 时，图 3-12(b) 中的二次谐波与图 3-12(a) 中的基波相比(二者频率相同)，幅度减小了一半。随着重复周期的增大，信号频谱相应地渐趋密集，频谱幅度也相应地渐趋减小，这也是一切周期性脉冲信号的共同特点。可以设想，当周期 T 无限增大时，频谱的谱线就无限密集，而频谱幅度则无限趋小，这时周期信号已经向非周期性的单脉冲信号转化。关于非周期信号的频谱，将在下一节讨论。

脉冲持续时间 τ 和周期 T 之间的比值的另外一种改变方法，是周期 T 不变而改变脉冲持续时间 τ。显然，周期 T 不变时，基波频率也不变，所以频谱谱线间隔或疏密不会改变。但是，随着脉冲持续时间 τ 值减小，幅度为零的谐波频率 $\dfrac{2\pi}{\tau}$、$\dfrac{4\pi}{\tau}$ 等或幅度为零的谐波次数也提高了，而各项谐波幅度渐趋减小的收敛速度也相应地变慢了。同时，由式(3-41a)可知。随着 τ 值的减小，整个频谱的幅度都相应地减小了。图 3-13(c) 就是 T 不变而 τ 减小一半，而成为 τ_1 时的频谱。随着脉冲宽度的减小，频谱幅度收敛速度相应地变慢，整个频谱的幅度相应地减小，这也是一切周期性脉冲信号的共同特点。

上面讨论了周期信号频谱的一些特性，这里还要引出一个十分重要的概念，就是信号频带宽度的概念。从理论上说，周期信号的谐波分量是无限多的。所取的谐波分量越多，叠加起来后的波形越接近原来信号的波形。但是，对于一些常见的实际信号，要求考虑过多的谐波分量，不但会在工作中造成很大困难，而且实用上也是不必要的。因为谐波幅度具有收敛性，这类信号能量的主要部分均集中在低频分量中，所以谐波次数过高的那些分量，实际上已经没有什么重要意义，从而可以忽略不计。这样，在实际工作中，只要考虑次数较低的一部分谐波分量就够了。对于一个信号，从零频率开始到需要考虑的最高分量的频率间的这一频率范围，是信号所占有的**频带宽度**(frequency band width)，或简称**频宽**。在实用中，对于包络线为抽样函数的频谱，常常把从零频率开始到频谱包络线第一次过零点的那个频率之间的频带作为信号的频带宽度。对于一般的频谱，也常以从零频率开始到频谱幅度降为包络线最大值的 $\dfrac{1}{10}$ 的频率之间的频带定义为信号的频带宽度。当信号能量的主要部分集中在某一较高频率 ω_c 附近时，则信号的频宽仍是最大谱线的 $\dfrac{1}{10}$ 的频率，或在 ω_c 附近第一次过零点的频率作为频带的边界。通常这时的频带宽度分布于 ω_c 的两边。

回顾一下前面对于脉冲持续时间(亦即脉冲宽度 τ)变化时频谱结构变化的讨论，当脉宽减小时，幅度收敛速度变慢，这就意味着信号频宽的加大。当脉宽无限趋小时，频宽也无限趋大，此时信号能量就不再集中在低频分量中，而均匀分布于零到无限大的全频段。在 §3.8 中将要证明，一切脉冲信号的脉宽与频宽是成反比变化的。这一反映信号在时间特性和频率特性间关系的概念,在信号传输技术中具有十分重要的意义。

在信号传输技术中,除了矩形脉冲外,还常用到三角形脉冲及锯齿形脉冲的周期信号,分别如图 3-6(a)、(b)所示。它们的傅里叶级数分别见式(3-34)和式(3-35)。由这两式可以看出,周期三角形脉冲的谐波幅度按 $\dfrac{1}{n^2}$ 的规律收敛,而周期锯齿形脉冲的谐波幅度按 $\dfrac{1}{n}$ 的规律收敛。可见,没有跃变的三角形脉冲的级数比有跃变的矩形或锯齿形脉冲的级数收敛较快,也就是这种信号占有频带宽度较窄。这亦反映了信号的时间特性和频率特性间的这一重要关系,即时间函数中变化较快的信号必定具有较宽的频带。

§3.5 傅里叶变换与非周期信号的频谱

上一节已经指出,当周期矩形脉冲信号的重复周期无限增大时,理论上这个周期脉冲序列中相邻的脉冲将在 t 等于 $\pm\infty$ 处出现,或者说相邻脉冲不会出现,该信号只包含一个单独的脉冲,则此信号就转化为非周期的单脉冲信号。这说明在一定条件下,周期信号可以转化成非周期信号,转化的条件就是周期 T 无限趋大,或者是说,非周期信号可以看成周期信号在周期趋向无穷大时的极限。这从数学上表达了周期和非周期信号之间的关系。数学表示式是从客观现实中抽象出来的,它往往是对物理现象加以理想化后的近似的描写。在这里,所谓无限大周期,在实际应用中不过表示在后一个脉冲到来之前,前一个脉冲在电路中的作用已经基本上消失这样一种情况而已。同样,对于诸如直流、正弦形电流、周期性非正弦信号等,也都不能从绝对的数学意义上来理解,它们都只具有相对的、近似的意义。直流电流,严格地说,里面总是含有交流分量的;正弦电流,严格地说,也不可能是单一的纯粹正弦波形,而总是含有谐波分量的;周期信号,严格地说,它的各周期的长短、不同周期的波形也总是会有出入的。当然,这不能理解为似乎各种波形的信号就没有质的区别了。相反,在一定条件下,信号中某种因素起着主导的支配作用,信号的性质也就由这种因素所规定。因此,必须对各种典型信号进行具体的分析研究。下面来对单脉冲的非周期信号的频谱特性加以研究。

上一节中已经指出,当周期性正弦信号的重复周期无限增大时,信号频谱相邻谱线间的间隔 $\Omega=\dfrac{2\pi}{T}$ 无限趋小,谱线无限密集,于是离散频谱就变成**连续频谱**(continuous frequency spectrum)。同时,由于周期无限增大,式(3-31)所表示的复数幅度 A_n 的模量 A_n 亦无限趋小。这时,信号中各频率分量的幅度虽然都是无穷小量,但是它们并不是同样大小的,它们的相对值之间仍有差别。为了表明这种幅度间的相对差别,有必要引用一个新的量。

在式(3-31)所表示的复数幅度

$$\dot{A}_n = \frac{2}{T}\int_{-\frac{T}{2}}^{\frac{T}{2}} f(t)\,\mathrm{e}^{-jn\Omega t}\mathrm{d}t$$

中,如果等式两边都乘以 $\dfrac{T}{2}$,则当 T 趋于无穷大时,这个量可以避免趋于零。考虑到当 T 无限增大时,频率间隔 Ω 趋于 $\mathrm{d}\omega$,不连续变量 $n\Omega$ 趋于连续变量 ω,所以这个极限量可用符号 $F(j\omega)$ 来表示,即

$$F(j\omega) = \lim_{T\to\infty}\frac{T\dot{A}_n}{2} = \lim_{T\to\infty}\int_{-\frac{T}{2}}^{\frac{T}{2}} f(t)\,\mathrm{e}^{-jn\Omega t}\mathrm{d}t$$

$$= \int_{-\infty}^{\infty} f(t)\,\mathrm{e}^{-j\omega t}\mathrm{d}t \tag{3-44}$$

因为

$$F(j\omega) = \lim_{T\to\infty}\frac{T\dot{A}_n}{2} = \lim_{\Omega\to 0}\pi\frac{\dot{A}_n}{\Omega}$$

具有单位频带的幅度的量纲,所以这个新的量 $F(j\omega)$ 被称为原函数 $f(t)$ 的**频谱密度函数**(frequency spectrum density function),简称**频谱函数**。频谱函数是一个复函数,可以写成 $F(j\omega) = |F(j\omega)|\mathrm{e}^{j\varphi(\omega)}$。它的模量 $|F(j\omega)|$ 是频率的函数,它代表信号中各频率分量的相对大小,而各频率分量的实际幅度 $\dfrac{|F(j\omega)|\mathrm{d}\omega}{\pi}$ 则是无穷小量;相角 $\varphi(\omega)$ 也是频率的函数,它代表有关频率分量的相位。和上一节讨论的谐波幅度 A_n 和相位 φ_n 一样,如果 $f(t)$ 是一个实信号,那么这里的 $|F(j\omega)|$ 是频率 ω 的偶函数,$\varphi(\omega)$ 则是 ω 的奇函数。

由上节式(3-30),一个周期信号可以展开为指数傅里叶级数

$$f(t) = \frac{1}{2}\sum_{n=-\infty}^{\infty} \dot{A}_n\,\mathrm{e}^{jn\Omega t}$$

其中

$$\dot{A}_n = \frac{2}{T}\int_{-\frac{T}{2}}^{\frac{T}{2}} f(t)\,\mathrm{e}^{-jn\Omega t}\mathrm{d}t$$

将 $\dot{A}_n$ 式代入上式,可得

$$f(t) = \frac{1}{2}\sum_{n=-\infty}^{\infty} \frac{2}{T}\Big[\int_{-\frac{T}{2}}^{\frac{T}{2}} f(t)\,\mathrm{e}^{-jn\Omega t}\mathrm{d}t\Big]\,\mathrm{e}^{jn\Omega t}$$

当周期 T 无限趋大时,有

$$\Omega\to\mathrm{d}\omega,\ n\Omega\to\omega,\ \frac{1}{T}=\frac{\Omega}{2\pi}\to\frac{1}{2\pi}\mathrm{d}\omega$$

在这种极限情况下,上式的总和运算就转化成积分运算

$$f(t) = \frac{1}{2\pi}\int_{-\infty}^{\infty}\Big[\int_{-\infty}^{\infty} f(t)\,\mathrm{e}^{-j\omega t}\mathrm{d}t\Big]\,\mathrm{e}^{j\omega t}\mathrm{d}\omega$$

由式(3-44)可知方括号里的量就是 $F(j\omega)$,故得

$$f(t) = \frac{1}{2\pi}\int_{-\infty}^{\infty} F(j\omega)\, e^{j\omega t}\, d\omega \qquad (3-45)$$

这就是非周期信号 $f(t)$ 的**傅里叶积分**(Fourier integral)表示式,它与周期信号的傅里叶级数相当。式中 $F(j\omega)$ 是频谱函数,它与 $\dfrac{d\omega}{\pi}$ 的乘积 $\dfrac{|F(j\omega)|\, d\omega}{\pi}$ 和傅里叶级数中的复数幅度相当。

将式(3-44)和(3-45)重写为下列一对**傅里叶变换式**(Fourier transform)

$$\begin{cases} F(j\omega) = \displaystyle\int_{-\infty}^{\infty} f(t)\, e^{-j\omega t}\, dt \\[2mm] f(t) = \dfrac{1}{2\pi}\displaystyle\int_{-\infty}^{\infty} F(j\omega)\, e^{j\omega t}\, d\omega \end{cases} \qquad (3-46a)$$

两式中,前者称为傅里叶正变换式,后者称为傅里叶反变换式,常分别记为

$$\begin{cases} F(j\omega) = \mathscr{F}\{f(t)\} \\[2mm] f(t) = \mathscr{F}^{-1}\{F(j\omega)\} \end{cases} \qquad (3-46b)$$

或者更简单一些,把函数 $f(t)$ 与 $F(j\omega)$ 的变换关系记为

$$f(t) \leftrightarrow F(j\omega) \qquad (3-46c)$$

"↔"符号表示 $F(j\omega)$ 是 $f(t)$ 的傅里叶变换,$f(t)$ 是 $F(j\omega)$ 的傅里叶反变换。

和周期信号一样,这里也可以把函数 $f(t)$ 写成三角函数的形式

$$\begin{aligned} f(t) &= \frac{1}{2\pi}\int_{-\infty}^{\infty} F(j\omega)\, e^{j\omega t}\, d\omega \\[2mm] &= \frac{1}{2\pi}\int_{-\infty}^{\infty} |F(j\omega)|\, e^{j(\omega t + \varphi)}\, d\omega \\[2mm] &= \frac{1}{2\pi}\int_{-\infty}^{\infty} |F(j\omega)|\cos(\omega t + \varphi)\, d\omega + \\[2mm] &\quad j\frac{1}{2\pi}\int_{-\infty}^{\infty} |F(j\omega)|\sin(\omega t + \varphi)\, d\omega \end{aligned}$$

因为第二个积分的被积函数是奇函数,积分值应为零;第一个积分的被积函数则是偶函数,故有

$$f(t) = \frac{1}{\pi}\int_{0}^{\infty} |F(j\omega)|\cos(\omega t + \varphi)\, d\omega \qquad (3-47)$$

由此式可以更加清楚地看出,非周期信号也和周期信号一样,可以分解为许多不同频率的正弦分量,所不同的是,非周期信号的周期无限趋大,基波频率就无限趋小,因此组成信号的分量的频率包含了从零到无穷大之间的一切频率。同时,随着周期的无限趋大,组成信号的分量的幅度,即式(3-47)中的 $\dfrac{|F(j\omega)|\, d\omega}{\pi}$ 无限趋小,所以频谱不能直接用幅度作出,而必须用它的密度函数来作出。密度函数的模量对频率作出的连续曲线代表信号的幅度频谱,密度函数的相角对频率作出的连续曲线则是信号的相位频谱。

为把频谱密度的概念及其与离散频谱间的关系弄清楚,现在用一个比喻来加以说明。一列火车停在铁轨上,铁轨只在和火车轮子接触的几点上受力,这时铁轨上的负荷表现为集中在若干点上的离散负荷,总负荷则是这些离散负荷之和,即

$$W = \sum_{k=1}^{n} w_k$$

其中 w_k 为第 k 个轮子的荷重,n 为轮子数。但是,如果这列火车的车厢直接密合地放在轨道上而不用轮子,则承载火车的这段铁轨上的负荷,就表现为分布在铁轨上所有点的连续负荷。这时,该段铁轨的每一点上各有其不同的负荷密度,以每单位长度若干公斤表示,沿轨道方向密度变化的函数为 $D(x)$。对于受连续负荷的铁轨来说,一小段轨道 Δx 的荷重为 $D(x)\Delta x$。当 Δx 无限趋小时,其上的荷重也趋于无穷小量 $D(x)\mathrm{d}x$,而总负荷则为

$$W = \int_l D(x)\,\mathrm{d}x$$

其中 l 为火车长度。把这比喻与频谱相对照,离散频谱可以比作离散负荷,频谱密度可以比作负荷密度,这样,对于频谱密度的意义也就不难理解了。具有离散频谱的信号,其能量集中在一些离散的谐波分量中;而具有连续频谱的信号,其能量分布在所有频率中,每一频率分量包含的能量则为无穷小量。

和周期函数展开为傅里叶级数的条件一样,对非周期函数 $f(t)$ 进行傅里叶变换也要满足狄利克雷条件,这时,绝对可积条件表现为积分 $\int_{-\infty}^{\infty} |f(t)|\,\mathrm{d}t$ 应当收敛,其中 $|f(t)|$ 是函数 $f(t)$ 的绝对值。但要顺便指出,狄利克雷条件是对信号进行傅里叶变换的充分条件,而非必要条件。以后将会看到,有一些函数虽然并非绝对可积,其傅里叶变换却存在。

对于非周期信号的分析方法作了如上介绍后,下面再来研究单个矩形脉冲这种典型信号的频谱。图 3-14 所示的单个矩形脉冲可以表示为

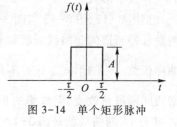

$$f(t) = \begin{cases} A & \text{当} -\dfrac{\tau}{2} < t < \dfrac{\tau}{2} \\ 0 & \text{当} \ t < -\dfrac{\tau}{2} \ \text{和} \ t > \dfrac{\tau}{2} \end{cases} \tag{3-48}$$

图 3-14 单个矩形脉冲

这种形状的函数称为**门函数**(gate function),常记以 $G_\tau(t)$[①],这里下标 τ 表示门的宽度为 τ。

根据傅里叶变换式,可得该矩形脉冲的频谱函数为

$$F(\mathrm{j}\omega) = \int_{-\infty}^{\infty} f(t)\,\mathrm{e}^{-\mathrm{j}\omega t}\,\mathrm{d}t = A\int_{-\frac{\tau}{2}}^{\frac{\tau}{2}} \mathrm{e}^{-\mathrm{j}\omega t}\,\mathrm{d}t$$

$$= \frac{A}{\mathrm{j}\omega}\left(\mathrm{e}^{\mathrm{j}\frac{\omega\tau}{2}} - \mathrm{e}^{-\mathrm{j}\frac{\omega\tau}{2}}\right)$$

---

① 请注意这个门函数与第二章中定义的门函数 $g_\tau(t)$ 的区别。

$$= \frac{2A}{\omega}\sin\left(\frac{\omega\tau}{2}\right)$$

$$= A\tau\left[\frac{\sin\left(\frac{\omega\tau}{2}\right)}{\frac{\omega\tau}{2}}\right] = A\tau\mathrm{Sa}\left(\frac{\omega\tau}{2}\right) \tag{3-49}$$

上式的模量和相位分别为

$$|F(\mathrm{j}\omega)| = A\tau\left|\frac{\sin\left(\frac{\omega\tau}{2}\right)}{\frac{\omega\tau}{2}}\right|$$

$$= A\tau\left|\mathrm{Sa}\left(\frac{\omega\tau}{2}\right)\right| \tag{3-50}$$

$$\varphi(\omega) = \begin{cases} 0, & \text{当}\dfrac{4n\pi}{\tau}<\omega<\dfrac{2(2n+1)\pi}{\tau},n=0、1、2、\cdots \\[3mm] -\pi, & \text{当}\dfrac{2(n+1)\pi}{\tau}<\omega<\dfrac{2(2n+2)\pi}{\tau},n=0、1、2、\cdots \end{cases} \tag{3-51}$$

图 3-15 所示为矩形单脉冲的频谱图,其中图(a)表示频谱函数的模量;图(b)表示其相位;图(c)则是把 $F(\mathrm{j}\omega)$ 用一条曲线表出,即相位为 π 时,将模量作为负值。由于傅里叶变换式须在频率变量由 $-\infty$ 到 ∞ 的区间进行积分,频谱图理应对于 ω 的正负值同时作出。这里 ω 的负值,正如上节所述,并不表示存在着什么负频率,而只是某一正弦分量分写成两个指数项后出现的一种数学形式。

把图 3-12、图 3-13 与图 3-15 相比较,或者把式(3-41a)与式(3-49)相比较,可以看出,周期性脉冲频谱的包络线形状和非周期性单脉冲的频谱函数曲线的形状完全相同,即它们都具有抽样函数 $\dfrac{\sin x}{x}$ 的形式。这并不是偶然的。由上一节知道,当信号周期 T 变化时,频谱的幅度和谱线间隔虽然改变,但包络的形状却不改变,也就是各有关频率分量幅度的比例关系不改变。而图 3-15 的曲线就是图 3-12 或图 3-13 在周期无限增大时,频谱幅度的相对值对频率变化的关系。此时虽然谱线无限密集,频谱连成一片成为连续频谱,但有关频谱分量幅度间的相对比例关系仍保持不变。比较式(3-41a)和式(3-49)还可看出,这两式间有两处差别:第一,是 $\dot{A}_n$ 值较之 $F(\mathrm{j}\omega)$ 值多一个乘数 $\dfrac{2}{T}$,这是由二者的定义规定的;第二,是 $\dot{A}_n$ 式中的不连续变量 $n\Omega$ 在 $F(\mathrm{j}\omega)$ 式中换成了连续变量 ω,这是因为前者代表周期信号的离散谱,后者代表非周期信号的连续谱。由此还可引出一个有用的结论,就是非周期性脉冲信号的频谱函数 $F(\mathrm{j}\omega)$ 和由该脉冲按一定周期 $T=\dfrac{2\pi}{\Omega}$ 重复后所构成的周期信号的复数幅度 $\dot{A}_n$ 之间,只要知道一个,另一个就可以由

ω 和 $n\Omega$ 的互换并乘以或除以 $\dfrac{2}{T}$ 得到。这个结论也适用于其他形状的脉冲。

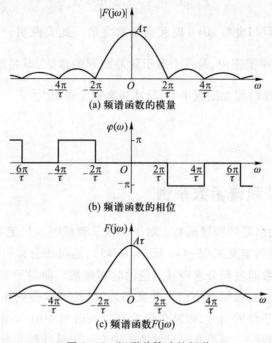

(a) 频谱函数的模量

(b) 频谱函数的相位

(c) 频谱函数 $F(j\omega)$

图 3-15　矩形单脉冲的频谱

由于单脉冲信号的频谱与周期性脉冲信号的频谱存在着上述联系,所以周期信号频谱的某些特点在单脉冲信号频谱中仍然保留着。首先,单脉冲信号的频谱也具有收敛性,信号的大部分能量都集中在低频段。所以这种信号也只占有一个有限的信号频带,它的频带宽度的定义方法也和周期性脉冲相同。其次,当脉冲持续时间 τ 减小时,频谱通过零点的频率也随之提高,频谱的收敛速度变慢,和上一节讨论的情况一样,这表明脉冲的频带宽度和脉冲持续时间成反比变化。

若脉宽 τ 值甚小,以致在所考虑的频率范围内符合 $\omega\tau \ll 1$ 的条件,则在式(3-49)中 $\sin\left(\dfrac{\omega\tau}{2}\right) \approx \dfrac{\omega\tau}{2}$,因而 $F(j\omega) \approx A\tau = S$,这里 S 为矩形脉冲的面积。事实上,这一关系不仅在矩形脉冲下成立。可以证明,一切持续时间非常短的脉冲都有与此相同的特性。因为

$$F(j\omega) = \int_{-\infty}^{\infty} f(t)\,e^{-j\omega t}\,dt = \int_{-\frac{\tau}{2}}^{\frac{\tau}{2}} f(t)\,e^{-j\omega t}\,dt$$

如果所讨论的频率不很高,脉冲持续时间又足够小而能符合 $\omega t \ll 1$ 的条件,则在积分限之内可以认为

$$e^{-j\omega t} \approx e^{0} = 1$$

故有

$$F(j\omega) \approx \int_{-\frac{\tau}{2}}^{\frac{\tau}{2}} f(t)\,dt = S$$

这里 S 是脉冲曲线下的面积,也是 $\omega = 0$ 时频谱函数之值。此式说明,一切窄脉冲的频谱函数,在不等式 $\omega \ll \dfrac{1}{\tau}$ 成立的频率范围内,是一个等于脉冲面积的常数,即频谱函数保持 $\omega = 0$ 时的数值。可以设想,当脉冲持续时间无限减小时,脉冲频宽就无限增大。

§3.6 常用信号频谱函数举例

本节将讨论一些常用信号的频谱函数。对于时域及频域都满足绝对可积条件的信号,只要根据傅里叶变换与反变换的定义式(3-44)及式(3-45),通过积分即可由时间函数求得其频谱函数,或反过来由频谱函数通过积分求得其对应的时间函数。而对于某些时域不满足绝对可积条件的信号,则从极限的观点在频域中引入冲激函数,仍然可以得到相应的频谱函数。与之对应,频域不符合绝对可积条件的信号,如从极限的观点在时域中引入冲激函数也可求得对应的时间函数。但在这两种情况下,傅里叶正反变换式中有一个从纯粹积分的意义上来说是不成立的,只能从极限的观点去理解。

例题 3-1 求**单边指数信号**(single-sided exponential signal)$f(t) = e^{-\alpha t}\varepsilon(t)$ 的频谱函数。

解:利用式(3-44),可求得此信号的频谱函数为

$$F(j\omega) = \mathscr{F}\{f(t)\} = \int_{-\infty}^{\infty} f(t)e^{-j\omega t}dt = \int_{0}^{\infty} e^{-(\alpha+j\omega)t}dt$$

$$= \frac{1}{\alpha + j\omega}$$

即

$$e^{-\alpha t}\varepsilon(t) \leftrightarrow \frac{1}{\alpha + j\omega} \tag{3-52}$$

由此得,函数 $f(t)$ 的幅度频谱为

$$|F(j\omega)| = \frac{1}{\sqrt{\alpha^2 + \omega^2}}$$

相位频谱为

$$\varphi(\omega) = -\arctan\left(\frac{\omega}{\alpha}\right)$$

图 3-16 示单边指数信号及其频谱。这信号只有当 $\alpha > 0$ 时傅里叶变换存在;当 $\alpha \leq 0$ 时,函

数 $f(t)$ 不符合绝对可积条件,即积分 $\int_{-\infty}^{\infty}|\mathrm{e}^{-\alpha t}|\mathrm{d}t$ 不收敛,傅里叶变换也就不存在。

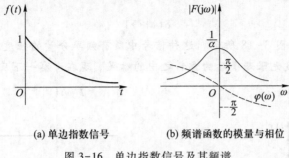

(a) 单边指数信号　　　　(b) 频谱函数的模量与相位

图 3-16　单边指数信号及其频谱

例题 3-2　求如图 3-17(a) 所示**双边指数信号**(double-sided exponential signal)的傅里叶变换。

解：根据定义式(3-44)可得

$$F(\mathrm{j}\omega) = \mathscr{F}\{\mathrm{e}^{-\alpha|t|}\} = \int_{-\infty}^{\infty}\mathrm{e}^{-\alpha|t|}\mathrm{e}^{-\mathrm{j}\omega t}\mathrm{d}t$$

$$= \int_{0}^{\infty}\mathrm{e}^{-\alpha t}\mathrm{e}^{-\mathrm{j}\omega t}\mathrm{d}t + \int_{-\infty}^{0}\mathrm{e}^{\alpha t}\mathrm{e}^{-\mathrm{j}\omega t}\mathrm{d}t$$

$$= \frac{1}{\alpha + \mathrm{j}\omega} + \frac{1}{\alpha - \mathrm{j}\omega} = \frac{2\alpha}{\alpha^2 + \omega^2}$$

即

$$\mathrm{e}^{-\alpha|t|} \leftrightarrow \frac{2\alpha}{\alpha^2 + \omega^2} \tag{3-53}$$

此即为 $f(t)$ 的幅度频谱,其相位频谱 $\varphi(\omega) = 0$。同样,要其傅里叶变换存在,α 亦必须大于零。

图 3-17 给出了双边指数函数及其频谱函数的波形。

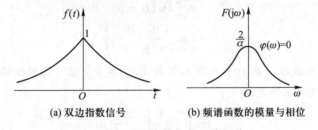

(a) 双边指数信号　　　　(b) 频谱函数的模量与相位

图 3-17　双边指数信号及其频谱

例题 3-3　求单位冲激信号 $\delta(t)$ 的频谱函数。

解：单位冲激信号的频谱函数很容易由式(2-27)求得为

$$F(j\omega) = \mathscr{F}\{\delta(t)\} = \int_{-\infty}^{\infty} \delta(t) e^{-j\omega t} dt = e^{-j\omega \cdot 0} = 1$$

即

$$\delta(t) \leftrightarrow 1 \tag{3-54}$$

单位冲激信号的频谱如图 3-18 所示。这种信号中所有频率分量的强度均相等,因而频带具有无限宽度,这是脉冲宽度无限趋小后的意料之中的结果。现在考察一下反变换式,即

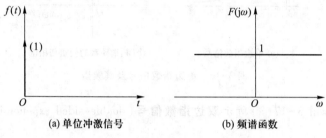

(a) 单位冲激信号　　　　　(b) 频谱函数

图 3-18　单位冲激信号及其频谱

$$f(t) = \frac{1}{2\pi} \int_{-\infty}^{\infty} 1 \cdot e^{j\omega t} d\omega$$

因为常数频谱 1 不满足绝对可积条件,因此从上式是积不出 $\delta(t)$ 的结果的。但如将 $F(j\omega) = 1$ 看成是一双边指数函数频谱 $e^{-\beta|\omega|}$ 在 β 趋于零时的极限,即

$$F(j\omega) = 1 = \lim_{\beta \to 0} e^{-\beta|\omega|}$$

则

$$\begin{aligned}
f(t) &= \lim_{\beta \to 0} \frac{1}{2\pi} \int_{-\infty}^{\infty} e^{-\beta|\omega|} e^{j\omega t} d\omega \\
&= \lim_{\beta \to 0} \frac{1}{2\pi} \left[\frac{1}{\beta - jt} + \frac{1}{\beta + jt} \right] \\
&= \lim_{\beta \to 0} \frac{1}{2\pi} \left[\frac{2\beta}{\beta^2 + t^2} \right]
\end{aligned} \tag{3-55}$$

由式(3-55)可见,上述极限除在 $t=0$ 点有无穷大值外,其余 t 值时该极限俱为零,因此具有冲激函数性质,其冲激强度可由下式确定:

$$\lim_{\beta \to 0} \int_{-\infty}^{\infty} \frac{1}{2\pi} \left[\frac{2\beta}{\beta^2 + t^2} \right] dt$$

$$= \lim_{\beta \to 0} \frac{1}{\pi} \int_{-\infty}^{\infty} \frac{d\left(\dfrac{t}{\beta} \right)}{1 + \left(\dfrac{t}{\beta} \right)^2}$$

$$= \frac{1}{\pi} \lim_{\beta \to 0} \arctan \frac{t}{\beta} \bigg|_{-\infty}^{\infty} = 1$$

因此式(3-55)右方函数的极限为强度是 1 的冲激函数。即

$$f(t) = \frac{1}{2\pi} \int_{-\infty}^{\infty} e^{j\omega t} d\omega = \delta(t) \qquad (3-56)$$

例题 3-4 求单位阶跃信号的频谱函数。

解：根据定义，阶跃函数的频谱函数应为

$$F(j\omega) = \mathscr{F}\{\varepsilon(t)\} = \int_{-\infty}^{\infty} \varepsilon(t) e^{-j\omega t} dt = \int_{0}^{\infty} e^{-j\omega t} dt$$

因为$\varepsilon(t)$也不满足绝对可积条件，不能直接应用傅里叶变换式去进行变换。为解决这问题，仍用取极限的方法，可先求得单边指数函数的频谱函数，如例题3-1所示，并把它分写为实部和虚部，即

$$F_e(j\omega) = \frac{1}{\alpha + j\omega} = \frac{\alpha}{\alpha^2 + \omega^2} - j\frac{\omega}{\alpha^2 + \omega^2} = A_e(\omega) + jB_e(\omega)$$

然后令$\alpha \to 0$，分别求其实部和虚部的极限 $A(\omega)$ 和 $B(\omega)$ 为

$$A(\omega) = \lim_{\alpha \to 0} A_e(\omega) = \begin{cases} 0 & \omega \neq 0 \\ \infty & \omega = 0 \end{cases}$$

且

$$\lim_{\alpha \to 0} \int_{-\infty}^{\infty} A_e(\omega) d\omega = \lim_{\alpha \to 0} \int_{-\infty}^{\infty} \frac{d\left(\dfrac{\omega}{\alpha}\right)}{1 + \left(\dfrac{\omega}{\alpha}\right)^2}$$

$$= \lim_{\alpha \to 0} \arctan \frac{\omega}{\alpha} \bigg|_{-\infty}^{\infty} = \pi$$

由此可见，$A(\omega)$是一冲激函数，其冲激强度为 π，即

$$A(\omega) = \pi\delta(\omega)$$

又

$$B(\omega) = \lim_{\alpha \to 0} B_e(\omega) = -\frac{1}{\omega}$$

因此得单位阶跃函数的频谱函数为

$$F(j\omega) = A(\omega) + jB(\omega) = \pi\delta(\omega) - j\frac{1}{\omega}$$

$$= \pi\delta(\omega) + \frac{1}{\omega} e^{-j\frac{\pi}{2}}$$

即

$$\varepsilon(t) \leftrightarrow \pi\delta(\omega) + \frac{1}{\omega} e^{-j\frac{\pi}{2}} \qquad (3-57)$$

图 3-19 所示为单位阶跃信号及其频谱函数的模量和相位。

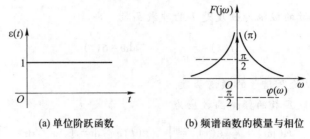

(a) 单位阶跃函数　　　　(b) 频谱函数的模量与相位

图 3-19　单位阶跃信号及其频谱

例题 3-5　求指数函数 $e^{j\omega_c t}$ 的傅里叶变换。

解：
$$\mathscr{F}\{e^{j\omega_c t}\} = \int_{-\infty}^{\infty} e^{j\omega_c t} e^{-j\omega t} dt = \int_{-\infty}^{\infty} e^{-j(\omega-\omega_c)t} dt$$

因为直接计算这个积分有困难，所以要用间接方法来进行变换。为此先来考虑例题 3-3 中单位冲激函数及其变换式的关系。由式(3-56)有

$$\mathscr{F}^{-1}\{1\} = \frac{1}{2\pi}\int_{-\infty}^{\infty} e^{j\omega t} d\omega = \delta(t)$$

由 $\delta(t)$ 为偶函数可直接得

$$\int_{-\infty}^{\infty} e^{-j\omega t} d\omega = 2\pi\delta(-t) = 2\pi\delta(t)$$

再把上式中积分变量 ω 以 t 代换，t 以 $(\omega-\omega_c)$ 代换，可得 $\int_{-\infty}^{\infty} e^{-j(\omega-\omega_c)t} dt$ 的值为

$$\mathscr{F}\{e^{j\omega_c t}\} = \int_{-\infty}^{\infty} e^{-j(\omega-\omega_c)t} dt = 2\pi\delta(\omega-\omega_c)$$

即

$$e^{j\omega_c t} \leftrightarrow 2\pi\delta(\omega-\omega_c) \tag{3-58}$$

由此可见，$e^{j\omega_c t}$ 的傅里叶变换为一位于 ω_c 且强度为 2π 的冲激函数。

利用这一结果，读者可自行推得

$$1 \leftrightarrow 2\pi\delta(\omega) \tag{3-59}$$

以及

$$\cos\omega_c t \leftrightarrow \pi[\delta(\omega+\omega_c)+\delta(\omega-\omega_c)] \tag{3-60}$$

$$\sin\omega_c t \leftrightarrow j\pi[\delta(\omega+\omega_c)-\delta(\omega-\omega_c)] \tag{3-61}$$

一些常用函数及其频谱函数已列入表 3-1 中，以备查索。

表 3–1 傅里叶变换表（几种常用函数及其频谱）

序号	名称	时间函数 $f(t)$		频谱函数 $F(j\omega) = |F(j\omega)| e^{j\varphi(\omega)}$	
1	单位冲激	$\delta(t)$		1	
2	单位阶跃	$\varepsilon(t)$		$\pi\delta(\omega) + \dfrac{1}{j\omega}$	
3	符号函数	$\operatorname{sgn} t = \varepsilon(t) - \varepsilon(-t)$		$\dfrac{2}{j\omega}$	
4	单位直流	1		$2\pi\delta(\omega)$	

续表

序号	名称	时间函数 $f(t)$	频谱函数 $F(j\omega)=\mid F(j\omega)\mid e^{j\varphi(\omega)}$
5	单边指数函数	$e^{-\alpha t}\varepsilon(t)$	$\dfrac{1}{\alpha+j\omega}$
6	双边指数函数	$e^{-\alpha\mid t\mid}$	$\dfrac{2\alpha}{\alpha^2+\omega^2}$
7	指数脉冲	$te^{-\alpha t}\varepsilon(t)$	$\dfrac{1}{(\alpha+j\omega)^2}$
8	单位余弦	$\cos\omega_c t$	$\pi[\delta(\omega+\omega_c)+\delta(\omega-\omega_c)]$

续表

序号	名称	时间函数 $f(t)$	频谱函数 $F(j\omega)=\lvert F(j\omega)\rvert\,e^{j\varphi(\omega)}$
9	单位正弦	$\sin \omega_c t$	$j\pi[\delta(\omega+\omega_c)-\delta(\omega-\omega_c)]$
10	减幅正弦	$e^{-\alpha t}\sin \omega_c t\,\varepsilon(t)$	$\dfrac{\omega_c}{(\alpha+j\omega)^2+\omega_c^2}$
11	阶跃正弦	$\sin \omega_c t\,\varepsilon(t)$	$\dfrac{\pi}{2j}\big[\delta(\omega-\omega_c)-\delta(\omega+\omega_c)\big]+\dfrac{\omega_c}{\omega_c^2-\omega^2}$
12	阶跃余弦	$\cos \omega_c t\,\varepsilon(t)$	$\dfrac{\pi}{2}\big[\delta(\omega-\omega_c)+\delta(\omega+\omega_c)\big]+\dfrac{j\omega}{\omega_c^2-\omega^2}$

续表

序号	名称	时间函数 $f(t)$	频谱函数 $F(j\omega)=\mid F(j\omega)\mid e^{j\varphi(\omega)}$
13	矩形脉冲（门函数）	$G_\tau(t)=\varepsilon\left(t+\dfrac{\tau}{2}\right)-\varepsilon\left(t-\dfrac{\tau}{2}\right)$	$\tau\text{Sa}\left(\dfrac{\tau\omega}{2}\right)=\tau\dfrac{\sin(\tau\omega/2)}{\tau\omega/2}$
14	抽样函数	$\text{Sa}\left(\dfrac{\Omega t}{2}\right)=\dfrac{\sin(\Omega t/2)}{\Omega t/2}$	$\dfrac{2\pi}{\Omega}\left[\varepsilon\left(\omega+\dfrac{\Omega}{2}\right)-\varepsilon\left(\omega-\dfrac{\Omega}{2}\right)\right]=\dfrac{2\pi}{\Omega}G_\Omega(\omega)$
15	升余弦脉冲	$\left[1+\cos\left(\dfrac{2\pi}{T}t\right)\right]\left[\varepsilon\left(t+\dfrac{T}{2}\right)-\varepsilon\left(t-\dfrac{T}{2}\right)\right]$	$\dfrac{8\pi^2\sin(T\omega/2)}{\omega(4\pi^2-T^2\omega^2)}$
16	半余弦脉冲	$\cos\left(\dfrac{\pi}{\tau}t\right)\left[\varepsilon\left(t+\dfrac{T}{2}\right)-\varepsilon\left(t-\dfrac{T}{2}\right)\right]$	$\dfrac{2\tau}{\pi}\cdot\dfrac{\cos(\tau\omega/2)}{1-\tau^2\omega^2/\pi^2}$

续表

序号	名称	时间函数 $f(t)$	频谱函数 $F(j\omega)=|F(j\omega)|e^{j\varphi(\omega)}$
17	三角形脉冲	$f(t)=1-\dfrac{|t|}{\tau}$，当 $|t|<\tau$ $f(t)=0$，当 $|t|>\tau$	$\tau\left[\mathrm{Sa}\left(\dfrac{\omega\tau}{2}\right)\right]^2=$ $\tau\left[\dfrac{\sin(\omega\tau/2)}{\omega\tau/2}\right]^2$
18	高斯脉冲	$e^{-\left(\frac{t}{\tau}\right)^2}$	$\sqrt{\pi}\,\tau e^{-\left(\frac{\tau\omega}{2}\right)^2}$ $\varphi(\omega)=0$
19	冲激序列	$\delta_T(t)=\displaystyle\sum_{n=-\infty}^{\infty}\delta(t-nT)$	$\Omega\delta_\Omega(\omega)$ $=\Omega\displaystyle\sum_{n=-\infty}^{\infty}\delta(\omega-n\Omega)$ $\Omega=\dfrac{2\pi}{T}$ $F(j\omega),\ \varphi(\omega)=0$

§3.7　周期信号的频谱函数

对于周期信号,也可以代入傅里叶变换公式中,计算其频谱。在引入奇异函数之前,周期信号因不满足绝对可积条件而无法讨论其频谱函数,只能通过傅里叶级数展开为谐波分量来研究其频谱性质。而在引入奇异函数后并从极限的观点来分析,则周期信号也存在频谱函数,这样非周期信号与周期信号的分析就可以统一用频谱函数来分析了。现在就来讨论这个问题。

一个周期信号 $f(t)$ 总可以用傅里叶级数将其展开为谐波分量之和,如式(3-30)所示,即

$$f(t) = \frac{1}{2} \sum_{n=-\infty}^{\infty} \dot{A}_n e^{jn\Omega t}$$

其中

$$\dot{A}_n = \frac{2}{T} \int_{-\frac{T}{2}}^{\frac{T}{2}} f(t) e^{-jn\Omega t} dt, \quad \Omega = \frac{2\pi}{T}$$

显然,此周期信号的频谱函数应为

$$F(j\omega) = \mathscr{F}\{f(t)\} = \mathscr{F}\left\{ \sum_{n=-\infty}^{\infty} \frac{\dot{A}_n}{2} e^{jn\Omega t} \right\}$$

$$= \sum_{n=-\infty}^{\infty} \frac{\dot{A}_n}{2} \mathscr{F}\{ e^{jn\Omega t} \}$$

由式(3-59),上式可写成

$$F(j\omega) = 2\pi \sum_{n=-\infty}^{\infty} \frac{\dot{A}_n}{2} \delta(\omega - n\Omega) = \pi \sum_{n=-\infty}^{\infty} \dot{A}_n \delta(\omega - n\Omega) \tag{3-62}$$

由式(3-62)可见,周期信号的频谱函数是一个冲激序列,各个冲激位于各次谐波频率处,各冲激的强度分别等于各次谐波复数幅度的 π 倍。周期信号的频率函数具有冲激序列的性质也是意料之中的事,因为周期信号的频谱是一个离散频谱,每一个有限大小的谐波分量都集中在一些离散的频率点附近,而且其占据的频率宽度为无穷小,从频谱密度来看就具有冲激的性质。事实上,式(3-59)至式(3-61)所示的单位直流、单位余弦、单位正弦信号的频谱函数也都属于周期信号频谱函数的情况,只是其傅里叶级数展开式中仅有一两个分量罢了。

例题 3-6　求均匀冲激序列的频谱。

解: 均匀冲激序列,是如图 3-20(a)所示的向 t 的正、负方向无限伸展的、间隔都等于 T 的冲激函数的序列,它常以符号 $\delta_T(t)$ 表示,即

$$\delta_T(t) = \delta(t) + \delta(t-T) + \delta(t-2T) + \cdots + \delta(t+T) + \delta(t+2T) + \cdots$$

$$= \sum_{n=-\infty}^{\infty} \delta(t-nT)$$

这是一个周期为 T 的周期信号。

由图 3-20(a)可见,在间隔 $-\frac{T}{2} < t < \frac{T}{2}$ 内,$\delta_T(t) = \delta(t)$,故

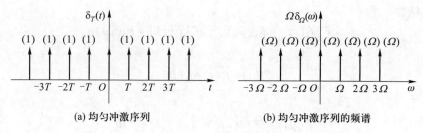

(a) 均匀冲激序列　　　　　(b) 均匀冲激序列的频谱

图 3-20　均匀冲激序列及其频谱

$$\dot{A}_n = \frac{2}{T} \int_{-\frac{T}{2}}^{\frac{T}{2}} \delta(t) \, \mathrm{e}^{-jn\Omega t} \mathrm{d}t$$

根据式(2-27)所示的抽样性质

$$\int_{-\frac{T}{2}}^{\frac{T}{2}} \delta(t) \, \mathrm{e}^{-jn\Omega t} \mathrm{d}t = \mathrm{e}^{-j0} = 1$$

故 $\dot{A}_n = \dfrac{2}{T}$。代入式(3-62)，可得

$$F(j\omega) = \mathscr{F}\{\delta_T(t)\} = \frac{2\pi}{T} \sum_{n=-\infty}^{\infty} \delta(\omega - n\Omega) = \Omega\delta_\Omega(\omega)$$

即

$$\delta_T(t) \leftrightarrow \Omega\delta_\Omega(\omega)$$

式中 $\delta_\Omega(\omega)$ 表示一个冲激序列，也就是在 ω 轴上每隔 Ω 出现一个冲激。这种频谱如图 3-20(b) 所示。由此可见，一个冲激序列的傅里叶变换仍是一冲激序列。这实际就是表 3-1 中最后一个变换。

§3.8　傅里叶变换的性质

在前面几节里，已经讨论了信号的时间函数和频谱函数之间用傅里叶正反变换互求的一般关系。这一对变换式说明，信号的特性，可以在时域中用时间函数 $f(t)$ 完整地表示出来，也可以在频域中用频谱函数 $F(j\omega)$ 完整地表示出来，而且两者之间有着密切的联系，其中只要一个确定，另一个亦随之唯一地确定。所以，傅里叶正反变换式已经给出了信号的时域特性和领域特性之间的一般关系。但是，如果进一步研究一下傅里叶正反变换式，还可以得出两者之间的若干特定性质。这些性质揭示了信号的时域特性和频域特性之间某些方面的重要联系，它们通常表示为在一个域中进行某种有用的运算后要知道另一域中将产生什么结果。

下面就几个较为常用的性质分别加以讨论。

1. 线性特性

若
$$\mathscr{F}\{f_1(t)\} = F_1(j\omega), \quad \mathscr{F}\{f_2(t)\} = F_2(j\omega)$$

则和函数
$$f(t) = f_1(t) + f_2(t)$$

的频谱函数为

$$F(j\omega) = \mathscr{F}\{f(t)\} = \int_{-\infty}^{\infty} f(t) e^{-j\omega t} dt$$

$$= \int_{-\infty}^{\infty} f_1(t) e^{-j\omega t} dt + \int_{-\infty}^{\infty} f_2(t) e^{-j\omega t} dt$$

$$= F_1(j\omega) + F_2(j\omega)$$

此式说明,几个信号之和的频谱等于各个信号频谱之和,即在时域中的叠加与在频域中的叠加相对应。同样,很易证明:若 a 为一任意常数,而
$$f(t) = af_1(t)$$

则
$$F(j\omega) = \mathscr{F}\{af_1(t)\} = aF_1(j\omega)$$

上述诸式合起来可以把傅里叶变换的线性特性用符号简单地表示为

若
$$f_1(t) \leftrightarrow F_1(j\omega), \quad f_2(t) \leftrightarrow F_2(j\omega)$$

则

$$a_1 f_1(t) + a_2 f_2(t) \leftrightarrow a_1 F_1(j\omega) + a_2 F_2(j\omega) \tag{3-63}$$

前面求双边指数函数的频谱函数的求解过程,即为线性性质应用的一个例子。

2. 延时特性

若 $\mathscr{F}\{f_1(t)\} = F_1(j\omega)$,则函数 $f(t) = f_1(t-t_0)$ 的频谱函数

$$F(j\omega) = \mathscr{F}\{f(t)\} = \int_{-\infty}^{\infty} f_1(t-t_0) e^{-j\omega t} dt$$

令 $t-t_0 = t'$,将 $t = t'+t_0$ 代入上式,则有

$$F(j\omega) = \int_{-\infty}^{\infty} f_1(t') e^{-j\omega(t'+t_0)} dt'$$

$$= e^{-j\omega t_0} \int_{-\infty}^{\infty} f_1(t') e^{-j\omega t'} dt'$$

$$= F_1(j\omega) e^{-j\omega t_0}$$

这一关系可以用符号简单地表示为:若 $f(t) \leftrightarrow F(j\omega)$,则
$$f(t-t_0) \leftrightarrow F(j\omega) e^{-j\omega t_0} \tag{3-64}$$

函数 $f(t-t_0)$ 与函数 $f(t)$ 具有相同的波形,但延迟一时间 t_0 出现,这里 t_0 可以是正值,也可以是负值。又因

$$F(j\omega) = |F(j\omega)| e^{j\varphi(\omega)}, \quad F_1(j\omega) = |F_1(j\omega)| e^{j\varphi_1(\omega)}$$

故由式(3-64)可得

$$|F(j\omega)| = |F_1(j\omega)|, \qquad \varphi(\omega) = \varphi_1(\omega) - \omega t_0$$

所以式(3-64)说明,一信号在时域中延迟一时间 t_0,对信号的幅谱不产生影响,但对相谱则在频域中所有的信号频谱分量都将给予一个对频率呈线性关系的滞后相移 ωt_0;反过来亦正确。这性质说明,信号在时域中的延时和在频域中的移相相对应。

作为应用这一性质的例子,现在来求如图 3-21(a)所示的矩形脉冲的频谱函数。这个脉冲与图 3-14 所示的相比,只是延迟了一时间 $\dfrac{\tau}{2}$,因此它的频谱函数只要将式(3-49)乘以 $e^{-j\omega\tau/2}$,即

$$F(j\omega) = A\tau\left[\frac{\sin(\omega\tau/2)}{\omega\tau/2}\right]e^{-j\omega\tau/2} \tag{3-65}$$

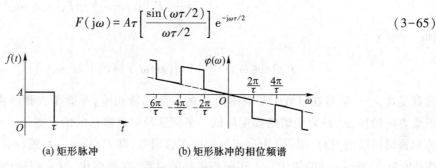

(a) 矩形脉冲   (b) 矩形脉冲的相位频谱

图 3-21 矩形脉冲及相位频谱

显然,这函数的模量与图 3-15(a)所示完全一样,但它的相位要比图 3-15(b)所示的滞后 $\dfrac{\omega\tau}{2}$,如图 3-21(b)所示。

根据延时特性可知,如果要把一个信号延迟一时间 t_0,其办法是要设法找到一个网络,它能够将信号中各个频率分量按其频率高低分别滞后一相位 ωt_0。这种网络称为线性相位网络,当信号通过这样的网络时就可延时 t_0。反之,如果该网络不能满足上述条件时,则不同频率分量就有不同的时延,结果将使输出信号的波形出现失真。

3. 移频特性

若 $\mathscr{F}\{f_1(t)\} = F_1(j\omega)$,则函数 $f(t) = f_1(t)e^{j\omega_c t}$ 的频谱函数为

$$F(j\omega) = \mathscr{F}\{f(t)\} = \int_{-\infty}^{\infty} f(t)e^{-j\omega t}dt$$

$$= \int_{-\infty}^{\infty} f_1(t)e^{-j(\omega-\omega_c)t}dt = F_1[j(\omega-\omega_c)]$$

这一关系可以用符号表示为:若 $f(t) \leftrightarrow F[j\omega]$,则

$$f(t)e^{j\omega_c t} \leftrightarrow F[j(\omega-\omega_c)] \tag{3-66}$$

此式说明,一个信号在时域中与因子 $e^{j\omega_c t}$ 相乘,等效于在频域中将整个频谱向频率增加方向搬移 ω_c。

在实用中,通常不会把一时间的实函数去乘以复指数函数 $e^{j\omega_c t}$,而是把时间函数与正弦函数

$\cos \omega_c t$ 相乘。但正弦函数总可以表示为复指数函数之和,即

$$\cos \omega_c t = \frac{e^{j\omega_c t} + e^{-j\omega_c t}}{2}$$

因此函数 $f_1(t)\cos \omega_c t$ 的频谱函数为

$$\begin{aligned} F(j\omega) &= \mathscr{F}\{f_1(t)\cos \omega_c t\} \\ &= \frac{1}{2}\mathscr{F}\{f_1(t)e^{j\omega_c t}\} + \frac{1}{2}\mathscr{F}\{f_1(t)e^{-j\omega_c t}\} \\ &= \frac{1}{2}\{F_1[j(\omega-\omega_c)] + F_1[j(\omega+\omega_c)]\} \end{aligned}$$

即

$$f(t)\cos \omega_c t \leftrightarrow \frac{1}{2}\{F[j(\omega+\omega_c)] + F[j(\omega-\omega_c)]\} \tag{3-67}$$

这就是说,一个信号在时域中与频率为 ω_c 的正弦函数相乘,等效于在频域中将频谱同时向频率正负方向搬移 ω_c,同时频谱的幅度降低一半。这种频谱搬移的情况如图 3-22 所示,其中图(a)为原来时间函数 $f(t)$,图(b)为该函数乘以正弦函数,即 $f(t)\cos \omega_c t$,图(c)为 $f(t)$ 的频谱 $F(j\omega)$,图(d)为 $f(t)\cos \omega_c t$ 的频谱。上述频率搬移的过程,在通信中,就是**调幅**(amplitude modulation)的过程。这里,$f(t)$ 是调制信号,$f(t)\cos \omega_c t$ 是已调高频信号。所以调幅的过程,反映在时域中是用一高频正弦函数去乘调制信号,反映在频域中则是把调制信号的频谱搬移了一个频率 ω_c,在这搬移的过程中,信号频谱结构保持不变。所以,实施调幅的办法,是设法在时域中乘一个高

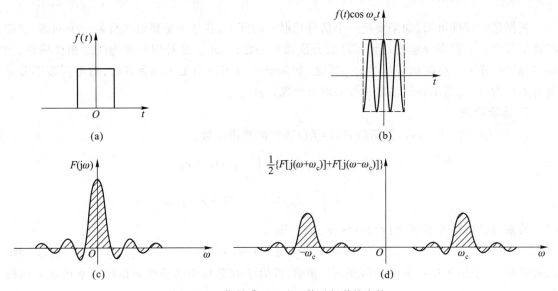

图 3-22 信号乘以正弦函数后频谱的变换

频正弦波。关于调幅波的频谱,在下一章中还要进一步加以讨论。

应用这一特性,还可以由单位阶跃函数$\varepsilon(t)$的频谱函数式(3-54)很方便地导得阶跃余弦函数及阶跃正弦函数的频谱函数,即

$$\varepsilon(t)\cos\omega_c t \longleftrightarrow \frac{\pi}{2}\left[\delta(\omega-\omega_c)+\delta(\omega+\omega_c)\right]+\frac{j\omega}{\omega_c^2-\omega^2} \tag{3-68}$$

$$\varepsilon(t)\sin\omega_c t \longleftrightarrow \frac{\pi}{2j}\left[\delta(\omega-\omega_c)-\delta(\omega+\omega_c)\right]+\frac{\omega_c}{\omega_c^2-\omega^2} \tag{3-69}$$

4. 尺度变换特性

前面几节中已经指出,某些信号在时域中的脉冲宽度和在频域中的频带宽度成反比关系,对此,现在来做一般证明。

在第一章中已讨论过,代表信号的函数$f(at)$是由函数$f(t)$沿时间轴压缩或扩展而成的新函数,当a是大于1的正实数时,表示信号压缩了a倍,当a是小于1的正实数时,表示信号扩展了$\frac{1}{a}$倍。例如函数$f(x)=\sin x$在$0\le x\le 2\pi$间有一个周期的完整的正弦波形。现在若把这函数沿x轴压缩,使x在$0\sim 2\pi$的间隔内能容下三个周期的完整的正弦波形,那么这新函数应记为$f(3x)=\sin 3x$,如图3-23(a)所示。反之,函数

$$f\left(\frac{x}{3}\right)=\sin\frac{x}{3}$$

则表示这个正弦波形沿x轴被拉长而扩展成原来的3倍,以致在$0\sim 2\pi$的间隔内只容下三分之一个周期的正弦波。同理,一个门函数$g(t)=G_\tau(t)$的宽度是由$t=-\frac{\tau}{2}$到$t=\frac{\tau}{2}$,而新函数$g\left(\frac{t}{2}\right)$则是由原来门函数扩展成2倍后所得的函数,它的宽度变成了由$t=-\tau$到$t=\tau$,如图3-23(b)所示。

现在设$\mathscr{F}\{f_1(t)\}=F_1(j\omega)$,则经压缩(或扩展)后的信号$f(t)=f_1(at)$的频谱函数为

$$F_1(j\omega)=\mathscr{F}\{f_1(at)\}=\int_{-\infty}^{\infty}f_1(at)\,\mathrm{e}^{-j\omega t}\mathrm{d}t$$

先考虑$a>0$时的情况。令$at=t'$,即

$$t=\frac{t'}{a},\mathrm{d}t=\frac{1}{a}\mathrm{d}t'$$

于是上式成为

$$F(j\omega)=\frac{1}{a}\int_{-\infty}^{\infty}f_1(t')\,\mathrm{e}^{-j\frac{\omega t'}{a}}\mathrm{d}t'=\frac{1}{a}F_1\left(j\frac{\omega}{a}\right)$$

这一关系可以用符号表示为:若$f(t)\leftrightarrow F(j\omega)$,则

$$f(at)\leftrightarrow\frac{1}{a}F\left(j\frac{\omega}{a}\right) \tag{3-70a}$$

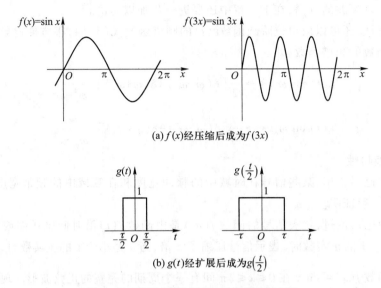

(a) $f(x)$ 经压缩后成为 $f(3x)$

(b) $g(t)$ 经扩展后成为 $g\left(\dfrac{t}{2}\right)$

图 3-23 信号压缩或扩展后函数的标记法

为说明上式的意义,考虑 a 是大于 1 的正实数。于是,上式表示:信号在时域中的时间函数压缩了 a 倍,例如脉冲宽度由 τ_0 压缩成 $\dfrac{\tau_0}{a}$,相应地,它在频域中的频谱函数就要扩展 a 倍,例如其频带宽度就要由 B_s 扩展成 aB_s。当 a 为小于 1 的正实数时,则表示在时域中的扩展对应于频域中的压缩。式(3-70a)中的乘数 $\dfrac{1}{a}$ 是因为信号经过压缩或扩展后,信号脉冲的面积要成比例地减少或增加(见图 3-23(b)),而频谱函数的值是正比于脉冲面积的。图 3-24 表示图 3-23(b)所示两个门函数的频谱函数。时间函数由 $g(t)$ 扩展 2 倍而成 $g\left(\dfrac{t}{2}\right)$,表现为脉宽由 τ 增大为 2τ;与此相应,频谱函数由 $F(\mathrm{j}\omega)$ 压缩 2 倍而成 $2F(\mathrm{j}2\omega)$,表现为频宽(第一个零点)由 $\dfrac{2\pi}{\tau}$ 减小为 $\dfrac{\pi}{\tau}$。由于脉宽加倍而脉冲面积加倍的结果,所有对应的频谱值亦均加倍。

尺度变换效应说明信号的脉冲宽度和频带宽度之间存在着反比关系,两者的乘积是一常数,即 $\tau_0 B_s = k$。这表示一个窄脉冲有一宽频带,而一个宽脉冲则有一窄频带。在通信中,常常既希望脉宽较小,又希望频宽较小,这就有了矛盾。所以最好是能选择一种脉冲,使脉宽和频宽的乘积是一个尽可能小的常数,以便两者都可取用较小的数值,高斯脉冲在这方面有明显的优点。

以上是 a 为正值的情况,当 a 为负值时,读者可自行证明,变换式(3-70a)右边将出现一负号。因此,在 a 可为正值和负值的一般情况下,尺度变换式为

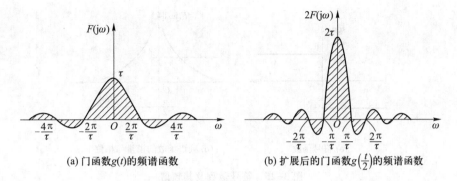

(a) 门函数$g(t)$的频谱函数　　(b) 扩展后的门函数$g\left(\dfrac{t}{2}\right)$的频谱函数

图 3-24　门函数的频谱函数

$$f(at) \leftrightarrow \frac{1}{|a|}F\left(j\frac{\omega}{a}\right) \tag{3-70b}$$

当 a 取负值时,意味着信号除去在时间轴上作相应的压缩或扩展外,信号还要对称于纵轴进行反褶。

作为尺度变换性质应用的一个例子,现在来求图 3-25(a) 所示的符号函数 sgn t 的频谱函数。符号函数的定义如下

$$\operatorname{sgn} t = \begin{cases} 1 & t>0 \\ -1 & t<0 \end{cases} \tag{3-71}$$

由图 3-25(a)不难看出 sgn $t = \varepsilon(t) - \varepsilon(-t)$。由式(3-57)已求得单位阶跃函数的频谱函数为

$$\varepsilon(t) \leftrightarrow \pi\delta(\omega) + \frac{1}{j\omega}$$

运用尺度变换性质,令 $a=-1$,则可得 $\varepsilon(-t)$ 的频谱函数为

$$\varepsilon(-t) \leftrightarrow \pi\delta(-\omega) + \frac{1}{j(-\omega)} = \pi\delta(\omega) - \frac{1}{j\omega}$$

再由叠加性质则可求得符号函数的频谱函数为

$$F(j\omega) = \pi\delta(\omega) + \frac{1}{j\omega} - \left[\pi\delta(\omega) - \frac{1}{j\omega}\right] = \frac{2}{j\omega} \tag{3-72}$$

符号函数及其频谱函数的波形示于图 3-25。

5. 奇偶特性

通常时间信号俱为时间 t 的实函数,现在讨论实时间函数的奇、偶对称性对其频谱函数的影响。由频谱函数的定义式(3-44)有

$$F(j\omega) = \int_{-\infty}^{\infty} f(t)\,e^{-j\omega t}\,dt$$

考虑到 $e^{-j\omega t} = \cos\omega t - j\sin\omega t$,则上式可写为

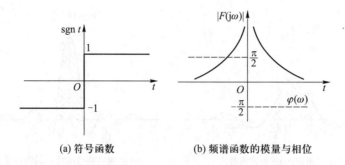

(a) 符号函数　　　　　(b) 频谱函数的模量与相位

图 3-25　符号函数及其频谱

$$F(j\omega) = \int_{-\infty}^{\infty} f(t)\cos \omega t dt - j\int_{-\infty}^{\infty} f(t)\sin \omega t dt$$

$$= R(\omega) - jX(\omega) = |F(j\omega)| e^{j\varphi(\omega)} \tag{3-73}$$

其中,频谱函数的实部 $R(\omega)$ 与虚部 $X(\omega)$ 以及模量 $|F(j\omega)|$ 与相角 $\varphi(\omega)$ 俱为 ω 的实函数,并分别为

$$R(\omega) = \int_{-\infty}^{\infty} f(t)\cos \omega t dt \tag{3-74a}$$

$$X(\omega) = \int_{-\infty}^{\infty} f(t)\sin \omega t dt \tag{3-74b}$$

$$|F(j\omega)| = \sqrt{R^2(\omega) + X^2(\omega)} \tag{3-74c}$$

$$\varphi(\omega) = \arctan\left[\frac{-X(\omega)}{R(\omega)}\right] \tag{3-74d}$$

由式(3-74)可见,频谱函数的实部与模量是频率 ω 的偶函数,虚部与相位是频率 ω 的奇函数。如果 $f(t)$ 是 t 的偶函数,则式(3-74b)的积分为零,其频谱函数仅有实部,是 ω 的实偶函数。即

$$F(j\omega) = R(\omega) = \int_{-\infty}^{\infty} f(t)\cos \omega t dt$$

$$= 2\int_{0}^{\infty} f(t)\cos \omega t dt \tag{3-75a}$$

如 $f(t)$ 是 t 的奇函数,则式(3-74a)的积分为零,其频谱函数仅有虚部,是 ω 的虚奇函数。即

$$F(j\omega) = -jX(\omega) = -j\int_{-\infty}^{\infty} f(t)\sin \omega t dt$$

$$= -j2\int_{0}^{\infty} f(t)\sin \omega t dt \tag{3-75b}$$

这种时间函数的奇、偶性与频谱函数虚、实性间的关系与前已讨论过的周期信号的奇、偶性与其包含的谐波分量间的关系是对应的。

6. 对称特性

设函数 $f(t)$ 的频谱函数为 $F(\mathrm{j}\omega)$，即

$$f(t) = \frac{1}{2\pi} \int_{-\infty}^{\infty} F(\mathrm{j}\omega) \mathrm{e}^{\mathrm{j}\omega t} \mathrm{d}\omega$$

于是

$$f(-t) = \frac{1}{2\pi} \int_{-\infty}^{\infty} F(\mathrm{j}\omega) \mathrm{e}^{-\mathrm{j}\omega t} \mathrm{d}\omega$$

把上式中的积分变量 ω 用 x 来代换，积分结果不变，上式就成为

$$2\pi f(-t) = \int_{-\infty}^{\infty} F(\mathrm{j}x) \mathrm{e}^{-\mathrm{j}xt} \mathrm{d}x$$

此式中的变量 t 若以变量 ω 来代换，等式当然依旧成立，即有

$$2\pi f(-\omega) = \int_{-\infty}^{\infty} F(\mathrm{j}x) \mathrm{e}^{-\mathrm{j}x\omega} \mathrm{d}x$$

再把积分变量 x 用 t 来代换，积分结果仍不变，于是得

$$2\pi f(-\omega) = \int_{-\infty}^{\infty} F(\mathrm{j}x) \mathrm{e}^{-\mathrm{j}\omega t} \mathrm{d}x = \mathscr{F}\{F(\mathrm{j}t)\}$$

所以，若 $f(t) \leftrightarrow F(\mathrm{j}\omega)$，则

$$F(\mathrm{j}t) \leftrightarrow 2\pi f(-\omega) \tag{3-76a}$$

如果 $f(t)$ 是 t 的实偶函数，则其频谱函数是 ω 的实偶函数。即

$$f(t) \leftrightarrow F(\mathrm{j}\omega) = R(\omega)$$

考虑到此时 $f(-\omega) = f(\omega)$，式(3-76a)则变为

$$R(t) \leftrightarrow 2\pi f(\omega) \quad \text{或} \quad \frac{1}{2\pi} R(t) \leftrightarrow f(\omega) \tag{3-76b}$$

这就是说，如果偶函数 $f(t)$ 的频谱函数是 $R(\omega)$，则与 $R(\omega)$ 形式相同的时间函数 $R(t)$ 的频谱函数与 $f(t)$ 有相同形式，而为 $2\pi f(\omega)$；这里系数 2π 只影响纵坐标的尺度，而不影响函数的基本特征。

这一性质，可用图 3-26 来加以说明。其中图(a)表示作为一偶函数 $f(t)$ 的单位冲激函数 $\delta(t)$，经过傅里叶变换，成为图(b)所示的频谱函数 $R(\omega) = 1$。现在将图(a)中的变量 t 改为 ω，即把

$$f(t) = \delta(t)$$

改为 $f(\omega) = \delta(\omega)$，成为图(c)所示的频谱函数。再把图(b)中的变量 ω 改为 t，并考虑到反变换式中的乘数 $\dfrac{1}{2\pi}$，把 $R(\omega) = 1$ 改为

$$R(t) = \frac{1}{2\pi}$$

成为图(d)所示的时间函数。经过这样把变量 t 和 ω 进行对称的互易，从图(a)到图(b)的正变

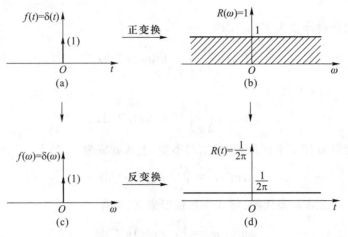

图 3-26　偶函数时域和频域的对称性

换就成了从图(c)到图(d)的反变换。也就是说,如果函数 $\delta(t)$ 的频谱是 1,那么 $\delta(\omega)$ 是函数 $f(t)=\dfrac{1}{2\pi}$ 的频谱,或者 $f(t)=1$ 的频谱是 $2\pi\delta(\omega)$。时间函数为一常数的信号表示一直流量,它的频谱函数是零频率处的一个冲激,这当然是意想中的事。

对称特性为某些信号的时间函数和频谱函数互求,提供了不少方便。除了上面所举的例子外,再如,已知门函数的频谱是抽样函数,那么就可推知抽样函数的频谱必为门函数。这一对关系,已列入表 3-1 中。这里要重复指出的是,这种对称关系只适用于偶函数。如果 $f(t)$ 是 t 的实奇函数则其频谱函数应为 ω 的虚奇函数,即 $f(t)\leftrightarrow -jX(\omega)$。考虑到此时 $f(-\omega)=-f(\omega)$,则式(3-76a)将变成

$$-jX(t)\leftrightarrow -2\pi f(\omega) \quad \text{或} \quad j\frac{1}{2\pi}X(t)\leftrightarrow f(\omega) \tag{3-76c}$$

这就是说,如果奇函数 $f(t)$ 的频谱函数为 $-jX(\omega)$,那么与 $f(t)$ 形式相同的频谱函数 $f(\omega)$ 对应的时间信号将是一个时间的虚信号,其随 t 的变化规律与原来信号的频谱函数随 ω 的变化规律相同,仅差一个 $\dfrac{1}{2\pi}$ 的因子而已。例如,从符号函数的频谱为 $\dfrac{2}{j\omega}$,即由式(3-72)有

$$\text{sgn } t\leftrightarrow \frac{2}{j\omega}=-j\frac{2}{\omega}$$

不难推出频谱函数为符号函数 sgn ω 时对应的时间函数为

$$j\frac{1}{2\pi}\cdot\frac{2}{t}=j\frac{1}{\pi t}$$

即

$$j\frac{1}{\pi t}\leftrightarrow \text{sgn } \omega \tag{3-77}$$

7. 微分特性

若 $\mathscr{F}\{f(t)\} = F(j\omega)$，现在来求 $f(t)$ 的导数 $\dfrac{\mathrm{d}f(t)}{\mathrm{d}t}$ 的频谱函数。为此，只要将傅里叶反变换式两方面进行微分，即

$$
\begin{aligned}
\frac{\mathrm{d}}{\mathrm{d}t} f(t) &= \frac{1}{2\pi} \frac{\mathrm{d}}{\mathrm{d}t} \left[\int_{-\infty}^{\infty} F(j\omega)\, \mathrm{e}^{j\omega t} \mathrm{d}\omega \right] \\
&= \frac{1}{2\pi} \int_{-\infty}^{\infty} \frac{\mathrm{d}}{\mathrm{d}t} \left[F(j\omega)\, \mathrm{e}^{j\omega t} \right] \mathrm{d}\omega \\
&= \frac{1}{2\pi} \int_{-\infty}^{\infty} \left[j\omega F(j\omega) \right] \mathrm{e}^{j\omega t} \mathrm{d}\omega
\end{aligned}
$$

把此式仍看成是一反变换式，其中 $\dfrac{\mathrm{d}f(t)}{\mathrm{d}t}$ 作为原函数，$j\omega F(j\omega)$ 则是此原函数的频谱函数。由此得

$$
\mathscr{F}^{-1}\{ j\omega F(j\omega) \} = \frac{\mathrm{d}f(t)}{\mathrm{d}t}
$$

或

$$
\mathscr{F}\left\{ \frac{\mathrm{d}f(t)}{\mathrm{d}t} \right\} = j\omega F(j\omega)
$$

这一关系可用符号表示为：若 $f(t) \leftrightarrow F(j\omega)$，则

$$
\frac{\mathrm{d}f(t)}{\mathrm{d}t} \leftrightarrow j\omega F(j\omega) \tag{3-78a}
$$

此式说明，信号在时域中对时间函数取导数，相当于在频域中用因子 $j\omega$ 去乘它的频谱函数。

这一结论很容易推广成为：信号在时域中取 n 阶导数，相当于在频域中用因子 $(j\omega)^n$ 去乘它的频谱函数，即

$$
\mathscr{F}\left\{ \frac{\mathrm{d}^n f(t)}{\mathrm{d}t^n} \right\} = (j\omega)^n F(j\omega)
$$

或

$$
\frac{\mathrm{d}^n f(t)}{\mathrm{d}t^n} \leftrightarrow (j\omega)^n F(j\omega) \tag{3-78b}
$$

8. 积分特性

在信号分析中，对一信号进行积分，意思是求信号函数 $f(t)$ 曲线下的面积，并常用定积分记为 $\displaystyle\int_{-\infty}^{t} f(\tau)\mathrm{d}\tau$。这里的积分下限 $-\infty$ 的意义，只是表示追溯到信号开始的任意遥远的过去。积分上限 t 是一变数，所以此定积分表示从信号开始到某一时刻 t 之间曲线下的面积。由傅里叶变换的定义，可有

$$\mathscr{F}\left\{\int_{-\infty}^{t} f(\tau)\,\mathrm{d}\tau\right\} = \int_{-\infty}^{\infty}\left\{\int_{-\infty}^{t} f(\tau)\,\mathrm{d}\tau\right\}\mathrm{e}^{-\mathrm{j}\omega t}\,\mathrm{d}t$$

$$= \int_{-\infty}^{\infty}\left\{\int_{-\infty}^{\infty} f(\tau)\,\varepsilon(t-\tau)\,\mathrm{d}\tau\right\}\mathrm{e}^{-\mathrm{j}\omega t}\,\mathrm{d}t$$

变换积分次序,并根据延时特性考虑到阶跃函数 $\varepsilon(t-\tau)$ 的频谱函数为 $\left[\pi\delta(\omega)+\dfrac{1}{\mathrm{j}\omega}\right]\mathrm{e}^{-\mathrm{j}\omega\tau}$,则上式变成

$$\int_{-\infty}^{\infty} f(\tau)\left\{\int_{-\infty}^{\infty}\varepsilon(t-\tau)\,\mathrm{e}^{-\mathrm{j}\omega t}\,\mathrm{d}t\right\}\mathrm{d}\tau$$

$$= \int_{-\infty}^{\infty} f(\tau)\,\pi\delta(\omega)\,\mathrm{e}^{-\mathrm{j}\omega\tau}\,\mathrm{d}\tau + \int_{-\infty}^{\infty} f(\tau)\cdot\frac{1}{\mathrm{j}\omega}\mathrm{e}^{-\mathrm{j}\omega\tau}\,\mathrm{d}\tau$$

$$= \pi F(0)\delta(\omega) + \frac{1}{\mathrm{j}\omega}F(\mathrm{j}\omega)$$

这一关系可以用符号表示为:若 $f(t)\leftrightarrow F(\mathrm{j}\omega)$,则

$$\int_{-\infty}^{t} f(\tau)\,\mathrm{d}\tau \leftrightarrow \pi F(0)\delta(\omega) + \frac{1}{\mathrm{j}\omega}F(\mathrm{j}\omega) \tag{3-79a}$$

如果 $F(0)=0$,或者 $F(0)$ 虽不为零但将 $\omega=0$ 一点除去不计,则得

$$\int_{-\infty}^{t} f(\tau)\,\mathrm{d}\tau \leftrightarrow \frac{1}{\mathrm{j}\omega}F(\mathrm{j}\omega) \tag{3-79b}$$

此式说明,信号在时域中对时间积分,相当于在频域中用因子 $\mathrm{j}\omega$ 去除它的频谱函数。

和微分特性一样,上述结论也可推广为:对函数在时域中进行 n 次积分相当于在频域中乘以 $\left(\dfrac{1}{\mathrm{j}\omega}\right)^{n}$。当然,这里也要或者把 $\omega=0$ 这一点除外,或者每次被积函数的频谱在 $\omega=0$ 处均为零。

傅里叶变换的微积分特性可以方便一些信号的频谱的求解。例如,图3-27(a)所示的由折线组成的信号 $g_1(t)$ 的导函数如图3-27(d)所示的 $f(t)$ 是一个门信号,其频谱函数在前面已经推导出来了。这里可以将 $g_1(t)$ 作为 $f(t)$ 的积分,利用式3-79(a)傅里叶变换的积分特性,不难通过 $f(t)$ 的傅里叶变换 $F(\mathrm{j}\omega)$ 计算出 $g_1(t)$ 的傅里叶变换 $G_1(\mathrm{j}\omega)$

$$G_1(\mathrm{j}\omega) = \frac{\mathrm{Sa}\left(\dfrac{\omega}{2}\right)}{\mathrm{j}\omega} + \pi\delta(\omega)$$

但是使用这个特性的时候必须注意到微积分运算中有时候是不可逆的。例如,图3-27(b)、(c)所示的信号 $g_2(t)$ 和 $g_3(t)$ 的导函数也等于图3-27(d)所示的矩形脉冲 $f(t)$,但是显然两个函数与 $g_1(t)$ 是不同的,其傅里叶变换结果也都不一样。由于式3-79(a)中的积分运算是从 $-\infty$ 开始到 t,图3-27(d)所示的矩形脉冲 $f(t)$ 的积分运算 $\int_{-\infty}^{t} f(\tau)\,\mathrm{d}\tau$ 的结果等于 $g_1(t)$,所以只有对 $g_1(t)$ 可以直接使用积分特性计算出频谱。而图3-27(b)、(c)所示的信号 $g_2(t)$、$g_3(t)$ 与 $g_1(t)$

相差一个常数$\left(\text{分别为}-\dfrac{1}{2}\text{及}\dfrac{1}{2}\right)$,即

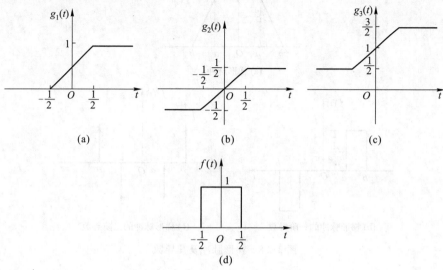

图 3-27 三信号具有相同的导函数

$$g_2(t) = g_1(t) - \frac{1}{2}$$

$$g_3(t) = g_1(t) + \frac{1}{2}$$

如要由导数函数的频谱 $F(j\omega)$ 导出 $g_2(t)$ 及 $g_3(t)$ 的频谱,则必须在 $g_1(t)$ 的基础上同时补偿考虑这个常数的影响,即

$$G_2(j\omega) = G_1(j\omega) - \pi\delta(\omega) = \frac{\mathrm{Sa}\left(\dfrac{\omega}{2}\right)}{j\omega}$$

$$G_3(j\omega) = G_1(j\omega) + \pi\delta(\omega) = \frac{\mathrm{Sa}\left(\dfrac{\omega}{2}\right)}{j\omega} + 2\pi\delta(\omega)$$

例题 3-7 梯形脉冲如图 3-28(a)所示,脉冲幅度为 A,顶部宽度为 $2a$,底部宽度 $2b$,脉冲对纵轴对称。试求其频谱函数。

解:本题可以有若干种解法。例如,可以根据傅里叶正变换公式计算,其中 $f(t)$ 分为三段,积分也须分段进行。但若应用傅里叶变换的性质,求解可以更为简便。把梯形脉冲进行两次微分,它的一阶导数如图 3-28(b)所示,是高度为 $\dfrac{A}{b-a}$ 的正反两个矩形脉冲。它的二阶导数,如图 3-28(c)所示,是强度为 $\dfrac{A}{b-a}$ 的四个正负冲激函数,即

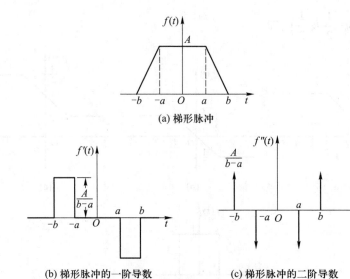

(a) 梯形脉冲

(b) 梯形脉冲的一阶导数

(c) 梯形脉冲的二阶导数

图 3-28   梯形脉冲及其导数

$$\frac{\mathrm{d}^2 f(t)}{\mathrm{d}t^2} = \frac{A}{b-a} \left[\delta(t+b) - \delta(t+a) - \delta(t-a) + \delta(t-b) \right]$$

由延时特性,单位冲激函数 $\delta(t-t_1)$ 的傅里叶变换是 $\mathrm{e}^{-\mathrm{j}\omega t_1}$,因此上式的变换为

$$\mathscr{F}\{f''(t)\} = \frac{A}{b-a} (\mathrm{e}^{\mathrm{j}b\omega} - \mathrm{e}^{\mathrm{j}a\omega} - \mathrm{e}^{-\mathrm{j}a\omega} + \mathrm{e}^{-\mathrm{j}b\omega})$$

$$= \frac{2A}{b-a} (\cos b\omega - \cos a\omega)$$

这里对 $f''(t)$ 进行两次 $\int_{-\infty}^{t}$ 积分运算后,恰好等于 $f(t)$。于是由积分特性,可以得到

$$F(\mathrm{j}\omega) = \frac{-2A}{b-a} \cdot \frac{\cos b\omega - \cos a\omega}{\omega^2}$$

由这一解法可以看到,各种分段直线组成的脉冲函数,经过两次微分后,都能化为冲激函数。冲激函数的频谱十分简单,所以可以直接写出函数的二阶导数的频谱函数。由折线组成的脉冲函数的一阶和二阶导数,其频谱函数在 $\omega=0$ 处的值均为零,于是利用积分特性,这种脉冲函数的频谱函数也就很易求得。任意一个复杂脉冲波,总可以用若干直线段组成的折线去近似地表示,这也就提供了一条近似地求解任意脉冲波的频谱的途径。

9. 频域的微分与积分特性

读者可以用与导出时域微分特性与积分特性相类似的方法,导出如下的频域微分与积分特性。如果

$$f(t) \leftrightarrow F(\mathrm{j}\omega)$$

则有

$$-\mathrm{j}tf(t) \leftrightarrow \frac{\mathrm{d}F(\mathrm{j}\omega)}{\mathrm{d}\omega} \tag{3-80}$$

及

$$\pi f(0)\delta(t) + \mathrm{j}\frac{f(t)}{t} \leftrightarrow \int_{-\infty}^{\omega} F(\mathrm{j}\Omega)\,\mathrm{d}\Omega \tag{3-81}$$

式(3-80)与式(3-81)分别表示频域微分与频域积分特性,它们也可以方便地推广到高阶导数与多重积分的情况。

10. 卷积定理

卷积定理讨论的是一个域中的卷积运算对应于另一个域中何种运算的关系。设有两个时间信号 $f_1(t)$ 及 $f_2(t)$,它们的频谱函数分别为 $F_1(\mathrm{j}\omega)$ 及 $F_2(\mathrm{j}\omega)$。则 $f_1(t)$ 与 $f_2(t)$ 卷积后所得时间函数的频谱函数为

$$\mathscr{F}\{f_1(t) * f_2(t)\} = \int_{-\infty}^{\infty}\left[\int_{-\infty}^{\infty} f_1(\tau)f_2(t-\tau)\,\mathrm{d}\tau\right]\mathrm{e}^{-\mathrm{j}\omega t}\,\mathrm{d}t$$

变换对 τ 及对 t 求积分的次序,则

$$\mathscr{F}\{f_1(t) * f_2(t)\} = \int_{-\infty}^{\infty} f_1(\tau)\left[\int_{-\infty}^{\infty} f_2(t-\tau)\,\mathrm{e}^{-\mathrm{j}\omega t}\,\mathrm{d}t\right]\mathrm{d}\tau$$

由延时特性有

$$\int_{-\infty}^{\infty} f_2(t-\tau)\,\mathrm{e}^{-\mathrm{j}\omega t}\,\mathrm{d}t = F_2(\mathrm{j}\omega)\,\mathrm{e}^{-\mathrm{j}\omega\tau}$$

故

$$\begin{aligned}
\mathscr{F}\{f_1(t) * f_2(t)\} &= \int_{-\infty}^{\infty} f_1(\tau)F_2(\mathrm{j}\omega)\,\mathrm{e}^{-\mathrm{j}\omega\tau}\,\mathrm{d}\tau \\
&= F_2(\mathrm{j}\omega)\int_{-\infty}^{\infty} f_1(\tau)\,\mathrm{e}^{-\mathrm{j}\omega\tau}\,\mathrm{d}\tau \\
&= F_1(\mathrm{j}\omega)F_2(\mathrm{j}\omega)
\end{aligned}$$

或写为

$$f_1(t) * f_2(t) \leftrightarrow F_1(\mathrm{j}\omega)F_2(\mathrm{j}\omega) \tag{3-82}$$

式(3-82)说明,时域中两个信号的卷积运算对应于频域中是两个信号的频谱函数相乘运算。这就是时域卷积定理。与之相类似,两个信号频域中的卷积运算也对应于时域中的乘法运算,这就是频域卷积定理。频域卷积定理表述为:

如果

$$f_1(t) \leftrightarrow F_1(\mathrm{j}\omega)$$
$$f_2(t) \leftrightarrow F_2(\mathrm{j}\omega)$$

则

$$f_1(t)f_2(t) \leftrightarrow \frac{1}{2\pi}\left[\, F_1(\mathrm{j}\omega) * F_2(\mathrm{j}\omega)\,\right] \tag{3-83}$$

式中 $\dfrac{1}{2\pi}$ 是由傅里叶反变换引入的一个尺度因子。有关频域卷积定理的证明,留给读者作为练习。

信号的时域和频域之间,不只是上述若干特性表示的关系,如下节所述的能量等式也表示两个域间的关系。

§3.9 帕塞瓦尔定理与能量频谱

本节从能量的角度来考察信号时域和频域特性间的关系。对于能量为无限大而功率为有限值的功率信号,例如周期信号,可以考察信号功率在时域和频域中的表示式。对于功率为零而能量为有限值的能量信号,例如单脉冲信号,可以考察信号能量在时域和频域中的表示式以及信号能量在各频率分量中的分布。

首先讨论周期性信号的功率。假设一个周期性信号可以表示为一系列正交函数分量的和,即

$$f(t) = c_1 g_1(t) + c_2 g_2(t) + \cdots + c_r g_r(t) + \cdots = \sum_{i=1}^{+\infty} c_i g_i(t)$$

则其方均值或者功率为

$$\begin{aligned}
\overline{f^2(t)} &= \frac{1}{T}\int_{-\frac{T}{2}}^{\frac{T}{2}}[f(t)]^2\mathrm{d}t = \frac{1}{T}\int_{-\frac{T}{2}}^{\frac{T}{2}}\left[\sum_{i=1}^{+\infty} c_i g_i(t)\right]^2\mathrm{d}t \\
&= \frac{1}{T}\int_{-\frac{T}{2}}^{\frac{T}{2}}\sum_{i=1}^{+\infty}\sum_{j=1}^{+\infty} c_i c_j g_i(t) g_j(t)\,\mathrm{d}t \\
&= \frac{1}{T}\sum_{i=1}^{+\infty}\sum_{j=1}^{+\infty}\int_{-\frac{T}{2}}^{\frac{T}{2}} c_i c_j g_i(t) g_j(t)\,\mathrm{d}t \\
&= \sum_{j=1}^{+\infty}\left\{\frac{1}{T}\int_{-\frac{T}{2}}^{\frac{T}{2}}[c_i g_i(t)]^2\mathrm{d}t\right\}
\end{aligned}$$

其中最后一个等式的推导中利用了信号 $g_i(t)$ 相互之间的正交性。注意到上式求和项中正是信号的各个分量的方均值或者功率,由此得到

$$\overline{f^2(t)} = \sum_{j=1}^{+\infty}\overline{[c_i g_i(t)]^2}$$

由此可见,一个周期信号的方均值或者功率等于该信号在完备正交函数集中各分量的方均值或

功率之和；或者说，周期信号的功率等于该信号在完备正交函数集中各分量功率之和。这一结论称为**帕塞瓦尔定理**（Parseval's theorem）。这里要注意的是，这一结论只适用于这些分量是在完备的正交函数集中这种情况的。如果选用正弦函数作为正交函数集，其中的直流分量 $\frac{a_0}{2}$ 的功率为 $\left(\frac{a_0}{2}\right)^2$，其他正弦分量 $A_1\cos(i\Omega t+\varphi_i)$ 的功率为 $\frac{A_i^2}{2}$，则

$$\overline{f^2(t)} = \left(\frac{A_0}{2}\right)^2 + \frac{1}{2}\sum_{i=1}^{+\infty} A_i^2 \tag{3-84}$$

现在讨论非周期的单脉冲信号，由于其在整个时间区间 $-\infty<t<\infty$ 内的平均功率为零而能量是有限值，因此，研究这类信号的能量情况时，不能像周期信号那样取方均值，而只能取函数平方的积分，这积分代表信号在全部时间内的总能量，通常即称为信号能量，它也是表示信号特征的参数之一。

信号的总能量为

$$W = \int_{-\infty}^{\infty} [f(t)]^2 \mathrm{d}t \tag{3-85a}$$

由傅里叶变换式

$$f(t) = \frac{1}{2\pi}\int_{-\infty}^{\infty} F(\mathrm{j}\omega)\,\mathrm{e}^{\mathrm{j}\omega t}\,\mathrm{d}\omega$$

$$F(\mathrm{j}\omega) = \int_{-\infty}^{\infty} f(t)\,\mathrm{e}^{-\mathrm{j}\omega t}\,\mathrm{d}t$$

式（3-85a）可写成

$$W = \int_{-\infty}^{\infty} f(t)\left[\frac{1}{2\pi}\int_{-\infty}^{\infty} F(\mathrm{j}\omega)\,\mathrm{e}^{\mathrm{j}\omega t}\,\mathrm{d}\omega\right]\mathrm{d}t$$

因为 t 和 ω 是两个互相独立的变量，上式可以变换积分次序而成为

$$W = \frac{1}{2\pi}\int_{-\infty}^{\infty} F(\mathrm{j}\omega)\left[\int_{-\infty}^{\infty} f(t)\,\mathrm{e}^{\mathrm{j}\omega t}\,\mathrm{d}t\right]\mathrm{d}\omega$$

$$= \frac{1}{2\pi}\int_{-\infty}^{\infty} F(\mathrm{j}\omega)F(-\mathrm{j}\omega)\,\mathrm{d}\omega$$

$F(\mathrm{j}\omega)$ 的模量 $|F(\mathrm{j}\omega)|$ 是 ω 的偶函数，而相位 $\varphi(\omega)$ 是 ω 的奇函数，故有 $F(\mathrm{j}\omega)F(-\mathrm{j}\omega)=|F(\mathrm{j}\omega)|^2$。于是得

$$W = \int_{-\infty}^{\infty} [f(t)]^2\mathrm{d}t = \frac{1}{2\pi}\int_{-\infty}^{\infty} |F(\mathrm{j}\omega)|^2\mathrm{d}\omega$$

$$= \frac{1}{\pi}\int_{0}^{\infty} |F(\mathrm{j}\omega)|^2\mathrm{d}\omega \tag{3-85b}$$

或者写得更加对称一些成为

$$W = \int_{-\infty}^{\infty} \left[f(t) \right]^2 \mathrm{d}t = \int_{-\infty}^{\infty} \left| F(\mathrm{j}2\pi f) \right|^2 \mathrm{d}f \qquad (3-85\mathrm{c})$$

这个式子是非周期信号的能量等式,是帕塞瓦尔定理在非周期信号时的表示形式,亦称**雷利定理**(Rayleigh's theorem)。这等式表明对于非周期信号,在时域中求得的信号能量与在频域中求得的信号能量相等。所以信号能量可以从时域中取积分得到,也可以从频域中取积分得到。

非周期的单脉冲信号是无限多个幅度为无限小的频率分量组成的,各频率分量的能量也是无穷小量。为了表明信号能量在频率分量中的分布,和分析幅度频谱类似,可以借助于密度的概念,来定义一个**能量密度频谱函数**,或简称**能量频谱**(energy frequency spectrum)。能量频谱 $G(\omega)$ 是某角频率 ω 处的单位频带中的信号能量,在频带 $\mathrm{d}\omega$ 中的信号能量应为 $G(\omega)\mathrm{d}\omega$,所以信号在整个频率范围内的全部能量为

$$W = \int_0^{\infty} G(\omega)\,\mathrm{d}\omega \qquad (3-86)$$

比较此式与式(3-85b),可见能量频谱与幅度频谱间存在如下关系:

$$G(\omega) = \frac{1}{\pi} \left| F(\mathrm{j}\omega) \right|^2 \qquad (3-87)$$

由式可知,能谱的形状和幅谱平方的形状相同,但与相位频谱无关。图 3-29 表示矩形脉冲及其频谱函数和能量频谱。可以设想,如果这个矩形脉冲在时间轴上有一移动,将不影响其能量频谱。

以上能量频谱是以角频率计的单位频带(即 1rad/s)的信号能量,它的单位是 J/rad/s。但能量频谱还有别的定义方法,其中单位频带可以用 Hz 计,即把能量频谱 $G_f(f)$ 定义为每 Hz 带宽的能量,而不是每 rad/s 带宽的能量。这样,由式(3-85)、式(3-86),有

$$W = \int_0^{\infty} G(\omega)\,\mathrm{d}\omega = \int_0^{\infty} G_f(f)\,\mathrm{d}f = 2\int_0^{\infty} \left| F(\mathrm{j}\omega) \right|^2 \mathrm{d}f$$

这里 $G_f(f)$ 的单位是 J/Hz。显然,据此定义的能量频谱 $G_f(f)$ 应等于

$$G_f(f) = 2\pi G(\omega) = 2 \left| F(\mathrm{j}\omega) \right|^2$$

再一种方法则是从

$$\int_{-\infty}^{\infty} \left[f(t) \right]^2 \mathrm{d}t = \int_{-\infty}^{\infty} \left| F(\mathrm{j}2\pi f) \right|^2 \mathrm{d}f$$

把能量频谱就定义成 $\left| F(\mathrm{j}2\pi f) \right|^2 = \left| F(\mathrm{j}\omega) \right|^2$,它的单位也是 J/Hz。几种定义方法本质完全一样,频谱形状与 $\left| F(\mathrm{j}\omega) \right|^2$ 形状都相同,不同的只是在使用的单位和一常数的乘数上。

对于功率信号,也可以借助于密度的概念来定义一个功率密度频谱函数,来表明信号功率在各频率分量中的分布。关于这个问题的讨论,此处从略[①]。

非周期信号的脉冲宽度和频带宽度,除了用 §3.4 中与周期信号相同的方法来定义外,也可

---

① 关于功率信号的功率谱,可参阅 B. P. 拉斯著,路卢正译,《通信系统》,§2.8,国防工业出版社,1976 年。

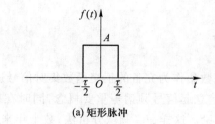

(a) 矩形脉冲

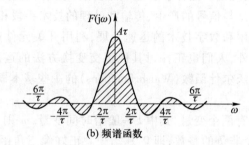

(b) 频谱函数

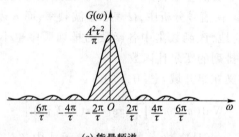

(c) 能量频谱

图 3-29 矩形脉冲及其频谱函数和能量频谱

以从能量的角度来定义。从能量方面考虑,脉冲宽度 τ_0 可以定义为脉冲中绝大部分能量所集中的那段时间,即

$$\int_{\frac{\tau_0}{2}}^{\frac{\tau_0}{2}} [f(t)]^2 \mathrm{d}t = \eta \int_{-\infty}^{\infty} [f(t)]^2 \mathrm{d}t = \eta W \tag{3-88}$$

其中 η 是落在时间间隔 τ_0 内的脉冲能量对全部脉冲能量之比,常以百分比表示,一般取为90%。同理,频谱宽度 B_s 也可以定义为脉冲中绝大部分能量(一般亦取为90%)所集中的那一频段,即

$$\frac{1}{\pi}\int_0^{B_s} |F(\mathrm{j}\omega)|^2 \mathrm{d}\omega = \frac{\eta}{\pi}\int_0^{\infty} |F(\mathrm{j}\omega)|^2 \mathrm{d}\omega = \eta W \tag{3-89}$$

根据式(3-88)和式(3-89)的定义,可以把各种不同脉冲的脉宽和频宽计算出来。由计算结果,同样可以得到对于一个信号它的脉宽和频宽的乘积是一常数,即两者具有反比关系的结论。

§3.10 沃尔什函数

利用三角函数集或指数函数集作为完备的正交函数集对信号进行频域分析,已经成为一套完整的频域分析理论,通过它建立起信号频谱等重要概念,同时在对系统的频率特性进行研究的基础上建立了完整的滤波理论。这样一套频域分析法,数十年来成为处理线性系统的基本方法。这种方法的广泛应用,是与信号的产生、传输和处理的技术手段相适应的。20 世纪 60 年代以来,随着计算机的普遍使用和数字技术的迅速发展,利用开关元件产生和处理数字信号十分方便。因而,除傅里叶变换外,人们也正探讨其他正交变换方法的运用。作为另一种完备正交函数集的示例,本节将介绍**沃尔什函数**(Walsh functions)的一些基本概念[①]。

1. 沃尔什函数的定义

沃尔什函数 $\mathrm{Wal}(m,t)$ 有两个变量,其中 t 一般指时间变量,m 则是表示该函数集中各函数排列顺序的序数。它是一个非负的整数,即 0、1、2、$\cdots$。正好像三角函数 $\cos n\Omega t$ 中,t 是时间变量,n 也可以认为是一个序号,在信号分析中,Ω 表示基波频率,而 n 表示谐波次数。沃尔什函数有几种不同的定义方法,相应地,该函数集中各函数的排列顺序也不一样。这里只介绍一种按沃尔什顺序或者按序率顺序排列的沃尔什函数。

沃尔什函数可按下式定义在半开域 $t \in [0,1)$ 上

$$\mathrm{Wal}(m,t) = \prod_{r=0}^{p-1} \mathrm{sgn}[\cos(m_r 2^r \pi t)] \tag{3-90}$$

这里要对式中符号略加说明。m_r 是序数 m 的二进制表示式中各位二进制数字的值,它或为 **0** 或为 **1**。为将十进制数 m 化为二进制数,可将 m 写为

$$m = \sum_{r=0}^{p-1} m_r 2^r \tag{3-91}$$

例如,$3 = \mathbf{1} \times 2^1 + \mathbf{1} \times 2^0$,$(3)_{10} = (11)_2$;即 $m = 3$ 时,$m_0 = \mathbf{1}$,$m_1 = \mathbf{1}$。可以看出,式(3-90)和(3-91)中的 r 是二进制数和十进制数互相交换时各位数中 2 的幂次数,p 是 m 的二进制数的位数,$p-1$ 是最高的 r 值。在 $m = 3$ 时,$p = 2$,2 的幂次 r 的最高值是 1。式(3-90)中 $\mathrm{sgn}\, x$ 表示符号函数,已见于表 3-1 中第 3 号函数,它的定义是

$$\mathrm{sgn}\, x = \begin{cases} 1 & x > 0 \\ -1 & x < 0 \end{cases} \tag{3-92}$$

对于式(3-90)中的符号函数则为

$$\mathrm{sgn}[\cos(m_r 2^r \pi t)] = \begin{cases} 1 & \cos(m_r 2^r \pi t) > 0 \\ -1 & \cos(m_r 2^r \pi t) < 0 \end{cases}$$

---

① 有关沃尔什函数的资料颇多,欲作进一步研究的读者可以参阅 N. Ahmed and K. R. Rao,Orthogonal Transforms for Digital Signal Processing,1975,中译本为胡正名译《数字信号处理中的正交变换》,人民邮电出版社,1979。

此式中的余弦函数与符号函数的对应关系示于图 3-30。

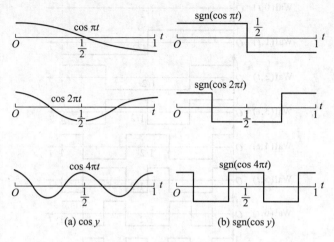

(a) cos y   (b) sgn(cos y)

图 3-30 余弦函数 cos y 与符号函数 sgn(cos y)的对应

利用式(3-90)就可写出各个序数的沃尔什因数。例如

$$\mathrm{Wal}(3,t) = \prod_{r=0}^{1} \mathrm{sgn}\left[\cos(m_r 2^r \pi t)\right]$$

$$= \mathrm{sgn}(\cos \pi t) \cdot \mathrm{sgn}(\cos 2\pi t)$$

同样,可以写出前 8 个沃尔什函数,并列于表 3-2;根据此表与图 3-30,就不难得出这 8 个函数的图像,如图 3-31 所示。可见,沃尔什函数只取值+1 或-1,在两值变换处,函数发生跃变。函数在定义区间 $0 \leqslant t < 1$ 之外,以 1 为周期开拓到整个 t 轴上,因而沃尔什函数是以 1 为周期的周期性函数。即

$$\mathrm{Wal}(m, t \pm 1) = \mathrm{Wal}(m, t) \tag{3-93}$$

表 3-2 前 8 个沃尔什函数

十进制序数 m	m 的二进制数	Wal(m,t)
0	**00**	$\mathrm{Wal}(0,t) = \mathrm{sgn}\left[\cos(0 \cdot \pi t)\right] = 1$
1	**01**	$\mathrm{Wal}(1,t) = \mathrm{sgn}(\cos \pi t)$
2	**10**	$\mathrm{Wal}(2,t) = \mathrm{sgn}(\cos 2\pi t)$
3	**11**	$\mathrm{Wal}(3,t) = \mathrm{sgn}(\cos \pi t) \cdot \mathrm{sgn}(\cos 2\pi t)$
4	**100**	$\mathrm{Wal}(4,t) = \mathrm{sgn}(\cos 4\pi t)$
5	**101**	$\mathrm{Wal}(5,t) = \mathrm{sgn}(\cos \pi t) \mathrm{sgn}(\cos 4\pi t)$
6	**110**	$\mathrm{Wal}(6,t) = \mathrm{sgn}(\cos 2\pi t) \mathrm{sgn}(\cos 4\pi t)$
7	**111**	$\mathrm{Wal}(7,t) = \mathrm{sgn}(\cos \pi t) \cdot \mathrm{sgn}(\cos 2\pi t) \cdot \mathrm{sgn}(\cos 4\pi t)$

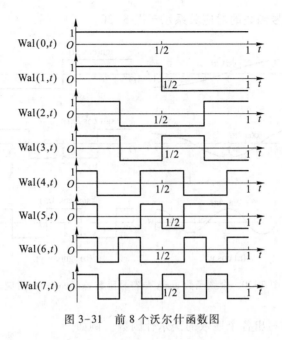

图 3-31　前 8 个沃尔什函数图

正像三角函数中的情况那样,在这里变量 t 也不一定代表时间,但是在信号分析中通常总是指时间。如果实际的周期不是 1 而是时间 T,则可将时间变量 t 换成 $\theta = \dfrac{t}{T}$,此时,沃尔什函数即为 $\mathrm{Wal}(m,\theta)$。这里 θ 称为归一化时间,T 是进行归一化的时基[①]。

由图 3-31 很易看出沃尔什函数的对称性。当 m 为包括 0 在内的偶数时,函数对 $t = \dfrac{1}{2}$ 点成偶对称;当 m 为奇数时,函数对 $t = \dfrac{1}{2}$ 点成奇对称。当函数开拓到整个 t 轴时,对于 $t = 0$ 点,这种对称关系仍然保留。所以,当 m 为包括 0 的偶数时,沃尔什函数是偶函数;当 m 为奇数时,则是奇函数。这样,可以把各个沃尔什函数按其奇、偶性质分成两大组:把 m 为包括 0 的偶数时的沃尔什函数称为**沃尔什偶函数**(Walsh even function),记作 Cal;把 m 为奇数时的函数称为**沃尔什奇函数**(Walsh odd function),记作 Sal。即

$$\begin{cases} \mathrm{Wal}(m,t) = \mathrm{Cal}(s,t) & s = \dfrac{m}{2} \quad m\ \text{为含 0 偶数} \\[2mm] \mathrm{Wal}(m,t) = \mathrm{Sal}(s,t) & s = \dfrac{m+1}{2} \quad m\ \text{为奇数} \end{cases} \tag{3-94}$$

对于前 8 个沃尔什函数,则可分别记为

---

① 这里时间的归一化和下述频率的归一化问题,均可看参考网络理论书籍。

$$\text{Wal}(0,t)=\text{Cal}(0,t) \qquad \text{Wal}(1,t)=\text{Sal}(1,t)$$
$$\text{Wal}(2,t)=\text{Cal}(1,t) \qquad \text{Wal}(3,t)=\text{Sal}(2,t)$$
$$\text{Wal}(4,t)=\text{Cal}(2,t) \qquad \text{Wal}(5,t)=\text{Sal}(3,t)$$
$$\text{Wal}(6,t)=\text{Cal}(3,t) \qquad \text{Wal}(7,t)=\text{Sal}(4,t)$$

其他 $m>7$ 的沃尔什函数还可以按式(3-94)继续分写。这样两组函数,分别与三角函数中的余弦函数和正弦函数有某种类似之处。

由图 3-31 还可看出,各 Sal 函数在 $t=0$ 处函数值穿过零而跃变,各 Cal 函数则在 $t=0$ 处不变值。如果数一下各函数在区间 $0 \leqslant t<1$ 内函数穿过零值的数目,则当 m 由 0 增至 7 时,这数目依次是 0、2、2、4、4、6、6、8。分别取这些数目的一半,则为 0、1、1、2、2、3、3、4,它们分别是式(3-94)的 Cal 和 Sal 函数中的 s 值。这 s 值称为**序率**(sequence)或**列率**,它的单位是 ZPS(zero-crossings per second,每秒过零数)。序率是由频率概念引申出来的。因为三角函数 $\cos n\Omega t$ 和 $\sin n\Omega t$ 中,n 是谐波次数,当谐波频率 $n\Omega$ 以 Ω 为基准频率进行归一化时,n 即为归一化谐波频率。而 n 也就是上述三角函数在一个半开周期内函数穿过零值的数目之半。所不同的,只是正弦、余弦函数穿过零值的位置间的间隔是均匀的,而沃尔什函数则一般是不均匀的。所以,序率是用来描述过零间隔不均匀的函数的广义概念的频率。利用三角函数或指数函数可以在频域中进行信号分析,相应地,利用沃尔什函数可以在**序域**(sequence domain)中进行信号分析。

2. 沃尔什函数的性质

沃尔什函数有一些基本性质,这里只选几点介绍,但不作证明。

(1) **完备正交性** 沃尔什函数集 $\{\text{Wal}(0,t),\text{Wal}(1,t),\cdots,\text{Wal}(m,t),\cdots\}$ 在区间 $[0,1)$ 上是正交的,而且是完备的。该函数集是正交的,即指

$$\int_0^1 \text{Wal}(i,t)\text{Wal}(j,t)\,\mathrm{d}t = \begin{cases} 1 & i=j \\ 0 & i \neq j \end{cases} \tag{3-95}$$

所谓完备的是指:在区间 $[0,1)$ 上,不存在一个异于零的函数,它与沃尔什函数集中的所有函数均正交。

(2) **乘法封闭性** 两个沃尔什函数相乘将仍是一个沃尔什函数。这一相乘关系可表示为

$$\text{Wal}(i,t)\text{Wal}(j,t)=\text{Wal}(i\oplus j,t) \tag{3-96}$$

式中 $i \oplus j$ 称为 i 与 j 的**模 2 和**(modulo-2 sum),$\oplus$ 是**模 2 相加**(modulo-2 add)或**按位相加**的符号。模 2 相加时先要把两相加数各由十进位数化成二进位数,然后将对应位数字按以下规律相加:

$$0 \oplus 0=0, \quad 1 \oplus 1=0, \quad 1 \oplus 0=1, \quad 0 \oplus 1=1$$

这实际上是逻辑运算中的**异或**运算。例如:$(3)_{10}=(011)_2$,$(7)_{10}=(111)_2$,$(011)_2 \oplus (111)_2 = (100)_2=(4)_{10}$,故 $3 \oplus 7=4$。由此可知

$$\text{Wal}(3,t)\text{Wal}(7,t)=\text{Wal}(4,t)。$$

(3) **奇偶性** 前面已经指出,当 m 为偶数时,沃尔什函数 $\text{Wal}(m,t)$ 为偶函数;当 m 为奇数时,$\text{Wal}(m,t)$ 为奇函数。这种性质可以表示为

$$\text{Wal}(m,-t) = (-1)^m \text{Wal}(m,t) \tag{3-97}$$

这一关系也称**倒转关系**,因为 $\text{Wal}(m,-t)$ 是 $\text{Wal}(m,t)$ 绕纵轴反褶后所得的函数。

3. 信号表示为沃尔什级数

沃尔什函数集是一个周期为 1 的完备正交函数集,所以一个在区间 $[0,1]$ 上可积,并且周期为 1 的信号 $f(t)$ 可以展开为由沃尔什函数组成的级数,正好像信号 $f(t)$ 可以展开为傅里叶级数那样。根据式(3-15)

$$f(t) = \sum_{m=0}^{\infty} d_m \text{Wal}(m,t) \tag{3-98a}$$

式中右方的级数称为**傅里叶-沃尔什级数**,简称**沃尔什级数**(Walsh series),其中各项的系数称**沃尔什系数**(Walsh coefficients),并可由式(3-14)导得为

$$d_m = \frac{\int_0^1 f(t)\text{Wal}(m,t)\,dt}{\int_0^1 \text{Wal}^2(m,t)\,dt} = \int_0^1 f(t)\text{Wal}(m,t)\,dt \tag{3-99a}$$

试回顾 §3.3 中的指数傅里叶级数

$$f(t) = \sum_{n=-\infty}^{\infty} c_n e^{jn\Omega t}$$

$$c_n = \frac{1}{T}\int_0^T f(t) e^{-jn\Omega t}\,dt$$

就可看出两者的相似。但是这里由傅里叶级数表示的 $f(t)$ 的周期是 T,而式(3-98a)由沃尔什级数表示的 $f(t)$ 的周期是 1。如果要将周期为 T 的函数 $f(t)$ 展开为沃尔什级数,则前面曾提及,只要把 $f(t)$ 中的变量 t 归一化为 $\theta = \dfrac{t}{T}$,这样周期 T 也就归一化为 1。这时

$$f(\theta) = \sum_{m=0}^{\infty} d_m \text{Wal}(m,\theta) \tag{3-98b}$$

$$d_m = \int_0^1 f(\theta)\text{Wal}(m,\theta)\,d\theta \tag{3-99b}$$

傅里叶级数可以写成余弦级数和正弦级数的形式,相应地,沃尔什级数也可以写成沃尔什偶函数级数和沃尔什奇函数级数的形式,即

$$f(t) = a_0 \text{Cal}(0,t) + \sum_{s=1}^{\infty} \left[a_s \text{Cal}(s,t) + b_s \text{Sal}(s,t) \right] \tag{3-100}$$

$$\begin{cases} a_0 = \int_0^1 f(t)\,dt \\[2mm] a_s = \int_0^1 f(t)\text{Cal}(s,t)\,dt \\[2mm] b_s = \int_0^1 f(t)\text{Sal}(s,t)\,dt \end{cases} \tag{3-101}$$

当信号分解为沃尔什级数后,就好像在频域中可作出信号频谱那样,也可以在序域中作出信号**序谱**(sequence spectrum)。

一个信号既可表示为傅里叶级数,也可表示为沃尔什级数。用有限项级数来近似地表示一信号,在要求一定方均误差的条件下,如果信号是平滑的波形,所需的沃尔什级数项数一般较傅里叶级数为多。也就是说信号表示为沃尔什级数时,级数收敛得比较慢。但是如果信号具有跃变的近似矩形波的形状,则所需的沃尔什级数项数可能较傅里叶级数为少。

4. 帕塞瓦尔定理

现在来考察用沃尔什级数展开的信号的方均值。由式(3-98a),可有

$$\overline{f^2(t)} = \int_0^1 f^2(t)\,\mathrm{d}t = \int_0^1 \left[\sum_{m=0}^{\infty} d_m \mathrm{Wal}(m,t)\right]^2 \mathrm{d}t$$

由于沃尔什函数集的正交性,很容易从上式导得

$$\int_0^1 f^2(t)\,\mathrm{d}t = \sum_{m=0}^{\infty} d_m^2 \tag{3-102}$$

这就是信号在序域中展开为其分量和时的帕塞瓦尔定理。此式表示,在时域中求得的信号功率等于在序域中各信号分量的功率之和。将式(3-102)与式(3-84)相比较,就可以看出它们的相似之处。这再一次表明,用完备正交函数集表示的信号必定满足帕塞瓦尔定理。

例题 3-8 半正弦脉冲如图 3-32 所示,在区间 $t \in [0,1)$ 内,函数 $f(t) = \sin \pi t$。试将此函数在上述区间内展开为沃尔什级数。

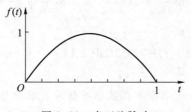

图 3-32 半正弦脉冲

解: 若把该函数在定义区间外以 1 为周期开拓到整个 t 轴,则构成一个偶的周期性函数。根据对称关系,可以知道这个周期性函数中不包含沃尔什奇函数的级数项,即 $b_1 = b_2 = \cdots = 0$。所以,按式(3-100)、式(3-101),在区间 $[0,1]$ 内,可有

$$f(t) = a_0 \mathrm{Cal}(0,t) + a_1 \mathrm{Cal}(1,t) + a_2 \mathrm{Cal}(2,t) + \cdots$$

其中沃尔什系数为

$$a_0 = \int_0^1 f(t)\,\mathrm{d}t = \int_0^1 \sin \pi t\,\mathrm{d}t = \frac{2}{\pi} = 0.637$$

$$a_1 = \int_0^1 f(t)\,\mathrm{Cal}(1,t)\,\mathrm{d}t$$

由于 $\sin \pi t$ 与沃尔什偶函数都对 $t = \frac{1}{2}$ 对称,故

$$a_1 = 2\int_0^{\frac{1}{2}} \sin \pi t \mathrm{Cal}(1,t)\,\mathrm{d}t$$

$$= 2\int_0^{\frac{1}{4}} \sin \pi t\,\mathrm{d}t - 2\int_{\frac{1}{4}}^{\frac{1}{2}} \sin \pi t\,\mathrm{d}t = \frac{2}{\pi}(1 - \sqrt{2})$$

$$= -0.264$$

$$a_2 = \int_0^1 f(t)\mathrm{Cal}(2,t)\,\mathrm{d}t = 2\int_0^{\frac{1}{2}} \sin \pi t \mathrm{Cal}(2,t)\,\mathrm{d}t$$

$$= 2\int_0^{\frac{1}{8}} \sin \pi t\,\mathrm{d}t - 2\int_{\frac{1}{8}}^{\frac{3}{8}} \sin \pi t\,\mathrm{d}t + 2\int_{\frac{3}{8}}^{\frac{1}{2}} \sin \pi t\,\mathrm{d}t$$

$$= \frac{2}{\pi}\left(1 - 2\cos\frac{\pi}{8} + 2\cos\frac{3\pi}{8}\right) = -0.052$$

$$a_3 = \int_0^1 f(t)\mathrm{Cal}(3,t)\,\mathrm{d}t = 2\int_0^{\frac{1}{2}} \sin \pi t \mathrm{Cal}(3,t)\,\mathrm{d}t$$

$$= 2\int_0^{\frac{1}{8}} \sin \pi t\,\mathrm{d}t - 2\int_{\frac{1}{8}}^{\frac{1}{4}} \sin \pi t\,\mathrm{d}t + 2\int_{\frac{1}{4}}^{\frac{3}{8}} \sin \pi t\,\mathrm{d}t - 2\int_{\frac{3}{8}}^{\frac{1}{2}} \sin \pi t\,\mathrm{d}t$$

$$= \frac{2}{\pi}\left(1 - 2\cos\frac{\pi}{8} + 2\cos\frac{\pi}{4} - 2\cos\frac{3\pi}{8}\right) = -0.127$$

…………

最后得 $f(t) = 0.637 - 0.264\mathrm{Cal}(1,t) - 0.052\mathrm{Cal}(2,t) -$

$0.127\mathrm{Cal}(3,t) + \cdots, \quad 0 \le t < 1$

这一级数只在区间 $[0,1)$ 内表示原半正弦脉冲信号。在此区间之外,原信号值为零,而上面的级数则是以 1 为周期重复区间内的函数值,只有当信号是由原半正弦脉冲构成的周期信号时,此级数才在整个 t 轴上表示该周期信号。

习 题

3.1 已知在时间区间 $(0,2\pi)$ 上的方波信号

$$f(t) = \begin{cases} 1 & 0 < t < \pi \\ -1 & \pi < t < 2\pi \end{cases}$$

(1) 如用在同一时间区间上的正弦信号来近似表示此方波信号,要求方均误差最小,写出此正弦信号的表达式;

(2) 证明此信号与同一时间区间上的余弦信号 $\cos nt$(n 为整数)正交。

3.2 已知 $f_1(t) = \cos t + \sin t$,$f_2(t) = \cos t$。求 $f_2(t)$ 在 $f_1(t)$ 上的分量系数 c_{12} 及此二信号间的相关系数 ρ_{12}。

3.3　证明两相互正交的信号 $f_1(t)$ 与 $f_2(t)$ 同时作用于单位电阻上产生的功率,等于每一信号单独作用时产生的功率之和。以 $f_1(t)$ 与 $f_2(t)$ 分别为下列两组函数来验证此结论。

(1) $f_1(t) = \cos \omega t$, $f_2(t) = \sin \omega t$;

(2) $f_1(t) = \cos \omega t$, $f_2(t) = \sin(\omega t + 30°)$。

3.4　将图 P3-4 所示的三角形信号在时间区间 $(-\pi, \pi)$ 上展开为有限项的三角傅里叶级数,使其与实际信号间的方均误差小于原信号 $f(t)$ 总能量的 1%。写出此有限项三角傅里叶级数的表达式。

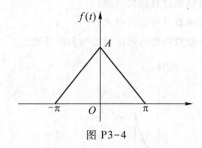

图 P3-4

3.5　求图 P3-5(a) 所示的周期性半波整流余弦脉冲信号及图 P3-5(b) 所示的周期性半波整流正弦脉冲信号的傅里叶级数展开式。绘出频谱图并作比较,说明其差别所在。

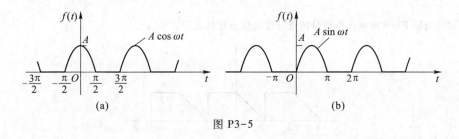

图 P3-5

3.6　利用周期性矩形脉冲与周期性三角形脉冲的傅里叶级数展开式(3-26)及式(3-34),求图 P3-6 所示信号的傅里叶级数。

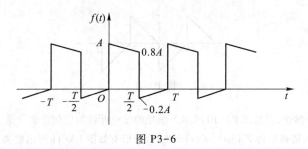

图 P3-6

3.7　试判断在 $f(t) = A\cos \dfrac{2\pi}{T} t$ 时间区间 $\left(0, \dfrac{T}{2}\right)$ 上展开的傅里叶级数是仅有余弦项,还是仅有正弦项,还是

二者都有。如展开时间区间改为 $\left(-\dfrac{T}{4},\dfrac{T}{4}\right)$ 则又如何。

3.8 已知周期信号 $f(t)$ 前四分之一周期的波形如图 P3-8 所示,按下列条件绘出整个周期内的信号波形。

(1) $f(t)$ 是 t 的偶函数,其傅里叶级数只有偶次谐波;

(2) $f(t)$ 是 t 的偶函数,其傅里叶级数只有奇次谐波;

(3) $f(t)$ 是 t 的偶函数,其傅里叶级数同时有奇次谐波与偶次谐波;

(4) $f(t)$ 是 t 的奇函数,其傅里叶级数只有偶次谐波;

(5) $f(t)$ 是 t 的奇函数,其傅里叶级数只有奇次谐波;

(6) $f(t)$ 是 t 的奇函数,其傅里叶级数同时有奇次谐波与偶次谐波。

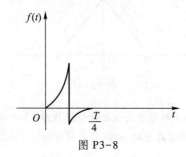

图 P3-8

3.9 试绘出图 P3-9 所示波形信号的奇分量及偶分量的波形。

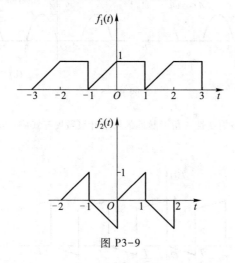

图 P3-9

3.10 利用信号的奇偶性,判断图 P3-10 所示各信号的傅里叶级数所包含的分量。

3.11 已知 $f_1(t)$ 的频谱函数为 $F_1(j\omega)$,$f_2(t)$ 与 $f_1(t)$ 波形有如图 P3-11 所示的关系,试用 $f_1(t)$ 的频谱函数 $F_1(j\omega)$ 来表示 $f_2(t)$ 的频谱函数 $F_2(j\omega)$。

3.12 利用傅里叶变换的移频特性求图 P3-12 所示信号的频谱函数。

3.13 如时间实函数 $f(t)$ 的频谱函数 $F(j\omega)=R(\omega)+jX(\omega)$,试证明 $f(t)$ 的偶分量的频谱函数为 $R(\omega)$,奇分量的频谱函数为 $jX(\omega)$。

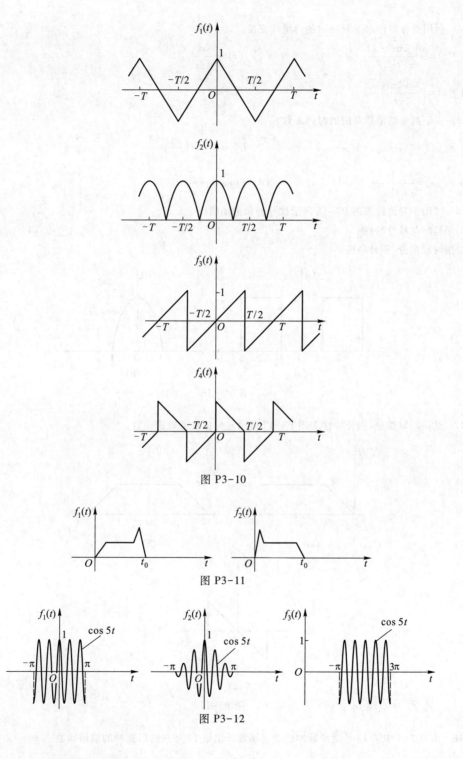

图 P3-10

图 P3-11

图 P3-12

3.14 利用对称特性求下列函数的傅里叶变换。

(1) $f(t) = \dfrac{\sin 2\pi(t-2)}{\pi(t-2)}$ （2） $f(t) = \dfrac{2\alpha}{\alpha^2 + t^2}$

(3) $f(t) = \left(\dfrac{\sin 2\pi t}{2\pi t}\right)^2$

3.15 求下列频谱函数对应的时间函数。

(1) $F(j\omega) = \delta(\omega+\omega_0) - \delta(\omega-\omega_0)$ （2） $F(j\omega) = \tau\mathrm{Sa}\left(\dfrac{\omega\tau}{2}\right)$

(3) $F(j\omega) = \dfrac{1}{(\alpha+j\omega)^2}$ （4） $F(j\omega) = -\dfrac{2}{\omega^2}$

3.16 试用下列特性求图 P3-16 所示信号的频谱函数。

(1) 用延时与线性特性；

(2) 用时域微分、积分特性。

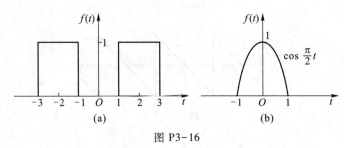

图 P3-16

3.17 试用时域微分、积分特性求图 P3-17 所示波形信号的频谱函数。

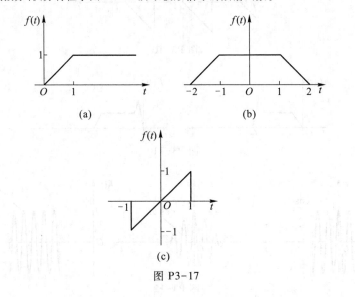

图 P3-17

3.18 由表 3-1 中第 13 号矩形脉冲的频谱函数导出第 17 号三角形脉冲的频谱函数。

（1）用时域微分、积分特性；

（2）用时域卷积定理。

3.19 利用频域卷积定理，由 $\cos\omega t$ 的频谱函数及 $\varepsilon(t)$ 的频谱函数导出 $(\cos\omega t)\varepsilon(t)$ 的频谱函数。

3.20 由冲激函数的频谱函数求图 P3-20 所示波形信号的频谱函数。

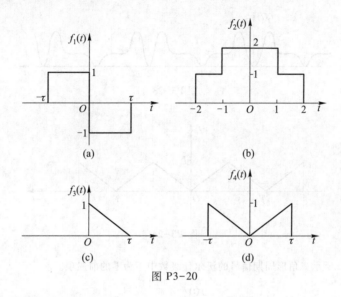

图 P3-20

3.21 已知 $f(t)$ 的频谱函数为 $F_1(j\omega)$，求下列时间信号的频谱函数。

（1）$tf(2t)$ 　　　　　（2）$(t-2)f(t)$ 　　　　　（3）$t\dfrac{\mathrm{d}f(t)}{\mathrm{d}t}$

（4）$f(1-t)$ 　　　　　（5）$(1-t)f(1-t)$ 　　　　　（6）$f(2t+5)$

3.22 证明下列函数的频谱函数在 $\tau\to0$ 时俱逼近于 $\delta(t)$ 的频谱函数 1。即这些函数在 $\tau\to0$ 时都可视为单位冲激函数。

（1）双边指数函数 　　$\dfrac{1}{2\tau}\mathrm{e}^{-\frac{|t|}{\tau}}$；

（2）抽样函数 　　$\dfrac{1}{\pi\tau}\mathrm{Sa}\left(\dfrac{t}{\tau}\right)$；

（3）三角脉冲 　　$\dfrac{1}{\tau}\left(1-\dfrac{|t|}{\tau}\right)\left[\varepsilon(t+\tau)-\varepsilon(t-\tau)\right]$；

（4）高斯脉冲 　　$\dfrac{1}{\tau}\mathrm{e}^{-\pi\left(\frac{t}{\tau}\right)^2}$。

3.23 已知 $f_1(t)$ 的频谱函数为 $F_1(j\omega)$，将 $f_1(t)$ 按图 P3-23 所示的波形关系构成周期信号 $f_2(t)$，求此周期信号的频谱函数。

3.24 三角形周期脉冲的电流如图 P3-24 所示。

（1）若 $T=8$，求此周期电流的平均值与方均值；

（2）求此周期电流在单位电阻上消耗的平均功率、直流功率与交流功率。并用帕塞瓦尔定理核对结果。

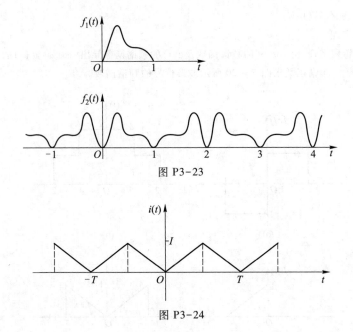

图 P3-23

图 P3-24

3.25 求图 P3-25 所示三角形周期信号的沃尔什级数中不为零的前三项。

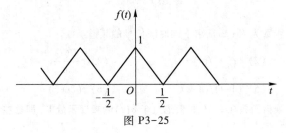

图 P3-25

3.26 证明沃尔什级数展开时,帕塞瓦尔定理关系式成立。

$$\int_0^1 f^2(t)\,\mathrm{d}t = \sum_{m=0}^{\infty} d_m^2$$

第四章

连续时间系统的频域分析

§4.1 引言

在第二章中已讨论过系统响应的时域求解法,即将信号在时域中分解成为多个冲激函数或阶跃函数之和,对每个单元激励可求得系统的响应,然后运用叠加积分的方法在时域中将所有单元激励的响应叠加,即可求得系统对信号的总响应。本章将讨论的连续时间系统的频域分析法,也仍然是建立在线性系统具有的叠加性与齐次性的基础上的。它与时域分析法不同之处,主要在于信号分解的单元函数不同。在频域分析法中,信号分解的基本单元是等幅正弦函数。然后,通过求取系统对每一正弦单元激励产生的响应,并将响应叠加,得到系统的总响应。信号分解为一系列不同幅度、不同频率的等幅正弦函数的问题,通过傅里叶级数或傅里叶变换就能解决,这在上一章中已有详尽的讨论;而系统对等幅正弦信号所产生的响应通过复数运算或相量运算是很容易求到的,在电路分析课程中的"正弦稳态分析"内容里对这个问题也已经仔细讨论过。这样,频域分析法就可运用正弦稳态分析来讨论系统对任意信号所产生的响应,从而避开了求解微分方程的运算。线性系统的频域分析法是一种变域分析法,如图 4-1 所示,它把时域中求解响应的问题通过傅里叶级数或傅

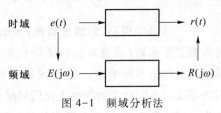

图 4-1 频域分析法

里叶变换转换成频域中的问题(以频率为变量),在频域中求解后再转换回时域从而得到最终的结果。频域分析法只是变域法的一种,还有其他的变域方法,如在下一章将介绍的复频域分析法以及离散时间系统中变换到 z 域的 z 变换,变换到序域的沃尔什变换等。变换法的实质是通过函数变量的转换,使系统方程转换为便于处理的简单形式,从而使求解响应的过程得以简化。如频域分析法,将时域中的微分方程通过变换成为频域中的代数方程,然后在频域中通过简单的代数运算求取响应的频域解,最后再由反变换重新得到时域中的响应。离散时间系统中的 z 变换,则是将差分方程变换为代数方程,同样可以使分析问题的过程简化。事实上,电路分析中把三角函数的运算转化为复数的运算,就是一种变换法。本章所讨论的傅里叶分析法,正是建

筑在这种变换基础上的。

  虽然说通过变域,频域分析法将时域中的微分方程转换成频域中的代数方程从而简化了运算,然而为此必须增加两次积分变换。在输入端进行傅里叶变换,把时域中的信号 $e(t)$ 转换为频域中的信号 $E(j\omega)$;在输出端则需要进行一次傅里叶反变换,把频域中的响应 $R(j\omega)$ 再转换回到时域得到 $r(t)$。而这两次积分变换的求解往往不是很容易的。另外,傅里叶变换的运用一般要受绝对可积条件的约束,能适用的信号函数有所限制。因此,在分析连续时间系统响应问题时更多的是使用复频域分析法,即拉普拉斯变换分析法,而不常用频域分析法。但这并不影响到频域分析法在系统分析中所占有的重要位置。因为一方面复频域分析法是频域分析法的推广,在讨论复频域分析法之前先讨论频域分析法是比较方便的。另一方面信号的频谱具有明确的物理意义,在许多只需定性分析的问题中用频谱的概念来说明是很方便的。例如,通信系统中很多情况下是通过频谱来表征系统的特征,讨论信号通过某一系统产生的失真问题就很容易由通过系统前后的频谱变化来说明。最后,当系统内部结构无法确知时,反映系统功能的系统函数 $H(s)$ 一般不能直接得到,拉普拉斯变换法也就无法直接运用,而 $H(j\omega)$ 一般可以通过测量来求得,这时运用傅里叶变换法就较为方便。所以频域分析法在工程应用中具有很大的实用价值。

  本章将在上一章信号分析的基础上,利用频谱概念来介绍系统的傅里叶变换分析法,然后以此为基础,引出因果、延时、失真、调制、解调等一些实际应用中非常重要的概念。

§4.2 信号通过系统的频域分析方法

  上一节已经提到,**频域分析法**(frequency-domain analysis method)就是把信号分解为一系列的等幅正弦函数(或虚幂指数函数),在求取系统对每一子信号的响应后,将响应叠加,就可求得系统对复杂信号的响应。因此频域分析法主要就是研究信号频谱通过系统以后产生的变化。因为系统对不同频率的等幅正弦信号呈现的特性不同,因而对信号中各个频率分量的相对大小将产生不同的影响,同时各个频率分量也将产生不同的相移,使得各频率分量在时间轴上相对位置产生变化。叠加所得的信号波形也就不同于输入信号的波形,从而达到对信号处理的目的。

  1. 系统在周期性信号激励下响应的频域分析

  周期性信号可以通过傅里叶级数分解展开为多个正弦或者复正弦信号的和。实际上用于分解信号的正交函数集除了正弦或者复正弦信号以外,还有很多,例如上一章中介绍的沃尔什信号等。正弦信号不同于其他正交信号的一个显著的特点,在于线性系统对正弦信号的响应一定是同频率的正弦波。这也是为什么基于正弦信号的频域分解在实际工程中得以广泛使用的原因。这里以复正弦信号为例加以说明。从第二章中知道,一个 n 阶的线性非时变系统可以用常系数微分方程描述

$$\sum_{i=0}^{n} a_i r^{(i)}(t) = \sum_{i=0}^{m} b_i e^{(i)}(t) \tag{4-1}$$

假设输入信号

$$e(t) = E e^{j(\omega t + \phi)} = E e^{j\phi} e^{j\omega t} \triangleq \dot{E} e^{j\omega t} \tag{4-2}$$

其中,ω 为复信号的频率;E 为复信号的幅度;ϕ 为复信号的相角;$\dot{E} \triangleq E e^{j\phi}$ 定义为信号的复数幅度,它同时包含了激励复正弦信号的幅度和相位信息,可以简化后面的推导。可以假设在此激励下,系统的响应是同频率的复正弦信号,只是有着不同的复数幅度

$$r(t) = \dot{R} \cdot e^{j\omega t} \tag{4-3}$$

将式(4-2)和式(4-3)代入式(4-1),可以得到

$$\left[\sum_{i=0}^{n} a_i (j\omega)^i \right] \dot{R} \cdot e^{j\omega t} = \left[\sum_{i=0}^{m} b_i (j\omega)^i \right] \dot{E} \cdot e^{j\omega t}$$

由此可以得到

$$\dot{R} = \frac{\left[\sum_{i=0}^{m} b_i (j\omega)^i \right]}{\left[\sum_{i=0}^{n} a_i (j\omega)^i \right]} \dot{E} \tag{4-4a}$$

由此可以得到系统对该频率的复正弦信号的响应的时域表达式为

$$r(t) = \dot{R} e^{j\omega t} = \frac{\left[\sum_{i=0}^{m} b_i (j\omega)^i \right]}{\left[\sum_{i=0}^{n} a_i (j\omega)^i \right]} \dot{E} e^{j\omega t} \tag{4-5a}$$

可见在已知系统的微分方程以及复正弦激励信号的复数幅度以后,根据式(4-5a)可以计算出同频率的复正弦响应信号。注意到在这个计算中并没有考虑到系统的初始储能,而且由于激励信号从无穷远的过去开始就加在了系统上,即使系统在无穷远处有初始储能,但随着时间的推移都会趋向于零[①]。所以用频域法计算的只是系统的零状态响应。

无论对于激励还是响应而言,不同的频率下信号的复数幅度不一定相同,$\dot{E}$ 和 $\dot{R}$ 与频率 ω 相关,一般情况下可以记为 $E(\omega)$ 和 $R(\omega)$,则可以将式(4-4a)和式(4-5a)记为

$$R(\omega) = \frac{\left[\sum_{i=0}^{m} b_i (j\omega)^i \right]}{\left[\sum_{i=0}^{n} a_i (j\omega)^i \right]} E(\omega) \triangleq H(j\omega) E(\omega) \tag{4-4b}$$

---

① 这个结论对于稳定系统成立,而实际应用中的系统都是稳定系统。见第六章关于系统稳定性分析方面的内容。

以及

$$r(t) = R(\omega)\mathrm{e}^{\mathrm{j}\omega t} = H(\mathrm{j}\omega)E(\omega)\mathrm{e}^{\mathrm{j}\omega t} \tag{4-5b}$$

通过式(4-5a)或者式(4-5b)得到的响应一定满足式(4-1),一定是系统对激励 $E(\omega)\mathrm{e}^{\mathrm{j}\omega t}$ 的响应,这个响应依然是一个同样频率的复正弦信号。

以上仅证明了式(4-5)是方程的解,但是并没有说明这是唯一的解。从数学上严格地讲,必须证明不存在不同于式(4-5)的其他函数形式的响应。事实上在实际系统中,线性系统对给定的激励信号的零状态响应一定是唯一的,所以在这里就不费笔墨证明其唯一性了。有兴趣的读者可以参照数学中微分方程的古典解法的完整证明过程,证明其唯一性。

由式(4-5b)可见,响应的复数幅度与激励的复数幅度之间相差一个复数常数 $H(\mathrm{j}\omega)$,这个常数只与系统的微分方程以及激励信号的频率有关,而与激励信号的幅度和相位无关。等式中联系频域中零状态响应 $R(\omega)$ 与激励 $E(\omega)$ 的函数 $H(\mathrm{j}\omega)$ 称为频域系统函数,即

$$H(\mathrm{j}\omega) = \frac{R(\omega)}{E(\omega)} \tag{4-6}$$

根据式(4-4b),可以得到

$$H(\mathrm{j}\omega) = \frac{\displaystyle\sum_{i=0}^{m} b_i(\mathrm{j}\omega)^i}{\displaystyle\sum_{i=0}^{n} a_i(\mathrm{j}\omega)^i} \tag{4-7}$$

显然 $H(\mathrm{j}\omega)$ 中相关的系数与微分方程中相关系数的关系是一目了然的,根据微分方程很容易得到 $H(\mathrm{j}\omega)$。进一步将 $H(\mathrm{j}\omega)$ 与第二章中的系统转移算子 $H(p)$ 表达式(2-10)相比,两者的相似性也是非常大的,只要将 $H(p)$ 中的微分算子 p 改成 $\mathrm{j}\omega$ 就可以了。与 $H(p)$ 所不同的是,$H(\mathrm{j}\omega)$ 是一个代数表达式,当 ω 等于一个确定的频率值的时候,通过代数运算可以计算出一个确定的结果。

上面讨论的是复正弦激励信号输入时的情况,但一般工程中都是实数信号输入,所以对实正弦信号激励下的响应的分析更有实用价值。根据欧拉定理,实正弦信号可以看成两个复正弦信号的和

$$A\cos(\omega t + \phi) = \frac{A\mathrm{e}^{\mathrm{j}(\omega t + \phi)} + A\mathrm{e}^{-\mathrm{j}(\omega t + \phi)}}{2} = \frac{A\mathrm{e}^{\mathrm{j}\phi}}{2}\mathrm{e}^{\mathrm{j}\omega t} + \frac{A\mathrm{e}^{-\mathrm{j}\phi}}{2}\mathrm{e}^{-\mathrm{j}\omega t} \tag{4-8}$$

也就是说,它可以看成两个频率分别为 ω 和 $-\omega$、复数幅度分别为 $\dfrac{A\mathrm{e}^{\mathrm{j}\phi}}{2}$ 和 $\dfrac{A\mathrm{e}^{-\mathrm{j}\phi}}{2}$ 的两个复正弦函数的和。所以,可以分别求系统对这两个复正弦信号的响应,然后相加就可以得到系统对实正弦信号的响应。根据上面的式(4-5b),有

$$r(t) = \frac{H(\mathrm{j}\omega)A\mathrm{e}^{\mathrm{j}\phi}}{2}\mathrm{e}^{\mathrm{j}\omega t} + \frac{H(-\mathrm{j}\omega)A\mathrm{e}^{-\mathrm{j}\phi}}{2}\mathrm{e}^{-\mathrm{j}\omega t}$$

对于实际系统而言,其微分方程的系数 a_i、b_i 都是实数。所以根据式(4-7)得到的 $H(\mathrm{j}\omega)$ 一定满

足共轭对称性,即 $H(j\omega) = H^*(-j\omega)$。假设 $H(j\omega)$ 的模和相角分别为 $|H(j\omega)|$ 和 $\varphi(\omega)$,则 $H(-j\omega)$ 的模和相角分别为 $|H(j\omega)|$ 和 $-\varphi(\omega)$。代入上式

$$r(t) = \frac{|H(j\omega)|e^{j\varphi(\omega)}Ae^{j\phi}}{2}e^{j\omega t} + \frac{|H(j\omega)|e^{-j\varphi(\omega)}Ae^{-j\phi}}{2}e^{-j\omega t}$$

$$= A|H(j\omega)|\left[\frac{e^{j(\omega t+\phi+\varphi(\omega))}}{2} + \frac{e^{-j(\omega t+\phi+\varphi(\omega))}}{2}\right] \tag{4-5c}$$

$$= A|H(j\omega)|\cos(\omega t+\phi+\varphi(\omega))$$

可见,系统对实正弦信号的响应依然是同样频率的实正弦信号,其幅度等于原来信号的幅度乘以频域系统函数的模 $|H(j\omega)|$,相位等于原信号的相位加上频域系统函数的相位 $\varphi(\omega)$。所以只要得到 $H(j\omega)$,就可以通过式(4-5c)直接得到系统对实正弦信号的响应。相信学过电路分析的读者对这个结论一定不陌生,实际上就是电路分析中电路的正弦稳态响应求解时采用的方法。此外,在正弦稳态分析中,将式(4-8)所示的信号用相量符号简记为 $A\underline{/\phi}$,则其响应可以简记为 $|H(j\omega)|A\underline{/[\phi+\varphi(\omega)]}$,此时 $H(j\omega)$ 对信号的幅度和相位的影响一目了然。在本课程中依然可以采用这种简记法。

对电网络而言,如果系统由电路模型给出,则可以先求出系统的微分方程,然后根据上面的过程得到 $H(j\omega)$。但是有时候也不必要列出微分方程,只要根据电路的正弦稳态的相量分析方法,就可以直接由电路模型求得频域系统函数 $H(j\omega)$。这种方法在电路分析中的正弦稳态分析中有过详细的介绍,简单地说,就是在一定的频率 ω 下,将电感看成是阻抗为 $j\omega L$ 的电阻,将电容看成是阻抗为 $\frac{1}{j\omega C}$ 的电阻,然后利用类似于纯电阻网络直流分析的方法,就可以直接得到 $H(j\omega)$。详细的方法可以参见电路分析教材,这里只给出一个简单的例子加以说明。在图 4-2 所示 RC 电路中,如以 $E(j\omega)$ 为输入,$I(j\omega)$ 为输出[1],则 $H(j\omega)$ 为电路的策动点导纳。可以按照导纳的定义,得到

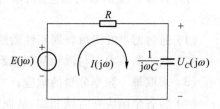

图 4-2 RC 电路的相量模型

$$H(j\omega) = \frac{I(j\omega)}{E(j\omega)} = Y(j\omega) = \frac{1}{R+\dfrac{1}{j\omega C}} = \frac{1}{R}\cdot\frac{j\omega}{j\omega+\dfrac{1}{RC}} = \frac{1}{R}\cdot\frac{j\omega}{j\omega+\alpha}$$

式中 $\alpha = \dfrac{1}{RC}$ 称为 RC 电路衰减常数,为电路时间常数 $\tau = RC$ 的倒数。如以 $U_c(j\omega)$ 为输出,则 $H(j\omega)$ 为电压传输系数。可以套用串联电阻分压公式直接写出

---

[1] 这里的 $E(j\omega)$ 和 $I(j\omega)$ 都可以理解为激励电压和回路电流的复数幅度,实际信号的时域表达式分别为 $E(j\omega)\cos\omega t$ 和 $I(j\omega)\cos\omega t$,这里省略了 $\cos\omega t$。复数幅度原本应该记为 $E(\omega)$ 和 $I(\omega)$,这里采用这种记法是为了与后面用傅里叶变换分析系统时的内容相一致。

$$H(j\omega) = \frac{U_c(j\omega)}{E(j\omega)} = K_u(j\omega) = \frac{\dfrac{1}{j\omega C}}{R+\dfrac{1}{j\omega C}} = \frac{\dfrac{1}{RC}}{j\omega+\dfrac{1}{RC}} = \frac{\alpha}{j\omega+\alpha}$$

频域系统函数是频率的函数,又称为**频率响应函数**(frequency response function),简称**频响**(frequency response),有

$$H(j\omega) = \left| H(j\omega) \right| e^{j\varphi(\omega)}$$

和信号的频率特性可以用频谱图来表达一样,频域系统函数 $H(j\omega)$ 也可以用图形来直观地表示,这种图形被称为系统的**频率特性曲线**(frequency characteristic curve)(有时也被称为**频率响应曲线**,简称为**频响曲线**)。频率特性曲线由两个部分组成:一个是描述 $H(j\omega)$ 的模 $\left| H(j\omega) \right|$ 随频率变换的**幅度频率特性曲线**(magnitude-frequency curve),简称**幅频特性曲线**,它描述了系统对各个频率信号幅度的影响;另一个是描述 $H(j\omega)$ 的相角 $\varphi(\omega)$ 随频率变换的**相位频率特性曲线**(phase-frequency curve),简称**相频特性曲线**,它描述了系统对各个频率信号相位的影响。关于系统的频率特性曲线将在第六章中进一步进行探讨。

频域系统函数 $H(j\omega)$ 是一个非常重要的函数,在实际应用中,有时无法得到系统的微分方程,但是可以通过测量的方法得到系统幅频和相频特性曲线,综合出 $H(j\omega)$,由此求解系统对信号的响应。所以在很多应用场合直接给出 $H(j\omega)$,不再需要系统的微分方程。

引入频域系统函数的概念后,求解系统对周期性激励信号的频域分析方法可按下列步骤进行:

(1) 通过傅里叶级数将周期性激励信号分解为多个正弦分量;

(2) 找出联系响应与激励的频域系统函数 $H(j\omega)$;

(3) 求取每一频率分量的响应;

(4) 将各个响应在时域相加,从而得到响应 $r(t)$。

例题 4-1 一线性系统如图 4-3(a)所示,其频响曲线如图 4-3(b)所示,设激励信号为 $e(t) = 2+2\cos t+2\cos 2t$,求零状态输出响应。

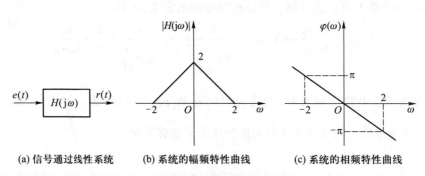

(a) 信号通过线性系统   (b) 系统的幅频特性曲线   (c) 系统的相频特性曲线

图 4-3 系统的频域分析示例

解： 本题中给出的已是傅里叶级数的展开式，故无需再做展开。题目要求解的是系统对实正弦信号的响应，可以按照复正弦信号的分析方法分析，也可以直接采用式（4-5c）关于系统对实正弦信号响应的结论。求解的过程可以分为下面几步。

（1）将信号展开为傅里叶级数。

由激励信号表达式可见信号包含有直流、基波及二次谐波分量。基波频率 $\Omega = 1$ rad/s。各分量的复数幅度可分别用相量表示为

直流分量 $\qquad\qquad\qquad\qquad \dot{E}_{0m} = 2$

基波分量 $\qquad\qquad\qquad\qquad \dot{E}_{1m} = 2 \underline{/0°}$

二次谐振分量 $\qquad\qquad\quad \dot{E}_{2m} = 2 \underline{/0°}$

（2）求系统对各次谐波分量呈现的频域系统函数，对 n 次谐波而言 $H(n\Omega) = H(j\omega)\big|_{\omega = n\Omega}$。一般来说对不同次谐波分量，频域系统函数是各不相同的。在本题中，通过系统的频率特性曲线，可以读出它相对于直流、基波及二次谐波的频域系统函数用相量表示为

$$H(0) = 2 \underline{/0}$$

$$H(j\Omega) = 1 \underline{/-j\frac{\pi}{2}}$$

$$H(j2\Omega) = 0 \underline{/0}$$

（3）将信号中各频率分量的相量与频域系统函数在对应频率点上的相量一一相乘，即幅度乘以幅度，相位加上相位，即可得输出响应各分量的相量表示为

直流分量 $\qquad\qquad \dot{R}_{0m} = \dot{E}_{0m} \cdot H(0) = 4 \underline{/0}$

基波分量 $\qquad\qquad \dot{R}_{1m} = \dot{E}_{1m} \cdot H(j\Omega) = 2 \underline{/-j\frac{\pi}{2}}$

二次谐波分量 $\qquad \dot{R}_{2m} = \dot{E}_{2m} \cdot H(j2\Omega) = 0 \underline{/0}$

（4）将输出响应各分量的相量表达式转换至时域，并经叠加，则得总的响应。

$$r(t) = 4 + 2\cos\left(t - \frac{\pi}{2}\right) = 4 + 2\sin t$$

在这里，应该注意到第（3）步所得到的各次谐波分量的复数幅度所代表的是各个不同频率的谐波分量。因此，不能像电路正态稳态分析中那样将复量直接相加，而必须转换为时间函数后才能叠加。

2. 系统在非周期性信号激励下响应的频域分析

对于非周期信号作用在式（4-1）所示的微分方程描述的系统上的响应，可以采用与周期信号相同的推导方法得到其频率分析的公式。但是这里还有一个更加简洁的途径。假设系统的激励和响应的傅里叶变换都存在，这时可以对式（4-1）的两边同时求傅里叶变换，并假设激励信号和响应信号的傅里叶变换分别为 $E(j\omega)$ 和 $R(j\omega)$，同时代入傅里叶变换的微分特性，可以得到

$$\left[\sum_{i=0}^{n} a_i (j\omega)^i \right] R(j\omega) = \left[\sum_{i=0}^{m} b_i (j\omega)^i \right] E(j\omega)$$

由此可得

$$R(j\omega) = \frac{\left[\sum_{i=0}^{m} b_i (j\omega)^i \right]}{\left[\sum_{i=0}^{n} a_i (j\omega)^i \right]} E(j\omega) = H(j\omega) E(j\omega) \tag{4-9}$$

可见在已知系统的微分方程和激励信号的傅里叶变换的基础上,用式(4-9)可以计算出响应信号的傅里叶变换。然后,如果需要,通过傅里叶反变换就可以计算出响应信号的时域表达式 $r(t)$。当然这里求解的依然是系统的零状态响应。上面的公式实际上就是前面推导周期信号的频域分析法时的公式(4-4b),只不过将其中的复数幅度 $E(\omega)$ 和 $R(\omega)$ 换成了激励和响应信号的傅里叶变换$E(j\omega)$ 和 $R(j\omega)$。公式中的 $H(j\omega)$ 的定义依然是式(4-7)定义的频域系统函数,其引出的频率特性依然可以用于非周期信号的频域分析。

公式(4-9)还有另一种推导方法。从第二章中知道,系统的零状态响应是系统的冲激响应与激励信号的卷积

$$r(t) = e(t) * h(t)$$

对等式两边同时取傅里叶变换,并代入傅里叶变换的卷积特性,可以得到

$$R(j\omega) = E(j\omega) H(j\omega)$$

这个公式的形式与式(4-9)相似,不同之处在于对 $H(j\omega)$ 的定义:在这里$H(j\omega)$没有像式(4-7)那样从微分方程或者转移算子 $H(p)$ 写出,而是定义为系统的冲激响应 $h(t)$ 的傅里叶变换

$$H(j\omega) = \mathscr{F}\{h(t)\} \tag{4-10}$$

或

$$h(t) = \mathscr{F}^{-1}\{H(j\omega)\} \tag{4-11}$$

但是显然按照这种定义计算出的 $H(j\omega)$ 与式(4-7)应该是一致的。如果已经给出了系统的微分方程,$H(j\omega)$ 很容易依据式(4-7)写出,所以根据式(4-11)可以得到一个计算系统的冲激响应的公式

$$h(t) = \mathscr{F}^{-1}\{H(j\omega)\} = \mathscr{F}^{-1}\left\{ \frac{\sum_{i=0}^{m} b_i (j\omega)^i}{\sum_{i=0}^{n} a_i (j\omega)^i} \right\} \tag{4-12}$$

从而为计算系统的冲激响应提供了一个新的方法。

在使用频域分析法分析具体电路的时候,可以先建立起微分方程然后分析,也可以直接对电路模型中的各个部分分别求取傅里叶变换,然后再进行分析,不用经过建立微分方程的环节,分析过程可以大大简化。依然以图 4-2 所示的系统为例,对电路中的各部分进行傅里叶变换以

后,激励电压源 $e(t)$ 改由其傅里叶变换 $E(j\omega)$ 表示;待求解的系统回路电流 $i(t)$ 改由其傅里叶

变换 $I(j\omega)$ 表示;频域中的电阻的伏安特性在频域中依然是 $R = \dfrac{U_R(j\omega)}{I_R(j\omega)}$;而电容的伏安特性在时

域中表达为

$$i_C(t) = C \cdot \frac{\mathrm{d}}{\mathrm{d}t} u_C(t)$$

求取其傅里叶变换以后,成为

$$I_C(j\omega) = j\omega C U_C(j\omega)$$

或者

$$\frac{U_C(j\omega)}{I_C(j\omega)} = \frac{1}{j\omega C}$$

可见在频域中,电容的作用就像一个阻抗为 $\dfrac{1}{j\omega C}$ 的电阻,同样,电感可以看成一个阻抗为 $j\omega L$ 的

电阻。所以在频域中电路分析都可以用类似电阻网络分析的方法进行,得到 $H(j\omega)$。其结果与
上面得到的完全一致。

用 $H(j\omega)$ 得到的频率特性曲线图也可以用于非周期信号的分析。首先根据 $E(j\omega)$ 作出输入信
号的幅度频谱和相位频谱,同时根据 $H(j\omega)$ 作出系统的幅频特性曲线和相频特性曲线。然后,根据
式(4-9),将 $E(j\omega)$ 的幅度频谱和 $H(j\omega)$ 的幅频特性曲线的对应频率点上的数值一一相乘,就可以
得到响应 $R(j\omega)$ 的幅度频谱;将 $E(j\omega)$ 的相位频谱和 $H(j\omega)$ 的相频特性曲线的对应频率点上的数
值一一相加,就可以得到响应 $R(j\omega)$ 的相位频谱。最后,综合 $R(j\omega)$ 的幅度和相位频谱,就可以得
到 $R(j\omega)$。如果需要,通过傅里叶反变换,可以得到响应的时域表达式。

综合上面的内容,可以得到求解系统对非周期信号激励下的响应的频域分析法计算过
程为:

（1）求激励信号的傅里叶变换 $E(j\omega)$;

（2）求系统的频域系统函数 $H(j\omega)$;

（3）计算响应的傅里叶变换:$R(j\omega) = H(j\omega)E(j\omega)$;

（4）通过傅里叶反变换,求得 $r(t)$。

再次强调一下,用傅里叶变换只能得到系统的零状态响应。

例题 4-2 单位阶跃电压作用于图 4-4 所示的 RC 电路,求电容器上的响应电压。

解:

（1）求输入信号频谱。由上一章分析已知单位阶跃函数
的频谱为

$$E(j\omega) = \mathscr{F}\{\varepsilon(t)\} = \pi\delta(\omega) + \frac{1}{j\omega}$$

（2）找出联系响应与激励的系统转移函数 $H(j\omega)$。

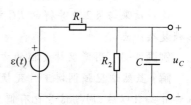

图 4-4　阶跃电压作用于 RC 电路

这里即为电压传输系数。根据图 4-4 不难由电阻串并联特性计算出

$$H(j\omega) = \cfrac{\cfrac{R_2 \cdot \cfrac{1}{j\omega C}}{R_2 + \cfrac{1}{j\omega C}}}{R_1 + \cfrac{R_2 \cdot \cfrac{1}{j\omega C}}{R_2 + \cfrac{1}{j\omega C}}} = \frac{R_2}{R_1 + R_2 + j\omega R_1 R_2 C}$$

$$= \frac{R_2}{R_1 + R_2} \cdot \frac{1}{1 + j\omega\tau}$$

式中 $\tau = \dfrac{R_1 R_2}{R_1 + R_2} C$ 为电路的时间常数。

（3）求输出响应的频谱。

$$U_C(j\omega) = E(j\omega) \cdot H(j\omega) = \frac{R_2}{R_1 + R_2} \left[\pi\delta(\omega) + \frac{1}{j\omega} \right] \frac{1}{1 + j\omega\tau}$$

（4）由输出响应的频谱经傅里叶反变换求时域响应 $u_C(t)$。

$$u_C(t) = \mathscr{F}^{-1}\{ U_C(j\omega) \}$$

$$= \frac{R_2}{R_1 + R_2} \mathscr{F}^{-1} \left\{ \pi\delta(\omega) \frac{1}{1 + j\omega\tau} + \frac{1}{j\omega(1 + j\omega\tau)} \right\}$$

$$= \frac{R_2}{R_1 + R_2} \mathscr{F}^{-1} \left\{ \pi\delta(\omega) + \frac{1}{j\omega} - \frac{\tau}{1 + j\omega\tau} \right\}$$

$$= \frac{R_2}{R_1 + R_2} \left[\mathscr{F}^{-1} \left\{ \pi\delta(\omega) + \frac{1}{j\omega} \right\} - \mathscr{F}^{-1} \left\{ \frac{1}{\frac{1}{\tau} + j\omega} \right\} \right]$$

$$= \frac{R_2}{R_1 + R_2} \left(1 - e^{-\frac{t}{\tau}} \right) \varepsilon(t)$$

这里为了避免繁杂的积分运算，频谱函数 $U_C(j\omega)$ 被分解为表 3-1 中具有的形式，利用傅里叶变换表可简化求解的运算。

这一结果与 §2.9 导得的 RC 电路对于阶跃电压源激励的响应是一致的，只是本题的 RC 电路稍复杂一点。

例题 4-3 用傅里叶变换的方法重新计算例题 4-1。

解：虽然这里强调傅里叶变换是用于求解非周期信号的响应的，但是在第三章中已看到，引入奇异函数以后，周期信号也有傅里叶变换，所以也应该可以通过傅里叶变换求解。

（1）求输入激励的频谱。

由周期信号的频谱密度函数可得

$$E(j\omega) = 4\pi\delta(\omega) + 2\pi[\delta(\omega+1) + \delta(\omega-1)] + 2\pi[\delta(\omega+2) + \delta(\omega-2)]$$

（2）求频域系统函数 $H(j\omega)$。

由给出的频响曲线可以写出

$$H(j\omega) = \begin{cases} |2-\omega|e^{-j\frac{\omega\pi}{2}} & |\omega| < 2 \\ 0 & |\omega| \geq 2 \end{cases}$$

（3）求响应的频谱。

$$\begin{aligned}
R(j\omega) &= E(j\omega)H(j\omega) \\
&= \{4\pi\delta(\omega) + 2\pi[\delta(\omega+1) + \delta(\omega-1)] + \\
&\quad 2\pi[\delta(\omega+2) + \delta(\omega-2)]\}H(j\omega) \\
&= 4\pi\delta(\omega)H(j\omega) + 2\pi[\delta(\omega+1)H(j\omega) + \delta(\omega-1)H(j\omega)] + \\
&\quad 2\pi[\delta(\omega+2)H(j\omega) + \delta(\omega-2)H(j\omega)] \\
&= 4\pi\delta(\omega)H(j0) + 2\pi[\delta(\omega+1)H(-j1) + \delta(\omega-1)H(j1)] + \\
&\quad 2\pi[\delta(\omega+2)H(-j2) + \delta(\omega-2)H(j2)] \\
&= 8\pi\delta(\omega) + 2\pi e^{j\frac{\pi}{2}}\delta(\omega+1) + 2\pi e^{-j\frac{\pi}{2}}\delta(\omega-1)
\end{aligned}$$

（4）由输出响应的频谱经傅里叶反变换求取时域响应。

$$\begin{aligned}
r(t) &= \mathscr{F}^{-1}\{R(j\omega)\} \\
&= 4 + e^{-j\left(t-\frac{\pi}{2}\right)} + e^{j\left(t-\frac{\pi}{2}\right)} \\
&= 4 + 2\cos\left(t - \frac{\pi}{2}\right) \\
&= 4 + 2\sin t
\end{aligned}$$

可见输入信号中的二次谐波被滤除，只留有直流与基波分量。输入信号的频谱、系统频率特性曲线以及输出信号频谱结构如图 4-5 所示。

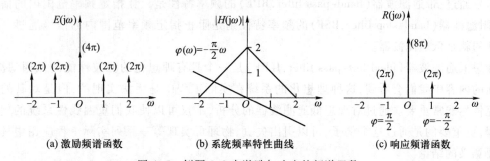

（a）激励频谱函数　　　（b）系统频率特性曲线　　　（c）响应频谱函数

图 4-5　例题 4-3 中激励与响应的频谱函数

事实上，如果将图 4-5（a）、（b）、（c）联系在一起，很容易看出系统对输入信号各个频率分量的影响以及系统对信号的"滤除"作用。根据输入信号的频谱图 4-5（a）以及系统的频率特性曲线图 4-5(b),将输入信号的幅度频谱与系统的幅频特性相乘,输入信号的相位频谱与系统相频特性曲线相加,很快就能画出响应的频谱图 4-5(c)。然后根据输出信号的频谱图,很快就能写出响应的频域和时域表达式。这种先画图后得出输出信号的求解过程有时候十分方便,比上面例题解算过程中的纯计算要简单得多,是这类频域分析问题的一个非常简单有效的解法,在实际应用中使用得非常普遍。

频域分析法的使用非常广泛,它不仅能够求解系统对特定激励信号的响应,而且还可以推导出很多普适性的结论,在实际应用中具有很大的价值。下面的各节将结合理想低通滤波器的响应、通信等应用,进一步体会系统频域分析法的解算过程,并且由此引出因果、滤波、频带、调制、解调、复用等工程应用中的重要概念。

§4.3 理想低通滤波器的冲激响应与阶跃响应

通常信号在传输过程中,总会伴有噪声和干扰。如电阻的热噪声、雷电噪声及其他信号源的干扰等。为了保证有效信号的传输,就必须能从带有噪声与干扰的信号中把有用的信号分离出来。这种系统被称为滤波器(filter)。在实际应用中,信号和噪声常常具有不同的频谱特征,占有不同的频带。所以分离信号和噪声的系统,往往在频谱上出现选择性,例如系统的幅频特性在信号出现的频带部分为 1,在噪声出现的频带部分为 0,则通过系统后可以达到滤除噪声的目的。滤波器也可以分离不同的信号,例如收音机就是通过调整滤波器的频带,让指定电台的信号进入后面的放大电路,同时阻止其他电台的信号通过,从而达到选台的作用。这种滤波器的特性是由它的选频特性来说明的,例如低通滤波器(low-pass filter,LPF)的频率特性是只让低于某指定频率的信号通过;高通滤波器(ligh-pass filter,HPF)的频率特性是只让高于某指定频率的信号通过;带通滤波器(band-pass filter,BPF)的频率特性是只让指定频率范围内的信号通过;带阻滤波器(band-stop filter,BSF)的频率特性则是阻止指定频率范围内的信号通过。其中最基础的就是低通滤波器。

理想低通滤波器(ideal low-pass filter,ILPF)是一个具有理想化的滤波性能的低通滤波器。从后面的内容中我们会看到,这种理想化的系统在实际工程中是无法实现的,但是对其的分析和研究依然非常重要。通过对理想低通滤波器的分析,不仅可以使我们重温线性系统的频域分析过程,更重要的是通过这个例子,可以引出失真、物理可实现等一系列实际工程应用中具有非常重要意义的结论。

理想低通滤波器具有如下的特性,它的频域系统函数的模量在通频带内为一常数,在通频带外则为零,同时它的传输系数的辐角在通频带内与频率成正比,也就是在通频带 0 到 ω_{c0} 内,频域系统函数可表示为

$$K(\mathrm{j}\omega) = \left|K(\mathrm{j}\omega)\right| \mathrm{e}^{\mathrm{j}\varphi(\omega)} = \begin{cases} K\mathrm{e}^{-\mathrm{j}\omega t_0} & |\omega| < \omega_{c0} \\ 0 & \text{其他} \end{cases} \quad (4\text{-}13)$$

式中 t_0 为相频特性的斜率。为简便计,可令 $K=1$,即为归一化的电压传输系数。这一传输特性如图 4-6 所示,也就是说,对于激励信号中低于截止频率 ω_{c0} 的各分量,可一致均匀地通过,在时间上延迟同一段时间 t_0。而对于高于截止频率的各分量则一律不能通过,即输出中这些分量为零。

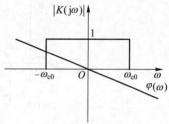

现在先讨论冲激响应。如果理想低通滤波器的激励为冲激 $\delta(t)$,其频谱函数 $E(\mathrm{j}\omega) = 1$,则由式(4-4b)可见此时响应的频谱函数即为频域系统函数 $K(\mathrm{j}\omega)$。因此,只要对式(4-13)给出的频域系统函数取傅里叶反变换,即可得到理想低通滤波器的冲激响应。即有

图 4-6 理想低通滤波器的传输特性

$$h(t) = \mathscr{F}^{-1}\{K(\mathrm{j}\omega)\} = \frac{1}{2\pi} \int_{-\omega_{c0}}^{\omega_{c0}} \mathrm{e}^{-\mathrm{j}\omega t_0} \mathrm{e}^{\mathrm{j}\omega t} \mathrm{d}\omega$$
$$= \frac{1}{2\pi} \int_{-\omega_{c0}}^{\omega_{c0}} \mathrm{e}^{\mathrm{j}\omega(t-t_0)} \mathrm{d}\omega = \frac{\omega_{c0}}{\pi} \mathrm{Sa}[\omega_{c0}(t-t_0)] \quad (4\text{-}14)$$

理想低通滤波器的冲激响应是一个延时的抽样函数,其波形如图 4-7(a)所示。

下面再来讨论理想低通滤波器在阶跃电压作用下的响应。此时激励为阶跃电压 $e(t) = \varepsilon(t)$,即在 $t=0$ 时接入一幅度为 1 的直流电压。这个阶跃电压的频谱为

$$E(\mathrm{j}\omega) = \pi\delta(\omega) + \frac{1}{\mathrm{j}\omega}$$

由式(4-4b),可以得到输出电压的频谱为

$$U(\mathrm{j}\omega) = E(\mathrm{j}\omega)K(\mathrm{j}\omega)$$
$$= \begin{cases} \left[\pi\delta(\omega) + \dfrac{1}{\mathrm{j}\omega}\right] \mathrm{e}^{-\mathrm{j}\omega t_0} & |\omega| < \omega_{c0} \\ 0 & |\omega| > \omega_{c0} \end{cases} \quad (4\text{-}15)$$

对式(4-15)求傅里叶反变换,即可得到输出电压 $u(t)$。即

$$u(t) = \mathscr{F}^{-1}\{U(\mathrm{j}\omega)\} = \frac{1}{2\pi} \int_{-\infty}^{\infty} U(\mathrm{j}\omega) \mathrm{e}^{\mathrm{j}\omega t} \mathrm{d}\omega$$

代入式(4-15)的输出频谱函数,则有

$$u(t) = \frac{1}{2\pi}\left[\int_{-\omega_{c0}}^{\omega_{c0}} \pi\delta(\omega)\mathrm{e}^{\mathrm{j}\omega(t-t_0)}\mathrm{d}\omega + \int_{-\omega_{c0}}^{\omega_{c0}} \frac{\mathrm{e}^{\mathrm{j}\omega(t-t_0)}}{\mathrm{j}\omega}\mathrm{d}\omega\right] \quad (4\text{-}16a)$$

由冲激函数的抽样性,上式括弧中第一积分项等于 π。第二积分项可根据欧拉公式展开,再考虑到被积函数的奇偶性,则式(4-16a)可化简为

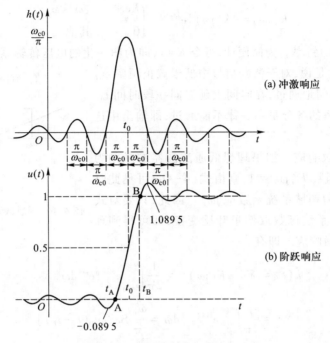

图 4-7 理想低通滤波器的冲激响应

$$u(t) = \frac{1}{2} + \frac{1}{2\pi}\int_{-\omega_{c0}}^{\omega_{c0}}\left[\frac{\cos\omega(t-t_0)}{j\omega} + \frac{\sin\omega(t-t_0)}{\omega}\right]d\omega$$

$$= \frac{1}{2} + \frac{1}{\pi}\int_{0}^{\omega_{c0}}\frac{\sin\omega(t-t_0)}{\omega}d\omega \qquad (4\text{-}16b)$$

$$= \frac{1}{2} + \frac{1}{\pi}\int_{0}^{\omega_{c0}(t-t_0)}\frac{\sin\omega(t-t_0)}{\omega(t-t_0)}d\omega(t-t_0)$$

$$= \frac{1}{2} + \frac{1}{\pi}\mathrm{Si}[\omega_{c0}(t-t_0)]$$

式中 $\mathrm{Si}\,x = \int_0^x \dfrac{\sin y}{y}dy$ 是一个称为**正弦积分**(sine integral)的函数,图 4-8 所示是这个函数的曲线。输出响应电压 $u(t)$ 随时间变化的曲线示于图 4-7(b)。

从图 4-7(b)可以看出,系统的阶跃响应的波形粗看上去与激励的阶跃信号有些相像,但是也有一些明显的不同。首先是响应出现的时间比激励滞后,这个滞后的时间被称为信号的延迟时间。如果在阶跃响应中以 $u(t) = \dfrac{1}{2}$ 的瞬间作为响应出现的时间,则此延迟时间值等于滤波器相频特性的斜率 t_0。其次,与阶跃信号在瞬间发生跳变不同,响应信号发生跳变的前沿是倾斜的,这说明响应信号的建立需要有一段时间。如在阶跃响应中以响应由 0(A 点)到 1(B 点)作

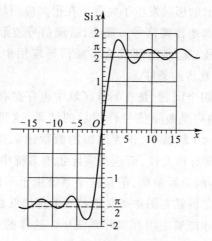

图 4-8 正弦积分曲线

为计算建立时间的标准,则在 A 点 $u(t_A) = 0$,由式(4-16),有

$$Si[\omega_{c0}(t_A - t_0)] = -\frac{\pi}{2}$$

通过数值积分计算[①]求解得到

$$\omega_{c0}(t_A - t_0) = -1.92$$

同理在 B 点 $u(t_B) = 1$,有

$$Si[\omega_{c0}(t_B - t_0)] = \frac{\pi}{2}, \quad \omega_{c0}(t_B - t_0) = 1.92$$

因此,可以求得响应电压的建立时间为

$$t_B - t_A = \frac{3.84}{\omega_{c0}} \tag{4-17}$$

可见响应电压的建立时间与通频带成反比。计算建立时间所取的标准可因需要而不同,如取 $u(t)$ 从 0.1 到 0.9 作为计算建立时间的标准,则 $t_B - t_A = \dfrac{2.8}{\omega_{c0}}$,但上述建立时间与通带成反比的结论仍然是正确的。于是,输出信号的建立时间越短,对应的 ω_{c0} 越大,系统通过的高频分量就越多。这说明信号边沿发生倾斜的原因是由于信号中较高频率分量被滤除而引起的。如果 ω_{c0} 增加,则输出将保留输入信号中较多的高频成分,输出信号的建立时间就越短。这个结论对于其他系统也成立。

图 4-7(b)可以看出的第三个问题,就是输出波形虽然与输入波形有些相似,但是还是发生

---

① 正弦积分没有解析的表达式,早期在有一些工程手册或者参考书籍中提供正弦函数表供工程师查用,现在很多计算机辅助计算程序(例如 MATLAB)都提供了数值积分计算的功能,计算正弦积分不再需要查表了。

了一定的波形变化,或者说波形的形状发生了失真。在很多应用场合对信号的失真度有一定的要求,希望系统能够尽量不失真地传输信号。那么,造成信号波形失真的原因何在?如何才能够保证系统不失真地传输信号?这些问题成为了通信等应用中首先必须考虑的问题。本章§4.8 将详细讨论信号的不失真传输条件。

图 4-7(b)可以看出的第四个问题,是在 $t<0$ 区域中也存在有非零的响应值。这是违反因果律的。实际系统的零状态响应是激励信号作用后的结果,这里的激励信号是阶跃信号,它在 $t>0$ 时才出现非零值。在 $t<0$ 区域中,作为原因的激励还未加上,当然也就不应有作为结果的响应。否则就要求系统具有预见性,而这在实际物理系统中是无法做到的。理想的低通滤波必须具有图 4-7(b)这样的阶跃响应,但是这个系统由于不满足因果性,没有一个实际系统可以实现这样的功能,也就是说具有图 4-6 传输特性的理想低通滤波器在物理上是无法实现的。只有物理可实现的系统,才能够应用在实际系统中。这样的系统应该满足的条件,以及实际的滤波器会有什么样的特性,将是下一节讨论的重点。

§4.4 佩利-维纳准则与物理可实现滤波器

但通过上节的分析可知,理想低通滤波器的特性违背了因果律,是不能实现的。因此实用中系统不可能达到理想的特性,只能接近于理想特性。为此,有必要研究什么样的系统符合因果律,是可以实现的。

因果性在时域中表现为响应必须出现在激励之后。这可以从系统的冲激响应上进行考察。冲激响应中的激励信号是在 $t=0$ 时刻出现的,所以物理可实现系统的冲激响应 $h(t)$ 在 $t<0$ 时的值一定等于 0,或者 $h(t)$ 一定要满足

$$h(t)\varepsilon(t) = h(t) \tag{4-18}$$

因为系统对任意信号的零状态响应等于信号与系统的冲激响应的卷积,所以如果系统的冲激响应满足上面的特性,则系统对任意信号的响应将都满足因果性。所以,式(4-18)是系统物理可实现的充分必要条件。

如果得到了系统的频域系统函数 $H(j\omega)$,不难由此推导出冲激响应 $h(t)$,进而可以判别系统的因果性。但是在有些情况下无法全面地了解 $H(j\omega)$,只是给出幅频响应 $|H(j\omega)|$。例如,只要能够满足图 4-6 中的幅频特性,系统就可以称为低通滤波器,而相频特性未必需要与图 4-6 中的相频特性一致,可以有多种相频特性。满足图 4-6 中的相频特性的理想低通滤波器不可实现,并不代表所有的具有相同的 $|H(j\omega)|$ 的其他系统也不可实现。如果仅有 $|H(j\omega)|$,无法得到 $h(t)$,所以不可能用式(4-18)进行判决。因此希望能够有一个法则,可以直接通过 $|H(j\omega)|$ 判断这一类滤波器是否具有实现的可能性。当 $|H(j\omega)|$ 满足平方可积条件的时候,也就是

$$\int_{-\infty}^{\infty} |H(j\omega)|^2 d\omega < \infty \tag{4-19}$$

可以证明系统满足因果性的充分必要条件为[①]

$$\int_{-\infty}^{\infty} \frac{|\ln|H(j\omega)||}{1+\omega^2} d\omega < \infty \tag{4-20}$$

式(4-20)通常称为佩利–维纳(Paley-Wiener)准则。

从式(4-20)可以看出,如果系统的幅频特性$|H(j\omega)|$在某一段的频带中为零,则因为$|\ln|H(j\omega)||\to\infty$,式(4-20)的积分也为无穷大,系统将不符合因果性,也就是说该系统在物理上是无法实现的。因此对物理上可实现的系统来说,可允许其转移函数幅值$|H(j\omega)|$在某些不连续的频率点上为零,但是不允许在一个有限频带内为零。理想低通滤波器显然满足式(4-19),适用于这个法则的使用条件,但是其幅频特性中存在$|H(j\omega)|=0$的区间,所以一定不满足因果性,是物理不可实现的。而且只要系统满足图4-6中的幅频特性,无论其相频特性如何,都是物理不可实现的。

佩利–维纳准则还对线性非时变因果系统频响的衰减速率提出了限制,即$|\omega|\to\infty$时,$|H(j\omega)|$的衰减速度应不大于指数衰减速率。考察频响为指数衰减函数即$|H(j\omega)|=e^{-|\omega|}$时的因果性,将其代入式(4-20),有

$$\lim_{B\to\infty}\int_{-B}^{B} \frac{|\ln|H(j\omega)||}{1+\omega^2} d\omega = \lim_{B\to\infty}\int_{-B}^{B} \frac{|\ln e^{-|\omega|}|}{1+\omega^2} d\omega$$

$$= \lim_{B\to\infty}\int_{-B}^{B} \frac{|\omega|}{1+\omega^2} d\omega = 2\lim_{B\to\infty}\int_{0}^{B} \frac{\omega}{1+\omega^2} d\omega$$

$$= \lim_{B\to\infty}\left[\ln(1+\omega^2)\Big|_{0}^{B}\right]$$

显然该积分是不收敛的,佩利–维纳准则不满足。因而对因果系统来讲,按指数速率或比指数速率衰减更快的频响也是不允许的。

实际上不仅理想低通滤波器,所有的理想滤波器包括低通、高通、带通、带阻等,因为它们都要求通带、阻带截然分开,且阻带中输出为零,所以都不满足佩利–维纳准则,违背了因果律。因此,在实际上都是不能实现的。

由于具有理想滤波特性的滤波器都无法实现,因此实际滤波器的特性只能接近于理想特性。仍以低通滤波器为例,工程技术上通常提出的技术要求是:在可通频带$0\sim\omega_{c0}$范围内信号的传输值允许有小的变化,但不超过某一允许值δ_p;阻带$\omega_s\sim\infty$范围内信号的传输值可以是一个很小的值,但不得大于某一允许值δ_s。这里ω_{c0}为通带的边界频率,或称截止频率,ω_s为阻带的边界频率,而$\omega_{c0}\sim\omega_s$这一频率范围是通带到阻带的过渡带,要求不超过某一规定的宽度。对低通滤波器提出的这一实际要求常以图4-9的图形绘出,称为容限图。由容限图可以看出,实际

[①]　参阅:Papoulis A, The Fourier Integral and It's Applications, Sec. 10.5, McGraw-Hill, Book Company, 1962。

滤波器的幅频响应只要在容限区域之内,就可以满足工程上的滤波技术要求,而无需要求阻带中输出为零,也不要求通带与阻带截然分开。其他的高通、带通、带阻滤波器均可由低通滤波器经过频率变换来导得,所以这里仅讨论低通滤波特性的逼近。

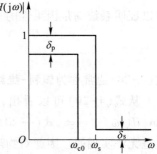

图 4-9　低通滤波器的容限图

能满足这一工程特性要求并能确保实现的频域系统函数是比较多的,不同的函数以不同的方式逼近理想滤波特性。按照与理想特性逼近的不同方式,选择不同的转移函数,可以设计出不同的滤波器。实用中常见的有最平坦型特性与通带等起伏型特性,下面对它们分别做简略介绍。

1. 最平坦型滤波器——巴特沃思(Butterworth)滤波器

通常为了综合滤波器的方便,滤波器转移函数的模量总是以其平方值给出。在最平坦型近似时选用下面的有理函数对理想转移函数逼近

$$|H(j\omega)|^2 = \frac{1}{1+B_n\Omega^{2n}} \tag{4-21}$$

式中,$\Omega=\dfrac{\omega}{\omega_{c0}}$ 为归一化的频率值;B_n 为由通带边界衰减量的要求所确定的常数,一般通带边界处(归一化频率 $\Omega=1$ 的位置)的衰减量常取为 $1/\sqrt{2}$[①],此时 $B_n=1$;n 为一正整数,称为滤波器的阶数,不同阶数的巴特沃思型的响应特性曲线示于图 4-10。由图中可见,n 越大则近似转移函数的特性曲线越接近于理想情况,但这时滤波器所用的元件也越多,相应的滤波器结构则越复杂。由式(4-21)表示的近似函数是遵循佩利-维纳准则的,因此物理上有可能实现。

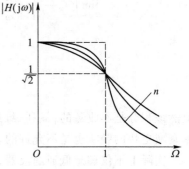

图 4-10　不同阶数的巴特沃思滤波器的特性

巴特沃思滤波特性又称为最平坦型滤波特性的原因,在于这种滤波特性在 $\Omega=0$ 处不仅误差函数值为零,而且误差函数的前 $2n-1$ 阶导数亦为零。这点很容易证明,由式(4-21)令 $B_n=1$,则有

$$|H(j\omega)| = \frac{1}{\sqrt{1+\Omega^{2n}}} \tag{4-22}$$

运用二项式定理将上式展开为幂级数,则

[①]　当某频率下系统的幅频特性值等于 $1/\sqrt{2}\approx0.707$ 时,如果用这个频率的正弦波作为系统的激励信号,则系统的输出信号功率将是输入信号功率的一半,所以这样的频率点被称为系统的"半功率点"。

$$|H(j\omega)| = 1 - \frac{1}{2}\Omega^{2n} + \frac{3}{8}\Omega^{4n} - \frac{5}{16}\Omega^{6n} + \cdots$$

在通带内它与理想转移特性 $|H_i(j\omega)| = 1$ 的差即为误差函数

$$1 - |H(j\omega)| = \frac{1}{2}\Omega^{2n} - \frac{3}{8}\Omega^{4n} + \frac{5}{16}\Omega^{6n} - \cdots \tag{4-23}$$

可见当 $\Omega = 0$ 时,误差函数及其前 $2n-1$ 阶导数俱为零。这时它与理想转移特性的近似效果最好;而随着频率的加大,误差逐渐增加,在边界频率附近与理想转移特性逼近的程度则最差。

2. 通带等起伏型滤波器——切比雪夫(Chebyshev)滤波器

通带等起伏型滤波器选用下面的有理函数对理想函数逼近:

$$|H(j\omega)|^2 = \frac{1}{1 + \varepsilon^2 T_n^2(\Omega)} \tag{4-24}$$

式中,$T_n(\Omega)$ 是 n 阶第一切比雪夫多项式,定义为

$$T_n(\Omega) = \begin{cases} \cos(n\,\arccos\,\Omega) & |\Omega| \leqslant 1 \\ \cosh(n\,\text{arccosh}\,\Omega) & |\Omega| > 1 \end{cases} \tag{4-25}$$

式中,Ω 仍为归一化频率,$\Omega = \dfrac{\omega}{\omega_{c0}}$;$\varepsilon$ 则是控制通带波纹大小的一个因数。令 $\arccos\,\Omega = x$,并利用三角函数及双曲函数等式关系

$$\cos(n+1)x = 2\cos(nx)\cos x - \cos[(n-1)x]$$

及

$$\cosh[(n+1)x] = 2\cosh(nx)\cosh x - \cosh[(n-1)x]$$

不难得出切比雪夫多项式符合下式递推关系

$$T_{n+1}(\Omega) = 2\Omega T_n(\Omega) - T_{n-1}(\Omega) \tag{4-26}$$

由式(4-25)可知,$T_0(\Omega) = 1$,$T_1(\Omega) = \Omega$,由此运用式(4-26)即可递推出 n 阶的切比雪夫多项式。如二阶切比雪夫多项式可由一阶与零阶多项式代入式(4-26)得

$$T_2(\Omega) = 2\Omega T_1(\Omega) - T_0(\Omega) = 2\Omega^2 - 1$$

按式(4-24)作出的特性如图 4-11 所示。由图 4-11 可以看出,滤波的特性在通带中有等波纹起伏,在阻带中则是单调衰减的。滤波器的阶数 n 等于 $|H(j\omega)|$ 在通带中出现极值的数目,n 越大,通带中的起伏越多,通带外衰减曲线也越陡。同样 n 越大,综合出的滤波网络元件数也越多,滤波器的结构也越复杂。ε 则与波纹起伏的大小有关,ε 越小,起伏幅度就越小,通带特性与理想特性就越接近。与巴特沃思滤波器相比,对于同一阶数 n,在一般情况下,切比雪夫滤波器在通带中有较小的最大衰减,在通带外有较陡的衰减特性。或者反过来说,当对滤波器有相同的通带和阻带要求时,切比雪夫滤波器所需的阶数 n 较低,所需要的元件较少。

除巴特沃思与切比雪夫滤波器外,还有按其他的逼近函数构成的滤波器,如反切比雪夫型

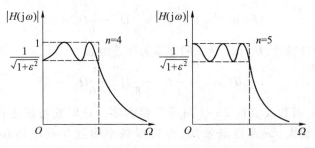

图 4-11 不同阶数切比雪夫滤波器特性

滤波器（通带单调变化，阻带等波纹起伏）、椭圆函数滤波器（通带与阻带俱有等波纹起伏）及着眼于逼近线性相频特性的贝塞尔滤波器等，读者如有兴趣，可参阅有关滤波器综合的专著，此处不再赘述。

§4.5 调制与解调

调制和解调是通信系统中最重要的信号处理手段，通过傅里叶变换可以十分清晰地分析其工作原理。这里将对调制和解调的原理进行分析，一方面作为系统的频域分析法的应用实例，让读者进一步熟悉相关的分析方法；另一方面，也引出通信以及其他应用中的一些重要的基本概念。

1. 调制与解调的概念

1895 年马可尼成功地实现了长距离无线电通信，利用电磁波可以方便地传输信息。但是由声音、图像、编码所转变成的电信号，并不能直接以电磁波的形式辐射到空间去进行远距离传输。首先，这种信号发射不方便。根据天线理论，无线电波发射天线的尺寸与波长相比拟时，才会有足够的电磁能量辐射到空间去。上述信号频谱中的主要分量频率都较低，其相对应的波长可以从十几公里到几十公里，要制造出能辐射这种波长的电磁波的天线，显然是不可能的。其次，即使有可能把这种低频信号辐射出去，各个电台所发出的信号也将纠混在一起，互相干扰，使接收者无法选择出所需要的信号。

为了把信号辐射出去，就必须把信号托附到高频振荡上。传输信号频率增加，波长减小，所需的发射天线尺寸降低，系统容易实现。同时，不同的电台可以使用不同的高频频段，接收者利用一个谐振电路之类的带通滤波器，就可把所需电台的信号接收下来，避免了互相干扰，可以达到在一个信道中传输多路信号的目的。这种把待传输的信号托附到高频振荡的过程，就是**调制**（modulation）的过程。

调制通常是由待传输的低频电信号，即调制信号，去控制另一个高频振荡的幅度、频率或初

相位等参数之一来达到的。一个未经调制的正弦波可以表示为

$$a_0(t) = A_0\cos(\omega_c t + \varphi_0)$$

这里幅度 A_0、振荡频率 ω_c 和初相位 φ_0 都是恒定不变的常数。如果用待传输的调制信号去控制这个高频振荡的幅度,使得幅度不再是常数而是按调制信号的规律在变化,这样的调变幅度的过程称为**幅度调制**(amplitude-modulation,AM),简称**调幅**。同样,如果调变的是高频振荡的频率或初相位,则分别称为**频率调制**(frequency modulation,FM)或**相位调制**(phase modulation,PM),简称**调频**或**调相**。调频和调相都表现为总相角受到调变,所以统称为**角度调制**(angle modulation),简称**调角**。在调制时,未调的高频振荡仿佛起着运送低频信号的运载工具的作用,所以称为**载波**(carrier wave)。载波的频率称为**载频**(carrier frequency),它的数值从几百千赫到几千兆赫。载波不一定是正弦形的,也可以采用非正弦波,例如方波。

调幅、调频和调相,都是由调制信号直接控制高频振荡的某一参数达到的。除此以外,现在还广泛应用一种称为**脉冲调制**(pulse modulation)的调制方法。这种调制是由调制信号去控制一个脉冲序列的脉冲幅度、脉冲宽度或脉冲位置等参数中的一个,或者去控制脉冲编码的组合,以形成已调制的脉冲序列。但这种调制下的信号往往也不能直接传输,需要再进行一次调幅、调角等高频调制以后再发射出去。

经过调制后的高频电波称为已调波。按照所采用的调制方式,已调波可分为调幅波(amplitude-modulated wave)、调频波(frequency-modulated wave)、调相波(phase-modulated wave)和脉冲调制波等。调频波和调相波合称调角波(angle-modulated wave)。脉冲调制波是调制后所得的已调脉冲序列。调幅波和调角波都是连续波,而脉冲调制波则是不连续的脉冲波。

调制的过程并不是把调制信号和载波进行叠加的过程,已调波的波形也不能用调制信号波波形和载波波形相加而得到。在§3.8中已经提到,调幅的过程是频谱搬移的过程,调幅时,必须将调制信号去乘作为载波的高频振荡。为了实现调制,必须采用非线性电子器件,如何进行调制的方法将在电子线路课程中研究。

解调(demodulation)是调制的逆过程,也就是从已调制信号中恢复或提取出调制信号的过程。在解调时也要通过信号相乘以实现频谱搬移从而恢复要传送的调制信号。对调幅信号的解调也称为检波,而调频与调相信号的解调也称为鉴频与鉴相。

本节在上一章对调制信号的频谱特性作了较为详细的介绍之后,再对调幅及解调时频谱特性的变化加以讨论。关于调频波及其他脉冲调制波的频谱,将在后续课程中去研究。

2. 抑制载频调幅(amplitude modulation with suppressed carrier,AM-SC)

上面已经讨论到调幅的过程就是用调制信号来控制载频幅度的过程,这个过程可以通过乘法器来实现,如图 4-12(a)所示。现在来考察其输出信号的频谱结构。

设信号 $e(t)$,不包含直流分量,且其频谱为一带限频谱,如图 4-12(b)所示。而载波信号的频谱 $\mathscr{F}\{\cos\omega_c t\} = \pi[\delta(\omega+\omega_c)+\delta(\omega-\omega_c)]$,为一对处于 $\pm\omega_c$ 处强度为 π 的冲激,如图 4-12(c)所示。因为

$$a(t) = e(t)\cos\omega_c t \tag{4-27}$$

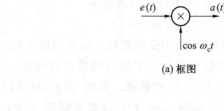

(a) 框图

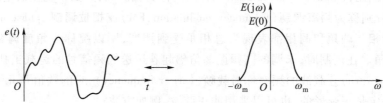

(b) 调制信号及其频谱

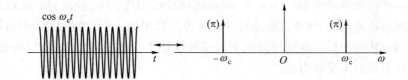

(c) 载频信号及其频谱

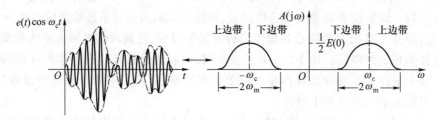

(d) 抑制载频调幅信号及其频谱

图 4-12　抑制载波调幅及其频谱

则由频域卷积定理有

$$
\begin{aligned}
A(\mathrm{j}\omega) &= \frac{1}{2\pi} E(\mathrm{j}\omega) * \pi[\,\delta(\omega+\omega_c) + \delta(\omega-\omega_c)\,] \\
&= \frac{1}{2}\{E[\mathrm{j}(\omega+\omega_c)] + E[\mathrm{j}(\omega-\omega_c)]\}
\end{aligned} \tag{4-28}
$$

已调信号中原信号的频谱被搬移到 $\pm\omega_c$ 附近,但仍保持原调制信号频谱结构形式,仅幅度大小减小一半,如图 4-12(d)所示。可见原信号包含的信息在调幅过程中并没消失,即已调信号中仍保留原调制信号的信息。在这里还应指出的是,调制信号的能量集中在零频率附近,其频宽

$B=\omega_m$,而已调信号能量则集中在载波频率附近形成两个**边带**(sideband)。大于 ω_c 的部分[①],即 ω_c 至 $\omega_c+\omega_m$ 的频谱称为**上边带**(upper sideband,USB);小于 ω_c 的部分,即 $\omega_c-\omega_m$ 至 ω_c 的频谱称为**下边带**(lower sideband,LSB)。而其频宽为两个边带宽度之和,故 $B_A=2\omega_m=2B$,即已调信号的频宽为调制信号频宽的两倍。

从已调信号中恢复原来的调制信号的解调过程,同样可以通过频谱搬移恢复原调制信号的频谱结构来实现。其框图如图 4-13(a)所示。各点信号频谱结构如图 4-13(b)所示,即 $b(t)$ 的频谱 $B(j\omega)$ 为 $A(j\omega)$ 又一次搬移,即将 $A(j\omega)$ 左右平移至频率轴上 $\pm\omega_c$ 的位置,并相叠加。有

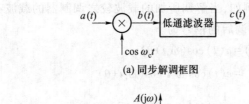

(a) 同步解调框图

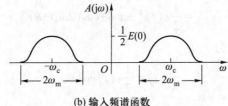

(b) 输入频谱函数

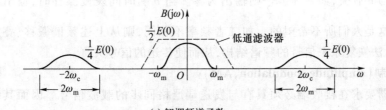

(c) 解调频谱函数

图 4-13　同步解调的框图及频谱

$$B(j\omega)=\frac{1}{2}A[j(\omega+\omega_c)]+\frac{1}{2}A[j(\omega-\omega_c)]$$

$$=\frac{1}{4}F[j(\omega+2\omega_c)]+\frac{1}{2}F(j\omega)+\frac{1}{4}F[j(\omega-2\omega_c)]$$

(4-29)

可见在零频率附近恢复了原调制信号的频谱。从而可以用一个截止频率大于 ω_m 小于 $2\omega_c-\omega_m$ 的低通滤波器将其滤出,从而恢复调制信号。这个过程也可以用时域相乘来说明

---

① 一般在讨论频谱时,均针对 $\omega>0$ 的部分讨论。而 $\omega<0$ 部分,可以根据频谱的对称性由 $\omega>0$ 的部分特性推导出,例如图 4-12(d)中所示。

$$b(t) = a(t) \cos \omega_c t = e(t) \cdot \cos^2 \omega_c t$$

$$= \frac{1}{2} [e(t) + e(t) \cos 2\omega_c t] \tag{4-30}$$

$e(t) \cos 2\omega_c t$ 的频谱在高频 $2\omega_c$ 附近,被低通滤波器滤除,从而输出信号为 $c(t) = \frac{1}{2} e(t)$。

在这种解调方案中,要求接收端解调器所加的载频信号必须与发送端调制器中所加的载频信号严格地同频同相——这也就是这种调制方案被称为同步解调的原因。如果二者不同步,则将对信息传输带来不利的影响。例如,当解调所加的载波较之调制器的载波有一相移 θ,即所加的解调载波为 $\cos(\omega_c t + \theta)$,此时解调后的信号为

$$b(t) = a(t) \cos(\omega_c t + \theta)$$

$$= e(t) \cos \omega_c t \cos(\omega_c t + \theta) \tag{4-31}$$

$$= \frac{1}{2} e(t) [\cos \theta + \cos(2\omega_c t + \theta)]$$

经低通滤除高频分量后,输出为

$$c(t) = \frac{1}{2} e(t) \cos \theta \tag{4-32}$$

可见输出信号与 θ 有关,如 θ 等于 $\frac{\pi}{2}$ 则输出为零。当 θ 随时间缓慢漂移时,输出信号将忽大忽小,忽起忽落,这是人们所不希望的。如二者频率不相同,则从上述频谱搬移、叠加的过程可以看到,这时将无法恢复原来信号的频谱结构,从而使传送的信号失真。

3. 幅度调制(amplitude modulation, AM)

同步解调器要求在接收端必须具有与发送端严格同步的载波信号。因而其结构就较为复杂,造价也高,这对于面向千家万户的无线广播系统来说是不适宜的。为了简化解调器的结构,降低接收机的价格,常采用常规调幅的方式。即在发射端产生边带信号的同时,加入一载频分量,以使已调信号的幅度按调制信号规律变化,即已调信号的包络与调制信号呈线性关系。这种调制方式称为幅度调制,简称为调幅。

调幅的过程可由图 4-14(a)所示框图来描述,在这里调制信号中加入一直流分量 A_0,以形成载频信号。在这种情况下

$$a(t) = [A_0 + e(t)] \cos \omega_c t = A_0 \cos \omega_c t + e(t) \cos \omega_c t \tag{4-33}$$

相应的频谱则为

$$A(j\omega) = \pi A_0 [\delta(\omega + \omega_c) + \delta(\omega - \omega_c)] + \frac{1}{2} E[j(\omega + \omega_c)] + \frac{1}{2} E[j(\omega - \omega_c)] \tag{4-34}$$

时域波形与频谱波形示于图 4-14(c)。由图中可以看出,调幅信号的频谱较之抑制载频调幅的频谱,增加了位于 $\pm\omega_c$ 位置上的载频信号的两个冲激分量。

从图 4-14(c)中可以看到,调幅信号的包络直接反映了调制信号的波形,通过如图 4-15 所

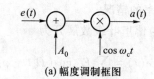

(a) 幅度调制框图

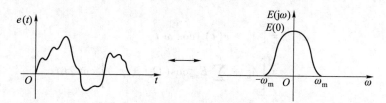

(b) 调制信号及其频谱函数

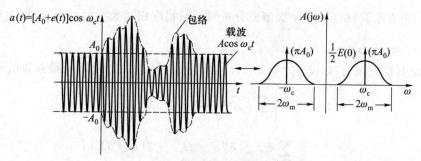

(c) 已调幅信号及其频谱函数

图 4-14　幅度调制框图及其频谱函数

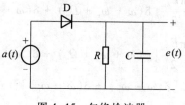

图 4-15　包络检波器

示的简单的包络检波器,就可以处理出信号的包络,从而达到解调的目的。

在这里还应该指出,为了保证调幅信号的包络与调制信号变化规律一致,A_0 必须大于 $|e(t)|_{max}$。当此条件不满足时就称为**过调幅**(over amplitude-modulation)。虽然过调幅时已调信号仍然包含调制信号的信息,但不能由其包络反映,也就不能通过检测包络来恢复原来的信号了。

在一般情况下,无线广播系统的调制信号近似于一平均分量为零的周期信号。现在来研究调制信号为周期信号时频谱与功率的情况。

设 $e(t)$ 为一周期信号,则可由傅里叶级数展开为

$$e(t) = \sum_{n=1}^{N} E_{nm} \cos(\Omega_n t + \varphi_n) \tag{4-35}$$

式中 E_{nm}、Ω_n、φ_n 分别为 n 次谐波分量的幅度、角频率和初相位。将其代入式(4-33),则已调信号

$$
\begin{aligned}
a(t) &= [A_0 + e(t)] \cos \omega_c t \\
&= \left[A_0 + \sum_{n=1}^{N} E_{nm} \cos(\Omega_n t + \varphi_n) \right] \cos \omega_c t \\
&= A_0 \left[1 + \sum_{n=1}^{N} m_n \cos(\Omega_n t + \varphi_n) \right] \cos \omega_c t
\end{aligned}
\tag{4-36}
$$

式中 $m_n = \dfrac{E_{nm}}{A_0}$ 是表示调制信号中 n 次谐波分量对载频幅度相对大小的一个量,称为**部分调幅系数**(partial modulation factor of amplitude)。

现在讨论其幅度频谱,如设 $\varphi_n = 0$,因 $e(t)$ 为周期信号,由式(3-62)可得其频谱函数为

$$
\begin{aligned}
E(j\omega) &= \mathscr{F} \left\{ \sum_{n=1}^{N} E_{nm} \cos \Omega_n t \right\} \\
&= \sum_{n=1}^{N} \pi E_{nm} [\delta(\omega + \Omega_n) + \delta(\omega - \Omega_n)]
\end{aligned}
\tag{4-37}
$$

代入式(4-34)则得已调信号 $a(t)$ 的频谱函数为

$$
\begin{aligned}
A(j\omega) &= \pi A_0 [\delta(\omega + \omega_c) + \delta(\omega - \omega_c)] + \\
& \quad \sum_{n=1}^{N} \frac{\pi E_{nm}}{2} [\delta(\omega - \omega_c + \Omega_n) + \delta(\omega - \omega_c - \Omega_n)] + \\
& \quad \sum_{n=1}^{N} \frac{\pi E_{nm}}{2} [\delta(\omega + \omega_c + \Omega_n) + \delta(\omega + \omega_c - \Omega_n)] \\
&= \pi A_0 \Big\{ [\delta(\omega + \omega_c) + \delta(\omega - \omega_c)] + \\
& \quad \sum_{n=1}^{N} \frac{m_n}{2} [\delta(\omega - \omega_c - \Omega_n) + \delta(\omega - \omega_c + \Omega_n)] + \\
& \quad \sum_{n=1}^{N} \frac{m_n}{2} [\delta(\omega + \omega_c - \Omega_n) + \delta(\omega + \omega_c + \Omega_n)] \Big\}
\end{aligned}
$$

调制信号与已调信号的频谱图分别示于图 4-16(a)、(b)。由图中可以看出,调制信号为一周期信号,因此其频谱函数为分布于零频率附近的一系列的冲激,冲激之间的间隔为基波频率 $\Omega = \dfrac{2\pi}{T}$;各冲激的强度为 πE_{nm},正比于各项谐波分量的幅度。

理论上,这些冲激在频率轴上应有无穷多个,即谐波次数 n 应取无穷大。考虑到频谱函数的收敛性,实际上 n 只取有限值,从而形成调制信号的占有频带。在图 4-16(a) 中,如只取至 3 次谐波,则调制信号的频宽为 $B = 3\Omega$。通过调幅的频谱搬移,将调制信号的频谱搬至以 $\pm\omega_c$ 为中心的位置,就构成了已调幅信号的频谱。从图 4-16(b) 可见调制信号中每一谐波分量构成已调信号中一对边频分量分布于频谱 ω_c 左右,从而形成上、下边带。因为边频分量的间隔仍为 Ω,因此调幅信号的频宽将为调制信号频宽的两倍,即 $B_A = 2B = 6\Omega$。

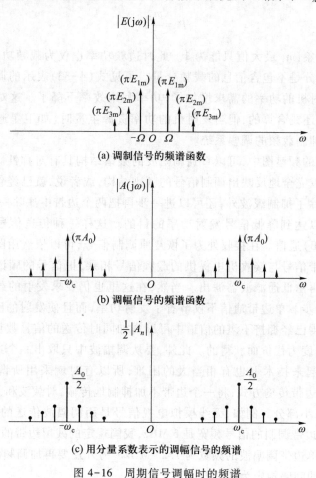

(a) 调制信号的频谱函数

(b) 调幅信号的频谱函数

(c) 用分量系数表示的调幅信号的频谱

图 4-16　周期信号调幅时的频谱

现在来讨论调幅信号的功率。一对正、负频率分量代表一个余弦信号,根据帕塞瓦尔定理,由式(3-84)可得已调信号的平均功率为

$$P = \left(\frac{A_0}{\sqrt{2}}\right)^2 + \sum_{n=1}^{\infty}\left(\frac{m_n}{2\sqrt{2}}A_0\right)^2 \times 2 = \frac{1}{2}A_0^2 + \sum_{n=1}^{\infty}\frac{m_n^2}{4}A_0^2 \qquad (4\text{-}38)$$

其中,不含有信息的载频功率为

$$P_c = \frac{1}{2} A_0^2 \tag{4-39}$$

含有信息的边频功率为

$$P_s = \sum_{n=1}^{\infty} \frac{m_n^2}{4} A_0^2 = \sum_{n=1}^{\infty} \frac{m_n^2}{2} P_c \tag{4-40}$$

以调制信号为单一频率正弦信号为例,此时只有一对边频分量,边频功率为

$$P_s = \frac{m_1^2}{2} P_c$$

为避免出现过调幅现象,m_1 最大值只能为 1。此时边频功率也仅为载频功率的一半,在已调幅信号功率中很大一部分是不包含信息的载频分量。可见式(4-33)表示的调幅信号在简化了解调系统的同时,对发射机的功率的需求增加了,功率利用效率下降了。这对于用户极多的无线广播系统来说经济上还是合算的,但当发射机的功率资源宝贵时(如卫星通信),这样做就不是太合适了,这时常用抑制载频的调幅系统。

从上面调幅信号的频谱图中,可以看到调幅波的频谱结构具有对称性。上下两个边带中只要有任何一个,就可以完全地反映出调制信号的频谱结构,或者说,就已经包含了调制信号中的全部信息量。因此,除了抑制载波外,还可以进一步再把两个边带中滤除一个,而只发射一个上边带或一个下边带,以达到降低信号发射功率的目的。这样一种传送信号的方式称为**单边带**(single-side band,SSB)通信。在接收处为了恢复原调制信号,可以依然用图 4-13(a)所示的系统,将接收到的单边带信号与接收机中提供的载频信号相乘,把信号的频谱重新搬移到原来调制信号频谱的位置,再由低通滤波器滤出。当然,在这里也仍要求发射的载频信号与接收处产生的载频信号必须同步。单边带通信不仅节省了发射功率,而且使发射的已调波的频带压缩为原来的一半,从而使得已经拥挤不堪的信道中可以增加同时传送的信号数目。但是这些好处是以增加设备的复杂程度为代价而获得的。此外,要从调幅波中只取出一个边带而完全滤除载波和另一个边带,实现起来技术上也有相当大的困难,所以有时就采用所谓**残留边带**(vestigial-side band,VSB)的单边带传输方式,将一个边带不加抑制地传输,对载波和另一个边带则大部分加以抑制而只传输一小部分。例如,无线模拟电视信号是用调幅波传送的,电视信号的频带约为 0~6 MHz,所以用单边带调制的信号频宽是 6 MHz,我国规定的残留边带的宽度是 1.25 MHz,合计起来,残留边带的单边带调幅波的频宽为 7.25 MHz。另外还要再加调频伴音信号的频带。因此,相邻两电视频道的间隔规定为 8 MHz。

例题 4-4 已知调幅波

$$u = (100 + 30\cos \Omega t + 20\cos 3\Omega t)\cos \omega_c t \text{ V}$$

试求:(1) 这一调幅波包含哪几个正弦分量;(2) 这调幅波电压加于 1 kΩ 负载电阻时负载中吸收的载波功率和边带功率。

解:

(1) 将已给调幅波按三角公式展开,得

$$u = \left[\left(100+30\cos \Omega t+20\cos 3\Omega t\right)\cos \omega_c t\right] \text{ V}$$
$$= \left[100\cos \omega_c t+30\cos \Omega t\cos \omega_c t+20\cos 3\Omega t\cos \omega_c t\right] \text{ V}$$
$$= \left[100\cos \omega_c t+15\cos(\omega_c+\Omega)t+15\cos(\omega_c-\Omega)t+\right.$$
$$\left.10\cos(\omega_c+3\Omega)t+10\cos(\omega_c-3\Omega)t\right] \text{ V}$$

所以该调幅波中包含有 5 个正弦分量,即幅度为 $U_{0m}=100$ V 的载频分量;幅度为 $U_{1m}=15$ V 的第一对上、下边频分量,其频率分别为 $\omega_c\pm\Omega$;幅度为 $U_{3m}=10$ V 的第二对上、下边频分量,其频率分别为 $\omega_c\pm3\Omega$。

(2) 载波功率为

$$P_c = \frac{1}{2}\cdot\frac{U_{0m}^2}{R} = \frac{1}{2}\cdot\frac{100^2}{1\,000} \text{ W} = 5 \text{ W}$$

两对边频分量的功率共为

$$P_s = 2\left(\frac{1}{2}\frac{U_{1m}^2}{R}+\frac{1}{2}\frac{U_{3m}^2}{R}\right)$$
$$= \left(\frac{15^2}{1\,000}+\frac{10^2}{1\,000}\right) \text{ W} = 0.325 \text{ W}$$

$$P_s = P_c\left(\frac{m_1^2}{2}+\frac{m_3^2}{2}\right)$$
$$= 5\left(\frac{0.3^2}{2}+\frac{0.2^2}{2}\right) \text{ W} = 0.325 \text{ W}$$

4. 脉冲幅度调制(PAM)

前面讨论的两种幅度调制的载频信号都是正弦波;当用离散的脉冲串作为载频信号进行调幅时就称为脉冲幅度调制。脉冲的波形可以有多种选择,常用的是矩形波形的脉冲串 $s(t)$。如图 4-17 所示,它是一个幅度为 E,周期为 T,脉宽为 τ 的周期性的脉冲信号。调幅的过程是将调制信号与载频信号相乘,即

$$a(t) = e(t)\cdot s(t) \tag{4-41}$$

现在来讨论脉冲调幅信号的频谱。仍假设调制信号 $e(t)$ 为一直流分量为零的带限信号,其频谱为 $E(j\omega)$。而由第三章讨论过的,周期信号的频谱函数为出现在各谐波分量频率处的一系列的冲激,其冲激强度为 $\pi\dot{A}_n$。因此由式(3-62),有

$$S(j\omega) = \sum_{n=-\infty}^{+\infty}\pi\dot{A}_n\delta(\omega-n\Omega) \tag{4-42}$$

式中,$\dot{A}_n$ 为 n 次谐波分量的复数幅度,Ω 为基波角频率。其频谱如图 4-17(c)所示。由式(3-42b),有

$$\dot{A}_n = \frac{2E\tau}{T}\text{Sa}\frac{n\Omega\tau}{2} \tag{4-43}$$

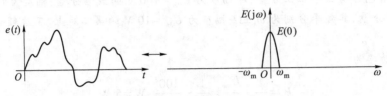

(a) 脉冲调幅的框图

(b) 调制信号及频谱函数

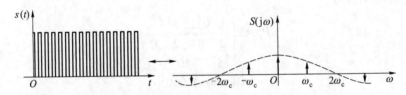

(c) 载波信号及其频谱函数

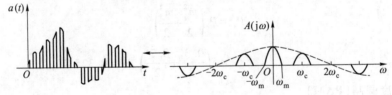

(d) 脉冲幅度调制信号及其频谱函数

图 4-17　脉冲幅度调制的频谱

$$\Omega = \frac{2\pi}{T}$$

根据频域卷积定理有

$$A(j\omega) = \frac{1}{2\pi} E(j\omega) * S(j\omega)$$

$$= \frac{1}{2\pi} E(j\omega) * \sum_{n=-\infty}^{+\infty} \pi \dot{A}_n \delta(\omega - n\Omega)$$

$$= \sum_{n=-\infty}^{+\infty} \frac{\dot{A}_n}{2} E[j(\omega - n\Omega)]$$

$$= \frac{E\tau}{T} \sum_{n=-\infty}^{+\infty} \mathrm{Sa}\left(\frac{n\Omega\tau}{2}\right) E[j(\omega - n\Omega)] \tag{4-44}$$

其频谱示于图 4-17(d)，可见在 $\pm n\Omega$ 频率处都出现有与调制信号频谱结构相同的频谱。这也可以由时域相乘关系来说明，因为

$$a(t) = e(t) \cdot s(t)$$

$$= e(t) \cdot \sum_{n=-\infty}^{+\infty} A_{nm} \cos n\Omega t$$

$$= \sum_{n=-\infty}^{+\infty} e(t) \cdot A_{nm} \cos n\Omega t \tag{4-45}$$

由式(4-45)可见，脉冲幅度调制可视为 $e(t)$ 与 $s(t)$ 信号中各次谐波分别相乘之和。即 $e(t)$ 对 $s(t)$ 每一谐波进行抑制载频调幅，频谱搬移至相应谐波频率的两侧。又因为各次谐波的幅度不同且不为 1，因此搬移后的频谱幅度也不为原频谱的一半，而因 A_{nm} 不同，随谐波次数增加而减小。叠加之后就得到图 4-17(d)所示的频谱。显然，如果 $\Omega \geqslant 2\omega_m$，则相邻的频谱不产生重叠。脉冲调幅信号包含了调制信号的所有信息，通过一个 $\omega_c = \omega_m$ 的理想低通滤波器就可以恢复原来的调制信号，达到解调的目的。

§4.6 频分复用与时分复用

复用是指将若干个彼此独立的信号合并成可在同一信道上传输的复合信号的方法，常见的信号复用采用按频率区分与按时间区分的方式。前者称为频分复用，后者称为时分复用。

1. 频分复用

通常在通信系统中，信道所提供的带宽往往比传送一路信号所需的带宽宽得多，这样就可以将信道的带宽分割成不同的频段，每一频段传送一路信号。这就是**频分复用**(frequency-division multiplexing, FDM)。为此，在发送端首先要对各路信号进行调制将其频谱函数搬移到相应的频段内，使之互不重叠。再送入信道一并传输。在接收端则采用不同通带的带通滤波器将各路信号分隔，然后再分别解调，恢复各路信号。调制的方式可以任意选择，除了上面介绍的调幅、单边带调制等方式以外，也可以采用调频、调相等其他调制方式。在频分复用中，要尽量减少每路信号占用的频带宽度，因为每一路信号占据的频段越小，在同一信道中传送的路数就越多。

图 4-18 是频分复用系统的示意图，其中 $e_1(t), e_2(t), \cdots, e_n(t)$ 为 n 路调制信号，通过调制器形成各路处于不同频段的上边带信号。通常为防止邻路信号的干扰，相邻两路间还要留有防护频带，因此各路载频之间的间隔应为每路信号的频带与防护频带之和。以语音信号为例，其频谱一般在 $0.3 \sim 3.4$ kHz 范围内，防护频带标准为 900 Hz，则每路信号占据频带为 4.3 kHz，以此

为基础确定相应的各路载频频率的间隔应该在 8.6 kHz 以上[①]。在接收端则用带通滤波器将各路信号分离,再经检波即可恢复各路信号。

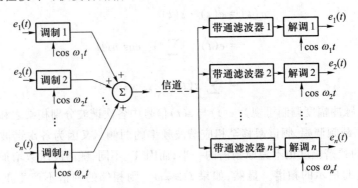

图 4-18 频分复用的示意框图

频分复用系统最大优点是信道复用率高,允许的复用路数较多,同时分路也很方便,是模拟通信中主要的一种复用方式,在有线与无线通信系统中应用十分广泛。

2. 时分复用

时分复用(time-division multiplexing,TDM)是建立在脉冲调制的基础上的。由上一节的分析可知脉冲已调信号具有不连续的波形,它只在某些时间间隔内传送信号。所以在传输脉冲调制信号时,只占用了信道的一部分时间,其他的时间却是空余的。这样就有可能在这空余的时间间隔中去传输别的脉冲调制信号。如图 4-19 所示,两个脉冲幅度调制的脉冲序列各占用同一信道中不同的时间,把它们叠加在一起,通过同一个信道传送,然后在接收的地方用一个与发射端同步的电子开关将二者分离,再经低通滤波就可以恢复原来各自的两路信号。这样就达到了在同一信道中同时传送两路信号的目的。事实上,一个脉冲信号中每两个相邻脉冲之间的间隔 T 往往

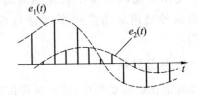

图 4-19 用时分复用法传送两个信号

比脉冲宽度 τ 大得多。所以只要把这些脉冲适当交错而不重叠,在一信道中就可以同时传送更多的信号。这种将一段时间分为若干个相等的间隔,每一间隔内传送一个信号而构成的通信系统称为时分复用系统。

实际的通信系统中的时分复用系统实际上并不是传送多路脉冲调制信号,而是将脉冲调制信号经量化编码形成二进制数码信号进行传输的,即传输的是脉冲编码调制(PCM)信号。这是一种数字信号的传输系统,具有数字系统的优点,如易于控制;可在保留信号的基本形式

---

① 实际人耳能听到的声音的频率范围最高可达 20 kHz,人能发出的声音的频率也远不止 3.4 kHz。只不过在说话时,声音的频率一般不会很高,而且只要将 3.4 kHz 以内的频率分量传给接收者,就可以保证接收者能听懂。所以在语音通信中常设定信号带宽为 3.4 kHz 以下。国际电联规定的中波调幅广播的频道间隔为 9 kHz。

下进行纠错编码、加密;可以对信号整形减少误差式噪声的积累影响等。且可标准化为集成电路,因此运用更广泛。

通过上面的分析可以看到,复用系统中每一路待传输的原始信号都具有相类似的时间特性及频率特性。把它们混合在一起通过一个信道传输时,必须增加一个识别信息,才能把它们区分开来。这个识别信息在频分复用系统中就是各路信号的不同的载频;而在时分复用系统中则是各路信号出现的不同时间或时序,有了不同的识别信息,就可以用不同的技术把各路信号区分开来而恢复原来的信号了。

§4.7 希尔伯特变换

在讨论调制、窄带信号与窄带滤波等问题时,用单边频谱来分析常常是比较方便的。在 §3.8 中已经讨论过,通常一个时间实函数信号 $f(t)$ 的频谱函数是一个复数频谱,包含有幅度频谱与相位频谱两部分。但因为幅度频谱对 ω 呈偶对称关系,相位频谱对 ω 呈奇对称关系,即正谱与负谱互成共轭复数关系,有

$$F(j\omega) = F^*(-j\omega)$$

这样如果正谱一旦确定则负谱亦随之确定。因而如去除负谱部分构成单边频谱,信号包含的信息并不会丢失,这也就是前面所述的单边带信号。单边频谱对应的时间信号不是一个时间的实函数信号,而是一个时间的复函数信号。这个对应于单边频谱的复信号常称为**解析信号**(analytic signal)。就信息传输而言,解析信号与原来双边频谱对应的时间实信号是等效的。单边频谱可以将如图4-20(a)所示的双边频谱的负谱部分对称于纵轴反褶后加到正谱上来获得,即

$$F_s(j\omega) = F(j\omega)(1+\text{sgn }\omega) = \begin{cases} 2F(j\omega) & \omega > 0 \\ 0 & \omega < 0 \end{cases} \tag{4-46}$$

式中,$F_s(j\omega)$ 为将负谱反褶后叠加于正谱上形成的单边谱;$F(j\omega)$ 为原信号 $f(t)$ 的双边谱。

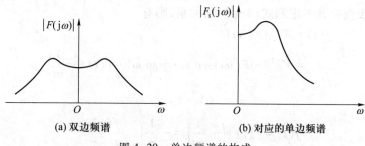

图 4-20 单边频谱的构成

对上式求傅里叶反变换即可得到单边频谱对应的时间复信号,亦即解析信号 $f_s(t)$。由式(3-54)及式(3-77)可知对应于频谱函数为 1 及 sgn ω 的时间函数分别为 $\delta(t)$ 及 $j\frac{1}{\pi t}$。运用卷积定理,则有

$$f_s(t) = \mathscr{F}^{-1}\{F(j\omega)\} = f(t) * \left[\delta(t) + j\frac{1}{\pi t}\right]$$

$$= f(t) + f(t) * j\frac{1}{\pi t}$$

$$= f(t) + j\frac{1}{\pi}\int_{-\infty}^{\infty}\frac{f(\tau)}{t-\tau}d\tau = f(t) + j\hat{f}(t) \tag{4-47}$$

可见对应于单边频谱的解析信号的实部即为原来对应于双边谱的时间实信号 $f(t)$,而其虚部则由原信号 $f(t)$ 通过下列积分来确定,即

$$\hat{f}(t) = f(t) * \frac{1}{\pi t} = \frac{1}{\pi}\int_{-\infty}^{\infty}\frac{f(\tau)}{t-\tau}d\tau \tag{4-48}$$

通常称式(4-48)为希尔伯特正变换式,而 $\hat{f}(t)$ 则称为 $f(t)$ 的 **希尔伯特变换**(Hilbert transform)。式(4-48)说明解析信号的实部和虚部并非彼此独立的,实部一经确定,虚部亦随之确定,即解析信号的虚部为其实部的希尔伯特变换。

由式(4-46)及式(4-47)可求得信号 $f(t)$ 的希尔伯特变换 $\hat{f}(t)$ 的频谱函数为

$$\mathscr{F}\{\hat{f}(t)\} = -jF(j\omega)\text{sgn }\omega \tag{4-49}$$

式中 $F(j\omega)$ 为原信号 $f(t)$ 的频谱密度函数。式(4-49)说明一个信号的希尔伯特变换可以让该信号通过一个全通相移网络来实现。该相移网络对信号的所有的正频率分量产生滞后 90° 的相移,而对所有负频率分量产生超前 90° 的相移。这样的相移网络常称为 90° 相移滤波器或垂直滤波器。

如果用解析信号的虚部来表示其实部,则可得希尔伯特反变换式。考虑到 $\text{sgn}^2\omega = 1$,则 $f(t)$ 的频谱函数可写为

$$F(j\omega) = -jF(j\omega)\text{sgn }\omega \cdot j\text{sgn }\omega$$

对上式取傅里叶反变换并考虑到式(4-49)的关系,则有

$$f(t) = \mathscr{F}^{-1}\{F(j\omega)\}$$

$$= \mathscr{F}^{-1}\{-jF(j\omega)\text{sgn }\omega \cdot j\text{sgn }\omega\} = \hat{f}(t) * \left(-\frac{1}{\pi t}\right)$$

亦即

$$f(t) = \hat{f}(t) * \left(-\frac{1}{\pi t}\right) = -\frac{1}{\pi}\int_{-\infty}^{\infty}\frac{\hat{f}(\tau)}{t-\tau}d\tau \tag{4-50}$$

式(4-50)即为 **希尔伯特反变换**(inverse Hilbert transformer)的积分关系式。比较一下希尔伯特

正、反变换的关系式,可见二者仅差一负号。所以有时也统称为希尔伯特变换。即 $f(t)$ 的希尔伯特变换为 $\hat{f}(t)$,而 $\hat{f}(t)$ 的希尔伯特变换为 $-f(t)$。

以上讨论的是频域中的单边谱对应的时域中的复信号实部与虚部间的约束关系,即解析信号的实部与虚部互为希尔伯特变换。由傅里叶变换的对称性,对于时域中是单边性质的有始信号 $f(t)\varepsilon(t)$,其频谱函数必然是一复频谱

$$\mathscr{F}\{f(t)\varepsilon(t)\} = F(j\omega) = R(\omega) + jX(\omega) \qquad (4-51)$$

其实谱 $R(\omega)$ 与虚谱 $X(\omega)$ 间亦受希尔伯特变换的约束。实谱 $R(\omega)$ 是虚谱 $X(\omega)$ 的希尔伯特变换;虚谱是实谱的希尔伯特反变换,亦即有

$$R(\omega) = \frac{1}{\pi}\int_{-\infty}^{\infty} \frac{x(\xi)}{\omega - \xi}d\xi \qquad (4-52a)$$

$$X(\omega) = -\frac{1}{\pi}\int_{-\infty}^{\infty} \frac{R(\xi)}{\omega - \xi}d\xi \qquad (4-52b)$$

这可以用与讨论时域解析信号相类似的方法来证明。在第三章中已讨论过。单边信号可分解为奇分量与偶分量的和来表示,即由式(3-36),有

$$f(t)\varepsilon(t) = f_e(t) + f_o(t) \qquad (4-53)$$

式中,$f_e(t)$ 为 $f(t)\varepsilon(t)$ 中的偶分量;$f_o(t)$ 为 $f(t)\varepsilon(t)$ 中的奇分量。又由傅里叶变换的奇偶特性可知,时间偶函数的频谱函数为实频谱,时间奇函数的频谱函数为虚频谱,亦即

$$\mathscr{F}\{f_e(t)\} = R(j\omega) \qquad (4-54a)$$

$$\mathscr{F}\{f_o(t)\} = jX(j\omega) \qquad (4-54b)$$

而单边信号又可由其偶分量表示为

$$f(t)\varepsilon(t) = f_e(t) + f_o(t) = f_e(t)(1 + \mathrm{sgn}\ t) \qquad (4-55)$$

对上式两边取傅里叶变换,并用频域卷积定理,则有

$$R(\omega) + jX(\omega) = R(\omega) * \frac{1}{2\pi}\left[2\pi\delta(\omega) + \frac{2}{j\omega}\right] \qquad (4-56)$$

$$= R(\omega) + \frac{1}{j\pi}\int_{-\infty}^{\infty} \frac{R(\xi)}{\omega - \xi}d\xi$$

故可得

$$X(\omega) = -\frac{1}{\pi}\int_{-\infty}^{\infty} \frac{R(\xi)}{\omega - \xi}d\xi = R(\omega) * \left(\frac{-1}{\pi\omega}\right) \qquad (4-57a)$$

与之相类似如将单边信号由其奇分量表示,即

$$f(t)\varepsilon(t) = f_e(t) + f_o(t) = f_o(t)(1 - \mathrm{sgn}\ t)$$

则可推出

$$R(\omega) = \frac{1}{\pi}\int_{-\infty}^{\infty} \frac{X(\xi)}{\omega - \xi}d\xi = X(\omega) * \left(\frac{1}{\pi\omega}\right) \qquad (4-57b)$$

式(4-57)说明,单边信号的频谱函数,其实谱与虚谱间亦受希尔伯特变换约束。前已述

及,可实现的因果系统,其冲激响应必为单边信号。因此滤波器的频响 $H(j\omega)$ 的实部与虚部必然受希尔伯特变换的约束,实部与虚部不是彼此独立的。同样的,因果系统的幅频特性 $|H(j\omega)|$ 与相频特性 $\varphi(\omega)$ 也必然不是彼此独立的。如果给定了系统的幅频特性或系统的相频特性,该因果系统的特性就已完全确定了。因此,在设计滤波器时,只要单独指定滤波器应该满足的幅频特性或相频特性的要求之一就可以了,尽量避免同时指定幅频与相频要求,因为幅频与相频同时指定不当会导致系统不满足因果性。

例题 4-5 求 $f(t) = \cos \omega t$ 的希尔伯特变换并确定其对应的解析信号。

解:由定义式(4-48),有

$$\hat{f}(t) = \frac{1}{\pi} \int_{-\infty}^{\infty} \frac{\cos \omega\tau}{t - \tau} \mathrm{d}\tau$$

$$= \frac{1}{\pi} \int_{-\infty}^{\infty} \frac{\cos \omega[(t - \tau) + t]}{t - \tau} \mathrm{d}\tau$$

$$= \frac{\cos \omega t}{\pi} \int_{-\infty}^{\infty} \frac{\cos \omega(t - \tau)}{t - \tau} \mathrm{d}\tau +$$

$$\frac{\sin \omega t}{\pi} \int_{-\infty}^{\infty} \frac{\sin \omega(t - \tau)}{t - \tau} \mathrm{d}\tau$$

因为式中第一项中积分值为零,第二项中积分值为 π,故可得

$$\hat{f}(t) = \sin \omega t$$

与 $f(t)$ 相应的解析信号为

$$f_{\mathrm{s}}(t) = f(t) + \mathrm{j}\hat{f}(t) = \cos \omega t + \mathrm{j}\sin \omega t = \mathrm{e}^{\mathrm{j}\omega t}$$

§4.8 信号通过线性系统不产生失真的条件

在 §4.3 中曾经看到,阶跃信号通过理想低通滤波器不再是阶跃信号,波形发生了变化。这种情况在很多线性系统中都可能出现,系统的响应波形与激励波形不同,也就是说信号在通过线性系统传输的过程中产生了**失真**(distortion)。在线性系统中,失真可能是由两方面因素造成的:一是系统对信号中各频率分量的幅度产生不同程度的衰减,结果各频率分量幅度的相对比例产生变化,造成**幅度失真**(amplitude distortion);另一是系统对各频率分量产生的相移不与频率成正比,结果使各频率分量在时间轴上的相对位置产生变化,造成**相位失真**(phase distortion)。在这种失真中信号并没有产生新的频率分量,所以是一种**线性失真**(linear distortion)。

在信号传输技术中,除了在某些需要用电路进行波形变换的场合外,总是希望在传输过程中使信号的失真最小。本节将讨论信号通过线性系统不产生失真的理想条件。

系统在输入信号 $e(t)$ 激励下产生响应 $r(t)$。如果信号在传输过程中不失真,则意味着响应 $r(t)$ 与激励 $e(t)$ 波形相同,当然在数值上可能相差一个因子 K,同时在时间上也可能延迟一段时间 t_0,如图 4-21 所示。激励与响应的关系可表示为

$$r(t) = Ke(t-t_0) \tag{4-58}$$

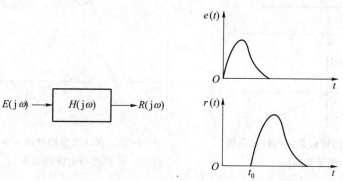

图 4-21 不失真传输时,系统的激励与响应波形

设输入激励的频谱函数为 $E(j\omega)$,则从延时特性有

$$R(j\omega) = KE(j\omega)e^{-j\omega t_0} \tag{4-59}$$

而

$$R(j\omega) = H(j\omega)E(j\omega) \tag{4-60}$$

比较一下式(4-59)及式(4-60)就可看出,在信号不失真传输的情况下,系统转移函数应为

$$H(j\omega) = |H(j\omega)|e^{j\varphi_H(\omega)} = Ke^{-j\omega t_0} \tag{4-61}$$

也就是转移函数的模量 $|H(j\omega)|$ 应等于 K,为一常数,而其辐角 $\varphi_H(\omega)$ 应等于 $-\omega t_0$,即滞后角与频率成正比变化,如图 4-22 所示。由式(4-60)可以看出,当系统转移函数的模量为常数时,响应中各频率分量与激励中相应的各频率分量俱差一个因子 K,响应中各频率分量间的相对幅度将与激励中一样,因此没有幅度失真。但这还不足以说明信号不失真。因为要两个波形相同还需要保证每个波形中包含的各个分量在时间轴上的相对位置不变,也就是说响应中各个分量比之激励中相应的各分量应当滞后相同的时间。图 4-23 表示一含有基波和二次谐波(均以虚线表示)的激励信号 $e(t)$,通过理想的传输系统后,输出响应 $r(t)$ 中基波与二次谐波的幅度关系保持不变,同时时间关系也保持不变的情况,这样响应与激励的波形就完全一样,只是滞后了一个时间 t_0。反过来,很易设想,如果一个线性系统(例如一谐振电路)允许基波通过而滤除了二次谐波,上述幅度条件得不到满足,响应的形状就将不同于激励。同样,如果一个线性系统对于基波分量延时较大而对二次谐波延时较小,这时上述相位条件不能满足,响应波形也将产生失真。对于许多实际的线性电路,常常是幅度失真和相位失真同时存在的。

为使每一频率分量通过系统时延迟时间相等,则每一分量通过线性系统时产生的相移必须与其频率成正比。如图 4-23 中输入激励为

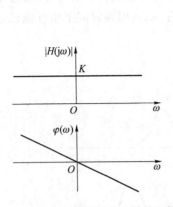

图 4-22 理想传输系统的转移函数
的模量和辐角

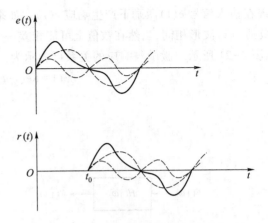

图 4-23 相同波形的激励与响应中
基波与谐波的关系

$$e(t) = E_{1m}\sin\Omega t + E_{2m}\sin 2\Omega t$$

响应为

$$r(t) = KE_{1m}\sin(\Omega t - \varphi_{H1}) + KE_{2m}\sin(2\Omega t - \varphi_{H2})$$

$$= KE_{1m}\sin\Omega\left(t - \frac{\varphi_{H1}}{\Omega}\right) + KE_{2m}\sin 2\Omega\left(t - \frac{\varphi_{H2}}{2\Omega}\right)$$

为了使基波与二次谐波得到相同的延迟时间,应有

$$\frac{\varphi_{H1}}{\Omega} = \frac{\varphi_{H2}}{2\Omega} = t_0 = 常数$$

因此谐波的相移必须满足下面的关系

$$\frac{\varphi_{H1}}{\varphi_{H2}} = \frac{\Omega}{2\Omega}$$

这个关系很容易推广到其他高次谐波频率,因此可以得出结论,为了使信号传输时不产生相位失真,信号通过系统时谐波的相移必须与其频率成正比,也就是说系统的相频特性应该是一条经过原点的直线,即

$$\varphi_H(\omega) = -\omega t_0$$

这也就是式(4-61)及图4-22所得到的结果。显然,信号通过系统的延迟时间即为相频特性的斜率的负值

$$t_0 = -\frac{d\varphi_H(\omega)}{d\omega}$$

总的说来,要使一任意波形的信号通过线性系统不产生波形失真,该系统应具备如下的两个理想条件:

（1）系统的幅频特性在整个频率范围中为一常数,即系统具有无限宽的响应均匀的通频带;

（2）系统的相频特性应是经过原点的直线。

很明显,在传输有限频宽的信号时,上述的理想条件可以放宽,只要在信号占有频带范围内系统满足上述理想条件就可以了。

例如,对于具有图 4-6 所示的频率特性的理想低通滤波器而言,它在 $(-\omega_{c0},\omega_{c0})$ 频率范围内满足不失真条件,超出这个范围则不满足。如果输入信号的频率分量也局限在这个范围内,则信号通过这个系统以后不会产生失真,或者说这种低通滤波器对这样的输入信号而言是一个不失真系统。如果输入信号分量超出了这个范围,通过系统以后一定会产生幅度失真,这时这个系统对这样的信号而言就不再是一个不失真系统了。

这里以一个简单信号调制的 AM 波为例证明,设调制信号包含有直流分量、两个频率分别为 Ω_1 和 Ω_2 的分量,即

$$e(t)=A_0+A_1\cos(\Omega_1 t+\phi_1)+A_2\cos(\Omega_2 t+\phi_2) \tag{4-62}$$

则调制后 AM 信号为

$$
\begin{aligned}
a(t)&=[A_0+A_1\cos(\Omega_1 t+\phi_1)+A_2\cos(\Omega_2 t+\phi_2)]\cdot\cos(\omega_c t+\theta_0)\\
&=A_0\cos(\omega_c t+\theta_0)+\frac{1}{2}A_1\cos[(\omega_c+\Omega_1)t+\phi_1+\theta_0]+\frac{1}{2}A_1\cos[(\omega_c-\Omega_1)t-\phi_1+\theta_0]+\\
&\quad \frac{1}{2}A_2\cos[(\omega_c+\Omega_2)t+\phi_2+\theta_0]+\frac{1}{2}A_2\cos[(\omega_c-\Omega_2)t-\phi_2+\theta_0]
\end{aligned}
$$

其中包含了 5 个正弦分量。如果系统的幅频特性等于 1,相频特性如图 4-24 所示,即

$$\varphi(\omega)=\begin{cases}-\varphi_0-\omega t_0 & \omega>0\\ \varphi_0-\omega t_0 & \omega<0\end{cases}$$

$a(t)$ 经过这个系统以后,里面的 5 个分量分别产生了一定的相位移动,系统输出为

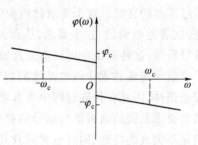

图 4-24 传输调幅信号使包络线
不失真时系统应具有的相位特性

$$
\begin{aligned}
r(t)=&A_0\cos[(\omega_c t+\theta_0-\omega_c t_0-\varphi_0)]+\\
&\frac{1}{2}A_1\cos[(\omega_c+\Omega_1)t+\phi_1+\theta_0-\omega_c t_0-\Omega_1 t_0-\varphi_0]+\\
&\frac{1}{2}A_1\cos[(\omega_c-\Omega_1)t-\phi_1+\theta_0-\omega_c t_0+\Omega_1 t_0-\varphi_0]+\\
&\frac{1}{2}A_2\cos[(\omega_c+\Omega_2)t+\phi_2+\theta_0-\omega_c t_0-\Omega_2 t_0-\varphi_0]+\\
&\frac{1}{2}A_2\cos[(\omega_c-\Omega_2)t+\phi_2+\theta_0-\omega_c t_0+\Omega_2 t_0-\varphi_0]\\
=&A_0\cos(\omega_c t+\theta_0-\omega_c t_0-\varphi_0)+
\end{aligned}
$$

$$\frac{1}{2}A_1\cos\left[\left(\omega_c t-\omega_c t_0+\theta_0-\varphi_0\right)+\left(\Omega_1 t-\Omega_1 t_0+\phi_1\right)\right]+$$

$$\frac{1}{2}A_1\cos\left[\left(\omega_c t-\omega_c t_0+\theta_0-\varphi_0\right)-\left(\Omega_1 t-\Omega_1 t_0+\phi_1\right)\right]+$$

$$\frac{1}{2}A_2\cos\left[\left(\omega_c t-\omega_c t_0+\theta_0-\varphi_0\right)+\left(\Omega_2 t-\Omega_2 t_0+\phi_2\right)\right]+$$

$$\frac{1}{2}A_2\cos\left[\left(\omega_c t-\omega_c t_0+\theta_0-\varphi_0\right)-\left(\Omega_2 t-\Omega_2 t_0+\phi_2\right)\right]$$

$$=A_0\cos\left[\left(\omega_c t+\theta_0+\omega_c t_0-\varphi_0\right)\right]+$$

$$A_1\cos(\omega_c t-\omega_c t_0+\theta_0-\varphi_0)\cos(\Omega_1 t-\Omega_1 t_0+\phi_1)+$$

$$A_2\cos(\omega_c t-\omega_c t_0+\theta_0-\varphi_0)\cos(\Omega_2 t-\Omega_2 t_0+\phi_1)$$

$$=\left\{A_0+A_1\cos\left[\Omega_1(t-t_0)+\phi_1\right]+A_2\cos\left[\Omega_2(t-t_0)+\phi_1\right]\right\}\cos\left[\omega_c(t-t_0)+\theta_0-\varphi_0\right] \tag{4-63}$$

从最后一个等式可以看成,系统的输出信号依然是一个调幅波,其中左边花括号部分就是其调制信号部分。将这个调制部分与式(4-62)给出的原来的调制信号相比,各个分量的大小没有变化,没有幅度失真;各个分量都延时了 t_0,相对位置没有变化,也没有相位失真。也就是说调幅信号的包络的形状并没有发生改变,调制信号没有产生失真,只是产生了固定的延时,延时量的大小等于系统相频特性的斜率,这种包络延时称为群时延(group delay)。这时,无论用同步解调还是简单的包络解调,都可以不失真地还原调制信号。由此,我们可以得到信号调制带来的另一个优点,就是对不失真传输系统的要求降低了,其相频特性不再必须是过零点的直线,可以是不过零点的直线。这个要求比前面的相频不失真要求要弱得多,很多系统在高频部分很容易满足(或者近似满足)这个要求,从而都可以不失真地传输这种调幅信号。以后在通信原理课程中可以看到,这种系统也可以不失真地传输调频和调相信号。

信号传输技术中线性系统的幅频特性与相频特性受到实际条件的限制,很难完全符合上述理想条件,因此在传输过程中失真将是不可避免的。为了使失真能限定在实用允许的范围内,通常要求系统的通带能与信号的频带相适应,在信号频带内近似满足不失真的特性,同时也要顾及其他方面的要求。如在通信技术中常用的谐振电路,是一种窄频带的选择性电路。理想的谐振曲线是矩形的,如图4-25所示。其通带足以包含被传输信号的有效频带,且在频带内传输系数 $|K(j\omega)|$ 为一常数,相频特性则为一直线,通带之外传输系数则陡降为零。显然这样的谐振特性就可以兼顾选择性与传输不失真的要求了。这就是理想的带通特性。从幅频特性上看,它不宜用来传送宽频带的信号,通常只被用来传输已调高频信号。实际的谐振电路一般都采用 LC 谐振回路,在电路分析中详细讨论过其频响特性,它虽然有选频的作

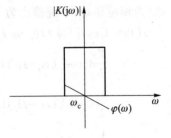

图4-25　理想的回路谐振特性
与相位特性曲线

用,但是它的幅频特性在通带内不可能完全平坦,相频特性也只是近似于直线。其 Q 值取值越

低,相频特性的平坦度以及相位的线性度就越好,但 Q 值的降低将使 LC 谐振回路的通频带加宽,这将导致选择性下降以及干扰与噪声的增加,这又是不希望的。因此实际谐振回路选择性的要求与传输不失真的要求往往是矛盾的。在实际系统中需要根据实际情况合理地选取相关的参数。

习　　题

4.1　正弦交流电压 $A\sin\pi t$,经全波整流产生图 P4-1(b)所示的周期性正弦脉冲信号。求此信号通过图 P4-1(a)所示的 RC 电路滤波后,输出响应中不为零的前三个分量。

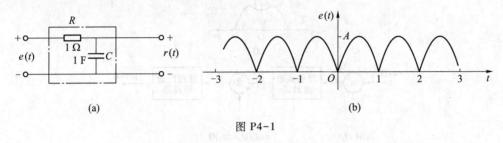

图 P4-1

4.2　图 P4-2(b)所示的周期性矩形脉冲信号,其脉宽为周期的一半,其频率 $f=10\text{ kHz}$,加到一谐振频率为 $f_0=\dfrac{1}{2\pi\sqrt{LC}}=30\text{ kHz}$ 的并联谐振电路上,以取得三倍频信号输出。并联谐振电路的转移函数为

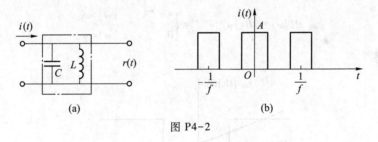

图 P4-2

$$H(j\omega)=\frac{1}{1+jQ\left(\dfrac{\omega}{\omega_0}-\dfrac{\omega_0}{\omega}\right)}$$

如要求输出中其他分量的幅度小于三次谐波分量幅度的 1%,求并联谐振电路的品质因数 Q。

4.3　如图 P4-2(b)所示的周期性矩形脉冲信号,加到一个 90°相移网络上,其转移函数为

$$H(j\omega)=\begin{cases}-j & \omega>0\\ j & \omega<0\end{cases}$$

试求输出中不为零的前三个分量,并叠加绘出响应的近似波形。与激励中前三个分量叠加的波形做比较。

4.4　设系统转移函数为

$$H(j\omega)=\frac{1-j\omega}{1+j\omega}$$

试求其单位冲激响应、单位阶跃响应及 $e(t) = e^{-2t}\varepsilon(t)$ 时的零状态响应。

4.5 设系统转移函数为

$$H(j\omega) = \frac{j2\omega + 3}{-\omega^2 + j3\omega + 2}$$

试求其冲激响应及 $e(t) = e^{-1.5t}\varepsilon(t)$ 时的零状态响应。

4.6 一带限信号的频谱如图 P4-6(a) 所示,若此信号通过如图 P4-6(b) 所示系统。试绘出 A、B、C、D 各点的信号频谱的图形。系统中两个理想滤波器的截止频率均为 ω_c,通带内传输值为 1,相移均为 0,$\omega_c \gg \omega_1$。

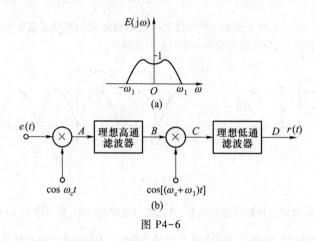

图 P4-6

4.7 理想高通滤波器的传输特性如图 P4-7 所示,亦即其转移函数为

$$H(j\omega) = |H(j\omega)|e^{j\varphi(\omega)} = \begin{cases} Ke^{-j\omega t_0} & |\omega| > \omega_{c0} \\ 0 & |\omega| < \omega_{c0} \end{cases}$$

求其单位冲激响应。

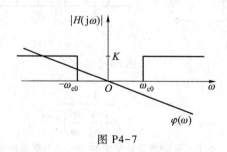

图 P4-7

4.8 求 $e(t) = \dfrac{\sin 2\pi t}{2\pi t}$ 的信号通过图 P4-8(a) 的系统后的输出。系统中理想带通滤波器的传输特性如图 P4-8(b) 所示,其相频特性 $\varphi(\omega) = 0$。

4.9 有一调幅信号为 $a(t) = A(1 + 0.3\cos\omega_1 t + 0.1\cos\omega_2 t)\sin\omega_c t$

其中:$\omega_1 = 2\pi \times 5 \times 10^3 \text{ rad/s}$,$\omega_2 = 2\pi \times 3 \times 10^3 \text{ rad/s}$,$\omega_c = 2\pi \times 45 \times 10^6 \text{ rad/s}$,$A = 100 \text{ V}$。试求:

(1) 部分调幅系数;

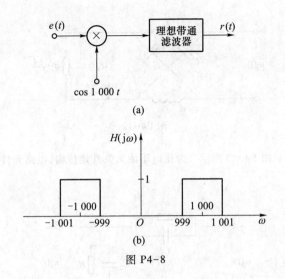

图 P4-8

（2）调幅信号包含的频率分量，绘出调制信号与调幅信号的频谱图，并求此调幅信号的频带宽度；

（3）此调幅信号加到 1 kΩ 电阻上产生的平均功率与峰值功率、载波功率与边频功率。

4.10 图 P4-10 为相移法产生单边带信号的系统框图。如调制信号 $e(t)$ 为带限信号，频谱如图所示。其中，信号 $\cos \omega_c t$ 经过 90°移相网络后的输出为 $\sin \omega_c t$。试写出输出信号 $a(t)$ 的频谱函数表达式，并绘其频谱图。

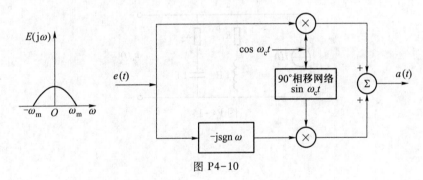

图 P4-10

4.11 证明希尔伯特变换有如下性质：

（1）$f(t)$ 与 $\hat{f}(t)$ 的能量相等，即

$$\int_{-\infty}^{\infty} f^2(t)\,\mathrm{d}t = \int_{-\infty}^{\infty} \hat{f}^2(t)\,\mathrm{d}t$$

（2）$f(t)$ 与 $\hat{f}(t)$ 正交，即

$$\int_{-\infty}^{\infty} f(t)\hat{f}(t)\,\mathrm{d}t = 0$$

（3）若 $f(t)$ 是偶函数，则 $\hat{f}(t)$ 为奇函数；若 $f(t)$ 为奇函数；则 $\hat{f}(t)$ 是偶函数。

4.12 试分析信号通过图 P4-12 所示的斜格型网络有无幅度失真与相位失真。

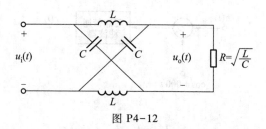

图 P4-12

4.13 宽带分压器电路如图 P4-13 所示。为使电压能无失真地传输,电路元件参数 R_1、C_1、R_2、C_2 应满足何种关系。

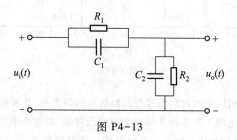

图 P4-13

4.14 在图 P4-14 所示电路中,为使输出电压 $u_o(t)$ 与激励电流 $i(t)$ 波形一样,求电阻 R_1、R_2 的数值。

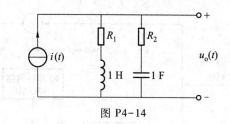

图 P4-14

第五章

连续时间系统的复频域分析

§5.1 引言

上一章中讨论的傅里叶变换法对系统分析无疑是有用的,通过傅里叶级数或者傅里叶变换,可以将激励信号分解为无穷多个正弦分量之和,这样就可用求解线性系统对一系列正弦激励的响应之和的方法来讨论线性系统对一般激励的响应,从而使响应的求解得到简化。特别在有关信号的分析与处理方面,例如有关谐波成分、频率响应、系统带宽、波形失真等问题上,它所给出的结果都具有清楚的物理意义。但是它也有不足之处。首先,它一般只能处理符合狄利克雷条件的信号,而有许多信号往往是不符合绝对可积条件的,即积分 $\int_{-\infty}^{\infty} |f(t)| \, dt$ 不存在。如:单位阶跃信号 $\varepsilon(t)$、阶跃正弦信号 $\sin \omega t \varepsilon(t)$、单边指数信号 $e^{\alpha t}\varepsilon(t)(\alpha > 0)$,等等。这时,虽然从极限观点引入奇异函数,上述信号中的一些(如 $\varepsilon(t)$ 等)仍然有傅里叶变换,但因其频谱中包含有冲激函数,因而分析计算较为麻烦。而另一些信号,如 $e^{\alpha t}\varepsilon(t)(\alpha > 0)$ 则依然不存在傅里叶变换,因此傅里叶变换分析法的运用要受到一定的限制。其次,在求取时域中的响应时,利用傅里叶反变换要进行对频率自负无穷大到正无穷大的无穷积分,通常这个积分的求解是比较困难的。在这一章中将通过把频域中的傅里叶变换推广到复频域,通过拉普拉斯变换来解决这些问题。

拉普拉斯变换可以从数学中积分变换的观点加以直接定义,也可以从信号分析的观点把它看成是傅里叶变换在复频域中的推广,而后者具有更为清晰的物理意义。应用拉普拉斯变换进行系统分析的方法,同样是建立在线性非时变系统具有叠加性与齐次性的基础上的,只是信号分解的基本单元函数不同。在傅里叶变换中分解的基本单元信号为虚幂指数信号 $e^{j\omega t}$ 或等幅的正弦信号 $\cos \omega t$;而在拉普拉斯变换中分解的基本单元信号是复幂指数信号 e^{st} 或幅度按指数规律变化的正弦信号 $e^{\sigma t}\cos \omega t$。因此这两种变换无论在性质上或是在分析方法上都是有着很多类似的地方,事实上,傅里叶变换常常可看成是拉普拉斯变换在 $\sigma = 0$ 时的一种特殊情况。

拉普拉斯变换分析法运算非常简捷,特别是直接对系统微分方程进行变换时,初始条件即自动被计入,可以一举求得全解,因此在线性非时变系统的分析上占有重要的位置。特别是基于拉普拉斯变换分析法所得到的复领域中转移函数的零、极点分析是网络综合所依赖的基础之一。虽然近年来由于计算机应用的逐步发展,建立在数值积分运算基础上的一些新方法有了较大进展,但拉普拉斯变换分析法仍然不失为分析线性非时变系统的一个重要而有效的方法。

本章将首先由傅里叶变换引出拉普拉斯变换,然后讨论拉普拉斯正、反变换的求取及拉普拉斯变换的性质,进而在上述基础上用拉普拉斯变换法求解系统的响应。最后简要介绍双边拉普拉斯变换及模拟框图与信号流图的概念。至于复频域中系统函数的零极点分析则主要放在下一章中讨论。

§5.2　拉普拉斯变换

一个函数 $f(t)$ 不满足绝对可积条件,往往是由于在 t 趋于正无穷大或负无穷大的过程中减幅太慢的缘故。如果用一个被称为收敛因子的指数函数 $\mathrm{e}^{-\sigma t}$ 去乘 $f(t)$,且 σ 取足够大的正值,则在时间的正方向上总可以使得 $t \to \infty$ 时,$f(t)\mathrm{e}^{-\sigma t}$ 减幅速度加快。当然,这时在时间负方向上将反而起增幅作用。然而假使原来的函数在时间的负方向上是衰减的,而且其衰减速率较收敛因子引起的增长为快,则仍可以使得当 $t \to -\infty$ 的过程中,$f(t)\mathrm{e}^{-\sigma t}$ 也是减幅的。例如图5-1(a)的函数,在 t 的正方向上为一单位阶跃函数,在 t 的负方向上为一指数衰减函数,即

$$f(t) = \begin{cases} 1 & t>0 \\ \mathrm{e}^{\beta t} & t<0 \end{cases} \tag{5-1a}$$

乘以收敛因子后,有

$$f(t)\,\mathrm{e}^{-\sigma t} = \begin{cases} \mathrm{e}^{-\sigma t} & t>0 \\ \mathrm{e}^{(\beta-\sigma)t} & t<0 \end{cases} \tag{5-1b}$$

由式(5-1b)不难看出,只要 $0<\sigma<\beta$,则函数 $f(t)\mathrm{e}^{-\sigma t}$ 在时间的正、负方向上将都是减幅的。即函数 $f(t)\mathrm{e}^{-\sigma t}$ 满足绝对可积条件,可以进行傅里叶变换。

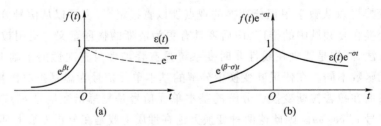

图 5-1　一种存在双边拉普拉斯变换的函数

现在来求 $f(t)\mathrm{e}^{-\sigma t}$ 的频谱函数,并以 $F_1(\mathrm{j}\omega)$ 表示,于是

$$F_1(\mathrm{j}\omega) = \int_{-\infty}^{\infty} f(t)\,\mathrm{e}^{-\sigma t}\,\mathrm{e}^{-\mathrm{j}\omega t}\mathrm{d}t = \int_{-\infty}^{\infty} f(t)\,\mathrm{e}^{-(\sigma+\mathrm{j}\omega)t}\mathrm{d}t \qquad (5\text{-}2)$$

将此式与第三章中的傅里叶正变换式相比较,可以看出 $F_1(\mathrm{j}\omega)$ 是将 $f(t)$ 的频谱函数中的 $\mathrm{j}\omega$ 换成 $\sigma+\mathrm{j}\omega$ 的结果。如果令 $s=\sigma+\mathrm{j}\omega$,再以 $F(s)$ 表示这个频谱函数,则有

$$F(s) = \int_{-\infty}^{\infty} f(t)\,\mathrm{e}^{-st}\mathrm{d}t \qquad (5\text{-}3)$$

对 $F(s)$ 求傅里叶反变换则有

$$f(t)\,\mathrm{e}^{-\sigma t} = \frac{1}{2\pi}\int_{-\infty}^{\infty} F(s)\,\mathrm{e}^{\mathrm{j}\omega t}\mathrm{d}\omega$$

等式两边同时乘以 $\mathrm{e}^{\sigma t}$,得

$$f(t) = \frac{1}{2\pi}\int_{-\infty}^{\infty} F(s)\,\mathrm{e}^{(\sigma+\mathrm{j}\omega)t}\mathrm{d}\omega$$

考虑到 $s=\sigma+\mathrm{j}\omega$,将积分变量由 ω 变换成 s,并相应地改变积分限,则上式可写为

$$f(t) = \frac{1}{2\pi\mathrm{j}}\int_{\sigma-\mathrm{j}\infty}^{\sigma+\mathrm{j}\infty} F(s)\,\mathrm{e}^{st}\mathrm{d}s \qquad (5\text{-}4)$$

这也相当于把第三章的傅里叶反变换式中的 $\mathrm{j}\omega$ 用 s 代替所得到的结果。当然在积分变量经过这样的变换后,相应的积分路径与积分的收敛区都将改变,关于这个问题,将在 §5.3 中讨论。

式(5-3)及式(5-4)组成了一对新的变换式子,称之为**双边拉普拉斯变换式**(two-sided Laplace transform)或**广义的傅里叶变换式**(generalized Fourier transform)。其中前者称为**双边拉普拉斯正变换式**,后者称为**双边拉普拉斯反变换式**;$F(s)$ 称为 $f(t)$ 的**拉普拉斯变换**,$f(t)$ 称为 $F(s)$ 的**原函数**(original function)。双边拉普拉斯正、反变换式可用下列符号分别表示:

$$F_\mathrm{d}(s) = \mathscr{L}_\mathrm{d}\{f(t)\}$$
$$f(t) = \mathscr{L}_\mathrm{d}^{-1}\{F_\mathrm{d}(s)\}$$

在前面已经指出,工程技术中所遇到的激励信号与系统响应大都为有始函数,因为有始函数在 $t<0$ 范围内函数值为零,式(5-3)的积分在 $-\infty$ 到 0 的区间中为零,因此积分区间变为由 0 到 ∞,亦即

$$F(s) = \int_{0}^{\infty} f(t)\,\mathrm{e}^{-st}\mathrm{d}t \qquad (5\text{-}5)$$

应该指出的是,为了适应激励与响应中在原点存在有冲激函数或其各阶导数的情况,积分区间应包括时间零点在内,即式(5-5)中积分下限应取 0^-。当然如果函数 $f(t)$ 在时间零点处连续,则 $f(0^+)=f(0^-)$,就不必再区分 0^+ 和 0^- 了。为书写方便,今后一般仍写为 0,但其意义表示 0^-。至于式(5-4),则由于 $F(s)$ 包含的仍为 ω 从 $-\infty$ 到 $+\infty$ 的各个分量,所以其积分区间不变。但因原函数为有始函数,由式(5-4)所求得的 $f(t)$ 在 $t<0$ 范围内必然为零。因此对有始函数来说式(5-4)可写为

$$f(t) = \left[\frac{1}{2\pi\mathrm{j}}\int_{\sigma-\mathrm{j}\infty}^{\sigma+\mathrm{j}\infty} F(s)\,\mathrm{e}^{st}\mathrm{d}s\right]\varepsilon(t) \qquad (5\text{-}6)$$

式(5-5)及式(5-6)也是一组变换对。因为是只对在时间轴一个方向上的函数进行变换,为区别于双边拉普拉斯变换式,故称之为**单边拉普拉斯变换**(single-sided Laplace transform)式,并标记如下:

$$F(s) = \mathscr{L}\{f(t)\}$$
$$f(t) = \mathscr{L}^{-1}\{F(s)\}$$

或简单地以符号表示为

$$f(t) \leftrightarrow F(s)$$

以上是在单边信号的拉普拉斯变换基础上推导出单边拉普拉斯变换的,对于单边信号而言,单边和双边拉普拉斯变换的结果相同。实际上,对于双边信号也可以求其单边拉普拉斯变换。此时,式(5-5)的正变换计算中只用到了信号在 $t \geqslant 0$ 的部分,或者说其变换结果只含有信号在 $t \geqslant 0$ 时的信息。显然,在求单边反变换时,也就只能给出该双边信号在 $t \geqslant 0$ 部分的结果。

由以上分析可以看出,无论双边或单边拉普拉斯变换都可看成是傅里叶变换在复变数域中的推广。从物理意义上说,如第三章所述,傅里叶变换是把函数分解成许多形式为 $e^{j\omega t}$ 的分量之和。每一对正、负 ω 分量组成一个等幅的正弦振荡,这些振荡的幅度 $\dfrac{|F(j\omega)|\,\mathrm{d}\omega}{\pi}$ 均为无穷小量。与此相类似,拉普拉斯变换也是把函数分解成许多形式为 e^{st} 的指数分量之和。比较一下式(5-4)与式(3-45)就可以得出与傅里叶变换中相类似的结论,即对于拉普拉斯变换式中每一对正、负 ω 的指数分量决定一项幅度变化的"正弦振荡",其幅度 $\dfrac{|F(s)|\,\mathrm{d}\omega}{\pi}e^{\sigma t}$ 也是一无穷小量,且按指数规律随时间变化。与在傅里叶变换中一样,这些振荡的频率是连续的,并且分布及于无穷。根据这种概念,通常称 s 为**复频率**(complex frequency),并可把 $F(s)$ 看成是信号的**复频谱**(complex frequency spectrum)。

复频率可以方便地用一个复平面上的点来表示,如图 5-2 所示。图中横轴 σ 为实轴,纵轴 $j\omega$ 为虚轴,不同的 s 值对应于复平面上不同位置的点。当 $s = \sigma + j\omega$ 确定时,指数函数 e^{st} 随时间的变化关系亦完全确定,所以复平面中的点可以与指数函数 e^{st} 相对应。s 的实部 σ 反映指数函数 $e^{st} = e^{\sigma t}e^{j\omega t}$ 幅度变化的速率,虚部 ω 反映指数函数中因子 $e^{j\omega t}$ 作周期变化的频率。在复平面实轴上的点如 A_1、A_2、B_1、B_2 等,由于在这些点处 $\omega = 0$,所以每一点对应于一个随时间按指数规律作单调增长或衰减的指数函数。点的位置距虚轴越远,σ 的绝对值越大,即意味着所对应的函数增长或衰减的速率越大。试比较 A_1 与 A_2 及 B_1 与 B_2。A_1、A_2 在正实轴上,相对应的是随时间增长的指数函数,而 B_1、B_2 在负实轴上,相对应的是随时间衰减的指数函数。A_1、B_1 比 A_2、B_2 距虚轴为近,所以对应于 A_1、B_1 的指数函数随时间的变化速率较对应于 A_2、B_2 的函数的变化速率为慢。坐标原点 O 则对应于不随时间变化的常数。

需要指出的是,在这里也会出现负频率的形式,如 C_1^*、D_1^* 等点的虚部均为负值。与第三章中所述的意义一样,这仅是用指数分量来表示信号的一种数学形式。在第三章曾经指出,一对

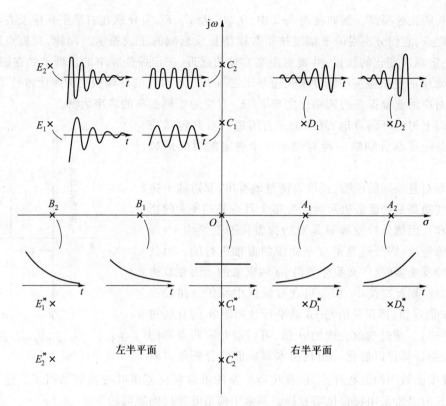

图 5-2　与复平面上位置不同的复频率相对应的时间函数模式图,带有 ∗ 号
的点如 C_1^*、D_1^* 等与其共轭点 C_1、D_1 等分别合起来代表一时间模式

±jω 的指数函数可以合并成一个等幅正弦振荡,即

$$e^{j\omega t} + e^{-j\omega t} = 2\cos \omega t \tag{5-7a}$$

与此相似,一对共轭复频率 σ±jω 的指数函数也可以合并成一个幅度按指数规律变化的正弦振荡,即

$$e^{(\sigma+j\omega)t} + e^{(\sigma-j\omega)t} = 2e^{\sigma t}\cos \omega t \tag{5-7b}$$

任一函数表示为指数函数之和时,其复频率一定是共轭成对出现的,所以实际上并不存在具有负频率的变幅正弦分量。

在虚轴上一对互为共轭的点,因为 σ = 0,对应于等幅的正弦振荡,且共扼点离实轴越远,相应的振荡频率亦越高。试比较图 5-2 中点 C_1、C_1^* 与 C_2、C_2^*。因为 C_1、C_1^* 比 C_2、C_2^* 距实轴为近,所以与 C_1、C_1^* 对应的等幅正弦振荡的频率比与 C_2、C_2^* 对应的等幅正弦振荡的频率为低。

既不在实轴又不在虚轴上的每一对互为共轭的点,都对应于一个幅度按指数规律变化的正弦振荡。在左半平面的点对应于幅度按指数律衰减的正弦振荡,在右半平面的点对应于幅度按指数律增长的正弦振荡。例如在图 5-2 中，D_1、D_1^* 及 E_1、E_1^* 为分别在右半平面中及左半平面中的两对共轭点，它们分别对应于幅度按指数律增长及衰减的正弦振荡。同样，共轭点距离虚轴的远近，决定幅度变化的快慢；共轭点距离实轴的远近，决定振荡频率的高低。如在图 5-2 中，与 D_1、D_1^* 对应的变幅振荡的幅度增长速率比之与 D_2、D_2^* 对应的变幅振荡的幅度增长率为慢；而与 E_1、E_1^* 对应的变幅振荡的频率比之与 E_2、E_2^* 对应的变幅振荡的频率为低。

通过以上讨论可以看出，复平面 s 上的每一对共轭点或实轴上的每一点都分别唯一地对应于一个确定的时间函数模式。

由上面对复频率的说明，还可以清楚地看出，双边或单边拉普拉斯变换都是把函数表示为无穷多个具有复频率 s 的指数函数之和。而傅里叶变换只是双边拉普拉斯变换中 $s = j\omega$ 的一种特殊情况，即分解是沿复平面中的虚轴进行的。因此在求傅里叶反变换时，广义积分是沿 $j\omega$ 轴求取的。而在双边或单边拉普拉斯反变换中，积分可在收敛区中沿任意路径进行；通常 σ 取定值，即积分沿与 $j\omega$ 轴平行且相距 σ 的直线进行（见图 5-3）。通过选取合理的 σ 值，可以避开一些奇异的点，使得变换计算得以简化。而且由本章后面的分析可以看

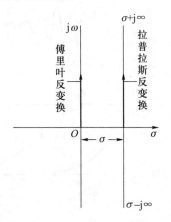

图 5-3　s 平面中反变换积分途径

到，利用复变函数中的留数理论，拉普拉斯变换的求取要比傅里叶变换容易得多。这也是在分析线性系统时经常采用拉普拉斯变换而不常用傅里叶变换的原因。

§5.3　拉普拉斯变换的收敛区

在上节中已指出，当函数 $f(t)$ 乘以收敛因子 $e^{-\sigma t}$ 后，就有满足绝对可积条件的可能性，但是否一定能满足，尚要看 $f(t)$ 的性质与 σ 值的大小而定。这也就是说对于某一函数 $f(t)$，通常并不是在所有的 σ 值上，$f(t)e^{-\sigma t}$ 俱满足绝对可积条件，亦即并不是对所有 σ 值而言，函数 $f(t)$ 俱存在拉普拉斯变换，而只是在 σ 值的一定的范围内，$f(t)e^{-\sigma t}$ 是收敛的，$f(t)$ 存在拉普拉斯变换。通常把 $f(t)e^{-\sigma t}$ 满足绝对可积的 σ 值的范围所确定的 s 平面中的区间称为**收敛区**（region of convergence，ROC）。显然在收敛区内函数的拉普拉斯变换是存在的，在收敛区外则函数的拉普拉斯变换不存在。

下面就来讨论拉普拉斯变换的收敛区具体情形，先讨论单边拉普拉斯变换的情况。由式（5-5）可以看出，要单边拉普拉斯变换存在，$f(t)e^{-\sigma t}$ 必须满足绝对可积的条件。通常要求 $f(t)$ 是指数阶函数且具有分段连续的性质。所谓**指数阶函数**（function of exponential order）意思是指

存在有一个正的常数 σ_0,使得 $f(t)\mathrm{e}^{-\sigma t}$ 在 $\sigma>\sigma_0$ 范围内,对于所有大于定值 T 的时间 t 均为有界,且当 $t\to\infty$ 时其极限值趋于零。亦即有

$$\lim_{t\to\infty}f(t)\mathrm{e}^{-\sigma t}=0 \qquad \sigma>\sigma_0 \tag{5-8}$$

所谓分段连续,意思是指 $f(t)$ 除有限个间断点外函数是连续的,而时间由间断点两侧趋于间断点时 $f(t)$ 有有限的极限值。应该说明的是,正如狄利克雷条件对于傅里叶变换一样,这个条件是单边拉普拉斯变换存在的充分条件而非必要条件。有时 t 从间断点两侧趋于间断点时,$f(t)$ 值不为有限,但只要间断点处函数的积分值有限,则仍可有拉普拉斯变换。式(5-8)中 $\sigma>\sigma_0$ 称为收敛条件。根据 σ_0 的值可将 s 平面划分为两个区域,见图 5-4。通过 σ_0 的垂直线是收敛区的边界,称为**收敛边界**(boundary of convergence) 或**收敛轴**(axis of convergence),σ_0 称为**收敛坐标**(abscissa of convergence),s 平面上收敛轴之右的部分即为收敛区。下面举几个简单函数为例来说明收敛区的情况。

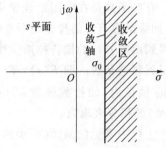

图 5-4　拉普拉斯变换的收敛区

(1) 单个脉冲信号

单个脉冲信号只在有限的时间区间内不为零,在时间上有始有终,且其能量有限。因此,对任何 σ 值式(5-8)俱成立,其收敛坐标位于 $-\infty$,整个 s 平面全属于收敛区,也就是说单个脉冲的单边拉普拉斯变换是一定存在的。

(2) 单位阶跃信号

对于单位阶跃信号 $\varepsilon(t)$,不难看出对于 $\sigma>0$ 的任何值,式(5-8)都是满足的,即

$$\lim_{t\to\infty}\left[\varepsilon(t)\mathrm{e}^{-\sigma t}\right]=0 \qquad \sigma>0$$

所以单位阶跃函数的收敛区由 $\sigma>0$ 给出,为 s 平面的右半平面。

(3) 指数函数

对于指数函数 $\mathrm{e}^{\alpha t}$,式(5-8)只有当 $\sigma>\alpha$ 时方能满足,即

$$\lim_{t\to\infty}\left[\mathrm{e}^{\alpha t}\mathrm{e}^{-\sigma t}\right]=\lim_{t\to\infty}\left[\mathrm{e}^{(\alpha-\sigma)t}\right]=0 \qquad \sigma>\alpha$$

故其收敛区为 $\sigma>\alpha$。

应该说明的是,在工程技术中实际遇到的有始信号,都是指数阶信号,且一般也都具有分段连续的性质。因此只要 σ 取得足够大,式(5-8)总是能满足的;也就是说实际上存在的有始信号,其单边拉普拉斯变换一定存在。当然,也有某些函数随时间的增长较指数函数为快,如 $t^t\varepsilon(t)$ 或 $\mathrm{e}^{t^2}\varepsilon(t)$ 等,对这样的函数,不论 σ 取何值,式(5-8)都不能满足,单边拉普拉斯变换就不存在。然而这类函数在实用中不会遇到,因此也就没有讨论的必要。在本书中将主要讨论单边拉普拉斯变换,并简称为拉普拉斯变换。又因为其收敛区必定存在,所以在单边拉普拉斯变换的讨论中将不再说明函数是否收敛的问题。关于双边拉普拉斯变换则在 §5.9 中作简要介绍。

此外,由于 σ 是拉普拉斯变换中的变量 s 的实部,所以有时在讨论收敛区间的时候也表示成 Re[s]。例如上面指数函数的收敛区间 $\sigma > \alpha$ 也可以记为 Re[s]$> \alpha$。

§5.4 常用函数的拉普拉斯变换

有些函数是在应用中经常遇到的,本节将对一些常见的函数求取其拉普拉斯变换。实际上,如果函数 $f(t)$ 的拉普拉斯变换收敛区包括 $j\omega$ 轴在内,则只要将其频谱函数中的 $j\omega$ 换成 s,就可得到函数 $f(t)$ 的拉普拉斯变换;反之,如果将拉普拉斯变换中 s 换为 $j\omega$,则亦可由拉普拉斯变换得到频谱函数。即 $F(s) = F(j\omega)_{j\omega = s}$,或 $F(j\omega) = F(s)_{s = j\omega}$。如果函数的拉普拉斯收敛区不包括 $j\omega$ 轴在内,如指数函数 $e^{\beta t}(\beta > 0)$ 等,则因其频谱函数不存在,拉普拉斯变换必须通过式(5-5)的积分来求取。

工程中常见的函数(除少数例外),通常属于下列两类函数之一:(1) t 的指数函数;(2) t 的正整幂函数。以后将会看到,许多常用的函数如阶跃函数、正弦函数、衰减正弦函数等,都可由这两类函数导出。下面就来讨论一些常见函数的拉普拉斯变换。

1. 单边指数函数 $e^{\alpha t}\varepsilon(t)$($\alpha$ 为常数)

由式(5-5)可得其拉普拉斯变换为

$$F(s) = \mathscr{L}\{e^{\alpha t}\varepsilon(t)\} = \int_0^\infty e^{\alpha t}e^{-st}dt = \int_0^\infty e^{-(s-\alpha)t}dt = \frac{1}{s-\alpha} \tag{5-9}$$

由此可导出一些常用函数的变换。将此公式与第三章例题 3-1 的单边指数信号的傅里叶变换公式(3-52)相比对,这里将其结果重写如下:

$$\mathscr{F}\{e^{-\alpha t}\varepsilon(t)\} = \frac{1}{j\omega + \alpha}$$

为了便于与公式(5-9)相比较,将其中的 α 取反,将公式或可写为

$$\mathscr{F}\{e^{\alpha t}\varepsilon(t)\} = \frac{1}{j\omega - \alpha} \tag{5-10}$$

将其与式(5-9)相比对,可以看到单边指数信号的拉普拉斯变换与傅里叶变换的结果在形式上是非常相似的。但是必须注意:公式(3-52)中 α 的实部必须大于零,也就是公式(5-10)中的 α 的实部一定要小于 0,否则信号就不满足狄利克雷条件,傅里叶变换不存在;而公式(5-9)中的 α 则没有任何限制条件,可以是任意数。两个公式的适用范围不同,公式(5-9)适用范围更宽。

(a) 单位阶跃函数 $\varepsilon(t)$

由于公式(5-9)中 α 可以是任意数,令 $\alpha = 0$ 则得到阶跃信号的拉普拉斯变换为

$$\mathscr{L}\{\varepsilon(t)\} = \frac{1}{s} \tag{5-11}$$

(b) 单边正弦函数 $\sin \omega t \varepsilon(t)$

令公式(5-9)中的 $\alpha = j\omega$,则可以得到

$$\mathscr{L}\{e^{j\omega t}\varepsilon(t)\} = \frac{1}{s-j\omega}$$

由此可得

$$\mathscr{L}\{\sin \omega t \varepsilon(t)\} = \mathscr{L}\left\{\frac{1}{2j}(e^{j\omega t}-e^{-j\omega t})\varepsilon(t)\right\}$$

$$= \frac{1}{2j}\left(\frac{1}{s-j\omega}-\frac{1}{s+j\omega}\right) = \frac{\omega}{s^2+\omega^2} \qquad (5-12a)$$

(c) 单边余弦函数 $\cos \omega t \varepsilon(t)$

与(b)相类似可得

$$\mathscr{L}\{\cos \omega t \varepsilon(t)\} = \frac{1}{2}\mathscr{L}\{(e^{j\omega t}+e^{-j\omega t})\varepsilon(t)\}$$

$$= \frac{1}{2}\left(\frac{1}{s-j\omega}+\frac{1}{s+j\omega}\right) = \frac{s}{s^2+\omega^2} \qquad (5-12b)$$

(d) 单边衰减正弦函数 $e^{-\alpha t}\sin \omega t \varepsilon(t)$

因为

$$e^{-\alpha t}\sin \omega t = \frac{1}{2j}\left[e^{-(\alpha-j\omega)t}-e^{-(\alpha+j\omega)t}\right]$$

故得

$$\mathscr{L}\{e^{-\alpha t}\sin \omega t \varepsilon(t)\} = \frac{1}{2j}\mathscr{L}\{[e^{-(\alpha-j\omega)t}-e^{-(\alpha+j\omega)t}]\varepsilon(t)\}$$

$$= \frac{1}{2j}\left[\frac{1}{(s+\alpha)-j\omega}-\frac{1}{(s+\alpha)+j\omega}\right]$$

$$= \frac{\omega}{(s+\alpha)^2+\omega^2} \qquad (5-13a)$$

(e) 单边衰减余弦函数 $e^{-\alpha t}\cos \omega t \varepsilon(t)$

与(d)相类似可得

$$\mathscr{L}\{e^{-\alpha t}\cos \omega t \varepsilon(t)\} = \frac{s+\alpha}{(s+\alpha)^2+\omega^2} \qquad (5-13b)$$

(f) 单边双曲线正弦函数 $\sinh \beta t \varepsilon(t)$

因为

$$\sinh \beta t = \frac{1}{2}(e^{\beta t}-e^{-\beta t})$$

故得

$$\mathscr{L}\{\sinh \beta t\, \varepsilon(t)\} = \frac{\beta}{s^2-\beta^2} \tag{5-14a}$$

（g）单边双曲线余弦函数 $\cosh \beta t\, \varepsilon(t)$

与（f）相类似可得

$$\mathscr{L}\{\cosh \beta t\, \varepsilon(t)\} = \frac{s}{s^2-\beta^2} \tag{5-14b}$$

2. t 的正整幂函数 $t^n \varepsilon(t)$（n 为正整数）

由式（5-5）有

$$\mathscr{L}\{t^n \varepsilon(t)\} = \int_0^\infty t^n \mathrm{e}^{-st}\mathrm{d}t$$

对上式进行分部积分[①]

$$\int_0^\infty t^n \mathrm{e}^{-st}\mathrm{d}t = -\frac{t^n}{s}\mathrm{e}^{-st}\Big|_0^\infty + \frac{n}{s}\int_0^\infty t^{n-1}\mathrm{e}^{-st}\mathrm{d}t$$

$$= \frac{n}{s}\int_0^\infty t^{n-1}\mathrm{e}^{-st}\mathrm{d}t$$

亦即

$$\mathscr{L}\{t^n \varepsilon(t)\} = \frac{n}{s}\mathscr{L}\{t^{n-1}\varepsilon(t)\} \tag{5-15}$$

以此类推，则得

$$\mathscr{L}\{t^n \varepsilon(t)\} = \frac{n}{s}\mathscr{L}\{t^{n-1}\varepsilon(t)\} = \frac{n}{s}\frac{n-1}{s}\mathscr{L}\{t^{n-2}\varepsilon(t)\} \tag{5-16a}$$

$$= \frac{n}{s}\frac{n-1}{s}\frac{n-2}{s}\cdots\frac{2}{s}\frac{1}{s}\frac{1}{s} = \frac{n!}{s^{n+1}}$$

特别是 $n=1$ 时，有

$$\mathscr{L}\{t\, \varepsilon(t)\} = \frac{1}{s^2} \tag{5-16b}$$

3. 冲激函数 $A\delta(t)$

由第二章式（2-27）给出的冲激函数定义如下

$$\int_{-\infty}^\infty \delta(t)f(t)\,\mathrm{d}t = f(0)$$

由此立即可得

$$\mathscr{L}\{A\delta(t)\} = \int_0^\infty A\delta(t)\mathrm{e}^{-st}\mathrm{d}t = A\mathrm{e}^0 = A$$

---

① 分部积分法参见数学中的微积分相关内容。如果读者对这个公式不熟，也可以用后面 §5.6 介绍的拉普拉斯变换的复频域微分特性求解。

对于单位冲激函数来说，可令上式中 $A=1$，即得

$$\mathscr{L}\{\delta(t)\}=1 \tag{5-17}$$

为了便于使用起见，已有较完全的拉普拉斯变换表以备查阅，表 5-1 是一些常见函数的拉普拉斯变换简表。从表中可以看出，通过拉普拉斯变换，指数函数、三角函数、幂函数等都已变换为复频域中较易处理的函数形式。

表 5-1 常用拉普拉斯变换简表

公式号数	$f(t)=\mathscr{L}^{-1}\{F(s)\}$	$F(s)=\mathscr{L}\{f(t)\}$
1	$\delta(t)$	1
2	$\varepsilon(t)$	$\dfrac{1}{s}$
3	$t\varepsilon(t)$	$\dfrac{1}{s^2}$
4	$t^n\varepsilon(t)$	$\dfrac{n!}{s^{n+1}}$
5	$\mathrm{e}^{\alpha t}\varepsilon(t)$	$\dfrac{1}{s-\alpha}$
6	$t\mathrm{e}^{\alpha t}\varepsilon(t)$	$\dfrac{1}{(s-\alpha)^2}$
7	$t^n\mathrm{e}^{\alpha t}\varepsilon(t)$	$\dfrac{n!}{(s-\alpha)^{n+1}}$
8	$\sin\omega t\,\varepsilon(t)$	$\dfrac{\omega}{s^2+\omega^2}$
9	$\cos\omega t\,\varepsilon(t)$	$\dfrac{s}{s^2+\omega^2}$
10	$\sinh\beta t\,\varepsilon(t)$	$\dfrac{\beta}{s^2-\beta^2}$
11	$\cosh\beta t\,\varepsilon(t)$	$\dfrac{s}{s^2-\beta^2}$
12	$\mathrm{e}^{\alpha t}\sin\omega t\,\varepsilon(t)$	$\dfrac{\omega}{(s-\alpha)^2+\omega^2}$
13	$\mathrm{e}^{\alpha t}\cos\omega t\,\varepsilon(t)$	$\dfrac{s-\alpha}{(s-\alpha)^2+\omega^2}$
14	$2r\mathrm{e}^{\alpha t}\cos(\omega t+\varphi)\varepsilon(t)$	$\dfrac{r\mathrm{e}^{\mathrm{j}\varphi}}{s-\alpha-\mathrm{j}\omega}+\dfrac{r\mathrm{e}^{-\mathrm{j}\varphi}}{s-\alpha+\mathrm{j}\omega}$
15	$\dfrac{1}{\omega_n\sqrt{1-\zeta^2}}\,\mathrm{e}^{-\zeta\omega_n t}\sin(\omega_n\sqrt{1-\zeta^2})\,t\varepsilon(t)$	$\dfrac{1}{s^2+2\zeta\omega_n s+\omega_n^2}$

§5.5 拉普拉斯反变换的计算

现在讨论由拉普拉斯变换反求原函数的问题。求取系统在激励下产生的响应,最终要给出时域的解,即响应要写成时间函数的形式。因此用拉普拉斯变换法对系统进行分析,必然会遇到由拉普拉斯变换反求原函数的问题。对拉普拉斯反变换的求取方法,可利用复变函数理论中的围线积分和留数定理进行。但当拉普拉斯变换为有理函数时,只要具有部分分式方面的代数知识,也同样能够求取拉普拉斯反变换。下面分别介绍这两种方法。

1. 部分分式展开法

设 $F(s)$ 为有理函数,它可由两个 s 的多项式的比来表示,即

$$F(s) = \frac{N(s)}{D(s)} = \frac{b_m s^m + b_{m-1} s^{m-1} + \cdots + b_1 s + b_0}{s^n + a_{n-1} s^{n-1} + \cdots + a_1 s + a_0} \tag{5-18}$$

式中诸系数 a_k、b_k 俱为实数,m 及 n 俱为正整数。这里令分母多项式首项系数为 1,式(5-18)并不失其一般性。如 $m \geq n$ 时,在将上式分解为部分分式前,应先化为真分式,例如

$$F(s) = \frac{3s^3 - 2s^2 - 7s + 1}{s^2 + s - 1}$$

经长除后,得

$$F(s) = 3s - 5 + \frac{s - 4}{s^2 + s - 1}$$

因此,假分式可分解为多项式与真分式之和。多项式的拉普拉斯反变换为冲激函数 $\delta(t)$ 及其各阶导数,如上式中 $\mathscr{L}^{-1}\{5\} = 5\delta(t)$,而 $\mathscr{L}^{-1}\{3s\} = 3\delta'(t)$。因为冲激函数及其各阶导数只在理想情况下才出现,因此一般情况下拉普拉斯变换多为真分式。现在讨论如何将真分式分解为部分分式的两种情形。

(1) $m < n$,$D(s) = 0$ 的根无重根情况

因 $D(s)$ 是 s 的 n 次多项式,故可分解因式如下:

$$D(s) = (s - s_1)(s - s_2) \cdots (s - s_k) \cdots (s - s_n)$$

$$= \prod_{k=1}^{n} (s - s_k) \tag{5-19}$$

又因 $D(s) = 0$ 的根无重根,故上式中 s_1、s_2、$\cdots$、s_k、$\cdots$、s_n 彼此都是不相等的。式(5-18)可写为

$$F(s) = \frac{N(s)}{D(s)} = \frac{N(s)}{(s - s_1)(s - s_2) \cdots (s - s_k) \cdots (s - s_n)}$$

此式可展开为 n 个简单的部分分式之和,每个部分分式分别以 $D(s)$ 的一个因子作为分母,即

$$F(s) = \frac{K_1}{s - s_1} + \frac{K_2}{s - s_2} + \cdots + \frac{K_k}{s - s_k} + \cdots + \frac{K_n}{s - s_n} \tag{5-20}$$

式中:K_1、K_2、$\cdots$、K_k、$\cdots$、K_n 为待定系数。为确定待定系数,可在式(5-20)两边乘以因子 $(s-s_k)$,再令 $s=s_k$,这样式(5-20)的右边就仅留下系数 K_k 一项,故

$$K_k=\left[(s-s_k)\frac{N(s)}{D(s)}\right]_{s=s_k} \tag{5-21a}$$

系数 K_k 还有另一种解法。因为 $s=s_k$ 时 $(s-s_k)$ 及 $D(s)$ 俱为零,所以 $(s-s_k)\dfrac{N(s)}{D(s)}$ 将为不定式 $\dfrac{0}{0}$。由洛必达法则,可得另一求取 K_k 的公式

$$K_k=\lim_{s\to s_k}\left[\frac{(s-s_k)N(s)}{D(s)}\right]$$

$$=\lim_{s\to s_k}\frac{\dfrac{\mathrm{d}}{\mathrm{d}s}\left[(s-s_k)N(s)\right]}{\dfrac{\mathrm{d}}{\mathrm{d}s}D(s)}=\left[\frac{N(s)}{D'(s)}\right]_{s=s_k} \tag{5-21b}$$

在确定了各部分分式的 K 值以后,就可以逐项对每个部分分式求拉普拉斯反变换。由表5-1中的公式5,可得

$$\mathscr{L}^{-1}\left\{\frac{K_k}{s-s_k}\right\}=K_k\mathrm{e}^{s_kt}\varepsilon(t) \tag{5-22}$$

因此从式(5-21a)及式(5-21b)可得

$$\mathscr{L}^{-1}\left\{\frac{N(s)}{D(s)}\right\}=\mathscr{L}^{-1}\left\{\sum_{k=1}^{n}\frac{K_k}{s-s_k}\right\}=\sum_{k=1}^{n}\mathscr{L}^{-1}\left\{\frac{K_k}{s-s_k}\right\}=\sum_{k=1}^{n}K_k\mathrm{e}^{s_kt}\varepsilon(t) \tag{5-23}$$

推导中用到了后面即将介绍的拉普拉斯变换的线性特性。由此可见,有理代数分式的拉普拉斯反变换可以表示为若干指数函数项之和。应该说明,根据单边拉普拉斯变换的定义,反变换在 $t<0$ 区域中应恒等于零,故按上二式所求得的反变换只适用于 $t\geq0$ 的情况。

例题 5-1 求 $\mathscr{L}^{-1}\left\{\dfrac{4s^2+11s+10}{2s^2+5s+3}\right\}$。

解:首先将 $F(s)$ 化为真分式

$$F(s)=\frac{4s^2+11s+10}{2s^2+5s+3}=2+\frac{s+4}{2s^2+5s+3}=2+\frac{1}{2}\left(\frac{s+4}{s^2+\dfrac{5}{2}s+\dfrac{3}{2}}\right)$$

将分母进行因式分解

$$D(s)=\left(s^2+\frac{5}{2}s+\frac{3}{2}\right)=(s+1)\left(s+\frac{3}{2}\right)$$

将 $F(s)$ 中的真分式写成部分分式得

$$\frac{s+4}{2s^2+5s+3}=\frac{1}{2}\left(\frac{K_1}{s+1}+\frac{K_2}{s+\dfrac{3}{2}}\right)$$

求真分式中各部分分式的系数,由式(5-21a)可得

$$K_1 = \left[(s-s_1)\frac{N(s)}{D(s)} \right]_{s=s_1} = \left[(s+1) \cdot \frac{s+4}{(s+1)\left(s+\frac{3}{2}\right)} \right]_{s=-1} = \left[\frac{s+4}{s+\frac{3}{2}} \right]_{s=-1} = 6$$

$$K_2 = \left[\left(s+\frac{3}{2}\right) \frac{s+4}{(s+1)\left(s+\frac{3}{2}\right)} \right]_{s=-\frac{3}{2}} = -5$$

如果用式(5-21b)求系数,则为

$$K_1 = \left[\frac{s+4}{2s+\frac{5}{2}} \right]_{s=-1} = 6$$

$$K_2 = \left[\frac{s+4}{2s+\frac{5}{2}} \right]_{s=-\frac{3}{2}} = -5$$

可见与式(5-21a)所求得的结果是相同的。于是 $F(s)$ 可展开为

$$F(s) = 2 + \frac{1}{2}\left(\frac{6}{s+1}\right) + \frac{1}{2}\left(\frac{-5}{s+\frac{3}{2}}\right)$$

其原函数为

$$\mathscr{L}^{-1}\left\{\frac{4s^2+11s+10}{2s^2+5s+3}\right\} = \mathscr{L}^{-1}\{2\} + \mathscr{L}^{-1}\left\{\frac{3}{s+1}\right\} + \mathscr{L}^{-1}\left\{\frac{-\frac{5}{2}}{s+\frac{3}{2}}\right\}$$

$$= 2\delta(t) + \left(3e^{-t} - \frac{5}{2}e^{-\frac{3}{2}t}\right)\varepsilon(t)$$

例题 5-2 求 $F(s) = \dfrac{s}{s^2+2s+5}$ 的原函数。

解:先将分母分解为因式。由

$$D(s) = s^2 + 2s + 5 = 0$$

可得

$$s_{1,2} = \frac{1}{2}(-2 \pm \sqrt{4-20}) = -1 \pm j2$$

为一对共轭根,式(5-20)的部分分式展开仍适用,现用式(5-21b)确定系数 K。因为

$$D'(s) = 2s + 2$$

故

$$K_1 = \left[\frac{N(s)}{D'(s)}\right]_{s=s_1=-1+j2} = \left[\frac{s}{2s+2}\right]_{s=s_1=-1+j2} = \frac{-1+j2}{j4} = \frac{1}{4}(2+j)$$

$$K_2 = \left[\frac{s}{2s+2}\right]_{s=s_2=-1-j2} = \frac{1}{4}(2-j)$$

事实上,由于 $s_2 = s_1^*$,即 s_2 为 s_1 的共轭复数,故 $K_2 = K_1^*$,K_2 可由 K_1 直接写出。于是 $F(s)$ 展开的部分分式为

$$\frac{s}{s^2+2s+5} = \frac{1}{4}\left(\frac{2+j1}{s+1-j2} + \frac{2-j1}{s+1+j2}\right)$$

逐项求取反变换可得

$$\mathscr{L}^{-1}\left\{\frac{s}{s^2+2s+5}\right\} = \frac{1}{4}\mathscr{L}^{-1}\left\{\frac{2+j1}{s+1-j2} + \frac{2-j1}{s+1+j2}\right\}$$

$$= \frac{1}{4}\left[(2+j1)e^{(-1+j2)t} + (2-j1)e^{(-1-j2)t}\right]\varepsilon(t)$$

$$= \frac{1}{2}e^{-t}(2\cos 2t - \sin 2t)\varepsilon(t)$$

当 $D(s)$ 为二次多项式,且方程 $D(s)=0$ 具有共轭复根时,还可用简便的方法来求取原函数,即将分母配成二项式的平方,将一对共轭复根作为一个整体来考虑。如对例 5-2 中的函数,可先配方为

$$\frac{s}{s^2+2s+5} = \frac{s}{(s^2+2s+1)+4} = \frac{s}{(s+1)^2+2^2}$$

$$= \frac{s+1}{(s+1)^2+2^2} - \frac{1}{(s+1)^2+2^2}$$

由表 5-1 中的公式 12 及 13,可得

$$\mathscr{L}^{-1}\left\{\frac{s}{s^2+2s+5}\right\} = \mathscr{L}^{-1}\left\{\frac{s+1}{(s+1)^2+2^2} - \frac{1}{(s+1)^2+2^2}\right\}$$

$$= e^{-t}\cos 2t\varepsilon(t) - \frac{1}{2}e^{-t}\sin 2t\varepsilon(t)$$

$$= \frac{1}{2}e^{-t}(2\cos 2t - \sin 2t)\varepsilon(t)$$

与例 5-2 的结果一样,但运算步骤大为简化了。

（2） $m<n$,$D(s)=0$ 的根有重根的情况

假设 $D(s)=0$ 有 p 次重根 s_1,则 $D(s)$ 可写为

$$D(s) = (s-s_1)^p(s-s_{p+1})\cdots(s-s_n) \tag{5-24}$$

因此在 $D(s)=0$ 具有重根时,部分分式展开应取如下形式:

$$\frac{N(s)}{D(s)} = \frac{K_{1p}}{(s-s_1)^p} + \frac{K_{1(p-1)}}{(s-s_1)^{p-1}} + \cdots + \frac{K_{12}}{(s-s_1)^2} +$$

$$\frac{K_{11}}{s-s_1} + \frac{K_{p+1}}{s-s_{p+1}} + \cdots + \frac{K_n}{s-s_n} \tag{5-25a}$$

或

$$(s-s_1)^p \frac{N(s)}{D(s)} = K_{1p} + K_{1(p-1)}(s-s_1) + \cdots +$$

$$K_{12}(s-s_1)^{p-2} + K_{11}(s-s_1)^{p-1} +$$

$$(s-s_1)^p \left(\frac{K_{p+1}}{s-s_{p+1}} + \frac{K_{p+2}}{s-s_{p+2}} + \cdots + \frac{K_n}{s-s_n} \right) \tag{5-25b}$$

式中系数可确定如下,令 $s=s_1$,得

$$K_{1p} = \left[(s-s_1)^p \frac{N(s)}{D(s)} \right]_{s=s_1} \tag{5-26a}$$

将式(5-25b)两边对 s 取微分得

$$\frac{\mathrm{d}}{\mathrm{d}s} \left[(s-s_1)^p \frac{N(s)}{D(s)} \right]$$

$$= K_{1(p-1)} + K_{1(p-2)} 2(s-s_1) + \cdots K_{11}(p-1)(s-s_1)^{p-2} +$$

$$\frac{\mathrm{d}}{\mathrm{d}s} \left[(s-s_1)^p \left(\frac{K_{p+1}}{s-s_{p+1}} + \cdots + \frac{K_n}{s-s_n} \right) \right] \tag{5-27}$$

再令 $s=s_1$ 由式(5-27)可得

$$K_{1(p-1)} = \frac{\mathrm{d}}{\mathrm{d}s} \left[(s-s_1)^p \frac{N(s)}{D(s)} \right]_{s=s_1} \tag{5-26b}$$

以此类推,可得重根项的部分分式系数的一般公式如下

$$K_{1k} = \frac{1}{(p-k)!} \frac{\mathrm{d}^{p-k}}{\mathrm{d}s^{p-k}} \left[(s-s_1)^p \frac{N(s)}{D(s)} \right]_{s=s_1} \tag{5-26c}$$

展开式中所有单根项的系数仍可用式(5-21a)或式(5-21b)求取。

一旦确定了系数,就可根据表 5-1 中公式 7 及 5,求取原函数。因为

$$\mathscr{L}^{-1} \left\{ \frac{K_{1k}}{(s-s_1)^k} \right\} = \frac{K_{1k}}{(k-1)!} t^{k-1} \mathrm{e}^{s_1 t} \varepsilon(t) \tag{5-28}$$

所以

$$\mathscr{L}^{-1} \left\{ \frac{N(s)}{D(s)} \right\} = \left[\frac{K_{1p}}{(p-1)!} t^{p-1} + \frac{K_{1(p-1)}}{(p-2)!} t^{p-2} + \cdots + K_{12}t + K_{11} \right] \mathrm{e}^{s_1 t} \varepsilon(t) +$$

$$\sum_{q=p+1}^{n} K_q \mathrm{e}^{s_q t} \varepsilon(t) \tag{5-29}$$

例题 5-3 求 $\dfrac{s+2}{s(s+3)(s+1)^2}$ 的原函数。

解：因分母 $D(s)=0$ 有四个根，两个单根 $s_1=0$、$s_2=-3$ 及一个二重根 $s_3=-1$。故部分分式展开式为

$$\frac{N(s)}{D(s)}=\frac{s+2}{s(s+3)(s+1)^2}=\frac{K_1}{s}+\frac{K_2}{s+3}+\left[\frac{K_{32}}{(s+1)^2}+\frac{K_{31}}{s+1}\right]$$

其待定系数分别确定如下

$$K_1=\left[s\,\frac{N(s)}{D(s)}\right]_{s=0}=\left[\frac{s+2}{(s+3)(s+1)^2}\right]_{s=0}=\frac{2}{3}$$

$$K_2=\left[(s+3)\frac{N(s)}{D(s)}\right]_{s=-3}=\left[\frac{s+2}{s(s+1)^2}\right]_{s=-3}=\frac{1}{12}$$

$$K_{32}=\left[(s+1)^2\frac{N(s)}{D(s)}\right]_{s=-1}=\left[\frac{s+2}{s(s+3)}\right]_{s=-1}=-\frac{1}{2}$$

$$K_{31}=\frac{\mathrm{d}}{\mathrm{d}s}\left[\frac{s+2}{s(s+3)}\right]_{s=-1}$$

$$=\left[\frac{s(s+3)-(s+2)(2s+3)}{s^2(s+3)^2}\right]_{s=-1}=-\frac{3}{4}$$

故得

$$\frac{N(s)}{D(s)}=\frac{s+2}{s(s+3)(s+1)^2}=\frac{2}{3s}+\frac{1}{12(s+3)}-\frac{1}{2(s+1)^2}-\frac{3}{4(s+1)}$$

$$\mathscr{L}^{-1}\left\{\frac{s+2}{s(s+2)(s+1)^2}\right\}=\left[\frac{2}{3}+\frac{1}{12}\mathrm{e}^{-3t}-\frac{1}{2}\left(t+\frac{3}{2}\right)\mathrm{e}^{-t}\right]\varepsilon(t)$$

例题 5-4 求 $F(s)=\dfrac{1}{3s^2(s^2+4)}$ 的原函数。

解：分母 $D(s)=0$ 有四个根，一个二重根 $s_1=0$，一对共轭根 $s_2=+\mathrm{j}2$，$s_3=-\mathrm{j}2$。此函数仍可用前述方法展开为部分分式。

$$\frac{N(s)}{D(s)}=\frac{1}{3s^2(s^2+4)}=\frac{1}{3}\left(\frac{K_{12}}{s^2}+\frac{K_{11}}{s}+\frac{K_2}{s-\mathrm{j}2}+\frac{K_3}{s+\mathrm{j}2}\right)$$

然后用式(5-26)及式(5-21a)或式(5-21b)，确定其系数。但如前述，$D(s)=0$ 中的共轭根在展开为部分分式时最好作为一整体处理较为简单，所以将上式右边后两项合并，得

$$\frac{N(s)}{D(s)}=\frac{1}{3s^2(s^2+4)}$$

$$=\frac{1}{3}\left[\frac{K_{12}}{s^2}+\frac{K_{11}}{s}+\frac{(K_2+K_3)s+\mathrm{j}2(K_2-K_3)}{s^2+4}\right]$$

令系数 $C_1 = K_2 + K_3$，$C_2 = \text{j}2(K_2 - K_3)$，则上式可写为

$$\frac{N(s)}{D(s)} = \frac{1}{3s^2(s^2+4)} = \frac{1}{3}\left(\frac{K_{12}}{s^2} + \frac{K_{11}}{s} + \frac{C_1 s + C_2}{s^2+4}\right)$$

对于确定四个系数 K_{12}、K_{11}、C_1、C_2，这里介绍另一种方法——待定系数法，在方程式两边同时乘以 $D(s)$，得

$$1 = K_{12}(s^2+4) + K_{11}s(s^2+4) + (C_1 s + C_2)s^2$$
$$= (K_{11}+C_1)s^3 + (K_{12}+C_2)s^2 + 4K_{11}s + 4K_{12}$$

显然该等式对任意的 s 值都成立，所以等式两边 s 相同幂次项系数应该相等，于是

$$K_{11} + C_1 = 0, \quad K_{12} + C_2 = 0, \quad 4K_{11} = 0, \quad 4K_{12} = 1$$

可解得四个系数为

$$K_{12} = \frac{1}{4}, \quad K_{11} = 0, \quad C_1 = 0, \quad C_2 = -\frac{1}{4}$$

故

$$\frac{N(s)}{D(s)} = \frac{1}{3s^2(s^2+4)} = \frac{1}{3}\left[\frac{1}{4s^2} - \frac{1}{4(s^2+4)}\right]$$

根据表 5-1 中公式 3 及 8，可得

$$\mathscr{L}^{-1}\left\{\frac{1}{3s^2(s^2+4)}\right\} = \mathscr{L}^{-1}\left\{\frac{1}{12}\left(\frac{1}{s^2} - \frac{1}{s^2+4}\right)\right\}$$
$$= \frac{1}{12}\left(t - \frac{1}{2}\sin 2t\right)\varepsilon(t)$$

从上例中可以看出，当待定系数少于四个时，用待定系数法求取拉普拉斯反变换是很简便的。

2. 围线积分法（留数法）

上面介绍的拉普拉斯反变换的部分分式分解求解法虽然比较方便，但是数学上不是很严格。它实质上是根据已知信号的正变换结果推断出反变换的结论，而且只能用于有理分式形式的 $F(s)$。但是，如果给定的 $F(s)$ 是一个不熟悉的形式，这种推断就很难作出。

严格的拉普拉斯反变换应该由其数学定义导出。拉普拉斯反变换的定义为

$$f(t) = \frac{1}{2\pi\text{j}}\int_{\sigma-\text{j}\infty}^{\sigma+\text{j}\infty} F(s)\,\text{e}^{st}\,\text{d}s$$

这里的积分计算是沿着二维复平面中的一条直线进行的，比较复杂。如果能够将这个线积分转换成为沿一条封闭的曲线进行的围线积分，则根据复变函数理论中的留数定理，有

$$\frac{1}{2\pi\text{j}}\oint_C F(s)\,\text{e}^{st}\,\text{d}s = \sum_{i=1}^{n}\text{Res}_i \tag{5-30}$$

上式左边的积分是在 s 平面内沿一不通过被积函数极点的封闭曲线 C 进行的，而等式右边则是在此围线 C 中被积函数各极点上留数之和。这样一来可以将原来的复杂的积分计算转化为简

单的复变函数的极点上的留数计算,从而简化了反变换的求解。

为了能够应用留数定理计算拉普拉斯反变换,在求拉普拉斯反变换的积分线(由 $\sigma-\mathrm{j}\infty$ 到 $\sigma+\mathrm{j}\infty$)上应补足一条积分路线以构成一个封闭曲线。所加积分路线现取半径为无穷大的圆弧,如图 5-5 所示。同时为了保证增加了积分路线后不会使得原来的计算复杂化,必须要求沿此额外路线(图 5-5 中的弧 $\widehat{ACB}$)函数的积分值为零。即

$$\int_{\widehat{ACB}} F(s)\,\mathrm{e}^{st}\,\mathrm{d}s = 0 \qquad (R\to\infty) \tag{5-31}$$

根据复变函数理论中的约当辅助定理,上式在同时满足下列条件时成立:

(1) $|s|=R\to\infty$ 时,$|F(s)|$ 对于 s 一致地趋近于零。

(2) 因子 e^{st} 的指数 st 的实部应小于 $\sigma_0 t$,即 $\mathrm{Re}[st]=\sigma t<\sigma_0 t$,其中 σ_0 为一固定常数。

第一个条件,除了极少数例外情况(如单位冲激函数及其各阶导数的像函数为 s 的正幂函数),一般都能满足。为了满足第二个条件,当 $t>0$,σ 应小于 σ_0,积分应沿左半圆弧 $\widehat{ACB}$ 进行,如图 5-5 所示。因此

$$f(t) = \frac{1}{2\pi\mathrm{j}}\int_{\sigma-\mathrm{j}\infty}^{\sigma+\mathrm{j}\infty} F(s)\,\mathrm{e}^{st}\,\mathrm{d}s$$

$$= \frac{1}{2\pi\mathrm{j}}\oint_{ACBA} F(s)\,\mathrm{e}^{st}\,\mathrm{d}s = \sum_{i=1}^{n} \mathrm{Res}_i \qquad t>0$$

当 $t<0$ 时,则应沿右半圆弧 $\widehat{ADB}$ 进行,如图 5-6 所示。由于拉普拉斯变换在右半平面收敛,所以此时围线包围的区间都应该处于收敛区间内,其中不可能存在极点,相应的留数等于 0,所以这时应该有 $f(t)=0$。综合 $t>0$ 和 $t<0$ 时的结论,拉普拉斯反变换的结果应该为

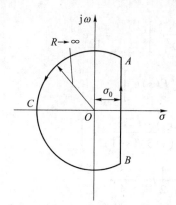

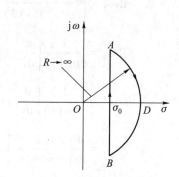

图 5-5　$F(s)$ 的封闭积分路线　　图 5-6　$t<0$ 时的封闭积分路线

$$f(t) = \sum_{i=1}^{n} \mathrm{Res}_i\,\varepsilon(t) \tag{5-32}$$

这样,拉普拉斯反变换的积分运算就转换为求被积函数各极点上留数的运算,从而使运算得到

简化。

接下来的问题是如何计算留数。当 $F(s)$ 为有理函数时，若 s_k 为一阶极点，则其留数为

$$\text{Res}_k = \left[(s-s_k)F(s)e^{st} \right]_{s=s_k} \tag{5-33a}$$

若 s_k 为 p 阶极点，则其留数为

$$\text{Res}_k = \frac{1}{(p-1)!} \left[\frac{d^{p-1}}{ds^{p-1}} (s-s_k)^p F(s)e^{st} \right]_{s=s_k} \tag{5-33b}$$

比较式（5-33a）和式（5-21a）以及式（5-22）可见，当拉普拉斯变换为有理函数时，部分分式经反变换后的计算结果与留数法的计算结果相同。而对于高阶极点，由于式（5-33b）的留数公式中含有因子 e^{st}，在取其导数时，所得结果不止一项，也与部分分式展开法的结果相同。留数法不仅能处理有理函数，也能处理其他形式的函数，因此，其适用范围较部分分式法为广。但运用留数法反求原函数时应注意到，因为冲激函数及其导数不符合约当引理，因此当原函数 $f(t)$ 中包含有冲激函数或其导数时，需先将 $F(s)$ 分解为多项式与真分式之和，由多项式决定冲激函数及其导数项，再对真分式求留数以决定其他各项。

例题 5-5 用留数法求 $\dfrac{s+2}{s(s+3)(s+1)^2}$ 的原函数。

解：现在令 $D(s)=0$，求得两个单极点 $s_1=0, s_2=-3$ 及一个二重极点 $s_3=-1$。按式（5-33a）及式（5-33b）求各极点上的留数。

$$\text{Res}_1 = \left[(s-s_1)F(s)e^{st} \right]_{s=s_1=0}$$

$$= \left[\frac{s+2}{(s+3)(s+1)^2} e^{st} \right]_{s=0} = \frac{2}{3}$$

$$\text{Res}_2 = \left[(s+3) \frac{s+2}{s(s+3)(s+1)^2} e^{st} \right]_{s=s_2=-3} = \frac{1}{12} e^{-3t}$$

$$\text{Res}_3 = \frac{1}{(p-1)!} \left[\frac{d^{p-1}}{ds^{p-1}} (s-s_3)^p F(s)e^{st} \right]_{s=s_3=-1}$$

$$= \frac{1}{(2-1)!} \left[\frac{d}{ds} (s+1)^2 \frac{s+2}{s(s+3)(s+1)^2} e^{st} \right]_{s=-1}$$

$$= \frac{d}{ds} \left[\frac{s+2}{s(s+3)} e^{st} \right]_{s=-1} = -\frac{1}{2} t e^{-t} - \frac{3}{4} e^{-t}$$

$$= -\frac{1}{2} \left(t + \frac{3}{2} \right) e^{-t}$$

由式（5-32）可得

$$f(t) = \mathscr{L}^{-1}\left\{\frac{s+2}{s(s+3)(s+1)^2}\right\}$$

$$= \sum_{i=1}^{3} \operatorname{Res}_i \varepsilon(t) = (\operatorname{Res}_1 + \operatorname{Res}_2 + \operatorname{Res}_3)\varepsilon(t)$$

$$= \left[\frac{2}{3} + \frac{1}{12}e^{-3t} - \frac{1}{2}\left(t + \frac{3}{2}\right)e^{-t}\right]\varepsilon(t)$$

可见所求得的结果与例题 5-3 中用部分分式展开法所得的结果是一样的。

上面介绍了从原函数求拉普拉斯变换及从拉普拉斯变换反求原函数的方法。可以看出,通过拉普拉斯正变换可将时域函数 $f(t)$ 变换为复频域函数 $F(s)$,而通过拉普拉斯反变换则将复频域函数 $F(s)$ 变换为时域函数 $f(t)$。$f(t)$、$F(s)$ 是同一信号在不同域中的两种表现形式,因此 $f(t)$ 与 $F(s)$ 间存在有一定的对应关系。

拉普拉斯变换 $F(s)$ 的性质可以由其零极点来决定。使 $F(s) = 0$ 的 s 值称为函数 $F(s)$ 的**零点**(zero);使 $F(s) = \infty$ 的 s 值称为函数 $F(s)$ 的**极点**(pole)。当 $F(s)$ 为有理函数时,其分子与分母都可用 s 的多项式来表示,即

$$F(s) = \frac{N(s)}{D(s)}$$

分子多项式 $N(s)$ 及分母多项式 $D(s)$ 俱可分解为因子形式。令 $N(s) = 0$ 即可求得函数 $F(s)$ 的零点;令 $D(s) = 0$ 即可求函数 $F(s)$ 的极点。例如函数

$$F(s) = \frac{K(s+2)(s+4)}{s(s^2+9)(s+5)^2}$$

在 $s = -2$ 及 $s = -4$ 处各有一个一阶零点,在 $s = 0$,$\pm j3$ 处各有一个一阶极点,而在 $s = -5$ 处有一个二阶极点。

如果在 s 平面上,用符号 × 表示极点位置,用 ○ 表示零点位置,将 $F(s)$ 的全部零极点绘出即得函数 $F(s)$ 的**零、极点分布图**,或简称为函数 $F(s)$ 的**极零图**(pole-zero diagram)。极零图表示了 $F(s)$ 的特性,由零、极点在复平面中所处的位置,可确定相应的时间函数及其波形。

由本节分析中不难看出,有理函数形式的拉普拉斯变换可展开为部分分式,部分分式的每一项对应于 $F(s)$ 的一个极点,从极点的所在位置参看表 5-2 可得到相应的时间函数 $f(t)$ 的不同模式。即

(1) 负实轴上的极点对应的时间函数按极点的阶数不同具有 $e^{-\alpha t}$、$te^{-\alpha t}$、$t^2 e^{-\alpha t}$ 等形式;

(2) 左半 s 平面内共轭极点对应于衰减振荡 $e^{-\alpha t}\sin \omega t$ 或 $e^{-\alpha t}\cos \omega t$;

(3) 虚轴上共轭极点对应于等幅振荡;

(4) 正实轴上极点对应于指数规律增长的波形;右半 s 平面内的共轭极点则对应于增幅振荡。

表 5-2 $F(s)$ 与 $f(t)$ 的对应关系

$F(s)$	s 平面上的零、极点	时域中的波形	$f(t)$
$\dfrac{1}{s}$			$\varepsilon(t)$
$\dfrac{1}{s^2}$	(2)		$t\varepsilon(t)$
$\dfrac{1}{s^3}$	(3)		$\dfrac{t^2}{2}\varepsilon(t)$
$\dfrac{1}{s+\alpha}$			$e^{-\alpha t}\varepsilon(t)$
$\dfrac{1}{(s+\alpha)^2}$	(2)		$te^{-\alpha t}\varepsilon(t)$
$\dfrac{\omega}{s^2+\omega^2}$			$\sin\omega t\,\varepsilon(t)$
$\dfrac{s}{s^2+\omega^2}$			$\cos\omega t\,\varepsilon(t)$
$\dfrac{\omega}{(s+\alpha)^2+\omega^2}$			$e^{-\alpha t}\sin\omega t\,\varepsilon(t)$

续表

$F(s)$	s 平面上的零、极点	时域中的波形	$f(t)$
$\dfrac{s+\alpha}{(s+\alpha)^2+\omega^2}$	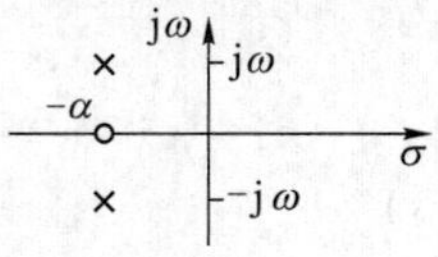	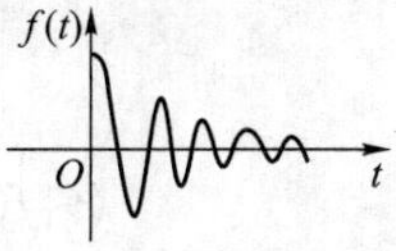	$e^{-\alpha t}\cos\,\omega t\,\varepsilon(t)$
$\dfrac{2\omega s}{(s^2+\omega^2)^2}$	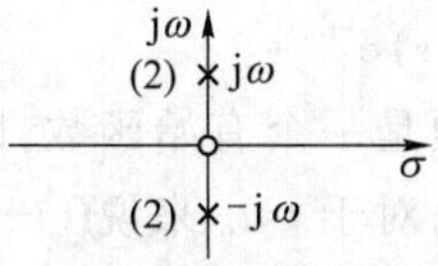	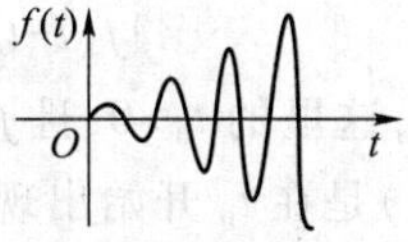	$t\sin\,\omega t\,\varepsilon(t)$

图中极点(×)旁的数字表示极点的阶数,无数字者为一阶极点。

显然,如果 $F(s)$ 具有若干个部分分式项时,则 $f(t)$ 中应是相应的几个时间函数之和。应该注意到由极点的分布只能说明 $f(t)$ 所具有的时间函数的模式,而不能决定每一时间函数的大小,其大小要由部分分式的系数来确定。同时时间函数中所具有的冲激函数或其导数项也不能由极点分布来确定。几种基本的对应关系列于表 5-2 中。至于 $F(s)$ 的零点只与 $f(t)$ 分量的幅度与相位大小有关,不影响时间函数的模式。

§5.6　拉普拉斯变换的基本性质

现在介绍拉普拉斯变换的一些基本性质,运用这些性质可以使某些拉普拉斯变换的求解问题得到简化。由于拉普拉斯变换可视为傅里叶变换在复频域中的推广,傅里叶变换建立了时域与频域间的联系而拉普拉斯变换则建立了时域与复频域间的联系,因此拉普拉斯变换与傅里叶变换相类似的一部分性质的证明,只要在第三章傅里叶变换有关特性的证明中用 s 代替 $j\omega$ 就可以得到。这里就不再证明了。

1. 线性

设
$$\mathscr{L}\{f_1(t)\}=F(s),\quad \mathscr{L}\{f_2(t)\}=F_2(s)$$
则
$$\mathscr{L}\{a_1 f_1(t)+a_2 f_2(t)\}=a_1 F_1(s)+a_2 F_2(s) \tag{5-34}$$
式中 a_1、a_2 为任意常数。

2. 尺度变换

设
$$\mathscr{L}\{f(t)\}=F(s)$$

则当 $a>0$ 时

$$\mathscr{L}\{f(at)\} = \frac{1}{a}F\left(\frac{s}{a}\right) \tag{5-35}$$

3. 时间平移

设

$$\mathscr{L}\{f(t)\} = F(s)$$

则

$$\mathscr{L}\{f(t-t_0)\} = F(s)\,\mathrm{e}^{-st_0} \tag{5-36a}$$

对于单边拉普拉斯变换而言,这里的 $t_0>0$,且 $f(t)$ 必须是一个有始函数,即在 $t<0$ 时,$f(t)=0$。因此,经时间平移以后的 $f(t-t_0)$ 是在 t_0 开始出现的函数,对于 $t<t_0$ 来说 $f(t-t_0)=0$。而式(5-36a)左边的函数初学者容易错误理解为 $f(t-t_0)\varepsilon(t)$ 等形式。由图 5-7 的例子中可以看出:$f(t-t_0)\varepsilon(t-t_0)$ 是 $f(t)\cdot\varepsilon(t)$ 延时 t_0 后形成的函数,它与 $f(t-t_0)\varepsilon(t)$ 或 $f(t)\varepsilon(t-t_0)$ 是不同的,因此为清楚起见,式(5-36a)最好写为

$$\mathscr{L}\{f(t-t_0)\varepsilon(t-t_0)\} = F(s)\,\mathrm{e}^{-st_0} \tag{5-36b}$$

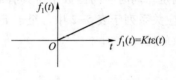

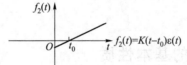

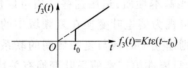

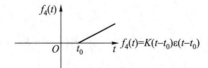

图 5-7 四条不同直线的表示法

由于许多信号常常是由某些基本函数经适当的时间平移后叠加构成的,因此可以运用时间平移特性与表 5-1 来求取这些信号的拉普拉斯变换,从而避开了较为繁杂的积分运算。下面举一个例子。

例题 5-6 求图 5-8 所示的锯齿波的拉普拉斯变换。

解：锯齿波可分解为图 5-8 中所示波形的三个函数之和。

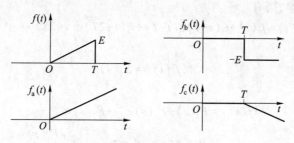

图 5-8 锯齿波及其 3 个分量

即

$$f(t) = f_a(t) + f_b(t) + f_c(t)$$

其中

$$f_a(t) = \frac{E}{T} t \varepsilon(t)$$

$$f_b(t) = -E\,\varepsilon(t-T)$$

$$f_c(t) = -\frac{E}{T}(t-T)\varepsilon(t-T)$$

由表 5-1 及式(5-36b)可得

$$\mathscr{L}\{f_a(t)\} = \frac{E}{Ts^2}$$

$$\mathscr{L}\{f_b(t)\} = -\frac{E}{s} e^{-sT}$$

$$\mathscr{L}\{f_c(t)\} = -\frac{E}{Ts^2} e^{-sT}$$

所以由线性性质，有

$$\mathscr{L}\{f(t)\} = \mathscr{L}\{f_a(t)\} + \mathscr{L}\{f_b(t)\} + \mathscr{L}\{f_c(t)\}$$

$$= \frac{E}{Ts^2} - \frac{E}{s} e^{-sT} - \frac{E}{Ts^2} e^{-sT}$$

$$= \frac{E}{Ts^2}\left[1 - (Ts+1)e^{-st} \right]$$

时间平移特性还可以用来求取有始周期函数的拉普拉斯变换。这里所说的有始周期函数意思是指 $t>0$ 时呈现周期性的函数，在 $t<0$ 范围内函数为零。

设 $f(t)$ 为有始的单边周期函数，其周期为 T；而 $f_1(t)$、$f_2(t)$…分别表示函数的第一周期、第二周期…的函数，则 $f(t)$ 可写为

$$f(t) = f_1(t) + f_2(t) + f_3(t) + \cdots$$

由于是周期函数,因此$f_2(t)$可看成是$f_1(t)$延时一个周期T构成的,$f_3(t)$可看成是$f_1(t)$延时两个周期构成的,以此类推,则有

$$f(t) = f_1(t) + f_1(t-T)\varepsilon(t-T) + f_1(t-2T)\varepsilon(t-2T) + \cdots \tag{5-37}$$

根据平移特性,若

$$\mathscr{L}\{f_1(t)\} = F_1(s)$$

则

$$\begin{aligned}\mathscr{L}\{f(t)\} &= F_1(s) + F_1(s)e^{-sT} + F_1(s)e^{-2sT} + \cdots \\ &= F_1(s)[1 + e^{-sT} + e^{-2sT} + \cdots] = \frac{F_1(s)}{1-e^{-sT}}\end{aligned} \tag{5-38}$$

式(5-38)说明,周期为T的有始函数$f(t)$的拉普拉斯变换等于第一周期单个函数的拉普拉斯变换乘以周期因子$\dfrac{1}{1-e^{-sT}}$。

例题 5-7 求图 5-9 半波正弦函数的拉普拉斯变换。

解: 先求第一个半波$f_1(t)$的拉普拉斯变换。由图 5-10 可以看出,$f_1(t)$可看为两个正弦函数之和,即

$$\begin{aligned}f_1(t) &= f_{1a}(t) + f_{1b}(t) \\ &= E\sin(\omega t)\varepsilon(t) + E\sin\left[\omega\left(t-\frac{T}{2}\right)\right]\varepsilon\left(t-\frac{T}{2}\right)\end{aligned}$$

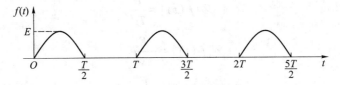

图 5-9 半波正弦函数

由表 5-1 可知正弦函数的拉普拉斯变换为

$$\mathscr{L}\{\sin(\omega t)\varepsilon(t)\} = \frac{\omega}{s^2+\omega^2}$$

故根据时间平移特性,可得

$$\begin{aligned}\mathscr{L}\{f_1(t)\} &= \mathscr{L}\{f_{1a}(t)\} + \mathscr{L}\{f_{1b}(t)\} \\ &= \frac{E\omega}{s^2+\omega^2} + \frac{E\omega}{s^2+\omega^2}e^{-\frac{sT}{2}} = \frac{E\omega}{s^2+\omega^2}\left[1 + e^{-\frac{sT}{2}}\right]\end{aligned}$$

再运用式(5-38),可得半波正弦周期函数的拉普拉斯变换为

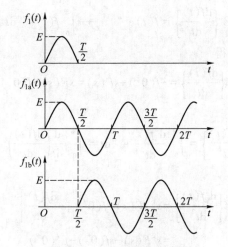

图 5-10　单个半波及其分解

$$\mathscr{L}\{f(t)\} = \frac{E\omega}{s^2+\omega^2} \cdot \frac{1+\mathrm{e}^{-\frac{sT}{2}}}{1-\mathrm{e}^{-sT}} = \frac{E\omega}{s^2+\omega^2} \cdot \frac{1}{1-\mathrm{e}^{-\frac{sT}{2}}}$$

4. 频率平移

设

$$\mathscr{L}\{f(t)\} = F(s)$$

则

$$\mathscr{L}\{f(t)\mathrm{e}^{s_0 t}\} = F(s-s_0)$$

例如，由 $\mathscr{L}\{t\varepsilon(t)\} = \dfrac{1}{s^2}$，运用频率平移性质立即可得

$$\mathscr{L}\{t\mathrm{e}^{-\alpha t}\varepsilon(t)\} = \frac{1}{(s+\alpha)^2}$$

5. 时域微分

设

$$\mathscr{L}\{f(t)\} = F(s)$$

则

$$\mathscr{L}\left\{\frac{\mathrm{d}f(t)}{\mathrm{d}t}\right\} = sF(s) - f(0^-) \tag{5-39a}$$

$$\mathscr{L}\left\{\frac{\mathrm{d}^n f(t)}{\mathrm{d}t^n}\right\} = s^n F(s) - s^{n-1}f(0^-) - s^{n-2}f'(0^-) - \cdots - f^{(n-1)}(0^-) \tag{5-39b}$$

式中 $f(0^-)$ 及 $f^{(k)}(0^-)$ 分别为 $t=0^-$ 时 $f(t)$ 及 $\dfrac{\mathrm{d}^k f(t)}{\mathrm{d}t^k}$ 的值。这些特性可证明如下：

根据拉普拉斯变换的定义，有

$$\mathscr{L}\left\{\frac{\mathrm{d}f(t)}{\mathrm{d}t}\right\} = \int_0^\infty \frac{\mathrm{d}f(t)}{\mathrm{d}t}\mathrm{e}^{-st}\mathrm{d}t \tag{5-40}$$

对式(5-40)运用分部积分法，则有

$$\mathscr{L}\left\{\frac{\mathrm{d}f(t)}{\mathrm{d}t}\right\} = f(t)\mathrm{e}^{-st}\bigg|_{0^-}^{\infty} + s\int_{0^-}^{\infty} f(t)\mathrm{e}^{-st}\mathrm{d}t$$

因为当 $t\to\infty$，$f(t)\mathrm{e}^{-st}\to 0$，故得

$$\mathscr{L}\left\{\frac{\mathrm{d}f(t)}{\mathrm{d}t}\right\} = -f(0^-) + sF(s) = sF(s) - f(0^-)$$

同理可得

$$\mathscr{L}\left\{\frac{\mathrm{d}^2f(t)}{\mathrm{d}t^2}\right\} = \int_0^{\infty} \frac{\mathrm{d}^2f(t)}{\mathrm{d}t^2}\mathrm{e}^{-st}\mathrm{d}t = \int_0^{\infty} \frac{\mathrm{d}}{\mathrm{d}t}\left(\frac{\mathrm{d}f(t)}{\mathrm{d}t}\right)\mathrm{e}^{-st}\mathrm{d}t$$

引用式(5-39a)的结果，则

$$\mathscr{L}\left\{\frac{\mathrm{d}^2f(t)}{\mathrm{d}t^2}\right\} = s\left[sF(s) - f(0^-)\right] - \frac{\mathrm{d}f(t)}{\mathrm{d}t}\bigg|_{t=0^-}$$
$$= s^2F(s) - sf(0^-) - f'(0^-)$$

以此类推即可得 n 阶导数的拉普拉斯变换式(5-39b)。如函数为有始函数，即 $t<0$ 时 $f(t)=0$，则 $f(0^-)$、$f'(0^-)$、$\cdots$、$f^{(n-1)}(0^-)$ 俱为零，于是式(5-39a)及式(5-39b)可简化为

$$\mathscr{L}\left\{\frac{\mathrm{d}f(t)}{\mathrm{d}t}\right\} = sF(s) \tag{5-41a}$$

$$\mathscr{L}\left\{\frac{\mathrm{d}^nf(t)}{\mathrm{d}t^n}\right\} = s^nF(s) \tag{5-41b}$$

在这里时间的起点俱取为 0^-（常称为 0^- 系统）。因此式(5-39)中，函数值 $f(0^-)$、$f'(0^-)$、$\cdots$ 俱是指函数 $f(t)$ 及其各阶导数在 0^- 时的值。如时间起点取 0^+（常称为 0^+ 系统），则上述各函数值俱应换为 0^+ 时的值。通常如果函数 $f(t)$ 在原点不连续，则其导数 $\dfrac{\mathrm{d}f(t)}{\mathrm{d}t}$ 在原点将有一强度为原点跃变值的冲激。在选用 0^- 系统时要考虑这个冲激，而选用 0^+ 系统时则不考虑此冲激。因此，当时间函数在 $t=0$ 处有冲激函数或其导数时，在 0^- 与 0^+ 两种系统中所求得的拉普拉斯变换式将不同。在用拉普拉斯分析法求解系统响应时可任意选用 0^- 系统或 0^+ 系统。当然由于在 0^+ 系统中，原点的冲激未被计入，因此冲激项产生的响应要单独计算，并加到总响应中去。这样无论采用 0^- 系统或 0^+ 系统，所求得的系统响应都将是一样的。为简便计，实用中多选用 0^- 系统。

例题 5-8 $f(t) = \mathrm{e}^{-\alpha t}\varepsilon(t)$ 的波形如图 5-11 所示，试求其导数（如图 5-12 所示）的拉普拉斯变换。

解：函数 $f(t)$ 的拉普拉斯变换为

$$F(s) = \mathscr{L}\left\{\mathrm{e}^{-\alpha t}\varepsilon(t)\right\} = \frac{1}{s+\alpha}$$

如选用 0^- 系统，则

$$\frac{\mathrm{d}f(t)}{\mathrm{d}t} = \frac{\mathrm{d}}{\mathrm{d}t}\left[\mathrm{e}^{-\alpha t}\varepsilon(t)\right] = \mathrm{e}^{-\alpha t}\delta(t) - \alpha\mathrm{e}^{-\alpha t}\varepsilon(t)$$
$$= \delta(t) - \alpha\mathrm{e}^{-\alpha t}\varepsilon(t)$$

对上式求拉普拉斯变换,则可得

$$\mathscr{L}\left\{\frac{\mathrm{d}f(t)}{\mathrm{d}t}\right\} = \mathscr{L}\left\{\delta(t) - \alpha e^{-\alpha t}\varepsilon(t)\right\}$$

$$= 1 - \frac{\alpha}{s+\alpha} = \frac{s}{s+\alpha}$$

如果运用拉普拉斯变换的微分性质,并考虑到 $f(0^-) = 0$,则有

$$\mathscr{L}\left\{\frac{\mathrm{d}f(t)}{\mathrm{d}t}\right\} = sF(s) - f(0^-) = \frac{s}{s+\alpha}$$

可见与直接求取所得到的结果是一致的。

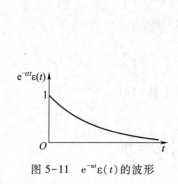

图 5-11 $e^{-\alpha t}\varepsilon(t)$ 的波形

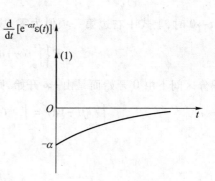

图 5-12 图 5-11 函数的导数

如选用 0^+ 系统,则

$$\frac{\mathrm{d}f(t)}{\mathrm{d}t} = \frac{\mathrm{d}}{\mathrm{d}t}\left[e^{-\alpha t}\varepsilon(t)\right] = -\alpha e^{-\alpha t}\varepsilon(t)$$

对上式进行拉普拉斯变换,则可得

$$\mathscr{L}\left\{\frac{\mathrm{d}f(t)}{\mathrm{d}t}\right\} = \mathscr{L}\left\{-\alpha e^{-\alpha t}\varepsilon(t)\right\} = \frac{-\alpha}{s+\alpha}$$

如运用拉普拉斯变换的微分性质,并考虑到 $f(0^+) = 1$,则有

$$\mathscr{L}\left\{\frac{\mathrm{d}f(t)}{\mathrm{d}t}\right\} = sF(s) - f(0^+)$$

$$= \frac{s}{s+\alpha} - 1 = \frac{-\alpha}{s+\alpha}$$

所得结果与直接求取所得的结果也是一致的。

从上面的分析中可以看出,由于该函数的导数在时间零点上存在有冲激,因此该导数的拉普拉斯变换在 0^- 系统与 0^+ 系统中的结果是不同的。

6. 时域积分

设

$$\mathscr{L}\{f(t)\} = F(s)$$

则

$$\mathscr{L}\left\{\int_0^t f(\tau)\,\mathrm{d}\tau\right\} = \frac{F(s)}{s} \tag{5-42}$$

此式可证明如下：根据定义有

$$\mathscr{L}\left\{\int_0^t f(\tau)\,\mathrm{d}\tau\right\} = \int_0^\infty \left[\int_0^t f(\tau)\,\mathrm{d}\tau\right] \mathrm{e}^{-st}\,\mathrm{d}t$$

对上式运用分部积分可得

$$\mathscr{L}\left\{\int_0^t f(\tau)\,\mathrm{d}\tau\right\} = \frac{-\,\mathrm{e}^{-st}}{s}\int_0^t f(\tau)\,\mathrm{d}\tau\,\bigg|_0^\infty + \int_0^\infty \frac{1}{s} f(t)\,\mathrm{e}^{-st}\,\mathrm{d}t$$

当 $t\to\infty$ 及 $t\to 0$ 时，上式中右边第一项俱为零，故

$$\mathscr{L}\left\{\int_0^t f(\tau)\,\mathrm{d}\tau\right\} = \frac{F(s)}{s}$$

如函数的积分区间不由 0 开始而是由 $-\infty$ 开始，则因

$$\int_{-\infty}^t f(\tau)\,\mathrm{d}\tau = \int_{-\infty}^0 f(\tau)\,\mathrm{d}\tau + \int_0^t f(\tau)\,\mathrm{d}\tau$$

故有

$$\mathscr{L}\left\{\int_{-\infty}^t f(\tau)\,\mathrm{d}\tau\right\} = \frac{F(s)}{s} + \frac{\displaystyle\int_{-\infty}^0 f(\tau)\,\mathrm{d}\tau}{s} \tag{5-43}$$

同前面一样，此处的 0 意味着 0^-。将积分性质推广到双重积分，则有

$$\mathscr{L}\left\{\int_0^t\int_0^\tau f(\lambda)\,\mathrm{d}\lambda\,\mathrm{d}\tau\right\} = \frac{F(s)}{s^2} \tag{5-44}$$

更多重的积分以此类推。

7. 复频域微分与积分

设

$$\mathscr{L}\{f(t)\} = F(s)$$

则

$$\mathscr{L}\{tf(t)\} = -\frac{\mathrm{d}F(s)}{\mathrm{d}s} \tag{5-45}$$

及

$$\mathscr{L}\left\{\frac{f(t)}{t}\right\} = \int_s^\infty F(s)\,\mathrm{d}s \tag{5-46}$$

这一特性的证明留待读者自行作出。

8. 对参变量微分与积分

设 $\qquad \mathscr{L}\{f(t,a)\} = F(s,a)$

式中 a 为参变量，则

$$\mathscr{L}\left\{\frac{\partial f(t,a)}{\partial a}\right\} = \frac{\partial F(s,a)}{\partial a} \tag{5-47}$$

及

$$\mathscr{L}\left\{\int_{a_1}^{a_2} f(t,a)\,\mathrm{d}a\right\} = \int_{a_1}^{a_2} F(s,a)\,\mathrm{d}a \tag{5-48}$$

9. 初值定理

设函数 $f(t)$ 及其导数 $f'(t)$ 存在,并有拉普拉斯变换,则 $f(t)$ 的初值为

$$f(0^+) = \lim_{t \to 0^+} f(t) = \lim_{s \to \infty} sF(s) \tag{5-49a}$$

证明:由时域微分特性有

$$sF(s) - f(0^-) = \int_{0^-}^{\infty} \frac{\mathrm{d}f(t)}{\mathrm{d}t} \mathrm{e}^{-st}\mathrm{d}t$$

$$= \int_{0^-}^{0^+} \frac{\mathrm{d}f(t)}{\mathrm{d}t} \mathrm{e}^{-st}\mathrm{d}t + \int_{0^+}^{\infty} \frac{\mathrm{d}f(t)}{\mathrm{d}t} \mathrm{e}^{-st}\mathrm{d}t$$

$$= f(t)\Big|_{0^-}^{0^+} + \int_{0^+}^{\infty} \frac{\mathrm{d}f(t)}{\mathrm{d}t} \mathrm{e}^{-st}\mathrm{d}t$$

$$= f(0^+) - f(0^-) + \int_{0^+}^{\infty} \frac{\mathrm{d}f(t)}{\mathrm{d}t} \mathrm{e}^{-st}\mathrm{d}t$$

故得

$$sF(s) = f(0^+) + \int_{0^+}^{\infty} \frac{\mathrm{d}f(t)}{\mathrm{d}t} \mathrm{e}^{-st}\mathrm{d}t \tag{5-50}$$

令 $s \to \infty$,则得

$$\lim_{s \to \infty} sF(s) = f(0^+) + \lim_{s \to \infty} \int_0^{\infty} \frac{\mathrm{d}f(t)}{\mathrm{d}t} \mathrm{e}^{-st}\mathrm{d}t$$

因为 $f'(t)$ 存在并有拉普拉斯变换,即上式右边积分项存在,又因 s 不是 t 的函数,故可先令 $s \to \infty$ 然后积分,此时积分为零,即可得式(5-49a)的结果。

如 $f(t)$ 在 $t=0$ 处有冲激及其导数,则 $f(t)$ 的拉普拉斯变换为多项式与真分式之和

$$\mathscr{L}\{f(t)\} = a_0 + a_1 s + \cdots + a_p s^p + F_p(s)$$

此时初值定理应表示为

$$f(0^+) = \lim_{s \to \infty} sF_p(s) \tag{5-49b}$$

10. 终值定理

设函数 $f(t)$ 及其导数 $f'(t)$ 存在,并有拉普拉斯变换,且 $F(s)$ 的所有极点都位于 s 左半平面内(包括在原点处的单极点),则 $f(t)$ 的终值为

$$f(\infty) = \lim_{t \to \infty} f(t) = \lim_{s \to 0} sF(s) \tag{5-51}$$

证明:在式(5-50)中令 $s \to 0$,则有

$$\lim_{s \to 0} sF(s) = f(0^+) + \lim_{s \to 0} \int_{0^+}^{\infty} \frac{\mathrm{d}f(t)}{\mathrm{d}t} \mathrm{e}^{-st}\mathrm{d}t$$

由于 s 不是 t 的函数,上式右边可先令 $s \to 0$ 然后积分

$$\lim_{s \to 0} sF(s) = f(0^+) + f(\infty) - f(0^+) = f(\infty)$$

即得式(5-51)的结果。这里 $F(s)$ 的极点之所以要限制于 s 平面的左半平面内或是在原点处的单极点,主要是为了保证 $\lim_{t \to \infty} f(t)$ 存在。因为如果有极点落在右半平面内,则 $f(t)$ 将随 t 无限地增长;如果有极点落在虚轴上,则所表示的为等幅振荡;在原点处的重阶极点对应的也是随时间增长的函数。在上述的这几种情况下,$f(t)$ 的终值俱不存在。上述定理也就无法运用。

初值定理与终值定理除了用来确定 $f(t)$ 的初值与终值(无需经过反变换)外,还可用来在求拉普拉斯反变换前验证拉普拉斯的正确性。

11. 卷积定理

与傅里叶变换中的卷积定理相类似,拉普拉斯变换也有卷积定理如下:

设
$$\mathscr{L}\{f_1(t)\} = F_1(s), \quad \mathscr{L}\{f_2(t)\} = F_2(s)$$

则
$$\mathscr{L}\{f_1(t) * f_2(t)\} = F_1(s)F_2(s) \tag{5-52a}$$

或
$$\mathscr{L}^{-1}\{F_1(s)F_2(s)\} = f_1(t) * f_2(t) \tag{5-52b}$$

式(5-52)称为时域卷积定理,有时也称为实卷积定理。它表明对应于时域中的卷积运算,在复频域中为乘法运算,即两函数卷积的拉普拉斯变换等于两函数的拉普拉斯变换的乘积。卷积定理可证明如下:

按卷积定义有

$$f_1(t) * f_2(t) = \int_0^t f_1(\tau) f_2(t - \tau) \, d\tau$$

所以

$$\mathscr{L}\{f_1(t) * f_2(t)\} = \mathscr{L}\left\{\int_0^t f_1(\tau) f_2(t - \tau) \, d\tau\right\}$$

$$= \int_0^\infty \left[\int_0^t f_1(\tau) f_2(t - \tau) \, d\tau\right] e^{-st} \, dt$$

变换积分次序,再考虑到对有始函数而言 $f_2(t-\tau)$ 在 $\tau > t$ 时为零,因此括号中积分上限 t 可改为 ∞。得

$$\mathscr{L}\{f_1(t) * f_2(t)\} = \int_0^\infty f_1(\tau) \left[\int_0^\infty f_2(t - \tau) \, \varepsilon(t - \tau) e^{-st} \, dt\right] d\tau$$

根据拉普拉斯变换的时间平移性质,上式方括号中为 $f_2(t-\tau)\varepsilon(t-\tau)$ 的拉普拉斯变换 $F_2(s)e^{-s\tau}$,于是

$$\mathscr{L}\{f_1(t) * f_2(t)\} = \int_0^\infty f_1(\tau) F_2(s) e^{-s\tau} \, d\tau = F_1(s) F_2(s)$$

此即为式(5-52a)。

与时域卷积定理相对应,还有复频域卷积定理,有时也称为复卷积定理。复卷积定理表示如下:

设
$$\mathscr{L}\{f_1(t)\} = F_1(s), \quad \mathscr{L}\{f_2(t)\} = F_2(s)$$
则

$$\mathscr{L}\{f_1(t)f_2(t)\} = \frac{1}{2\pi j}[F_1(s) * F_2(s)] \tag{5-53a}$$

或

$$\mathscr{L}^{-1}\left\{\frac{1}{2\pi j}[F_1(s) * F_2(s)]\right\} = f_1(t)f_2(t) \tag{5-53b}$$

复卷积定理说明时域中的乘法运算对应于复频域中的卷积运算,即两时间函数乘积的拉普拉斯变换等于两时间函数的拉普拉斯变换相卷积并除以常数 $2\pi j$。以上诸式的证明与时域卷积定理相类似,留给读者作为练习去做。

下面来举例说明应用卷积定理以及已知的简单函数的拉普拉斯变换式,如何求解较复杂函数的反变换式。

例题 5-9 已知 $\mathscr{L}\{e^{-\alpha t}\varepsilon(t)\} = \dfrac{1}{s+\alpha}$,试用卷积定理求

$$F(s) = \frac{1}{(s+\alpha)(s+\beta)}$$

的反变换式 $f(t)$。

解: 令

$$\mathscr{L}\{e^{-\alpha t}\varepsilon(t)\} = \mathscr{L}\{f_1(t)\} = \frac{1}{s+\alpha} = F_1(s)$$

$$\mathscr{L}\{e^{-\beta t}\varepsilon(t)\} = \mathscr{L}\{f_2(t)\} = \frac{1}{s+\beta} = F_2(s)$$

由卷积定理可知

$$\mathscr{L}^{-1}\{F(s)\} = \mathscr{L}^{-1}\left\{\frac{1}{(s+\alpha)(s+\beta)}\right\} = f_1(t) * f_2(t)$$

$$= \int_0^t e^{-\alpha t} e^{-\beta(t-\tau)} d\tau = e^{-\beta t}\int_0^t e^{(\beta-\alpha)\tau} d\tau$$

$$= \frac{e^{-\beta t}}{\beta - \alpha}[e^{(\beta-\alpha)t} - 1]\varepsilon(t)$$

$$= \frac{1}{\beta - \alpha}(e^{-\alpha t} - e^{-\beta t})\varepsilon(t)$$

若当 $\alpha = \beta$ 时,求上式的极限,得 s 具有重根时的反变换式为

$$\mathscr{L}^{-1}\left\{\frac{1}{(s+\alpha)^2}\right\} = te^{-\alpha t}\varepsilon(t)$$

例题 5-10 已知 $\mathscr{L}^{-1}\left\{\dfrac{1}{s^2+\alpha^2}\right\}=\dfrac{1}{\alpha}\sin\alpha t\,\varepsilon(t)$，求

$$\mathscr{L}^{-1}\left\{\frac{1}{(s^2+\alpha^2)^2}\right\}$$

解： 令 $F_1(s)=F_2(s)=\dfrac{1}{s^2+\alpha^2}=\mathscr{L}\{f_1(t)\}=\mathscr{L}\{f_2(t)\}$

则 $$\mathscr{L}^{-1}\{F_1(s)F_2(s)\}=f_1(t)*f_2(t)$$

即

$$\mathscr{L}^{-1}\left\{\frac{1}{(s^2+\alpha^2)^2}\right\}=\int_0^t\left(\frac{1}{\alpha}\sin\alpha\tau\right)\left[\frac{1}{\alpha}\sin\alpha(t-\tau)\right]\mathrm{d}\tau$$

$$=\frac{1}{\alpha^2}\left[\sin\alpha t\int_0^t\cos\alpha\tau\sin\alpha\tau\mathrm{d}\tau-\cos\alpha t\int_0^t\sin^2\alpha\tau\mathrm{d}\tau\right]$$

$$=\frac{1}{2\alpha^3}(\sin\alpha t-\alpha t\cos\alpha t)\,\varepsilon(t) \tag{5-54}$$

由此可见，对于本题所举的一类函数，求拉普拉斯反变换时，应用卷积定理就较用部分分式法或用留数法为方便。

现将上述拉普拉斯变换的性质列在表 5-3 中，以便检索。

通过本节的讨论可以看到，利用拉普拉斯变换的基本性质与拉普拉斯变换简表，可以求许多简表上没有的复杂信号的拉普拉斯变换。也就是说拉普拉斯变换的基本性质大大扩展了简表 5-1 的运用范围。

表 5-3 拉普拉斯变换的基本性质

性质	时域 $f(t)$, $t\geqslant 0$	复频域 $F(s)$, $\sigma>\sigma_0$
1. 线性	$a_1f_1(t)+a_2f_2(t)$	$a_1F_1(s)+a_2F_2(s)$
2. 尺度变换	$f(at)$, $a>0$	$\dfrac{1}{a}F\left(\dfrac{s}{a}\right)$
3. 时间平移	$f(t-t_0)\varepsilon(t-t_0)$	$F(s)\mathrm{e}^{-st_0}$
4. 频率平移	$f(t)\mathrm{e}^{s_0t}$	$F(s-s_0)$
5. 时域微分	$\dfrac{\mathrm{d}f(t)}{\mathrm{d}t}$	$sF(s)-f(0^-)$
6. 时域积分	$\displaystyle\int_{-\infty}^t f(\tau)\mathrm{d}\tau$	$\dfrac{F(s)}{s}+\dfrac{\displaystyle\int_{-\infty}^0 f(\tau)\mathrm{d}\tau}{s}$

续表

性质	时域 $f(t),t \geq 0$	复频域 $F(s),\sigma>\sigma_0$
7. 复频域微分	$tf(t)$	$-\dfrac{\mathrm{d}F(s)}{\mathrm{d}s}$
8. 复频域积分	$\dfrac{f(t)}{t}$	$\displaystyle\int_s^\infty F(s)\,\mathrm{d}s$
9. 参变量微分	$\dfrac{\partial f(t,a)}{\partial a}$	$\dfrac{\partial F(s,a)}{\partial a}$
10. 参变量积分	$\displaystyle\int_{a_1}^{a_2} f(t,a)\,\mathrm{d}a$	$\displaystyle\int_{a_1}^{a_2} F(s,a)\,\mathrm{d}a$
11. 时域卷积	$f_1(t)*f_2(t)$	$F_1(s)F_2(s)$
12. 复频域卷积	$f_1(t)f_2(t)$	$\dfrac{1}{2\pi\mathrm{j}}F_1(s)*F_2(s)$
13. 初值	$f(0^+)=\lim\limits_{t\to 0^+}f(t)=\lim\limits_{s\to\infty}sF(s)$	
14. 终值	$f(\infty)=\lim\limits_{t\to\infty}f(t)=\lim\limits_{s\to 0}sF(s)$	

§5.7 线性系统的拉普拉斯变换分析法

1. 由积分微分方程的拉普拉斯变换求系统全响应

用拉普拉斯变换分析法求取系统的响应,可通过对系统的积分微分方程进行变换来得到。即通过变换将时域中的积分微分方程变成复频域中的代数方程,在复频域中进行代数运算后则可得到系统响应的复频域解,将此解再经反变换则得到最终的时域解。在这种变换过程中,反映系统储能的初始条件可自动引入,运算较为简单,所得的响应为系统全响应。例如,对于某二阶系统,有

$$\frac{\mathrm{d}^2}{\mathrm{d}t^2}r(t)+a_1\frac{\mathrm{d}}{\mathrm{d}t}r(t)+a_0r(t)=b_1\frac{\mathrm{d}}{\mathrm{d}t}e(t)+b_0e(t) \tag{5-55}$$

在微分方程两边同时求拉普拉斯变换,可以得到

$$s^2R(s)-s\cdot r(0^-)-r'(0^-)+a_1\cdot\left[sR(s)-r(0^-)\right]+a_0R(s)=b_1sE(s)+b_0E(s)$$

$$s^2R(s)+a_1sR(s)+a_0R(s)=b_1sE(s)+b_0E(s)+(s+a_1)\cdot r(0^-)+r'(0^-)$$

由此可以得到响应的拉普拉斯变换为

$$R(s) = \frac{b_1 sE(s) + b_0 E(s) + (s+a_1) \cdot r(0^-) + r'(0^-)}{s^2 + a_1 s + a_0} \tag{5-56}$$

然后,通过拉普拉斯反变换不难得到 $r(t)$。在这里,由于自动计入了初始条件 $r(0)$、$r'(0)$,所以得到的是包括零输入和零状态在内的全响应。求解出的响应中,零状态分量与零输入分量是混在一起的,但是也不难将其分开,例如上面的响应的拉普拉斯变换可以写成

$$R(s) = \frac{b_1 s + b_0}{s^2 + a_1 s + a_0} E(s) + \frac{(s+a_1) \cdot r(0^-) + r'(0^-)}{s^2 + a_1 s + a_0} \tag{5-57}$$

当系统的初始状态为 0 时,上式只剩下第一项,所以第一项属于系统的零状态响应;当系统的输入为 0 时,上式只剩下第二项,所以第二项属于零输入响应。在这种求解过程中,拉普拉斯变换只是作为一个解积分微分方程的数学工具来考虑。

2. 由积分微分方程的拉普拉斯变换求系统零输入和零状态响应

上面这种解法虽然能够一次性地给出全响应,但是要求使用者能够熟记拉普拉斯变换的微分特性,而且同时要求所使用的初始状态是 $r(0^-)$、$r'(0^-)$、$r''(0^-)$…这样的标准形式,在使用中可能有一些不方便。所以,在实际应用中,还是将响应分为零输入响应和零状态响应两部分求解。仍然以上面公式(5-55)给出的例子来说明求解过程,其中输入响应对应的微分方程为

$$\frac{d^2}{dt^2} r_{zi}(t) + a_1 \frac{d}{dt} r_{zi}(t) + a_0 r_{zi}(t) = 0$$

通过与前面类似的过程,同时在等式两边求拉普拉斯变换,代入初始条件并求解,可以得到零输入响应为

$$R_{zi}(s) = \frac{(s+a_1) \cdot r(0^-) + r'(0^-)}{s^2 + a_1 s + a_0} \tag{5-58}$$

这实际上就是公式(5-57)里的第二部分。这里同样需要提供标准形式的初始状态 $r(0^-)$、$r'(0^-)$、$r''(0^-)$…。

求解零状态的过程也是直接对式(5-55)两边同时求拉普拉斯变换,只不过此时由于系统初始状态为 0,所以结论就简单得多

$$s^2 R_{zs}(s) + a_1 s R_{zs}(s) + a_0 R_{zs}(s) = b_1 sE(s) + b_0 E(s)$$

由此可以得到

$$R_{zs}(s) = \frac{b_1 s + b_0}{s^2 + a_1 s + a_0} E(s) \tag{5-59}$$

这实际上就是式(5-57)中的第一部分。看到等式右边部分中 $E(s)$ 前面的系数,读者可能有似曾相识的感觉。是的,它很像第二章中见到的 $H(p)$ 或者第四章中见到的 $H(j\omega)$,只不过这里的 p 或者 $j\omega$ 变成了 s。这个部分称之为 s 域系统函数,简称为**系统函数**(system function)或者**转移函数**(transfer function),记为 $H(s)$,它反映了 s 域中系统的零状态响应与激励间的运算关系。

$H(s)$ 的定义如下：

$$H(s) = \frac{R_{zs}(s)}{E(s)} \qquad (5\text{-}60)$$

或

$$R_{zs}(s) = H(s)E(s) \qquad (5\text{-}61)$$

式中 $R(s)$ 为 s 域中的零状态响应，即零状态响应的拉普拉斯变换；$E(s)$ 为 s 域中的激励，即激励信号的拉普拉斯变换。正如 $H(p)$ 或者 $H(j\omega)$ 可以直接根据微分方程写出一样，$H(s)$ 也可以直接根据系统的微分方程写出，这样就可以直接通过式(5-61)求出响应的拉普拉斯变换了，而不用通过前面的过程。所以，用拉普拉斯变换求解系统的零状态响应特别方便。因为在绝大多数场合里，我们需要知道的是系统在给定激励的作用下有着什么样的表现，所以在零状态响应与零输入响应两者之间，人们更关心零状态响应。而拉普拉斯变换由于求解零状态响应特别方便，所以得到人们的青睐就毫不为奇了。相比较而言，用它求解零输入响应的时候，必须熟记拉普拉斯变换的微分特性，同时要求提供标准形式的初始状态，所以在使用中未必比时域法来得简单。

式(5-61)还可以通过另外一种方式求得。在第二章中我们知道系统的零状态响应与系统的输入信号呈下面的关系：

$$r_{zs}(t) = h(t) * e(t)$$

在等式两边同时求拉普拉斯变换，并代入卷积性质，同样可以得到式(5-61)。只不过这时候的 $H(s)$ 被定义为系统冲激响应 $h(t)$ 的拉普拉斯变换

$$H(s) = \mathscr{L}\{h(t)\} \qquad (5\text{-}62)$$

或

$$h(t) = \mathscr{L}^{-1}\{H(s)\} \qquad (5\text{-}63)$$

也就是说 $h(t)$ 与 $H(s)$ 是拉普拉斯变换对，可以通过其中的一个求出另一个。通常情况下，$H(s)$ 比较容易得到，例如可以直接根据系统的微分方程写出。因此式(5-63)经常被用于求解系统的单位冲激响应 $h(t)$。这又给了我们一个求解系统冲激响应的方法。例如对例题 2-5 中的微分方程

$$\frac{d^2}{dt^2}r(t) + 4\frac{d}{dt}r(t) + 4r(t) = e(t)$$

可以直接根据这个微分方程写出其系统函数

$$H(s) = \frac{1}{s^2 + 4s + 4} = \frac{1}{(s+2)^2}$$

然后再通过部分分式分解形式的拉普拉斯反变换计算，可以得到

$$h(t) = te^{-2t}\varepsilon(t)$$

所得结果与时域解法中使用的算子法求解 $h(t)$ 是一样的，甚至运算过程中使用到的部分分式分解形式的拉普拉斯反变换计算过程也与时域法中算子的部分分式分解法求解冲激响应的解法

相同。这两种求解方法虽然分别基于系统的转移算子 $H(p)$ 和系统函数 $H(s)$,但两者的形式是一样的,只不过在拉普拉斯变换法中 $H(s)$ 是一个代数表达式,所有的代数运算法当然都适用。事实上,人们正是利用拉普拉斯变换分析法,证明了时域法中算子的部分分式分解法求解冲激响应的正确性。但因为拉普拉斯变换在数学上更加严格,为了减少争议,一般在学习了拉普拉斯变换以后,很多人都采用拉普拉斯变换的方法求解系统的冲激响应,不再使用转移算子 $H(p)$。

3. 由电路的拉普拉斯变换求系统全响应

如果实际的系统是一个电路,可以首先列写出电路的微分方程,然后再使用拉普拉斯变换求解。例如,在图 5-13 的电路中,设激励电压为 $e(t)$,响应电流为 $i(t)$,则相应的积分微分方程为

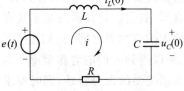

图 5-13 LRC 电路

$$L\frac{di(t)}{dt} + Ri(t) + \frac{1}{C}\int_{-\infty}^{t} i(\tau)d\tau = e(t) \qquad (5-64)$$

对上式两边进行拉普拉斯变换。由拉普拉斯变换的微分性质有

$$\mathscr{L}\left\{L\frac{di(t)}{dt}\right\} = LsI(s) - Li_L(0) \qquad (5-65)$$

式中 $i_L(0)$ 是反映初始磁场储能的电感中的初始电流。同样,由拉普拉斯变换的积分性质有

$$\mathscr{L}\left\{\frac{1}{C}\int_{-\infty}^{t} i(t)dt\right\} = \frac{I(s)}{Cs} + \frac{u_c(0)}{s} \qquad (5-66)$$

式中 $u_c(0)$ 是反映初始电场储能的电容上的初始电压。由式(5-65)和式(5-65)可以看出,在拉普拉斯变换后,系统的初始条件自动地被引入了方程中。由式(5-65)及式(5-66)可以得到式(5-64)的拉普拉斯变换为

$$LsI(s) - Li_L(0) + RI(s) + \frac{1}{Cs}I(s) + \frac{u_C(0)}{s} = E(s)$$

对上述代数方程求解,则得复频域中的响应为

$$I(s) = \frac{E(s) + Li_L(0) - \dfrac{u_c(0)}{s}}{Ls + R + \dfrac{1}{Cs}} = \frac{E(s) + Li_L(0) - \dfrac{u_c(0)}{s}}{Z(s)} \qquad (5-67)$$

对 $I(s)$ 进行拉普拉斯反变换则可得时域解 $i(t)$。从上式中可以看出在变换过程中初始条件已被自动引入,所得的解是响应的全解。

在用拉普拉斯变换求解电路响应的时候,未必要等到列出电路的积分微分方程以后再求拉普拉斯变换。电路分析课程中曾经介绍过,在建立电系统的积分微分方程的过程中,首先需要由基尔霍夫定律列出回路积分微分方程及节点积分微分方程。可以在这时就进行拉普拉斯变换,然后再整理出系统方程。下面用一个例子说明。

例题 5-11 图 5-14 中,已知 $e(t) = 10\,\varepsilon(t)$,电路参量为

$$C = 1F, R_{12} = \frac{1}{5}\ \Omega, R_2 = 1\ \Omega, L = \frac{1}{2}H$$

初始条件为 $u_C(0) = 5$ V, $i_L(0) = 4$ A,方向如图所示。试求响应电流 $i_1(t)$。

解: 由图 5-14 列出回路的积分微分方程如下

$$\begin{cases} R_{12}(i_1 - i_2) + \dfrac{1}{C}\displaystyle\int_{-\infty}^{t} i_1 \mathrm{d}\tau = e(t) \\ R_{12}(i_2 - i_1) + R_2 i_2 + L\dfrac{\mathrm{d}i_2}{\mathrm{d}t} = 0 \end{cases}$$

对上面两个等式两边取拉普拉斯变换,并经整理,则有

$$\begin{cases} \left(R_{12} + \dfrac{1}{Cs}\right) I_1(s) - R_{12} I_2(s) = E(s) - \dfrac{u_C(0)}{s} \\ -R_{12} I_1(s) + (Ls + R_{12} + R_2) I_2(s) = L i_L(0) \end{cases}$$

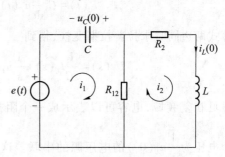

图 5-14　例题 5-11 的电路

代入电路参数,则有

$$\begin{cases} \left(\dfrac{1}{5} + \dfrac{1}{s}\right) I_1(s) - \dfrac{1}{5} I_2(s) = \dfrac{10}{s} + \dfrac{5}{s} = \dfrac{15}{s} \\ -\dfrac{1}{5} I_1(s) + \left(\dfrac{s}{2} + \dfrac{6}{5}\right) I_2(s) = 2 \end{cases}$$

运用行列式求解 $I_1(s)$,可得

$$I_1(s) = \frac{79s + 180}{s^2 + 7s + 12}$$

取拉普拉斯反变换得

$$\begin{aligned} i_1(t) &= \mathscr{L}^{-1}\left\{\frac{79s + 180}{s^2 + 7s + 12}\right\} = \mathscr{L}^{-1}\left\{\frac{79s + 180}{(s+3)(s+4)}\right\} \\ &= \mathscr{L}^{-1}\left\{\frac{-57}{s+3} + \frac{136}{s+4}\right\} = (-57\mathrm{e}^{-3t} + 136\mathrm{e}^{-4t})\varepsilon(t) \end{aligned}$$

对电系统进行分析的过程中,甚至可以直接对电路中的电压和电流求拉普拉斯变换,然后再根据电路列写复频域的电路方程,有时候这样更加简单。这时候必须了解各个元件在复频域下的特性。电阻的特性最为简单,在复频域的特性与时域形式上一样

$$U_R(s) = R I_R(s)$$

而电感在时域的特性为

$$u_L(t) = L \frac{\mathrm{d}}{\mathrm{d}t} i_L(t)$$

等式两边同时求拉普拉斯变换得

$$U_L(s) = sL \cdot I_L(s) - L \cdot i_L(0^-)$$

可见在复频域,电感可以表示成一个阻抗为 sL 的"复"电阻与一个电压为 $-Li_L(0^-)$ 的电压源的串联。对于电容,也可以根据时域特性

$$i_C(t) = C \frac{\mathrm{d}}{\mathrm{d}t} u_C(t)$$

等式两边同时求拉普拉斯变换,得到

$$U_C(s) = \frac{1}{sC} I_C(s) + \frac{1}{s} u_C(0^-)$$

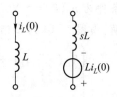

可见在复频域,电容可以表示成一个阻抗为 $\dfrac{1}{sC}$ 的"复"电阻与一

个电压为 $\dfrac{1}{s} u_C(0^-)$ 的电压源的串联。这些等效关系见图 5-15。

如果电感和电容都没有初始储能,它们就可以简化为一个阻值

分别为 sL 和 $\dfrac{1}{sC}$ 的"复"电阻。直接将电路中的电感、电容用复频

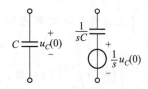

图 5-15 初始条件的等效源

域等效模型代替,就可以得到电路的复频域模型,由此可以通过基尔霍夫定律建立系统方程。这里依然以例题 5-11 的电路为例说明这种求解过程。

例题 5-12 求例题 5-11 电路的零状态响应、零输入响应及全响应。

解:先绘出电路的 s 域模型如图 5-16 所示。

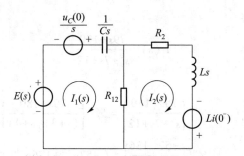

图 5-16 例题 5-11 电路的 s 域模型

由例题 5-11 所给参数有

$$E(s) = \frac{10}{s}, R_{12} = \frac{1}{5}, R_2 = 1, sL = \frac{s}{2}, \frac{1}{sC} = \frac{1}{s}$$

初始条件的等效源为 $U_{Cs}(s) = \dfrac{u_C(0^-)}{s} = \dfrac{5}{s}$, $U_{Ls}(s) = Li(0^-) = 2$。如选用回路电流法,则可直接列出回路运算方程如下:

$$\begin{cases} Z_{11}(s)I_1(s) - Z_{12}(s)I_2(s) = E(s) + U_{Cs}(s) \\ -Z_{12}(s)I_1(s) + Z_{22}(s)I_2(s) = U_{Ls}(s) \end{cases}$$

（1）零状态响应的求解

令初始条件为零。即表示初始储能的电源置零，上述运算方程组成为

$$\begin{cases} Z_{11}(s)I_1(s) - Z_{12}(s)I_2(s) = E(s) \\ -Z_{12}(s)I_1(s) + Z_{22}(s)I_2(s) = 0 \end{cases}$$

运用行列式解法得

$$I_1(s) = \frac{Z_{22}}{\begin{vmatrix} Z_{11} & -Z_{12} \\ -Z_{12} & Z_{22} \end{vmatrix}} E(s) = \frac{Z_{22}E(s)}{Z_{11}Z_{22} - Z_{12}^2}$$

现在

$$Z_{11}(s) = R_{12} + \frac{1}{Cs} = \frac{1}{5} + \frac{1}{s}$$

$$Z_{12}(s) = \frac{1}{5}$$

$$Z_{22}(s) = R_{12} + R_2 + Ls = \frac{1}{5} + 1 + \frac{s}{2} = \frac{6}{5} + \frac{s}{2}$$

代入上式得

$$\begin{aligned} I_1(s) &= \frac{\left(\dfrac{6}{5} + \dfrac{s}{2}\right)\dfrac{10}{s}}{\left(\dfrac{1}{5} + \dfrac{1}{s}\right)\left(\dfrac{6}{5} + \dfrac{s}{2}\right) - \left(\dfrac{1}{5}\right)^2} \\[2mm] &= \frac{5 + \dfrac{12}{s}}{\dfrac{6}{25} + \dfrac{6}{5s} + \dfrac{s}{10} + \dfrac{1}{2} - \dfrac{1}{25}} \\[2mm] &= \frac{50s + 120}{s^2 + 7s + 12} \end{aligned}$$

现在将 $I_1(s)$ 展开为部分分式。

令 $s^2 + 7s + 12 = 0$ 可解得两根 $s_1 = -3, s_2 = -4$，所以

$$I_1(s) = \frac{50s + 120}{s^2 + 7s + 12} = \frac{K_1}{s+3} + \frac{K_2}{s+4}$$

$$K_1 = I_1(s)(s+3)\bigg|_{s=-3} = \frac{50s + 120}{s+4}\bigg|_{s=-3} = -30$$

$$K_2 = I_1(s)(s+4)\bigg|_{s=-4} = \frac{50s + 120}{s+3}\bigg|_{s=-4} = 80$$

故
$$I_1(s) = \frac{-30}{s+3} + \frac{80}{s+4}$$

由表 5-1 的公式 5,得零状态分量为
$$i_{1zs}(t) = (-30e^{-3t} + 80e^{-4t})\varepsilon(t)$$

（2）零输入响应的求解

在求解零输入响应时,首先令激励源为零,然后将电路中的电感和电容用图 5-15 中相应的等效电路替代,然后利用叠加定理,逐一将电感和电容等效电路中的等效激励源产生的响应求出并相加,就可以得到系统的零状态响应。由图 5-16 中可以看出,电容初始电压的等效串联电压源,与图中外加激励电压源所处的位置相当,仅大小现在为 5V,是外接电源电压大小的一半。所以其产生的响应分量也应为 $i_{1zs}(t)$ 的一半,即
$$i_{1C}(t) = (-15e^{-3t} + 40e^{-4t})\varepsilon(t)$$

再看电感初始电流产生的响应分量。在 s 域电路模型中,令外加激励源及电容初始电压的等效源为零,则列出回路的运算方程有
$$\begin{cases} Z_{11}(s)I_{1L}(s) - Z_{12}(s)I_{2L}(s) = 0 \\ -Z_{12}(s)I_{1L}(s) + Z_{22}(s)I_{2L}(s) = 2 \end{cases}$$

解得
$$I_{1L}(s) = \frac{Z_{12}}{\begin{vmatrix} Z_{11} & -Z_{12} \\ -Z_{12} & Z_{22} \end{vmatrix}} \times 2 = \frac{4s}{s^2 + 7s + 12}$$

$$= \frac{4s}{(s+3)(s+4)}$$

用部分分式展开得
$$I_{1L}(s) = \frac{-12}{s+3} + \frac{16}{s+4}$$

故有
$$i_{1L}(t) = (-12e^{-3t} + 16e^{-4t})\varepsilon(t)$$

零输入响应为
$$i_{1zi}(t) = i_{1C}(t) + i_{1L}(t) = (-27e^{-3t} + 56e^{-4t})\varepsilon(t)$$

全响应为
$$i_1(t) = i_{1zs}(t) + i_{1zi}(t) = (-57e^{-3t} + 136e^{-4t})\varepsilon(t)$$

所得结果与由积分微分方程直接取拉普拉斯变换所得结果相同。

从本例中可以看出,虽然几个激励源的位置不同,相应的系统函数也不同,但它们的分母 $D(s)$ 是相同的。这个结论具有广泛性,**具体地说,对于任意一个有多个激励源的电网络,无论用哪个位置上的源进行激励,无论用哪个位置上的物理量作为输出,得到的系统函数的特征方程 $D(s)$ 具有相同的形式。**

例题 5-13 已知输入 $e(t)=e^{-t}\varepsilon(t)$，初始条件为 $r(0)=2$，$r'(0)=1$，系统响应对激励源的

转移函数为 $H(s)=\dfrac{s+5}{s^2+5s+6}$，求系统的响应 $r(t)$。并标出受迫分量与自然分量；瞬态分量与稳态

分量。

解：先求零输入响应 $r_{zi}(t)$，因为

$$H(s)=\frac{s+5}{s^2+5s+6}=\frac{s+5}{(s+2)(s+3)}$$

在 $s_1=-2$ 及 $s_2=-3$ 处各有一单阶极点，故

$$r_{zi}(t)=C_1 e^{-\lambda_1 t}+C_2 e^{-\lambda_2 t}=C_1 e^{-2t}+C_2 e^{-3t}$$

由初始条件确定常数 C_1、C_2：

$$r(0)=C_1+C_2=2$$
$$r'(0)=-2C_1-3C_2=1$$

解得 $C_1=7$，$C_2=-5$。所以

$$r_{zi}(t)=\underbrace{(7e^{-2t}-5e^{-3t})\varepsilon(t)}_{\text{自然分量}}$$

再求零状态响应 $r_{zi}(t)$，因为

$$E(s)=\mathscr{L}\{e^{-t}\varepsilon(t)\}=\frac{1}{s+1}$$

故

$$r_{zs}(t)=\mathscr{L}^{-1}\{H(s)E(s)\}=\mathscr{L}^{-1}\left\{\frac{s+5}{(s+1)(s+2)(s+3)}\right\}$$

用 §5.5 的方法将上式分解为部分分式，得

$$r_{zs}(t)=\mathscr{L}^{-1}\left\{\frac{2}{s+1}+\frac{-3}{s+2}+\frac{1}{s+3}\right\}$$
$$=\underbrace{2e^{-t}\varepsilon(t)}_{\text{受迫分量}}\underbrace{-3e^{-2t}+e^{-3t}\varepsilon(t)}_{\text{自然分量}}$$

将零输入分量与零状态分量相加，得全响应为

$$r(t)=r_{zi}(t)+r_{zs}(t)=\underbrace{2e^{-t}\varepsilon(t)}_{\text{受迫分量}}+\underbrace{(4e^{-2t}-4e^{-3t})\varepsilon(t)}_{\text{自然分量}}$$
$$\underbrace{\hphantom{2e^{-t}\varepsilon(t)+(4e^{-2t}-4e^{-3t})\varepsilon(t)}}_{\text{瞬态分量}}$$

由于 $r(t)$ 中所有分量都是随时间衰减的，故 $r(t)$ 中只有瞬态分量，而稳态分量为零。

最后再给一个电系统分析的例子。

例题 5-14 图 5-17 所示电路中，已知电路参量为：$C_1=1$ F，$C_2=2$ F，$R=3\ \Omega$，初始条件为

$u_{C1}(0)=E$，方向如图所示。设开关在 $t=0$ 时闭合，试求通过电容 C_1 的响应电流 $i_{C1}(t)$。

解：画出该电路的 s 域模型，如图 5-17(b) 所示。则系统的转移函数为输入导纳，即

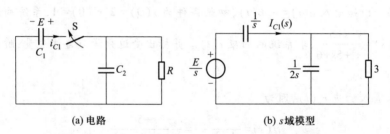

(a) 电路　　　　　　　　(b) s 域模型

图 5-17　一个具有初始储能的 RC 电路及其 s 域模型

$$H(s) = \dfrac{1}{\dfrac{1}{C_1 s} + \dfrac{1}{C_2 s + \dfrac{1}{R}}} = \dfrac{1}{\dfrac{1}{s} + \dfrac{1}{2s + \dfrac{1}{3}}} = \dfrac{s(6s+1)}{9s+1}$$

等效激励源的拉普拉斯变换为

$$E(s) = \dfrac{E}{s}$$

所以响应的拉普拉斯变换为

$$I_{C1}(s) = H(s)E(s) = E\left(\dfrac{6s+1}{9s+1}\right)$$

因上式中右边为假分式, 故应先分为多项式与真分式之和

$$I_{C1}(s) = \dfrac{2E}{3}\left[\dfrac{s+\dfrac{1}{6}}{s+\dfrac{1}{9}}\right] = \dfrac{2E}{3}\left[1 + \dfrac{\dfrac{1}{18}}{s+\dfrac{1}{9}}\right]$$

对上式求拉普拉斯反变换则得

$$i_{C1}(t) = \mathscr{L}^{-1}\{I_{C1}(s)\} = \dfrac{2E}{3}\left[\delta(t) + \dfrac{1}{18}e^{-\frac{t}{9}}\varepsilon(t)\right]$$

在上述解答中出现了冲激函数 $\delta(t)$, 这是由于电容上电压产生突变引起的。当开关闭合时 C_1 与 C_2 并联连接, 两电容上的电压应立即相等, 所以电流中就必然有一冲激分量 $\dfrac{2E}{3}\delta(t)$, 该分量表示在冲激瞬间从电容 C_1 上转移了 $\dfrac{2E}{3}$ 的电荷到电容 C_2 上。冲激电流的大小可由电压平衡关系求出。

当开关闭合前的一瞬间, 即 $t = 0^-$, C_1 上的电荷为 $Q_0 = C_1 E$; 开关闭合后, 即 $t = 0^+$, 根据电压平衡要求有 $\dfrac{Q_1}{C_1} = \dfrac{Q_2}{C_2}$, 同时根据电荷平衡有 $Q_1 + Q_2 = Q_0 = C_1 E$。由此可解得

$$Q_2 = \frac{C_1 C_2}{C_1 + C_2} E = \frac{2}{3} E$$

这说明接通的瞬间，即有 $\frac{2}{3}E$ 的电荷立即由 C_1 转移到 C_2 上，因而电流中就产生一强度为 $\frac{2}{3}E$ 的冲激电流。

从本例中可以看出，当系统转移函数的分子多项式中 s 的最高幂次 m 等于分母多项式中 s 的最高幂次 n 时，零输入响应中除由特征根决定的各项外，还出现有冲激函数项。一般说来，如果响应电流通过的串联回路只有电容或电容和恒压源，则在电路接通时响应中可能出现冲激电流；而如果两节点间的支路全为电感性支路或电感性支路和恒流源，则在电路断开时可能出现冲激电压。在响应存在有冲激函数时，电容电压与电感电流在 0^- 及 0^+ 时是不同的。

这里必须说明，冲激信号是一个幅度为无穷大的理想脉冲信号，在实际电路系统中是不可能出现的。本例题响应中出现冲激电流的原因是因为这是一个理想化的电路，实际电路中由于导线上总是存在一定的电阻（虽然电阻值可能非常小），所以电容间的电荷转移总是会受到导线电阻的影响，也许会出现一个瞬间很大的电流脉冲，但不可能出现这种幅度为无穷大的冲激电流。

§5.8 双边拉普拉斯变换

以上讨论的都是单边拉普拉斯变换。对于符合因果律的系统，如果感兴趣的只是时间 $t \geqslant 0$ 部分的响应，用单边拉普拉斯变换来讨论是很方便的。但有时要考虑的是双边时间函数，如周期信号、平稳随机过程等，或是不符合因果律的理想系统，这时就需要用双边拉普拉斯变换来分析。下面简单地对双边拉普拉斯变换作一讨论。

1. 双边拉普拉斯变换

在本章开头已经给出，双边拉普拉斯变换定义如下：

$$F_d(s) = \mathscr{L}_d\{f(t)\} = \int_{-\infty}^{\infty} f(t) e^{-st} dt \tag{5-68}$$

这里在拉普拉斯变换的符号上加上了下标 d，以示与单边拉普拉斯变换的区别。现在，时间信号 $f(t)$ 是一个双边函数，可将其分解为正时间部分的右边函数 $f_a(t)$ 及负时间部分的左边函数 $f_b(t)$ 之和，即

$$f(t) = \begin{cases} f_a(t) & t \geqslant 0 \\ f_b(t) & t < 0 \end{cases} \tag{5-69a}$$

或写为

$$f(t) = f_a(t)\varepsilon(t) + f_b(t)\varepsilon(-t)^{①} \tag{5-69b}$$

将式(5-69)代入式(5-68),并假设 $f_a(t)$ 和 $f_b(t)$ 的双边拉普拉斯变换都存在,则有

$$F_d(s) = \mathscr{L}_d\{f(t)\} = \int_{-\infty}^{0} f_b(t)e^{-st}dt + \int_{0}^{\infty} f_a(t)e^{-st}dt$$

$$= F_b(s) + F_a(s) \tag{5-70}$$

式(5-70)表明,如 $F_a(s)$、$F_b(s)$ 同时存在,即二者有公共收敛区,则 $f(t)$ 的双边拉普拉斯变换为右边函数 $f_a(t)$ 的拉普拉斯变换 $F_a(s)$ 与左边函数 $f_b(t)$ 的拉普拉斯变换 $F_b(s)$ 之和。如 $F_a(s)$ 与 $F_b(s)$ 没有公共收敛区,则 $f(t)$ 的双边拉普拉斯变换将不存在。

右边时间函数 $f_a(t)$ 的拉普拉斯变换就是前面已讨论过的单边拉普拉斯变换。现在讨论如何求左边函数的拉普拉斯变换 $F_b(s)$。$F_b(s)$ 可以由定义求,也可以通过一些已知的右边信号的拉普拉斯变换推算。由式(5-70),有

$$F_b(s) = \int_{-\infty}^{0} f_b(t)e^{-st}dt \tag{5-71}$$

令 $t=-\tau$,即将左边函数对称于坐标纵轴反褶使其成为右边函数,则式(5-71)成为

$$F_b(s) = \int_{0}^{\infty} f_b(-\tau)e^{s\tau}d\tau$$

再令 $-s=p$,则上式成为

$$F_b(p) = \int_{0}^{\infty} f_b(-\tau)e^{-p\tau}d\tau \tag{5-72}$$

与单边拉普拉斯变换的定义式(5-5)对比,即可看出,式(5-72)就是右边函数 $f_b(-\tau)$ 的单边拉普拉斯变换,仅积分中的时间变量用 τ 表示,复频率变量用 p 表示而已。这样 $F_b(p)$ 仍可用前述的单边变换的方法来求取。综上所述,求取左边函数的拉普拉斯变换 $F_b(s)$ 可按下列步骤进行:

(1) 对信号进行反褶,即令 $t=-\tau$,构成右边函数 $f_b(-\tau)$;

(2) 对 $f_b(-\tau)$ 求单边拉普拉斯变换得 $F_b(p)$ 及其收敛区;

(3) 对复变量 p 求反,即用 $-s$ 代替 p,从而求得 $F_b(s)$。

在求得 $F_a(s)$ 及 $F_b(s)$ 后,再看它们是否有公共收敛区,即可判定 $f(t)$ 的双边拉普拉斯变换是否存在。如有,则可按式(5-70)求出 $F_d(s)$。其收敛区亦可同时给出。

例题 5-15 求双边指数函数 $f(t) = e^{\alpha|t|}$,$\alpha<0$ 的双边拉普拉斯变换。

解: 将图 5-18(a)所示的双边指数函数分解为左边函数与右边函数之和。有

$$f(t) = f(t)\varepsilon(t) + f(t)\varepsilon(-t) \triangleq f_a(t) + f_b(t)$$

其中

$$\begin{cases} f_a(t) = e^{\alpha t} & t \geq 0 \\ f_b(t) = e^{-\alpha t} & t < 0 \end{cases}$$

---

① 这里 $\varepsilon(-t)$ 应理解为由 0^- 到 $-\infty$ 函数值为 1 的函数,即

$$\varepsilon(-t) = \begin{cases} 1 & t < 0 \\ 0 & t \geq 0 \end{cases}$$

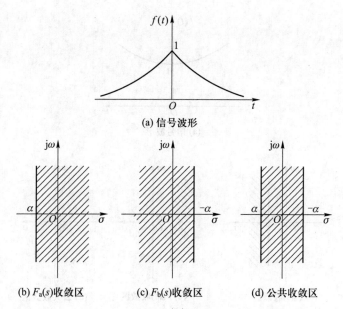

(a) 信号波形

(b) $F_a(s)$收敛区　　(c) $F_b(s)$收敛区　　(d) 公共收敛区

图 5-18　$\alpha<0$ 的双边指数 $e^{\alpha|t|}$ 及其拉普拉斯变换的收敛区

右边函数的拉普拉斯变换前已求得如式(5-9)所示

$$F_a(s) = \frac{1}{s-\alpha}$$

其收敛区为 $\sigma_a > \alpha$，如图 5-18(b)所示。

左边函数的 $F_b(s)$ 求取如下：

(1) 将信号 $f_b(t)$ 反褶：$f_b(-\tau) = f_b(t)\big|_{t=-\tau} = e^{\alpha\tau}\varepsilon(\tau)$；

(2) 求反褶后信号的拉普拉斯变换：

$$F_b(p) = \mathscr{L}\{f_b(-\tau)\} = \mathscr{L}\{e^{\alpha\tau}\varepsilon(\tau)\} = \frac{1}{p-\alpha}, \text{收敛区间：} \mathrm{Re}[p] > \alpha$$

(3) 将上面的变换式及其收敛区表达式中的 p 用 $-s$ 代入，得到

$$F_b(s) = F_b(p)\bigg|_{p=-s} = \frac{-1}{s+\alpha}, \text{收敛区间：} \mathrm{Re}[s] < -a$$

其收敛区 $\sigma_b < -\alpha$，如图 5-18(c)所示。因为 $-\alpha > \alpha$，因此 $F_a(s)$ 与 $F_b(s)$ 有公共收敛区 $\alpha < \sigma < -\alpha$，故 $F_d(s)$ 存在并为

$$F_d(s) = F_a(s) + F_b(s) = \frac{1}{s-\alpha} - \frac{1}{s+\alpha} = \frac{2\alpha}{s^2 - \alpha^2} \qquad \alpha < \sigma < -\alpha$$

如双边指数函数 $e^{\alpha|t|}$ 的 $\alpha > 0$，则因 $-\alpha < \alpha$，$F_a(s)$ 与 $F_b(s)$ 无公共收敛区，其双边拉普拉斯变换不存在。$\alpha > 0$ 时的情况示于图 5-19。

左边指数信号 $f_b(t) = e^{\alpha t}\varepsilon(-t)$ 的双边拉普拉斯变换也可以作为一个基本的变换公式，记为

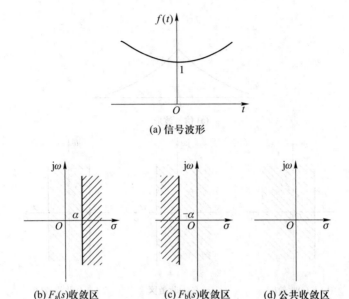

(a) 信号波形

(b) $F_a(s)$收敛区   (c) $F_b(s)$收敛区   (d) 公共收敛区

图 5-19 $\alpha>0$ 时双边指数函数 $e^{\alpha|t|}$ 及其拉普拉斯变换的收敛区

$$\mathscr{L}_d\{e^{\alpha t}\varepsilon(-t)\} = -\frac{1}{s-\alpha} \qquad 收敛区间:\sigma<\alpha \qquad (5-73)$$

可以直接将这个公式代入上面的例题中,计算的过程会更加快捷。这里请注意它与右边指数信号 $e^{\alpha t}\varepsilon(t)$ 的拉普拉斯变换的区别:

$$\mathscr{L}_d\{e^{\alpha t}\varepsilon(t)\} = \frac{1}{s-\alpha} \qquad 收敛区间:\sigma>\alpha$$

首先是变换结果相差一个负号;其次收敛区间不同,右边信号的收敛区间是 $\sigma=\alpha$ 以右的右半平面,而左边信号的收敛区间是 $\sigma=\alpha$ 以左的左半平面,两个收敛平面都不包含收敛轴 $\sigma=\alpha$;第三,极点与收敛区间的相对位置不同,虽然两者的极点都是 $s=\alpha$,但右边信号的极点出现在收敛区间的左侧,左边信号出现在收敛区间的右侧,这个相对关系在例题中的图 5-18(d)中也表现得非常清楚。这些特点对后面将要介绍的反变换运算非常重要。

2. 双边拉普拉斯反变换

在求解双边拉普拉斯反变换时,首先要区分开哪些极点是由左边函数形成的,哪些极点是由右边函数形成的,即极点的归属问题。$F_d(s)$ 的极点应分布于收敛区的两侧。根据上面正变换中看到的结果,如在收敛区中取一任意的反演积分路径,则路径左侧的极点应对应于 $t\geqslant 0$ 的时间函数 $f_a(t)$,右侧的极点则对应于 $t<0$ 的时间函数 $f_b(t)$。$f_a(t)$ 可由对应极点的部分分式项经单边拉普拉斯反变换直接得到,而求 $f_b(t)$ 则可将上述求左边函数正变换的步骤倒过来进行,或者也可以直接套用式(5-73)。具体过程可见下例。

例题 5-16 求 $F_d(s) = \dfrac{-2}{(s-4)(s-6)}$，收敛区为 $4<\sigma<6$ 的时间原函数。

解：根据给定的收敛区与极点分布如图 5-20 可见，左侧极点为 $s_1=4$，右侧极点为 $s_2=6$。

将 $F_d(s)$ 展开为部分分式有

$$F_d(s) = \frac{1}{s-4} + \frac{-1}{s-6}$$

部分分式 $\dfrac{1}{s-4}$ 的极点出现在收敛区间的左边，所以应该对应

于右边函数 $f_a(t)$

$$f_a(t) = \mathscr{L}^{-1}\left\{\frac{1}{s-4}\right\} = e^{4t}\varepsilon(t)$$

而部分分式 $\dfrac{-1}{s-6}$ 的极点出现在收敛区间的右边，所以应该对应

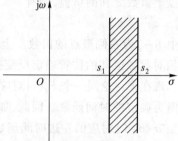

图 5-20 例 5-16 中 $F_d(s)$ 的
收敛区及其极点分布

于左边函数 $f_b(t)$。这里直接根据式(5-73)可以导出其反变换应该为

$$f_b(t) = f_b(\tau)\big|_{\tau=-t} = e^{6t}\varepsilon(-t)$$

最后得其解为

$$f(t) = \begin{cases} e^{4t} & t \geqslant 0 \\ e^{6t} & t < 0 \end{cases}$$

或写为

$$f(t) = e^{4t}\varepsilon(t) + e^{6t}\varepsilon(-t)$$

在这里应指出，在给出双边拉普拉斯变换时必须同时给出收敛区，这样才能保证反变换解的唯一性。如在本例中，设给定的收敛区为 $\sigma>6$，则两极点俱为左侧极点，对应的时间函数为右边函数

$$f(t) = \begin{cases} e^{4t} - e^{6t} & t \geqslant 0 \\ 0 & t < 0 \end{cases}$$

如收敛区为 $\sigma<4$，则两极点俱为右侧极点，对应的是左边函数

$$f(t) = \begin{cases} 0 & t \geqslant 0 \\ e^{6t} - e^{4t} & t < 0 \end{cases}$$

可见同一 $F(s)$ 当给定的收敛区不同时将对应于不同的时间函数。

从 $F_b(s)$ 反求左边时间函数，除按上述求正变换的步骤倒过来进行外，也可用留数法来确定。在 §5.5 中已讨论过，为用留数定理来确定反演积分

$$f(t) = \frac{1}{2\pi j}\int_{c-j\infty}^{c+j\infty} F_d(s)e^{st}\,ds$$

对 $t>0$ 的信号，应在积分路径左方加上半径为无穷大的圆弧使积分路径成为闭合回路。沿此回路逆时针方向的积分，即为回路包围的极点，亦即 $F_d(s)$ 的所有左侧极点上的留数之和，有

$$f_a(t) = \sum \text{Res}_l \qquad t > 0 \tag{5-74}$$

式中 Res_l 表示左侧极点的留数。同理对 $t < 0$ 的信号，应在积分路径右方补充半径为无穷大的圆弧，此时沿回路的积分是顺时针向进行的，因此此回线积分应为其所围极点，即 $F_d(s)$ 所有右侧极点上留数之和的负值，即有

$$f_b(t) = -\sum \text{Res}_r \qquad t < 0 \tag{5-75}$$

式中 Res_r 为右侧极点的留数。上面两个公式同时也进一步从数学上印证了我们前面讨论的极点相对收敛区间的位置确定反变换左右部分的法则。

现在来讨论同一个 $F_d(s)$ 对应的左边函数与右边函数间的关系。因为 $F_d(s)$ 所有极点上的留数俱为确定的时间函数。因此，如果收敛区给出为 $\sigma > \sigma_0$ 时 $F_d(s)$ 对应的右边时间函数为 $f(t)$，则当 $\sigma < \sigma_0$ 时对应的左边时间函数必为 $-f(t)$。即如果

$$\mathscr{L}^{-1}\{F_d(s), \sigma > \sigma_0\} = f(t) \qquad t > 0 \tag{5-76a}$$

则有

$$\mathscr{L}_d^{-1}\{F_d(s), \sigma < \sigma_0\} = -f(t) \qquad t < 0 \tag{5-76b}$$

这样，左边时间函数 $f_b(t)$ 的拉普拉斯变换也可以由先对 $F_b(s)$ 求单边反变换后再乘以 -1 来得到。如在上例中有

$$\mathscr{L}^{-1}\left\{\frac{-1}{s-6}, \sigma > 6\right\} = e^{6t} \qquad t > 0$$

因此

$$\mathscr{L}^{-1}\left\{\frac{-1}{s-6}, \sigma < 6\right\} = e^{6t} \qquad t < 0$$

3. 双边信号作用下线性系统的响应

设激励为双边信号 $f(t)$，它存在有双边拉普拉斯变换 $F_d(s)$，收敛区为 $\sigma_a < \sigma < \sigma_b$；系统符合因果律，其冲激响应为 $h(t)$，系统函数 $H(s)$ 的收敛区为 $\sigma > \sigma_1$。则由卷积定理

$$r(t) = f(t) * h(t) \tag{5-77}$$

有

$$R(s) = F_d(s)H(s) \tag{5-78}$$

显然如果响应存在，则 $F_d(s)$ 与 $H(s)$ 应有公共收敛区，$r(t)$ 即为对应于 $R(s)$ 的时间原函数；如无公共收敛区则 $R(s)$ 不存在。与傅里叶变换分析法一样，这里因为激励信号的时间是从负无穷到正无穷的整个时间区间，所以这里仅需要考虑零状态响应。

例题 5-17 已知激励信号

$$f(t) = \begin{cases} e^{-2t} & t < 0 \\ e^{-4t} & t > 0 \end{cases}$$

系统冲激响应为 $h(t) = e^{-3t}\varepsilon(t)$，求系统的响应。

解： 按双边拉普拉斯变换有

$$F_d(s) = \mathscr{L}_d\{f(t)\} = F_a(s) + F_b(s) = \frac{1}{s+4} - \frac{1}{s+2}, \qquad -4 < \sigma < -2$$

而

$$H(s) = \mathscr{L}\{h(t)\} = \frac{1}{s+3}, \quad \sigma > -3$$

由此可见 $F_d(s)$ 与 $H(s)$ 有公共收敛区 $-3 < \sigma < -2$，故 $R(s)$ 存在，为

$$R(s) = F_d(s)H(s) = \frac{-2}{(s+2)(s+3)(s+4)}$$

$$= \frac{-1}{s+2} + \frac{2}{s+3} - \frac{1}{s+4}, \quad -3 < \sigma < -2$$

由收敛区可判别，对应于右侧极点 -2 的左边时间信号为

$$r_b(t) = \mathscr{L}_d^{-1}\{R_b(s)\} = \mathscr{L}_d^{-1}\left\{\frac{-1}{s+2}\right\} = e^{-2t} \quad t < 0$$

对应于左侧极点 -3、-4 的右边时间信号为

$$r_a(t) = \mathscr{L}^{-1}\{R_a(s)\} = \mathscr{L}^{-1}\left\{\frac{2}{s+3} - \frac{1}{s+4}\right\} = 2e^{-3t} - e^{-4t} \quad t > 0$$

即有

$$r(t) = \begin{cases} e^{-2t} & t < 0 \\ 2e^{-3t} - e^{-4t} & t > 0 \end{cases}$$

从本例中可以看出，在 $t < 0$ 时激励信号强迫系统作出与激励同模式的响应。而在 $t > 0$ 时响应则由激励与系统的特性共同确定。读者还可自行证明，本例中如 $h(t)$ 不变而 $f(t)$ 改为

$$f(t) = \begin{cases} e^{-4t} & t < 0 \\ e^{-5t} & t > 0 \end{cases}$$

或 $f(t)$ 不变而 $h(t)$ 改为 $e^{-t}(t>0)$，则 $F_d(s)$ 与 $H(s)$ 均无公共收敛区，$R(s)$ 将不存在。请注意，这里只是说 $R(s)$ 不存在，并不是说系统的响应 $r(t)$ 不存在。这实际上意味着此时系统的响应不存在拉普拉斯变换，或者说，该问题不适合于用拉普拉斯变换求解。

§5.9 线性系统的模拟

在前几章里，曾经先后详细地讨论了时域和频域的分析方法。对于一个系统进行数学描述和分析当然是十分重要的，但有时也需要对系统进行模拟实验。这是因为一些高阶的复杂物理系统，即使可以抽取出它的数学模型，但是后续的分析和求解依然非常困难，特别是在需要分析多种输入信号下系统响应的时候，或者需要研究系统的参数改变会给系统性能造成怎样的影响、寻找系统最佳参数的时候，需要多次求解方程，计算量很大。而利用模拟实验，可以在各种条件下，通过观察系统的输出对系统的特性进行分析，非常方便。在这方面，电系统有着构造方便、易于观测等独特的优势，可以以极低的代价，构成在数学上与其他物理系统（例如热系统、力学系统、光学系统等）等价的系统，从而可以从这个电系统在模拟实验中的表现推知其他物理系

统的特性,为系统分析提供了一个很好的验证途径。

系统模拟的另外一个用途,是帮助寻找系统实现的途径。在工程应用中,可能根据应用的需求推导出了适合某种用途的系统的转移函数或者微分方程,这个过程称为系统设计。系统设计完成后,紧接着需要解决的问题就是如何在物理上实现这个系统。而系统的模拟为系统的物理实现提供了一个有效的途径。系统的模拟由几种基本的运算器组合起来的图表示。每一基本运算器代表完成一种运算功能的装置,按照它们代表时域中的运算或复频域中的运算,系统的模拟图分为时域模拟图和复频域模拟图。

前已指出,模拟图用的基本运算器有三种,即**加法器**、**标量乘法器**和**积分器**。图 5-21(a)和(b)分别表示加法器和乘法器的运算关系,前者的输出信号等于若干个输入信号之和,后者的输出信号是输入信号的 a 倍,这里 a 是一标量。在图中输入信号用函数 $x(t)$ 或其变换 $X(s)$ 表示,输出信号用函数 $y(t)$ 或其变换 $Y(s)$ 表示。因为时域中的加法运算对应于复频域中的加法运算,时域中的标量乘法运算对应于复频域中的标量乘法运算,所以加法器和乘法器在时域中的模型符号和在复频域中的模型符号相同。

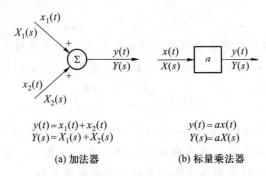

$$y(t) = x_1(t) + x_2(t)$$
$$Y(s) = X_1(s) + X_2(s)$$

(a) 加法器

$$y(t) = ax(t)$$
$$Y(s) = aX(s)$$

(b) 标量乘法器

图 5-21 加法器和标量乘法器框图

积分器的表示法要复杂一点。在初始条件为零时,积分器输出信号和输入信号间的关系为

$$y(t) = \int_{-\infty}^{t} x(\tau)\,d\tau = \int_{0}^{t} x(\tau)\,d\tau$$

若初始条件不为零,则为

$$y(t) = \int_{-\infty}^{t} x(\tau)\,d\tau = \int_{-\infty}^{0} x(\tau)\,d\tau + \int_{0}^{t} x(\tau)\,d\tau$$

$$= y(0) + \int_{0}^{t} x(\tau)\,d\tau$$

上两式的拉普拉斯变换分别为 $Y(s) = \dfrac{X(s)}{s}$ 和 $Y(s) = \dfrac{y(0)}{s} + \dfrac{X(s)}{s}$。所以积分器在初始条件为零和不为零两种情况下的时域模型和复频域模型共有四种,如图 5-22 所示。注意,这里代表积分运算的方框,它们的积分限都是从 0 到 t。

接下来讨论如何用这三种基本运算单元实现一个微分方程描述的系统。先来考虑简单的

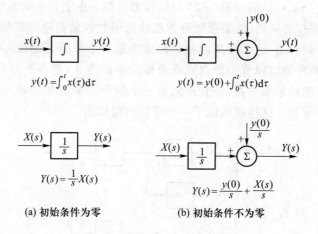

(a) 初始条件为零   (b) 初始条件不为零

图 5-22 积分器框图

一阶微分方程的模拟。这种方程可写成 $y'+a_0y=x$ 的形式,这里为方便计,将 $y(t)$ 和 $x(t)$ 简记为 y 和 x。此方程可以改写为 $y'=x-a_0y$。设在模拟中已经得到量 y',它经过积分即得 y,y 经过标量乘法器乘以 $-a_0$ 得 $-a_0y$,此量与输入函数 x 相加又得 y'。这样一个过程可以用一个积分器,一个标量乘法器和一个加法器连成如图 5-23(a)的结构来模拟,这是时域的模拟图。将上述微分方程进行拉普拉斯变换,则所得变换式显然即可用图 5-23(b)的复频域图来模拟。因为这两种模拟图的结构完全相同,所以以后就只画二者之一,没有必要来重复作图。

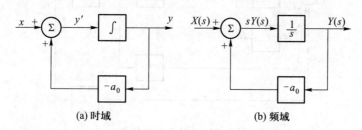

(a) 时域   (b) 频域

图 5-23 一阶系统的模拟

在上面的讨论中没有考虑初始条件,所以在输出信号中没有包含零输入响应。如果初始条件不为零,那么就要像图 5-22(b)那样,在积分器后紧接一加法器把初始条件引入,以便在响应中计入零输入分量。但在实际电路中,积分器中含有电容等储能元件,通过控制电容上的初始电压,就可以使得系统处于指定的初始状态。所以,在模拟图中往往都省去了初始条件,免得模拟图形显得过于拥挤纷乱,在必要时亦可很容易地补充画入。

根据与简单的一阶系统类似的论证,对于简单的[①]二阶系统的微分方程,$y''+a_1y'+a_0y=x$ 也

---

① 这里的"简单"是指微分方程等号的右边只有一个激励项 x。

可将它变成 $y''=x-a_1y'-a_0y$,然后用图 5-24 的结构来模拟。由上述一阶系统和这里二阶系统的模拟,可以得到进行模拟的规则,就是把微分方程输出函数的最高阶导数项保留在等式左边,把其他各项一起移到等式右边;这个最高阶导数即作为第一个积分器的输入,以后每经过一个积分器,输出函数的导数阶数就降低一阶直到获得输出函数为止;把各个阶数降低了的导数及输出函数分别通过各自的标量乘法器,一齐送到第一个积分器前的加法器与输入函数相加,加法器的输出就是最高阶导数。这样就构成了一个完整的模拟图。

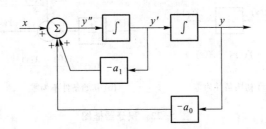

图 5-24 二阶系统的模拟

应用以上规则,可以很容易地把一个用 n 阶微分方程

$$y^{(n)}+a_{n-1}y^{(n-1)}+\cdots+a_1y+a_0y=x \tag{5-79}$$

描写的简单的 n 阶系统用图 5-25 的结构来模拟。

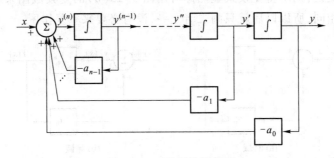

图 5-25 n 阶系统的模拟

到现在为止,所考虑的系统的微分方程中,只包含有输入函数 x,而在一般情况下,方程中还可能包含有 x 的导数。为研究这问题,现在来考察二阶微分方程

$$y''+a_1y'+a_0y=b_1x'+b_0x \tag{5-80}$$

这里输入函数 x 的导数的阶数低于输出函数 y 的导数的阶数,一般的实际系统都是这样的。对于这样的系统,可以用不同的方法来模拟,其中之一是引用一辅助函数 $q(t)$,使之满足条件

$$q''+a_1q'+a_0q=x \tag{5-81}$$

这样,立刻就可用上述方法来模拟这个方程。函数 $q(t)$ 并不是所要求的输出函数 $y(t)$,但可证明在式(5-81)成立的条件下,它们之间存在下列关系

$$y = b_1 q' + b_0 q \tag{5-82}$$

为证明这结论，只要把此式与式（5-81）代入式（5-80）即可，这里不作推演。这样一来，式（5-80）就可以用式（5-81）、式（5-82）两式来等效地表示。于是这个一般的二阶系统可用图 5-26 的结构来模拟。

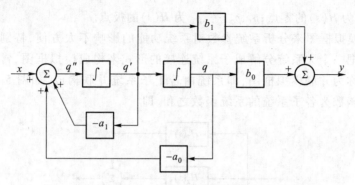

图 5-26　一般二阶系统的模拟

按照同样的道理，可以对于一般的 n 阶系统进行模拟，系统的方程是

$$y^{(n)} + a_{n-1} y^{(n-1)} + \cdots + a_1 y' + a_0 y$$
$$= b_m x^{(m)} + b_{m-1} x^{(m-1)} + \cdots + b_1 x' + b_0 x \tag{5-83}$$

式中 $m<n$。图 5-27 表示这种模拟的结构，其中令 $m=n-1$。如果 m 的阶数更低，或 x 的导数中有若干缺项，只要令有关的系数 b 为零，在模拟图中把相应的标量乘法器去掉就可以了。

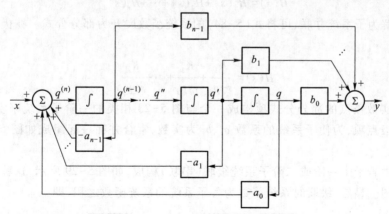

图 5-27　一般的 n 阶系统的模拟

以上讨论的框图是直接依据系统的微分方程或系统函数作出的，一般称为直接模拟框图。图 5-27 所示的 n 阶系统的系统函数为

$$H(s) = \frac{b_m s^m + b_{m-1} s^{m-1} + \cdots + b_1 s + b_0}{s^n + a_{n-1} s^{n-1} + \cdots + a_1 s + a_0} \tag{5-84}$$

$$= b_m \frac{(s-z_1)(s-z_2)\cdots(s-z_m)}{(s-p_1)(s-p_2)\cdots(s-p_n)}$$

式中:z_1、z_2、$\cdots$、z_m 为 $H(s)$ 的零点;p_1、p_2、$\cdots$、p_n 为 $H(s)$ 的极点。

有时用直接模拟框图来分析系统参数对系统功能的影响不太方便,特别对大系统尤其如此。实用中也常把一个大系统分解成子系统连接的形式来构成模拟框图,常用的有下列两种连接方法。一种称为并联模拟框图,即系统由若干子系统并联构成,如图 5-28 所示。显然,并联连接时系统函数为各子系统的系统函数之和,即

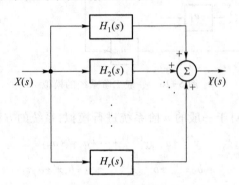

图 5-28 子系统的并联

$$H(s) = H_1(s) + H_2(s) + \cdots + H_r(s) \tag{5-85}$$

为将大系统分解为子系统并联,可将式(5-84)的系统函数展开为部分分式。在极点俱为单极点时有

$$H(s) = \frac{K_1}{s-p_1} + \frac{K_2}{s-p_2} + \cdots + \frac{K_n}{s-p_n} \tag{5-86}$$

对应于每一个实数极点的部分分式项构成一个与图 5-23 相类的一阶子系统来实现;而对应于一对共轭复数极点项,为使子系统的系数 a_i、b_i 为实数,常合并在一起组成如图 5-26 所示的二阶子系统实现。

系统也可由若干个一阶或二阶子系统级联(串联)构成,如图 5-29 所示,这种连接形式常称为级联模拟框图。显然,级联时系统函数为各子系统的系统函数之积,即

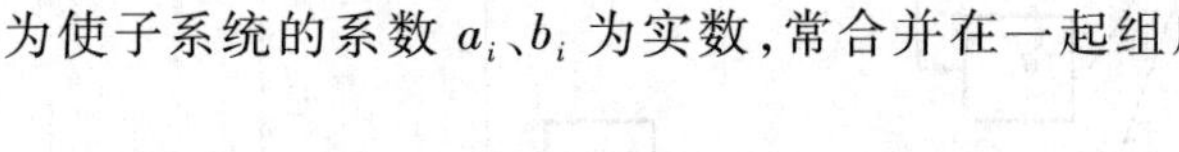

$$X(s) \rightarrow \boxed{H_1(s)} \rightarrow \boxed{H_2(s)} \rightarrow \cdots \rightarrow \boxed{H_r(s)} \rightarrow Y(s)$$

图 5-29 子系统的级联

$$H(s) = H_1(s) \cdot H_2(s) \cdots H_r(s) \tag{5-87}$$

其实现过程与并联结构的推导过程类似,而且不用通过部分分式展开。读者可以自行推导。

模拟框图为系统的实现提供了一个有力的工具。在实际应用中,常常会遇到一些从数学原理上推导出来的、满足特定工程应用需求的系统的 $H(s)$,然后需要在物理上实现这个系统。在电系统中,有很多电路可以实现框图中的加法器、标量乘法器、积分器等基本单元,特别是结合运放等单元,有时候一些电路可以同时实现标量乘法和加法等多种运算。有了这些单元以后,依据框图的连接关系将各个单元电路相连接,就可以实现 $H(s)$ 描述的系统。这种方法也经常被应用于系统仿真,通过构造一个与复杂的、不易观察的其他物理系统具有相同 $H(s)$ 的电系统,观察它在各个情况下的输出,来分析那个物理系统会出现的各种问题。这实际上就是早期模拟计算机(analog computer)的原型。在数字计算机(digital computer)出现以前,这是一个非常有效的系统仿真计算的途径。虽然现在都是使用数字计算机进行系统仿真计算了,但是在很多软件中都可以看到框图的影子,例如 Matlab 软件中的 simulink 工具就支持使用框图的方法进行系统仿真计算,通过模拟框图可以很快地在 simulink 界面下构造出 $H(s)$ 描述的系统,为后续的仿真计算打下基础。

在作实际的模拟实验时,也不是直接按照上述各图在计算机中进行模拟。因为实际工作中有许多具体问题需要考虑,例如需要作幅度或时间的尺度变换,以便能够在短时间内完成一个系统长期运行时的输出或者其他相关参数的仿真。因此,实际的模拟图会有些不一样,在使用中可以根据实际情况调整相关的参数以及时间的尺度。同时,模拟框图也可以为系统的实现指出一条可行的途径。在大规模集成电路飞速发展的今天,用运算放大器实现各种基本运算器非常方便,成本也变得非常低廉。用这样的基本单元,按照上述法则进行连接,就可以实现任意微分方程描述的系统。

§ 5.10　信号流图

为求取系统转移函数 $H(s)$,一般情况下就需要解由系统微分方程经变换后得到的代数方程。当系统比较复杂,包含有多个回路或多个节点时就需要求解一组联立的代数方程,这种解联立方程组的运算通常是比较麻烦的,特别是在系统中包含有处于线性工作的有源器件并且系统具有反馈时其计算更为繁复。这时运用**信号流图**按一定规则进行分析则能较迅速地求得结果。本节将介绍一些有关信号流图的基本知识,包括流图的构筑、流图的化简及目前广为运用的梅森(Mason)公式。

信号流图用线图结构来描述线性方程组变量间的因果关系,因此也可看成是一种模拟图。在信号流图中,用称为**结点**(node)的小圆点来代表信号变量。各信号变量间的因果关系则用称为**支路**(branch)(或**路径**)的有向线段来表示,支路的起点为因,支路的终点为果,支路的方向表示信号流动的方向。同时在支路上标注上信号的**传输值**(transmittance),传输值实际上就是因果变量间的转移函数。这样,每一信号变量就等于所有指向该变量的支路的入端变量与相应的支路传输值的乘积之和。例如用图 5-23(b)框图表示的一阶系统,如用流图来描述则为图 5-30。从图中不难看出变量 $sY(s)$ 为变量 $X(s)$ 乘上传输值 1 加上变量 $Y(s)$ 乘上传输值 $-a_0$ 所得到的结果,即

$$sY(s) = X(s) - a_0 Y(s)$$

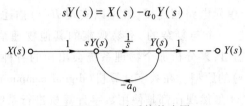

图 5-30 一阶系统的流图

这就是在复频域中描述一阶系统的方程。流图中结点兼有加法器的作用,同时省去了方框,因此较框图简洁,使用也更为方便。

下面先介绍信号流图分析中常用的一些术语。

结点(node) 表示信号变量的点。如图 5-30 中的点 $X(s)$、$sY(s)$、$Y(s)$。

支路(branch) 表示信号变量间因果关系的有向线段。

支路传输值(branch transmittance) 支路因果变量间的转移函数。如图 5-30 中 $X(s)$ 与 $sY(s)$ 变量间的支路传输值为 1。

入支路(incoming branch) 流向结点的支路,如图 5-30 中结点 $sY(s)$ 有两条入支路,传输值分别为 1 及 $-a_0$。

出支路(outgoing branch) 流出结点的支路,如图 5-30 中结点 $sY(s)$ 有一条出支路,传输值为 $\frac{1}{s}$。

源结点(source node) 仅有出支路的结点,通常源结点表示该信号为输入激励信号 $X(s)$,如图 5-30 中结点 $X(s)$。

汇结点(sink node) 仅有入支路的结点。通常用汇结点表示输出响应信号。为了把输出信号表示为汇结点,有时需要加上一根传输值为 1 的有向线段,如在图 5-30 中,若加上如虚线所示的传输值为 1 的有向线段,则 $Y(s)$ 将成为汇结点。

闭环(closed loop) 信号流通的闭合路径称为闭环,图 5-30 中结点 $sY(s)$ 与 $Y(s)$ 间则为一闭环。闭环亦常简称为环。

自环(self loop) 仅包含有一支路的闭环。

前向路径(forward path) 由源结点至汇结点不包含有任何环路的信号流通路径,称为前向路径。如图 5-30 仅有一条前向路径 $X(s) \rightarrow sY(s) \rightarrow Y(s)$。

现在来讨论信号流图的构筑问题。对于简单的系统可用观察法构筑信号流图,即由电路图中首先找出由输入信号到输出信号的流程及流程中的各有关信号变量,并找出各信号变量间相互的传输值,然后用结点表示各信号变量,用支路表示信号流向及传输值,按信号的流

程相连即可画出信号流图。所选的变量不同,流图在形式上也不相同。一般可选回路电流及节点电压为信号变量。现在以图 5−31(a)的无源网络为例来说明这个问题。从图 5−31(a)中不难看出信号流程为 $E(s) \rightarrow I_1(s) \rightarrow U_1(s) \rightarrow I_2(s) \rightarrow U(s)$,选择流程中各电流、电压为信号变量,由基尔霍夫定律知各变量间的因果关系如下

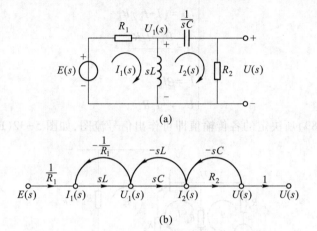

(a)

(b)

图 5−31 一个无源双口网络及其信号流图

$$\begin{cases} I_1(s) = \dfrac{E(s) - U_1(s)}{R_1} = \dfrac{E_1(s)}{R_1} - \dfrac{U_1(s)}{R_1} \\[2mm] U_1(s) = [I_1(s) - I_2(s)]Ls = LsI_1(s) - LsI_2(s) \\[2mm] I_2(s) = \dfrac{U_1(s) - U(s)}{\dfrac{1}{Cs}} = CsU_1(s) - CsU(s) \\[2mm] U(s) = R_2 I_2(s) \end{cases} \qquad (5-88)$$

从上面分析可知此流图包含五个信号变量,故应有五个结点。将五个结点依次按上述流程方向排列。再对每一结点作出其所有的输入支路,包括自环,如对结点 $I_1(s)$ 就有两个输入支路,分别由 $E(s)$ 及 $U_1(s)$ 指向 $I_1(s)$,其传输值分别为 $\dfrac{1}{R_1}$ 及 $-\dfrac{1}{R_1}$。其他结点同样处理,则可得图 5−31(b)的信号流图。这是一个具有三环的信号流图。图中为将输出信号表示为汇结点,增加了一条传输值为 1 的支路。

当系统中包含有线性运用的有源器件时,只需将有源器件用包含有受控源的等效电路代替,流图即可用与上述相同的方法作出。当系统较为简单,各信号变量间关系一目了然时,也可由电路图直接构筑流图。例如一发射极具有反馈电阻 R_e 的小信号放大器,其交流等效电路如图 5−32(a)所示。输入为 $E(s)$,输出为 $U_R(s)$。从电路图中可以看出信号流程为 $E(s) \rightarrow I(s) \rightarrow$

$U_b(s) \rightarrow I_b(s) \rightarrow I_c(s) \rightarrow U_R(s)$，其中包含有六个信号变量，各信号变量间的相互关系由下式确定：

$$\begin{cases} I = \dfrac{E-U_b}{R_s} \\[2mm] U_b = (I-I_b)R_b \\[2mm] I_b = \dfrac{U_b-I_cR_e}{r_{be}} \\[2mm] I_c = \beta I_b \\[2mm] U_R = -I_cR_L \end{cases} \tag{5-89}$$

按信号流程及式(5-89)所决定的各传输值即可作出信号流图，如图5-32(b)所示。

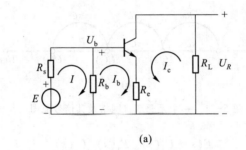

(a)

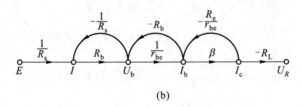

(b)

图5-32　小信号放大器及其流图

　　对于一般较复杂的系统，信号的流程往往不易看得清楚，这时可以通过描述系统工作情况的方程组来构筑流图。为简单计，这里仅考虑单激励的情况。在电路分析中介绍过，电系统可以通过基尔霍夫定律列出一系列关于网孔电压或节点电流的方程，并用矩阵方程的形式表示。这个结论在其他形式的系统中也存在，也就是说，对于连续时间的线性系统来说，可以在复频域中将描述其工作情况的代数方程组用矩阵方程形式表示，则有

$$\boldsymbol{Ax} = \boldsymbol{Ke} \tag{5-90}$$

其中 $\boldsymbol{x}$ 为变量矩阵，$\boldsymbol{A}$、$\boldsymbol{K}$ 为方程中相应的系数矩阵，其元素可以是常数，也可以是个关于 s 的多项式。在式(5-90)两边同加以矩阵 $\boldsymbol{x}$ 则有

$$\boldsymbol{Ax} + \boldsymbol{x} = \boldsymbol{Ke} + \boldsymbol{x}$$

经整理得

$$x = -Ke + (A+I)x = \begin{bmatrix} -K & A+I \end{bmatrix} \begin{bmatrix} e \\ x \end{bmatrix} \tag{5-91}$$

式中 I 为单位矩阵。上式说明,方程中所有的变量俱可表示为激励与各信号变量的加权代数和。如选方程中各变量 x 为信号流图中的信号变量,则式(5-91)的系数矩阵 $-K$ 及 $A+I$ 中的各元素就表示了信号变量间相应的传输值,据此即可作出流图。下面用一个具体的例子来说明。设一连续时间线性系统的方程为

$$\begin{bmatrix} 1 & 0 & 2 \\ -2 & 1 & 1 \\ 4 & -1 & -1 \end{bmatrix} \begin{bmatrix} x_1 \\ x_2 \\ x_3 \end{bmatrix} = \begin{bmatrix} e \\ -e \\ 0 \end{bmatrix} \tag{5-92}$$

与式(5-90)比较不难看出此时

$$K = \begin{bmatrix} 1 \\ -1 \\ 0 \end{bmatrix}, \quad A = \begin{bmatrix} 1 & 0 & 2 \\ -2 & 1 & 1 \\ 4 & -1 & -1 \end{bmatrix}$$

经矩阵运算,可得

$$A+I = \begin{bmatrix} 1 & 0 & 2 \\ -2 & 1 & 1 \\ 4 & -1 & -1 \end{bmatrix} + \begin{bmatrix} 1 & 0 & 0 \\ 0 & 1 & 0 \\ 0 & 0 & 1 \end{bmatrix}$$

$$= \begin{bmatrix} 2 & 0 & 2 \\ -2 & 2 & 1 \\ 4 & -1 & 0 \end{bmatrix}$$

由式(5-91)可知,此时原矩阵方程式(5-92)可改写为

$$\begin{bmatrix} x_1 \\ x_2 \\ x_3 \end{bmatrix} = \begin{bmatrix} -1 & 2 & 0 & 2 \\ 1 & -2 & 2 & 1 \\ 0 & 4 & -1 & 0 \end{bmatrix} \begin{bmatrix} e \\ x_1 \\ x_2 \\ x_3 \end{bmatrix} \tag{5-93}$$

从上式中可以看出,如选 x_1、x_2、x_3 及 e 为信号变量,则此信号流图应具有四个结点。结点间相互连接的支路则由式中的系数矩阵决定。以结点 x_1 为例,由系数矩阵中第一行可见,x_1 与 e、x_1、x_3 有关但与 x_2 无关。x_1 与 e 及 x_3 的关系可用相应的支路来表示,支路分别由 e 及 x_3 指向 x_1,其传输值分别为-1 与 2;x_1 与变量自身有关意味着在 x_1 处有一自环,自环传输值为 2;x_2 对 x_1 无影响说明信号流图中没有由结点 x_2 流向 x_1 的支路。这样 x_1 结点上所有的入支路即可画出。用同样方法可画出 x_2、x_3 结点上所有的入支路,这样信号流图即可作出,如图 5-33(a)所示。当选定输出变量后,可对信号流图按信号流程稍加整理,并引入传输值为 1 的支路,使激励信号变量成为源结点,输出变量成为汇结点。这样可使信号流图更为清楚。例如选 x_2 为输出变量,则经整理后的信号流图示于图 5-33(b)。

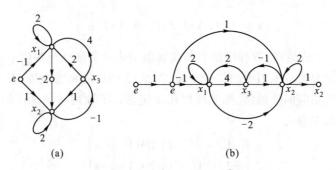

图 5-33   方程式(5-93)表示的系统的信号流图

上面讨论的是构筑流图的问题,现在来介绍信号流图等效化简的基本规则。信号流图等效化简是指按照某些规则,将信号流图逐步简化,最终在激励源与输出间可化简为仅有一条支路的简化信号流图。显然此支路的传输值就是原信号流图输入到输出间的总传输值。如在复频域中则也就是输出信号与激励信号间的转移函数。

几条最基本的信号流图化简规则已列于表 5-4 中,现分别加以说明。

表 5-4   信号流图的化简规则

编号	化简规则	原信号流图	等效信号流图
1	支路串联	$E \xrightarrow{H_1} X_1 \xrightarrow{H_2} X_2 \xrightarrow{H_3} Y$	$E \xrightarrow{H_1 H_2 H_3} Y$
2	支路并联	E 到 Y 经 H_1、H_2、H_3 三条并联支路	$E \xrightarrow{H_1+H_2+H_3} Y$
3	结点消除	$E_1 \xrightarrow{H_1} X$，$E_2 \xrightarrow{H_2} X$，$X \xrightarrow{H_3} Y_1$，$X \xrightarrow{H_4} Y_2$	$E_1 \xrightarrow{H_1 H_3} Y_1$，$E_1 \xrightarrow{H_1 H_4}$，$E_2 \xrightarrow{H_2 H_3}$，$E_2 \xrightarrow{H_2 H_4} Y_2$
4	自环消除	$E \xrightarrow{H_1} X \xrightarrow{H_2} Y$，$X$ 处有自环 t	$E \xrightarrow{\frac{H_1}{1-t}} X \xrightarrow{H_2} Y$

（1）支路串联的化简

支路串联是指各支路顺向串联，即各支路依次首尾相接。若干支路串联可用一等效支路代替，此等效支路的传输值为各串联支路传输值之积。如表 5-4 中之（1），传输值分别为 H_1、H_2、H_3 的三条支路串联，则可化简成一等效支路，其传输值为 $H_1H_2H_3$。

（2）支路并联的化简

支路并联时各支路的始端接于同一结点，终端则一齐接至另一结点。若干支路并联时也可用一等效支路代替，其传输值为并联各支路传输值之和。如表 5-4 中之（2），传输值分别为 H_1、H_2、H_3 的三条支路并联，则可用一传输值为 $H_1+H_2+H_3$ 的等效支路来代替。

以上两点的证明只需由结点的定义即可直接得到。对表 5-4 中（1）的串联支路，有

$$Y = H_3 X_2 = H_3(H_2 X_1) = H_3 H_2 H_1 E \tag{5-94}$$

同理对并联支路，有

$$Y = H_1 E + H_2 E + H_3 E = (H_1 + H_2 + H_3) E \tag{5-95}$$

（3）结点的消除

在信号流图中消除某一结点，则等效信号流图可按下述方法作出。即在此结点前后各结点间直接构筑新的支路，各新支路的传输值为其前、后结点间通过被消除结点的各顺向支路传输值的乘积。事实上消除某一结点，即意味从系统方程中消去了某一信号变量，根据线性方程组的消元法则不难得出上述的等效关系。如表 5-4 中之（3），对原信号流图写出系统方程则有

$$\begin{cases} X = H_1 E_1 + H_2 E_2 \\ Y_1 = H_3 X \\ Y_2 = H_4 X \end{cases} \tag{5-96a}$$

从上述方程中消去 X，则可得到输出信号变量与激励信号变量间的直接关系

$$\begin{cases} Y_1 = H_3(H_1 E_1 + H_2 E_2) = H_1 H_3 E_1 + H_2 H_3 E_2 \\ Y_2 = H_4(H_1 E_1 + H_2 E_2) = H_1 H_4 E_1 + H_2 H_4 E_2 \end{cases} \tag{5-96b}$$

按式（5-96b）构筑的新的流图就是表 5-4 中（3）右边的简化流图。因方程组（5-96b）中不再出现信号变量 X，即意味着信号流图中结点 X 已被消除。

（4）自环的消除

某结点 X 上存在有传输值为 t 的自环，则消除此自环后，该结点所有入支路的传输值应俱除以 $1-t$ 的因子，而出支路的传输值不变。因为当某结点 X 存在有传输值为 t 的自环时，即表示信号变量 X 的方程等式右方除有与其他信号变量有关的各项外，还存在有与自身变量有关的项 tX。如将此项合并到方程左边，并在方程两边俱除以 $1-t$ 的因子，则可得到等式右方不包含与该变量有关项的新方程组。按此新方程组构筑信号流图则新的信号流图中将不出现自环，即原信号流图中自环已被消除。例如表 5-4 中之（4）按原信号流图可列出系统方程为

$$\begin{cases} X = H_1 E + tX \\ Y = H_2 X \end{cases} \tag{5-97a}$$

将上边方程中包含 X 变量的项合并到方程左方并化简,则得

$$\begin{cases} X = \dfrac{H_1}{1-t}E \\ Y = H_2 X \end{cases} \tag{5-97b}$$

由式(5-97b)可见自环消除后,入支路的传输值变为原值的 $\dfrac{1}{(1-t)}$ 倍,而出支路传输值不变。

以上是信号流图的基本化简规则。运用这些规则逐步化简流图,即可求得系统的总传输值。如图 5-31(b)的流图,可按图 5-34 的步骤化简。这里为方便计,假定所有元件参数 R_1、R_2、L、C 之值俱为 1。最终可得

$$H(s) = \frac{U(s)}{E(s)} = \frac{s^2}{2s^2 + 2s + 1}$$

虽然运用信号流图化简规则对一般的信号流图总可逐步化简求得其总传输值,但如果信号流图很复杂,则这种化简过程将变得冗长。这时可以运用直接求信号流图总传输值的规则——**梅森(Mason)公式**来求总传输值而无需对流图进行逐步化简。

梅森公式可表示如下

$$H = \frac{1}{\Delta} \sum_k G_k \Delta_k \tag{5-98}$$

其中 H 为总传输值。

Δ 为信号流图所表示的方程组的系数矩阵行列式,通常称为**图行列式**(graph determinant)。图行列式可表示如下

$$\Delta = 1 - \sum_i L_i + \sum_{i,j} L_i L_j - \sum_{i,j,k} L_i L_j L_k + \cdots \tag{5-99}$$

式中:L_i 为第 i 个环的传输值;

$L_i L_j$ 为各个可能的互不接触的两环传输值的乘积;

$L_i L_j L_k$ 为各个可能的互不接触的三环传输值的乘积;

……

G_k 为正向传输路径的传输值。

Δ_k 为与传输值是 G_k 的第 k 种正向传输路径不接触部分的子图的 Δ 值,通常称为第 k 种路径的路径因子。

这里所说的互不接触就是指图的两部分间没有公共的结点。有关梅森公式的证明此处从略[①]。这里以图 5-34(a)的流图加以说明。图中很明显有三个环路,自左往右排列,环路增益分别为 $-s$、$-s^2$、$-s$,三个环路只有最左边和最右边的两个环路之间不接触。根据式(5-99),可以得到

$$\Delta = 1 - (-s - s^2 - s) + (-s)(-s) = 2s^2 + 2s + 1$$

---

① 可参阅邱关源编《网络理论分析》,科学出版社,1982。

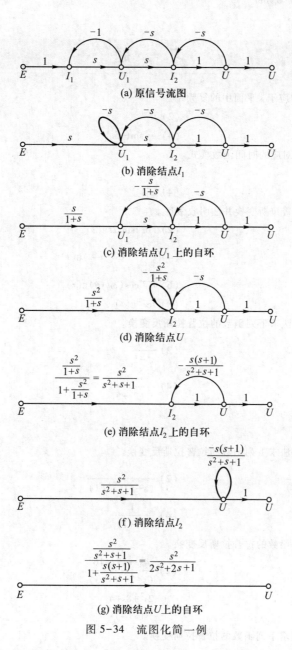

图 5-34　流图化简一例

图中的前向路径也只有一个,传输值 $G_1 = s^2$。所有的三个环路都与这个前向路径 G_1 接触,或者说不存在不与之接触的环路,根据式(5-99),相关的路径因子为 $\Delta_1 = 1$。由此根据式(5-98)可以得到

$$H(s) = \frac{s^2}{2s^2 + 2s + 1}$$

这个结论与前面用流图化简的方法得到的结论一样,但是计算过程却是简单了很多。

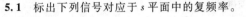

习　题

5.1 标出下列信号对应于 s 平面中的复频率。

(1) e^{2t}

(2) te^{-t}

(3) $\cos 2t$

(4) $e^{-t}\sin(-5t)$

5.2 写出下列复频率对应的时间函数模式。

(1) -1

(2) 2

(3) $-1\pm j2$

(4) $\pm j4$

5.3 求下列函数的拉普拉斯变换并注明收敛区。

(1) $2e^{-5t}\cosh 3t\varepsilon(t)$

(2) $\sin t\sin 2t\varepsilon(t)$

(3) $\dfrac{1}{\alpha}(1-e^{-\alpha t})\varepsilon(t)$

(4) $\dfrac{1}{s_2-s_1}(e^{s_1 t}-e^{s_2 t})\varepsilon(t)$

(5) $(t^3-2t^2+1)\varepsilon(t)$

(6) $e^{-\alpha t}\cos(\omega t+\theta)\varepsilon(t)$

(7) $\delta(t)-e^{-2t}\varepsilon(t)$

(8) $te^{-2t}\varepsilon(t)$

5.4 用部分分式展开法求下列函数的拉普拉斯反变换。

(1) $\dfrac{s}{(s+1)(s+4)}$

(2) $\dfrac{s+1}{s^2-1}$

(3) $\dfrac{s^3+6s^2+6s}{s^2+6s+8}$

(4) $\dfrac{s+2}{s^2+2s+5}$

(5) $\dfrac{1}{s(s-1)^2}$

5.5 用部分分式展开法求下列函数的拉普拉斯反变换。

(1) $\dfrac{6s^2+22s+18}{(s+1)(s+2)(s+3)}$

(2) $\dfrac{2}{(s+1)(s^2+1)}$

(3) $\dfrac{2s+30}{s^2+10s+50}$

(4) $\dfrac{1}{s^2(s+1)^3}$

5.6 用留数法求下列函数的拉普拉斯反变换。

(1) $\dfrac{24(s+8)}{s(s+12)(s+4)}$

(2) $\dfrac{4s^2+17s+16}{(s+2)^2(s+3)}$

(3) $\dfrac{1}{s(s^2+s+1)}$

(4) $\dfrac{2s^2+8s+4}{s(s+4)}$

5.7 用尺度变换性质求下列函数的拉普拉斯变换。

(1) $2te^{-4t}\varepsilon(t)$

(2) $\cos 2t\varepsilon(t)$

(3) $e^{-2t}\cos(2\omega t)\varepsilon(t)$

(4) $(2t)^n\varepsilon(t)$

5.8 画出下列时间函数的波形并求其拉普拉斯变换。

(1) $e^{-2t}\varepsilon(t-1)$

(2) $e^{-2(t-1)}\varepsilon(t)$

(3) $e^{-2(t-1)}\varepsilon(t-1)$

(4) $(t-1)e^{-2(t-1)}\varepsilon(t-1)$

5.9 用拉普拉斯变换的性质求图 P5-9 各波形函数的拉普拉斯变换。

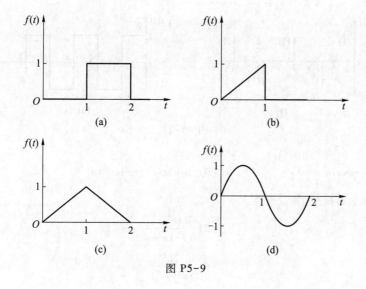

图 P5-9

5.10 从单位阶跃函数的变换 $\varepsilon(t)\leftrightarrow\dfrac{1}{s}$ 出发,求图 P5-10 所示波形函数的拉普拉斯变换。

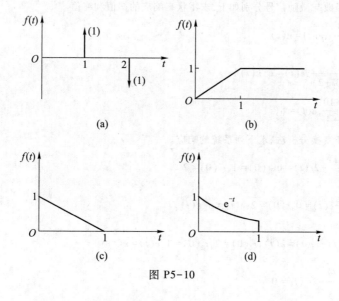

图 P5-10

5.11 求图 P5-11 所示波形的单边周期函数的拉普拉斯变换。

5.12 应用拉普拉斯变换性质,证明下列变换对成立。

（1） $t\sin\omega t\,\varepsilon(t)\leftrightarrow\dfrac{2\omega s}{(s^2+\omega^2)^2}$　　　　　（2） $t^2\mathrm{e}^{-\alpha t}\varepsilon(t)\leftrightarrow\dfrac{2}{(s+\alpha)^3}$

（3） $\mathrm{e}^{-\frac{t}{b}}f\left(\dfrac{t}{b}\right)\leftrightarrow bF(bs+1)$　　　　　（4） $\mathrm{e}^{-bt}f\left(\dfrac{t}{b}\right)\leftrightarrow bF(bs+b^2)$

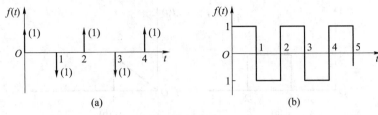

图 P5-11

（5）$\mathrm{Sa}(t)\varepsilon(t)\leftrightarrow\arctan\dfrac{1}{s}$ （6）$\mathrm{Si}(t)\varepsilon(t)\leftrightarrow\dfrac{1}{s}\arctan\dfrac{1}{s}$

5.13 求下列函数的拉普拉斯反变换。

（1）$\dfrac{1+\mathrm{e}^{-s}+\mathrm{e}^{-2s}}{s+1}$ （2）$\dfrac{2+\mathrm{e}^{-(s-1)}}{(s-1)^2+4}$

（3）$\dfrac{1}{1+\mathrm{e}^{-s}}$ （4）$\dfrac{1}{s(1-\mathrm{e}^{-s})}$

（5）$\left(\dfrac{1-\mathrm{e}^{-s}}{s}\right)^2$

5.14 已知系统函数与激励信号分别如下，求零状态响应的初值和终值。

（1）$H(s)=\dfrac{2s+3}{s^2+2s+5},e(t)=\varepsilon(t)$

（2）$H(s)=\dfrac{s+4}{s(s^2+3s+2)},e(t)=\mathrm{e}^{-t}\varepsilon(t)$

（3）$H(s)=\dfrac{s^2+8s+10}{s^2+5s+4},e(t)=\delta(t)$

5.15 用拉普拉斯变换分析法，求下列系统的响应。

（1）$\dfrac{\mathrm{d}^2r(t)}{\mathrm{d}t^2}+3\dfrac{\mathrm{d}r(t)}{\mathrm{d}t}+2r(t)=0,r(0)=1,r'(0)=2$

（2）$\dfrac{\mathrm{d}r(t)}{\mathrm{d}t}+2r(t)+e(t)=0,r(0)=2,e(t)=\mathrm{e}^{-t}\varepsilon(t)$

（3）$\begin{cases}\dfrac{\mathrm{d}r_1(t)}{\mathrm{d}t}+2r_1(t)-r_2(t)=e(t),r_1(0)=2,r_2(0)=1,e(t)=\varepsilon(t)\\[2mm]-r_1(t)+\dfrac{\mathrm{d}r_2(t)}{\mathrm{d}t}+2r_2(t)=0\end{cases}$

5.16 求微分方程是 $\dfrac{\mathrm{d}r(t)}{\mathrm{d}t}+2r(t)=\dfrac{\mathrm{d}e(t)}{\mathrm{d}t}+e(t)$ 的系统，在如下激励信号时的零状态响应。

（1）$e(t)=\delta(t)$ （2）$e(t)=\varepsilon(t)$

（3）$e(t)=\mathrm{e}^{-t}\varepsilon(t)$ （4）$e(t)=\mathrm{e}^{-2t}\varepsilon(t)$

（5）$e(t)=5\cos t\varepsilon(t)$

5.17 电路如图 P5-17 所示，激励为 $e(t)$，响应为 $i(t)$，求冲激响应与阶跃响应。

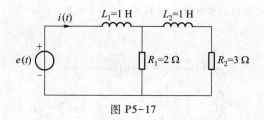

图 P5-17

5.18 已知图 P5-18 中电路参数为 $R_1 = 1\ \Omega, R_2 = 2\ \Omega, L = 2\ \mathrm{H}, C = \dfrac{1}{2}\ \mathrm{F}$，激励为 2 V 直流。设开关 S 在 $t = 0$ 时断开，断开前电路已达稳态，求响应电压 $u(t)$ 并指出其中的零输入响应与零状态响应；受迫响应与自然响应；瞬态响应与稳态响应。

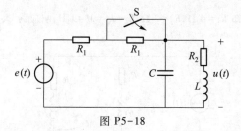

图 P5-18

5.19 图 P5-19 中激励信号 $i_S(t) = \sin t\,\varepsilon(t)$，电路参量为 $L = \dfrac{3}{4}\ \mathrm{H}, C = \dfrac{1}{3}\ \mathrm{F}$，求零状态响应 $u(t)$。

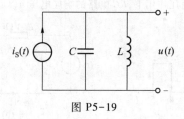

图 P5-19

5.20 图 P5-20 电路中，已知电路参数为 $L_1 = L_2 = 1\ \mathrm{H}, R = 2\ \Omega, E = 10\ \mathrm{V}$。设开关 S 在 $t = 0$ 时断开，求响应 $i(t)$ 及 $u_L(t)$。

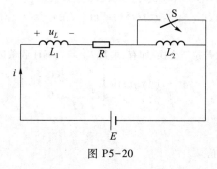

图 P5-20

5.21 图 P5-21 电路中,已知电路参数为 $R=1\ \Omega, C_1=C_2=1\ \text{F}, E_1=E_2=1\ \text{V}$。设开关 S 在 $t=0$ 时由①倒向②,求电容 C_1 上的电压 $u_{C1}(t)$ 及电流 $i(t)$。

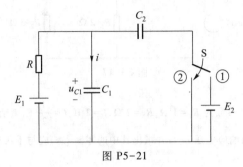

图 P5-21

5.22 图 P5-22 电路中,已知 $R_1=4\ \Omega, R_2=2\ \Omega, L_1=L_2=M=1\ \text{H}$,响应为 $i_2(t)$。求单位冲激响应与单位阶跃响应。

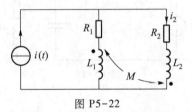

图 P5-22

5.23 求图 P5-23(a)所示方波电压作用下,RC 电路的响应电压 $u(t)$。

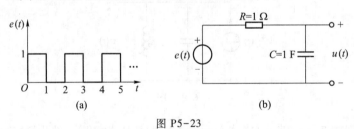

图 P5-23

5.24 已知系统的冲激响应为 $h(t)=4e^{-2t}\varepsilon(t)$,零状态响应为 $r(t)=(1-e^{-2t}-te^{-2t})\varepsilon(t)$,求激励信号 $e(t)$。

5.25 已知某系统在 $e^{-t}\varepsilon(t)$ 作用下全响应为 $(t+1)e^{-t}\varepsilon(t)$,在 $e^{-2t}\varepsilon(t)$ 作用下全响应为 $(2e^{-t}-e^{-2t})\varepsilon(t)$,求阶跃电压作用下的全响应。

5.26 下列函数是否有双边拉普拉斯变换,如有,求其 $F_d(s)$ 并标注收敛区。

(1) $f(t)=\begin{cases} e^{2t} & t<0 \\ e^{-3t} & t>0 \end{cases}$ (2) $f(t)=\begin{cases} e^{4t} & t<0 \\ e^{3t} & t>0 \end{cases}$

(3) $f(t)=\begin{cases} e^{3t} & t<0 \\ e^{4t} & t>0 \end{cases}$

5.27 求下列 $F_d(s)$ 的原时间信号。

（1）$\dfrac{1}{(s-1)(s-3)}$　　$1<\sigma<3$　　　　（2）$\dfrac{s}{(s+1)(s+2)}$　　$-2<\sigma<-1$

（3）$\dfrac{s^2+s+1}{s^2+1}$　　　$\sigma<0$　　　　（4）$\dfrac{-2s^2-4s-25}{(s^2+25)(s+4)}$　　$-4<\sigma<0$

5.28　求对应于不同收敛区时 $F_{\mathrm{d}}(s)$ 的原时间函数。

$$F_{\mathrm{d}}(s)=\frac{3s^2+6s-1}{(s+1)(s+3)(s-1)}$$

（1）$\sigma<-3$　　　　　　　　（2）$-3<\sigma<-1$

（3）$-1<\sigma<1$　　　　　　　（4）$\sigma>1$

5.29　求激励 $\mathrm{e}^{2t}\varepsilon(-t)$ 作用于 $h(t)=\mathrm{e}^{t}\varepsilon(t)$ 的系统时的响应。

5.30　试绘出下列算子方程描述的系统直接模拟框图。

（1）$(p^3+3p+2)y(t)=x(t)$

（2）$(p^3+3p^2+3p+2)y(t)=(p^2+2p)x(t)$

5.31　已知两系统框图如图 P5-31 所示,试求其系统函数,并说明两系统框图对应的是同一系统。

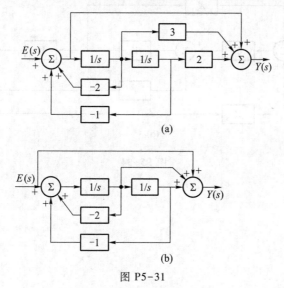

图 P5-31

5.32　设系统函数 $H(s)$ 如下,试绘其直接模拟框图、并联模拟框图及级联模拟框图。

（1）$H(s)=\dfrac{5(s+1)}{s(s+2)(s+5)}$　　　　（2）$H(s)=\dfrac{2s+3}{(s+2)^2(s+3)}$

（3）$H(s)=\dfrac{5s^2+s+1}{s^3+s^2+s}$

5.33　一反馈系统如图 P5-33 所示。

（1）由框图求系统函数 $H(s)$;

（2）由流图化简求 $H(s)$。

5.34　试由图 P5-34 所示系统模拟框图作信号流图,并从流图化简或用梅森公式求系统函数 $H(s)$。

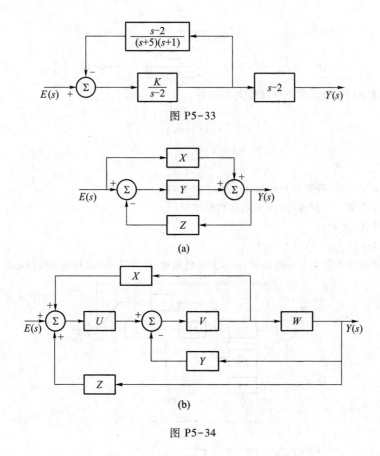

图 P5-33

(a)

(b)

图 P5-34

第六章

连续时间系统的系统函数

§6.1 引言

在前面两章中,都曾经引出了移转函数或系统函数的重要概念。本章要就这个问题展开来作较详细的讨论。

如§5.7所述,**系统函数**(system function)$H(s)$定义为零状态响应函数$R(s)$与激励函数$E(s)$之比,即

$$H(s) = \frac{R(s)}{E(s)} \tag{6-1a}$$

其中$R(s)$和$E(s)$分别是时域中的零状态响应函数$r(t)$和激励函数$e(t)$的拉普拉斯变换式,$H(s)$是系统特性在复频域中的表述形式。当$s = j\omega$时,$R(j\omega)$和$E(j\omega)$分别是响应和激励的傅里叶变换式,$H(j\omega)$即是系统特性在频域中的表述形式。这里要注意的是,按式(6-1a)定义系统函数时,系统的初始条件应为零。

电系统中的系统常常是一个电网络,因此系统函数也就是**网络函数**(network function),它往往与一定的物理意义相关联。系统函数按所研究的激励和响应是否属于同一端口,可以分为两大类。第一类的激励和响应属于同一端口,这时的系统函数称为**策动点函数**(driving function)或**输入函数**(input function)。当激励为电流源$I_1(s)$,响应为同一端口上的电压降$U_1(s)$时,系统函数即为策动点阻抗函数或输入阻抗函数$Z_1(s) = \dfrac{U_1(s)}{I_1(s)}$。当激励为电压源$U_1(s)$,响应为流入同一端口的电流$I_1(s)$时,系统函数即为策动点导纳函数或输入导纳函数$Y_1(s) = \dfrac{I_1(s)}{U_1(s)}$。显然,$Z_1(s)$和$Y_1(s)$互为倒数。第二类的激励和响应不属于同一端口,这时的系统函数称为**转移函数**(transfer function)或**传输函数**。按照激励和响应是电压或是电流,就有下列四种类型的系统函数:

一端口上的激励	另一端口上的响应	系统函数①
电流 $I_1(s)$	电压 $U_2(s)$	转移阻抗函数 $Z_{21t}(s) = \dfrac{U_2(s)}{I_1(s)}$
电压 $U_1(s)$	电流 $I_2(s)$	转移导纳函数 $Y_{21t} = \dfrac{I_2(s)}{U_1(s)}$
电压 $U_1(s)$	电压 $U_2(s)$	电压传输函数 $T_{u21}(s) = \dfrac{U_2(s)}{U_1(s)}$
电流 $I_1(s)$	电流 $I_2(s)$	电流传输函数 $T_{i21}(s) = \dfrac{I_2(s)}{I_1(s)}$

显然,上述转移阻抗和转移导纳之间并不存在互为倒量的关系。在系统理论中,总是着眼于研究不同端口间输入输出的关系上,所以,转移函数与系统函数两个词也常通用而不加区分。

对于一个已知的线性无源系统,它的响应完全由激励确定。这里激励是原因,响应是结果,系统函数则表示两者间的因果关系。一个具体的系统函数,就代表了一对具体的因果之间关系的系统的特性。这种因果关系在复频域中通过系统函数表示为一代数方程

$$R(s) = H(s)E(s) \tag{6-1b}$$

在第二章时域分析法中曾经讨论过,线性系统的这种因果关系,在时域中可以通过转移算子 $H(p)$ 表示为一线性微分方程

$$r(t) = H(p)e(t) \tag{6-2}$$

这里 $H(p)$ 与 $H(s)$ 具有相同的形式,只是将复变量 s 用算符 p 代替。但是式(6-2)是一微分方程,其中 $H(p)$ 并不是一代数因子,而是对时间函数进行一定运算的算子符号。

由上一章 §5.7 可知,系统函数 $H(s)$ 是系统单位冲激响应 $h(t)$ 的拉普拉斯变换式,$h(t)$ 则为 $H(s)$ 的反变换式,即

$$h(t) \leftrightarrow H(s) \tag{6-3}$$

系统函数和系统冲激响应的这种变换关系,是系统的复频域特性和时域特性间联系的桥梁。不仅如此,由系统函数 $H(s)$ 来研究系统特性是系统分析理论的主要内容之一,而系统综合理论则是从系统函数的性质出发来研究如何用适当的元件加以实现。从这个意义上说,系统分析正是通过系统函数进入系统综合的领域的。由于上述原因,对于系统函数的研究就在系统理论中占有十分重要的地位。

本章首先讨论有关系统函数的基本理论,包括函数的表示,函数的极点和零点的分布及其与时域特性和频域特性的关系,然后进一步讨论系统的稳定性和根轨迹。

---

① 转移函数的下标,现在一般规定第一个数字表示响应所在端口,第二个数字表示激励所在端口。有时,这些函数分别简单记作 Z_t、Y_t、T_u(或 K_u)、T_i(或 K_i),这时的传输方向即理解为由第一端口到第二端口。有时,转移阻抗和转移导纳亦可分别记为 Z_{21} 和 Y_{21},这时要注意勿与网络的开路阻抗参数和短路导纳参数中的有关参数相混淆。

§6.2 系统函数的极零图

由上节可知,一个系统有若干个系统函数,分别代表系统的各个特性。但系统函数都表现为两变换式之比,因此系统函数的一般形式是一个分式,其分子分母都是复变量 s 的多项式,即

$$H(s) = \frac{N(s)}{D(s)} = \frac{b_m s^m + b_{m-1} s^{m-1} + \cdots + b_1 s + b_0}{a_n s^n + a_{n-1} s^{n-1} + \cdots + a_1 s + a_0} \tag{6-4}$$

从这样的函数形式中,往往不能直观地看出系统的特性。所以,对于同一系统函数,又可以根据不同的需要,用不同的图示方法来加以表示。常见的有两种图示法:**频率特性曲线、极点零点分布图**。这些概念在前面的内容中均有提及,在这里将对这些图像特征进行进一步的深入研究,以及如何应用这些图示的描述方法分析系统的特性。本节首先介绍极零图。

系统因数的一般形式,如式(6-4)所示,是一个分式。对于一个由集总参数元件构成的线性电网络,这个分式的分母多项式和分子多项式,都是通过将 Ls、R、$\dfrac{1}{Cs}$ 等有理项进行四则运算得到的。因此,两个多项式都必定是 s 的有理函数,系统函数 $H(s)$ 也必为 s 的有理函数。又因为所有实际系统的参数 L、R、C 等必为实数,所以通过将这些参数进行四则运算后所得的两多项式的系数 a_n 和 b_m 等亦必为实数。这种具有实系数的有理函数称为**实有理函数**(real rational function)。一个实际系统的系统函数必定是复变量 s 的实有理函数。这是系统函数的最基本的性质。

分母、分子多项式既然都是实系数的有理函数,令它们为零所分别形成的方程的根一定或者是实数根,或者是成共轭对的复数 s 根,而虚数根则是 $\sigma = 0$ 这一特殊情况下的复数根。于是式(6-4)的系统函数可以表示为

$$H(s) = \frac{N(s)}{P(s)} = H_0 \frac{(s-z_1)(s-z_2)\cdots(s-z_m)}{(s-p_1)(s-p_2)\cdots(s-p_n)} \tag{6-5}$$

其中 $H_0 = \dfrac{b_m}{a_n}$。如上一章所述,上式中,分母多项式为零时方程的根 p_1、p_2、$\cdots$、p_n 称为函数 $H(s)$ 的**极点**(pole);分子多项式为零时方程的根 z_1、z_2、$\cdots$、z_m 称为函数 $H(s)$ 的**零点**(zero)。当 $H(s)$ 的分子分母多项式的系数都是实数时,极点和零点或者位于 s 平面的实轴上,或者成对地位于与实轴对称的位置上。有时,上述方程可能具有 r 阶的重根,相应地,就称函数 $H(s)$ 有 r 阶极点或 r 阶零点。当复变量 s 等于极点或零点时,系统函数 $H(s)$ 的值分别等于无穷大或零。

由式(6-5)可以看出,当一个系统函数的极点、零点以及因数 H_0 全部确定后,这个系统函数也就完全确定了。因为 H_0 仅仅是一个代表比例尺度的常数,它的作用对于变量 s 的一切值都是相同的,所以一个系统随着变量 s 而变化的特性可以完全由它的极点和零点来表示。把系统函数的极点和零点标绘在 s 平面中,就成为极点零点分布图,简称极零图。

例如,图 6-1 所示的 RLC 并联谐振电路的阻抗函数为

$$Z(s) = \cfrac{1}{\cfrac{1}{R} + \cfrac{1}{Ls} + Cs} = \frac{1}{C} \cdot \frac{s}{s^2 + \cfrac{1}{RC}s + \cfrac{1}{LC}}$$

$$= \frac{1}{C} \cdot \frac{s}{(s-p_1)(s-p_2)} \qquad (6-6)$$

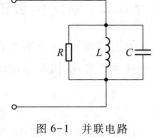

图 6-1　并联电路

这里，$H_0 = \dfrac{1}{C}$，系统函数的零点是 $z = 0$，极点在 $\alpha < \omega_0$ 时是成共轭对的复数。

$$p_{1,2} = -\alpha \pm j\sqrt{\omega_0^2 - \alpha^2} \qquad (6-7)$$

其中 $\alpha = \dfrac{1}{2RC}$，$\omega_0^2 = \dfrac{1}{LC}$。图 6-2(a)所示为这些极点和零点的分布，其中用小叉"×"表示极点，用小圈"o"表示零点。在极点处，阻抗模量 $|Z|$ 为无穷大；在零点处，$|Z|$ 为零。阻抗模量 $|Z|$ 是 s 的函数，也即同时是 σ 和 ω 两个变量的函数，所以可以在三维空间中把它表示为随 σ 和 ω 变化的曲面，如图 6-2(b)所示。这里可以看出在极点处 $|Z| \to \infty$ 和在零点处 $|Z| = 0$ 以及在极点零点附近 $|Z|$ 的变化情况，由此对于极点和零点的意义可以有比较形象的了解。

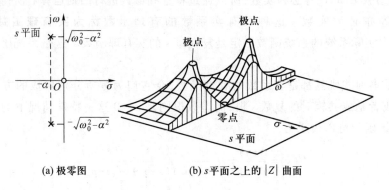

(a) 极零图　　　　　　(b) s 平面之上的 $|Z|$ 曲面

图 6-2　图 6-1 电路阻抗函数的极点零点分布

以上关于极点、零点的分布规律，是从系统函数为实有理函数得出的。只要系统是线性非时变的，它的各个系统函数都符合这个规律。如果对系统再加以某种条件限制，则极点、零点的分布也将有相应的进一步的限制，例如在后面对系统稳定性的讨论中我们可以看到，稳定系统要求系统函数的极点只能出现在虚轴以左的半个平面中。

现在通过讨论系统函数零极点的分布与系统时域特性的关系，来讨论系统稳定性对系统极点分布的要求。从上一章 §5.7 分析可知，系统函数是系统单位冲激响应 $h(t)$ 的拉普拉斯变换式，$h(t)$ 则为 $H(s)$ 的反变换式。即

$$h(t) \leftrightarrow H(s)$$

如设式(6-4)中分子多项式 $N(s)$ 中 s 的最高幂次 m 小于分母多项式 $D(s)$ 的最高幂次 n，且

具有单阶极点 p_1、p_2、…、p_n。则用 §5.5 的方法将 $H(s)$ 分解为部分分式之和并对每一部分分式求拉普拉斯反变换,可得系统在时域中对单位冲激源的响应为[①]

$$h(t) = \mathscr{L}^{-1}\{H(s)\} = K_1 e^{p_1 t} + K_2 e^{p_2 t} + \cdots + K_n e^{p_n t}$$

$$= \sum_{k=1}^{n} K_k e^{p_n t} \qquad (6\text{-}8)$$

式中系数 K_1、K_2、…、K_n 可用 §5.5 中的方法来决定。于式(6-8)可见,系统对单位冲激源的响应为一系列指数函数之和,每一指数函数对应于系统转移函数的一个极点,系统对单位冲激源的响应的模式仅由系统转移函数 $H(s)$ 的极点所决定。

接下来讨论一下极零点与系统零输入响应的关系。系统的零输入响应分量的模式仅取决于系统自身的特性,与外加激励无关,它的模式也仅由 $H(s)$ 的极点所确定。由系统函数 $H(s)$ 的极点所确定的复数频率 p_1、p_2、…,称为系统的**自然频率**。自然频率可由令 $H(s)$ 的分母 $D(s) = 0$ 后解方程得到。方程 $D(s) = 0$ 通常称为系统的**特征方程**(characteristic equation)。自然频率也常称为**特征根**(characteristic root),这个概念与第二章中提到的系统特征根完全相同。根据第二章中关于系统的零输入响应求解的结论,系统的零输入分量也应具有与式(6-8)所包含的指数分量相同的形式,即零输入响应分量应为

$$r_{zi}(t) = C_1 e^{\lambda_1 t} + C_2 e^{\lambda_2 t} + \cdots + C_n e^{\lambda_n t} = \sum_{k=1}^{n} C_k e^{\lambda_k t} \qquad (6\text{-}9)$$

式中,λ_1、λ_2、…、λ_n 为系统转移函数 $H(s)$ 的极点。

C_1、C_2、…、C_n 为待定常数,由系统的初始状态决定。如给定初始状态为 $\{r_{zi}(0)、r'_{zi}(0)、\cdots、r_{zi}^{(n-1)}(0)\}$,则有

$$\begin{cases} r_{zi}(0) = C_1 + C_2 + \cdots + C_n \\ r'_{zi}(0) = \lambda_1 C_1 + \lambda_2 C_2 + \cdots + \lambda_n C_n \\ \vdots \qquad \vdots \qquad \vdots \qquad \vdots \\ r_{zi}^{(n-1)}(0) = \lambda_1^{n-1} C_1 + \lambda_2^{n-1} C_2 + \cdots + \lambda_n^{n-1} C_n \end{cases}$$

联立这 n 个方程即可求得 n 个待定常数 C_k。

在这里还需要顺便加以说明的是在某种特定的情况下,系统函数可能有某一对相同的极零点,即 $H(s)$ 的分母多项式 $D(s)$ 与分子多项式 $N(s)$ 有一相同的因式 $(s-\lambda_k)$。假如此共同因子相消,则系统将丢失一自然频率,零输入响应中则少掉一相应的指数项。因此以消去分子、分母共同因子后的系统函数的分母等于零作为系统的特征方程是错误的。由于该方程的根只反映了系统的部分极点而不是系统极点的全貌,因此该方程也就不再是系统的特征方程了。此问题还将在 §9.5 中作进一步阐明。

系统自然响应的模式仅由系统函数的极点(亦即特征根)所确定。其时间函数的模式,随极

---

① 当转移函数具有重极点时,冲激响应中还将出现如 $te^{-\lambda t}$ 等项;而如 $m \geqslant n$ 则冲激响应中除由转移函数极点所决定的各项外,还将出现冲激函数及其各阶导数项。

点在 s 平面上的位置及极点的阶数不同而有所不同,其对应关系在前面的表 5-2 中已有说明。仍以图 6-1 电路为例,该电路阻抗函数的极点已求得如式(6-7),即

$$p_{1,2} = \sigma + j\omega = -\alpha \pm j\sqrt{\omega_0^2 - \alpha^2} = -\alpha \pm j\omega_n$$

其中 $\omega_n = \sqrt{\omega_0^2 - \alpha^2}$ 为此电路的自由振荡频率。这个电路的自然响应将具有

$$r_n(t) = A e^{-\alpha t}\cos(\omega_n t + \varphi)\varepsilon(t) \tag{6-10}$$

的形式,式中衰减系数 α 和振荡频率 ω_n 仅由电路参数决定,幅度 A 和相角 φ 决定于电路参数和初始条件。因为电路中的参数 R、L、C 都是正值,$\sigma = -\alpha$ 即为一负值,因此式(6-10)代表一减幅自由振荡。

§6.3 系统函数的频域特性与波特图

在第四章中曾经介绍过系统的幅频特性和相频特性。以频率为变量来描述系统特性是最常用的图示方法。系统的频率特性是系统在正弦信号激励下的某种稳态特性。对于一个系统函数 $H(s)$,往往没有必要去研究函数对于复变量 $s = \sigma + j\omega$ 的一切数值的变化情况,而只需要考察函数对于 s 沿 $j\omega$ 轴变化的情况。这时令 $\sigma = 0$,以 $j\omega$ 代替系统函数中的变量 s,就可得到系统频率响应的表示式 $H(j\omega)$。如果把这个函数分写为实部 $U(\omega)$ 和虚部 $V(\omega)$ 的形式或模量 $|H(j\omega)|$ 和相角 $\varphi(\omega)$ 的形式,可得

$$H(j\omega) = U(\omega) + jV(\omega) = |H(j\omega)| e^{j\varphi(\omega)} \tag{6-11}$$

众所周知,上式中实部、虚部和模量、相角间的关系为

$$\left. \begin{array}{l} U(\omega) = |H(j\omega)|\cos\varphi(\omega) \\ V(\omega) = |H(j\omega)|\sin\varphi(\omega) \end{array} \right\} \tag{6-12}$$

其中实部、模量是频率 ω 的偶函数,虚部、相角则是频率 ω 的奇函数,它们分别代表系统在正弦信号激励下的某一种稳态特性。例如,若 $H(j\omega)$ 代表如图 6-1 所示的单端口电路的输入阻抗 $Z(j\omega)$,则 $U(\omega)$ 和 $V(\omega)$ 分别表示此阻抗的电阻部分和电抗部分随频率的变化关系;$|Z(j\omega)|$ 和 $\varphi(\omega)$ 分别表示该输入阻抗的模量和相角随频率的变化关系。图 6-3 所示即为这种并联电路在低损耗情况下阻抗模量和相角随频率变化的曲线,图中 $\omega_0 = \dfrac{1}{\sqrt{LC}}$。因为这些表示系统特性的有关公式和曲线已为大家所熟知,所以这里不作推演。

频率特性曲线是实际中应用最多的系统特性的表示形式,但是这种线性刻度的直角坐标系下的频率特性曲线在实际使用中却不是很方便。例如,如果要描述一个宽带音频放大器的频率特性,频率范围要求从 20 Hz~20 kHz,在实际作图中,要表示出 20 Hz、30 Hz、40 Hz 等低频端各频率点上的频率特性,横向分辨率就不能取得太低。假设作图用 1 mm 表示 10 Hz,则 20 kHz 频率范围内整个图形的横向长度将达到 2 m。如果要缩短图形的长度,则低端的分辨率就无法

得到保证。这就出现了一个矛盾。这种分辨率和范围之间的矛盾在纵向同样存在。

波特（Bode）**图**是系统的频率特性的另外一种表示方法,它是以系统函数模量的对数值和相位大小相对于对数尺度频率作出的系统的频率特性曲线,解决了上述的矛盾。所以实际工程中,所有的系统（例如放大器）的频率响应特性都是以波特图的形式给出的。此外它还有一个优点,在早期没有计算机的情况下,这种方法由于通过对数将乘除运算变为加减运算,从而减轻了计算的工作量。波特还提出了一种近似方法,可以很方便地作出在双对数坐标中的频率特性。使得波特图的作法更加简便。

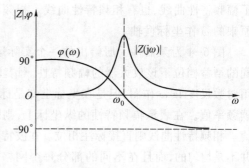

图 6-3　图 6-1 所示电路阻抗的模量和相角的频率特性

下面就来介绍这种波特图以及近似作图法。

系统函数 $H(j\omega)$ 可以分写成其模量和相位的形式

$$H(j\omega) = |H(j\omega)| e^{j\varphi(\omega)} \tag{6-13}$$

其中 $|H(j\omega)|$ 为系统的幅频特性,对它取常用对数并乘以 20,得到

$$G(\omega) = 20\lg|H(j\omega)| \tag{6-14}$$

其中 $G(\omega)$ 称为系统的**对数增益**,单位是**分贝**（deci bel）,记以符号 dB。通过对数增益,可以很快计算出实际增益为

$$|H(j\omega)| = 10^{\frac{G(\omega)}{20}} \tag{6-15}$$

对数增益可以根据公式用计算器算出,但是如果记下一些常见的 dB 值对应关系,可能在工程中更加快捷。表 6-1 给出了工程中常见的对数增益 dB 数值以及它们对应的系统增益值大小,请注意表中的增益值有些是近似值。对数计算可以将乘法变成加法,依据这个关系以及表 6-1 的内容,可以很快得到其他 dB 值对应的实际增益大小。例如,假设某系统对数增益是 46 dB,将 46 dB 表示为 20 dB+20 dB+6 dB,其中两个 20 dB 对应的实际增益都是 10,6 dB 对应的实际增益是 2,所以系统的实际增益为 $10\times10\times2 = 200$。从实际增益快速推算对数增益的方法是这个过程的逆过程,读者可以自行总结。

表 6-1　常见的对数增益值对应的增益大小

对数增益值/dB	-20	-10	-6	-3	0	3	6	10	20
实际增益	0.1	≈0.32	≈0.5	≈0.7	1	≈1.4	≈2	≈3.2	10

有了对数增益 $G(\omega)$ 以后,可以画出 $G(\omega)$ 随频率 ω 变化的曲线,而且在画图的时候,改用对数尺度（即以 $\lg\omega$）代替原来的 ω 作坐标横轴,由此就得到了**波特图**（Bode plot）。波特图中除

了幅频特性曲线,也有相频特性曲线。相频特性曲线中,同样也改用对数尺度(即以 lg ω)代替原来的 ω 作坐标横轴。

图 6-4 为某器件手册给出的一个实际运算放大器的波特图,其中的四条曲线分别代表在不同的增益档位下该放大器的幅频特性。请注意图中的坐标值的标注方法,其中的横坐标虽然改用对数尺度 lg ω 作图,但是在坐标上却是标出每个点对应的实际 ω 值,这样便于读者使用时判读频率值。在表示幅频特性的纵坐标上,则既可以标注实际增益值,也可以标注对数增益的 dB值。相频特性曲线则直接标注相位。在波特图上有时候会附加一些网格便于读图,但是这些网格并不是均匀的,而且在不同的部分每个网格表示的间隔不同。图 6-4 中横坐标上,在 100 Hz~1 kHz 频率范围内的 4 个标示点分别标出了 200 Hz、400 Hz、600 Hz、800 Hz 对应的频率位置,而在 1 kHz~10 kHz 则分别对应 2 kHz、4 kHz、6 kHz、8 kHz。纵坐标如果以实际增益值标出的话,网格的标示也与之类似;如果以 dB 值标出的话,就是均匀分布的了。这种对数刻度的坐标图纸,在许多文具店里面有售,同时很多计算机辅助设计计算软件,如 MATLAB 等,也都提供了按照对数特性作图和标注的功能。有了这些工具,作图很方便。

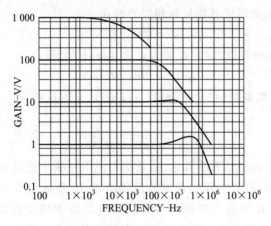

图 6-4 某运放的波特图

因为波特图的横坐标为 lg ω,所以其中的频率 ω 只能大于 0,即只能描述 ω>0 时的频率特性。实际上根据系统特性的共轭对称性,不难得到 ω<0 时的特性。

下面进一步讨论对数增益。根据式(6-5),令其中的 $s = j\omega$,可以得到

$$H(j\omega) = H_0 \frac{(j\omega - z_1)(j\omega - z_2) \cdots (j\omega - z_m)}{(j\omega - p_1)(j\omega - p_2) \cdots (j\omega - p_n)}$$

$$= H_0 \prod_{k=1}^{m} (j\omega - z_k) \prod_{l=1}^{n} \frac{1}{(j\omega - p_l)} \tag{6-16}$$

将其代入式(6-14),就可得到系统函数对数增益的一般表示式

$$G(\omega) = 20\lg H_0 + \sum_{k=1}^{m} (20\lg |j\omega - z_k|) + \sum_{l=1}^{n} (-20\lg |j\omega - p_l|) \tag{6-17}$$

仔细观察可以发现,其中的 $20\lg|j\omega-z_k|$ 恰是单零点系统 $H_k(s)=(s-z_k)$ 的对数增益,$-20\lg|j\omega-p_l|$ 恰是单极点系统 $H_l(s)=\dfrac{1}{s-p_l}$ 的对数增益。所以,可以单独做出系统各个零点和极点对应的子系统的对数增益,然后相加,再加上常数 $20\lg H_0$,就可以得到整个系统的对数增益,这给系统的波特图的绘制带来了很大的方便。此外,由式(6-16)推导系统的相频特性曲线,可以发现相频曲线也等于系统中各个零点和极点对应的一次因式的相频特性曲线的叠加。所以,无论是在波特图的幅频还是相频特性曲线的作图过程中,单个极点或者零点的一次因式的特性都是关键。下面就对一次因式的波特图特性进行详细的讨论。

1. 含有单个极零点的一次因式的波特图

首先讨论含有单个极点或者零点的一次因式,且极点和零点都是实数的情况。先考虑一个零点因式 $(j\omega-z_1)$。首先计算对数增益。因式 $(j\omega-z_1)$ 的模量为

$$|j\omega-z_1|=|z_1|\cdot\left|1-j\frac{\omega}{z_i}\right|$$

于是该因式的对数增益为

$$20\lg|j\omega-z_1|=20\lg|z_1|+20\lg\left|1-j\frac{\omega}{z_1}\right|\ \text{dB} \tag{6-18}$$

而相角为

$$\varphi_1(\omega)=\arctan\left(-\frac{\omega}{z_1}\right) \tag{6-19}$$

先讨论增益式(6-18),式中等式右边第一项是一不随频率变化的常数,可以归并到式(6-17)的常数项 $20\lg H_0$ 中去一并处理。现在单考察第二项,并以 $G_1(\omega)$ 代表该项,则

$$G_1(\omega)=20\lg\left|1-j\frac{\omega}{z_1}\right|=20\lg\left[1+\left(\frac{\omega}{z_1}\right)^2\right]^{\frac{1}{2}}\ \text{dB} \tag{6-20}$$

这里考察两个极端的情况。当 $\omega\ll|z_1|$ 时,$\left(\dfrac{\omega}{z_1}\right)^2\ll1$,式(6-20)中括号内的 $\left(\dfrac{\omega}{z_1}\right)^2$ 可以忽略不计,此时增益近似成为

$$G_1(\omega)\approx20\lg1=0\ \text{dB} \tag{6-21}$$

这是增益频率特性的低频渐近线方程,它与横坐标轴重合。当 $\omega\gg|z_1|$ 时,$\left(\dfrac{\omega}{z_1}\right)^2\gg1$,式(6-20)中括号内的 1 可以忽略不计,增益近似成为

$$G_1(\omega)\approx20\lg\left|\frac{\omega}{z_1}\right|=20\lg\omega-20\lg|z_1|\ \text{dB} \tag{6-22}$$

这是增益频率特性的高频渐近线方程,在以增益 G_1 为纵坐标、对数频率 $\lg\omega$ 为横坐标的直角坐标平面上,这是一个直线方程。式(6-21)和式(6-22)表示的两条渐近线的交点应满足条件

$$20\lg\omega_1-20\lg|z_1|=0$$

即
$$\omega_1 = |z_1| \tag{6-23}$$

这里的频率 ω_1 称为**折断频率**(break frequency)。由式(6-22)还可看出,高频渐近线的斜率等于 20,但是这个斜率是相对于 $\lg \omega$ 而言的。对于 ω 而言,若频率 ω 增大为原值的 10 倍,则增益增加 20 dB;或者,频率由 ω 增为 2 ω,则增益增加 6 dB,因为

$$20\lg 2\,\omega - 20\lg \omega = 20\lg 2 \approx 6 \text{ dB}$$

所以在工程上常常将高频渐近线的斜率描述为"6 dB/倍频程",或"20 dB/十倍频程"。

按上述高低频渐近线方程作出两条渐近线,如图 6-5 所示。在高频与低频段,增益特性曲线将趋近于这两条直线。但在频率既不符合条件 $\omega \ll |z_1|$ 又不符合条件 $\omega \gg |z_1|$ 的中间频段,实际的增益特性曲线与由两渐近线构成的折线就有较大差别。最大的差别发生在折断频率 $\omega_1 = |z_1|$ 处。在式(6-20)中,若令 $\omega_1 = |z_1|$,可以算得 $G_1 = 3$ dB;但在折线的断点处,G_1 为 0 dB,即与实际增益相比误差为 3 dB。同样可以算得,在 $\dfrac{\omega_1}{2}$ 和 $2\omega_1$ 处,G_1 的实际值分别为 1 dB 和 7 dB;而在折线上,这两处 G_1 的近似值分别是 0 dB 和 6 dB,都是 1 dB 的误差。由此可见,一次因式的对数增益频率特性,可以在对数尺度的坐标平面中用两条渐近线组成的折线来近似地表示,当然,这种近似是比较粗略的。如果考虑到实际曲线在高低频段的渐近性质以及在频率为 $\dfrac{\omega_1}{2}$、ω_1、$2\omega_1$ 三点上的误差对曲线加以修正,则更接近实际的频率特性就不难作出,如图 6-5 所示。

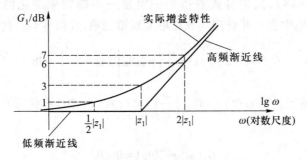

图 6-5 由高低频渐近线构作增益特性

综上所述,为构作一次因式的增益频率特性,可以按下面步骤完成:

(1)首先求出折断频率 $\omega_1 = |z_1|$;

(2)在频率为对数尺度的坐标平面中,从折断频率 ω_1 开始作一条斜率为每倍频程 6 dB 的向上折叠的渐近线,此渐近线与低频端的横坐标轴组成的折线,就可以粗略地代表一次因式的增益频率特性;

(3)根据 $\dfrac{\omega_1}{2}$、ω_1、$2\omega_1$ 三个频率点上的误差和渐近性质,描绘出更准确的频率特性;

(4) 根据式(6-18),将频率曲线平移 $20\lg|z_1|$。

其中的第 4 步,往往在最终合成系统特性的时候,根据式(6-17)进行的 $20\lg H_0$ 的平移一同完成,不用在每一个极零点的波特图中处理。这样的"折线逼近+修正"的方法,比之去逐点计算,当然要简便多了,特别适合手工作图。

这里有一个特例:当零点在原点时,增益频率特性即变成 $G_1(\omega)=20\lg\omega$ 的简单形式,它是通过 $\lg\omega=0$(也就是 $\omega=1$)处的斜率为每倍频程 6 dB 的直线,不是像图 6-5 中的折线,也不需要进行修正。

所有以上的讨论,都只限于单个一次的实数零点因式。如果是一次的实数极点因式,则很易看出,上述结论均可适用,只是高频渐近线要从折断频率点按每倍频程 -6 dB 的负斜率作出。具体过程为

(1) 首先求出折断频率 $\omega_1=|p_1|$;

(2) 在频率为对数尺度的坐标平面中,从折断频率 ω_1 开始作一条斜率为每倍频程 -6 dB 的向下折叠的渐近线,此渐近线与低频端的横坐标轴组成的折线,就可以粗略地代表一次因式的增益频率特性;

(3) 根据 $\dfrac{\omega_1}{2}$、ω_1、$2\omega_1$ 三个频率点上的误差和渐近性质,描绘出更准确的频率特性。这时的修正值与图 6-5 中的情况类似,但是修正值分别是 -1 dB、-6 dB、-1 dB

(4) 根据式(6-18),将频率曲线平移 $-20\lg|p_1|$。

同样,极点在原点时也是一个特例,$G_1(\omega)=-20\lg\omega$ 是通过 $\lg\omega=0$(也就是 $\omega=1$)处的斜率为每倍频程 -6 dB 的直线,不是折线,也不需要进行修正。

接下来讨论一次因式的相位特性曲线。依然先以零点为例开始讨论。由式(6-19),一次零点因式的相角为

$$\varphi_1(\omega)=\arctan\left(-\frac{\omega}{z_1}\right)$$

这个相频曲线依然可以通过"折线逼近+修正"的方法构作。图 6-6 给出了当 $z_1<0$ 时在波特图中相频特性曲线的折线近似特性和关键修正点,$z_1>0$ 的情况以及单个极点因式的情况也与之类似,作为练习留给读者自己去讨论。

以上讨论的一次因式中,零点或者极点都是实数。如果零点或者极点是具有虚部的复数时,在实际系统中往往共轭成对出现。这时候,需要将这一对共轭的零点或者极点合在一起,成为一个二次因式讨论。由此也可以推导出相应的"折线逼近+修正"的作图方法,其中对于零点而言,折线的斜率为 12 dB/倍频程,类似于前述两个实数零点的结果的叠加。但是对对数增益和相频曲线的修正过程比较复杂,需要考虑的情况较多,在实际使用中未必方便,所以在这里不要求掌握。如果实际应用中遇到这种情况,可以通过计算机作图画出波特图。

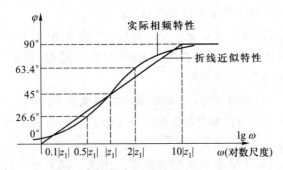

图 6-6 由折线近似特性构作相频特性

2. 多个零点极点的波特图的合成

在做出了单个零点或极点对应的一次因式的波特图以后,将其对数增益图和相位特性图相加,不难得到整个系统的波特图。其过程可以归纳为

(1) 将系统函数 $H(s)$ 写成式(6-5)的形式,找到 H_0 以及全部的零极点,确认其各个折断频率 $\omega_k = |z_k|(k=1,2,\cdots,m)$ 以及 $\omega_l = |p_l|(l=1,2,\cdots,n)$;

(2) 在频率为对数尺度的坐标平面中,将折断频率一一标记出来,然后从左向右开始描绘折线。其中,每遇到一个零点带来的转折频率,折线斜率增加 6 dB/倍频程;每遇到一个极点带来的转折频率,折线斜率减少 6 dB/倍频程;

(3) 在每个折断频率附近,选择修正点和修正值,由此描绘出更准确的频率特性;

(4) 将频率曲线整体平移 $20\lg H_0 + \sum\limits_{k=1}^{m} 20\lg|z_k| - \sum\limits_{l=1}^{n} 20\lg|p_l|$,得到最终的结果。

下面用一个例子说明其具体过程。

例题 6-1 已知某网络的系统函数为

$$H(s) = \frac{1\ 000s}{(s+10)(s+1\ 000)}$$

求此网络的增益和相位频率特性。

解:首先将系统函数写为

$$H(s) = 1\ 000 \cdot \frac{s}{(s+10)(s+1\ 000)}$$

由此得到 $H_0 = 1\ 000$。系统有一个零点 $z_1 = 0$,两个极点 $p_1 = -10$ 和 $p_2 = -1\ 000$。由此可知系统应该有三个折断频率。但是其中 $z_1 = 0$ 的转折点在 $\omega = 0$ 处,它的波特图曲线是一个通过 $\lg \omega = 0$ 点的斜率为 6 dB/倍频程的直线。另外两个折断频率是由两个极点带来,位置分别在 $\omega_1 = |p_1| = 10$ 和 $\omega_2 = |p_2| = 1\ 000$ 处。将这两个折断频率在波特图的坐标系上标出来,然后开始画近似折线。画折线的过程如下:

(1) 画出 $z_1 = 0$ 对应的线段,它是一个通过 $\lg \omega = 0$ 点的斜率为 6 dB/倍频程的直线;当这个直线到达 $\omega_1 = 10$ 处时,其增益为 20 dB;

（2）从 $\omega_1=10$ 开始,向下弯折 6 dB/倍频程,这正好与原来 6 dB/倍频程的斜率相抵消,折线变成一个水平直线;

（3）到达 $\omega_2=1\,000$ 以后,再次向下弯折 6 dB/倍频程,变成一个向下的直线,直至无穷大。

折线结果如图 6-7(a)中的虚线所示。画出近似折线后,需要寻找修正点。除了折断频率本身以外,另外两个修正点分别在折断频率的一半以及一倍的频率点上,在对数坐标图上距离折断频率 $\omega_1=10$ 点的距离为 ±0.3。在每个修正点上分别标出修正 -1 dB、-6 dB、-1 dB 后点,然后沿着渐近线和修正点做一个光滑曲线,如图 6-7(a)中的实线曲线所示。最后将这个曲线做平移,平移量为

$$20\lg 1\,000-20\lg 10-20\lg 1\,000=60-20-60=-20 \text{ dB}$$

也就是图形整体往下平移 20 dB,就得到了系统的对数增益特性,如图 6-7(b)所示。系统的在对数坐标下的相频特性也可以用类似的方法做出,见图 6-7(c)。

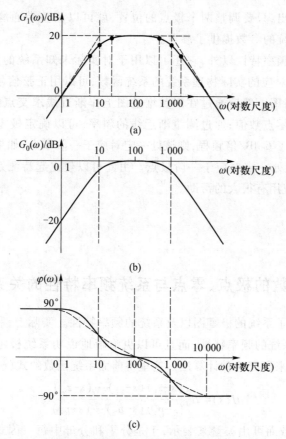

图 6-7　例题 6-1 波特图绘制的过程

从上面的过程可以看到,这种作图法比逐点计算并描绘的方法要快得多。当然,这样手工描绘出来的曲线会存在一些误差,但是在很多场合它的精度足以满足工程需求,在有些只需要

定性地了解系统特性的场合,甚至用近似的折线也就可以了。必须指出的是,在计算机已经相当普及的今天,通过计算机可以非常方便地作出各种频率曲线图,波特图的近似作图法的应用价值不大了,但是其图形中出现的种种特点在实际工程中依然具有很大的实用价值。例如,对于例题 6-1 的结果,还可以进行进一步的讨论:

(1) 从系统的幅频特性上看,它应该是一个带通滤波器。它允许 10~1 000 Hz 频率范围内的信号通过,对这个频段以外的信号都有衰减。

(2) 这个带通滤波器在通带内的幅频值近似等于 0 dB;在两个折断频率上的幅频值等于 -3 dB,比通带增益小 3 dB。在滤波器中经常将截止频率定义为幅频增益衰减到比通带增益小 3 dB 的频率点(有时也称为滤波器的 3 dB 截止频率),以此作为滤波器通带的边界。显然在这个例题中,恰好能够看出上下截止频率正好是两个折断频率点,分别为 $\omega_{c1} = 10, \omega_{c2} = 1\ 000$。滤波器带宽为 990 rad/s。

(3) 从图中可以看出,只要调整两个极点的位置,就可以调整带通滤波器的截止频率或者带宽。这给我们优化系统的参数提供了参考。

除了可以画出系统频率特性以外,它还可以用于对实际未知系统的测量建模。例如,假设我们并不知道例题 6-1 对应的实际物理系统的系统函数,可以用正弦信号测量这个物理系统的频率特性,作出它的波特图。然后通过在对数增益图上作渐近线求交点找到的折断频率点,可以方便地确定系统的极零点数值;通过测量渐近线的斜率,可以确定极零点的阶数,例如,如果发现渐近线的斜率增加了 6 dB/倍频程,则该处一定对应于一阶零点;如果发现渐近线的斜率减少了 6 dB/倍频程,则该处一定对应于一阶极点。由此可以建立起待测系统的系统函数。这对系统建模、系统辨识等应用有很大的帮助。

§6.4 系统函数的极点、零点与系统频率特性的关系

前面两节分别介绍了系统的极零图以及系统的频率特性。实际上,利用极零图并通过矢量计算,可以快速地判断系统的频率特性,而且可以更清晰地说明系统极零点对系统频率特性产生的影响。所以现在先来研究这种计算法。这里将前面系统函数的式(6-5)重写如下

$$H(s) = H_0 \frac{(s-z_1)(s-z_2)\cdots(s-z_m)}{(s-p_1)(s-p_2)\cdots(s-p_n)}$$

式中 s、z、p 一般均为复数而可用矢量来表示,于是分子和分母中每一因式也可以用一矢量来表示。例如有一因式$(s-p)$,把复数 s 和 p 分别以矢量表示在 s 平面中,则因子$(s-p)$是上述两矢量之差,它是从 p 点到 s 点的一个矢量,如图 6-8(a)所示。若把这矢量记成极坐标的形式,可以写成

$$s-p = A\mathrm{e}^{\mathrm{j}\alpha} \tag{6-24}$$

其中 $A = |s-p|$ 为该矢量的模，α 为矢量与实轴间的夹角。当复变数 s 位于虚轴上时，情况完全相似，因子 $(\mathrm{j}\omega-p)$ 的矢量如图 6-8(b) 所示。

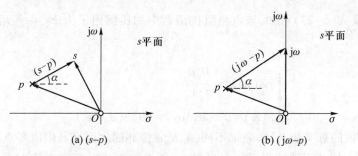

(a) $(s-p)$ (b) $(\mathrm{j}\omega-p)$

图 6-8　用矢量来表示因子 $(s-p)$ 和 $(\mathrm{j}\omega-p)$

令 $s = \mathrm{j}\omega$，式 (6-5) 变成系统的频率特性而为

$$H(\mathrm{j}\omega) = H(s)\Big|_{s=\mathrm{j}\omega} = H_0 \frac{(\mathrm{j}\omega-z_1)(\mathrm{j}\omega-z_2)\cdots(\mathrm{j}\omega-z_m)}{(\mathrm{j}\omega-p_1)(\mathrm{j}\omega-p_2)\cdots(\mathrm{j}\omega-p_m)} \tag{6-25}$$

利用式 (6-24) 的标记形式，把分母因式记为 $A\mathrm{e}^{\mathrm{j}\alpha}$，称为极点矢量，把分子因式记为 $B\mathrm{e}^{\mathrm{j}\beta}$，称为零点矢量，式 (6-25) 即成为

$$
\begin{aligned}
H(\mathrm{j}\omega) &= \frac{H_0 B_1 B_2 \cdots B_m}{A_1 A_2 \cdots A_n} \mathrm{e}^{\mathrm{j}(\beta_1+\beta_2+\cdots+\beta_m-\alpha_1-\alpha_2-\cdots-\alpha_n)} \\[2mm]
&= \frac{H_0 \prod_{i=1}^{m} B_i}{\prod_{k=1}^{n} A_k} \mathrm{e}^{\mathrm{j}\left(\sum\limits_{i=1}^{m}\beta_i - \sum\limits_{k=1}^{n}\alpha_k\right)} \\[2mm]
&= |H(\mathrm{j}\omega)| \mathrm{e}^{\mathrm{j}\varphi(\omega)}
\end{aligned} \tag{6-26}
$$

其中

$$
\begin{cases}
|H(\mathrm{j}\omega)| = H_0 \dfrac{\prod\limits_{i=1}^{m} B_i}{\prod\limits_{k=1}^{n} A_k} \\[4mm]
\varphi(\omega) = \sum\limits_{i=1}^{m} \beta_i - \sum\limits_{k=1}^{n} \alpha_k
\end{cases} \tag{6-27}
$$

分别为幅频特性和相频特性的表示式。可见，幅频特性等于零点矢量模的乘积除以极点矢量模的乘积，再乘上 H_0 的系数；相频特性则等于零点矢量的相角和减去极点矢量的相角和。对于某一个 $\mathrm{j}\omega$ 的值，应用图 6-8 所示的作图法绘出式 (6-25) 各因式的矢量，各矢量长 A_k 和 B_i 以及矢量的角度 α_k 和 β_i 均可以量得，然后由式 (6-27) 即可算出该频率时系统函数的模量和相位。指

定一系列频率的值,就可算出一系列模量和相位的值,从而分别得到模量频率特性和相位频率特性的曲线。

现在,仍用图 6-1 所示并联电路为例来做说明。此电路阻抗函数的极零图如图 6-2(a)所示。由式(6-6)及式(6-27)可知,该电路阻抗函数中的比例因子为 $H_0 = \dfrac{1}{C}$,函数的模量和相位分别为

$$\begin{cases} |Z(\mathrm{j}\omega)| = \dfrac{H_0 B}{A_1 A_2} \\ \varphi(\omega) = \beta - (\alpha_1 + \alpha_2) = 90° - (\alpha_1 + \alpha_2) \end{cases}$$

式中 A、B、α、β 等值的意义如上述,频率不同,A、B、α 值亦随之而异。但因零点在原点,分子因式 $(\mathrm{j}\omega - z) = \mathrm{j}\omega = \omega \mathrm{e}^{\mathrm{j}90°}$,故 β 不随频率变化而为 90°。图 6-9 所示为三种频率时各零点和极点到 $\mathrm{j}\omega$ 处的诸矢量。其中图(a)表示 $\omega = 0$ 时的情况,这时 $B = 0$,故 $|Z(\mathrm{j}\omega)| = 0$;$\alpha_1 + \alpha_2 = 0$,故 $\varphi(\omega) = 90°$。随着 ω 逐步增大,B 和 A_2 增大而 A_1 减小,总的效果是 $|Z(\mathrm{j}\omega)|$ 逐步增大;同时 $\alpha_1 + \alpha_2$ 也渐增大,而 $\varphi(\omega)$ 则逐步减小。等 ω 增加到极点的虚数值 ω_n 附近,A_1 接近最小值,α_1 接近 0°,图 6-8(b)所示为这种情况,其中 $\omega_1 < \omega_n$。如果极点很靠近虚轴,则当 ω 从小于 ω_n 的值变到大于 ω_n 的值时,由于 A_1 的最小值很小,$|Z(\mathrm{j}\omega)|$ 就出现一个峰值;同时 α_1 很快由一负角变为一正角,$\varphi(\omega)$ 亦很快由一正角变成一负角。当 $\omega = \omega_n$,甚至比图(c)中所示 ω_2 更大得多时,A_1、A_2、B 三值渐趋接近,$|Z(\mathrm{j}\omega)|$ 亦随 ω 的不断增大而愈益减小,最后渐趋于零;同时,α_1 和 α_2 亦均渐趋近于 90°,因而 $\varphi(\omega)$ 趋于 -90°。把这个阻抗模量和相位随频率变化的过程绘制成曲线,就成为如图 6-3 所示的频率特性。这样,又回过来说明了系统函数的极零图与频率特性曲线间的关系。

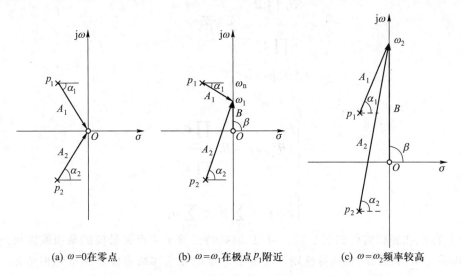

(a) $\omega = 0$ 在零点   (b) $\omega = \omega_1$ 在极点 p_1 附近   (c) $\omega = \omega_2$ 频率较高

图 6-9　不同频率时由系统函数的极点零点计算幅度和相位

从上面的叙述中,读者可以注意到一个事实,就是当有一极点十分靠近虚轴时,在频率为极点的虚数值附近处,模量有一峰值,相位很快减小,两者均有剧烈变化。根据类似的道理,读者可以自行推知,当有一零点十分靠近虚轴时,在频率为零点的虚数值附近处,模量有一谷值,相位很快增大。靠近虚轴的极点和零点对频率特性的这种影响,如图 6-10 所示。事实上,这就是大家所熟悉的谐振特性。当全部极点和零点都位于虚轴上时,这个系统就相当于纯电抗网络。这时,幅频特性中将有零值和无穷大值,相频特性中将有 180° 的跃变。

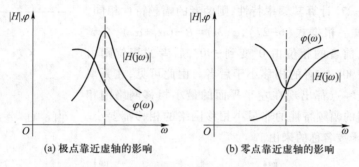

(a) 极点靠近虚轴的影响   (b) 零点靠近虚轴的影响

图 6-10　极点、零点甚靠近虚轴时对频率特性的影响

在早期没有计算机的时候,这种作图计算的方法不失为一个方便的系统频率特性曲线的计算途径,只要在方格纸上准确作出系统的极零图,并在各个 $j\omega$ 点上用直尺量出各矢量长 A_k 和 B_i,用量角器量出各矢量的角度 α_k 和 β_i,然后通过简单的乘加运算就可以计算出各个频率点上的幅频和相频特性。现在,利用计算机可以很方便地直接通过系统函数计算出系统的频率特性,作出其频谱图,因此这种作图方法不再被使用了。但是这种方法揭示出的极零点与频率特性的关系,特别是上面提到的极零点位置对幅频特性曲线中的峰和谷的位置的影响,仍具有一定的参考价值。此外,用这种分析方法可以很方便地推导出全通函数、最小相位函数这两种特殊系统的极零点的特点。下面就对这两种函数进行介绍。

首先来看**全通函数**(all-pass function)。在后面的内容中我们会看到,稳定系统的系统函数的极点必须出现在 s 平面的左半面。这时,如果系统的零点全集中在右半平面,而且在左半面的极点和在右半面的零点分别对虚轴互成镜像,则种网络函数称为全通函数。图 6-11 为全通函数的极零图,其中的极点和零点具有 $p_1 = p_2^* = -z_2 = -z_1^*$ 的关系。在这样的函数中,分子因式矢量的模量与相对应的分母因式矢量的模量分别相等,所以式(6-26)中各个 B 的乘积与各个 A 的乘积可以消去,结果函数模量等于一不随频率变化的常量 H_0。也就是,具有这种转移函数的网络,对各种频率的信号具有相同的幅频特性,可以一视同仁地传输,全通之名由此而得。还有一种全通网络极零点位置的情况,例如如果图 6-11 中的极点 z_1 出现左半平面而且与极点 p_1 重合,则系统依然具有全通特性。所以,全通网络一定具有相同数量的极零点[①],在极零图上每个极点一定与一个零点相关联,两者要么关于虚轴互成镜像,要么相互重合。这种网络常用来做

---

① 这里提到的极零点不包括无穷远处的极零点。

相位校正(时延校正)而不产生幅度失真。

另一种转移函数是所谓的**最小相移函数**(minimum-phase function)。这种函数除了全部极点因稳定性的要求都在左半面外,全部零点也在左半面内,包括可以在 $j\omega$ 轴上。反之,如果至少有一个零点在右半面内,则此函数称为 **非最小相移函数**(non-minimum-phase function)。图 6-12 所示为简单的最小相移函数和非最小相移函数的极零图。如果按式(6-27)计算其频率特性,则两者的幅频特性相同,而相位特性不一样。根据式(6-27),$\varphi(\omega) = \beta - (\alpha_1 + \alpha_2)$,在频率由 0 变到 ∞ 时,前者的相位由 0° 变到 -90°,后者的相位则由 180° 逐步减小到 -90°,前者的相移小于后者。由此可见,在频率变化的过程中,极零点都出现在左半平面的最小相移网络的相移,要比具有相同的幅频特性的非最小相移网络的相移都要小。这就是这种网络函数名称的来由。

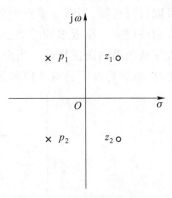

图 6-11 全通函数的极零图

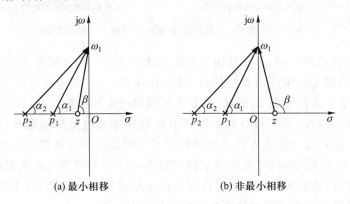

(a) 最小相移   (b) 非最小相移

图 6-12 最小相移函数与非最小相移函数的极零图

§6.5 系统的稳定性

在实际应用中,系统的输出值常常是一个物理量,一般都应该在一定的范围内,因为没有一个系统可以产生无穷大的物理量输出,对于线性系统更是如此。如果一个微分方程描述的系统可能产生无穷大的输出,那在实际系统中只能产生异常的结果:要不然是实际系统由于输出过大的信号(电流或者电压)而损坏;要不然就是系统进入非线性工作状态,不再满足线性条件,原本的线性微分方程不再能够描述系统的工作机理,系统就无法实现预定的工作目标。所以,在工程实际中,都要求线性系统无论在什么情况下输出都不能超出一定的范围。这样的系统被称为稳定系统。所以,判别一个系统是否稳定,或者判别它在何种情况下将是稳定或不稳定,就成为一个设计者必须考虑的问题。

关于系统稳定性及其条件,在前面的一些内容中曾经提到过。例如在讨论全通系统的时候,就说过稳定系统要求极点都处于 s 平面的左半平面,但是并没有讨论这个判据的来历。在本节中,将对系统的稳定性条件及判断方法进行深入的讨论。但这里讨论的,只限于线性非时变系统的稳定性,而不涉及非线性或时变系统。

1. 稳定性系统的定义及其条件

上面对稳定系统的描述不是非常清晰。为了方便后面的推导,首先必须给稳定系统下一个数学上的定义:所谓稳定系统,是指对于有限(有界)激励只能产生有限(有界)响应的系统。这里的有限激励也包括激励为零的情况。换言之,对于一稳定系统,若激励函数

$$|e(t)| \leq M_e \qquad 0 \leq t < \infty$$

则响应函数

$$|r(t)| \leq M_r \qquad 0 \leq t < \infty$$

其中 M_e 和 M_r 为有限的正实数。这个特性又被称为有限输入-有限输出(boundary-input, boundary-output, BIBO)特性。稳定系统应该在各种输入信号、各种初始状态下都满足 BIBO 特性。

由于系统的响应由零输入响应和零状态响应两部分组成,稳定系统的这两部分响应都应该满足"有限输出"的特性。所以接下来分别讨论稳定系统对这两部分响应的要求。

(1)稳定系统零输入响应的要求

如前所述,系统零输入响应的模式取决于系统函数 $H(s)$ 的极点。如果 $H(s)$ 有一个极点 $p_i = \sigma + j\omega$,则零输入响应中将有一个分量 $C_i e^{p_i t} = C_i e^{\sigma + j\omega t}$,或者 $C_i t^n e^{p_i t} = C_i t^n e^{\sigma + j\omega t}$(当有重极点时)。这个函数在 t 为有限值的时候总是一个有限的数,不会等于无穷大。系统的零输入响应是各极点带来的分量的和,当 t 为有限值的时候,$C_i e^{\sigma + j\omega t}$ 或者 $C_i t^n e^{\sigma + j\omega t}$ 也一定是一个有限的值。所以,只要在 $t \to \infty$ 的时候,各个分量的数值不趋向于无穷大,零输入响应就不会趋于无穷大。

现讨论系统函数有一个一阶极点 $p = \sigma + j\omega$ 时的情况。如果 σ 为负值,极点将位于 s 平面的左半面内,对应的信号分量在 $t \to \infty$ 时趋向于 0,系统稳定。若 σ 为正值,极点的位置将在 s 平面的右半平面内,这代表一个增幅的自由振荡,在 $t \to \infty$ 时幅度趋向于无穷大,其相应的系统也将是不稳定的。

当系统函数有一 r 阶的极点 $p = \sigma + j\omega$ 时,此函数的分母中将有一个因子 $(s-p)^r$,系统的自然响应中将含有 $(A_r t^{r-1} + A_{r-1} t^{r-2} + \cdots + A_2 t + A_1) e^{pt} \varepsilon(t)$ 共 r 项。以其中 $A_r t^{r-1} e^{pt} \varepsilon(t) = A_r t^{r-1} e^{\sigma t} e^{j\omega t} \varepsilon(t)$ 项而言,可以用洛必达法则证明:若 σ 为负,$t^{r-1} e^{\sigma t}$ 将随 t 无限趋大而趋于零,系统稳定;若 σ 为正,$t^{r-1} e^{\sigma t}$ 将随 t 无限趋大而趋于无穷大,系统不稳定。

当系统函数极点的实部 $\sigma_1 = 0$ 时,$p_{1,2} = \pm j\omega_1$,这对极点位于虚轴上。如果这些极点是单阶的,则相应的系统的自然响应是等幅的正弦振荡,系统满足稳定的要求。如果位于虚轴上的极点是重阶的,则由前述,自然响应中将含有 $A_r t^{r-1} e^{j\omega_1 t}$ 这种形式的项,也就是将出现 $A_r t^{r-1} \cos(\omega_1 t + \varphi)$ 这样的增幅自由振荡。例如,当系统函数是

$$H(s) = \frac{s}{(s^2 + \omega_1^2)^2}$$

时,则由拉普拉斯反变换,此系统的单位冲激响应是

$$h(t) = \mathscr{L}^{-1}\left\{\frac{s}{(s^2 + \omega_1^2)^2}\right\} = \frac{t}{2\omega_1}\sin \omega_1 t\,\varepsilon(t)$$

图 6-13 所示为此函数的极零图及相应的冲激响应。系统的自然响应也是同样的形式,只是它的幅度和相位将根据不同的初始条件可有不同的值。这里自然响应的包络是直线,若是虚轴上的极点高于二阶,则此包络将是 t 的高次曲线。由此可见,当系统函数在虚轴上有重阶极点时,系统是不稳定的。

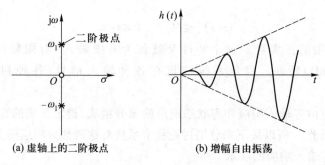

(a) 虚轴上的二阶极点　　　　(b) 增幅自由振荡

图 6-13　系统函数在虚轴上有二阶极点及对应的系统自然响应

综上所述,从零输入响应上看,稳定系统的系统函数的极点不能出现在 s 平面的右半平面内,如果在 $j\omega$ 轴上(包括 $s=0$)有极点,则只能是单阶的。应该注意到,以上结论都是由符合因果律的系统得到的。对于非因果系统的讨论留给读者去自行分析。

（2）稳定系统零状态响应的要求

根据卷积积分,系统的零状态响应为

$$r(t) = h(t) * e(t)$$

可以证明,系统稳定的充分必要条件是它的冲激响应必须是绝对可积的,即

$$\int_{-\infty}^{+\infty} |h(\tau)|\,\mathrm{d}\tau < \infty \tag{6-28}$$

证明过程如下。先证明充分性。假如 $h(t)$ 满足绝对可积条件,即存在 M_h,使得

$$\int_{-\infty}^{+\infty} |h(\tau)|\,\mathrm{d}\tau < M_h$$

则对于有界的激励信号 $|e(t)| \leqslant M_e$,有

$$|r(t)| = |h(t) * e(t)| = \left|\int_{-\infty}^{+\infty} h(\tau)e(t-\tau)\,\mathrm{d}\tau\right| \leqslant \int_{-\infty}^{+\infty} |h(\tau)e(t-\tau)|\,\mathrm{d}\tau$$

$$= \int_{-\infty}^{+\infty} |e(t-\tau)||h(\tau)|\,\mathrm{d}\tau M_e \leqslant M_e\int_{-\infty}^{+\infty} |h(\tau)|\,\mathrm{d}\tau \leqslant M_e M_h \qquad -\infty < t < +\infty$$

也就是说,响应一定也是有界的。充分性得证。

式(6-28)不仅是系统稳定的充分条件,也是系统稳定的必要条件。因为如果 $h(t)$ 不满足绝对可积条件,即

$$\int_{-\infty}^{+\infty} |h(\tau)| \, d\tau = \infty$$

则只要选择满足下式条件的特定的有界激励

$$e(-t) = \mathrm{sgn}[h(t)] = \begin{cases} 1, & h(t) > 0 \\ -1, & h(t) < 0 \end{cases}$$

则根据卷积积分有

$$r(t) = \int_{-\infty}^{+\infty} h(\tau) e(t-\tau) \, d\tau$$

令 $t = 0$ 则

$$r(0) = \int_{0}^{\infty} h(\tau) e(-\tau) \, d\tau = \int_{0}^{\infty} |h(\tau)| \, d\tau = \infty$$

也就是说 $r(t)$ 在 $t = 0$ 处的数值将等于无穷大。这说明至少有一个特定的有界激励会产生无界的响应,系统不满足 BIBO 的要求。因此式(6-28)也是系统稳定的必要条件。

系统的冲激响应是否满足绝对可积条件,也可以从 $H(s)$ 的极点进行考察。冲激响应可以从 $H(s)$ 的拉普拉斯反变换求出,其形式与零输入响应类似,也是由一系列以系统的极点决定的分量的和组成。通过类似的分析过程,可以得到相同的结论,也就是说,当极点出现在 s 平面的左半平面时,$h(t)$ 满足绝对可积条件,系统稳定;当 s 平面中有极点出现在右半平面的时候,$h(t)$ 将不满足绝对可积条件,系统不稳定;当系统有二阶以上的极点出现在虚轴上的时候,也将不稳定。

这里特别要讨论在虚轴上出现一阶级点的情况。如果系统函数在虚轴上有一个一阶极点,$h(t)$ 中就会存在一个幅度恒定的振荡,不满足绝对可积条件,系统不稳定。这从另外一个角度可以看得很清楚。通过零状态响应的拉普拉斯变换解法,有

$$R(s) = H(s) E(s)$$

可见,零状态响应的拉普拉斯变换 $R(s)$ 的极点来自于两个方面:$H(s)$ 的极点和 $E(s)$ 的极点。如果 $H(s)$ 在虚轴上有一阶极点,但是 $E(s)$ 没有与之相同的极点,则这个极点将成为 $R(s)$ 在虚轴上的一阶极点,相应的响应分量的时间模式为一个等幅的振荡(或者直流),不会影响系统的稳定性;但是,假如 $E(s)$ 在虚轴相同的位置上有一个一阶的极点(对应的激励信号中有一个等幅振荡或直流分量,满足有界的要求),则这个极点将成为 $R(s)$ 在虚轴上的二阶极点,相应的响应分量的时间模式为一个随时间线性增长的振荡(或者直流)。所以,在这个有界的激励下,系统出现了无界的输出,不满足稳定要求。但是这种情况只出现在 $E(s)$ 在虚轴上的极点恰好与 $H(s)$ 在虚轴上的极点重合时,这种情况不是总会发生的。在其他激励条件下不会出现输出超界的情形。所以这种不稳定与其他不稳定的情况还是具有差别的。为了区分,将 $H(s)$ 在虚轴上

具有一阶极点的情况称之为**临界稳定**或**边界稳定**[①]。

最后还要讨论一个特殊情况。上面通过 $H(s)$ 的极点考察稳定性的时候,完全没有考虑 $H(s)$ 的分子多项式。实际上按照严格的 BIBO 条件,应该将分子多项式考虑在内,这将带来稳定系统的另外一个必要条件:稳定系统的系统函数 $H(s)$ 的分子多项式的阶数 m 不能大于分母多项式的阶数 n。因为如果 $m>n$,意味着系统的冲激响应 $h(t)$ 中存在着冲激偶 $\delta'(t)$ 或者冲激信号的更高阶的微分分量,$h(t)$ 不满足绝对可积条件。这也可以从另一个角度理解,假如 $e(t)$ 虽然有界,但是有一些不连续的间断点,则经过这样的系统以后,系统的响应在这些间断点上将出现幅度为无穷大的冲激信号分量,不满足有界输出的要求。但是实际的激励信号不太可能出现这种理想化的间断点,例如,在电路中,虽然可以用开关实现电压信号的跳变,但是由于电路中的引线中不可避免地存在着分布电容等参数,实际的电压信号的跳变总是要经过一段时间(哪怕是极短的时间)完成。所以经过实际系统以后响应不会出现无穷大,这种系统依然可以使用,例如电路中的微分器电路。所以,一般在考虑稳定性的时候,并不将 $m>n$ 的情况排除在稳定系统外。

综合上面关于零输入与零状态响应的讨论,可以看到,系统稳定性的判别可以根据系统函数的极点位置作出:如果系统函数的极点都处于 s 平面的左半平面内,系统就是稳定的;如果在虚轴上(包括 $s=0$)有单阶极点,则系统临界稳定;如果系统有极点出现在右半平面,或者在虚轴上出现二阶以上的极点,系统将是不稳定的。特别要提请读者注意,这里的 $H(s)$ 中分子分母中的公因式不能抵消,否则将有可能遗漏零输入响应中的不稳定因素。

2. 罗斯-霍维茨(Routh-Hurwitz)判据

由以上讨论引出的结论,稳定系统的极点或者系统特征方程的根,必须出现在 s 平面的左半平面,或者说,必须全部具有负的实部。系统的特征方程可写成

$$a_n s^n + a_{n-1} s^{n-1} + \cdots + a_1 s + a_0 = 0 \tag{6-29}$$

的形式。当 $n \geqslant 3$ 的时候,要求解这个代数方程的根并不是一个容易的事情。但实际上要判别这个方程有没有实部大于 0 的根,并不需要费力地把方程解出来,而是只要根据方程的根与系数间的关系,考察系数的一些特点,就可以解决。

设特征方程的根为 p_1、p_2、$\cdots$、p_n,则式(6-29)可写为

$$a_n(s-p_1)(s-p_2)\cdots(s-p_n) = a_n s^n - a_n(p_1+p_2+\cdots+p_n)s^{n-1} +$$
$$a_n(p_1 p_2 + p_2 p_3 + \cdots)s^{n-2} - a_n(p_1 p_2 p_3 + p_2 p_3 p_4 + \cdots)s^{n-3} + \cdots +$$
$$a_n(-1)^n p_1 p_2 p_3 \cdots p_n = 0 \tag{6-30}$$

令此式的各系数与式(6-29)各对应项的系数相等,并考虑 $a_n \neq 0$,可得

[①] 临界稳定一般难以保持较久,系统参数稍有变化,极点就有可能移动到右半平面,系统就会转变成不稳定系统。因为这种情况不能确保稳定,所以也有人将其划归于不稳定。

$$\frac{a_{n-1}}{a_n} = -\left[\text{各根之和}\right]$$

$$\frac{a_{n-2}}{a_n} = \left[\text{所有根每次取二根相乘后各乘积之和}\right]$$

$$\frac{a_{n-3}}{a_n} = -\left[\text{所有根每次取三根相乘后各乘积之和}\right]$$

……

$$\frac{a_0}{a_n} = (-1)^n \left[\text{所有根相乘之积}\right]$$

由这些式子,读者不难自行证明,如果所有各根的实部都是负的,则方程的所有系数均应同符号,而且不为零;当 $a_0 = 0$ 而别的系数均不为零时,表示有一零根,系统属临界稳定;如果全部偶次幂项系数为零或全部奇次幂项系数为零,这时所有各根的实部均为零,即系统函数的所有极点都在虚轴上,例如纯电抗网络就属这种情况,如所有极点都是单阶的,这种系统也是临界稳定。除了这些少数特殊情况外,通常只要发现系统的特征方程最高次项系数为正,而其余项中有负系数或者有缺项,就可断定它有正实部的根,因而系统不稳定。但要注意,特征方程的全部系数为正(或全部为负)且无缺项,这仅是系统稳定的必要条件,而非充分条件。就是说,不满足这个条件的系统是不稳定的;反过来,满足了这个条件的系统却不能保证是稳定的。例如方程

$$2s^3 + s^2 + s + 6 = 0 \tag{6-31}$$

符合上述条件,但此方程的三个根为 $-\dfrac{3}{2}$、$\dfrac{1}{2} \pm \mathrm{j}\dfrac{\sqrt{7}}{2}$,其中一对复数根实部为正。所以对于这样的方程,还要用别的办法来判别它是否具有实部为正的根。罗斯-霍维茨判据就是一种常用的方法。这里对这判据只作陈述而不作证明[①]。

设系统的特征方程如式(6-29)所示。首先,把该式的所有系数按如下顺序排成两行

$$
\begin{array}{ccccc}
a_n & a_{n-2} & a_{n-4} & a_{n-6} \\
a_{n-1} & a_{n-3} & a_{n-5} & a_{n-7}
\end{array}
\quad \left(\begin{array}{l}\text{依此类推}\\ \text{排到 } a_0 \text{ 止}\end{array}\right)
\tag{6-32}
$$

然后,第二步,以这两行为基础,计算下面各行,从而构成如下的一个数值表,此表称为**罗斯-霍维茨阵列**。

---

① 此判据由罗斯(Routh E J)和霍维茨(Hurwitz A)分别提出,表述方法稍有不同。其证明见 Guillemin E A,Mathematics of Circuit Analysis, Chapter 7,John Wiley and Sons, Inc. , 1949。

A_n	B_n	C_n	D_n	$\cdots$
A_{n-1}	B_{n-1}	C_{n-1}	D_{n-1}	$\cdots$
A_{n-2}	B_{n-2}	C_{n-2}		$\cdots$
A_{n-3}	B_{n-3}	C_{n-3}		$\cdots$
$\vdots$	$\vdots$	$\vdots$		
A_2	B_2	0		
A_1	0	0		
A_0	0	0		

在该阵列中,头两行就是前面第一步特征方程的系数所排成的两行。即

$$A_n = a_n, A_{n-1} = a_{n-1}, B_n = a_{n-2}, B_{n-1} = a_{n-3}, C_n = a_{n-4}, \cdots$$

下面各行按如下公式计算:

$$A_{n-2} = \frac{A_{n-1}B_n - A_n B_{n-1}}{A_{n-1}} \quad B_{n-2} = \frac{A_{n-1}C_n - A_n C_{n-1}}{A_{n-1}}$$

$$C_{n-2} = \frac{A_{n-1}D_n - A_n D_{n-1}}{A_{n-1}} \quad \cdots$$

$$A_{n-3} = \frac{A_{n-2}B_{n-1} - A_{n-1}B_{n-2}}{A_{n-2}}$$

$$B_{n-3} = \frac{A_{n-2}C_{n-1} - A_{n-1}C_{n-2}}{A_{n-2}} \quad \cdots$$

可以看出,计算阵列中各元素的一般递推式为

$$A_{i-1} = \frac{A_i B_{i+1} - A_{i+1}B_i}{A_i}, \quad B_{i-1} = \frac{A_i C_{i+1} - A_{i+1}C_i}{A_i}, \cdots \tag{6-33}$$

这样构成的阵列共有 $n+1$ 行,且最后两行都只有一个元素。阵列中的第一列 A_n、A_{n-1}、A_{n-2}、$\cdots$、A_1、A_0 构成的数列称为**罗斯-霍维茨数列**。第三步,就是由此数列根据罗斯-霍维茨定理来决定方程是否有实部为正的根,从而判别有关系统是否稳定。

罗斯-霍维茨提出一定理:在罗斯-霍维茨数列中,顺次计算的符号变化的次数等于方程所具有的实部为正的根数。由此定理就可得出系统稳定性的判据如下:用系统特征方程的系数并经计算而构成的罗斯-霍维茨数列中,若无符号变化,则系统是稳定的;反之,若有符号变化,则系统不稳定。

现在举例来说明上述判据的应用。

例题 6-2 试判别特征方程为式(6-31)的系统是否稳定。

解：该系统的特征方程为

$$2s^3+s^2+s+6=0$$

按式(6-32)排列该式系数，并按式(6-33)计算罗斯-霍维茨阵列：

$$
\begin{array}{c|c}
2 & 1 \\
1 & 6 \\
-11 & 0 \\
6 & 0
\end{array}
\qquad
\begin{aligned}
&\text{其中}\quad A_1=\frac{1\times1-2\times6}{1}=-11 \\
&\qquad\quad A_0=\frac{-11\times6-1\times0}{-11}=6
\end{aligned}
$$

由此得罗斯-霍维茨数列为 2、1、-11、6。该数列在 1 到 -11 以及 -11 到 6 两次变换符号，故知以上方程有两个根的实部为正。由此可以判定与此特征方程对应的系统不稳定。

在计算罗斯-霍维茨阵列时，有时会遇到某行首项 $A_i=0$ 的情况。这时因为下一行的所有元素俱以 A_i 为分母将无法进行计算，数列也就无法继续排下去。遇到这种情况，可以将方程乘以因式 $(s+1)$ 再重新排出阵列并进行判别。一般这时不会再出现首项为零的情况。这种方法实际上是在原系统上增加了一个 $s=-1$ 的极点，因为这个极点位于 s 左半平面，对判定系统是否稳定不产生影响。另外一种处理方法，是用一个正无穷小量 ε 去代替零，继续排出阵列，然后令 $\varepsilon\to0$ 加以判定。

例题 6-3 已知系统特征方程为 $s^4+s^3+2s^2+2s+3=0$，试判别该系统的稳定性。

解：按式(6-32)及式(6-33)计算构作罗斯-霍维茨阵列，为清楚计，阵列左方标注该行首项的 s 幂次有

$$
\begin{array}{llll}
s^4 & 1 & 2 & 3 \\
s^3 & 1 & 2 & 0 \\
s^2 & (0 & 3) & \quad\text{此行首项为零，用}\varepsilon\text{代替} \\
& \varepsilon & 3 & \\
s^1 & 2-\dfrac{3}{\varepsilon} & 0 & \\
s^0 & 3 & 0 &
\end{array}
$$

因为 $\varepsilon\to0$ 时，$2-\dfrac{3}{\varepsilon}$ 为负值，罗斯-霍维茨数列变号两次，该系统有两个正实部根，系统不稳定。

在计算罗斯-霍维茨阵列时，如遇到连续两行数字相等或成比例，则下一行元素将全部为零，阵列也无法排下去。这种情况说明系统函数在虚轴上可能有极点。对此情况可作如下处理：由全零行前一行的元素组成一个辅助多项式，用此多项式的导数的系数来代替全零行则可继续排出罗斯-霍维茨阵列。因为这时辅助多项式必为原系统特征多项式的一个因式，令它等于零所求得的根必也是原系统函数的极点，故这时的判据，除要审察罗斯-霍维茨数列看其是否变号外，还要审察虚轴上极点的阶数。罗斯-霍维茨数列如变号则系统不稳定；而在罗斯-霍维茨数列不变号的情况下，如虚轴上的极点俱为单极点则系统临界稳定，如虚轴上有重极点则系

统不稳定。

例题 6-4 系统特征方程为 $s^5+s^4+3s^3+3s^2+2s+2=0$，试判别该系统的稳定性。

解：构作罗斯-霍维茨阵列

$$
\begin{array}{c|ccc}
s^5 & 1 & 3 & 2 \\
s^4 & 1 & 3 & 2 \\
s^3 & (0 & 0) & \\
 & 4 & 6 & \\
s^2 & \dfrac{3}{2} & 2 & \\
s^1 & \dfrac{2}{3} & & \\
s^0 & 2 & &
\end{array}
$$

此时出现全零行，由上一行的辅助多项式 s^4+3s^2+2

求导可得 $4s^3+6s$，以 4,6 代替全零行系数。

由罗斯-霍维茨数列可见，元素符号并不改变，说明 s 右半平面无极点。再由

$$s^4+3s^2+2=0$$

令 $s^2=x$ 则有

$$x^2+3x+2=0$$

可解得

$$x=-1,-2$$

相应地有

$$s_{1,2}=\sqrt{-1}=\pm\mathrm{j}$$
$$s_{3,4}=\sqrt{-2}=\pm\mathrm{j}\sqrt{2}$$

这说明该系统的系统函数在虚轴上有四个单极点，分别为 $\pm\mathrm{j}$ 及 $\pm\mathrm{j}\sqrt{2}$，系统为临界稳定。

通过罗斯-霍维茨判据，不仅可以判定系统是否稳定，而且也可以判定系统的参数与稳定性的关系，从而推算这些参量取值范围。这些内容作为习题留给读者自己练习（见本章习题 6.15 等）。

§6.6 线性反馈系统的稳定性

用罗斯-霍维茨判据对系统的稳定性进行判别有简明易行的好处，但是要求系统函数必须是 s 的有理函数，而这一点并非总能做到。有时可能写不出这个函数，或者写出来了而不是有理函数。

在某些特定的系统结构下，可以通过一些其他的方法判定系统的稳定性。例如，对于线性反馈系统，可以应用一种图解方法，即**奈奎斯特判据**（Nyquist criterion）来判别系统的稳定性。这

一方法的方便之处在于,它可以利用实验室中测量正弦稳态响应的办法来进行判别,而不必去写出上述函数。奈奎斯特判据尤其适用于工程中常见的反馈系统。

1. 线性反馈系统的系统函数

所谓**反馈系统**(feedback system),是指它的输出或部分输出反过来馈送到输入处从而引起输出本身变化的系统。这种系统在实际应用中大量存在,有着很大的用途。例如,自动控制系统中,通过反馈将系统控制在指定的状态(例如温度、速度等);电子线路中的放大器通过反馈可以达到扩展频带、改善稳定性等目标。如果系统中的各个部分都是线性系统,则是线性反馈系统(linear feedback system)。

一种简化了的线性反馈系统的方框图如图 6-14 所示。其中 $G(s)$ 这一通路称为**前向路径**(forward path),它的输出信号 $Y(s)$ 经转移函数为 $H(s)$ 的反馈网络处理后,返回叠加在输入信号上从而"反"作用于 $G(s)$ 系统上。所以,$H(s)$ 这一通路称为**反馈路径**。$G(s)$ 和 $H(s)$ 相连接构成整个系统,共同完成指定的任务。在一个实际的控制系统中,$G(s)$ 可以代表驱动、控制器、导向等装置合起来的转移函数,完成驱动系统输出的目的;$H(s)$ 则可以是某种监测装置的转移函数,它监测 $G(s)$ 系统的输出,以 $G(s)$ 的输出为输入信号,产生相应的输出信号反作用在 $G(s)$ 的输入端,从而达到控制 $G(s)$ 系统输出状态的目的。反馈系统中至少必有一个闭合回路,称为**闭环**(close loop)。只有一个闭合回路的系统称为**单环**(single loop)系统,复杂的系统可以是**多环**(multiple loop)的。此外,在反馈系统的调试中,经常会临时将环路断开。例如在图 6-14 中,在 A 点处断开连接,由此就构成了**开环**(open loop)系统。输入信号 $X(s)$ 经系统 $G(s)$、$H(s)$ 后到达 $Z(s)$ 所经过的整个路径上的总转移函数 $G(s)$、$H(s)$ 被称为系统的**开环转移函数**(open loop transfer function)。

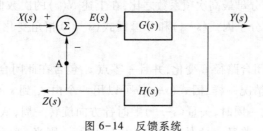

图 6-14 反馈系统

由图 6-14 所示的反馈系统很易看出

$$[X(s)-H(s)Y(s)]G(s)=Y(s)$$

由此可以解出输出信号 $Y(s)$ 与输入信号 $X(s)$ 之比为

$$T(s)=\frac{Y(s)}{X(s)}=\frac{G(s)}{1+G(s)H(s)} \tag{6-34}$$

这里 $T(s)$ 是整个反馈系统的系统函数;乘积 $G(s)H(s)$ 是将 $H(s)$ 的输出在加法器端断开以后,信号从 $G(s)$ 输入端一直传输到 $H(s)$ 输出端 $Z(s)$ 经历的整个路径的开环转移函数。由式(6-34)

可知,反馈系统的系统函数的分子是前向转移函数,分母是1加系统中的开环转移函数[①]。这个结论可以引申到多环系统。

在工程中,$G(s)$ 和 $H(s)$ 往往可以保证是稳定的。但由此构成的反馈系统却未必是稳定的。要判别一个反馈系统是否渐近稳定,就要看系统函数 $T(s)$ 的极点是否全部在左半平面,或者要看系统特征方程

$$1+G(s)H(s)=0 \tag{6-35}$$

的根的实部是否全部为负的。这个问题当然可以用罗斯-霍维茨判据判断,但也可以使用下面介绍的方法进行判断,且在实际使用中更加方便。

2. 奈奎斯特(Nyquist)判据

现在来考虑图 6-14 所示的一般反馈系统。该系统的系统函数如式(6-34)所示为

$$T(s)=\frac{G(s)}{1+G(s)H(s)}$$

上式的分母在一般情况下是一分式

$$F(s)=1+G(s)H(s)=1+\frac{N(s)}{D(s)}=\frac{D(s)+N(s)}{D(s)} \tag{6-36}$$

这里,函数 $G(s)H(s)$ 的分子多项式 $N(s)$ 的次数通常低于分母 $D(s)$ 的次数[②],因此 $F(s)=1+G(s)H(s)$ 的分子 $D(s)+N(s)$ 与分母 $D(s)$ 的次数相等,即 $m=n$。于是式(6-36)可以写成如下形式

$$F(s)=K \cdot \frac{(s-z_1)}{(s-p_1)} \cdot \frac{(s-z_2)}{(s-p_2)} \cdot \cdots \cdot \frac{(s-z_n)}{(s-p_n)} \tag{6-37}$$

其中 K 为式(6-36)中分子分母最高次项系数之比;在上述 $N(s)$ 的次数低于 $D(s)$ 的情况下,$K=1$。现在单来考察当 s 变化时,分子因式 $(s-z_1)$ 和分母因式 $(s-p_1)$ 相角变化对于函数 $F(s)$ 总相角的影响。

设在 s 平面中,s 沿着闭合路径 C 变化,并且一零点 z_{1a} 包含在此闭合路径之内,如图 6-15(a)所示。同 §6.4 所讨论的情况一样,因式 $(s-z_{1a})$ 可以用一个由 z_{1a} 到 s 的矢量来表示。当 s 沿闭合路径 C 顺时针方向变化一周时,矢量 $(s-z_{1a})$ 顺时针方向旋转一周,从而函数 $F(s)$ 的总相角按负值增加 2π。若零点 z_{1b} 在路径 C 之外,如图 6-15(b)所示,则当 s 沿闭合路径 C 顺时针方向变化一周时,矢量 $(s-z_{1b})$ 净变化角度为零,因而函数 $F(s)$ 总相角的净增加亦为零。上述讨论中,如果把零点换成极点 p_1,情况也相似。只是由于因式 $(s-p_1)$ 是在函数 $F(s)$ 的分母中,当 s 沿闭合路径 C 顺时针方向变化一周时,若 p_1 在 C 内,则 $F(s)$ 的总相角按正值增加 2π;若 p_1 在 C 外,$F(s)$ 总相角净增加为零。

现在,再来进一步考虑闭合路径是由 $j\omega$ 轴与右半平面内半径为 R 的半圆组成的情况,如

---

① 如反馈信号与参考信号是相加而不是相减,则式(6-34)的分母是 $1-G(s)H(s)$。

② 奈奎斯特判据只适用于这种情况。

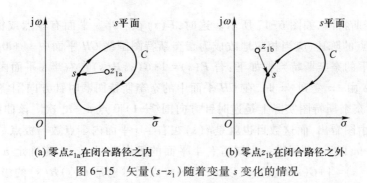

(a) 零点z_{1a}在闭合路径之内   (b) 零点z_{1b}在闭合路径之外

图 6-15   矢量$(s-z_1)$随着变量s变化的情况

图 6-16(a)所示。当半径R无限趋大时,闭合路径由整个$j\omega$轴与半径为无穷大的半圆组成,它包围着全右半平面。s沿$j\omega$轴由$-j\infty$变到$+j\infty$,根据$F(s)=1+G(s)H(s)$的模量$|F(j\omega)|$和相角$\varphi(\omega)$,可以在F平面中作出复轨迹$F(j\omega)$,如图 6-16(b)所示。这复轨迹就是s平面中的$j\omega$轴映射于F平面的曲线,在系统稳定性的判别中,常称之为**奈奎斯特图**(Nyquist plot)。当$s\to\infty$时,由于式(6-37)分子分母次数相等,$F(s)$趋于一实常数。也就是半径为无穷大的半圆,包括$j\omega=\pm j\infty$,映射为F平面中实轴上的一点。当$s=j\omega=0$时,由式(6-37)也不难看出,$F(s)$应为一实数。同时又考虑到$F(j\omega)$的模量$|F(j\omega)|$为频率ω的偶函数,相角$\varphi(\omega)$为ω的奇函数,所以奈奎斯特图ω从0到∞的部分与ω从0到$-\infty$的部分在F平面中对于实轴成镜像对称。显然,ω由$-\infty$变到∞所作出的奈奎斯特图应该是一条封闭曲线。

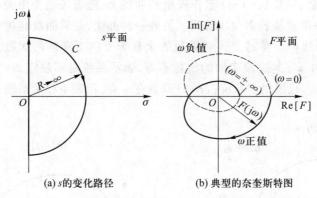

(a)s的变化路径   (b) 典型的奈奎斯特图

图 6-16 s平面中的$j\omega$轴射于F平面而成的奈奎斯特图

根据以上讨论可知,如果右半s平面内有$F(s)$的一个零点z_1,当s沿图 6-16(a)所示路径顺时针方向变化一周时,因子$(s-z_1)$的矢量围绕z_1顺时针方向旋转一周,矢量$F(j\omega)$所描出的奈奎斯特图亦顺时针方向绕原点一次;如右半s平面内有$F(s)$的一个极点,则当s沿上述路径变化一周时,奈奎斯特图将逆时针方向绕原点一次。但左半s平面的零点和极点不产生这种使奈奎斯特图围绕原点的作用。

现在考虑把上述奈奎斯特图画入GH平面而不是F平面的情形。因为$GH=F-1$,所以只要把图 6-16(b)的坐标轴向右移,置原点于F平面的$1+j0$点处,而原来的图形不变,这个图就是

GH 平面中的奈奎斯特图,如图 6-17 所示。这时,$F(s)$ 在右半 s 平面有零点或极点时奈奎斯特图围绕 F 平面原点的陈述,应当相应地改成为奈奎斯特图围绕 GH 平面中 $-1+j0$ 点。于是,就可以得到一般情况下的奈奎斯特判据如下:若 $F(s)=1+G(s)H(s)$ 在右半 s 平面内有 n_z 个零点和 n_p 个极点,则当 ω 由 $-\infty$ 变到 $+\infty$ 时,在 GH 平面中的奈奎斯特图顺时针方向围绕 $-1+j0$ 点 n_z-n_p 次。当 $n_z<n_p$ 时,奈奎斯特图实际上是逆时针方向围绕 $-1+j0$ 点 n_p-n_z 次。该曲线围绕 $-1+j0$ 点的次数很易直接由图看出,而这数目也就是 $F(s)$ 在右半 s 平面内零点数与极点数之差 n_p-n_z。

在得到了 n_p-n_z 以后,必须进一步知道右半平面的极点数目 n_p,才能确定 n_z。n_p 是 $F(s)$ 的极点数目,由于 $F(s)=1+G(s)H(s)$,所以 $F(s)$ 的极点同时也是 $G(s)H(s)$ 的极点,也就是开环转移函数的极点。前面说过,在工程中可以保证系统 $G(s)$ 和 $H(s)$ 都是稳定的,所以开环转移函数 $G(s)H(s)$ 的极点全部在 s 平面的左半平面内,在右半平面内没有极点,所以 $n_p=0$。故奈奎斯特图逆时针方向围绕 $-1+j0$ 点的圈数就应该等于 $-n_z$,或者换句话说,奈奎斯特图顺时针方向围绕 $-1+j0$ 点的圈数就应该等于 $F(z)$ 在右半平面的极点数目 n_z,这也是反馈系统总的传输函数 $T(s)$ 在右半平面的极点的数目。由此可以得到奈奎斯特判据如下:

当 ω 由 $-\infty$ 变到 $+\infty$ 时,在 GH 平面中的奈奎斯特图顺时针方向围绕 $-1+j0$ 点的次数等于系统函数 $T(s)$ 在右半 s 平面内的极点数。如果奈奎斯特图不围绕 $-1+j0$ 点,则系统是稳定的,否则系统是不稳定的。

例如,图 6-17 中的曲线围绕了 $-1+j0$ 点两次,表示所要判别的系统是不稳定的。要看出曲线围绕 $-1+j0$ 点的次数,只要从 $-1+j0$ 点作矢量到曲线上,随着矢量头沿曲线画过一次,计算在此过程中矢量围绕 $-1+j0$ 点旋转多少次即得。另外一种办法,是看曲线穿越实轴 $-1+j0$ 到 $-\infty+j0$ 一段的次数。如果曲线向上穿越上述实轴段的次数等于向下穿越的次数,则表示系统是稳定的,如果曲线向上和向下穿越这段实轴的次数不等,表示系统是不稳定的。例如图 6-18 中,若 $-1+j0$ 点在图中 a 点处,代表稳定系统;若 $-1+j0$ 点在 b 点,代表不稳定系统。

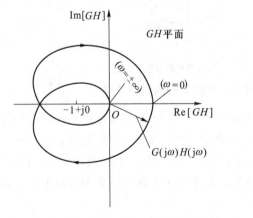

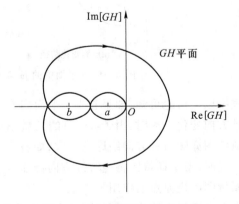

图 6-17　GH 平面中的奈奎斯特图　　　　图 6-18　奈奎斯特图的又一例

奈奎斯特判据在实际工程中具有很大的用途。它不需要求解整个系统的系统函数 $T(s)$，只需要了解开环转移函数 $G(s)H(s)$ 的频率特性，就可以判决系统在闭环以后是否稳定。在实际工程中，即使不知道 $G(s)H(s)$ 的具体形式，只要利用测量装置测量出开环系统函数 $G(s)H(s)$ 的频率特性，就可以完成稳定性判断。在实际工业自动控制系统构建中，往往是在开始的时候不将 $H(s)$ 的输出端与系统输入端连接，先测量开环系统 $G(s)H(s)$ 的频率特性从而判断系统的稳定性，如果满足稳定条件再将 $H(s)$ 的输出端与系统输入端连接构成闭环系统。如果不满足，则需要寻找和解决不稳定的因素。这样可以避免盲目地将系统闭合，出现系统不稳定从而导致系统损坏。

例题 6-5 有一反馈系统如图 6-19 所示，其中

$$G(s) = \frac{K}{s(s+1)(s+4)}, \quad H(s) = 1$$

（$H(s) = 1$ 时，称为全反馈），利用奈奎斯特判据及用罗斯-霍维茨判据，求其稳定时 K 的取值范围。

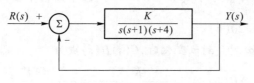

图 6-19　全反馈系统

解：

（1）用奈奎斯特判据求解。

此系统的开环转移函数为

$$G(s)H(s) = \frac{K}{s(s+1)(s+4)}$$

这里应注意 $G(s)H(s)$ 在 $j\omega$ 轴上 $\omega = 0$ 处有一极点，因此当 s 沿 $j\omega$ 轴变化时，在该极点附近的路径要用一小的半圆从右边绕过，如图 6-20(a) 所示。这样，s 变化的闭合路径内不包含极点。令小的半圆上的 s 值为 $s = re^{j\theta}$，其中 r 为任意小的圆半径，当 s 变化的路径由极点旁绕过时，θ 由 $-\frac{\pi}{2}$ 变到 $\frac{\pi}{2}$。沿此半圆的函数 $G(s)H(s)$ 为

$$G(s)H(s) = \frac{K}{re^{j\theta}(re^{j\theta}+1)(re^{j\theta}+4)}$$

当 r 甚小时，上式近似为

$$G(s)H(s) \approx \frac{K}{4r}e^{-j\theta}$$

所以，随着 s 沿小半圆变化而 θ 由 $-\frac{\pi}{2}$ 变到 $\frac{\pi}{2}$ 时，映射到 GH 平面中的奈奎斯特图为一半径为 $\frac{K}{4r}$

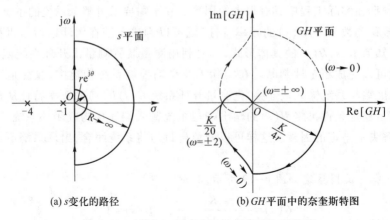

(a) s 变化的路径　　　　　(b) GH 平面中的奈奎斯特图

图 6-20　例题 6-5 s 变化的路径及奈奎斯特图

的半圆,矢量 GH 的相角则从 $\dfrac{\pi}{2}$ 变到 $-\dfrac{\pi}{2}$。当 $r \to 0$ 时,此半圆的半径无限趋大,这就是 $\omega \to 0$ 时奈奎斯特图的部分,如图 6-20(b)。

当 s 沿 $j\omega$ 轴为 ω 由 $-\infty$ 到 0 到 ∞ 变化时,$G(s)H(s)$ 成为

$$G(j\omega)H(j\omega) = \frac{K}{j\omega(j\omega+1)(j\omega+4)} = \frac{K}{-5\omega^2 - j\omega(\omega^2-4)}$$

按此式做成的奈奎斯特图的另一部分也示于图 6-20(b)。其中当 $\omega=2$ 时,$GH = -\dfrac{K}{20}$ 为实数。注意上述作图中,都是假定 K 为正值。

要判别系统是否稳定,就要看 $-1+j0$ 点是否未被包围在该奈奎斯特图中。显然,在 K 为正时,且 $-\dfrac{K}{20} > -1$,则系统稳定;或者要系统稳定,K 的取值范围应为

$$0 < K < 20$$

当 $K > 20$ 时,奈奎斯特图围绕 $-1+j0$ 点两次,表示 $F(s)$ 在右半 s 平面内有两个零点,系统不稳定。若 K 为负,则整个奈奎斯特图将以圆点为中心旋转 $180°$;此时 $-1+j0$ 点将被围绕一次,表示 $F(s)$ 在右半 s 平面内有一个零点,系统亦不稳定。

（2）用罗斯-霍维茨判据求解。

根据式（6-34）,此反馈系统的系统函数为

$$T(s) = \frac{G(s)}{1+G(s)H(s)} = \frac{\dfrac{K}{s(s+1)(s+4)}}{1+\dfrac{K}{s(s+1)(s+4)}} = \frac{K}{s^3+5s^2+4s+K}$$

故系统的特征方程为

$$s^3+5s^2+4s+K=0$$

按式(6-32)和式(6-33)构作罗斯-霍维茨阵列

1	4
5	K
$\dfrac{20-K}{5}$	0
K	0

由罗斯-霍维茨数列可知,因 1、5 均大于 0,故系统稳定条件为 $\dfrac{20-K}{5}>0$ 及 $K>0$,或将两不等式合并为

$$0<K<20$$

这就是系统稳定时 K 应取值的范围。当 $K<0$ 或 $K>20$ 时,数列分别变号一次或二次,即系统函数分别有一极点或二极点在右半 s 平面,系统都不稳定。

在实际应用中,还有一种图形式的稳定性判别方法。这种方法一般用于考察系统在某个参量变化情况下稳定性变化的情况。它考察某个系统变化时,系统的极点(特征方程的根)在 s 平面上变化形成的轨迹,这就是**根轨迹**(root locus)。显然,如果参量取某些值时,系统的极点移动到了 s 平面虚轴以右的平面中,此时系统不稳定。所以,通过观察根轨迹曲线何时出现在 s 平面虚轴以左的平面中,就可以确定该参数的取值范围。在早期手工计算时,作出这样一个根轨迹还是很麻烦的,所以早期的一些教材中介绍了很多用于根轨迹作图的法则,用于简化根轨迹的作图和分析。但现在,可以通过计算机很方便地求出方程的根的数值解,所以再求得系统的极点、作出根轨迹曲线就非常简单了。有些软件,例如 MATLAB,直接提供了作出根轨迹的功能,可以直接根据系统方程作出根轨迹,在实际使用中更加方便。

习　　题

6.1　求图 P6-1 中电路的系统函数。

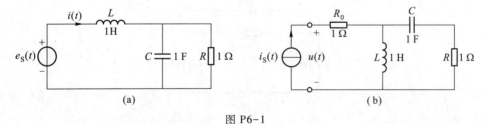

图 P6-1

6.2 求图 P6-2 中电路的系统函数,并绘其极零点分布图。

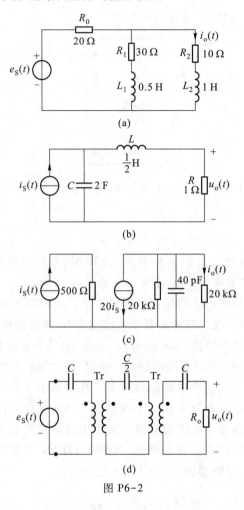

(a)

(b)

(c)

(d)

图 P6-2

6.3 求图 P6-3 电路的电压传输函数。如果要求响应中不出现强迫响应分量,激励函数应有怎样的模式?

6.4 已知系统函数极零图如图 P6-4 所示,且有 $|H(j2)| = 7.7, \varphi(2) < \pi$,求 $H(j4)$ 的值。

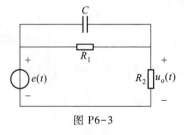

图 P6-3

6.5 求图 P6-5 电路的系统函数,并粗略绘其频响曲线。

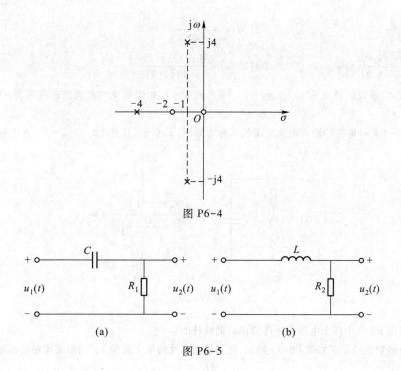

图 P6-4

图 P6-5

6.6 用矢量图解法绘出图 P6-1(a)电路输入导纳的频响,如电路中 R 改为无穷大,则频响曲线又如何。

6.7 系统的极零图如图 P6-7 所示,如 $H_0 = 1$,用矢量作图法粗略绘出该系统的幅频响应曲线。

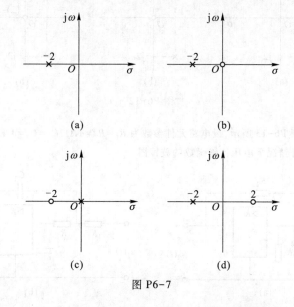

图 P6-7

6.8 设系统函数如下,试用矢量作图法绘出粗略的幅频响应曲线与相频响应曲线。

（1）$H(s) = \dfrac{1}{s}$　　　　　　　（2）$H(s) = \dfrac{s^2+1}{s^2+2s+5}$

（3）$H(s) = \dfrac{s^2+1.02}{s^2+1.21}$　　　（4）$H(s) = \dfrac{3(s-1)(s-2)}{(s+1)(s+2)}$

6.9 已知系统函数的极点为 $p_1 = 0$，$p_2 = -1$，零点为 $z_1 = 1$，如该系统冲激响应的终值为 -10，试求此系统函数。

6.10 图 P6-10（a）电路的输入阻抗的零极点分布如图（b）所示，且有 $z(j\omega)\big|_{\omega=0} = 1$。求电路参数 R、L、C。

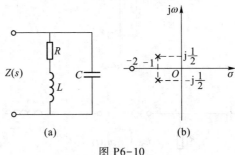

图 P6-10

6.11 作出图 P6-5 中两个电路电压传输函数的波特图。

6.12 系统函数的极零图如图 P6-12 所示，且其幅频特性的最大值为 1。画出系统函数的波特图。

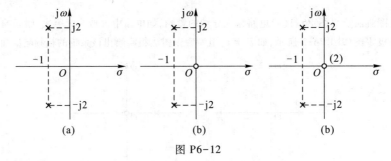

图 P6-12

6.13 有源滤波器如图 P6-13 所示，设电路元件参数为 $R_1 = R_2 = 1\ \Omega$，$C_1 = C_2 = 1\ \text{F}$ 放大器设为理想的；试作出 K 分别为 0.5、1、1.4 三种情况下电压传输函数的波特图。

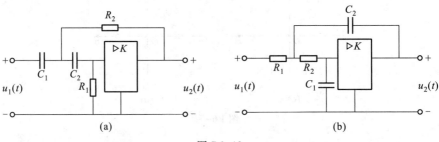

图 P6-13

6.14 系统特征方程如下,试判断该系统是否稳定。并确定具有正实部的特征根及负实部的特征根的个数。

(1) $s^4+7s^3+17s^2+17s+6=0$ (2) $s^4+5s^3+2s+10=0$

(3) $s^4+2s^3+7s^2+10s+10=0$ (4) $4s^5+6s^4+2s^3+4s^2+11s+10=0$

(5) $s^5+2s^4+2s^3+4s^2+11s+10=0$ (6) $s^6+7s^5+16s^4+14s^3+25s^2+7s+12=0$

6.15 系统的特征方程如下,求系统稳定的 K 值范围。

(1) $s^3+s^2+4s+K=0$ (2) $s^3+5s^2+(K+8)s+10=0$

(3) $s^4+9s^3+20s^2+Ks+K=0$

6.16 图 P6-16 所示的有源反馈网络,已知元件参数为 $R_1=R_2=1\ \Omega$,$C_1=C_2=1\ \mathrm{F}$,$L=1\ \mathrm{H}$,求保证该网络稳定工作的 K 值范围。

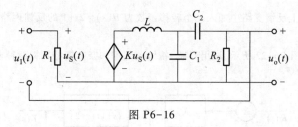

图 P6-16

6.17 图 P6-17(a)为一反馈系统框图,(b)为其在 $K>0$ 时作出的 $\omega\geqslant0$ 部分的开环转移函数的复轨迹。如 K 可取负值,试用奈奎斯特判据确定系统稳定的 K 值范围,并通过罗斯-霍维茨判据校核。

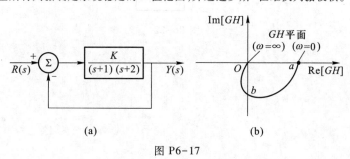

图 P6-17

6.18 一反馈系统如图 P6-18 所示,作出奈奎斯特图并确定 $K>0$ 时系统稳定的 K 值范围,并通过罗斯-霍维茨判据校核。

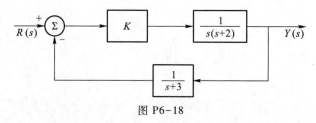

图 P6-18

6.19 已知反馈系统开环传输函数如下,试作其奈奎斯特图。

（1）$G(s)H(s)=\dfrac{2K}{(s+1)(s+2)}$ （2）$G(s)H(s)=\dfrac{K}{s(s+2)^2}$

（3）$G(s)H(s)=\dfrac{K}{s^2+2s+2}$ （4）$G(s)H(s)=\dfrac{K(s+2)}{(s+1)(s-3)}$

6.20　一反馈系统如图 P6-20 所示，试判断系统稳定的 K 值范围。

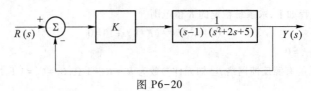

图 P6-20

6.21　如在图 P6-20 上反馈支路中加入一个转移函数为 $H(s)=2s+1$ 的反馈网络，试分析系统稳定性改善的情况。

6.22　一反馈系统如图 P6-22 所示，试用罗斯-霍维茨判据和奈奎斯特判据两种方法确定系统稳定的 K 值范围。

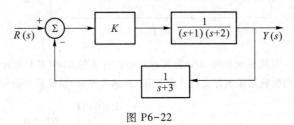

图 P6-22

第七章

离散时间系统的时域分析

§7.1 引言

在本书 §1.2 中曾经指出,信号按照它的时间变量 t 是否连续,分为连续时间信号(continuous-time signal)和离散时间信号(discrete-time signal)两类。随着近代数字技术的发展,离散时间信号的应用已经非常广泛。表示离散时间信号的函数,只在一系列互相分离的时间的点上才有定义,而在其他的时间上则未定义,所以这样的函数是离散时间变量 t_k 的函数。

离散时间信号可以通过对连续时间信号进行抽样得到,也就是在离散时间 t_1、t_2、$\cdots$、t_k 等时刻抽取信号在那一瞬间的值从而构成一个离散时间信号。抽样时间间隔(sampling interval)可以是均匀的,也可以是不均匀的,但是实际工作中一般都采用均匀间隔,因为这样在分析和处理时都比较方便。本章只讨论这种均匀间隔的情况。设此间隔为 T,则离散时间 0、t_1、t_2、$\cdots$、t_k、$\cdots$ 分别等于 0、T、$2T$、$\cdots$、kT、$\cdots$。如果信号不是一个有始信号,离散时间还可以取负值 $-T$、$-2T$、$\cdots$、$-kT$、$\cdots$。从更抽象的意义上说,离散时间信号仅仅是一个有序的数值序列,它的函数图是在坐标平面中的一系列点。但为了醒目起见,这些离散的函数值也常常像离散频谱那样画成一条条的垂直线,如图 7-1(a)所示,其中每条直线的端点才是实际的函数值。

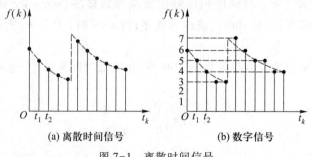

(a) 离散时间信号 (b) 数字信号

图 7-1 离散时间信号

在数字技术中,由于受数字硬件电路的限制,函数的抽样值并不是可以任意取值的,必须将幅度加以量化,也就是幅度的数值只能取接近于预定的若干有限个数值之一,如图 7-1(b)所示,这种经过量化的离散时间信号称为**数字信号**(digital signal)。在实际应用中,数字信号的量化幅值常常是用二进制数表示的。数字通信、数字计算机等所用的信号就是这样的数字信号。

离散时间信号简称**离散信号**(discrete signal)。这种信号可以表示为一个离散的数值序列。这个序列中的每一数值仍按一定的函数规律随着离散变量 kT 变化。这里 k 是一整数,是一个表示次序的序号。正如对于连续信号可以用连续时间函数 $f(t)$ 来表示一样,对于离散信号则可以用离散时间函数 $f(kT)$ 来表示。在这后一函数的记法中,表示它仍是一时间 t 的函数,而其函数值仅在离散的时间值 $t=0、\pm T、\pm 2T\cdots$ 处被定义。离散时间函数又常常记为离散时间序列 $f(k)$,而不写成 $f(kT)$。这样做不仅是为了书写简便,而且可以使分析方法具有更为普遍的意义,可以同时表示不同抽样间隔下的信号,而且离散变量可不限于时间变量。对于某个抽样间隔等于 T 的离散时间信号 $f(k)$,当 k 等于某一整数 n 时,$f(n)$ 就理解为在 $t=nT$ 时的函数值。例如,设

$$f(k) = a^k$$

当 $k=0、\pm 1、\pm 2\cdots$ 时,就得到一个数值的序列

$$\cdots、a^{-2}、a^{-1}、1、a^1、a^2、\cdots$$

这个序列可以看成是连续信号 a^t 按照间隔 $T=1$ 抽样得到的,也可以看成是任意的指数信号 $a^{\beta t}$ ($\beta \neq 0$)按照抽样间隔 $T=\dfrac{1}{\beta}$ 抽样得到的。只要抽样间隔确定了,信号就唯一地确定了。这样一个时间序列 $f(k)$ 与 $f(kT)$ 一样代表了该离散信号。在实际工作中,离散时间函数常常作为一组数据被记录并存储起来,以备取用。由于使用这组数据时往往不是实时的,各数据除了必须遵循一定的次序外,时间的意义已不重要。在这种情况下,即使是离散时间函数,也以记为离散时间序列 $f(k)$ 比较贴切。

对于连续时间信号,$f(t-t_0)$ 表示信号 $f(t)$ 延时 t_0,或时间坐标轴向负方向移动 t_0(t_0 为负时,坐标轴向正方向移动)。同样,对于离散时间信号 $f[(k-n)T]$ 表示信号 $f(k)$ 延时 nT,或时间坐标轴向负方向平移 nT(n 为负时,坐标轴向正方向移动)。而对于一般的离散时间序列,$f(k-n)$ 表示信号 $f(k)$ 的序数后移了 n。时间序列序号的增减称为**移序**(sequence shifting)。当 $n>0$ 时,$f(k-n)$ 表示信号向右移序(right shift),或称为减序;当 $n<0$ 时,$f(k-n)$ 表示信号向左移序(left shift),或称为增序。

与连续时间系统中的单位冲激函数 $\delta(t)$ 相当,在离散时间系统中,也有一个**单位函数**(unit function)$\delta(k)$[①]如下

$$\delta(k) = \begin{cases} 1 & k=0 \\ 0 & k \neq 0 \end{cases}$$

---

① 这里定义的函数 $\delta(k)$ 在各种文献中名称颇不一致。有的书刊中,和连续时间中的 $\delta(t)$ 一样,称之为单位冲激函数(unit impulse function);有的则称之为单位 δ 函数(unit delta function);数学文献中称之为克罗内克 δ 函数(Kronecker's delta function)。国内有学者建议采用单位离散函数。本书沿用较多见的单位函数一词,并与 $\delta(t)$ 的名称相区别。

请注意,这里的单位函数使用了与冲激信号一样的函数符号 $\delta(\cdot)$,但是定义完全不同。对于冲激信号而言,$\delta(0)=+\infty$,而对于单位函数,$\delta(0)=1$。从后面的内容中可以看到,单位函数在离散时间系统分析中的作用与连续系统中的冲激函数相同。

离散时间信号中也有类似连续信号中的阶跃信号 $\varepsilon(t)$ 的离散单位阶跃序列(unit step sequence)$\varepsilon(k)$,其定义为

$$\varepsilon(k)=\begin{cases}1 & k\geqslant 0\\0 & k<0\end{cases}$$

单位阶跃序列的定义与阶跃信号完全相同,将阶跃信号 $\varepsilon(t)$ 中的 t 改为 k 直接就可以得到 $\varepsilon(k)$。

除了上述的单位函数和单位阶跃序列以外,其他典型的离散信号有单边指数序列、单边余弦(或正弦)序列,这些序列均可由相应的连续信号按一定间隔抽样得到。这些信号的图形如图 7-2 所示。图 7-2 中的序列在 $k<0$ 时,其值均为零。这样的序列称为单边序列(single-sided sequence),或有始序列(causal sequence)、右边序列(right sequence)。

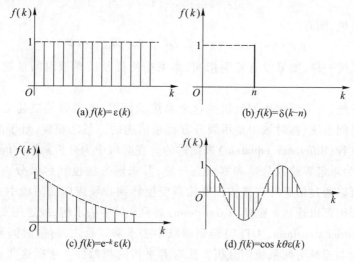

图 7-2　几种典型的离散时间信号

如果一个系统的输入和输出信号都是离散时间的函数,它就是**离散时间系统**(discrete-time system)。数字计算机是离散时间系统的最典型的例子,它由许多数字与时序逻辑电路组成,运算操作受一个统一的方波时钟信号控制,在时钟信号电平变化的瞬间完成计算任务,而对于其他时间,则可以认为是处于安静等待的状态。这种系统就是一种典型的离散时间系统。在实际工作中,离散时间系统常常是与连续时间系统联合运用的,同时具有这两者的系统称为**混合系统**(hybrid system)。实用的自动控制系统和数字通信系统等都属此类。离散时间系统便于应用大规模集成电路实现,可使机器做得小巧、可靠而又价廉,这就是近来离散时间系统之所以日见重要以及这种系统的理论迅速发展的主要原因。在本书的第十章中将会介绍离散时间系统的设计原理。

在本书第一章 §1.3 中,曾经定义了连续时间系统的线性系统和非时变系统。对于离散时间系统,也可相应地定义其线性系统和非时变系统。设由激励函数 $e_1(k)$ 产生的系统响应是 $y_1(k)$,由激励函数 $e_2(k)$ 产生的系统响应是 $y_2(k)$,若由线性组合的激励 $c_1e_1(k)+c_2e_2(k)$ 产生的系统响应是 $c_1y_1(k)+c_2y_2(k)$(其中 c_1 和 c_2 是常系数),则称此系统是线性的。当系统初始条件不为零时,如系统具有分解性,且同时具有零输入线性与零状态线性,则该系统也仍是线性的。如果由激励函数 $e(k)$ 产生的系统响应是 $y(k)$,而由激励函数 $e(k-i)$ 产生的系统响应是 $y(k-i)$(其中 i 是可正可负的整数),则此系统是非时变的,在离散变量系统中,又常称**非移变**(shift-invariant)。上述描述可以用符号表示如下:

若
$$e_1(k) \rightarrow y_1(k), \quad e_2(k) \rightarrow y_2(k)$$
对于线性系统,则有
$$c_1e_1(k)+c_2e_2(k) \rightarrow c_1y_1(k)+c_2y_2(k)$$
对于非移变系统,则有
$$e_1(k-i) \rightarrow y_1(k-i)$$
对于线性非移变系统,则有
$$c_1e_1(k-i)+c_2e_2(k-i) \rightarrow c_1y_1(k-i)+c_2y_2(k-i)$$
与前面连续时间系统一样,如果没有特别指明,本书中所提及的离散时间系统均指线性非移变系统。

要分析一个系统,首先要解决如何描述这个系统的问题,或者说是要建立一个系统的数学模型。对于连续时间系统,在时域中是用微分方程来描述的。与之相应,对于离散时间系统,在时域中是用差分方程(difference equation)来描述的。在时域中为分析离散时间系统而求解差分方程时,也可以分为求解零输入分量和零状态分量,其求解方法也和解微分方程颇多相似。时域中的微分方程可以通过傅里叶变换或拉普拉斯变换转到频域或广义频域中去求解。相应地,时域中的差分方程则可以通过 **z 变换**(z transform)转到 z 域中去求解,或者用**离散序列傅里叶变换**(discrete time fourier transform, DTFT)转到频域中去求解。总之,离散时间系统的分析方法,在相当大的程度上与连续时间系统的分析方法有着平行的相似性。掌握这些相似性,将有利于读者更快地掌握离散时间系统的分析方法。这种相似性将在后面有关地方分别指明。

自本章下一节起,将首先讨论信号的抽样及抽样信号与原信号间的关系;其次讨论离散时间系统的时域描述和时域分析法,即介绍系统的差分方程及其时域求解法,而把离散时间系统的变换域分析留待下一章进行研究。

§7.2 抽样信号与抽样定理

如上节所述,离散时间系统中处理的信号都是离散信号。在实际应用中遇到的信号往往都是连续信号,这时可以采取每隔一定时间测量一次连续信号抽样样本数值,将连续信号转变成离散信号进行处理,可以充分利用离散时间系统的种种优势,达到用连续时间系统无法达到的目的。本节将讨论连续信号的**抽样**(sampling),以及在何种条件下抽样信号能够保留原连续信号中的信息量而不受损失。

对于一个连续信号,只是在若干个瞬刻抽取了样本数值,就能由这些抽样值去恢复原来的信号波形,这件事初看起来好像颇令人惊奇。但是大家都有绘制曲线的经验,在画曲线时,只要利用数据先确定若干有限个点,然后通过这些点可以连成一条光滑曲线。这些点就是抽样值。要作出一条具有一定精度的曲线,并不需要过多的点。当然点数太少也不行,太少了就不能确切地反映曲线的变化,也就是将会损失原来含有的信息量。要有多少个抽样点才合适,这里有一个需要加以研究的条件问题。

假设原来的连续信号是 $f(t)$,按照时间间隔 T 进行离散化,得到的离散时间序列就是 $f(kT)$,如图 7-3 所示。为了研究如何通过离散时间序列 $f(kT)$ 恢复 $f(t)$,首先用 $f(kT)$ 构造一个连续时间信号 $f_\delta(t)$

$$f_\delta(t) = \sum_{k=-\infty}^{+\infty} f(kT)\delta(t-kT) \tag{7-1}$$

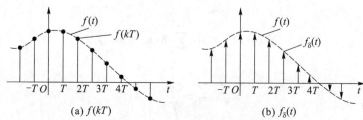

(a) $f(kT)$ (b) $f_\delta(t)$

图 7-3 $f(t)$ 的抽样与理想抽样

这个信号是一个连续信号,它在 $t=kT$ 时间点上放置一个个冲激信号,每个冲激信号的强度为 $f(kT)$,如图 7-4 所示。根据第二章中讨论的冲激函数的特性

$$f(t)\delta(t-kT) = f(kT)\delta(t-kT) \tag{7-2}$$

将这个等式反过来应用于式(7-1),可以得到

$$f_\delta(t) = \sum_{k=-\infty}^{+\infty} f(kT)\delta(t-kT) = \sum_{k=-\infty}^{+\infty} f(t)\delta(t-kT)$$

$$= f(t)\sum_{k=-\infty}^{+\infty} \delta(t-kT) = f(t)\delta_T(t) \tag{7-3}$$

其中

$$\delta_T(t) \triangleq \sum_{k=-\infty}^{+\infty} \delta(t-kT) \tag{7-4}$$

这就是在第三章中曾经见过的周期为 T 的周期性冲激序列,如图 7-4 所示。由式(7-3)可以看到,$f_\delta(t)$ 可以看成是连续信号 $f(t)$ 与周期性冲激序列相乘得到,其实现的框图如图 7-5 所示。

这个系统被称为**理想抽样系统**,对应的输出信号$f_\delta(t)$被称为连续信号$f(t)$的**理想抽样信号**(ideal sampled signal),也称**冲激抽样信号**(impulse sampled signal)。这里之所以强调"理想",是因为这个模型中的冲激信号是一个理想化的奇异信号,在实际工程中并不存在,但是通过它可以方便后面的数学推导。

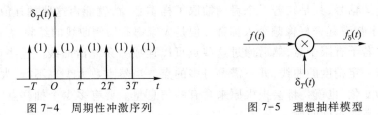

图 7-4   周期性冲激序列   图 7-5   理想抽样模型

对式(7-3)两边同时求傅里叶变换,假设$f(t)$的傅里叶变换为$F(j\omega)$,$f_\delta(t)$的傅里叶变换为$F_\delta(j\omega)$,并代入卷积特性,可以得到

$$F_\delta(\omega) = \frac{1}{2\pi} F(j\omega) * \mathscr{F}\{\delta_T(t)\} \tag{7-5}$$

根据第三章中表 3-1 的最后一行给出的傅里叶变换结果,$\delta_T(t)$的傅里叶变换为在频域中的周期性冲激序列

$$\mathscr{F}\{\delta_T(t)\} = \omega_s \sum_{k=-\infty}^{+\infty} \delta(\omega - k\omega_s) \tag{7-6}$$

其中

$$\omega_s = \frac{2\pi}{T} \tag{7-7}$$

被称为抽样角频率,或简称抽样频率。将式(7-6)代入式(7-5),可以得到理想抽样信号的频谱

$$F_\delta(j\omega) = \frac{1}{\tau} F_s(j\omega) = \frac{1}{2\pi} F(j\omega) * \omega_s \delta_{\omega s}(\omega)$$

$$= \frac{1}{T} F(j\omega) * \delta_{\omega s}(\omega) \tag{7-8}$$

通常所谓抽样信号的频谱就是指理想抽样信号的频谱$F_\delta(j\omega)$。

根据以前学过的有关卷积和冲激函数的性质,函数$x(t)$与冲激函数$\delta(t-t_0)$的卷积为

$$x(t) * \delta(t-t_0) = x(t-t_0)$$

这个结论在频域中依然成立。所以,理想抽样信号的频谱为

$$F_\delta(j\omega) = \frac{1}{T} F(j\omega) * \delta_{\omega s}(\omega)$$

$$= \frac{1}{T} F(j\omega) * \sum_{k=-\infty}^{+\infty} \delta(\omega - k\omega_s)$$

$$= \frac{1}{T} \sum_{k=-\infty}^{+\infty} F(j\omega) * \delta(\omega - k\omega_s)$$

$$= \frac{1}{T} \sum_{k=-\infty}^{+\infty} F[\, j(\omega - k\omega_s)\,]$$

根据以上的讨论,可以得到有关函数及其频谱,如图 7-6 所示。图中(a)和(b)分别为原来的连续信号及该信号的频谱,这里假设频谱在频带 $-\omega_m \leqslant \omega \leqslant \omega_m$ 之外为零;图中(c)和(d)分别为单位冲激序列及其频谱,其中 T 为抽样周期,$\omega_s = \dfrac{2\pi}{T}$ 为抽样频率。图 7-6(e)为(a)、(c)两函数的乘积 $f_\delta(t) = f(t) \cdot \delta_T(t)$。图 7-6(f)所示为 $f_\delta(t)$ 的频谱 $F_\delta(j\omega)$。从图 7-6(f)可以看到,抽样信号的频谱 $F_\delta(j\omega)$ 是由一系列形状相同的组成部分排列构成的周期函数,其中每一个组成部分都可以用 $F(j\omega)$ 在频率轴上平移 $n\omega_s(n = \cdots, -2, -1, 0, 1, 2, \cdots)$ 得到;它们与原信号频谱 $F(j\omega)$ 的形状相同,尺度不同(所有的幅值都乘以公共因子 $\dfrac{\omega_s}{2\pi} = \dfrac{1}{T}$);相邻两个组成部分的中心频率之间相隔一个抽样频率 ω_s。这就是抽样信号的频谱特性[①]。

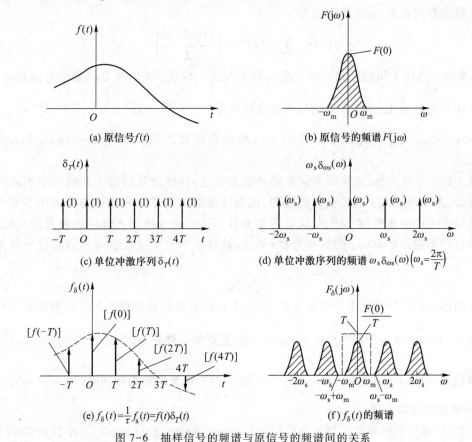

图 7-6 抽样信号的频谱与原信号的频谱间的关系

---

① 关于离散时间信号的频谱,在下一章还要讨论,见 §8-7、§8-8 以及第九章中的有关内容。

对于抽样信号的频谱作了如上的讨论以后,就可以来研究如何由抽样信号重新建立原信号的问题了。图 7-6(f)抽样信号频谱中,虚线框内的部分信号频谱在频率轴上的平移量为零,它与原信号频谱具有完全相同的结构,幅度是原来频谱的 $\frac{1}{T}$。所以,只要将抽样信号输入一个理想低通滤波器而把这部分频谱取出,同时滤除所有其他的部分,那么在滤波器的输出端就可以得到原来的信号。这个理想低通滤波器的频率特性就像图 7-6(f)中虚线框那样,在通带内系统函数的模量为 T,相频特性为零,它的截止频率等于 $\omega_c = \frac{\omega_s}{2}$,其冲激响应为

$$h(t) = T \frac{\omega_s}{2\pi} \mathrm{Sa}\left(\frac{\omega_s t}{2}\right) = \mathrm{Sa}\left(\frac{\omega_s t}{2}\right)$$

根据频谱分析的结果,式(7-8)所示的理想抽样信号经过这个滤波器后,低通滤波器的输出就是原信号。根据卷积公式,系统的输出为

$$f(t) = \sum_{k=-\infty}^{+\infty} f(kT) \mathrm{Sa}\left[\frac{(t-kT)\omega_s}{2}\right] \tag{7-9}$$

式(7-9)实际上给出了用信号 $f(t)$ 在某些离散时间点上的值 $f(kT)$ 恢复原来信号的计算公式。

从图 7-6 中还可以看出,用于恢复信号的低通滤波器的截止频率 ω_c 未必一定要等于 $\frac{\omega_s}{2}$,只要它满足 $\omega_m \leqslant \omega_c \leqslant \omega_s - \omega_m$ 就可以了。式(7-9)被称为时域内插公式(time-domain interpolation formula)。

由以上讨论显然可见,重建原来信号的必要条件是,抽样信号频谱中两相邻的组成部分不能互相叠合,否则即使用了理想低通滤波器,也无法滤取出与原信号相同的频谱来。要使周期化后相邻频谱不产生重叠,必须同时满足两个条件:第一,信号频谱 $F(j\omega)$ 的频带是有限的,或者说在信号中不包含有 $\omega > \omega_m$ 的频率分量;第二,抽样频率大于或至少等于最高信号频率的两倍,即

$$\omega_s \geqslant 2\omega_m \tag{7-10}$$

以上条件的第一个是针对原来信号提出的,第二个是针对抽样过程提出的。这里两倍信号所含的最高频率 $2f_m = \frac{\omega_m}{\pi}$ 是最小的抽样频率,称之为**奈奎斯特抽样频率**(Nyquist sampling rate),或称**香农抽样频率**(Shannon sampling rate);它的倒数 $\frac{1}{2f_m}$ 称为**奈奎斯特抽样间隔**(Nyquist sampling interval),或称**香农抽样间隔**。

综上所述,可以归纳出如下均匀抽样定理(uniform sampling theorem):一个在频谱中不包含有大于频率 f_m 的分量的有限频带的信号,由对该信号以不大于 $\frac{1}{2f_m}$ 的时间间隔进行抽样的抽样

值唯一地确定。当这样的抽样信号通过其截止频率 ω_c 满足条件 $\omega_m \leqslant \omega_c \leqslant \omega_s - \omega_m$ 的理想低通滤波器后,可以将原信号完全重建。这个定理被称为**香农抽样定理**(Shannon sampling theorem)。

但是,由抽样信号重建原信号的条件中,有两点是与实际情况有距离的。第一是要用到一个理想低通滤波器,而理想的低通滤波器是不可能实现的,因为它的特性违反了系统的因果律,这一点已于第四章中讨论过。非理想低通滤波器的幅频特性如图 7-7 中虚线所示。由于这种滤波器的滤波特性在进入截止后不够陡直,滤波器输出端除了有所需信号的频谱分量外,还夹杂着抽样信号频谱中相邻部分的一些频率分量,如图 7-7 中阴影线部分。在这种情况下,重建的信号与原来的信号就有差别。解决这个问题的办法是提高抽样频率 ω_s,或者使用阶数较高的滤波器,使得滤波器的输出端只有所需要的信号频谱。第二是抽样定理要求原信号的频带必须有限,而实际信号的频谱一般不会严格限定在某一频率之内,只是随着频率的增高频谱幅度愈趋减小而已。这样的信号经过抽样后,抽样信号的频谱即如图 7-8 所示,其中相邻组成部分间会有重叠之处,这种现象称为**混叠**(aliasing)。在抽样信号频谱有混叠的情况下,利用低通滤波器就难以把所需信号无畸变地滤出。但是,正如大家所熟知的,一般信号都占有一个有效的频带宽度,在某个范围以外的频率分量实际上可以忽略不计,所以,只要抽样频率足够大,频谱之间的间隔将增大,频谱之间的混叠就可以忽略不计。在实用中,为减少混叠的影响,也常在抽样前对信号进行低通滤波(又被称为抗混叠滤波)以减小信号的有效频宽。总之,在实际应用中,只要抽样频率足够高,而滤波器的特性又具有一定的陡度,把所需原信号有效地分离出来还是可能的。在实际工作中,考虑到这两个因素,实际使用的抽样频率都取信号带宽的 3~5 倍以上,这时可以减少抽样后信号频谱上的混叠,同时也有利于低通滤波器的实现。

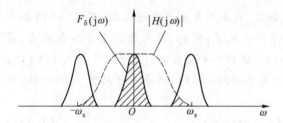 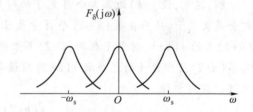

图 7-7 抽样信号经过非理想低通滤波器   图 7-8 非有限频带信号抽样后频谱的混叠现象

由上面的讨论可以看到,理想抽样信号与第四章中讨论的脉冲幅度调制的原理相同,只不过这里的脉冲信号是一个宽度为无穷小、幅度为无穷大的理想的冲激信号。这种抽样过程实际上是一种理想化的数学模型,这种模型对理论分析十分方便,可以通过它推导出抽样定理,但是在实际系统中却无法实现。在实际应用中完成从连续信号到离散信号的物理系统的原理框图如图 7-9 所示。首先通过**抽样保持电路**(sampling and hold circuit, SHC)提取出 kT 时刻信号的值,并将这个值保持一定的时间,以便后面的电路有足够的时间对这个数值的大小进行测量。然后,通过**模-数转换器**(analog-to-digital converter, ADC)对抽样后的电平进行测量(量化)和编码,转变成离散的数字信号。这样做,可以把用模拟信号处理难以解决的问题,通过将模拟信号转换成数字信号后利用数字计算机去进行处理。有关如何利用离散时间系统处理连续信号的内容将在本书下册第十一章中进行研究。

图 7-9 连续-离散信号转换

§7.3 离散时间系统的描述和模拟

1. 离散时间系统的描述

离散时间系统的输入和输出信号都是离散时间的函数。这种系统的工作情况就不再能用适用于连续时间系统的微分方程来描述,而必须用差分方程来描述。在差分方程中,自变量是离散的,方程的各项除了包含有这种离散变量的函数 $f(k)$,还包括有此函数增序或减序的函数 $f(k+1)$、$f(k-1)$ 等,差分方程表示了离散序列中相邻几个数据点之间满足的数学关系。

为了说明怎样由离散时间系统导出描写该系统的差分方程,下面来看几个例子。

例题 7-1 著名的斐波那契(Fibonacci)数列问题。假设每对大兔子每个月生一对小兔子,而每对小兔子一个月后长成大兔子,而且不会死亡。在最初一个月内有一对大兔子,问第 n 个月时一共有几对兔子。这里,每一个月中兔子的对数就构成了一个离散的时间信号。列出描述该问题的差分方程。

解:这里,设 $y(k)$ 为第 k 个月兔子的对数。显然,第 k 个月兔子无论大小,在第 $(k+1)$ 个月都会是大兔子,从而在第 $(k+2)$ 个月中生出 $y(k)$ 个小兔子;同时,因为假设兔子不会死亡,第 $(k+1)$ 月的 $y(k+1)$ 对兔子在第 $(k+2)$ 月中依然存在,使第 $(k+2)$ 月中大兔子的个数为 $y(k+1)$。而第 $(k+2)$ 月中兔子的总个数 $y(k+2)$ 应该等于大兔子对数 $y(k+1)$ 与小兔子对数 $y(k)$ 之和,由此可以得到方程

$$y(k+2) = y(k+1) + y(k) \tag{7-11a}$$

这就是斐波那契数列问题的差分方程。与微分方程一样,对于差分方程,一般将其中的未知函数或序列放在方程等式的左边,而将激励函数或数列等放在等式的右边。所以,可以将上式表示成

$$y(k+2) - y(k+1) - y(k) = 0 \tag{7-11b}$$

例题 7-2 一个空运控制系统,它用一台计算机每隔一秒钟计算一次某一飞机应有的高度 $x(k)$,另外用一雷达与以上计算同时对此飞机实测一次高度 $y(k)$,把应有高度 $x(k)$ 与一秒钟前的实测高度 $y(k-1)$ 相比较得一差值,飞机的高度将根据此差值为正或为负来改变。设飞机改变高度的垂直速度正比于此差值,即 $v = K[x(k) - y(k-1)]$。求该问题的差分方程。

解:从第 $(k-1)$ 秒到第 k 秒这 1 秒钟内飞机升高为

$$K[\,x(k)-y(k-1)\,] = y(k)-y(k-1)$$

经整理即得

$$y(k)+(K-1)y(k-1) = Kx(k) \tag{7-12}$$

这就是表示控制信号 $x(k)$ 与响应信号 $y(k)$ 之间关系的差分方程,它描写了这个离散时间(每隔 1 秒钟计算和实测一次)的空运控制系统的工作。

例题 7-3 一 RC 电路如图 7-10(a)所示,在其输入端加一个分段常数的阶梯状的离散信号 $e(t)$,如图 7-10(b)所示。在 RC 电路的输出 $u_C(t)$ 后面通过一个采样间隔为 T 的抽样电路抽取出其 $u_C(kT)$。现在要求写出描写 $u_C(kT)$ 与输入信号 E_k 之间关系的差分方程。

解: 首先考察在时间 $0<t\le T$ 内 RC 电路的响应。假设在 $t=0$ 时电路的初始状态是 $u_C(0)$,根据前面相关章节的内容可以求出零输入响应为

$$u_{zi}(t) = u_C(0)\,\mathrm{e}^{\frac{-t}{RC}}$$

激励信号在这个时间区间里面可以简化表达为阶跃信号 $e_0(t)=E_0\varepsilon(t)$,根据前面各章的内容可以求出这个电路的冲激响应为

$$h(t) = \frac{1}{RC}\mathrm{e}^{-\frac{t}{RC}}$$

由此可以得到在这个时间内的零状态响应为

$$u_{zs}(t) = e_0(t)*h(t) = E_0[\,1-\mathrm{e}^{-\frac{t}{RC}}\,]$$

由此可以得到全响应为

$$u_C(t) = u_C(0)\,\mathrm{e}^{-\frac{t}{RC}} + E_0[\,1-\mathrm{e}^{-\frac{t}{RC}}\,]$$

这个结论只在 $0<t\le T$ 区间成立,经过取样电路以后只关心其中 $t=T$ 处的输出,由此可以得到

$$u_C(T) = u_C(0)\,\mathrm{e}^{-\frac{T}{RC}} + E_0[\,1-\mathrm{e}^{-\frac{T}{RC}}\,]$$

继续往下分析 $T<t\le 2T$ 区间内的响应,这时可以用上面的 $u_C(T)$ 作为初始条件,并将激励信号简化表达为阶跃信号 $e_1(t)=E_1\varepsilon(t-T)$。通过与前面过程类似的计算,可以得到

$$u_C(2T) = u_C(T)\,\mathrm{e}^{\frac{T}{RC}} + E_1[\,1-\mathrm{e}^{\frac{T}{RC}}\,]$$

显然,这个过程可以不断地迭代下去,也就是对每一个时间区间 $T<t\le 2T$,用前一次求出的 $u_C(kT)$ 作为初始条件,并将激励信号简化表达为阶跃信号 $e_k(t)=E_k\varepsilon(t-kT)$,可以得到

$$u_C[\,(k+1)T\,] = u_C(kT)\,\mathrm{e}^{\frac{T}{RC}} + E_k[\,1-\mathrm{e}^{\frac{T}{RC}}\,] \tag{7-13}$$

这就是 $u_C(kT)$ 与输入信号 E_k 之间差分方程。这里 E_k 可以看成是一个离散的输入激励信号,$u_C(kT)$ 就是抽样后的离散输出。式(7-13)的差分方程可以整理成标准形式

$$u_C[\,(k+1)T\,] - \mathrm{e}^{-\frac{T}{RC}}u_C(kT) = E_k[\,1-\mathrm{e}^{\frac{T}{RC}}\,] \tag{7-14}$$

这个例子给出了一个利用差分方程求解电路等连续时间系统对任意波形输入信号响应的近似数值解的途径,特别适合于用计算机求解系统响应波形。对于任意波形的输入信号,都可以近似成为图 7-10(b)这样的阶梯波形,而且如果 T 越小,近似程度就越好。然后通过

式(7-13)这样的差分方程,通过简单的递推计算,就可以从 $u_C(0)$ 开始,逐步计算出 $u_C(T)$、$u_C(2T)$、$\cdots$、$u_C(kT)\cdots$ 各个时间点上的输出值,将其连接起来,就可以画出响应的波形。

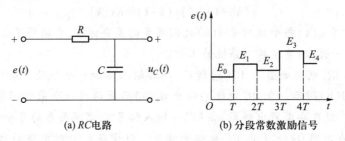

(a) RC电路　　　　(b) 分段常数激励信号

图 7-10　RC 电路及其激励信号

差分方程是一种处理离散变量的函数关系的数学工具,而离散变量并不限于时间变量。为了说明如何应用差分方程来描述其他离散变量的系统,现在来举一个古典的电阻网络的问题作为第四个例子。

例题 7-4　图 7-11 所示为一电阻的梯形网络,其中每一串臂电阻值同为 R,每一并臂电阻值同为另一值 aR,a 为某一正实数。所以这网络是一重复的梯形结构。该网络各个节点对公共节点的电压为 $u(k)$,k 分别为 0、1、2、$\cdots$、n。试写出这个系统的差分方程。

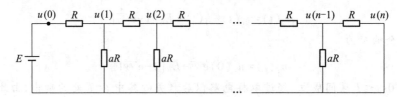

图 7-11　电阻的重复 T 形网络

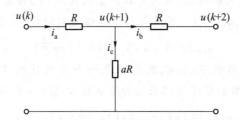

图 7-12　电阻网络中第 $(k+1)$ 个节点处的电流关系

解:把系统中第 $(k+1)$ 个节点的电流关系特别画出,如图 7-12 所示。由图显然可见,$i_a = i_b + i_c$;同时,根据图中电压电流的简单关系,此式即可写成

$$\frac{u(k) - u(k+1)}{R} = \frac{u(k+1) - u(k+2)}{R} + \frac{u(k+1)}{aR}$$

再经整理,即得该系统的差分方程

$$u(k+2) - \frac{2a+1}{a}u(k+1) + u(k) = 0 \tag{7-15}$$

在这个例子中,各节点电压和支路电流无疑都是时间的连续函数(都是常数),对时间而言,这些量并不是离散值。但是对于不同的节点而言,则顺次的节点电压却表示为一个离散的电压值的序列;同样,各相应支路的电流也可表示为一个电流值的序列。式(7-15)中函数 $u(k)$ 的自变量 k 并不代表某个物理量(例如时间之类),而仅仅是表示节点顺序的一个编号,即序号,它是一整数。实际上,在离散时间系统中,自变量 kT 虽然是一离散的时间变量,但其中的 k 也不过是一编号,它也是一整数。因此,在离散变量系统中把函数记为 $f(k)$,虽然形式上更抽象,然而却具有更普遍的意义。

上面几个例子中的式(7-13)、式(7-14),具有形式

$$y(k+1) + ay(k) = be(k) \tag{7-16a}$$

或

$$y(k+1) = -ay(k) + be(k) \tag{7-16b}$$

式(7-12)稍有不同而为

$$y(k) + ay(k-1) = be(k-1) \tag{7-16c}$$

或

$$y(k) = -ay(k-1) + be(k-1) \tag{7-16d}$$

以上四种差分方程是完全等价的。差分方程中未知函数变量的最高和最低移序量的差数,称为方程的阶数。所以,式(7-16)表示的是一阶(first-order)的线性差分方程。若系统为非时变的,系数 a 和 b 为常数,此时,该式是一阶常系数线性差分方程(difference equation with constant coefficients)。同理,式(7-15)和式(7-11)是二阶(second-order)常系数线性差分方程。

在式(7-16a)或式(7-16b)中,差分方程涉及的移序都是增序计算。可以看出,如果给定了 n 时刻的函数值 $y(n)$ 以及激励信号 $e(k)$,通过式(7-16b)可以逐个计算出 $n+1$、$n+2$…时刻的函数值,所以这种方程也被称为**前向差分方程**(forward difference equation)。而在式(7-16c)和式(7-16d)中,涉及的移序都以减序的形式写出,如果给定了 n 时刻的函数值 $y(n)$ 以及激励信号 $e(k)$,通过式(7-16d)可以逐个计算出 $n-1$、$n-2$…时刻的函数值,所以它又被称为**后向差分方程**(backward difference equation)。这种根据差分方程和某几个(连续的)序数上的函数值逐个计算出其他时间点上的函数值的方法,实际上就是差分方程的求解方法之一——数值解法。这种方法适合于求解有限长度的函数序列,用计算机求解更加方便。例如,对于斐波那契数列问题,根据 $y(0)=1, y(1)=2$(第一个月,大兔子生了一个小兔子),用式(7-11a)可以逐一递推出

$$y(2) = y(0) + y(1) = 3,$$
$$y(3) = y(1) + y(2) = 5,$$
$$y(4) = y(2) + y(3) = 8,$$
$$\cdots\cdots\cdots$$

例题 7-3 中的式(7-13)同样也给出了一个用前向差分方程求解数值解的递推公式。与微分方程求解需要初始条件一样,差分方程的求解也需要初始条件,而且所需要的初始条件的个数等于差分方程的阶数。例如,例题 7-3 得到的差分方程是一阶的,所以求解这个差分方程就需要一个初始条件就可以了;而例题 7-4 给出的斐波拉契数列的差分方程是二阶的,它在求解的时候就需要两个初始条件。

差分方程和微分方程在形式上有一定的相似之处。以式(7-16a)和一阶常系数线性微分方程

$$\frac{\mathrm{d}y(t)}{\mathrm{d}t} = -Ay(t) + Be(k) \tag{7-17}$$

相比较,可以看出,如果 $y(k)$ 与 $y(t)$ 相当,则 $y(k)$ 中离散变量序号加 1 与 $y(t)$ 对连续变量 t 取一阶导数相当,于是上面两式中各项都可一一对应。

差分方程不仅在形式上与微分方程相似,而且在一定的条件下还可以相互转化。例题 7-3 实际上就给出了一个将连续时间系统中的微分方程近似转化为差分方程的例子,例题中图 7-10(a) 电路的微分方程为

$$u'_C(t) + \frac{1}{RC}u_C(t) = \frac{1}{RC}e(t) \tag{7-18}$$

而通过例题 7-3 的推导过程,可以将这个微分方程转化为式(7-13)或式(7-14)那样的差分方程,将激励信号近似为图 7-10(b)那样的阶梯信号,然后就可以通过计算机求出系统对任意输入信号的响应的近似数值解。这一点我们在例题 7-3 的最后已经进行了详细讨论。这种方法特别适合于用计算机求解,只要 T 足够小,就可以达到足够的精度。关于微分方程的数值解,将在后面 §11.9 章中详细讨论。

2. 离散时间系统的模拟

因为差分方程与微分方程形式相似,所以对于离散时间系统,也可像模拟连续时间系统那样,用适当的运算单元连接起来加以模拟。实际上在数字通信等很多数字系统中,正是按照这种框图结构设计实现完成信号处理的数字系统的。

模拟离散时间系统的运算单元中,除加法器和标量乘法器与模拟连续时间系统所用的相同外,关键的单元是**延时器**(delayer)。延时器是用作时间上向后移序的器件,它能将输入信号延迟一个时间间隔 T,如图 7-13 所示。延时器是一个具有记忆的系统,它能将输入数据储存起来,于 T 秒钟后在输出处释出。模拟离散时间系统所用的延时器,相当于模拟连续时间系统所用的积分器。在实际系统中,延时器可以用电荷耦合器件(charge coupled device,CCD)或数字寄存器(digital register)实现。正如积分器中的积分符号可以用复变量 s^{-1} 来代替一样,模

图 7-13 延时器

拟离散时间系统的延时器中的延时符号 D 也可以用 z 变换中的复变量 z^{-1} 来代替。关于 z 的意义将在下一章详细讨论。

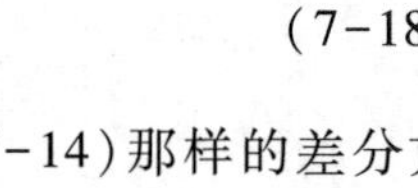

现在再来考虑利用模拟的运算单元对离散时间系统加以模拟的问题。设描写系统的一阶

差分方程为

$$y(k+1) + ay(k) = e(k) \qquad (7-19)$$

或将此式改写成

$$y(k+1) = -ay(k) + e(k)$$

与此式相应的模拟图如图 7-14 所示,这是一目了然而无需
多作解释的。由图可见,一阶离散时间系统的模拟框图和一
阶连续时间系统的模拟框图具有相同的结构,只是前者用延
时器来代替后者的积分器。如果把图 7-14 中的延时器换成
一积分器,那么与该图相应的方程就成了微分方程式 $y'(t) =$
$-ay(t) + e(t)$。

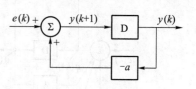

图 7-14　一阶离散时间
系统的模拟框图

上述对于一阶系统模拟的讨论可以推广到 n 阶的系统。描写 n 阶离散时间系统的差分方
程为

$$y(k+n) + a_{n-1}y(k+n-1) + \cdots + a_0y(k)$$
$$= b_m e(k+m) + b_{m-1}e(k+m-1) + \cdots + b_0 e(k) \qquad (7-20a)$$

或简写成

$$\sum_{i=0}^{n} a_i y(k+i) = \sum_{j=0}^{m} b_j e(k+j) \qquad (7-20b)$$

其中 $a_n = 1$。这一差分方程与描写 n 阶连续时间系统的微分方程

$$\sum_{i=0}^{n} a_i y^{(i)}(t) = \sum_{j=0}^{m} b_j e^{(i)}(t)$$

相当,这里也是 $a_n = 1$。与一阶的情形一样,n 阶差分方程和 n 阶微分方程的各项也一一对应,形
式相似。这就意味着 n 阶离散时间系统的模拟图与 n 阶连续时间系统的模拟图的结构相同,只
是前者用延时器代替后者的积分器而已。这种模拟图如图 7-15 所示。由于在差分方程中不仅
包含了激励函数 $e(k)$,还包含了它的经移序后的函数 $e(k+m)$ 等,所以在模拟图中,也与连续时
间系统的模拟那样,引用了辅助函数 $q(k)$。由图显然可见

$$q(k+n) + a_{n-1}q(k+n-1) + \cdots + a_0q(k) = e(k) \qquad (7-21a)$$
$$y(k) = b_m q(k+m) + b_{m-1}q(k+m-1) + \cdots + b_0q(k) \qquad (7-21b)$$

可以证明,式(7-21)中的(a)、(b)两式合起来与式(7-20)完全等效,证明方法与第五章中指出
的相似,这里不多赘述。

在此,还要提出一点注意事项。在描述实际的连续时间系统的微分方程中,激励函数导数
的阶数 m 一般常小于响应函数导数的阶数 n,但 $m > n$ 的情况还是存在的。最简单的例子是加激
励电压 $e(t)$ 于无耗电容器,则响应电流为

$$i(t) = C\frac{\mathrm{d}e(t)}{\mathrm{d}t}$$

此式中 $n = 0, m = 1$。对于离散时间系统则不然,满足因果性的离散系统的差分方程中是不可能

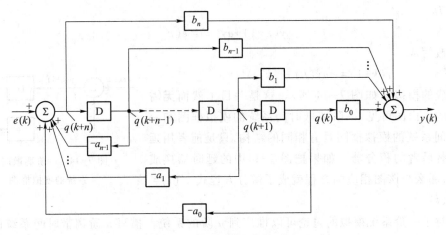

图 7-15 n 阶离散时间系统模拟框图

存在 $m>n$ 的情况的。例如随便写一简单差分方程

$$i(k)=e(k+1)+e(k)$$

这里 $n=0,m=1$。此式的含义是某一时刻 kT 的响应电流值 $i(kT)$ 不仅依赖于 kT 时刻的激励 $e(kT)$，而且还依赖于 $(kT+T)$ 的激励 $e(kT+T)$，就是说"现在的响应决定于未来的激励"，这就违反了系统的因果律。所以**在描写因果离散时间系统的差分方程中，激励函数的最高移序不能大于响应函数的最高移序，即必须有 $m\leqslant n$**。图 7-16 中 $e(k)$ 和 $y(k+1)$ 之间对应的就是 $m=n$ 的情形。

例题 7-5 一离散时间系统由以下差分方程描写

$$y(k+2)+a_1y(k+1)+a_0y(k)=e(k+1)$$

试作出此系统的模拟框图。

解：把此式与式(7-20a)比较，即可比照图 7-15 作出如图 7-16 的模拟框图。利用该图中所示的辅助函数 $q(k)$，就可看出

$$q(k+2)+a_1q(k+1)+a_0q(k)=e(k)$$
$$y(k)=q(k+1)$$

由此两式，读者可以很容易地自行证明，它们合起来等效于所给的差分方程。

对于本题的简单方程，可令 $k=n-1$，于是原方程成为

$$y(n+1)+a_1y(n)+a_0y(n-1)=e(n)$$

如 $y(k)$ 为无限序列，k 和 n 均为由 $-\infty$ 到 ∞ 的自然数，把此式中的 n 改为 k，此式仍可成立。如 $y(k)$ 为有限序列，则只要考虑到序列的起讫处有序数 1 的差别，上式中把 n 改成 k 亦可成立。于是有

$$y(k+1)+a_1y(k)+a_0y(k-1)=e(k)$$

此式与图 7-16 的对应关系可以不必通过辅助函数 $q(k)$ 就显而易见了，见图中虚线的标注。

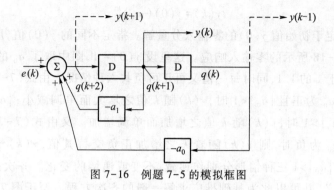

图 7-16　例题 7-5 的模拟框图

§7.4　离散时间系统的零输入响应

　　和线性连续时间系统求解微分方程时使用的方法一样,对于离散时间系统,在求解差分方程时,也可以分别求出其零输入分量和零状态分量,然后叠加得到方程的完全解。而解这两个分量的方法,也同解微分方程有相似之处。现在先来讨论零输入响应的求解。

　　为了熟悉离散时间系统的工作情况,在进入一般的分析之前,先来考虑一个简单的一阶系统。此系统由一阶差分方程

$$y(k+1)+a_0 y(k)=b_0 e(k) \tag{7-22}$$

描写,它的模拟图如图 7-17 所示。零输入分量仅由系统的初始条件 $y(0)$ 激起,而外激励 $e(k)=0$。因此,这时式(7-22)转变成齐次差分方程(homogeneous difference equation)

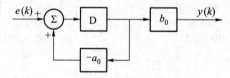

图 7-17　一阶离散时间系统

$$y(k+1)=-a_0 y(k) \tag{7-23}$$

此式表明离散量 $y(k+1)$ 仅由该量前一时间间隔的值 $y(k)$ 决定。由于初始值 $y(0)$ 已知,于是可以由此作为起点,用简单计算把相继的 y 值算出,即

$$y(1)=y(0)(-a_0)$$

$$y(2)=-a_0 y(1)=y(0)(-a_0)^2$$

$$y(3)=-a_0 y(2)=y(0)(-a_0)^3$$

还可继续写下去。将这些式子归纳成一般形式,则有当 $k \geqslant 0$ 时,

$$y(k) = y(0)(-a_0)^k \tag{7-24}$$

这就是该系统仅决定于初始值 $y(0)$ 的零输入分量解。指定不同的 $y(0)$ 值，用 $k = 0、1、2、3、\cdots$ 代入，可以作出如图 7-18 所示的零输入响应。这里设 $y(0) = 1$，图中取了 a_0 的三种绝对值，即小于 1 的 0.9、1 和大于 1 的 1.1，同时每一值又可正可负共六种情况。由式(7-24)和图 7-18(a)、(b)、(c)可见，当 $-a_0$ 为正且 $|a_0| < 1$ 时，$y(k)$ 随 k 值之增大而单调减小；$|a_0| = 1$ 时，对所有 k 值，$y(k) = y(0)$；$|a_0| > 1$ 时，$y(k)$ 随 k 值之增加而单调增加。又由式(7-24)和图 7-18(d)、(e)、(f)可见，当 $-a_0$ 为负时，则 $y(k)$ 随着 k 之增加正负交替其值，$y(k)$ 绝对值的大小仍按 $|a_0| < 1$、$|a_0| = 1$ 和 $|a_0| > 1$ 三种情形分别作递减、不变或递增的变化。齐次差分方程的上述形式的解具有典型意义，并可以此为基础推广求解一般的齐次方程。至于图 7-17 所示的一阶系统的零状态解，留待下一节讨论。

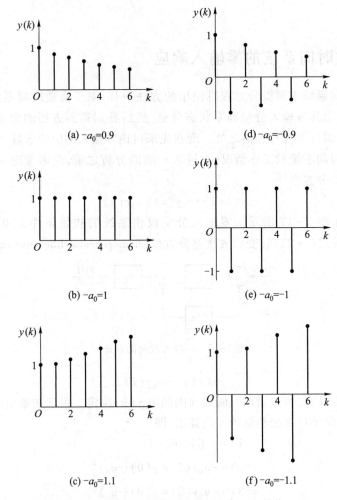

图 7-18 一阶离散时间系统的零输入响应 初始值 $y(0) = 1$

在研究连续时间系统的时域分析求解微分方程时,曾经定义了时域中的微分算子 p,用它解齐次微分方程,并引出了转移算子的概念。与此相似,在研究离散时间系统的时域分析求解差分方程时,也定义一个时域中的算子 S,称为移序算子(sequence shift operator)[①]。这个算子加于一离散变量的函数,可使该函数中的序号进 1,也就是使函数在时间上超前 1 个基本时间间隔 T,从而使在某一时刻 kT 出现的函数值成为比 $f(k)$ 迟 T 秒钟的 $f(k+1)$,即

$$S[f(k)] = f(k+1)$$
$$S^2[f(k)] = f(k+2)$$
$$\cdots\cdots\cdots$$
$$S^n[f(k)] = f(k+n)$$

应用此算子,式(7-22)的一阶差分方程及式(7-23)的齐次方程即可分别写成

$$Sy(k) + a_0 y(k) = b_0 e(k)$$
$$Sy(k) + a_0 y(k) = 0 \tag{7-25a}$$

把移序算子像微分算子那样处理,将式(7-25a)中的 $y(k)$ 当做公共因子括出来,得

$$(S + a_0) y(k) = 0 \tag{7-25b}$$

这里 $(S+a_0)$ 并不是一个代数因式,而是一个运算符号,当它作用于 $y(k)$ 时,即得式(7-25a)。$(S+a_0) = 0$ 与一阶微分方程的特征方程具有相似的意义,称为该差分方程的**特征方程**(characteristic equation),$S = -a_0$ 也相当于**特征根**(characteristic root 或 eigenvalue)。其解也和一阶微分方程一样具有指数函数的形式,但作为齐次差分方程的解,特征根 $-a_0$ 出现在指数函数的底上,具有 $c(-a_0)^k$ 的形式,其中常数 c 由初始条件确定,如式(7-24)所示。由此可见,移序算子在差分方程中的地位与微分算子在微分方程中的地位相当。

现在可以把上述方法推广到求解 n 阶齐次差分方程。设有方程

$$y(k+n) + a_{n-1} y(k+n-1) + \cdots + a_0 y(k) = 0 \tag{7-26a}$$

应用移序算子,此式可记为

$$(S^n + a_{n-1} S^{n-1} + \cdots + a_0) y(k) = 0 \tag{7-26b}$$

由此可以得到该系统的特征方程

$$S^n + a_{n-1} S^{n-1} + \cdots + a_0 = 0 \tag{7-27}$$

假设 v_1、v_2、$\cdots$、v_n 为该特征方程的根,且所有的根都是单根,没有重根。与连续时间系统中求解系统的零状态响应的方法一样,根据一阶方程的解表达式(7-24),可以推出式(7-26b)对应的零输入响应的解应为

$$y_{zi}(k) = c_1 v_1^k + c_2 v_2^k + \cdots + c_n v_n^k \tag{7-28}$$

式中常数 c_1、c_2、$\cdots$、c_n 为待定系数,由初始条件 $y(0)$、$y(1)$、$\cdots$、$y(n-1)$ 确定。由式(7-28)代入初始条件,可得下列联立代数方程

[①] 这里采用英文 shift 的第一个字母的大写作为移序算子,请读者注意它与拉普拉斯变换中的自变量(小写的 s)相区别。

$$y(0) = c_1 + c_2 + \cdots + c_n$$

$$y(1) = c_1 v_1 + c_2 v_2 + \cdots + c_n v_n$$

$$y(2) = c_1 v_1^2 + c_2 v_2^2 + \cdots + c_n v_n^2$$

$$\cdots\cdots\cdots\cdots$$

$$y(n-1) = c_1 v_1^{n-1} + c_2 v_2^{n-1} \cdots + c_n v_n^{n-1}$$

这是一个 n 元一次线性方程组,通过求解此方程组可以得到系数 c_1、c_2、$\cdots$、c_n。该方程组可以写成矩阵形式

$$\begin{bmatrix} y(0) \\ y(1) \\ y(2) \\ \vdots \\ y(n-1) \end{bmatrix} = \begin{bmatrix} 1 & 1 & \cdots & 1 \\ v_1 & v_2 & \cdots & v_n \\ v_1^2 & v_2^2 & \cdots & v_n^2 \\ \vdots & \vdots & & \vdots \\ v_1^{n-1} & v_2^{n-1} & \cdots & v_n^{n-1} \end{bmatrix} \begin{bmatrix} c_1 \\ c_2 \\ c_3 \\ \vdots \\ c_n \end{bmatrix} \tag{7-29}$$

由此可以得到

$$\begin{bmatrix} c_1 \\ c_2 \\ c_3 \\ \vdots \\ c_n \end{bmatrix} = \begin{bmatrix} 1 & 1 & \cdots & 1 \\ v_1 & v_2 & \cdots & v_n \\ v_1^2 & v_2^2 & \cdots & v_n^2 \\ \vdots & \vdots & & \vdots \\ v_1^{n-1} & v_2^{n-1} & \cdots & v_n^{n-1} \end{bmatrix}^{-1} \begin{bmatrix} y(0) \\ y(1) \\ y(2) \\ \vdots \\ y(n-1) \end{bmatrix} \tag{7-30}$$

上面的结果对应于特征方程没有重根时的情形,若式(7-27)具有重根,例如假设 v_1 是 m 阶重根,即特征方程式(7-27)可写成下列形式

$$(S - v_1)^m (S - v_{m+1}) \cdots (S - v_n) = 0 \tag{7-31}$$

此时齐次差分方程的解也与齐次微分方程特征根有重根的解相当,式(7-26b)对应的零输入响应的解应为

$$y_{zi}(k) = (c_1 + c_2 k + \cdots + c_m k^{m-1}) v_1^k + c_{m+1} v_{m+1}^k + \cdots + c_n v_n^k \tag{7-32}$$

式中的常数 c 同样可用上面相似的办法来求得。

例题 7-6 例题 7-1 中提出了斐波那契数列问题,假设其初始条件为 $y(1) = 1, y(2) = 1$,求其解 $y(k)$ 的表达式。

解:这里将斐波那契数列所满足的差分方程重写如下

$$y(k+2) - y(k+1) - y(k) = 0$$

在这个方程中,不存在激励,所以它的解中只有零输入响应部分。利用移序算子,将上面的方程记为

$$S^2 y(k) - S y(k) - y(k) = 0$$

从而得到特征方程

$$S^2 - S - 1 = 0$$

其特征根为 $v_{1,2} = \dfrac{1 \pm \sqrt{5}}{2}$。由此得到

$$y(k) = c_1 \left(\frac{1+\sqrt{5}}{2}\right)^k + c_2 \left(\frac{1-\sqrt{5}}{2}\right)^k$$

将初始条件 $y(1) = 1$，$y(2) = 1$ 代入，可以得到

$$y(1) = c_1 \left(\frac{1+\sqrt{5}}{2}\right) + c_2 \left(\frac{1-\sqrt{5}}{2}\right) = 1$$

$$y(2) = c_1 \left(\frac{1+\sqrt{5}}{2}\right)^2 + c_2 \left(\frac{1-\sqrt{5}}{2}\right)^2 = 1$$

解此联立方程，可以得到 $c_1 = \dfrac{1}{\sqrt{5}}$，$c_2 = -\dfrac{1}{\sqrt{5}}$，于是斐波那契数列的解的通式为

$$y(k) = \frac{1}{\sqrt{5}} \left[\left(\frac{1+\sqrt{5}}{2}\right)^k - c_2 \left(\frac{1-\sqrt{5}}{2}\right)^k \right]$$

系统的零输入响应是系统无外激励时的自然响应。离散时间系统差分方程的特征根与连续时间系统微分方程的特征根很相似，在求解自然响应的过程中起了很重要的作用。在连续时间系统中，有某一特征根 $\lambda = \sigma + j\omega$，零输入响应中就有相应的项 $ce^{(\sigma+j\omega)t}$，λ 的实部 σ 是表示自然响应幅度衰减或增长的速度的因子，ω 是自由振荡的频率。连续系统的特征根可以用二维复平面中的点表示，这个二维复平面就是 s 平面。通过观察各特征根是否全部位于 s 平面的左半平面内可以判定系统是否稳定。离散时间系统的特征根的物理意义与连续时间系统有所不同。前已述及，如果在离散系统中有某一特征根 v，自然响应中就有相应的项 cv^k。当 v 为实数时，按照绝对值 $|v|$ 小于或大于 1，自然响应幅度分别随 k 值减小或增长，相应地确定系统是否稳定，见图 7-18。当 v 为复数时，情况就较复杂些。设 $v = |v|e^{j\varphi_v}$，为便于讨论，令 $|v| = e^{\alpha T}$，$\varphi_v = \beta T$，则

$$v^k = |v|^k e^{jk\varphi_v} = e^{\alpha kT} e^{j\beta kT} \tag{7-33}$$

在实际应用中，式（7-27）中的系数 a_0、a_1、$\cdots$、a_{n-1} 都是实数，相应方程的复根一定成对共轭出现。当 v_1 和 v_2 为一对共轭复根时，相应的一对 v_1^k 和 v_2^k 确定一个指数律变幅离散正弦函数 $e^{\alpha kT}\cos(\beta kT)$，振荡幅度的增减和变化的快慢随 $\alpha = \dfrac{1}{T}\ln|v_1|$ 而定，振荡频率等于 $\beta = \dfrac{\varphi_v}{T}$。

离散时间系统的特征根 v 也可以用一个二维复平面内的点来表示，这个平面称为 z 平面（z-plane）。式（7-33）所示自然响应的振荡幅度随 k 值为减或为增，即系统是否稳定，就看由 v 确定的 z 平面中的点是否在该平面中的以原点为圆心、半径等于 1 的圆——称为单位圆（unit circle）——之内。若在圆内，即 $|v| < 1$，α 为负，自然响应即为减幅，系统稳定；反之，表示自然响应是增幅的，系统不稳定。若 v 点在单位圆上，代表自然响应是等幅振荡，这是稳定和不稳定间的临界状况。自然响应的振荡频率随 v 点所在位置的辐角 φ_v 而定。v 点在正实轴上，$\varphi_v = 0$，振荡频率为 0，自然响应的离散值随 k 值作单调增减而无振荡现象。对于一定的 T 值，φ_v 增大，振

荡频率 $\beta = \dfrac{\varphi_v}{T}$ 亦增大;等到 $\varphi_v = \pi$ 时,振荡频率亦最高,这时式(7-33)中 $\mathrm{j}\beta kT = \mathrm{j}k\pi$,所以自然响应随着序号每移序一次即作正负变号一次,移序二次,就完成一振荡。特征根 v 在 z 平面中各不同位置所对应的不同自然响应大体如图 7-19 所示。由此可见,在离散时间系统中,自然响应的振荡幅度和振荡频率分别决定于特征根 v 的模量和辐角,而在连续时间系统中,它们分别决定于特征根 λ 的实部和虚部。连续时间系统中的 s 平面实际上与拉普拉斯变换密切相关,而离散时间系统中的 z 平面则是与下一章将要讨论到的离散时间系统 z 变换分析法有密切联系。

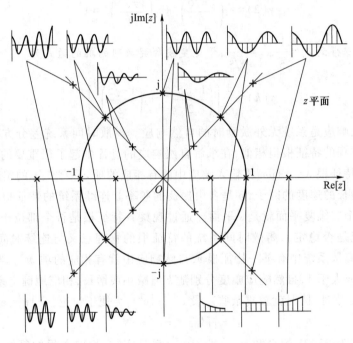

图 7-19 特征根 v 在 z 平面中不同位置所对应的不同自然响应

例题 7-7 有一离散时间系统,用下列差分方程描写

$$y(k+2) - 3y(k+1) + 2y(k) = e(k+1) - 2e(k)$$

系统的初始条件为 $y_{zi}(0) = 0, y_{zi}(1) = 1$。求该系统的零输入响应。

解: 该系统的差分方程的齐次式为

$$y(k+2) - 3y(k+1) + 2y(k) = 0$$

应用移序算子,此式可写成

$$S^2 y(k) - 3Sy(k) + 2y(k) = 0$$

或

$$(S^2 - 3S + 2)y(k) = 0$$

算子方程

$$S^2 - 3S + 2 = (S-1)(S-2) = 0$$

具有两个根，$v_1 = 1, v_2 = 2$。故此系统的零输入响应为

$$y_{zi} = c_1 v_1^k + c_2 v_2^k$$

把初始条件代入 $y_{zi}(k)$ 求系数 $c_1、c_2$，有

$$y(0) = c_1 + c_2 = 0$$
$$y(1) = c_1 + 2c_2 = 1$$

解此联立式，得 $c_1 = -1, c_2 = 1$。于是系统的零输入响应为

$$y_{zi} = -1 + 2^k \qquad k \geqslant 0$$

此解包含有一常数项和一底数大于 1 的乘幂，故系统是不稳定的。

§7.5 离散时间系统的零状态响应及全响应求解

离散时间系统的零状态响应的求解方法也与连续系统相似，都是通过卷积计算来实现的，只不过这里所进行的不是卷积积分，而是卷积和（convolution sum）。下面将详细介绍离散时间系统的零状态响应求解方法以及卷积和的计算方法，并在此基础上讨论系统全响应的求解以及系统的稳定性问题。

1. 用卷积和求解离散时间系统的零状态响应

在连续时间系统中，求解系统对某输入激励信号的响应时，首先把激励信号分解成一冲激函数的序列，然后令每一冲激函数单独作用于系统，求系统的冲激响应，最后把这些响应在输出处叠加而得到系统对激励信号的总响应。这个叠加的过程即表现为求卷积积分。在离散时间系统中，情形也大体一样。所不同的是，离散信号本来就是一个离散序列，因此第一步的分解工作十分容易进行。离散的激励信号中每一项离散量施加于系统，系统即输出一与之相应的响应，每一响应亦均是一离散的序列。求总响应时，就是把这些序列叠加起来。这个叠加的过程表现为求卷积和，因为离散量的叠加无需进行积分。

在第二章中介绍过，对于连续时间信号，可以利用单位冲激函数 $\delta(t)$，可以把它表示为一系列冲激函数的积分，即

$$e(t) = \int_{-\infty}^{+\infty} e(\tau) \delta(t-\tau) \, d\tau \tag{7-34}$$

和连续时间系统中的方法一样，在离散时间系统中，利用单位函数，可以将任意一个离散的信号 $e(k)$ 表示为

$$e(k) = \cdots + e(-2)\delta(k+2) + e(-1)\delta(k+1) + e(0)\delta(k) + \\ e(1)\delta(k-1) + e(2)\delta(k-2) + \cdots$$

$$= \sum_{i=-\infty}^{+\infty} e(i)\delta(k-i) \tag{7-35}$$

此式与式(7-34)相当。但须注意在这里 $\delta(k)$ 是一幅度为 1 的单位函数而不是一冲激函数,所以式(7-35)并不是一个冲激序列之和。

现在设离散时间系统对单位函数 $\delta(k)$ 的零状态响应为 $h(k)$,此响应称为系统的**单位函数响应**(unit function response)。由线性非移变系统的特性可知,系统对输入 $c \cdot \delta(k-j)$ 的零状态响应当为 $c \cdot h(k-j)$。据此,系统对于式(7-35)中部分激励 $e(0)\delta(k)$ 的响应为 $e(0)h(k)$,对于 $e(1)\delta(k-1)$ 的响应为 $e(1)h(k-1)$,如此等等。系统对于整个式(7-35)所示离散激励信号的零状态响应显然为

$$y_{zs}(k) = \cdots + e(-2)h(k+2) + e(-1)h(k+1) + e(0)h(k) +$$
$$e(1)h(k-1) + e(2)h(k-2) + \cdots$$
$$= \sum_{i=-\infty}^{+\infty} e(i)h(k-i) \tag{7-36a}$$

若把式中的序号 i 代之以 $k-j$,则

$$y_{zs}(k) = \sum_{j=-\infty}^{+\infty} e(k-j)h(j) \tag{7-36b}$$

式(7-36)中两式是同样有效的,它们都称为**卷积和**,与连续时间系统中的卷积积分

$$y_{zs}(t) = \int_{-\infty}^{+\infty} e(\tau)h(t-\tau)\,\mathrm{d}\tau$$

相当。正如因果连续时间系统求对于有始信号的响应时,其卷积积分的积分限只要从 0 到 t 一样,式(7-36)中的求和上下限在某些条件下也可以简化,不用从 $-\infty$ 到 $+\infty$。如果激励信号 $e(k)$ 是有始信号,当 $i<0$ 时,$e(k)=0$,这时式(7-36a)中取和时,i 只要从零开始就可以了;同时,如果系统是因果系统的话,$h(k)$ 同样也是一个有始信号,当 $i>k$ 时,$h(k-i)=0$,式(7-36a)中取和时,i 只要计算到 k 就可以了。所以,对于受有始信号激励的因果系统,(7-36a)或(7-36b)可以简化为

$$y_{zs}(k) = \sum_{i=0}^{k} e(i)h(k-i) = \sum_{j=0}^{k} e(k-j)h(j) \tag{7-36c}$$

这里同样引入卷积符号,上面的式(7-36a)或(7-36b)可以简单记为

$$y_{zs}(k) = e(k) * h(k) \tag{7-36d}$$

由以上所述可见,离散时间系统求零状态响应的过程与连续时间系统也是平行相似的,所不同的仅是这里用离散变量函数来代替连续时间系统中的连续变量函数,同时将积分运算变成求和运算。卷积和也有很多与卷积积分一样的性质,例如线性特性等。其中比较重要的是卷积和的移序特性,此特性与卷积积分中的延时特性相同,只不过延时在这里变成了移序。该特性的证明作为习题留给读者自己完成,见习题 7.25。

例题 7-8 假设某系统的单位函数响应 $h(k) = (0.8)^k \varepsilon(k)$,系统激励信号 $e(k) = \{1,1,1,1\}$,试利用卷积和求系统的零状态响应。

解:根据式(7-36c),有

$$y_{zs}(k) = e(k) * h(k) = \sum_{j=0}^{k} e(j)h(k-j)$$

为方便计算,这里用图 7-20 来说明求离散函数的卷积和的计算过程。$e(k)$ 如图 7-20(a) 所示,$h(k)$ 如图 7-20(b) 所示,其中把 k 换成 j,正如在卷积积分中将变量 t 换成一过渡的积分变量 τ 一样,等取和以后变量 j 也不再出现。$h(-j)$ 是将 $h(j)$ 反褶后得到的,如图 7-20(c) 所示。

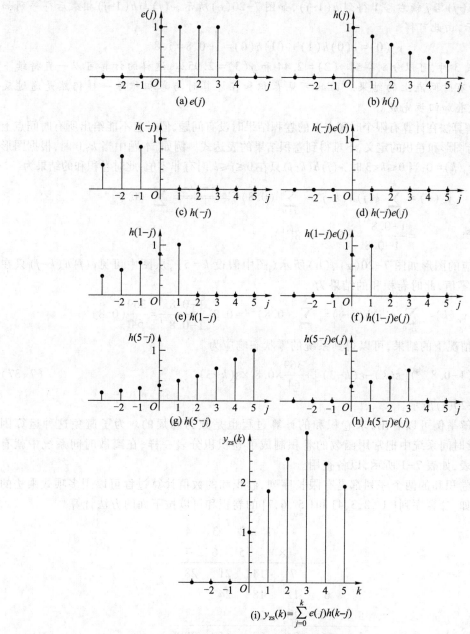

(a) $e(j)$

(b) $h(j)$

(c) $h(-j)$

(d) $h(-j)e(j)$

(e) $h(1-j)$

(f) $h(1-j)e(j)$

(g) $h(5-j)$

(h) $h(5-j)e(j)$

(i) $y_{zs}(k) = \displaystyle\sum_{j=0}^{k} e(j)h(k-j)$

图 7-20 卷积和的计算过程

$h(k-j)$ 乃是把 $h(-j)$ 沿 j 轴右移 k 而得,例如当 $k=0$ 时,$h(0-j)$ 就等于 $h(-j)$,将 $e(j)$ 与 $h(-j)$ 相乘后得序列如图 7-20(d)所示,将相乘结果中所有时间 j 点上的结果相加,就得到

$$y_{zs}(0) = e(0)h(0) = 1$$

当 $k=1$ 时,将 $h(-j)$ 沿 j 轴右移 1 得到 $h(1-j)$,如图 7-20(e)所示,$e(j)$ 与 $h(1-j)$ 相乘后得序列如图 7-20(f)所示,由此可得

$$y_{zs}(0) = e(0)h(1) + e(1)h(0) = 1 + 0.8 = 1.8$$

同理,当 $k=2$ 或 3 时,可以分别得到 $y(2) = 2.44$ 和 $y(3) = 2.952$。这样的计算可以一直持续下去,由此得到所有时间点上的结果。由此可见卷积和在计算时与卷积积分一样仍然是通过反褶、平移、相乘、叠加四步完成。

用这种图解算法在计算有限个时间点上的卷积结果时没有问题,但是它不能给出所有时间点上解的通式。结合图形和卷积的定义,不难得到卷积结果的表达式。例如,本题中当 $k<0$ 时,根据图形直接可以得出 $y_{zi}(k) = 0$;当 $0 \leqslant k < 3$ 时,$e(j)h(k-j)$ 只在 $0 \leqslant j \leqslant k$ 时有非零值,此时卷积和的结果为

$$y_{zs}(k) = \sum_{j=0}^{k} e(j)h(k-j) = \sum_{j=0}^{k} (0.8)^{k-j} \xrightarrow{\diamond\, m=k-j} \sum_{m=0}^{k} (0.8)^{m}$$
$$= \frac{1-0.8^{k+1}}{1-0.8} = 5(1-0.8^{k+1})$$

当 $k \geqslant 3$ 时,相应的图形如图 7-20(g)、(h)所示(图中假设 $k=5$),从图中可见 $e(j)h(k-j)$ 只在 $0 \leqslant j \leqslant 3$ 时有非零值,此时卷积和的结果为

$$y_{zs}(k) = \sum_{j=0}^{k} e(j)h(k-j) = \sum_{j=0}^{3} (0.8)^{k-j} = 0.8^{k} \frac{1-0.8^{-4}}{1-0.8^{-1}} = \frac{369}{64} (0.8)^{k}$$

综合上面三种情况下的结果,可以得到系统的零状态响应为

$$y_{zs}(k) = 5(1-0.8^{k+1}) [\varepsilon(k) - \varepsilon(k-3)] + \frac{369}{64} \times 0.8^{k} \times \varepsilon(k-3) \tag{7-37}$$

其图形如图 7-20(i)所示。

由以上图解举例可以看出,求卷积和的计算过程也是颇为麻烦的。为了避免这种运算困难,也和在连续时间系统中把常用函数的卷积制成了卷积积分表一样,在离散时间系统中就有相应的卷积和表,如表 7-1 所示,以备查用。

如果进行卷积和的两个序列都是有限长序列,卷积和的数值计算过程可以用多项式乘法的方式完成。例如,计算序列 $\{\underset{k=0}{1}, 2, 3, 4\}$ 和 $\{\underset{k=0}{5}, 6, 7\}$ 的卷积和可以按下面的方法计算

		1	2	3	4
	×		5	6	7
		7	14	21	28
	6	12	18	24	
5	10	15	20		
5	16	34	52	45	28

由此可得卷积和的结果为$\{\underset{k=0}{5},16,34,52,45,28\}$。这种算法实际上是根据后面第八章介绍的 z 变换得到的,读者可以自行将其与用卷积和定义计算得到的结果相比较。

表 7-1 卷 积 和 表

编号	$f_1(k)$	$f_2(k)$	$f_1(k) * f_2(k) = f_2(k) * f_1(k)$
1	$\delta(k)$	$f(k)$	$f(k)$
2	$v^k \varepsilon(k)$	$\varepsilon(k)$	$\dfrac{(1-v^{k+1})}{(1-v)}\varepsilon(k)$
3	$e^{\lambda kT}\varepsilon(k)$	$\varepsilon(k)$	$\dfrac{(1-e^{\lambda(k+1)T})}{(1-e^{\lambda T})}\varepsilon(k)$
4	$\varepsilon(k)$	$\varepsilon(k)$	$(k+1)\varepsilon(k)$
5	$v_1^k \varepsilon(k)$	$v_2^k \varepsilon(k)$	$\dfrac{(v_1^{k+1}-v_2^{k+1})}{(v_1-v_2)}\varepsilon(k)$
6	$e^{\lambda_1 kT}\varepsilon(k)$	$e^{\lambda_2 kT}\varepsilon(k)$	$\dfrac{(e^{\lambda_1(k+1)T}-e^{\lambda_2(k+1)T})}{(e^{\lambda_1 T}-e^{\lambda_2 T})}\varepsilon(k)$
7	$v^k \varepsilon(k)$	$v^k \varepsilon(k)$	$(k+1)v^k \varepsilon(k)$
8	$e^{\lambda kT}\varepsilon(k)$	$e^{\lambda kT}\varepsilon(k)$	$(k+1)e^{\lambda kT}\varepsilon(k)$
9	$v^k \varepsilon(k)$	$k\varepsilon(k)$	$\left[\dfrac{k}{1-v}+\dfrac{v(v^k-1)}{(1-v)^2}\right]\varepsilon(k)$
10	$e^{\lambda kT}\varepsilon(k)$	$k\varepsilon(k)$	$\left[\dfrac{k}{1-e^{\lambda T}}+\dfrac{e^{\lambda T}(e^{\lambda kT}-1)}{(1-e^{\lambda T})^2}\right]\varepsilon(k)$
11	$k\varepsilon(k)$	$k\varepsilon(k)$	$\dfrac{1}{6}k(k-1)(k+1)\varepsilon(k)$

2. 离散时间系统对单位函数的响应

上面讨论了对于离散时间系统求解零状态响应的方法,此响应即等于输入激励函数与系统的单位函数响应的卷积和。现在还有一个待解决的问题,就是如何求解系统的单位函数响应,下面就来研究这个问题。

离散时间系统的单位函数响应相当于连续时间系统的单位冲激响应,两者的求解方法也颇有相似之处。所以这里先来回顾一下单位冲激响应的时域求法。在第二章中曾经讨论利用部分分式分解的方法求解系统的冲激响应,在这种方法中首先将微分方程表示为算子形式,得到系统的转移算子 $H(p)$,然后通过部分分式分解(partial-fraction expansion)的方法将其表示成部分分式之和

$$H(p) = \frac{b_m p^m + b_{m-1} p^{m-1} + \cdots + b_0}{p^n + a_{n-1} p^{n-1} + \cdots + a_0}$$

$$= \frac{k_1}{p - \lambda_1} + \frac{k_2}{p - \lambda_2} + \cdots + \frac{k_n}{p - \lambda_n} \tag{7-38}$$

这里设 $m < n$，$H(p)$ 极点均为单阶的。通过这种分解，可以将任意系统分解为许多一阶系统的并联，其冲激响应就应该是各个一阶系统冲激响应的和。式(7-38)中第 r 项 $\dfrac{k_r}{p - \lambda_r}$ 对应系统的冲激响应为 $k_r e^{\lambda_r t}$，所以整个系统的冲激响应为

$$h(t) = \mathscr{L}^{-1}\{H(s)\} = k_1 e^{\lambda_1 t} + k_2 e^{\lambda_2 t} + \cdots + k_n e^{\lambda_n t}$$

$$= \sum_{r=1}^{n} k_r e^{\lambda_r t} \tag{7-39}$$

这个求单位冲激响应的方法，也可推广到离散时间系统求取单位函数响应。描写 n 阶离散时间系统的差分方程的一般形式为

$$y(k+n) + a_{n-1} y(k+n-1) + \cdots + a_0 y(k)$$
$$= b_m e(k+m) + b_{m-1} e(k+m-1) + \cdots + b_0 e(k) \tag{7-40a}$$

应用移序算子 S，上式可写成

$$(S^n + a_{n-1} S^{n-1} + \cdots + a_0) y(k) = (b_m S^m + b_{m-1} S^{m-1} + \cdots + b_0) e(k) \tag{7-40b}$$

此式还可写成

$$y(k) = \frac{b_m S^m + b_{m-1} S^{m-1} + \cdots + b_0}{S^n + a_{n-1} S^{n-1} + \cdots + b_0} e(k) = H(S) e(k) \tag{7-40c}$$

这里 $H(S)$ 称为离散时间系统的**转移算子**(transfer operator of discrete-time system)。与连续时间系统一样，这里的转移算子也不是一个代数分式，式(7-40c)中转移算子 $H(S)$ 并不是作为一个分式与 $H(S)$ 相乘，它是一个运算符号，其作用就是对 $e(k)$ 和 $y(k)$ 作如式(7-40b)或式(7-40c)那样的运算。与连续时间系统一样，这里也可以将转移算子表示为部分分式之和，即

$$H(S) = \frac{b_m S^m + b_{m-1} S^{m-1} + \cdots + b_0}{S^n + a_{n-1} S^{n-1} + \cdots + a_0}$$

$$= \frac{A_1}{S - v_1} + \frac{A_2}{S - v_2} + \cdots + \frac{A_n}{S - v_n} \tag{7-41}$$

这里也设 $m < n$，且转移算子式的极点均为单阶的。上式表明，转移算子 $H(S)$ 的总作用，等于它的各部分分式算子单独作用之和。这种分解对于算子表达式而言似乎不妥，但是其合理性在下一章中可以得到证明。通过分解，同样可以将离散时间系统分解为许多一阶系统之和(或并联)，其单位函数响应自然应该等于各个一阶系统的单位函数响应之和，即

$$h(k) = h_1(k) + h_2(k) + \cdots + h_n(k) \tag{7-42}$$

式中 $h_r(k)$ 为具有转移算子 $\dfrac{A_r}{S - v_r}$ $(r = 1, 2, \cdots, n)$ 的一阶系统的单位函数响应。现在的问题则是要

求取这样的一阶系统的单位函数响应。到这里,离散时间系统的响应和连续时间系统的响应却有不同的形式了。

现在考虑一个转移算子为 $H(S)=\dfrac{A}{S-v}$ 的系统的单位函数响应。这个系统的差分方程式为

$$y(k+1)-vy(k)=Ae(k) \tag{7-43}$$

当 $e(k)=\delta(k)$ 时,$y(k)=h(k)$,故有

$$h(k+1)-vh(k)=A\delta(k) \tag{7-44}$$

将此式改写为前向递推形式

$$h(k+1)=vh(k)+A\delta(k) \tag{7-45}$$

因为系统的初始条件为零,而且激励信号在 $k=0$ 时才施加于系统上,所以有 $h(-1)=0$。根据式(7-44)可以递推出各个 $k \geqslant 0$ 时刻的系统的响应为

$$h(0)=vh(-1)+A\delta(-1)=0$$
$$h(1)=vh(0)+A\delta(0)=A$$
$$h(2)=vh(1)+A\delta(2)=Av$$
$$h(3)=vh(2)+A\delta(3)=Av^2$$
$$\cdots\cdots\cdots\cdots$$

利用归纳法可以得到该一阶系统的零状态响应为

$$h(k)=Av^{k-1}\varepsilon(k-1) \tag{7-46}$$

这就是转移算子为 $\dfrac{A}{S-v}$ 的一阶系统的单位函数响应。将这个结果代入式(7-42),可以得到一般 n 阶系统的单位函数响应即为

$$h(k)=\sum_{r=1}^{n}A_r v_r^{k-1}\,\varepsilon(k-1) \tag{7-47}$$

在式(7-40)中,假定了分子算子多项式的次数小于分母算子多项式的次数,即 $m<n$,同时假定此转移算子式的极点均为单阶的。但是正如 §7.3 中所指出的那样,描写离散时间系统的差分方程中,m 可以等于 n(但 m 不能大于 n)。为了说明 $m=n$ 时如何求取系统的单位响应,现在来考虑一阶系统差分方程为

$$y(k+1)-vy(k)=e(k+1) \tag{7-48a}$$

的情况。显然,该系统的转移算子为

$$H(S)=\frac{S}{S-v}=1+\frac{v}{S-v} \tag{7-49}$$

也就是式(7-48a)可以写成

$$y(k)=\left(1+\frac{v}{S-v}\right)e(k)=e(k)+\frac{v}{S-v}e(k) \tag{7-48b}$$

这就表明,当转移算子中有一个因为分子分母次数相等而致的常数 1 时,输出响应中就存在有

一项等于输入激励的直流分量。所以具有式(7-49)所示转移算子的系统,它的单位函数响应为

$$h(k) = \delta(k) + v \cdot v^{k-1} \varepsilon(k-1) = v^k \varepsilon(k) \tag{7-50}$$

如果式(7-49)的转移算子还有一个常数系数,则相应的单位函数响应亦要乘以同一常数系数。

实际上式(7-49)所示的一阶系统 $\dfrac{S}{S-v}$ 的响应(7-50)也可以看成一个基本公式,直接应用于系统单位函数响应的求解中,见后面例题7-10。

转移算子式分解成部分分式后,部分分式的基本形式不只是 $\dfrac{1}{S-v}$ 和 $\dfrac{S}{S-v}$ 两种,还有 v 为重根或成共轭对的复根等情况。现在把几种基本形式的转移算子相对应的单位函数响应列于表7-2,以备查用。

表 7-2 系统的转移算子及其对应的单位函数响应

编号	$H(S)$	$h(k)$
1	1	$\delta(k)$
2	$\dfrac{1}{S-v}$	$v^{k-1}\varepsilon(k-1)$
3	$\dfrac{1}{S-e^{\lambda T}}$	$e^{\lambda(k-1)T}\varepsilon(k-1)$
4	$\dfrac{S}{S-v}$	$v^k\varepsilon(k)$
5	$\dfrac{S}{S-e^{\lambda T}}$	$e^{\lambda kT}\varepsilon(k)$
6	$A\dfrac{S}{S-v}+A^*\dfrac{S}{S-v^*}$ $A=re^{j\theta},\ v=e^{(\alpha+j\beta)T}$	$2re^{\alpha kT}\cos(\beta kT+\theta)\varepsilon(k)$
7	$\dfrac{S}{(S-v)^2}$	$kv^{k-1}\varepsilon(k)$
8	$\dfrac{S}{(S-e^{\lambda T})^2}$	$ke^{\lambda(k-1)T}\varepsilon(k)$
9	$\dfrac{S}{(S-v)^n}$	$\dfrac{1}{(n-1)!}\cdot\dfrac{k!}{(k-n+1)!}v^{k-n+1}\varepsilon(k)$
10	$\dfrac{S}{(S-e^{\lambda T})^n}$	$\dfrac{1}{(n-1)!}\cdot\dfrac{k!}{(k-n+1)!}e^{\lambda(k-n+1)}\varepsilon(k)$

例题 7-9 一离散时间系统用以下差分方程描写

$$y(k+2)-5y(k+1)+6y(k)=e(k+2)-3e(k)$$

试求此系统的单位函数响应。

解：将所给差分方程用移序算子写成

$$(S^2-5S+6)y(k)=(S^2-3)e(k)$$

此式的转移算子为

$$H(S)=\frac{S^2-3}{S^2-5S+6}$$

先用长除法再用部分分式展开法，上述转移算子可写成

$$H(S)=1+\frac{5S-9}{S^2-5S+6}=1+\frac{6}{S-3}-\frac{1}{S-2}$$

由表 7-2 中第 1 号和第 2 号公式，可得系统单位函数响应为

$$h(k)=\delta(k)+6\times3^{k-1}\varepsilon(k-1)-2^{k-1}\varepsilon(k-1)$$
$$=\delta(k)+(2\times3^k-2^{k-1})\varepsilon(k-1)$$

单位函数响应求解方法除了上面介绍的方法以外，还可以用变换域的方法求解，这就好像连续时间系统的冲激响应可以用拉普拉斯变换求解一样，只不过在离散时间系统中使用的是另一种变换。用变换域方法求解单位函数响应十分方便，这种方法将在下一章中讨论。

3. 系统全响应求解

在求出了系统的零输入响应和零状态响应后，就可以通过将这两部分相加而得到系统的全响应。这就是本章介绍的求系统的全响应的时域分析法。在求解响应时，必然要利用系统的**初始条件**（initial condition）$y(0)$、$y(1)$ 等。但这里要指出，系统的初始条件中，一般包含两个部分：一为系统零输入时的初始条件，另一为系统零状态时由外激励对系统作用而引起的初始响应。在实际应用中，测量到的系统的初始条件一般是零输入和零状态的初始条件之和，无法仅对其中的一部分进行测量，所以通常所给的初始值，在没有特别说明的情况下，应该是两部分之和，即系统的全响应的初始条件。但是，在讨论因果系统对有始信号的响应时，如果给定的初始条件是 $y(-1)$、$y(-2)$ 等小于零的时间点上的值，这些时间点上系统的零状态响应一定是零，所以这时候初始条件同时也是系统零输入响应的初始条件。

下面用一个例题来说明系统单位函数响应和系统施加外激励后全响应的求法。

例题 7-10 一离散时间系统的转移算子为

$$H(S)=\frac{S(7S-2)}{(S-0.5)(S-0.2)}$$

此系统的初始条件是 $y(0)=9$，$y(1)=13.9$。当系统输入为单位阶跃序列 $\varepsilon(k)$ 时，试求系统的响应。

解：如果这里系统的初始条件仅仅是指零输入响应部分在 0、1 时刻的值，可以按以前的方法分别求得系统的零输入和零状态响应，然后相加就可以得到全响应。但是，这里的初始条件是系统全响应的初始条件，其中也有零状态响应所产生的部分，所以无法用它直接求解系统的零输入响应。这时，只有先求出系统的零状态响应，然后将零状态响应在初始条件中的部分从全响应初始条件中减去，得到零输入条件下的初始条件，由此求出系统的零输入响应。

先求系统的零状态响应。为此,要先求系统的单位函数响应。因分式 $H(S)$ 分子分母次数相等,将它进行长除并展开成部分分式,得

$$H(S) = \frac{S(7S-2)}{(S-0.5)(S-0.2)} = \frac{7S^2-2S}{S^2-0.7S+0.1}$$

$$= 7 + \frac{2.9S-0.7}{S^2-0.7S+0.1}$$

$$= 7 + \frac{2.5}{S-0.5} + \frac{0.4}{S-0.2}$$

由表 7-2 的第 1、第 2 号公式,可得系统的单位函数响应为

$$h(k) = 7\delta(k) + 2.5(0.5)^{k-1}\varepsilon(k-1) + 0.4(0.2)^{k-1}\varepsilon(k-1)$$

$$= 7\delta(k) + [5(0.5)^k + 2(0.2)^k]\varepsilon(k-1)$$

$$= [5(0.5)^k + 2(0.2)^k]\varepsilon(k)$$

这结果也可通过将 $H(S)$ 分解成

$$H(S) = \frac{5S}{S-0.5} + \frac{2S}{S-0.2}$$

然后应用表 7-2 的第 4 号公式得到,而且这样计算更加方便。有了单位函数响应后,即可计算系统的零状态响应

$$y_{zs}(k) = h(k)*\varepsilon(k) = [5(0.5)^k + 2(0.2)^k]\varepsilon(k)*\varepsilon(k)$$

$$= 5(0.5)^k\varepsilon(k)*\varepsilon(k) + 2(0.2)^k\varepsilon(k)*\varepsilon(k)$$

代入卷积公式进行计算,或直接用表 7-1 第 2 号公式,可以得系统的零状态响应

$$y_{zs}(k) = \frac{5}{0.5}[1-(0.5)^{k+1}]\varepsilon(k) + \frac{2}{0.8}[1-0.2^{k+1}]\varepsilon(k)$$

$$= 10[1-0.5(0.5)^k]\varepsilon(k) + 2.5[1-0.2(0.2)^k]\varepsilon(k)$$

$$= [12.5-5(0.5)^k-0.5(0.2)^k]\varepsilon(k)$$

根据上式,可以得到零状态响应在 0、1 时刻的值 $y_{zs}(0) = 7, y_{zs}(1) = 9.9$,所以,零输入响应在 0、1 时刻的初始值为

$$y_{zi}(0) = y(0) - y_{zs}(0) = 9-7 = 2$$

$$y_{zi}(1) = y(1) - y_{zs}(1) = 13.9-9.9 = 4$$

下面就可以求系统的零输入响应。由 $H(S)$ 的极点,可知零输入响应具有

$$y_{zi}(k) = [c_1(0.5)^k + c_2(0.2)^k]\varepsilon(k)$$

的形式。根据上面求的零输入条件下的初始条件 c_1、c_2

$$\begin{cases} c_1+c_2 = 2 \\ 0.5c_1+0.2c_2 = 4 \end{cases}$$

解之得 $c_1 = 12, c_2 = -10$,零输入响应为

$$y_{zi}(k) = [12(0.5)^k - 10(0.2)^k]\varepsilon(k)$$

系统的全响应是把零输入分量和零状态分量相加,即

$$y(k) = y_{zi}(k) + y_{zs}(k) = [12.5 + 7(0.5)^k - 10.5(0.2)^k]\varepsilon(k)$$

4. 离散时间系统的稳定性

最后讨论一下系统的稳定性问题。与连续时间系统一样,对于离散时间系统的稳定性,也要从系统的零输入和零状态两部分综合考虑。系统的零输入响应对稳定性的要求已经在上面一节中讨论过了,零状态响应必须综合系统的激励信号进行考察。这里,对稳定系统的定义同样是:对任意有界的输入激励都可以得到有界的输出的系统。在连续时间系统中,系统稳定的充分必要条件是其冲激响应满足**绝对可积**(absolutely integrable)条件。与之相似,可以证明,离散时间系统稳定的充分必要条件为其单位函数响应满足**绝对可和**(absolutely summable)条件,即存在 M,使

$$\sum_{n=-\infty}^{+\infty} |h(n)| \leq M \tag{7-51}$$

成立。这里可以根据系统特征方程的根的绝对值 $|v_i|$ 小于、大于、等于 1 这三种情况讨论。根据式(7-47)或式(7-51),如果对于所有的 $i = 1, 2, \cdots, n$,都有 $|v_i| < 1$,上式一定成立,系统稳定;如果对于某个 i,有 $|v_i| \geq 1$,那么上式不成立,系统不稳定。其中,当 $|v_i| = 1$ 时,情况要复杂一点。如果这个特征根是单根,在一般情况下,只要激励中没有诸如 $(v_i)^k\varepsilon(k)$ 这样的信号分量,系统的零输入和零状态响应都不会随时间增加而趋向无穷大,系统稳定;但是,如果激励中恰好有 $(v_i)^k\varepsilon(k)$ 这样的分量,它与单位函数响应 $h(t)$ 中的这个分量相卷积,结果中会出现 $(k+1)v^k$(见表 7-1 第 7 式),它随时间增加而趋向无穷大,系统不稳定。但是,一般这种情况出现的可能性很小,所以有时将特征根中有模等于 1 的单根的系统称为临界稳定系统。

§7.6 离散时间系统与连续时间系统时域分析法的比较

从前面各节中可以看到,离散时间系统的分析方法与连续时间系统有很多相似之处,也有一定的不同。分析这些相似和不同,对于深入掌握连续和离散时间系统的分析方法是大有益处的。

首先,从描述系统的数学模型上看,由于系统的组成以及所处理的信号的性质不同,对于连续时间系统和离散时间系统工作情况进行描述的数学手段也不同,前者用微分方程来描述,后者用差分方程来描述。若系统是线性和非时变的,上述方程都是线性常系数的方程。线性常系数的微分方程和差分方程在形式上有某种对应的相似关系,而且在进行数值计算时,只要所取的时间间隔足够小,微分方程还可以近似成为差分方程。

系统分析的任务,一般是对于具有某种初始条件的系统输入一个或若干个激励信号,要求取系统某些部分输出的响应信号。构成线性非时变系统分析方法的基础,一方面是线性系统的

叠加性和齐次性,另一方面是非时变系统的输出波形仅决定于输入波形而与施加输入的时间无关这一特性。从时域分析方法上看,两种系统的响应都是通过分别求仅由系统初始条件决定的零输入响应和仅由输入激励决定的零状态响应,然后进行叠加的方法进行的。

为求连续时间系统的零输入响应而解系统的齐次微分方程时,可以应用微分算子符号将微分方程写成代数方程的形式。把微分算子看成一个代数量从而得到由算子构成的方程式就是该连续时间系统的特征方程,方程的每一个根对应系统的一项自然响应,零输入响应各项的系数由系统的初始条件确定。与此相类似,为求离散时间系统的零输入响应而解系统的齐次差分方程时,可以应用移序算子符号将差分方程写成代数方程的形式。把移序算子看成一个代数量从而得到由算子构成的方程式就是该离散时间系统的特征方程,方程的每一个根亦对应系统的一项自然响应,零输入响应各项的系数也由系统的初始条件确定。但是两种系统的特征根的意义不尽相同。对于连续时间系统,特征根出现在指数函数的幂数中,它的实部和虚部分别决定了自然响应的幅度和振荡频率。对于离散时间系统,特征根是指数函数的底数,它的模量和相位分别决定了自然响应的幅度和振荡频率。

在时域中求解系统的零状态响应的基本方法,是把输入信号分解为按时间先后排列的分量的序列,分别求各分量施加于系统后的响应,然后将这些响应叠加。由于系统的非移变特性,这些分量响应的形状是相同的,只是尺度不同,并且时间上依次错开而已。求系统零状态响应的这种方法就是卷积法。对于连续时间系统,信号的分量是连续排列的冲激函数,零状态响应等于系统的单位冲激响应与输入激励的卷积积分。对于离散时间系统,信号的分量就是离散序列中的各离散量,零状态响应等于系统的单位函数响应与输入激励的卷积和。

系统的稳定性和因果性是系统特性中非常重要的两个特性。一个稳定的系统在任何有界的信号激励下都应该能够得到有界的输出。在连续系统中,系统稳定的充分必要条件是其冲激响应绝对可积,而离散时间系统稳定的充分必要条件是其单位函数响应绝对可和。系统稳定性也可以通过系统函数的特征根在复平面上的位置进行判断,表示连续时间系统特征根的平面为 s 平面,而表示离散时间系统特征根的复平面称为 z 平面。对于连续时间系统而言,系统是否稳定取决于各特征根是否全部位于 s 平面的左半面内;而对于离散时间系统而言,系统是否稳定取决于各特征根是否全部位于 z 平面中的单位圆内。

根据系统的冲激响应 $h(t)$ 或单位函数响应 $h(k)$ 也可以判断其因果性,如果当 t 或 k 小于零时 $h(t)$ 或 $h(k)$ 等于零,则系统满足因果性。在离散时间系统里,也可以简单地根据系统的差分方程判别系统因果性,如果差分方程中激励函数的最高序号不大于响应函数的最高序号,则系统满足因果性。而对于连续时间系统,很难直接根据其微分方程对系统因果性进行判断了。

连续时间系统和离散时间系统的物理实现框图上也有很多相似之处。两者都用到了加法器和标量乘法器。除此而外,连续时间系统使用了积分器,而离散时间系统用了延时器,这两者在系统框图中的位置也完全相同。同时,连续时间系统的框图中参数与系统微分方程系数的对应关系与离散时间系统框图中参数与系统差分方程系数的对应关系完全一致。

由以上对于两种系统时域分析法的比较可以看出,分析所依据的基本原则都是一样的。但是由于处理的信号有连续和离散的差别,因而在应用的数学方法上亦有不同;而在这些不同中,又几乎处处都可找到两者间的对应相似之点。

习　题

7.1 绘出下列离散信号的图形。

(1) $\left(-\dfrac{1}{2}\right)^{k-2}\varepsilon(k)$

(2) $2\delta(k)-\varepsilon(k)$

(3) $\varepsilon(k)+\sin\dfrac{k\pi}{8}\varepsilon(k)$

(4) $k(2)^{-k}\varepsilon(k)$

7.2 绘出下列离散信号的图形。

(1) $k[\varepsilon(k+4)-\varepsilon(k-4)]$

(2) $1-\varepsilon(k-4)$

(3) $2^{k}[\varepsilon(-k)-\varepsilon(3-k)]$

(4) $(k^{2}+k+1)[\delta(k+1)-2\delta(k)]$

7.3 写出图 P7-3 所示序列的函数表达式。

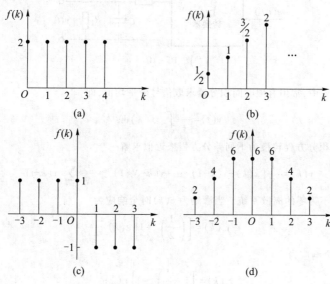

图 P7-3

7.4 用归纳法写出下列右边序列的闭式。

(1) $\{1,-1,1,-1,\cdots\}$

(2) $\left\{0,\dfrac{1}{2},\dfrac{2}{3},\dfrac{3}{4},\cdots\right\}$

(3) $\{-2,-1,2,7,14,23,\cdots\}$

(4) $\{3^{2}+8,5^{2}+11,7^{2}+14,9^{2}+17,\cdots\}$

7.5 判断下列信号是否是周期性信号,如果是则其周期为多少?

(1) $\sin(k)$

(2) $\mathrm{e}^{j0.4\pi k}$

(3) $\sin(0.2\pi k)+\cos(0.3\pi k)$

(4) $\cos(0.512\pi k)$

(5) $\mathrm{sgn}[(-0.23)^{k}]$

(6) $\sin(\pi k)\varepsilon(k)$

7.6 一个有限长连续时间信号,时间长度为 2 min,频谱包含有直流及 100 Hz 分量的连续时间信号。为便于计算机处理,对其抽样以构成离散信号,求最小的理想抽样点数。

7.7 设一连续时间信号,其频谱包含有直流、1 kHz、2 kHz、3 kHz 四个频率分量,幅度分别为 0.5、1、0.5、0.25;相位谱为 0,试以 10 kHz 的抽样频率对该信号抽样,画出抽样后所得离散序列在 0 到 25 kHz 频率范围内的频谱。

7.8 对信号 $f(t) = \mathrm{sinc}^2(\pi B_\mathrm{s} t) = \left(\dfrac{\sin \pi B_\mathrm{s} t}{\pi B_\mathrm{s} t}\right)^2$,以抽样时间间隔分别为 $T = \dfrac{1}{2B_\mathrm{s}}$ 及 $T = \dfrac{1}{B_\mathrm{s}}$ 进行理想抽样,试绘出抽样后所得序列的频谱并作比较。

7.9 有人每年初在银行存款一次,银行利息为 β,每年底所得利息亦转存下一年,试用差分方程表示第 k 年初的存款额。

7.10 图 P7-10 表示一离散信号 $e(kT)$ 经 D/A 转换为一阶梯形模拟信号激励图示的 RC 电路。已知电路参数为 $C = 1\ \mathrm{F}, R_1 = R_2 = 1\ \Omega$,试写出描述 $y(kT)$ 与 $e(kT)$ 间关系的差分方程,这里 $y(kT)$ 为 $y(t)$ 在离散时间 kT 处的值组成的序列。

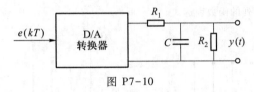

图 P7-10

7.11 连续时间系统中,常用有限时间积分器求取信号的平均值,即

$$y(t) = \frac{1}{\tau} \int_{-\tau}^{\tau} x(\lambda)\,\mathrm{d}\lambda$$

试证明可以将上述积分方程转换为下列差分方程来近似求解

$$y(k) = \frac{1}{N}\left[x(k) + x(k-1) + \cdots + x(k-N+1)\right] = \frac{1}{N}\sum_{j=0}^{N-1} x(k-j)$$

7.12 一初始状态不为零的离散系统。当激励为 $e(k)$ 时全响应为

$$y_1(k) = \left[\left(\frac{1}{2}\right)^k + 1\right]\varepsilon(k)$$

当激励为 $-e(k)$ 时全响应为

$$y_2(k) = \left[\left(-\frac{1}{2}\right)^k - 1\right]\varepsilon(k)$$

求当初始状态增加一倍且激励为 $4e(k)$ 时的全响应。

7.13 试列出图 P7-13 所示系统的差分方程。

7.14 试绘出下列离散系统的直接模拟框图。

(1) $y(k+1) + \dfrac{1}{2}y(k) = -e(k+1) + 2e(k)$

(2) $y(k+2) + 5y(k+1) + 6e(k) = e(k+1)$

(3) $y(k+2) + 3y(k+1) + 2y(k-2) = e(k-1)$

(4) $y(k) = 5e(k) + 7e(k-2)$

7.15 画出下列差分方程所示系统的直接型模拟框图。

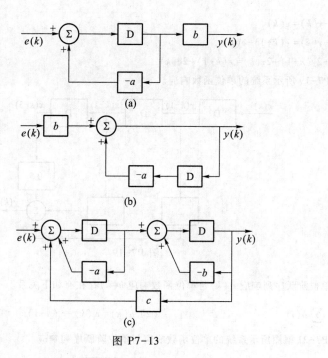

图 P7-13

（1）$y(k)+3y(k-1)+2y(k-2)=e(k)+3e(k-1)$

（2）$y(k+2)+2y(k+1)+y(k)=2e(k+1)+4e(k)$

7.16　求下列齐次差分方程所示系统的零输入响应。

（1）$y(k+1)+2y(k)=0,y(0)=1$

（2）$y(k+2)+3y(k+1)+2y(k)=0,y(0)=2,y(1)=1$

（3）$y(k+2)+9y(k)=0,y(0)=4,y(1)=0$

（4）$y(k+2)+2y(k+1)+2y(k)=0,y(0)=0,y(1)=1$

（5）$y(k+2)+2y(k+1)+y(k)=0,y(0)=1,y(1)=0$

（6）$y(k+3)-2\sqrt{2}y(k+2)+y(k+1)=0,y(0)=0,y(1)=-1$

7.17　求下列齐次差分方程所示系统的零输入响应。

（1）$y(k)+\dfrac{1}{3}y(k-1)=0,y(-1)=1$

（2）$y(k)+3y(k-1)+2y(k-2)=0,y(-1)=0,y(-2)=1$

（3）$y(k)+2y(k-1)+y(k-2)=0,y(0)=y(-1)=1$

（4）$y(k)-7y(k-1)+16y(k-2)-12y(k-3)=0,y(1)=-1,y(2)=-3,y(3)=-5$

7.18　求下列差分方程所示系统的单位函数响应。

（1）$y(k+2)-0.6y(k+1)-0.16y(k)=e(k)$

（2）$y(k+3)-2\sqrt{2}y(k+2)+y(k+1)=e(k)$

（3）$y(k+2)-y(k+1)+0.25y(k)=e(k)$

（4）$y(k+2)+y(k)=e(k)$

(5) $y(k+2)-y(k)=e(k)$

(6) $y(k+2)-y(k)=e(k+1)-e(k)$

(7) $y(k+2)+2y(k+1)+2y(k)=e(k+1)+2e(k)$

7.19 求图 P7-19 所示系统的单位函数响应。

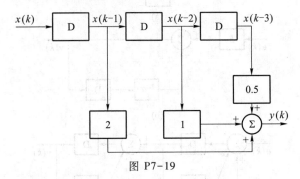

图 P7-19

7.20 证明单位阶跃序列响应 $r_\varepsilon(k)$ 与单位函数响应 $h(k)$ 存在有如下关系。

(1) $r_\varepsilon(k)=\sum_{j=-\infty}^{k}h(j)$ 　　　　　(2) $h(k)=r_\varepsilon(k)-r_\varepsilon(k-1)$

7.21 求图 P7-21 框图所示系统的单位函数响应与单位阶跃序列响应。

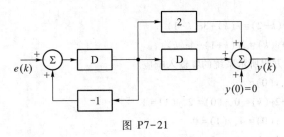

图 P7-21

7.22 用图解法求图 P7-22 所示各时间序列的卷积和的图形,并归纳卷积和的表达式中上下限选定的原则。

7.23 用卷积图解法求题 7.18(4)(5)(6)式所示系统在 $e(k)=k\varepsilon(k)$ 时零状态响应序列的前七项。

7.24 求下列序列的卷积和。

(1) $\varepsilon(k)*\varepsilon(k)$ 　　　　　(2) $0.5^k\varepsilon(k)*\varepsilon(k)$

(3) $2^k\varepsilon(k)*3^k\varepsilon(k)$ 　　　　　(4) $4\varepsilon(k)*\delta(k-1)$

7.25 证明卷积和的移序特性,即:若 $e(k)*h(k)=y(k)$,则

$$e(k-k_1)*h(k-k_2)=y(k-k_1-k_2)$$

7.26 求下列差分方程所示系统的零状态响应。

(1) $y(k+1)+2y(k)=e(k+1)$, $e(k)=2^k\varepsilon(k)$

(2) $y(k+1)+2y(k)=e(k)$, $e(k)=2^k\varepsilon(k)$

(3) $y(k+2)+3y(k+1)+2y(k)=e(k)$, $e(k)=3^k\varepsilon(k)$

(4) $y(k+2)+2y(k+1)+2y(k)=e(k+1)+2e(k)$, $e(k)=\delta(k-1)$

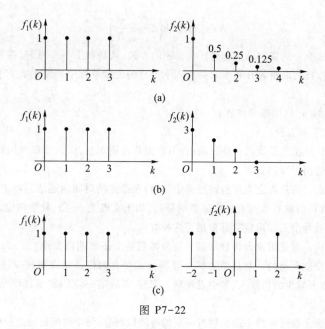

图 P7-22

7.27 一离散系统当激励 $e(k) = \varepsilon(k)$ 时的零状态响应为 $2(1-0.5^k)\varepsilon(k)$，求当激励为 $e(k) = 0.5^k\varepsilon(k)$ 时的零状态响应。

7.28 一离散系统的差分方程及初始条件如下

$$y(k+2)+y(k+1)+y(k) = \varepsilon(k+1) ; \quad y_{zi}(0) = 1, \ y_{zi}(1) = 2$$

求：(1) 零输入响应 $y_{zi}(k)$，零状态响应 $y_{zs}(k)$ 及全响应 $y(k)$。

(2) 比较 $k = 0,1$ 时全响应值与给定的初始条件值，说明二者不同的原因。

(3) 绘出该系统的框图。

7.29 一系统的系统方程及初始条件分别如下

$$y(k+2)-3y(k+1)+2y(k) = e(k+1)-2e(k)$$

$$y_{zi}(0) = y_{zi}(1) = 1, e(k) = \varepsilon(k)$$

求：(1) 零输入响应 $y_{zi}(k)$，零状态响应 $y_{zs}(k)$ 及全响应 $y(k)$。

(2) 判断该系统是否稳定。

(3) 绘出系统框图。

7.30 有一球由 10 m 高度自由落下，设每次弹起高度为前次的 3/4，求第 5 及第 8 次弹起的高度。

7.31 用差分方程求 $0 \sim k$ 的全部整数和 $y(k) = \sum\limits_{j=0}^{k} j$。

7.32 由 N 段阻值为 R 的均匀导线连接成正多边形，顶点分别为 A_1、A_2、$\cdots$、A_N，多边形中点 O 也以相同导线与各顶点连接。设 O 点电压为零，A_1 点外加电压为 1 V，证明任意相邻两顶点 A_k 与 A_{k-1} 间的电流可用下式表示

$$I_{(k)} = \frac{2\sinh\theta \cdot \sinh(N-2k-1)\theta}{R\cosh N\theta}$$

其中
$$\theta = \frac{1}{2}\mathrm{arccosh}\left(1+\sin\frac{\pi}{N}\right)$$

7.33 银行向个人或企业的贷款采用逐月计息偿还的方式,从贷款下一个月起,每月还款数为 $x(k)$ 元,对于第 k 个月所欠的贷款银行收取贷款月利率 α 并计入下个月的欠款总数中。设在第 k 个月时欠银行的贷款数额为 $y(k)$。

1) 试列出关于欠款额 $y(k)$ 的差分方程;

2) 还贷方式一般有下列五种:

(1) 到期一次还本付息法。借款人在贷款期内,不是按月偿还本息,而是贷款到期后一次性归还全部本金和利息。这种方法一般适用于短期贷款。

(2) 等额本息还款法。每月固定支付给银行固定数额,在指定的时间内还清。由于月还款额相同,简单又干脆,适用于在整个贷款期内家庭收入有稳定来源的贷户,如国家机关、科研、教学单位人员等。目前住房公积金贷款和多数银行的商业性个人住房贷款都采用了这种方式。

(3) 等额本金还款法。就是借款人将贷款额平均分摊到整个还款期内每期(月)归还,同时付清上一次交易日至本次还款日间的贷款利息的一种还款方式。这种方式每月的偿还额逐渐减少,较适合于已经有一定的积蓄,但预期收入可能逐渐减少的借款人,如中老年职工家庭,其现有一定的积蓄,但今后随着退休临近收入将递减。

(4) 等比累进还款法。就是将整个还款期按一定的时间段划分,每个时间段较上一时间段多还约定的固定比例,而每个时间段内每月须以相同的偿还额归还贷款本息的一种还款方式。这种方式适合于一些目前收入不高、但是预计以后收入会有大幅度上升的人,例如刚刚开始工作或创业的年轻人。

(5) 等额累进还款法。其与"等比累进还款法"类似,不同之处就是将在每个时间段上约定多还款的"固定比例"改为"固定额度",以同样在每个时间段内每月以相同的偿还额归还贷款本息的一种还款方式。这种方法的优点与等比累进法相同,在国外的年轻人中十分通行后两种消费信贷还款方式。

假设某人从银行贷款 40 万元,20 年内偿还,月息 0.42%。试计算五种还款方式下的还款计划(每月还款数目)公式。其中在等比累进还款法和等额累进还款法中,以五年为一个阶段,每个阶段还款数目比上一个阶段分别增加 50%(等比累进还款法)或 2 000 元(等额累进还款法)。

(提示:假设贷款总额为 A,N 个月还清,则初始条件为 $y(0)=A$,$y(N)=0$。一次还本付息法和等额本金还款法的还款计划公式可以不通过差分方程直接写出。)

第八章

离散时间系统的变换域分析

§8.1 引言

上一章讨论了离散时间系统的时域分析法,对这一分析法的讨论是围绕如何求解差分方程这一问题来展开的,正如在连续时间系统中的时域分析是围绕如何求解微分方程来讨论一样。在连续时间系统中为了避开解微分方程的困难,可以通过拉普拉斯变换把问题从时域变换到复频域,从而把解线性微分方程工作转化为解线性代数方程的工作。基于同样的理由,在离散时间系统中,为了避开解差分方程的困难,也可以通过一种称为 z 变换(z-transform)的方法,把问题从离散的时域变换到一个 z 域,从而把解线性差分方程的工作转化为解线性代数方程的工作。

在时域中用差分方程来分析离散时间系统与用微分方程来分析连续时间系统有很多相似之处。同样,作为变换域方法(transform domain method),z 变换和拉普拉斯变换二者在变换的性质上以及在系统分析中所起的作用上,也有很多相似之处。了解两者之间的相似和不同,可以更快地掌握相关内容。

离散时间系统除了可以从时域变换到 z 域去分析外,也还可以变换到频域去进行分析。通过离散时间序列的傅里叶变换(discrete-time fourier transform,DTFT),可以得到离散信号的频谱(frequency spectrum)。根据信号频谱以及系统的频率特性(frequency-domain characterization),也可以进行离散时间系统的频域分析,得到系统对离散时间序列的响应。在离散序列傅里叶变换基础上产生的离散傅里叶变换(discrete fourier transform,DFT),则更加有利于计算机进行处理,而且通过快速算法,可以加快计算速度,在实际工程中有很大的应用价值。但是,这种离散傅里叶变换已经不是严格意义上的傅里叶变换了。在本章中,将介绍离散序列傅里叶变换及离散时间系统的频域分析方法,而将离散傅里叶变换放到本书下册第十章中单独讨论。

本章着重研究 z 变换及其在离散时间系统分析中的应用,把这种分析方法与拉普拉斯变换法进行比较,并指明两种变换间的关系。

§8.2 z 变换定义及其收敛区

1. z 变换的定义

与对连续时间函数进行拉普拉斯变换相当,对于离散时间函数,也有一种常用的变换,称为 z 变换。z 变换可以直接从数学角度进行定义,也可以利用拉普拉斯变换或傅里叶变换引申出。为了能够说明 z 变换的物理意义,这里用式(7-8)所示的理想抽样信号作为离散信号,并由它的傅里叶变换来引出 z 变换。

由式(7-3)

$$f_\delta(t) = f(t) \cdot \delta_T(t) = \sum_{k=-\infty}^{+\infty} f(t)\delta(t-kT)$$

此式的傅里叶变换为

$$F_\delta(j\omega) = \int_{-\infty}^{+\infty} \sum_{k=-\infty}^{+\infty} f(t)\delta(t-kT)e^{-j\omega t}dt$$

根据冲激函数的性质,上式成为

$$F_\delta(j\omega) = \sum_{k=-\infty}^{+\infty} f(kT)e^{-j\omega kT} \tag{8-1}$$

这就是理想抽样信号的频谱。这是一个无穷级数求和的问题,$F_\delta(j\omega)$ 是否存在取决于级数 $f(kT)e^{-j\omega kT}$ 是否收敛。与第五章中通过傅里叶变换推导拉普拉斯变换时的方法一样,可以预先在序列上乘以一个指数序列 $e^{-\sigma kT}$,从而构成一个新的序列 $f(kT)e^{-\sigma kT}$,通过选择合适的实数 σ 保证序列的收敛性,这时式(8-1)成为

$$F_\delta(\sigma+j\omega) = \sum_{k=-\infty}^{+\infty} f(kT)e^{-(\sigma+j\omega)kT}$$

这实际上就是理想抽样信号的拉普拉斯变换

$$F_\delta(s) = \sum_{k=-\infty}^{+\infty} f(kT)e^{-skT} \tag{8-2}$$

令 $e^{sT}=z$,并将上式记为 $F(z)$,将其中 $f(kT)$ 记为 $f(k)$,则得

$$F(z) = \sum_{k=-\infty}^{+\infty} f(k)z^{-k} \tag{8-3}$$

这个复变函数 $F(z)$ 就定义为序列 $f(k)$ 的 z 变换,有时也常记为 $\mathscr{Z}\{f(k)\}$,它是 z^{-1} 的一个幂级数,级数的系数即为此离散变量函数的相应的函数值[①]。

---

① 有的资料中,将 z 变换定义为 z 的幂级数。这两种不同定义的 z 变换之间,只要简单地用 z 代以 z^{-1},即可进行互求。在工程问题中,多数采用本节的定义。

正如拉普拉斯变换有双边和单边一样,*z*变换也有双边和单边之分。式(8-3)所示变换不仅涉及信号 $f(k)$ 中当 $k \geq 0$ 的部分,而且还涉及 $k < 0$ 的部分,是双边 *z* 变换(bilateral z-transform),而单边 *z* 变换(unilateral z-transform)则仅仅涉及信号 $f(k)$ 中当 $k \geq 0$ 的部分,其定义为

$$\mathscr{Z}\{f(k)\} = F(z) = \sum_{k=0}^{+\infty} f(k)z^{-k} \tag{8-4}$$

对于当 $k < 0$ 时 $f(k) = 0$ 的有始序列,单边和双边的 *z* 变换相等;否则,两者就不一样。在求解系统对激励信号的响应的过程中,单边 *z* 变换用得较多,所以在无特别说明时,*z* 变换一般就是指单边变换。

2. *z* 变换的收敛区

和拉普拉斯变换一样,*z* 变换也有一个收敛区间(region of convergence, ROC)的问题。在某些 *z* 值下按照式(8-3)或式(8-4)计算出的 $F(z)$ 可能不存在。例如,考虑阶跃序列 *z* 变换:

$$F_\varepsilon(z) = \mathscr{Z}\{\varepsilon(k)\} = 1 + z^{-1} + z^{-2} + z^{-3} + \cdots$$

当 $|z| \leq 1$ 时,$F_\varepsilon(z)$ 不存在。如,当 $z = 1$ 时,$F_\varepsilon(z)$ 等于无穷大,当 $z = -1$ 时,$F_\varepsilon(z)$ 不能确定。对于任意序列 $f(k)$ 的 *z* 变换 $F(z)$,使 $F(z)$ 存在且有限的 *z* 值的取值范围称为 $F(z)$ 的收敛区。

双边和单边的 *z* 变换的计算都是通过级数求和来实现的。如果级数的和存在,$F(z)$ 就收敛。所以,可以根据级数是否收敛来确定 *z* 变换的收敛区。下面将分别讨论三种不同类型的时间序列的 *z* 变换的收敛区。

(1)有限长序列(finite duration sequence)

有限长序列是指只在有限区间 $k_1 < k < k_2$ 内有非零值的序列,其 *z* 变换可以表示为

$$\mathscr{Z}\{f(k)\} = F(z) = \sum_{k=k_1}^{k_2} f(k)z^{-k}$$

这是一个有限长的级数的和,只要级数的各项都存在且有限,它们的和一定也存在且有限。如果 $k_1 < 0$,级数中就会出现 *z* 的正幂次项,这时候如果 $|z| = +\infty$,这些正幂次项就等于无穷大,这导致级数的和等于无穷大,$F(z)$ 不收敛。如果 $k_2 > 0$,级数中就会出现 *z* 的负幂次项,这时候如果 $|z| = 0$,这些负幂次项就等于无穷大,这也将导致级数的和等于无穷大,$F(z)$ 不收敛。如果不将 $|z| = +\infty$ 和 $|z| = 0$ 考虑在内,那么无论 k_1 和 k_2 如何取值,$F(z)$ 都收敛。所以,有限长序列的收敛区至少是不包含 $|z| = 0$ 和 $|z| = +\infty$ 在内的全部 *z* 平面,即 $0 < |z| < \infty$。

如果考虑 *z* 变换在包含 $|z| = +\infty$ 和 $|z| = 0$ 在内的整个 *z* 平面内的收敛性,则可以根据 k_1 和 k_2 的取值情况对收敛区作更加详细的讨论:

(a)如果 $k_2 > k_1 \geq 0$ 或 $k_2 \geq k_1 > 0$,收敛区为 $0 < |z| \leq \infty$;

(b)如果 $k_2 > 0, k_1 < 0$,收敛区为 $0 < |z| < \infty$;

(c)如果 $0 \geq k_2 > k_1$ 或 $0 > k_2 \geq k_1$,收敛区为 $0 \leq |z| < \infty$;

(d)如果 $k_2 = k_1 = 0$,收敛区为 $0 \leq |z| \leq \infty$。

(2)右边序列(right sequence)

右边序列又称有始序列(causal sequence)或单边序列(unilateral sequence),它只在 $k \geqslant k_1$ 有非零值,其 z 变换可以表示为

$$\mathscr{Z}\{f(k)\} = F(z) = \sum_{k=k_1}^{+\infty} f(k)z^{-k}$$

这是一个无穷级数的和,$F(z)$ 的收敛性不仅要求级数的各项都存在且有限,而且要求无穷级数收敛。这里可以采用级数理论中的根值法判断级数何时收敛。根据根值法,如果无穷级数 a_k 的绝对值的 k 次根的极限存在且小于 1,即 $\lim\limits_{k \to \infty} \sqrt[k]{|a_k|} = \rho < 1$,则级数收敛。将 $a_k = f(k)z^{-k}$ 代入,可以得到使 a_k 收敛的 z 值所要满足的条件

$$\lim_{k \to \infty} \sqrt[k]{|f(k)z^{-k}|} = \lim_{k \to \infty} \sqrt[k]{|f(k)|} \, |z|^{-1} = \rho < 1$$

故

$$|z| > \lim_{k \to \infty} \sqrt[k]{|f(k)|} = R_r$$

所以,右边序列的收敛区是在 z 平面内以原点为中心的圆的圆外,如图 8-1(a)所示。圆的半径 R_r 视函数 $f(k)$ 而定。

如前所述,级数收敛还必须要求其每一项都存在且有限。与有限长序列时的情况一样,这里也可以得出,当 $k_1 < 0$ 时,$|z|$ 不能等于无穷大,收敛区间不包含无穷远点,这时候的收敛区为 $R_r < |z| < \infty$。如果 $k_1 \geqslant 0$,则不必要排除无穷远点,收敛区为 $R_r < |z| \leqslant \infty$。

(3) 左边序列(left sequence)

对于有终无始的左边序列,它只在 $k \leqslant k_1$ 有非零值,其 z 变换可以表示为

$$\mathscr{Z}\{f(k)\} = F(z) = \sum_{k=-\infty}^{k_1} f(k)z^{-k}$$

利用与右边序列一样的推导过程,可以得到左边序列收敛区是在 z 平面内以原点为中心的圆的圆内,如图 8-1(b)所示。圆的半径 R_1 视函数 $f(k)$ 而定。当 $k_1 > 0$ 时,$|z|$ 不能等于 0,收敛区间不包含原点,这时候的收敛区为 $R_1 > |z| > 0$。如果 $k_1 \leqslant 0$,则不必要排除原点,收敛区为 $|z| < R_1$。

在上面的讨论中,左右边序列是根据序列是否有始或有终来定义的,但并没有规定序列的起点或终点的位置。在实际应用中,一般以 $k = 0$ 为分界线,认为右边序列从 $k = 0$ 开始,而左边序列终止于 $k = -1$。后面的内容中如果没有特别说明,所提及的左右序列都遵从这个规定。

(4) 双边序列(bilateral sequence)

双边序列可以看成是由右边序列及左边序列相加而成,它的双边 z 变换可以看成是右边序列的变换和左边序列的变换的叠加。其 z 变换可以写成

$$F(z) = \sum_{k=-\infty}^{+\infty} f(k)z^{-k} = \sum_{k=0}^{+\infty} f(k)z^{-k} + \sum_{k=-\infty}^{-1} f(k)z^{-k}$$

$$= \sum_{k=0}^{+\infty} f(k)z^{-k} + \sum_{k=1}^{+\infty} f(-k)z^{k} \tag{8-5}$$

显然,只有在右边序列的变换和左边序列的变换都存在的情况下,双边序列的 z 变换才存在。所以,双边序列的 z 变换的收敛区间是右边序列和左边序列的收敛区间的公共部分。如上所述,右

边序列的收敛区间一般是以原点为圆心的某圆的外部区间,即 $R_r<|z|<\infty$,而左边序列的收敛区间一般是以原点为圆心的某圆的内部区间,即 $R_1>|z|>0$。当 $R_1>R_r$ 时,两者的公共环形部分 $R_1>|z|>R_r$ 即是该双边序列的 z 变换的收敛区间,如图 8-1(c)所示。如果 $R_1\leqslant R_r$ 则两者的公共部分不存在,该双边序列的 z 变换也就不存在。

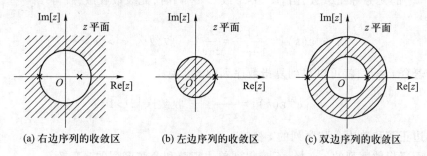

(a) 右边序列的收敛区　　(b) 左边序列的收敛区　　(c) 双边序列的收敛区

图 8-1　z 变换的收敛区(阴影线部分)

这里将 z 变换和拉普拉斯变换的收敛区的情况作一个比较。在第五章中已经指出,右边信号的拉普拉斯变换的收敛区为 s 平面中以某垂直于实轴的直线为左边界的右半平面,左边信号的拉普拉斯变换的收敛区为 s 平面中以某垂直于实轴的直线为右边界的左半平面,双边拉普拉斯变换的收敛区则为 s 平面中某垂直于实轴的两条直线之间的带状区间。这与上面讨论的 z 变换的收敛区的规律很相似,只不过在拉普拉斯变换中,收敛区边界(boundary of convergence)是一条平行于虚轴的直线,而 z 变换的收敛边界是一个以原点为圆心的圆。

3. 常用右边序列的 z 变换

实际应用中的信号和因果系统的单位函数响应都是右边信号或有始信号,对于这些信号而言,进行单边或双边 z 变换的结果是一样的。现在来导出几个常用右边序列的 z 变换。

(1) 单位函数 $\delta(k)$

$$\mathscr{Z}\{\delta(k)\} = \sum_{k=-\infty}^{+\infty} \delta(k)z^{-k} = 1 \tag{8-6}$$

单位函数 $\delta(k)$ 的 z 变换为 1,相当于单位冲激函数 $\delta(t)$ 的拉普拉斯变换为 1。其收敛区为整个 z 平面,包含原点和无穷远点。

(2) 单位阶跃序列 $\varepsilon(k)$ 的 z 变换

$$\mathscr{Z}\{\varepsilon(k)\} = \sum_{k=-\infty}^{+\infty} \varepsilon(k)z^{-k} = \sum_{k=0}^{+\infty} z^{-k} = 1+z^{-1}+z^{-2}+z^{-3}+\cdots$$

这是公比为 z^{-1} 的无穷等比级数。当 $|z|\leqslant 1$ 时,此级数发散;当 $|z|>1$ 时,此级数收敛,且等于 $\dfrac{1}{1-z^{-1}}$。故

$$\mathscr{Z}\{\varepsilon(k)\} = \frac{1}{1-z^{-1}} = \frac{z}{z-1} \qquad 收敛区\ |z|>1 \tag{8-7}$$

（3）单边指数序列（signal-sided exponential sequence）$f(k)=v^k\varepsilon(k)$ 的 z 变换

$$\mathscr{Z}\{v^k\varepsilon(k)\}=\sum_{k=-\infty}^{+\infty}v^k\varepsilon(k)z^{-k}=\sum_{k=0}^{+\infty}v^kz^{-k}$$

这是公比为 vz^{-1} 的无穷等比级数，当 $|vz^{-1}|<1$ 或 $|z|>|v|$ 时，此级数收敛，且等于 $\dfrac{1}{1-vz^{-1}}$。故

$$\mathscr{Z}\{v^k\varepsilon(k)\}=\frac{1}{1-vz^{-1}}=\frac{z}{z-v}\qquad 收敛区\ |z|>|v| \tag{8-8a}$$

上式中若令 $v=\mathrm{e}^{\mathrm{j}\beta k}$，就可以得到复指数序列的 z 变换

$$\mathscr{Z}\{\mathrm{e}^{\mathrm{j}\beta k}\varepsilon(k)\}=\frac{z}{z-\mathrm{e}^{\mathrm{j}\beta}}\qquad 收敛区\ |z|>1 \tag{8-8b}$$

（4）单边正弦和单边余弦序列的 z 变换

根据上面复指数序列的 z 变换，不难得到单边正弦和余弦序列的 z 变换

$$\mathscr{Z}\{\cos(\beta k)\varepsilon(k)\}=\mathscr{Z}\left\{\frac{\mathrm{e}^{\mathrm{j}\beta k}+\mathrm{e}^{-\mathrm{j}\beta k}}{2}\varepsilon(k)\right\}=\frac{1}{2}\mathscr{Z}\{\mathrm{e}^{\mathrm{j}\beta k}\varepsilon(k)\}+\frac{1}{2}\mathscr{Z}\{\mathrm{e}^{-\mathrm{j}\beta k}\varepsilon(k)\}$$

$$=\frac{1}{2}\left\{\frac{z}{z-\mathrm{e}^{\mathrm{j}\beta}}+\frac{z}{z-\mathrm{e}^{-\mathrm{j}\beta}}\right\}=\frac{1}{2}\left\{\frac{2z^2-(\mathrm{e}^{\mathrm{j}\beta}+\mathrm{e}^{-\mathrm{j}\beta})z}{z^2-(\mathrm{e}^{\mathrm{j}\beta}+\mathrm{e}^{-\mathrm{j}\beta})z+1}\right\}$$

$$=\frac{z(z-\cos\beta)}{z^2-2z\cos\beta+1} \tag{8-9a}$$

$$\mathscr{Z}\{\sin(\beta k)\varepsilon(k)\}=\frac{z\sin\beta}{z^2-2z\cos\beta+1} \tag{8-9b}$$

以上两式 z 变换的收敛区均为 $|z|>1$。在导出这些关系式时，应用了 z 变换的线性和叠加特性，这一特性即将于下一节介绍。表 8-1 列举了一些常用序列的 z 变换。

表 8-1　z 变 换 表

编号	$f(k)$	$F(z)$
1	$\delta(k)$	1
2	$\varepsilon(k)$	$\dfrac{z}{z-1}$
3	$v^k\varepsilon(k)$	$\dfrac{z}{z-v}$
4	$\mathrm{e}^{\lambda kT}\varepsilon(k)$	$\dfrac{z}{z-\mathrm{e}^{\lambda T}}$
5	$v^{k-1}\varepsilon(k-1)$	$\dfrac{1}{z-v}$
6	$\mathrm{e}^{\lambda(k-1)T}\varepsilon(k-1)$	$\dfrac{1}{z-\mathrm{e}^{\lambda T}}$

续表

编号	$f(k)$	$F(z)$
7	$k\varepsilon(k)$	$\dfrac{z}{(z-1)^2}$
8	$k^2\varepsilon(k)$	$\dfrac{z(z+1)}{(z-1)^3}$
9	$kv^{k-1}\varepsilon(k)$	$\dfrac{z}{(z-v)^2}$
10	$(k-1)v^{k-2}\varepsilon(k-1)$	$\dfrac{1}{(z-v)^2}$
11	$\cos\beta kT\cdot\varepsilon(k)$	$\dfrac{z(z-\cos\beta T)}{z^2-2z\cos\beta T+1}$
12	$\sin\beta kT\cdot\varepsilon(k)$	$\dfrac{z\sin\beta T}{z^2-2z\cos\beta T+1}$
13	$e^{\alpha kT}\cos\beta kT\cdot\varepsilon(k)$	$\dfrac{z(z-e^{\alpha T}\cos\beta T)}{z^2-2ze^{\alpha T}\cos\beta T+e^{2\alpha T}}$
14	$e^{\alpha kT}\sin\beta kT\cdot\varepsilon(k)$	$\dfrac{ze^{\alpha T}\sin\beta T}{z^2-2ze^{\alpha T}\cos\beta T+e^{2\alpha T}}$
15	$2re^{\alpha kT}\cos(\beta kT+\theta)\cdot\varepsilon(k)$	$\dfrac{Az}{z-v}+\dfrac{A^*z}{z-v^*}$ $A=re^{j\theta}$, $v=e^{(\alpha+j\beta)T}$
16	$\cosh bkT\cdot\varepsilon(k)$	$\dfrac{z(z-\cosh bT)}{z^2-2z\cos bT+1}$
17	$\sinh bkT\cdot\varepsilon(k)$	$\dfrac{z\sinh bT}{z^2-2z\cosh bT+1}$

4. 左边序列的 z 变换的计算

左边序列的 z 变换可以用定义直接求出。例如，根据定义，不难得到如下的左边指数序列的 z 变换为

$$\mathscr{Z}\{-v^k\varepsilon(-k-1)\}=\frac{z}{z-v}\qquad 收敛区\ |z|<|v| \qquad (8\text{-}10)$$

将式(8-10)与式(8-8a)中的单边指数序列的 z 变换结果相比较，可以看出，右边序列和左边序列的 z 变换在形式上是一样的。不仅如此，两者的收敛区边界都是以原点为圆心、$|v|$ 为半径的圆，极点(pole)都在 v 上，见图 8-2。图中假设 v 是一个正实数。从图中可以看出，两者的收敛区不同：右边指数序列 z 变换的收敛区在圆的外部，左边指数序列 z 变换的收敛区在圆的内部。两者的 z 变换同样在 $z=v$ 处有一个极点，但是极点位置与收敛区的相对关系不同：右边指数

序列 z 变换的收敛区具有内边界,其极点位于收敛内边界的内部区域中;左边指数序列 z 变换的收敛区具有外边界,极点位于收敛外边界的外部区域中。极点的位置与收敛区间的相对关系,对后面将要讨论的反 z 变换十分重要。

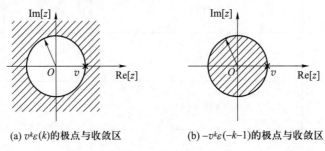

(a) $v^k \varepsilon(k)$ 的极点与收敛区   (b) $-v^k \varepsilon(-k-1)$ 的极点与收敛区

图 8-2   左边指数序列与右边指数序列的极点与收敛区

左边序列的 z 变换也可以通过右边序列的 z 变换推导出。若 $f(k)$ 是左边序列,即当 $k \geqslant 0$ 时,$f(k)=0$,则其 z 变换为

$$F(z) = \sum_{k=-\infty}^{+\infty} f(k) z^{-k} = \sum_{k=-\infty}^{-1} f(k) z^{-k}$$

令 $k=-n$,则

$$F(z) = \sum_{n=1}^{+\infty} f(-n) z^n$$

此式中的 n 可改写为 k,其结果不变,则得

$$F(z) = \sum_{k=1}^{+\infty} f(-k) z^k$$

上式与有始序列的 z 变换相似,只是求和的起点不同,这里是从 $k=1$ 开始。另一个差异是这里的 z 都以正幂次的方式出现,而右边序列的 z 变换中 z 都以负幂次出现。考虑到这些相似和不同之处后,可按下列步骤,利用右边序列的 z 变换求取左边序列的 z 变换:

（1）对 $f(k)$ 进行反褶（reversal）,即将 $f(k)$ 中的 k 改为 $-n$,同时补齐 $n=0$ 时的序列值,构成完整的右边序列 $g(n)=f(-n)+g(0)\delta(n)$。在补足 $n=0$ 时的序列值时,同时必须考虑到右边序列 z 变换计算时的方便性。

（2）对右边序列 $g(n)$ 求单边 z 变换。为便于讨论,此处复变量不用 z 而用 w 表示。设求得的 z 变换为 $G(w)=\mathscr{Z}\{g(n)\}$,收敛区间 $|w| > w_0$。

（3）再对所得的 $G(w)$ 的复变量求倒数,即令 $w=z^{-1}$ 代入 $G(w)$,按照下面的公式可以得左边序列的 z 变换

$$F(z) = G\left(\frac{1}{z}\right) - g(0) \qquad 收敛区 |z| = |w|^{-1} < \frac{1}{w_0} \qquad (8\text{-}11)$$

例题 8-1 求左边余弦序列 $\cos\beta kT \cdot \varepsilon(-k-1)$ 的 z 变换。

解：这个序列的 z 变换可以按照下列步骤求得：

（1）令 $k = -n$，将原信号反褶

$$f(-n) = \cos(\beta kT)\varepsilon(-k-1)\big|_{k=-n} = \cos(\beta nT)\varepsilon(n-1)$$

同时补齐 $n = 0$ 处的点

$$g(0) = \cos(\beta nT)\big|_{n=0} = 1$$

这样得到完整的右边序列为

$$g(n) = f(-n) + g(0)\delta(k) = \cos(\beta nT)\varepsilon(n)$$

（2）求 $g(n)$ 的 z 变换，由式(8-9a)或表 8-1 中的公式 11，可得

$$G(w) = \mathscr{Z}\{\cos(\beta nT)\varepsilon(n)\} = \frac{w(w - \cos\beta T)}{w^2 - 2w\cos\beta T + 1}, \qquad 收敛区\ |w| > 1$$

（3）根据式(8-11)，有

$$\mathscr{Z}\{\cos(\beta kT)\varepsilon(-k-1)\} = G(w)\big|_{w=z^{-1}} - g(0) = \frac{1 - z\cos\beta T}{z^2 - 2z\cos\beta T + 1} - 1$$

$$= -\frac{z(1 - \cos\beta T)}{z^2 - 2z\cos\beta T + 1} \qquad 收敛区\ |z| = |w|^{-1} < 1$$

5. 双边序列的 z 变换的计算

在讨论双边序列的收敛区时，曾经将双边序列分解为右边序列与左边序列之和，见式(8-5)。在求出了左边和右边信号的 z 变换后，不难得到双边信号的 z 变换和收敛区。令 $f_r(k) = f(k)\varepsilon(k)$，$f_l(k) = f(k)\varepsilon(-k-1)$，则

$$f(k) = f_r(k) + f_l(k)$$

根据上式以及后面将要讨论到的 z 变换的线性和叠加性，可以得到

$$\mathscr{Z}\{f(k)\} = \mathscr{Z}\{f_r(k)\} + \mathscr{Z}\{f_l(k)\}$$

例题 8-2 求双边指数序列 $f(k) = v^{|k|}$ 的 z 变换。

解：将双边序列分解为左边序列和右边序列之和，即

$$f(k) = v^{|k|} = v^k\varepsilon(k) + v^{-k}\varepsilon(-k-1)$$

其中右边序列 $v^k\varepsilon(k)$ 的 z 变换 $F_r(z)$ 已由式(8-8a)给出为

$$F_r(z) = \frac{z}{z - v}, \qquad |z| > |v|$$

根据式(8-10)，不难得到左边序列 $v^{-k}\varepsilon(-k-1)$ 的 z 变换和收敛区

$$F_l(z) = -\frac{z}{z - v^{-1}}, \qquad |z| < |v|^{-1}$$

综合上面的结论，可以得到：

（1）当 $|v| \geq 1$ 时，由于左边序列与右边序列的 z 变换没有公共的收敛区，此时该序列不存在双边 z 变换。

（2）当 $|v| < 1$ 时，左边序列与右边序列的 z 变换存在公共的收敛区，此时该序列的双边 z 变

换为

$$F(z) = F_r(z) + F_1(z) = \frac{z}{z-v} - \frac{z}{z-v^{-1}}$$

$$= \frac{(v-v^{-1})z}{(z-v)(z-v^{-1})} = \frac{(v-v^{-1})z}{z^2 - (v+v^{-1})z + 1} \qquad |v|^{-1} > |z| > |v|$$

$F(z)$ 有两个极点,其中 $z=v$ 处的极点是由右边序列产生的,它处于收敛内边界的内部;$z=v^{-1}$ 处的极点是由左边序列产生的,它处于收敛外边界的内部。

§8.3 z 变换的性质

z 变换也可以由它的定义推出许多性质,这些性质表示函数在时域的特性和在 z 域的特性间的关系,其中有不少可和拉普拉斯变换的特性相对应。现择其主要性质介绍如下。

（1）线性（linearity）特性

设 $\mathscr{Z}\{f_1(k)\} = F_1(z)$，$\mathscr{Z}\{f_2(k)\} = F_2(z)$，则

$$\mathscr{Z}\{af_1(k) + bf_2(k)\} = aF_1(z) + bF_2(z)$$
$$= a\mathscr{Z}\{f_1(k)\} + b\mathscr{Z}\{f_2(k)\}$$

或用符号表示为:若 $f_1(k) \leftrightarrow F_1(z)$，$f_2(k) \leftrightarrow F_2(z)$，则

$$af_1(k) + bf_2(k) \leftrightarrow aF_1(z) + bF_2(z)$$

此式的证明是很容易的,此处从略。叠加后新的 z 变换的收敛区一般是原来两个序列 z 变换收敛区的重叠部分。这一关系显然是和拉普拉斯变换中的同一特性相对应的。当然,也不排除某些特殊情况下收敛区有扩大的可能。例如,如果 $f_1(k) = \varepsilon(k)$，$f_2(k) = \delta(k) - \varepsilon(k)$，它们的收敛区都是 $|z| > 1$，但是其和 $f_1(k) + f_2(k) = \delta(k)$，收敛区是整个 z 平面。这个性质实际上在前面 z 变换的计算中已经用到了,例如式（8-9）中的单边余弦和正弦序列的 z 变换的计算中,就是将余弦或正弦序列分解为两个单边复指数序列的和,然后利用 z 变换的叠加性,用两个单边复指数序列 z 变换的和求出了单边余弦或正弦信号的 z 变换。

例题 8-3 求单边双曲线正弦序列 $\sinh(\alpha k) \cdot \varepsilon(k)$ 及单边双曲线余弦序列 $\cosh(\alpha k) \cdot \varepsilon(k)$ 的 z 变换。

解:本题可以利用 z 变换的线性特性,根据双曲线函数与指数函数的关系来解出。

$$\sinh(\alpha k)\varepsilon(k) = \frac{1}{2}(e^{\alpha k} - e^{-\alpha k})\varepsilon(k)$$

由式（8-8a）,可以得到

$$\mathscr{Z}\{e^{\alpha k}\varepsilon(k)\} = \frac{z}{z - e^{\alpha}} \qquad 收敛区 |z| > e^{\alpha}$$

$$\mathscr{Z}\{e^{-\alpha k}\varepsilon(k)\} = \frac{z}{z-e^{-\alpha}} \qquad 收敛区\ |z| > e^{-\alpha}$$

故得

$$\mathscr{Z}\{\sinh(\alpha k)\varepsilon(k)\} = \frac{1}{2}\left(\frac{z}{z-e^{\alpha}} - \frac{z}{z-e^{-\alpha}}\right)$$

经化简,有

$$\sinh(\alpha k)\varepsilon(k) \leftrightarrow \frac{z\cdot\sinh\alpha}{z^2 - 2z\cdot\cosh\alpha + 1}$$

用类似的方法,可得

$$\cosh(\alpha k)\varepsilon(k) \leftrightarrow \frac{z(z-\cosh\alpha)}{z^2 - 2z\cdot\cosh\alpha + 1}$$

这两式分别为表 8-1 的第 17 号和第 16 号公式。这两个 *z* 变换的收敛区是两个单边指数序列收敛区 $|z| > e^{\alpha}$ 和 $|z| > e^{-\alpha}$ 的重叠部分。例如,当 α 为正实数时,则 $e^{\alpha} > e^{-\alpha}$,上式 *z* 变换的收敛区是 $|z| > e^{\alpha}$。

(2)移序(time shifting)特性

先考虑有始序列的单边 *z* 变换。设 $f(k)$ 为有始序列,$\mathscr{Z}\{f(k)\} = F(z)$,则

$$\mathscr{Z}\{f(k+1)\} = \mathscr{Z}\{Sf(k)\} = z[F(z) - f(0)] \tag{8-12a}$$

或用符号表示为:若 $f(k) \leftrightarrow F(z)$,则

$$f(k+1) \leftrightarrow z[F(z) - f(0)]$$

此式可证明如下:

$$\mathscr{Z}\{f(k+1)\} = \sum_{k=0}^{+\infty} f(k+1)z^{-k} = z\sum_{k=0}^{+\infty} f(k+1)z^{-(k+1)} = z\sum_{k=1}^{+\infty} f(j)z^{-j}$$

$$= z\left[\sum_{k=0}^{+\infty} f(j)z^{-j} - f(0)\right] = z[F(z) - f(0)]$$

将此结果加以推广,不难看出

$$\mathscr{Z}\{f(k+2)\} = \mathscr{Z}\{S^2 f(k)\} = z\{z[F(z) - f(0)] - f(1)\} = z^2[F(z) - f(0) - z^{-1}f(1)]$$

$$\mathscr{Z}\{f(k+n)\} = \mathscr{Z}\{S^n f(k)\} = z^n\left[F(z) - \sum_{i=0}^{n-1} f(i)z^{-i}\right] \qquad n > 0 \tag{8-12b}$$

或用符号表示为

$$f(k+n) \leftrightarrow z^n\left[F(z) - \sum_{i=0}^{n-1} f(i)z^{-i}\right] \qquad n > 0$$

式(8-12)与连续时间函数导数的拉普拉斯变换相当。

例题 8-4 在上一章例题 7-1 中给出了斐波那契数列问题的差分方程,假设其初始条件为 $y(0) = 1$, $y(1) = 2$,试求其序列 $y(k)$ 的 *z* 变换 $Y(z)$。

解:这里将斐波那契数列问题的差分方程重写如下

$$y(k+2)-y(k+1)-y(k)=0$$

对方程两边同时求 z 变换,根据 z 变换的线性特性,有

$$\mathscr{Z}\{y(k+2)\}-\mathscr{Z}\{y(k+1)\}-\mathscr{Z}\{y(k)\}=0$$

再代入 z 变换的移位特性,可以得到

$$z^2[Y(z)-y(0)-z^{-1}y(1)]-z[Y(z)-y(0)]-Y(z)=0$$

将初始条件代入上面的方程,整理可得

$$(z^2-z-1)Y(z)=z^2+z$$

由此可得

$$Y(z)=\frac{z^2+z}{z^2-z-1}$$

在求出了 $Y(z)$ 以后,通过后面将要介绍的反 z 变换,就可以计算出 $y(k)$,从而得到差分方程的解。这正是 z 变换求解差分方程的基本思想,关于这方面的内容将在 §8.6 中详细讨论。

上面讨论的是当函数序数增加时 z 变换的特性。假设 $f(k)$ 是一个有始序列,当函数序数减少(即相当于延迟)时,z 变换为

$$\mathscr{Z}\{f(k-1)\}=\mathscr{Z}\{S^{-1}f(k)\}=z^{-1}F(z) \tag{8-13a}$$

$$\mathscr{Z}\{f(k-n)\}=\mathscr{Z}\{S^{-n}f(k)\}=z^{-n}F(z) \qquad n>0 \tag{8-13b}$$

或用符号表示为

$$f(k-n)\leftrightarrow z^{-n}F(z) \qquad n>0 \tag{8-13c}$$

式(8-13)又与连续时间函数积分的拉普拉斯变换相当。应用此式,可以求得延迟的单位函数 $\delta(k-n)$ 的 z 变换为

$$\mathscr{Z}\{\delta(k-n)\}=z^{-n}\mathscr{Z}\{\delta(k)\}=z^{-n}$$

在上面的讨论中,$f(k)$ 是有始序列,当 $k<0$ 时,其值为零。如果 $f(k)$ 是一个双边序列,对其作单边 z 变换,则增序特性依然不变,但减序特性应该改成

$$f(k-n)\leftrightarrow z^{-n}\left[F(z)+\sum_{i=1}^{n}f(-i)z^i\right] \qquad n>0 \tag{8-14}$$

而如果进行的变换是双边 z 变换,读者可以自行证明,无论 $f(k)$ 是怎样的序列,且无论是增序还是减序,都有

$$f(k-n)\leftrightarrow z^{-n}F(z) \tag{8-15}$$

这里,当 $n>0$ 时,式(8-15)表示减序特性;$n<0$ 时,表示增序特性。

从上面的讨论中可以看出,不同性质的序列的单双边 z 变换的移序特性是不同的,在使用中必须根据条件选用合适的移序公式。在实际离散时间系统响应的求解过程中,信号通常都是有始信号,而进行的都是单边 z 变换,所以一般都使用式(8-13)。

一般说来,在移序过程中,序列的收敛特性不变。所以移序前后 z 变换的收敛区大都不变。但是也有例外。例如,函数 $\delta(k)$ 的 z 变换为 1,其收敛区为整个 z 平面,包括 $z=0$;但是其右移一位后的函数 $\delta(k-1)$ 的 z 变换为 z^{-1},其收敛区为不包括 $z=0$ 点在内的全部 z 平面。其移位前后

的收敛区间发生了变化。

（3） z 域尺度变换（scaling in the z-domain）特性

设 $\mathscr{Z}\{f(k)\} = F(z)$，收敛区为 $v_1 < |z| < v_2$①，则

$$\mathscr{Z}\{a^k f(k)\} = F\left(\frac{z}{a}\right), \qquad 收敛区为 av_1 < |z| < av_2 \qquad (8-16)$$

或用符号表示为：若 $f(k) \leftrightarrow F(z)$，则

$$a^k f(k) \leftrightarrow F\left(\frac{z}{a}\right)$$

此式无论对单双边 z 变换都成立，它可根据 z 变换定义证明。例如，对于双边 z 变换，证明如下

$$\mathscr{Z}\{a^k f(k)\} = \sum_{k=-\infty}^{+\infty} a^k f(k) z^{-k} = \sum_{k=-\infty}^{+\infty} f(k) \left(\frac{z}{a}\right)^{-k} = F\left(\frac{z}{a}\right)$$

例题 8-5 求幅度带有变化的单边余弦序列 $f(k) = e^{\alpha kT}\cos(\beta kT)\varepsilon(k)$ 的 z 变换。

解：在前面已经知道单边余弦序列的 z 变换为

$$\mathscr{Z}\{\cos(\beta kT)\varepsilon(k)\} = \frac{z(z - \cos\beta T)}{z^2 - 2z\cos\beta T + 1}$$

根据尺度变换特性，可以得到

$$\mathscr{Z}\{e^{\alpha kT}\cos(\beta kT)\varepsilon(k)\} = \frac{\dfrac{z}{e^{\alpha T}}\left(\dfrac{z}{e^{\alpha T}} - \cos\beta T\right)}{\left(\dfrac{z}{e^{\alpha T}}\right)^2 - 2\dfrac{z}{e^{\alpha T}}\cos\beta T + 1} = \frac{z(z - e^{\alpha T}\cos\beta T)}{z^2 - 2ze^{\alpha T}\cos\beta T + e^{2\alpha T}}$$

这正是表 8-1 中的公式 13。

（4） z 域微分（differentiation in the z-domain）特性

设 $\mathscr{Z}\{f(k)\} = F(z)$，则

$$\mathscr{Z}\{kf(k)\} = -z\frac{d}{dz}F(z) \qquad (8-17)$$

或用符号表示为：若 $f(k) \leftrightarrow F(z)$，则

$$kf(k) \leftrightarrow -z\frac{d}{dz}F(z)$$

这一性质可证明如下：因为 $F(z) = \sum\limits_{k=-\infty}^{+\infty} f(k)z^{-k}$，将此等式双方对 z 取导数，得

$$\frac{d}{dz}F(z) = \frac{d}{dz}\left[\sum_{k=-\infty}^{+\infty} f(k)z^{-k}\right] = \sum_{k=-\infty}^{+\infty} f(k)\frac{d}{dz}z^{-k} = -z^{-1}\sum_{k=-\infty}^{+\infty} kf(k)z^{-k}$$

经过整理，即得式（8-17）。

---

① 如果 $f(k)$ 是左边序列，则 $v_2 = +\infty$；$f(k)$ 是右边序列，则 $v_1 = 0$。

例题 8-6 运用 z 域微分性质，由单位阶跃序列的 z 变换求得斜变序列 $k\varepsilon(k)$ 的 z 变换。

解：单位阶跃序列的 z 变换为

$$\mathscr{Z}\{\varepsilon(k)\} = \frac{z}{z-1} \qquad |z| > 1$$

利用 z 域微分性质可得斜变序列 $k\varepsilon(k)$ 的 z 变换为

$$\mathscr{Z}\{k\varepsilon(k)\} = -z\frac{\mathrm{d}}{\mathrm{d}z}\left[\frac{z}{z-1}\right] = \frac{z}{(z-1)^2} \qquad |z| > 1$$

（5）卷积定理

设 $\mathscr{Z}\{f_1(k)\} = F_1(z)$，$\mathscr{Z}\{f_2(k)\} = F_2(z)$，则

$$\mathscr{Z}\{f_1(k) * f_2(k)\} = F_1(z)F_2(z) \tag{8-18}$$

或用符号表示为：若 $f_1(k) \leftrightarrow F_1(z)$，$f_2(k) \leftrightarrow F_2(z)$，则

$$f_1(k) * f_2(k) \leftrightarrow F_1(z)F_2(z)$$

两序列求卷积和得到的序列的 z 变换的收敛区一般是原来两个 z 变换收敛区的重叠部分。以上定理可根据卷积和及 z 变换的定义证明如下：

$$\mathscr{Z}\{f_1(k) * f_2(k)\} = \mathscr{Z}\left\{\sum_{j=-\infty}^{+\infty} f_1(j)f_2(k-j)\right\} = \sum_{k=-\infty}^{+\infty} z^{-k} \sum_{j=-\infty}^{+\infty} f_1(j)f_2(k-j)$$

交换上式右方的取和次序，上式成为

$$\mathscr{Z}\{f_1(k) * f_2(k)\} = \sum_{j=-\infty}^{+\infty} f_1(j) \sum_{k=-\infty}^{+\infty} z^{-k}f_2(k-j)$$

对上式右方第二个取和式应用式（8-15）的移序特性，则得

$$\mathscr{Z}\{f_1(k) * f_2(k)\} = \sum_{j=-\infty}^{+\infty} f_1(j)z^{-j}F_2(z) = F_1(z)F_2(z)$$

对于单边 z 变换，应用同样的证明法，可得相同的结果。这个结果与拉普拉斯变换的卷积定理具有相同的形式。

例题 8-7 运用卷积定理，由单位阶跃序列的 z 变换求得斜变序列 $k\varepsilon(k)$ 的 z 变换。

解：斜变序列 $k\varepsilon(k)$ 可以表示为

$$k\varepsilon(k) = \varepsilon(k) * \varepsilon(k-1)$$

故

$$\mathscr{Z}\{k\varepsilon(k)\} = \mathscr{Z}\{\varepsilon(k)\} \cdot \mathscr{Z}\{\varepsilon(k-1)\}$$

单位阶跃序列的 z 变换为

$$\mathscr{Z}\{\varepsilon(k)\} = \frac{z}{z-1} \qquad |z| > 1$$

根据 z 变换移序特性，可以得到

$$\mathscr{Z}\{\varepsilon(k-1)\} = z^{-1}\left(\frac{z}{z-1}\right) = \frac{1}{z-1} \qquad |z| > 1$$

所以

$$\mathscr{Z}\{k\varepsilon(k)\} = \frac{z}{z-1} \cdot \frac{1}{z-1} = \frac{z}{(z-1)^2} \qquad |z| > 1$$

（6）初值（initial value）定理和终值（final value）定理

设 $f(k)$ 为有始序列，且其（单边）z 变换为 $\mathscr{Z}\{f(k)\} = F(z)$，则 $f(k)$ 的初值为

$$f(0) = \lim_{z\to\infty} F(z) \tag{8-19a}$$

如果 $k\to\infty$ 时 $f(k)$ 的极值存在并且有限，则 $f(k)$ 的终值为

$$\lim f(k) = \lim(z-1)F(z) \tag{8-19b}$$

式（8-19a）称为 z 变换的初值定理，式（8-19b）则为终值定理。证明初值定理时，只要将单边 z 变换 $F(z)$ 按定义写成

$$F(z) = f(0) + f(1)z^{-1} + f(2)z^{-2} + \cdots$$

当 $z\to\infty$ 时，上式右方除第一项外均趋于零，于是即得式（8-19a）。

证明终值定理时，先根据 z 变换定义，可有

$$\mathscr{Z}\{f(k+1) - f(k)\} = \lim_{k\to\infty} \sum_{n=0}^{k} [f(n+1) - f(n)]z^{-n}$$

令 $z\to 1$，上式即为

$$\lim_{z\to 1} \mathscr{Z}\{f(k+1) - f(k)\} = \lim_{z\to 1}\lim_{k\to\infty} \sum_{n=0}^{k} [f(n+1) - f(n)]z^{-n}$$

$$= \lim_{k\to\infty}\lim_{z\to 1} \sum_{n=0}^{k} [f(n+1) - f(n)]z^{-n} = \lim_{k\to\infty} \sum_{n=0}^{k} [f(n+1) - f(n)]$$

$$= \lim_{k\to\infty}\{[f(1) - f(0)] + [f(2) - f(1)] + [f(3) - f(2)] + \cdots + [f(k+1) - f(k)]\}$$

$$= \lim_{k\to\infty} [f(k+1) - f(0)] = f(\infty) - f(0)$$

但按照移序特性式（8-9a），又有

$$\lim_{z\to 1} \mathscr{Z}\{f(k+1) - f(k)\} = \lim_{z\to 1}[(z-1)F(z) - zf(0)]$$

$$= \lim_{z\to 1}[(z-1)F(z)] - f(0)$$

上两式的右方应相等，于是即得式（8-19b）。

为使终值 $\lim_{k\to\infty} f(k)$ 存在，$F(z)$ 的收敛区必须是单位圆外的整个 z 平面，或其极点必在单位圆之内，若在单位圆上有极点则必须是单阶的正实根。

初值定理和终值定理显然又是分别与拉普拉斯变换中的初值和终值定理相当的。当一未知函数 $f(k)$ 的 z 变换 $F(z)$ 已知时，利用这两个定理，可以求出 $f(k)$ 的初值 $f(0)$ 和终值 $f(\infty)$，而无需先求 $F(z)$ 的反变换。

§8.4 反 z 变换

与需要进行拉普拉斯反变换一样，在离散时间系统的分析中，也要对 z 变换进行反变换，求

出其在时域中对应的离散时间函数。某个 z 变换式 $F(z)$ 的反 z 变换(inverse z-transform)常记为 $\mathscr{Z}^{-1}\{F(z)\}$。

进行反 z 变换最直接的方法当然是查现成的变换表,在有些资料中,即载有这样的表[①]。但这种变换表中所载的变换式往往很有限,不敷实际应用,所以有时仍要自行计算反 z 变换。

反 z 变换的计算方法一般有三种:第一种是把 z 变换式展开为 z^{-1} 的幂级数,由此可以直接得到一个原函数的序列;第二种是把 z 变换式展开成它的部分分式之和,每一部分分式都是较简单的基本函数形式,以便它们分别进行反变换;第三种方法是在 z 平面中进行围线积分。下面将对这三种方法进行简要介绍。

1. 幂级数展开法(power-series expansion method)

幂级数展开法是将 z 变换分式 $F(z)$ 展开成 z^{-1} 的幂级数。令 $F(z)$ 的分子多项式为 $N(z)$,分母多项式为 $D(z)$,对于单边 z 变换,有

$$F(z) = \frac{N(z)}{D(z)} = A_0 + A_1 z^{-1} + A_2 z^{-2} + A_3 z^{-3} + \cdots$$

把此式与 z 变换的定义式(8-4)比较就可看出

$$A_0 = f(0), \ A_1 = f(1), \ A_2 = f(2), \ \cdots$$

分式 $F(z)$ 的幂级数可以应用代数中的长除法得到,除后所得商中有关 z^{-1} 的各幂次项的系数即分别等于 $f(0)$、$f(1)$、$f(2)\cdots$ 的值。计算过程见下面的例题。

例题 8-8 设有 z 变换

$$F(z) = \frac{2z^2 - 0.5z}{z^2 - 0.5z - 0.5}$$

试求其原序列 $f(k)$。这里 $f(k)$ 是有始序列。

解:通过长除对 $F(z)$ 进行展开:

$$
\begin{array}{r}
2 + 0.5z^{-1} + 1.25z^{-2} + 0.875z^{-3} + \cdots \\
z^2 - 0.5z - 0.5 \overline{)\, 2z^2 - 0.5z } \\
\underline{2z^2 - z - 1 } \\
0.5z + 1 \\
\underline{0.5z - 0.25 - 0.25z^{-1} } \\
1.25 + 0.25z^{-1} \\
\underline{1.25 - 0.625z^{-1} - 0.625z^{-2}} \\
0.875z^{-1} + 0.625z^{-2} \\
\cdots\cdots\cdots\cdots
\end{array}
$$

[①] 例如,在 Jury E J, Theory and Application of the Z-Transform Method, John Wiley and Sons, Inc. , 1964. 一书附录的变换表中,载有一百余对变换式。

由此可以得到

$$F(z) = \frac{2z^2 - 0.5z}{z^2 - 0.5z - 0.5} = 2 + 0.5z^{-1} + 1.25z^{-2} + 0.875z^{-3} + \cdots$$

由此可得

$$f(0) = 2, f(1) = 0.5, f(2) = 1.25, f(3) = 0.875, \cdots$$

或

$$f(k) = \{2, 0.5, 1.25, 0.875, \cdots\}$$

如果对这个序列加以细究,还有可能找出其规律。但是,要从一个数值序列去找出它的闭合式来,只有在极为明显的情况下才能做到,在一般情况下是很困难的。所以用幂级数展开法求反变换,一般只能得到序列 $f(k)$ 的前几项。

在上面的长除中,被除数和除数都按照 z 的降幂排列。如果已知序列 $f(k)$ 是一个左边序列,则长除时被除数和除数就必须按照 z 的升幂排列。例如对于上面的例题,如果将 $f(k)$ 改为左边序列,则长除的过程应该是

$$
\begin{array}{r}
z - 5z^2 + 7z^3 - 17z^4 + \cdots \\
-0.5 - 0.5z + z^2 \overline{)\,-0.5z + 2z^2} \\
\underline{-0.5z - 0.5z^2 + z^3} \\
2.5z^2 - z^3 \\
\underline{2.5z^2 + 2.5z^3 - 5z^4} \\
-3.5z^3 + 5z^4 \\
\underline{-3.5z^3 - 3.5z^4 + 7z^5} \\
8.5z^4 + 0.625z^5 \\
\cdots\cdots\cdots\cdots
\end{array}
$$

对应的结果就应该是 $f(k) = \{\cdots, -17, 7, -5, 1, \underset{k=0}{0}\}$

对于双边 z 变换,有时也可以采用这种方法,但是计算前要做一些复杂的判定。这种情况在实际应用中使用得不多,本书在这里就不进行讨论了。

2. 部分分式展开法(partial-fraction expansion method)

和拉普拉斯反变换一样,这里也可以通过部分分式展开,把 z 变换式 $F(z)$ 写成多个简单的部分分式之和。展成部分分式的目的,是使每一分式都是易于辨认的基本变换式,根据已知的 z 变换的结果,得到这些基本变换式的反变换结果,然后将这些结果相加,就可以得到原序列 $f(k)$。但是对于将 $F(z)$ 分解为什么形式,则与拉普拉斯变换有所不同。反 z 变换所依据的基本 z 变换式为表 8-1 中的第 3、9 号公式

$$\mathscr{Z}\{v^k \varepsilon(k)\} = \frac{z}{z - v}$$

$$\mathscr{Z}\{k \cdot v(k-1)\varepsilon(k)\} = \frac{z}{(z-v)^2}$$

其基本变换的主要形式为 $\frac{z}{z-v}$、$\frac{z}{(z-v)^2}$ 等,其分子上都有 z。为了保证 $F(z)$ 分解后的部分分

式一定得到这样的标准形式,常常先把函数 $\frac{F(z)}{z}$ 展开为部分分式,然后再乘以 z。例如,当 $F(z)$

有 n 个单阶极点 v_1、v_2、$\cdots$、v_n 时,则可将 $\frac{F(z)}{z}$ 展开为

$$\frac{F(z)}{z} = \frac{B_0}{z} + \frac{B_1}{z-v_1} + \frac{B_2}{z-v_2} + \cdots + \frac{B_n}{z-v_n}$$

等式双方均乘以 z,得

$$F(z) = B_0 + B_1\frac{z}{z-v_1} + B_2\frac{z}{z-v_2} + \cdots + B_n\frac{z}{z-v_n} \qquad (8\text{-}20\text{a})$$

如果这里要求的是一个单边 z 变换的反变换,或已知原序列 $f(k)$ 是一个有始单边序列,则

利用表 8-1 的 1 号和 3 号变换对,即可得原序列

$$f(k) = \mathscr{Z}^{-1}\{F(z)\} = B_0\delta(k) + B_1v_1^k\varepsilon(k) + B_2v_2^k\varepsilon(k) + \cdots + B_nv_n^k\varepsilon(k)$$

上面这种部分分式分解法在实际应用中,如果 $F(z)$ 的分子正好有一个 $z=0$ 的零点,则在分

解 $\frac{F(z)}{z}$ 的过程中分母的 z 正好与 $F(z)$ 中的零点相抵消,计算比较方便。但是如果 $F(z)$ 没有那

样的零点,那进行 $\frac{F(z)}{z}$ 的计算时,整个分母多项式会比原来 $F(z)$ 的分母多项式的阶数增加一

阶,在进行部分分式分解的时候就会多出一个分式项,计算略微麻烦一些。在这个时候,可以直

接对 $F(z)$ 进行部分分式分解,然后套用表格 8-1 中的第 5、10 号公式

$$\mathscr{Z}\{v^{k-1}\varepsilon(k-1)\} = \frac{1}{z-v}$$

$$\mathscr{Z}\{(k-1)v^{k-2}\varepsilon(k-1)\} = \frac{1}{(z-v)^2}$$

得到反变换结果。例如在 $F(z)$ 有 n 个单极点时,可以展开为

$$F(z) = B_0 + \frac{B_1}{z-v_1} + \frac{B_2}{z-v_2} + \cdots + \frac{B_n}{z-v_n} \qquad (8\text{-}20\text{b})$$

然后直接套用表 8-1 中的第 5 号公式,得到

$$f(k) = B_0\delta(k) + B_1v_1^{k-1}\varepsilon(k-1) + B_2v_2^{k-1}\varepsilon(k-1) + \cdots + B_nv_n^{k-1}\varepsilon(k-1)$$

这样更加方便一些。在实际应用中,可以根据 $F(z)$ 的实际情况,决定选用式(8-20a)或

式(8-20b)的哪一个公式作为分解的基础。

例题 8-9 试用部分分式分解方法求解例题 8-8。

解：通过部分分式分解将 $\dfrac{F(z)}{z}$ 展开为

$$\frac{F(z)}{z} = \frac{2z-0.5}{z^2-0.5z-0.5} = \frac{2z-0.5}{(z-1)(z+0.5)}$$

$$= \frac{1}{z-1} + \frac{1}{z+0.5}$$

故

$$F(z) = \frac{z}{z-1} + \frac{z}{z+0.5}$$

这里两个简单分式的反 z 变换可以查表 8-1 得到，在该表中的 2 号和 3 号式即对应以上两个分式，于是得

$$f(k) = \varepsilon(k) + (-0.5)^k \varepsilon(k)$$

通过对序列前几个数的计算，可以验证这种方法得到的结果与前面用长除法得到的完全相同。但是这里给出了 $f(k)$ 的表达式，可以计算任意 k 值下的 $f(k)$。这是这种方法比长除法的优越之处。

如果 $F(z)$ 是一个双边 z 变换，就无法单凭 $F(z)$ 得到反变换了。从前面的 (8-8a) 和 (8-10) 两式可以看到，右边序列 $v^k \varepsilon(k)$ 和左边序列 $-v^k \varepsilon(-k-1)$ 有着相同的 z 变换表达式，差别只在于两者的收敛区不同。所以，在进行反 z 变换时必须考虑其收敛区间，要考察各个分式的极点相对于收敛区间边界的位置，如果该极点处于收敛区内边界以内区域，则判断该式为右边序列的 z 变换结果，可以根据式 (8-8a) 得到其原序列；如果该极点处于收敛区外边界以外区域，则判断该式为左边序列的 z 变换结果，根据式 (8-10) 得到其原序列。

例题 8-10　已知 $F(z) = \dfrac{3z^2-5z}{(z-1)(z-2)}$，收敛区间为 $1 < |z| < 2$。求原时间序列。

解：根据收敛区的形状，可以判定 $f(k)$ 一定是一个双边序列。与上一个例题一样，首先将 $\dfrac{F(z)}{z}$ 用部分分式分解展开，从而得到

$$F(z) = \frac{3z^2-5z}{(z-1)(z-2)} = \frac{2z}{z-1} + \frac{z}{z-2}$$

图 8-3 给出了 $F(z)$ 在 z 平面内的收敛区以及两个极点的位置。从图上可以看出，$z=1$ 的极点在收敛区内边界内部，相应的部分分式项对应为右边序列 $f_r(k)$；而 $z=2$ 的极点在收敛区外边界外部，相应的部分分式项对应为左边序列 $f_l(k)$。右边序列由前述单边 z 变换可求得为

$$f_r(k) = \mathscr{Z}^{-1}\left\{\frac{2z}{z-1}\right\} = 2\,\varepsilon(k)$$

根据式 (8-10)，可以得到左边序列的反变换为

$$f_l(k) = -(0.5)^{-k}\varepsilon(-k-1) = -2^k\varepsilon(-k-1)$$

将右边序列与左边序列合并则构成所求的双边序列

$$f(k) = f_l(k) + f_r(k) = 2\,\varepsilon(k) - 2^k\varepsilon(-k-1)$$

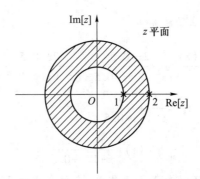

图 8-3　例题 8-10 的收敛区间和极点

3. 留数法（residue method）或围线积分法（contour integral method）

反 z 变换也可以像拉普拉斯反变换那样用复变函数中的围线积分法或留数法来计算，可以计算任意序列在任意时刻的原序列的值，在数学上也比上面两种方法严格得多。所以很多书上都将它作为反 z 变换的定义式。其公式为

$$f(k) = \frac{1}{2\pi\mathrm{j}} \oint_C F(z) z^{k-1} \mathrm{d}z \tag{8-21}$$

其中 C 是在收敛区间内沿逆时针方向包围 z 平面原点的闭合积分路线，它通常是 z 平面的收敛区内以原点为中心的一个圆。为证明此式，只要根据 z 变换的定义将 $F(z)$ 展开，可以得到

$$\oint_C F(z) z^{k-1} \mathrm{d}z = \oint_C \left(\sum_{i=-\infty}^{+\infty} f(i) z^{-i} \right) z^{k-1} \mathrm{d}z = \sum_{i=-\infty}^{+\infty} \oint_C f(i) z^{k-i-1} \mathrm{d}z = \sum_{i=-\infty}^{+\infty} f(i) \oint_C z^{k-i-1} \mathrm{d}z$$

由复变函数理论可知

$$\oint_C z^{k-i-1} \mathrm{d}z = \begin{cases} 2\pi\mathrm{j} & k-i-1 = -1 \\ 0 & \text{其他} \end{cases}$$

所以

$$\oint_C F(z) z^{k-1} \mathrm{d}z = f(i) \oint_C z^{k-i-1} \mathrm{d}z \big|_{k-i-1=-1} = 2\pi\mathrm{j} \cdot f(k)$$

此式双方均除以 $2\pi\mathrm{j}$ 即得式（8-21）。将 z 反变换表示为一围线积分后，此积分即可应用留数定理来计算，即 $f(k)$ 等于乘积 $F(z) z^{k-1}$ 在其围线 C 内各极点处的留数之和

$$f(k) = \sum \mathrm{Res} \left[F(z) z^{k-1} \right]_{C\text{内诸极点}} \tag{8-22a}$$

这种反变换的计算方法与拉普拉斯反变换中的留数法类似，但是这里的积分区间是一个完整的闭合曲线，不像拉普拉斯变换那样要另外增加额外的积分路线构成闭合曲线。所以式（8-22a）的结果中的时间序号 k 可以是任意值，既可以大于等于零，也可以小于零，不必像拉普拉斯变换那样必须根据时间 t 是否大于等于零选择不同的积分区间。

例题 8-11　试用留数法求解例题 8-8。

解：用围线积分法首先要确定收敛区，以确定围线的位置。这里虽然题目中没有给出收敛

区,但是已知 $f(k)$ 是一个有始序列,所以其收敛区一定处于某个以原点为圆心的某圆的外部区间,$F(z)$ 在有限点上的极点一定都处于收敛边界内(收敛区内不可能有极点),所以在收敛区内包围原点的围线 C 一定包含了所有的极点。由上面的 $F(z)$ 有

$$F(z)z^{k-1} = \frac{(2z^2-0.5z)z^{k-1}}{z^2-0.5z-0.5} = \frac{(2z-0.5)z^k}{(z-1)(z+0.5)}$$

因为已知序列是一个有始序列,所以可以直接判定当 $k<0$ 时 $f(k)=0$。当 $k\geq0$ 时,上式只有两个极点:$z=1$ 和 $z=-0.5$。它们的留数分别为

$$\mathrm{Res}\big[F(z)z^{k-1}\big]_{z=1} = (z-1)\frac{(2z-0.5)z^k}{(z-1)(z+0.5)}\bigg|_{z=1} = 1$$

$$\mathrm{Res}\big[F(z)z^{k-1}\big]_{z=-0.5} = (z+0.5)\frac{(2z-0.5)z^k}{(z-1)(z+0.5)}\bigg|_{z=-0.5} = (-0.5)^k$$

所以可以得到

$$f(k) = \varepsilon(k) + (-0.5)^k \varepsilon(k)$$

这个结果也与前面用其他方法得到的相同。

如果将该题的条件改为已知 $F(z)$ 的收敛区为 $|z|>1$,但并没有事先告知 $f(k)$ 是否是有始序列,这时如果用留数法求解,就不能简单地判断 $k<0$ 时 $f(k)$ 的取值了。但这里也可以用围线积分方法求解对于 $k<0$ 时的 $f(k)$。这里仍然以这个例题为例说明。$k<0$ 时,除了 $z=1$ 和 $z=-0.5$ 两个极点以外,在 $z=0$ 处也会出现极点,而且随 k 不同,$z=0$ 处极点的阶数不同,对留数的计算必须分别进行。例如,当 $k=-1$ 时,在 $z=0$ 处有一阶极点,其留数

$$\mathrm{Res}\big[F(z)z^{-2}\big]_{z=0} = z\frac{(2z-0.5)z^{-1}}{(z-1)(z+0.5)}\bigg|_{z=0} = 1$$

当 $k=-2$ 时,在 $z=0$ 处有二阶极点,其留数

$$\mathrm{Res}\big[F(z)z^{-2}\big]_{z=0} = \frac{\mathrm{d}}{\mathrm{d}z}\left[z^2\frac{(2z-0.5)z^{-2}}{(z-1)(z+0.5)}\right]\bigg|_{z=0} = -5$$

其他两个极点上的留数可以套用原来的结论。这样可以得到 $k=-1$ 和 $k=-2$ 时的 $f(k)$ 分别为

$$f(-1) = \mathrm{Res}(F(z)z^{-2})\big|_{z=1} + \mathrm{Res}(F(z)z^{-2})\big|_{z=-0.5} + \mathrm{Res}(F(z)z^{-2})\big|_{z=0}$$
$$= 1+(-0.5)^{-1}+1 = 0$$
$$f(-2) = \mathrm{Res}(F(z)z^{-3})\big|_{z=1} + \mathrm{Res}(F(z)z^{-3})\big|_{z=-0.5} + \mathrm{Res}(F(z)z^{-3})\big|_{z=0}$$
$$= 1+(-0.5)^{-2}-5 = 0$$

对于 $k=-3$、$k=-4$ 等其他情况,$z=0$ 处极点为三阶、四阶或更高,对其留数的计算更复杂。但最终依然可以得到在这些时刻的 $f(k)=0$。可见用式(8-22a)计算反变换时有时也有不便之处,这个麻烦是由 $F(z)z^{k-1}$ 中的 z^{k-1} 带来的。具体地说,在某些 k 值下 z^{k-1} 可能在 $z=0$ 处带来零点(zero)或极点(pole),而且随着 k 不同,$F(z)z^{k-1}$ 在原点处的极点的阶数可能有所不同,对其留数的计算就变得非常麻烦。例如要计算 $f(-100)$ 的值,就必须计算原点处的 100 重极点的留数,这增加了计算的复杂性。好在当 k 大于一定的值以后,原点处的极点不再存在。

根据复变函数中的定理,还可以得到另外一种用留数计算反 z 变换的公式。根据复变函数理论,具有有限个极点的复变函数在复平面内所有极点留数的和加上函数在无穷远处留数的和等于零,即

$$\sum \text{Res}\big[F(z)z^{k-1}\big]_{C内诸极点} + \sum \text{Res}\big[F(z)z^{k-1}\big]_{C外诸极点} + \text{Res}\big[F(z)z^{k-1}\big]_{z=\infty} = 0$$

将其代入(8-22a),不难得到

$$f(k) = -\sum \text{Res}\big[F(z)z^{k-1}\big]_{C外诸极点} - \text{Res}\big[F(z)z^{k-1}\big]_{z=\infty} \qquad (8-22b)①$$

上式牵涉函数在无穷远处留数的计算。根据复变函数理论,函数 $X(z)$ 在无穷远处的留数等于函数 $Y(z) = -X(z^{-1})z^{-2}$ 在 $z=0$ 处的留数。所以

$$\text{Res}\big[F(z)z^{k-1}\big]_{z=\infty} = -\text{Res}\big[F(z^{-1})z^{-k-1}\big]_{z=0} \qquad (8-23)$$

利用式(8-23)不难算出 $F(z)z^{k-1}$ 在无穷远点的留数。这里依然用例题 8-11 来说明。在这题中,因为在围线以外没有极点,所以只要计算无穷远处的留数就可以了。根据式(8-23),有

$$\text{Res}\big[F(z)z^{k-1}\big]_{z=\infty} = -\text{Res}\big[F(z^{-1})z^{-k+1}z^{-2}\big]_{z=0} = -\text{Res}\left[\frac{(z-4)z^{k-1}}{(z-1)(z+2)}\right]_{z=0}$$

显然,当 $k<0$ 时,$\dfrac{(2z-0.5)z^{-k}}{(z-1)(z+0.5)}$ 在 $z=0$ 处没有极点,其留数为零。所以,当 $k<0$ 时,有

$$f(k) = -\text{Res}\big[F(z)z^{k-1}\big]_{z=\infty} = 0$$

可见,用式(8-22b)可以证明对所有的 $k<0$,都有 $f(k)=0$。这比用式(8-22a)一项一项地算要方便得多。但是当 $k \geqslant 0$ 时,这里反而会出现原点处的多阶极点的留数计算问题了,反而不方便。综合例题 8-11 中使用式(8-22a)和式(8-22b)的情况,可见两者在实际应用中各有其优点和不便之处,相互的优势是互补的。式(8-22a)适合于计算序列的右边部分,而式(8-22b)适合于计算左边部分。下面用一个双边 z 变换的问题来进一步说明。

例题 8-12 试用留数法求解例题 8-10。

解:

$$F(z)z^{k-1} = \frac{3z^2-5z}{(z-1)(z-2)}z^{k-1} = \frac{(3z-5)z^k}{(z-1)(z-2)}$$

其中 $F(z)$ 带来两个极点:$z=1$ 和 $z=2$。两极点上的留数分别为

$$\text{Res}\big[F(z)z^{k-1}\big]_{z=1} = \text{Res}\left[\frac{(3z-5)z^k}{(z-1)(z-2)}\right]\bigg|_{z=1} = 2$$

$$\text{Res}\big[F(z)z^{k-1}\big]_{z=2} = \text{Res}\left[\frac{(3z-5)z^k}{(z-1)(z-2)}\right]\bigg|_{z=1} = 2^k$$

根据图 8-3 显示的 $F(z)$ 的收敛区,可以确定 $z=1$ 处的极点一定处于围线以内的区域,$z=2$ 处的极点一定处于围线以外的区域。这里分两种情况讨论:

(1) 当 $k \geqslant 0$ 时,$F(z)z^{k-1}$ 在原点没有极点,围线内只有 $z=1$ 处有极点。这时,利用

① 在某些教材中,将该公式表示为 $f(k) = \sum \text{Res}\big[F(z)z^{k-1}\big]_{C外诸极点}$,其中"$C$ 外诸极点"包含无穷远处的极点。但是在复变函数中,无穷远处的极点和无穷远处的留数并没有必然联系,函数在无穷远处可能没有极点但是有留数。所以应该将有限点和无穷远点上的留数分开考虑。

式(8-22a),可以得到

$$f(k) = \text{Res}\left[F(z)z^{k-1}\right]_{z=1} = 2 \qquad k \geq 0$$

(2) 当 $k<0$ 时,$F(z)z^{k-1}$ 在围线内原点处有极点,而且随着 k 的变换,原点处极点的阶数会变化,用式(8-22a)计算很麻烦。这时可以借助于式(8-22b)计算,为此首先计算 $F(z)z^{k-1}$ 在无穷远处的留数

$$\text{Res}\left[F(z)z^{k-1}\right]_{z=\infty} = \text{Res}\left[\frac{(3z-5)z^k}{(z-1)(z-2)}\right]\Bigg|_{z=\infty} = -\text{Res}\left[\frac{(3z^{-1}-5)z^{-k}}{(z^{-1}-1)(z^{-1}-2)}z^{-2}\right]\Bigg|_{z=0}$$

$$= -\text{Res}\left[\frac{(3-5z)z^{-k-1}}{(z-1)(z-0.5)}\right]\Bigg|_{z=0}$$

可见,当 $k<0$ 时,$F(z)z^{k-1}$ 在无穷远处的留数等于零。这时候,在围线以外只要考虑 $z=2$ 处极点的留数就可以了。这时有

$$f(k) = -\text{Res}\left[F(z)z^{k-1}\right]_{z=2} - \text{Res}\left[F(z)z^{k-1}\right]_{z=\infty} = -2^k \qquad k<0$$

将 $k \geq 0$ 和 $k<0$ 时的 $f(k)$ 结果合并,可以得到

$$f(k) = -2^k \varepsilon(-k-1) + 2\varepsilon(k)$$

这与部分分式分解法得到的结论相同。

§8.5　z 变换与拉普拉斯变换的关系

拉普拉斯变换和 z 变换是两种不同的变换,两者处理的对象截然不同:拉普拉斯变换是针对连续信号的,而 z 变换是处理离散时间信号的。但是,在一定的条件下,两者也是相互联系的。下面将讨论连续信号的拉普拉斯变换与相关的离散信号的 z 变换之间的关系。

1. 理想抽样信号的拉普拉斯变换与其对应的离散序列的 z 变换之间关系

首先讨论理想抽样信号的拉普拉斯变换与该理想抽样信号对应的离散序列的 z 变换之间的关系。在 §8.2 中引出的 z 变换定义式(8-3)就是通过理想抽样信号的拉普拉斯变换引出的,由此可得离散序列的 z 变换和理想抽样信号的拉普拉斯变换间具有关系

$$F(z)\big|_{z=e^{sT}} = F_\delta(s) \tag{8-24}$$

此式表明,在一个离散序列的 z 变换式中,当把 z 变换中的变量 z 易以 e^{sT} 时,变换式就成为相应的理想抽样信号的拉普拉斯变换。

如果令拉普拉斯变换中的变量 $s=j\omega$,则式(8-24)又可写成

$$F(z)\big|_{z=e^{j\omega T}} = F_\delta(j\omega) \tag{8-25}$$

这同样说明,当令 $z=e^{j\omega T}$ 时,此式就成为与序列相对应的理想抽样信号的傅里叶变换。

2. 连续信号的拉普拉斯变换与对该信号抽样得到的离散序列的 z 变换之间的关系

在实际工作中,常会遇到这样的需要,即已知一连续信号的拉普拉斯变换 $F(s)$,欲求对此信号抽样后所得序列的 z 变换 $F(z)$[①]。这可以通过先由拉普拉斯反变换求原信号,再抽样,再求 z 变换得到。但如果知道了两种变换间的关系,就可直接由连续信号的拉普拉斯变换求得将其离散化后的离散信号的 z 变换。这里仅讨论有始信号序列。

为导得两者关系,现在由拉普拉斯反变换积分式开始

$$f(t) = \frac{1}{2\pi j} \int_{\sigma-j\infty}^{\sigma+j\infty} F(s) e^{st} ds$$

当把函数 $f(t)$ 以抽样间隔 T 进行抽样后,得到的离散序列为

$$f(kT) = \frac{1}{2\pi j} \int_{\sigma-j\infty}^{\sigma+j\infty} F(s) e^{skT} ds$$

此离散序列的 z 变换为

$$F(z) = \sum_{k=0}^{+\infty} f(kT) z^{-k} = \sum_{k=0}^{+\infty} \left(\frac{1}{2\pi j} \int_{\sigma-j\infty}^{\sigma+j\infty} F(s) e^{skT} ds \right) z^{-k}$$

$$= \frac{1}{2\pi j} \int_{\sigma-j\infty}^{\sigma+j\infty} F(s) \sum_{k=0}^{+\infty} (e^{sT} z^{-1})^k ds$$

此式的收敛条件是 $|e^{sT} z^{-1}| < 1$,或 $|z| > |e^{sT}|$。当符合这一条件时,

$$\sum_{k=0}^{+\infty} (e^{sT} z^{-1})^k = \frac{1}{1 - e^{sT} z^{-1}}$$

将此取和的结果代入 $F(z)$ 式,得 z 变换

$$F(z) = \frac{1}{2\pi j} \int_{\sigma-j\infty}^{\sigma+j\infty} \frac{F(s)}{1 - e^{sT} z^{-1}} ds = \frac{1}{2\pi j} \int_{\sigma-j\infty}^{\sigma+j\infty} \frac{F(s)z}{z - e^{sT}} ds \tag{8-26}$$

这就是所欲求的由连续函数的拉普拉斯变换直接求抽样后的离散序列的 z 变换的关系式。这个积分当然也可应用留数定理来计算,这里因为前面的收敛条件是 $|z| > |e^{sT}|$,式(8-26)中的分母 $z - e^{sT}$ 不会带来极点,所以只要考虑 $F(z)$ 带来的极点上的留数,即

$$F(z) = \sum_{i=1}^{n} \text{Res} \left[\frac{F(s)z}{z - e^{sT}} \right]_{s=s_i} \tag{8-27}$$

其中 $s_i (i = 1, 2, \cdots, n)$ 是 $F(s)$ 的极点。如果 $F(s)$ 是一个真分式,而且所得的极点都是一阶极点,则可以将 $F(s)$ 分解为部分分式的和 $\sum_{q=1}^{n} \frac{K_q}{s - s_q}$,然后可以得到

$$F(z) = \sum_{i=1}^{n} \text{Res} \left[\frac{F(s)z}{z - e^{sT}} \right]_{s=s_i} = \sum_{i=1}^{n} \text{Res} \left[\sum_{q=1}^{n} \frac{K_q z}{(z - e^{sT})(s - s_q)} \right]_{s=s_i}$$

---

① 请注意各符号的意义: $F(s)$ 表示连续信号 $f(t)$ 的拉普拉斯变换,$F(z)$ 为与该连续信号对应的离散序列 $f(kT)$ 的 z 变换。$F(s)$ 和 $F(z)$ 虽然用了同一个函数符号 F,但它们是不同的函数,即 $F(s)$ 并不是简单地把 $F(z)$ 中的变量 z 换成 s 所得到的函数。

上式中计算留数的函数是多个部分分式的和,在计算极点 $s=s_i$ 处的留数时,只要考虑分母中有 $(s-s_i)$ 的那个部分分式就可以了,其余部分分式在 $s=s_i$ 处的留数等于零。由此可得

$$F(z) = \sum_{i=1}^{n} \text{Res} \left[\frac{K_i z}{(z-e^{sT})(s-s_i)} \right]_{s=s_i}$$

$$= \sum_{i=1}^{n} \frac{K_i z}{z-e^{s_i T}}$$

其中 K_i 为对 $F(s)$ 进行部分分式分解后的相应部分的系数,同时也是 $F(s)$ 在 s_i 极点处的留数,而 $z_i = e^{s_i T}$ 则为 s 平面中 $F(s)$ 的极点 s_i 映射于 z 平面中 $F(z)$ 的极点。所以,如果 $F(s)$ 有 n 个单阶极点,则相应的 z 变换即为

$$F(z) = \sum_{F(s)\text{的所有极点}} \text{Res} \left[\frac{F(s)z}{z-e^{sT}} \right] = \sum_{i=1}^{n} \frac{K_i z}{z-e^{s_i T}} \qquad (8-28)$$

此 z 变换在 z 平面中也有 n 个极点 $e^{s_1 T}$、$e^{s_2 T}$、$e^{s_3 T}$、$\cdots$、$e^{s_n T}$。

z 变换和拉普拉斯变换间的关系也可以由两者在 z 平面和 s 平面极点间的关系来考察。将 $s_i = \sigma_i + j\omega_i$ 代入 $z_i = e^{s_i T}$ 得

$$z_i = e^{(\sigma_i+j\omega_i)T} = e^{\sigma_i T} e^{j\omega_i T} = |z_i| e^{j\theta_i}$$

故

$$\begin{cases} |z_i| = e^{\sigma_i T} \\ \theta_i = \omega_i T \end{cases} \qquad (8-29)$$

这就表示出了 z 平面中极点的模量和相角分别与 s 平面中极点的实部和虚部的关系。例如当 $F(s)$ 的极点位于 s 平面的虚轴上时,则与之相应的 $F(z)$ 的极点将位于 z 平面中的单位圆上,因为此时 $|z_i| = e^0 = 1$。s 平面的原点 $s=0$ 映射于 z 平面的 $z=1$ 点。但须注意,s 平面中的单阶极点映射到 z 平面中不一定是单阶极点,因为具有同样实部而虚部相差 $\dfrac{2\pi}{T}$ 的 s 平面中的两个极点,在 z 平面中的对应极点却是相同的。这就是说,s 平面和 z 平面中极点间的映射关系并不是唯一的。两平面间的关系如图 8-4 所示。图中表示 s 平面的虚轴映射为 z 平面的单位圆;s 平面的左

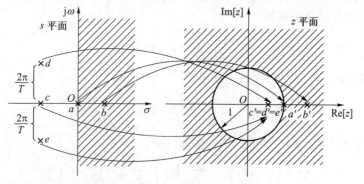

图 8-4 s 平面与 z 平面之间的对应关系

半面和右半面分别映射为 z 平面中单位圆内区和单位圆外区;s 平面中的极点 a 和 b 分别映射为 z 平面中的 a' 和 b';s 平面中的极点 c、d、e 具有相同的实部,而虚部相差为 $\dfrac{2\pi}{T}$(或其倍数)映射到 z 平面的同一点 $c' = d' = e'$。

§8.6 离散时间系统的 z 变换分析法

在分析连续时间系统时,可以把描写此系统工作情况的微分方程通过拉普拉斯变换转变成代数方程求解;由微分方程的拉普拉斯变换式,还可引出复频域中的系统函数的概念,从系统函数就能较为方便地求系统施加外激励后的零状态分量。对于离散时间系统的分析,情况也相似。描写系统工作情况的差分方程亦可通过 z 变换转变成代数方程求解;而且,系统函数的概念也可推广到 z 域中,从系统函数同样能求离散时间系统施加外激励后的零状态分量。在例题 8-4 中已经看到了 z 变换分析法的基本思想,也就是说只要对差分方程两边同时求 z 变换,同时利用 z 变换的移序特性和已经给出的系统初始条件,就可以得到系统响应的 z 变换,最后通过反 z 变换就可以得到响应。本节将就利用 z 变换求解系统响应的方法进行详细讨论。由于一般的激励及响应都是有始序列,所以本节只使用单边 z 变换和反 z 变换。

用 z 变换求解系统响应,可以如时域法一样,将响应分为零输入响应和零状态响应两部分分别求解,然后相加得到全响应;也可以像拉普拉斯变换一样,一次性求出系统的全响应。这里对两种方法分别进行介绍。

1. 系统的零输入响应与零状态响应的求解法

首先考虑系统的零输入响应。一般的离散系统可以用如下的差分方程描述

$$\sum_{i=0}^{n} a_i y(k+i) = \sum_{l=0}^{m} b_l e(k+l) \tag{8-30}$$

在零输入条件下,系统差分方程为

$$\sum_{i=0}^{n} a_i y_{zi}(k+i) = 0 \tag{8-31}$$

对其求 z 变换,利用 z 变换的移序特性可以得到

$$\sum_{i=0}^{n} a_i \left[z^i \left(Y_{zi}(z) - \sum_{l=0}^{i-1} y_{zi}(l) z^{-l} \right) \right] = 0 \tag{8-32}$$

式中 $Y_{zi}(z) = \mathscr{Z}\{y_{zi}(k)\}$。对式(8-32)进行整理,得到

$$\sum_{i=0}^{n} \left[a_i z^i \right] Y_{zi}(z) = \sum_{i=0}^{n} \left[a_i \left(\sum_{k=0}^{i-1} y_{zi}(k) z^{-k+i} \right) \right]$$

$$Y_{zi}(z) = \frac{\sum_{i=0}^{n} \left[a_i \left(\sum_{k=0}^{i-1} y_{zi}(k) z^{-k+i} \right) \right]}{\sum_{i=0}^{n} \left[a_i z^i \right]} \tag{8-33}$$

可见,如果知道系统的**零输入响应的初始条件** $y_{zi}(k)$ $(k=0,1,\cdots,n-1)$,通过式(8-33)就可以得到系统的零输入响应的 z 变换 $Y_{zi}(z)$。

其次,再来考虑系统的零状态响应 $y_{zs}(k)$。在§7.5中已经导出,系统的零状态响应等于输入激励函数与单位函数响应的卷积和,即

$$y_{zs}(k) = h(k) * e(k) \tag{8-34}$$

对此式进行 z 变换,应用卷积定理式(8-18),则有

$$Y_{zs}(z) = H(z)E(z) \tag{8-35}$$

其中 $H(z)$ 和 $E(z)$ 分别为系统的单位函数响应 $h(k)$ 和激励序列 $e(k)$ 的 z 变换。这个式子和拉普拉斯变换式 $Y_{zs}(s) = H(s)E(s)$ 相对应。正如 $H(s)$ 是复频域中的系统函数一样,$H(z)$ 是 z 域中的系统函数。现在的问题是,这个系统函数与系统的差分方程有怎样的关系? 它是不是也像 $H(s)$ 可直接由微分方程写出那样,可由差分方程写出? 回答是肯定的。为了求系统的单位函数响应,将 $e(k)=\delta(k)$ 和 $y(k)=h(k)$ 代入系统的差分方程式(8-30),得到

$$\sum_{i=0}^{n} a_i h(k+i) = \sum_{l=0}^{m} b_l \delta(k+i) \tag{8-36}$$

为了方便求解,将差分方程式(8-36)中的所有序列都向右移 n 位,将它改写为

$$\sum_{i=0}^{n} a_i h(k-n+i) = \sum_{l=0}^{m} b_l \delta(k-n+l) \tag{8-37}$$

如前所述,对于因果系统,$m \leqslant n$,$n-i$ $(i=0,1,\cdots,n)$ 和 $n-l$ $(l=0,1,\cdots,m)$ 均小于零,所以式(8-37)中对 $h(k)$ 和 $\delta(k)$ 的移位都是向右进行的减序计算。这里的 $\delta(k)$ 是一个有始信号,而因果系统的单位函数响应 $h(k)$ 一定也是一个有始信号。对式(8-37)的两边同时求 z 变换,并引用 z 变换的移序特性式(8-13b),可以得到

$$\sum_{i=0}^{n} a_i H(z) z^{-n+i} = \sum_{l=0}^{m} b_l z^{-n+l}$$

提出等式左边的公共因子 $H(z)$,并将等式两边同时乘以 z^n,可以得到

$$\left(\sum_{i=0}^{n} a_i z^i \right) H(z) = \sum_{l=0}^{m} b_l z^l$$

由此可得

$$H(z) = \frac{\sum_{l=0}^{m} b_l z^l}{\sum_{i=0}^{n} a_i z^i} = \frac{b_m z^m + b_{m-1} z^{m-1} + \cdots + b_1 z + b_0}{a_n z^n + a_{n-1} z^{n-1} + \cdots + a_1 z + a_0} = \frac{N(z)}{D(z)} \tag{8-38}$$

这就是离散时间系统的系统函数,也是系统的单位函数响应的 z 变换。只要对照一下此系统

函数与差分方程式(8-30),则两者间的关系是简单而明了的。$H(z)$ 的分母等于零时所构成的方程式 $D(z)=a_n z^n+a_{n-1} z^{n-1}+\cdots+a_1 z+a_0=0$ 即是系统的特征方程,它的根 $v_i(i=1,2,\cdots,n)$ 确定系统的自然响应。再把式(8-38)的系统函数与式(7-40)的转移算子比较一下,即可发现,把转移算子中的移序算子 S 改成复变量 z 就成了系统函数,这正如在连续时间系统中,把转移算子中的微分算子 p 改成复变量 s 就成了复频域的系统函数一样。

根据系统的系统函数 $H(z)$,用式(8-35)就可以求出系统的零状态响应的 z 变换为

$$Y_{zs}(z)=H(z)E(z)=\frac{\sum\limits_{l=0}^{m} b_l z^l}{\sum\limits_{i=0}^{n} a_i z^i} E(z) \tag{8-39}$$

由上述讨论,可以归纳出应用 z 变换求解系统的零状态分量的 z 变换的方法如下:

(1) 由差分方程得到系统的系统函数 $H(z)$;

(2) 以激励信号的 z 变换 $E(z)$ 与系统函数 $H(z)$ 相乘,如式(8-35),就是系统零状态响应的 z 变换。

求出零输入和零状态响应的 z 变换后,将两者相加,可以得到全响应的 z 变换为

$$Y(z)=Y_{zi}(z)+Y_{zs}(z)=\frac{\sum\limits_{i=0}^{n}\left[a_i\left(\sum\limits_{k=0}^{i-1} y_{zi}(k)z^{-k+i}\right)\right]}{\sum\limits_{i=0}^{n}\left[a_i z^i\right]}+\frac{\sum\limits_{l=0}^{m} b_l z^l}{\sum\limits_{i=0}^{n} a_i z^i} E(z)$$

$$=\frac{\left(\sum\limits_{l=0}^{m} b_l z^l\right)E(z)+\sum\limits_{i=0}^{n}\left[a_i\left(\sum\limits_{k=0}^{i-1} y_{zi}(k)z^{-k}\right)\right]}{\sum\limits_{i=0}^{n}\left[a_i z^i\right]} \tag{8-40}$$

对 $Y(z)$ 求反 z 变换,就可以得到 $y(k)$。

正如在连续时间系统中通过拉普拉斯变换把微分方程转变为代数方程那样,在离散时间系统中,是通过 z 变换把差分方程转变为代数方程去求解系统响应的。从分析方法上看,两者都同样地应用了系统函数的概念。犹如从微分方程可以直接写出 s 域的系统函数一样,对于一般形式的差分方程,也可以根据前述 z 变换的方法直接写出 z 域的零状态条件下的系统函数,这个函数的反 z 变换就是离散时间系统的单位函数响应,即

$$h(k)\leftrightarrow H(z) \tag{8-41}$$

这与连续时间系统中的 $h(t)\leftrightarrow H(s)$ 相当。在分子分母没有公共因子相消时,由系统函数分母多项式构成的方程式 $D(z)=0$ 就是离散时间系统的特征方程(characteristic equation 或 eigenfunction),方程的根(即系统函数的极点)是系统的特征根(eigenvalue),每一特征根决定一项系统的自然响应,而各项的系数由系统的零输入初始条件确定。上述各项自然响应的总和就是系统的零输入响应。这些结论都与连续时间系统的相似,只是 s 域的特征根和 z 域的特征根的意

义以及它们所确定的自然响应的形式互不相同,这点已经在上一章 §7.6 中说明。求解零状态响应时,在连续时间系统中,是把时域中系统的单位冲激响应与激励函数相卷积的积分运算,转化为 s 域中系统的系统函数与激励函数的拉普拉斯变换相乘的运算去求解;而在离散时间系统中,则是把时域中系统的单位函数响应与激励序列相卷积的取和运算,转化为 z 域中系统的系统函数与激励序列的 z 变换相乘的运算去求解,所以两者也颇相似。而且,用变换法对于两种系统进行分析时,把卷积运算转化为乘法运算的代价都是必须进行正反两次变换。总之,z 域和 s 域的系统函数有许多相对应的性质,但是对应并不等于完全相同。了解清楚连续时间系统和离散时间系统在分析方法上的相同和不同之处,对于掌握并熟悉这些方法具有重要的意义。

在连续时间系统中,可以通过将系统函数 $H(s)$ 分解为一系列子系统函数的和或积,从而可以将系统转换成一系列子系统的并联(parallel interconnection)或级联(series interconnection 或 cascade interconnection)。在离散时间系统中,也可以通过将系统函数 $H(z)$ 分解为一系列子系统函数的和或积,从而可以将系统转换成一系列子系统的并联和级联。其原理和构成方法与连续系统相同,这里不再赘述。其结构见图 8-5。

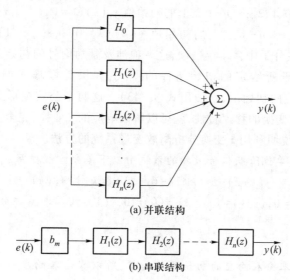

图 8-5　离散时间系统的串并联结构

2. 系统全响应直接 z 变换求解法

系统的全响应也可以不用分开为零输入和零状态求解。在给定了系统**全响应的初始条件** $y(k)(k=0,1,\cdots,n-1)$ 的情况下,可以直接通过一次 z 变换得到全响应。直接对差分方程式(8-30)两边求 z 变换,有

$$\sum_{i=0}^{n} a_i \mathscr{Z}\{y(k+i)\} = \sum_{l=0}^{m} b_l \mathscr{Z}\{e(k+l)\}$$

应用 z 变换的移序特性式(8-12b),可以得到

$$\sum_{i=0}^{n} a_i \left[z^i \left(Y(z) - \sum_{k=0}^{i-1} y(k) z^{-k} \right) \right] = \sum_{l=0}^{m} b_l \left[z^l \left(E(z) - \sum_{k=0}^{l-1} e(k) z^{-k} \right) \right] \tag{8-42}$$

对上式进行整理,可以得到

$$\left(\sum_{i=0}^{n} a_i z^i \right) Y(z) - \sum_{i=0}^{n} a_i \left(\sum_{k=0}^{i-1} y(k) z^{-k+i} \right) = \left(\sum_{l=0}^{m} b_l z^l \right) E(z) - \sum_{l=0}^{m} b_l \left(\sum_{k=0}^{l-1} e(k) z^{-k+i} \right)$$

由此可以得到系统全响应的 z 变换为

$$Y(z) = \frac{\left(\sum_{l=0}^{m} b_l z^l \right) E(z) + \sum_{i=0}^{n} a_i \left(\sum_{k=0}^{i-1} y(k) z^{-k+i} \right) - \sum_{l=0}^{m} b_l \left(\sum_{k=0}^{l-1} e(k) z^{-k+i} \right)}{\left(\sum_{i=0}^{n} a_i z^i \right)} \tag{8-43}$$

然后,通过反 z 变换,不难求出 $f(k)$。

比较式(8-43)和前面的式(8-40),可以看出,两者的分母都相同,都等于系统函数 $H(z)$ 的分母。分子的前两项在形式上十分相似,但其中的第二项中涉及的初始条件不同,式(8-40)中使用的是零输入响应在 0、1、2、…、$n-1$ 点上的初始值 $y_{zi}(k)(k=0,1,\cdots,n-1)$,而式(8-43)中使用的是全响应在 0、1、2、…、$n-1$ 点上的初始值 $y(k)(k=0,1,\cdots,n-1)$。除了这两项以外,式(8-43)比式(8-40)在分子中多了第三项,这一项涉及激励信号的初始条件。在实际使用中,使用哪一个公式,取决于所给定的初始条件的形式:如果是零输入响应的初始值,就使用式(8-40);如果是全响应的初始值,就使用式(8-43)。这两个公式在形式上比较复杂,难于记忆。实际上,只要掌握 z 变换的移序特性,就可以解出响应的 z 变换,完全没有必要去死记公式。

下面举几个例子来说明利用 z 变换分析离散变量系统的方法。

例题 8-13 一个受单位阶跃信号激励的系统由以下差分方程描写

$$y(k+2) - 5y(k+1) + 6y(k) = \varepsilon(k+1) + \varepsilon(k)$$

初始条件是:(1) $y_{zi}(0)=0, y_{zi}(1)=0$。(2) $y(0)=0, y(1)=0$。求系统分别在这两种初始条件下的响应。

解:

(1) 这里已知系统零输入响应的初始条件为零,所以零输入响应一定为零,系统只有零状态响应。将系统方程用移序算子写成算子式

$$(S^2 - 5S + 6) y(k) = (S+1) \varepsilon(k)$$

由此可直接写出系统函数为

$$H(z) = \frac{z+1}{z^2 - 5z + 6}$$

单位阶跃序列的 z 变换是 $\dfrac{z}{z-1}$,故响应的 z 变换为

$$Y(z) = H(z) E(z) = \frac{z(z+1)}{(z-1)(z^2-5z+6)} = \frac{z(z+1)}{(z-1)(z-2)(z-3)}$$

$$= \frac{z}{z-1} - 3\frac{z}{z-2} + 2\frac{z}{z-3}$$

将此式进行反 z 变换,即得系统响应

$$y(k) = [1-3(2)^k + 2(3)^k]\varepsilon(k)$$

（2）在这种初始条件下,系统的全响应在 0、1 时刻的响应为零。在给定全响应的初始条件的前提下,对系统微分方程两边同时求单边 z 变换,可以得到:

$$\mathscr{Z}\{y(k+2)\} - 5\mathscr{Z}\{y(k+1)\} + 6\mathscr{Z}\{y(k)\} = \mathscr{Z}\{\varepsilon(k+1)\} + \mathscr{Z}\{\varepsilon(k)\}$$

$$z^2 Y(z) - z^2 y(0) - zy(1) - 5zY(z) - 5zy(0) + 6Y(z) = z\mathscr{Z}\{\varepsilon(k)\} - z\varepsilon(0) + \mathscr{Z}\{\varepsilon(k)\}$$

引入响应和激励的初始条件及激励信号 $\varepsilon(k)$ 的 z 变换

$$[z^2 - 5z + 6]Y(z) = (z+1)\frac{z}{z-1} - z = \frac{2z}{z-1}$$

$$Y(z) = \frac{2z}{(z-1)(z^2-5z+6)} = \frac{2z}{(z-1)(z-2)(z-3)} = \frac{z}{z-1} - 2\frac{z}{z-2} + \frac{z}{z-3}$$

对此式进行反 z 变换,即得系统响应

$$y(k) = [1-2(2)^k + (3)^k]\varepsilon(k)$$

这就是系统的全响应。这个响应也可以分为零输入响应和零状态响应两部分,其中零状态响应应该与（1）中的结果一样,即

$$y_{zs}(k) = [1-3(2)^k + 2(3)^k]\varepsilon(k)$$

由此可以得到零输入响应

$$y_{zi}(k) = y(k) - y_{zs}(k) = [(2)^k - (3)^k]\varepsilon(k)$$

例题 8-14 图 7-12 所示的电阻梯形网络中,若令 $a=1, n=10, E=10\text{ V}$,则此电路的差分方程式（7-15）成为

$$u(k+2) - 3u(k+1) + u(k) = 0$$

且具有边界条件 $u(0)=10\text{ V}, u(10)=0\text{ V}$。求解电路中第 k 个节点的电压 $u(k)$。

解：这里的 k 并不是对应于时间,而是对应于电路节点号,但是依然可以用 z 变换求解。对齐次差分方程进行 z 变换

$$(z^2 - 3z + 1)U(z) - u(0)z^2 - u(1)z + 3u(0)z = 0$$

由此式解出 $U(z)$ 并代入边界条件 $u(0)$,但 $u(1)$ 暂时还不知道,待后面再解出。

$$U(z) = \frac{10z(z-3) + u(1)z}{z^2 - 3z + 1} = \frac{10z\left(z - \frac{3}{2}\right)}{z^2 - 2z\left(\frac{3}{2}\right) + 1} + \frac{z[u(1) - 15]}{z^2 - 2z\left(\frac{3}{2}\right) + 1}$$

把此式与表 8-1 中第 16、17 两个 z 变换对相比较,即可看出等式右边第一项相当于双曲线余弦 $A\cosh bkT$ 的 z 变换 $\dfrac{Az(z-\cosh bT)}{z^2 - 2z\cosh bT + 1}$,第二项相当于双曲线正弦 $B\sinh bkT$ 的 z 变换

$\dfrac{Bz\sinh bT}{z^2 - 2z\cosh bT + 1}$。根据第一项,可以得到

$$A = 10, \quad \cosh bT = \frac{3}{2}, \quad bT = 0.962\ 4$$

根据第二项,有 $B\sinh bT = u(1) - 15$。将上面求出的 $\cosh bT$ 代入,可以得到

$$B\sinh bT = B\sqrt{\cosh^2 bT - 1} = \frac{\sqrt{5}}{2}B = u(1) - 15$$

故

$$B = \frac{2\sqrt{5}}{5}\left[u(1) - 15\right]$$

因此,$U(z)$ 的反变换式为

$$u(k) = \mathscr{Z}^{-1}\{U(z)\} = \left\{10\cosh(0.962\ 4k) + \frac{2\sqrt{5}}{5}\left[u(1) - 15\right]\sinh(0.962\ 4k)\right\}\varepsilon(k)$$

现在,再用另一边界条件 $u(10) = 0$ 代入上式,求出 $u(1)$,即

$$u(10) = 0 = 10\cosh 9.624 + \frac{2\sqrt{5}}{5}\left[u(1) - 15\right]\sinh 9.624$$

$$u(1) = 15 - 5\sqrt{5}\coth 9.624$$

将它代入 $u(k)$ 式,最后得

$$u(k) = \left[10\cosh(0.962\ 4k) - \coth 9.624\sinh(0.962\ 4k)\right]\varepsilon(k)$$

3. 离散时间系统稳定性(stability)

与拉普拉斯变换一样,在离散时间系统中也可以根据系统函数的极点确定系统是否稳定。在判别系统是否稳定时,在 s 域是看 $H(s)$ 的极点是否全部在 s 平面的左半面内,而在 z 域则是看 $H(z)$ 的极点是否全部在 z 平面的单位圆内,在单位圆上的单阶极点对应于临界稳定。

当 $D(z)$ 的次数比较高的时候,求解其特征根比较困难,这时候可以在不求解出特征根的情况下,直接根据多项式 $D(z)$ 的系数,判断该系统是否稳定。例如通过如下的双线性变换(bilinear transformation),令

$$z = \frac{\lambda + 1}{\lambda - 1} \tag{8-44}$$

代入式(8-38)的特征方程 $D(z) = 0$ 中,即可得到 λ 域中的方程 $G(\lambda) = D\left(\dfrac{\lambda + 1}{\lambda - 1}\right) = 0$。这个变换将 z 平面中单位圆外的点映射到 λ 平面虚轴以右的半个平面中,将 z 平面中单位圆内的点映射到 λ 平面虚轴以左的半个平面中,将 z 平面中单位圆上的点映射到 λ 平面的虚轴上。这是一种单值映射关系,它所涉及的两个复平面中的点之间是一一对应的。所以,通过双线性变换,可以将原来判断 $D(z) = 0$ 是否有单位圆以外的根的问题,转化为判断 $G(\lambda) = 0$ 是否有位于虚轴以右的半个平面内的根的问题。只要 $G(\lambda) = 0$ 没有右半平面的根,$D(z) = 0$ 就没有单位圆以外的根,这个离散系统就是一个稳定的系统。而在判定 $G(\lambda) = 0$ 是否有处于右半平面中的根的时候,完

全可以使用罗斯-霍维茨准则(Routh-Hurwitz criterion)。下面通过一个例题验证这种方法的有效性。

例题 8-15 判定下列多项式是否有单位圆以外的根。

(1) $D(z) = z^3 - 0.5z^2 + 0.25z - 0.075 = 0$

(2) $D(z) = z^3 - 2z^2 + 0.25z - 0.5 = 0$

解:这两个多项式从形式上很难直接求得根,所以这里采用双线性变换加上罗斯-霍维茨准则进行判定。

(1) 令 $z = \dfrac{\lambda + 1}{\lambda - 1}$,代入 $D(z)$ 并化简,可得

$$G(\lambda) = D\left(\frac{\lambda+1}{\lambda-1}\right) = \frac{0.675\lambda^3 + 2.475\lambda^2 + 3.025\lambda + 1.825}{(\lambda-1)^3}$$

$G(\lambda) = 0$ 的根就是其分子多项式的根,用罗斯-霍维茨准则对分子多项式进行判定

A_3	0.675	3.025
A_2	2.475	1.825
A_1	2.527	
A_0	1.825	

可见其罗斯-霍维茨序列没有出现变号现象,说明 $G(\lambda) = 0$ 没有实部大于零的根,所以相应的 $D(z) = 0$ 没有单位圆以外的根。可以验证,该多项式的根为 $\pm j0.5$ 和 0.5。

(2) 令 $z = \dfrac{\lambda + 1}{\lambda - 1}$,代入 $D(z)$ 并化简,可得

$$G(\lambda) = D\left(\frac{\lambda+1}{\lambda-1}\right) = \frac{-1.25\lambda^3 + 2.25\lambda^2 - 3.25\lambda + 3.75}{(\lambda-1)^3}$$

这里分子多项式的系数不同号,违反了罗斯-霍维茨判据中"多项式系数必须同号"这一必要条件,所以 $G(\lambda) = 0$ 一定有实部大于零的根,相应的 $D(z) = 0$ 一定有单位圆以外的根。

利用双线性变换和罗斯-霍维茨判据,不仅可以判定系统的稳定性,而且也可以计算系统稳定所必须要求的参数范围,其过程与连续时间系统中一样,见习题 8.21。

§8.7 离散时间序列的傅里叶变换

在第三、四章中,通过傅里叶变换可以将一个连续信号表示成为一系列正弦信号的和或积分,从而可以用频域分析的方法求得系统的响应。同样,离散时间信号也可以表示成为正弦信

号的和或积分,只不过这里的正弦信号是离散正弦信号。相应的变换就是离散时间序列傅里叶级数或离散时间序列傅里叶变换(discrete time fourier transform,DTFT)。

推导 DTFT 公式的过程可以用与第三章一样的方法,也可以用 z 变换的公式直接推出。这里采用后一种方法。现将 z 反变换公式重写如下

$$f(k) = \frac{1}{2\pi\mathrm{j}} \oint_C F(z) z^{k-1} \mathrm{d}z \tag{8-45}$$

其中的积分路径 C 是一个包围 z 平面原点的闭合路径。假设 $F(z)$ 的收敛区间包括单位圆,则可以令 C 等于单位圆。在单位圆上的点满足 $z = \mathrm{e}^{\mathrm{j}\omega}$,则原来式(8-45)中沿着单位圆所作的围线积分就可以转为变量 ω 从 $-\pi$ 到 π 作积分,即

$$f(k) = \frac{1}{2\pi\mathrm{j}} \oint_{z=\mathrm{e}^{\mathrm{j}\omega}} F(z) z^{k-1} \mathrm{d}z = \frac{1}{2\pi\mathrm{j}} \int_{-\pi}^{+\pi} F(\mathrm{e}^{\mathrm{j}\omega}) \mathrm{e}^{\mathrm{j}(k-1)\omega} \mathrm{d}\mathrm{e}^{\mathrm{j}\omega}$$

$$= \frac{1}{2\pi} \int_{-\pi}^{+\pi} F(\mathrm{e}^{\mathrm{j}\omega}) \mathrm{e}^{\mathrm{j}k\omega} \mathrm{d}\omega \tag{8-46}$$

其中

$$F(\mathrm{e}^{\mathrm{j}\omega}) = F(z) \Big|_{z=\mathrm{e}^{\mathrm{j}\omega}} = \sum_{k=-\infty}^{+\infty} f(k) z^{-k} \Big|_{z=\mathrm{e}^{\mathrm{j}\omega}} = \sum_{k=-\infty}^{+\infty} f(k) \mathrm{e}^{-\mathrm{j}k\omega} \tag{8-47}$$

由此就得到了一对离散时间序列傅里叶变换公式,其中式(8-47)为正变换,式(8-46)为反变换(inverse discrete time fourier transform,IDTFT)。从式(8-46)可以看出,离散序列 $f(k)$ 可以分解为一系列幅度为无穷小的离散复正弦序列 $\mathrm{e}^{\mathrm{j}k\omega}(-\pi<\omega<\pi)$ 的和(或积分),每个复正弦信号的幅度为 $\frac{1}{2\pi} F(\mathrm{e}^{\mathrm{j}\omega}) \mathrm{d}\omega$。这正如在第三章中通过傅里叶变换将任意的连续信号表示为许多幅度为无穷小的复正弦信号之和(或积分)一样。$F(\mathrm{e}^{\mathrm{j}\omega})$ 也被称为信号 $f(t)$ 的频谱密度函数,其含义与连续信号的频谱密度函数相同。按式(8-47)计算出的 $F(\mathrm{e}^{\mathrm{j}\omega})$ 是一个周期等于 2π 的函数,而在式(8-46)中只用到了其中主值区间 $(-\pi,\pi)$ 中的部分。这里将严格的 DTFT 公式(8-46)和式(8-47)重写如下:

$$f(k) = \mathrm{IDTFT}\{F(\mathrm{e}^{\mathrm{j}\omega})\} = \frac{1}{2\pi} \int_{-\pi}^{+\pi} F(\mathrm{e}^{\mathrm{j}\omega}) \mathrm{e}^{\mathrm{j}k\omega} \mathrm{d}\omega$$

$$F(\mathrm{e}^{\mathrm{j}\omega}) = \mathrm{DTFT}\{f(k)\} = \sum_{k=-\infty}^{+\infty} f(k) \mathrm{e}^{-\mathrm{j}k\omega} \quad -\pi<\omega<\pi$$

根据前面的推导,可以得到 DTFT 与 z 变换的关系为

$$F(\mathrm{e}^{\mathrm{j}\omega}) = F(z) \big|_{z=\mathrm{e}^{\mathrm{j}\omega}} \tag{8-48}$$

且 DTFT 存在的充分必要条件是 $F(z)$ 的收敛区间包含单位圆。

例题 8-16 求离散序列 $R_N(k) = \varepsilon(k) - \varepsilon(k-N)$ 的傅里叶变换。

解: 这里对离散时间序列求傅里叶变换,自然是求 DTFT。根据定义,有

$$F(\mathrm{e}^{\mathrm{j}\omega}) = \sum_{k=-\infty}^{+\infty} R_N(k) \mathrm{e}^{-\mathrm{j}\omega k} = \sum_{k=0}^{N-1} \mathrm{e}^{-\mathrm{j}\omega k} = \frac{1-\mathrm{e}^{-\mathrm{j}\omega N}}{1-\mathrm{e}^{-\mathrm{j}\omega}} = \frac{\left(\mathrm{e}^{\mathrm{j}\frac{\omega N}{2}} - \mathrm{e}^{-\mathrm{j}\frac{\omega N}{2}}\right) \mathrm{e}^{-\mathrm{j}\frac{\omega N}{2}}}{\left(\mathrm{e}^{\mathrm{j}\frac{\omega}{2}} - \mathrm{e}^{-\mathrm{j}\frac{\omega}{2}}\right) \mathrm{e}^{-\mathrm{j}\frac{\omega}{2}}}$$

$$= \frac{\sin\left(\dfrac{\omega N}{2}\right)}{\sin\left(\dfrac{\omega}{2}\right)} \mathrm{e}^{-\mathrm{j}\frac{N-1}{2}\omega}$$

严格地说,上式推导到第三个等号时应该将 $\omega=0$ 的情况单独进行讨论,求出 $F(\mathrm{e}^{\mathrm{j}0})=N$。但是上面的解答表达式中当 $\omega \to 0$ 时的极限正好等于 N,所以就不用单独列出 $\omega=0$ 的情况了。

这个傅里叶变换与连续信号中的门脉冲的傅里叶变换相似,只不过幅频特性由 $\dfrac{\sin(x)}{x}$ 型的函数变成了 $\dfrac{\sin(Nx)}{\sin(x)}$ 型。这是一个周期性函数。

根据 $F(\mathrm{e}^{\mathrm{j}\omega})$,可以作出离散时间序列的频谱图,其中 $F(\mathrm{e}^{\mathrm{j}\omega})$ 的幅度随 ω 变化的图形构成了系统的幅频特性曲线,$F(\mathrm{e}^{\mathrm{j}\omega})$ 的相角随 ω 变化的图形构成了系统的相频特性曲线。例如,根据例题 8-16 的结果可以得到 $R_{10}(k)$ 的幅频和相频特性曲线如图 8-6 所示。因为实数信号的 DTFT 同样满足幅频特性偶对称、相频特性奇对称的特定,所以图中只作出了其主值区间中 $0 \leqslant \omega < \pi$ 部分。

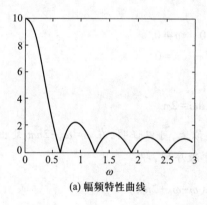

(a) 幅频特性曲线

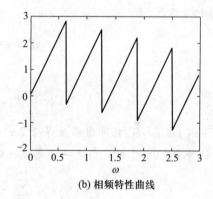

(b) 相频特性曲线

图 8-6　例题 8-16 的信号的频谱

例题 8-17　求周期性复正弦序列 $f(k)=\mathrm{e}^{\mathrm{j}\omega_0 k}$ 的傅里叶变换。

解:严格地说,这种双边复正弦函数的 z 变换不存在,其严格意义上的傅里叶变换也不存在。但是,从本题例可以看到,通过引入冲激函数,仍然可以得到它的傅里叶变换表达形式。这是一种广义傅里叶变换。根据定义,有

$$F(\mathrm{e}^{\mathrm{j}\omega}) = \sum_{k=-\infty}^{+\infty} \mathrm{e}^{\mathrm{j}\omega_0 k} \mathrm{e}^{-\mathrm{j}\omega k} = \sum_{n=-\infty}^{+\infty} \mathrm{e}^{\mathrm{j}(\omega_0-\omega)k}$$

这是一个等比级数求和计算,公比等于 $\mathrm{e}^{\mathrm{j}(\omega_0-\omega)}$。这里分两种情况讨论:

(1) 当 $\omega_0-\omega \neq 2n\pi$ 时

$$F(e^{j\omega}) = \sum_{k=-\infty}^{+\infty} e^{j(\omega_0-\omega)k} = \sum_{k=-\infty}^{0} e^{j(\omega_0-\omega)k} + \sum_{k=0}^{+\infty} e^{j(\omega_0-\omega)k} - 1$$

$$= \frac{1}{1-e^{-j(\omega_0-\omega)}} + \frac{1}{1-e^{j(\omega_0-\omega)}} - 1 = \frac{-e^{j(\omega_0-\omega)}}{1-e^{j(\omega_0-\omega)}} + \frac{1}{1-e^{j(\omega_0-\omega)}} - 1$$

$$= \frac{1-e^{j(\omega_0-\omega)}}{1-e^{j(\omega_0-\omega)}} - 1 = 0$$

（2）当 $\omega_0 - \omega = 2n\pi$ 时

$$F(e^{j\omega_0}) = \sum_{n=-\infty}^{+\infty} 1 = +\infty$$

可见，$F(e^{j\omega})$ 是一个间隔等于 2π 的冲激序列，冲激出现在频率 $\omega = \omega_0 - 2n\pi$ 上。为了考察其中每个冲激的强度，对 $F(e^{j\omega})$ 在 ω_0 附近的一个周期 $(-\pi, +\pi)$ 中求积分，可得

$$\int_{\omega_0-\pi}^{\omega_0+\pi} F(e^{j\omega}) d\omega = \int_{\omega_0-\pi}^{\omega_0+\pi} \sum_{k=-\infty}^{+\infty} e^{j(\omega_0-\omega)k} d\omega$$

$$= \sum_{k=-\infty}^{+\infty} \int_{\omega_0-\pi}^{\omega_0+\pi} e^{j(\omega_0-\omega)k} d\omega \xlongequal{\ \diamondsuit\ \bar{\omega}=\omega_0-\omega\ } \sum_{k=-\infty}^{+\infty} \int_{-\pi}^{+\pi} e^{j\bar{\omega}k} d\bar{\omega}$$

对于其中的积分运算，有

$$\int_{-\pi}^{+\pi} e^{j\bar{\omega}n} d\bar{\omega} = \begin{cases} 0 & n \neq 0 \\ 2\pi & n = 0 \end{cases}$$

所以

$$\int_{\omega_0-\pi}^{\omega_0+\pi} F(e^{j\omega}) d\omega = 2\pi$$

这就说明 $F(e^{j\omega})$ 在 $\omega = \omega_0$ 处冲激强度等于 2π。类似地，可以证明，在 $\omega = \omega_0 - 2n\pi$ 处出现的都是强度为 2π 的冲激。所以 $F(e^{j\omega})$ 是一个周期性的冲激序列，即

$$F(e^{j\omega}) = \sum_{n=-\infty}^{+\infty} 2\pi\delta(\omega-\omega_0+2n\pi)$$

这个结论与复正弦连续信号 $e^{j\omega_0 t}$ 的傅里叶变换 $2\pi\delta(\omega-\omega_0)$ 很相似，只不过这里多了一个周期化延拓。以此类推，可以得到正弦序列的 DTFT 为

$$\text{DTFT}\{\cos(\omega_0 k)\} = \text{DTFT}\left\{\frac{e^{j\omega_0 k} + e^{-j\omega_0 k}}{2}\right\}$$

$$= \sum_{n=-\infty}^{+\infty} \pi\left[\delta(\omega-\omega_0+2n\pi) + \delta(\omega+\omega_0+2n\pi)\right]$$

$$\text{DTFT}\{\sin(\omega_0 k)\} = \text{DTFT}\left\{\frac{e^{j\omega_0 k} - e^{-j\omega_0 k}}{2j}\right\}$$

$$= \sum_{n=-\infty}^{+\infty} -j\pi\left[\delta(\omega-\omega_0+2n\pi) - \delta(\omega+\omega_0+2n\pi)\right]$$

例题 8-17 给出的周期性序列是一个功率信号。正如连续时间信号里的周期性信号可以用

傅里叶级数展开一样,周期性离散时间序列也可以展开成傅里叶级数,也就是说可以展开为一系列正弦或复正弦信号的和,这就是**离散序列傅里叶级数**(discrete fourier series, DFS),这同样可以像第三章中一样用正交分解的方法得到。但是这里也存在与连续信号的傅里叶级数分解的不同之处。以复正弦形式的傅里叶级数为例,对于周期为 T 的连续信号而言,用于分解的复正弦正交子信号集为

$$\left\{1, e^{\pm j\frac{2\pi}{T}t}, e^{\pm j2\times\frac{2\pi}{T}t}, e^{\pm j3\times\frac{2\pi}{T}t}, \cdots, e^{jm\frac{2\pi}{T}t}, \cdots\right\}$$

其中 $\Omega = \dfrac{2\pi}{T}$。这个正交函数集中函数的个数有无穷多个。而对于周期为 N 的离散时间序列而言,可用于分解的复正弦正交子信号集为

$$\left\{1, e^{j\frac{2\pi}{N}t}, e^{j2\times\frac{2\pi}{N}t}, e^{j3\times\frac{2\pi}{N}t}, \cdots, e^{jm\frac{2\pi}{N}t}, \cdots, e^{j(N-1)\frac{2\pi}{N}t}\right\}$$

它只含有 N 个子信号,无法找到其他的相同周期的复正弦信号了,这一点与周期性连续信号的分解不同。对于连续信号而言,m 可以取任意整数;而对于离散信号而言,m 只能取区间 $[0, N)$ 内的整数,不能取其他值。例如,当 $m = N+1$ 时,相应的序列为

$$e^{j(N+1)\frac{2\pi}{N}k} = e^{jN\frac{2\pi}{N}k}e^{j\frac{2\pi}{N}k} = e^{j\frac{2\pi}{N}k}$$

实际上就是原来第二个序列,所以 m 取其他的值并不能得到新的序列。利用上面 N 个正交的复正弦序列,通过正交分解可以得到周期为 N 的周期性离散时间序列的傅里叶级数

$$F(m) = \mathrm{DFS}\{f(k)\} = \frac{1}{N}\sum_{k=0}^{N-1} f(k)\,e^{-j\left(\frac{2\pi}{N}\right)mk} \qquad 0 \leqslant m < N$$

$$f(k) = \mathrm{IDFS}\{F(m)\} = \sum_{m=0}^{N-1} F(m)\,e^{j\left(\frac{2\pi}{N}\right)mk}$$

DFS 与本书下册第十一章将要介绍的离散傅里叶变换非常相似。通过 DFS 以及例题 8-17 给出的复正弦序列的 DTFT,可以得到任意周期性离散时间序列的 DTFT。这些结论的推导或证明留给读者自己完成。

DTFT 与连续时间信号的傅里叶变换具有相类似的性质,这里仅简单地列举如下,读者可以自行证明。

(1)线性特性

$$\mathrm{DTFT}\{a \cdot f_1(k) + b \cdot f_2(k)\} = a \cdot \mathrm{DTFT}\{f_1(k)\} + b \cdot \mathrm{DTFT}\{f_2(k)\}$$

(2)时域平移特性

假设 $\mathrm{DTFT}\{f(k)\} = F(e^{j\omega})$(在下面其他特性中同样使用这个假设),则

$$\mathrm{DTFT}\{f(k-k_0)\} = e^{-jk_0\omega}F(e^{j\omega})$$

(3)频域平移特性

$$\mathrm{DTFT}\{e^{j\omega_0 k}f(k)\} = F(e^{j(\omega-\omega_0)})$$

(4)频域微分特性

$$\text{DTFT}\{-jk \cdot f(k)\} = \frac{\mathrm{d}}{\mathrm{d}\omega}F(\mathrm{e}^{\mathrm{j}\omega})$$

或 $$\text{DTFT}\{k \cdot f(k)\} = \mathrm{j} \cdot \frac{\mathrm{d}}{\mathrm{d}\omega}F(\mathrm{e}^{\mathrm{j}\omega})$$

（5）序列的反褶特性

$$\text{DTFT}\{f(-k)\} = F(\mathrm{e}^{-\mathrm{j}\omega})$$

这个特性对应于连续信号傅里叶变化中的时域尺度变换特性，只不过这里对于离散序列而言，尺度变换值 a 只能等于-1，如果等于其他值则没有意义。

（6）奇偶虚实性

DTFT 具有与连续信号傅里叶变换相同的奇偶虚实性。如果 $f(k)$ 是一个实数序列，则 $F(\mathrm{e}^{\mathrm{j}\omega})$ 的实部或幅度满足偶对称性，虚部或相角满足奇对称性。如果 $f(k)$ 是一个实偶序列，则 $F(\mathrm{e}^{\mathrm{j}\omega})$ 只有实部，虚部一定等于零；如果 $f(k)$ 是一个实奇序列，则 $F(\mathrm{e}^{\mathrm{j}\omega})$ 只有虚部，实部一定等于零。

（7）卷积定理

卷积定理包括时域卷积和频域卷积定理：

$$\text{DTFT}\{f_1(k) * f_2(k)\} = \text{DTFT}\{f_1(k)\} \cdot \text{DTFT}\{f_2(k)\}$$

$$\text{DTFT}\{f_1(k) \cdot f_2(k)\} = \frac{1}{2\pi}\text{DTFT}\{f_1(k)\} * \text{DTFT}\{f_2(k)\}$$

（8）帕塞瓦尔定理

$$\sum_{k=-\infty}^{+\infty} |f(k)|^2 = \frac{1}{2\pi}\int_{-\pi}^{+\pi} |F(\mathrm{e}^{\mathrm{j}\omega})|^2 \mathrm{d}\omega$$

§8.8　离散时间系统的频率响应特性

1. 离散时间系统频率特性

与连续时间系统可以通过傅里叶变换进行频域分析一样，离散时间系统也可以通过 DTFT 进行频域分析。通过 DTFT，可以将序列分解为无数个幅度等于无穷小的复正弦信号的和。所以，对于离散时间系统而言，也可以研究其对各个频率的复正弦信号的响应，从而得到与连续时间系统一样的频率特性。

离散时间系统的频率响应的分析方法与连续时间系统类似。在连续时间系统中，有了系统函数 $H(s)$，一般只要把函数中的复变量 s 换成 $\mathrm{j}\omega$，即得系统的频率响应特性 $H(\mathrm{j}\omega)$，其幅度和相位分别反映了系统对频率为 ω 的复正弦激励信号 $\mathrm{e}^{\mathrm{j}\omega t}$ 的幅度和相位的影响，分别被称为系统的幅频特性和相频特性。在离散时间系统中，同样存在相似的结论，离散时间系统对复正弦激

励信号序列 $e^{j\omega k}$ 的响应仍然是同频率的复正弦信号序列。这里同样要研究系统对信号序列的幅度和相位的影响,即其幅频特性和相频特性。

正如连续时间系统频率响应可以由系统函数 $H(s)$ 确定一样,在离散时间系统中的频率响应特性也可以通过其系统函数 $H(z)$ 确定。在上节中我们看到,一个离散序列的 z 变换 $F(z)$ 中,令复变量 $z=e^{j\omega}$,就得到该序列的 DTFT,进而又可得到离散序列的频谱。根据这一关系,从直观上很容易联想到,若把离散时间系统系统函数 $H(z)$ 中的复变量 z 换成 $e^{j\omega}$,所得的函数 $H(e^{j\omega})$ 也就是此离散时间系统的频率响应特性。这一结论,可以证明如下:

由 §7-5 已知,离散时间系统的零状态响应等于系统的单位函数响应与输入激励函数的卷积和,即

$$y_{zs}(k) = \sum_{i=-\infty}^{+\infty} h(i)e(k-i)$$

因为现在欲求频率响应,也就是系统对离散的复正弦序列 $e^{j\omega k}$ 的稳态响应。这里的激励函数 $e^{j\omega k}$ 施加于整个时间间隔 $-\infty<k<+\infty$ 内,所以式(8-43)中 i 应由 $-\infty$ 到 $+\infty$ 来取卷积和。将 $e(k)=e^{j\omega k}$ 代入,可以得到

$$y_{zs}(k) = \sum_{i=-\infty}^{+\infty} h(i)e^{j\omega(k-i)} = e^{j\omega k}\sum_{i=-\infty}^{+\infty} h(i)(e^{j\omega})^{-i} \tag{8-49}$$

上式中的 $\sum_{i=-\infty}^{+\infty} h(i)(e^{j\omega})^{-i}$ 实际上就是 $h(t)$ 的 z 变换 $H(z)$ 在 $z=e^{j\omega}$ 处的值,令

$$H(e^{j\omega}) = H(z)\big|_{z=e^{j\omega}} = \sum_{i=-\infty}^{+\infty} h(i)(e^{j\omega})^{-i} \tag{8-50}$$

这实际上就是系统单位函数响应 $h(k)$ 的 DTFT。由此可以将式(8-49)表示为

$$y_{zs}(k) = e^{j\omega k}H(e^{j\omega}) \tag{8-51}$$

此式说明,系统对复正弦序列 $e^{j\omega k}$ 的稳态响应仍是同频率的离散指数复正弦序列,该响应的复数幅度是 $H(e^{j\omega})$。假设 $H(e^{j\omega}) = |H(e^{j\omega})|e^{j\varphi(\omega)}$,其中 $\varphi(\omega) = \arg[H(e^{j\omega})]$ 为 $H(e^{j\omega})$ 的辐角,则

$$y_{zs}(k) = |H(e^{j\omega})|e^{j[\omega k+\varphi(\omega)]} \tag{8-52}$$

显然,$H(e^{j\omega})$ 的模量 $|H(e^{j\omega})|$ 反映了系统对频率为 ω 的复正弦信号幅度的影响,是系统的幅频特性;$H(e^{j\omega})$ 的相角 $\varphi(\omega)$ 反映了系统对频率为 ω 的复正弦信号相位的影响,是系统的相频特性。

例题 8-18 某二阶系统由差分方程

$$y(k+2) - 0.9y(k+1) = e(k+2) + e(k)$$

描述,试求其幅频和相频特性。

解:此系统的系统函数为

$$H(z) = \frac{z^2+1}{z^2-0.9z}$$

则此系统的频率响应特性为

$$H(e^{j\omega}) = H(z)\big|_{z=e^{j\omega}} = \frac{e^{j2\omega}+1}{e^{j2\omega}-0.9e^{j\omega}} \tag{8-53}$$

$$= \frac{(1+\cos 2\omega)+j\sin 2\omega}{(\cos 2\omega-0.9\cos\omega)+j(\sin 2\omega-0.9\sin\omega)}$$

$$= \frac{(\cos 2\omega-1.8\cos\omega+1)-j\sin 2\omega}{1.81-1.8\cos\omega}$$

由此可得系统的幅频特性为

$$|H(e^{j\omega})| = \frac{\sqrt{(\cos 2\omega-1.8\cos\omega+1)^2+(\sin 2\omega)^2}}{1.81-1.8\cos\omega}$$

$$= \sqrt{\frac{2(1+\cos 2\omega)(1.81-1.8\cos\omega)}{(1.81-1.8\cos\omega)^2}} = \frac{2|\cos\omega|}{\sqrt{1.81-1.8\cos\omega}} \tag{8-54a}$$

系统的相频特性为

$$\varphi(\omega) = \arg H(e^{j\omega}) = -\arctan\frac{-\sin 2\omega}{\cos 2\omega-1.81\cos\omega+1} \tag{8-54b}$$

根据式(8-54a)和式(8-54b)可以画出该系统的幅频和相频特性曲线,如图 8-7。实际上现在很多计算机辅助设计软件直接支持复数计算,所以从式(8-53)可以直接求模和相角,画出频率特性曲线。这时,式(8-53)往后的那些繁琐的演算都不必要了。

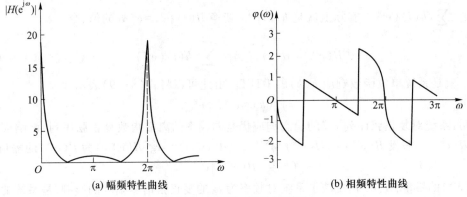

(a) 幅频特性曲线　　　　　　　　　(b) 相频特性曲线

图 8-7　例题 8-18 的频谱图

从图 8-7 可以看出,离散时间系统的频率特性与连续时间系统的频率特性很相似,但也有不同的地方,不同之处在于离散时间系统的频率特性一定是一个周期为 2π 的函数。这是因为 $H(e^{j\omega})$ 中的 $e^{j\omega}$ 是频率的周期函数而导致的。频率响应的周期性是离散时间系统特性区别于连续时间系统特性的重要特点。考虑到这种周期性,对离散时间系统的频率特性的分析只要在一个周期($0\leqslant\omega<2\pi$ 或 $-\pi\leqslant\omega<\pi$)内进行就可以了。

对于一个实际的离散时间系统,其单位函数响应 $h(k)$ 是一个实数序列。和连续时间系统的频率特性的性质一样,容易证明,离散时间系统的频率特性满足共轭对称性(conjugate symmetry)

$$H(e^{j(-\omega)}) = H^*(e^{j\omega}) = |H(e^{j\omega})|e^{-\varphi(\omega)} \tag{8-55}$$

与连续时间系统一样,离散时间系统的幅频特性也是频率的偶函数,相频特性也是频率的奇函数。由此也可以推导出系统对离散余弦序列 $\cos\omega k$ 的响应为

$$
\begin{aligned}
y_{zs}(k) &= h(k)*\cos\omega k = h(k)*\left(\frac{e^{j\omega k}+e^{-j\omega k}}{2}\right) = \frac{1}{2}\left[h(k)*e^{j\omega k}+h(k)*e^{-j\omega k}\right] \\
&= \frac{1}{2}\left[H(e^{j\omega})e^{j\omega k}+H(e^{-j\omega})e^{-j\omega k}\right] \\
&= \frac{1}{2}\left[\left|H(e^{j\omega})\right|e^{j[\omega k+\varphi(\omega)]}+\left|H(e^{j\omega})\right|e^{-j[\omega k+\varphi(\omega)]}\right] \\
&= \left|H(e^{j\omega})\right|\frac{e^{j[\omega k+\varphi(\omega)]}+e^{-j[\omega k+\varphi(\omega)]}}{2} \\
&= \left|H(e^{j\omega})\right|\cos[\omega k+\varphi(\omega)]
\end{aligned}
\tag{8-56}
$$

这个特性与连续时间系统中的特性是相似的。

2. 离散时间系统响应的频域分析

根据系统的频率特性,可以很容易得到系统对离散余弦序列或正弦序列的响应。例如,对于周期序列,可以通过 DFS 将序列分解为多个正弦分量的和;通过系统的幅频特性和相频特性,可以得到系统对各个正弦分量的响应;最后将各个响应分量相加,可以得到总响应。

例题 8-19 求例题 8-18 给出的系统对信号

$$
e(k) = 1+\cos\left(\frac{\pi}{6}k\right)+\cos\left(\frac{\pi}{4}k\right)
$$

的响应。

解:这个信号可以看成是由三个正弦序列组成,频率分别为

$$
\omega_1 = 0, \quad \omega_2 = \frac{\pi}{6}, \quad \omega_3 = \frac{\pi}{4}
$$

通过式(8-53)和式(8-54),可以得到系统在这三个频率点上的幅频和相频特性分别为

$$
\left|H(e^{j\omega_1})\right| = \frac{2}{\sqrt{1.81-1.8}} = 20, \varphi(\omega_1) = 0
$$

$$
\left|H(e^{j\omega_2})\right| = \frac{2\left|\cos\dfrac{\pi}{6}\right|}{\sqrt{1.81-1.8\cos\dfrac{\pi}{6}}} = 3.456, \varphi(\omega_2) = -\arctan\left(-\frac{0.866}{0.067\,5}\right) = 1.493
$$

$$
\left|H(e^{j\omega_3})\right| = \frac{2\left|\cos\dfrac{\pi}{4}\right|}{\sqrt{1.81-1.8\cos\dfrac{\pi}{4}}} = 1.929, \varphi(\omega_3) = -\arctan\left(-\frac{1}{0.280}\right) = 1.298
$$

根据式(8-56),可以得到系统的响应为

$$y(k) = 20 + 3.456\cos\left(\frac{\pi}{6}k + 1.493\right) + 1.929\cos\left(\frac{\pi}{4}k + 1.298\right)$$

这里特别提醒读者注意:例题8-19中的激励信号是一个双边正弦序列,求取的响应也是一个双边的稳态响应序列。由于双边正弦序列的双边 z 变换不存在,所以这个问题无法用 z 变换进行分析,但是却可以用频域分析法进行分析。

式(8-51)也可以进一步推广到系统对于任意指数函数激励的稳态响应的求解。可以证明,离散时间系统对于任意的指数函数 v^k(v 可以是任意实数或复数)的响应为

$$y_{zs}(k) = v^k H(v) \tag{8-57}$$

显然,当 $v = \mathrm{e}^{\mathrm{j}\omega}$ 时,式(8-57)与式(8-51)等价。例如,假设在例题8-19的激励中增加一个分量 $e_1(k) = (0.8)^k$,则其响应应该为

$$y_1(k) = H(0.8)(0.8)^k = \frac{0.8^2 + 1}{0.8^2 - 0.9 \times 0.8}(0.8)^k = 1.21(0.8)^k$$

对于非周期性序列,可以用类似于连续时间系统中的非周期性信号的频域分析法进行分析,基本步骤如下:

(1) 求激励信号 $e(k)$ 的 DTFT

$$E(\mathrm{e}^{\mathrm{j}\omega}) = \mathrm{DTFT}\{e(k)\}$$

(2) 求系统的频域系统函数

$$H(\mathrm{e}^{\mathrm{j}\omega}) = H(z)\big|_{z = \mathrm{e}^{\mathrm{j}\omega}}$$

(3) 计算响应 $r(k)$ 的 DTFT

$$R(\mathrm{e}^{\mathrm{j}\omega}) = H(\mathrm{e}^{\mathrm{j}\omega})E(\mathrm{e}^{\mathrm{j}\omega})$$

(4) 通过 IDTFT,求得系统的零状态响应

$$r(k) = \mathrm{IDTFT}\{R(\mathrm{e}^{\mathrm{j}\omega})\}$$

但是这种方法在用于求解系统响应的时候,未必有 z 变换法方便,所以,除非遇到了如例题8-19这样的无法用 z 变换分析的求解系统稳态响应的问题,频域分析法很少用于求解离散系统的响应,它仅用于描述系统的频率特性。

3. 离散时间系统的极零图与频率特性之间的关系

在§6.4曾经介绍过连续时间系统的极零图与频率特性的关系,可以通过图解法利用极零图作出系统的频率特性曲线。对离散时间系统也是如此,可以借助其系统函数 $H(z)$ 的极零图,通过图解法来作出其频率特性曲线。假设离散时间系统的系统函数为

$$H(z) = \frac{b_m z^m + b_{m-1} z^{m-1} + \cdots + b_0}{z^n + a_{n-1} z^{n-1} + \cdots + a_0} = \frac{b_m(z - z_1)(z - z_2)\cdots(z - z_m)}{(z - p_1)(z - p_2)\cdots(z - p_n)}$$

$$= b_m \frac{\displaystyle\prod_{i=1}^{m}(z - z_i)}{\displaystyle\prod_{l=1}^{n}(z - p_l)} \tag{8-58}$$

系统的频率响应特性为

$$H(e^{j\omega}) = b_m \frac{\prod_{i=1}^{m}(e^{j\omega} - z_i)}{\prod_{l=1}^{n}(e^{j\omega} - p_l)} \tag{8-59}$$

令

$$\begin{cases} e^{j\omega} - p_l = A_l e^{j\alpha_l} \\ e^{j\omega} - z_i = B_i e^{j\beta_i} \end{cases} \tag{8-60}$$

则式(8-59)成为

$$H(e^{j\omega}) = b_m \frac{\prod_{i=1}^{m} B_i}{\prod_{l=1}^{n} A_l} e^{j\left(\sum_{i=1}^{m}\beta_i - \sum_{l=1}^{n}\alpha_l\right)} \tag{8-61a}$$

由此可得系统的幅频特性和相频特性为

$$|H(e^{j\omega})| = b_m \frac{\prod_{i=1}^{m} B_i}{\prod_{l=1}^{n} A_l} \tag{8-61b}$$

$$\varphi(\omega) = \sum_{i=1}^{m} \beta_i - \sum_{l=1}^{n} \alpha_l \tag{8-61c}$$

式(8-60)中的复变量 $A_l e^{j\alpha_l}$ 和 $B_i e^{j\beta_i}$ 可以作为矢量由作图法对于每一 ω 值求出,然后再由式(8-61)通过简单计算得到各 ω 值时的响应。

图 8-8 表示如何利用作图法来求频率响应函数量 $H(e^{j\omega})$ 中 A_l、B_i、α_l、β_i 诸值。该图表示一个具有两个极点和一个零点的二阶系统。式(8-60)中的复变量可以分别用由各极点或零点到单位圆上某一点 $z = e^{j\omega}$ 的矢量代表,这些矢量的幅度和相角分别对应于 A_l、B_i、α_l、β_i,其值即可量得。其中 $\omega = 0$ 时,移动点处于 z 平面上 $z = 1$ 的点,随着 ω 的增加,移动点在单位圆上向逆时针方向移动,直到 $\omega = \pi$ 时,移动点移动到 $z = -1$;然后,随着 ω 的继续增加,移动点继续在单位圆上向逆时针方向移动,直到 $\omega = 2\pi$ 时,移动点移回到起始点 $z = 1$。频率由 0 到 2π 变化一周,就可以作出这一周期内的频率响应特性。继续增加频率,只是周期性地重复上述响应特性。

从上面的介绍可以看出,离散时间系统的频响特性的作图法与连续时间系统的频率响应特性的作图法是很相似的。只不过在连续时间系统中,移动点是从 $s = 0$ 点开始在 $j\omega$ 轴上移动的;而在离散时间系统中,移动点是从 $z = 1$ 点开始在单位圆上移动的。利用作图法也能够根据系统函数极点和零点的位置粗略判断出系统频响曲线的大致形状。在连续时间系统中,若有极点靠近 $j\omega$ 轴,则当 ω 变化经过此极点附近时,幅频响应出现峰值;若有零点靠近 $j\omega$ 轴,则当 ω 变化经过此

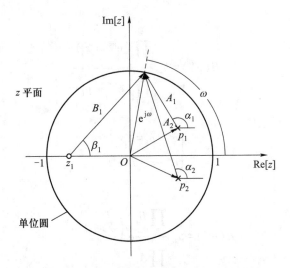

图 8-8 频率响应函数 $H(e^{j\omega})$ 中诸因子的矢量表示法

零点附近时,幅频响应出现谷值。与此相当,在离散时间系统中,若有极点靠近单位圆,则当 ω 变化经过此极点附近时,幅频响应也出现峰值;若有零点靠近单位圆,则当 ω 变化经过此零点附近时,幅频特性也出现谷值。

在连续时间系统中,曾经提出过两种特殊的系统:全通系统(all-pass system)和最小相位系统(minimum-phase system)。在离散时间系统中同样也有全通和最小相位系统。这个问题作为习题留给读者自行推演(见习题 8.26)。

4. 考虑到实际抽样频率的频率特性曲线

在上面讨论中,系统的频率响应 $H(e^{j\omega})$ 是系统对复正弦序列 $e^{j\omega k}$ 的影响,其中并没有考虑抽样频率。实际上,在抽样间隔为 T 时,复正弦序列 $e^{j\omega k}$ 是由正弦信号 $e^{j\frac{\omega}{T}t}$ 按间隔 T 抽样得到,这个正弦信号的实际频率是 $\Omega = \dfrac{\omega}{T}$。将 $\omega = \Omega T$ 代入原来的频率响应公式中,就可以得到另外一种频率响应公式 $H(e^{j\Omega T})$,这个频响特性反映了系统对某抽样频率下的复正弦信号的响应,其频率 Ω 在实际应用中具有实际的物理意义。所以,有时也用 $H(e^{j\Omega T})$ 表示离散时间系统的频率特性,这个频率特性也是频率的周期性函数,其周期为 $\dfrac{2\pi}{T} = \omega_s$。为了区分这两种情况下的频率和频率特性,有时改称 ω 为**归一化频率**,改称 $H(e^{j\omega})$ 为**归一化频率响应函数**。用 ω 和 Ω 为自变量表示系统的频率特性各有其优点:$H(e^{j\Omega T})$ 形式的频率响应函数可以与某抽样频率下的实际系统的频率响应函数相对应;而归一化频率响应函数 $H(e^{j\omega})$ 则因为可用于不同的抽样频率的系统中,所以更具有一般性。这两种频率响应函数频谱的区别只是在于频率坐标的刻度不同,其中 $H(e^{j\omega})$ 中的 2π 点对应于 $H(e^{j\Omega T})$ 中的 $\Omega = \omega_s$ 点。在已知系统的抽样频

率时,这两种形式的频率响应函数可以很容易地相互转换。例如,例题 8-18 中的系统的归一化频率响应函数为

$$H(e^{j\omega}) = \frac{(\cos 2\omega - 1.8\cos\omega + 1) - j\sin 2\omega}{1.81 - 1.8\cos\omega}$$

将其中的 ω 换成 ΩT,就可以得到另外一种频率响应函数

$$H(e^{j\Omega T}) = \frac{[\cos(2\Omega T) - 1.8\cos(\Omega T) + 1] - j\sin(2\Omega T)}{1.81 - 1.8\cos(\Omega T)}$$

通过相反的过程,也可以将 $H(e^{j\Omega T})$ 转化为 $H(e^{j\omega})$。根据两种频率得到的频谱图中的横坐标上的点相互之间的对应关系也很容易找到。例如,从图 8-7 可以看到,该系统在归一化频响曲线中靠原点最近的幅频特性为零的点出现在 $\omega_0 = \dfrac{\pi}{2}$ 处,而在以 Ω 为横坐标的新的频响曲线中这个零点的位置将出现在 $\Omega_0 = \dfrac{\omega_0}{T} = \dfrac{\pi}{2T}$ 处。

对离散时间系统的傅里叶变换分析法也可以用 $H(e^{j\Omega T})$ 进行,但此时信号的 DTFT 公式同样也必须考虑抽样频率,应该改变为

$$F(e^{j\Omega T}) = \sum_{k=-\infty}^{+\infty} f(k)e^{-jk\Omega T} \qquad -\frac{\omega_s}{2} < \Omega < \frac{\omega_s}{2} \tag{8-62}$$

$$f(k) = \text{IDTFT}\{F(e^{j\Omega T})\} = \frac{1}{\omega_s}\int_{-\frac{\omega_s}{2}}^{+\frac{\omega_s}{2}} F(e^{j\Omega T})e^{jk\Omega T}\mathrm{d}\Omega \tag{8-63}$$

在上面的讨论中,为了区别两种角频率,分别用 ω 和 Ω 表示归一化角频率和实际角频率。但是在许多资料中,两种角频率都可能用 ω 表示,这时可以根据频谱或频响函数的形式确定其实际含义:如果表示为 $F(e^{j\omega T})$ 或 $H(e^{j\omega T})$,则 ω 表示实际角频率;如果表示为 $F(e^{j\omega})$ 或 $H(e^{j\omega})$,则 ω 表示归一化角频率。

根据离散时间系统的频率特性,也可以将离散时间系统分为低通滤波器、带通滤波器、高通滤波器等。但是由于离散时间系统频率特性的周期性,在判定系统的通带时不能在整个归一化频率 ω 的取值范围内判定,而应该只在区间 $0 \le \omega < \pi$ 内判定。例如,例题 8-18 给出的系统在主值区间 $0 \le \omega < \pi$ 内,对频率比较低的信号有很高的增益,对频率比较高的信号增益就小,所以它可以被看成是一个低通滤波器。对于实际频率 Ω 而言,判定的区间应该是 $0 \le \Omega < \dfrac{\omega_s}{2}$。结合第七章中的抽样定理,这种对频率范围的限制是合理的,因为实际的离散系统处理的信号的最高频率不可能超过奈奎斯特抽样频率 $\dfrac{\omega_s}{2}$。

§8.9 离散时间系统与连续时间系统变换域分析法的比较

在 §7.6 中，曾经将离散时间系统和连续时间系统的时域分析方法作了一个比较，离散时间系统的时域分析方法与连续时间系统有很多相似之处，也有一定的不同。同样，离散时间系统与连续时间系统的变换域分析方法有很多相似与不同。

首先从变换的工具上看，拉普拉斯变换和 z 变换都是将一个以时间为自变量的函数变成以另外一个复数变量为自变量的函数。在这里，拉普拉斯变换完成了一个以时间为自变量的连续函数向另一个复变函数的转换，而 z 变换则完成了一个离散时间序列向另一个复变函数的转换。这两种变换的优点都是在于可以将原来求解微分或差分方程的问题转换成为求解代数方程的问题。在 s 平面和 z 平面中的每一个复数点都代表了一个信号模式，如果信号或系统在这个复数点位置上有一个极点，响应的信号分量或系统的自然响应分量中就有相应模式的信号存在。但是 s 平面和 z 平面上的点对应的信号模式在组成上有一定的差别。对于同一个复数点 $a+jb$，s 平面中代表的信号模式是 $e^{(a+jb)t}$，而在 z 平面中则是 $(a+jb)^k$。

拉普拉斯变换和 z 变换都要考虑收敛区，即 $F(s)$ 或 $F(z)$ 存在的区间。在拉普拉斯变换中，收敛区间的边界一般是一条平行于虚轴的直线，而 z 变换中的收敛区边界则往往是一个以原点为圆心的圆。对于有始信号或序列而言，拉普拉斯变换的收敛区间往往是一个收敛边界（直线）以右的半个平面，而 z 变换的收敛区间往往是收敛边界（圆）以外的区域。而对于双边信号而言，拉普拉斯变换的收敛区间是一个条形区间，而 z 变换的收敛区间则是一个环形区域。在进行反变换时，在 s 平面中是沿着收敛区间中的一条平行于虚轴的直线进行的线积分，而 z 平面中则是沿着收敛区中一个闭合路径作围线积分。这两个积分都可以用留数定理进行计算，其中在 s 平面中应用留数定理时必须考虑约当辅助定理成立的条件，而 z 平面中则直接可以用留数计算。两种反变换运行也都可以用比较简单的部分分式分解法，通过一些已知的变换结果得出。

拉普拉斯变换和 z 变换都有单双边变换。其中单边变换都可以用于因果系统分析，并且通过单边变换可以自动引入系统的初始条件，求出系统的全响应。在求解系统响应时也可以将响应分为零状态和零输入两部分分别求解，这时，通过卷积性质，可以将原来时域法中的卷积计算变成乘积运算，从而方便零状态响应的求解。这里通过两种变换都可以导出系统函数的概念，无论是 $H(s)$ 还是 $H(z)$，都与时域中的微分方程和差分方程有着直接的对应关系，可以根据微分或差分方程直接得到。

根据变换域中的系统函数，可以对系统的很多特性进行分析，例如稳定性、因果性等。在判断系统的稳定性时，都是根据系统的极点分布情况进行，但是判断的分界线不同。稳定的连续时间因果系统的极点出现在 s 平面虚轴以左的半个平面中，而稳定的离散时间因果系统的极点出现在 z 平面单位圆内。在不知道系统的极点位置的情况下，可以用罗斯-霍维茨准则，根据系统函数分母多项式的系数判断极点是否会出现在虚轴以右部分；但对于离散时间系统，无法直接判断极点是否会出现在单位圆以外区域,但是,可以通过双线性变换,将系统函数分母多项式映射到另外一个复平面中,然后依然可以利用罗斯-霍维茨准则判断。对于连续时间系统,利用系统函数很难判断系统是否满足因果性,但是对于离散时间系统而言则非常简单,只要其分子多项式的次数不大于分母多项式的次数,系统就是因果的。

傅里叶变换在连续和离散时间系统中都有非常重要的作用。它都可以看成是拉普拉斯变换或 z 变换的特例。在连续时间系统中,傅里叶变换可以看成是拉普拉斯变换在虚轴上的特例;在离散时间系统中,傅里叶变换则是 z 变换在单位圆上的特例。通过傅里叶变换,可以导出系统的频率响应,无论在连续还是离散时间系统中,频率响应都是描述系统性能的一个非常重要的函数。

连续时间系统和离散时间系统的频率响应都可以根据系统函数的极零点的分布判定。在连续时间系统中,系统的频率响应对应于 s 平面虚轴上的系统函数值,频率响应可以利用虚轴上的点与各个极零点产生的向量的长度和角度来判断;而在离散时间系统中,系统的频率响应对应于 z 平面单位圆上的点,频率响应可以利用单位圆上的点与各个极零点产生的向量的长度和角度来判断。除了频率点在复平面上的位置不同以外,在分析方法上两者都是非常相似的。从极零点的分布,在连续和离散实际系统中都可以导出全通系统和最小相位系统所应满足的条件。

通过上面的讨论,可以看到,连续时间系统和离散时间系统的变换域分析方法也是非常相似的。了解这些,可以帮助我们更好地理解这两种变换分析方法。

习　题

8.1 利用定义式求下列序列的 z 变换并标注收敛区。

(1) $f(k)=\{1,-1,1,-1,1,\cdots\}$　　　　(2) $f(k)=\{0,1,0,1,0,\cdots\}$

(3) $f(k)=\delta(k-k_0)$　　$(k_0>0)$　　　　(4) $f(k)=\delta(k+k_0)$　　$(k_0>0)$

(5) $f(k)=0.5^k\varepsilon(k-1)$　　　　　　(6) $f(k)=-\varepsilon(-k-1)$

8.2 求下列序列的 z 变换,并标注收敛区。

(1) $(k-3)\varepsilon(k-3)$　　　　　　(2) $(k-3)\varepsilon(k)$

(3) $|k-3|\varepsilon(k)$

8.3 运用 z 变换的性质求下列序列的 z 变换。

(1) $f(k)=\dfrac{1}{2}\big[1+(-1)^k\big]\varepsilon(k)$　　　　(2) $f(k)=\varepsilon(k)-\varepsilon(k-8)$

(3) $f(k)=k(-1)^k\varepsilon(k)$　　　　　　(4) $f(k)=k(k-1)\varepsilon(k)$

(5) $f(k)=\cos\dfrac{k\pi}{2}\varepsilon(k)$　　　　　　(6) $f(k)=\left(\dfrac{1}{2}\right)^k\cos\dfrac{k\pi}{2}\varepsilon(k)$

8.4 已知 $f(k)=(a)^k\varepsilon(k)$,用卷积定理求 $f(k)=\displaystyle\sum_{n=0}^{k}f(n)$ 的 z 变换。

8.5 用终值定理求序列 $f(k)=b(1-e^{-akT})\varepsilon(k)$ 的终值。

8.6 若序列的 z 变换如下,求该序列的前三项。

（1）$F(z) = \dfrac{z^2}{(z-2)(z-1)}$, $\quad |z| > 2$　　　　（2）$F(z) = \dfrac{z^2 + z + 1}{(z-1)(z+0.5)}$, $\quad |z| > 1$

（3）$F(z) = \dfrac{z^2 - z}{(z-1)^3}$, $\quad |z| > 1$　　　　（4）$F(z) = \dfrac{z^2 - z}{(z-1)^3}$, $\quad |z| < 1$

8.7 用部分分式展开法及留数法求下列 $F(z)$ 对应的原右边序列。

（1）$F(z) = \dfrac{10z^2}{(z-1)(z+1)}$　　　　（2）$F(z) = \dfrac{z^2 + 2z}{(z^2-1)(z+0.5)}$

（3）$F(z) = \dfrac{2z^2 - 3z + 1}{z^2 - 4z - 5}$　　　　（4）$F(z) = \dfrac{4z^3 + 7z^2 + 3z + 1}{z^3 + z^2 + z}$

（5）$F(z) = \dfrac{8(1 - z^{-1} - z^{-2})}{2 + 5z^{-1} + 2z^{-2}}$　　　　（6）$F(z) = \dfrac{1 + z^{-1}}{1 - z^{-1} - z^{-2}}$

8.8 求下列 z 变换的原序列。

（1）$F(z) = 7z^{-1} + 3z^{-2} - 8z^{-10}$, $\quad |z| > 0$　　　　（2）$F(z) = 2z + 3 + 4z^{-1}$, $\quad 0 < |z| < +\infty$

（3）$F(z) = \dfrac{z^4 - 1}{z^4 - z^3}$, $\quad |z| > 1$　　　　（4）$F(z) = \dfrac{z - 5}{z + 2}$, $\quad |z| > 2$

8.9 求下列序列的双边 z 变换。

（1）$f(k) = \left(\dfrac{1}{2}\right)^k \varepsilon(-k-1)$　　　　（2）$f(k) = \left(\dfrac{1}{3}\right)^k \varepsilon(k) + 2^k \varepsilon(-k-1)$

（3）$f(k) = \left(\dfrac{1}{2}\right)^{|k|}$

8.10 求 $F(z) = \dfrac{z+2}{2z^2 - 7z + 3}$ 的原序列, 收敛区分别为：

（1）$|z| > 3$　　　　（2）$|z| < \dfrac{1}{2}$

（3）$\dfrac{1}{2} < |z| < 3$

8.11 求 $F(z) = \dfrac{2z^3}{\left(z - \dfrac{1}{2}\right)^2 (z-1)}$ 的原序列, 收敛区分别为：

（1）$|z| > 1$　　　　（2）$|z| < \dfrac{1}{2}$

（3）$\dfrac{1}{2} < |z| < 1$

8.12 用卷积定理求下列卷积和。

（1）$a^k \varepsilon(k) * \delta(k-2)$　　　　（2）$a^k \varepsilon(k) * \varepsilon(k+1)$

（3）$a^k \varepsilon(k) * b^k \varepsilon(k)$

8.13 用 z 变换与拉普拉斯变换间的关系,

（1）由 $f(t) = te^{-at}\varepsilon(t)$ 的 $F(s) = \dfrac{1}{(s+a)^2}$, 求 $ke^{-ak}\varepsilon(k)$ 的 z 变换。

（2）由 $f(t) = t^2 \varepsilon(t)$ 的 $F(s) = \dfrac{2}{s^3}$, 求 $k^2 \varepsilon(k)$ 的 z 变换。

8.14　用 z 变换分析法求解 7.16 所示系统的零输入响应。

8.15　用 z 变换分析法求解 7.17 所示系统的系统函数和单位函数响应,并判断该系统是否稳定。

8.16　用 z 变换分析法求解 7.26 所示系统的零输入响应。

8.17　用 z 变换分析法求下列系统的全响应。

（1）$y(k+1)-0.2y(k)=\varepsilon(k+1),y(0)=1$

（2）$y(k+1)-y(k)=\varepsilon(k+1),y_{zi}(0)=-1$

（3）$2y(k+2)+3y(k+1)+y(k)=(0.5)^k\varepsilon(k),y(0)=0,y(1)=-1$

8.18　用 z 变换分析法求下列系统的全响应。

（1）$y(k)-0.9y(k-1)=0.1\varepsilon(k),y(-1)=2$

（2）$y(k)+2y(k-1)=(k-2)\varepsilon(k),y(0)=1$

（3）$y(k)+3y(k-1)+2y(k-2)=\varepsilon(k),y(-1)=0,y(-2)=\dfrac{1}{2}$

（4）$y(k)+2y(k-1)+y(k-2)=\dfrac{4}{3}(3)^k\varepsilon(k),y(-1)=0,y(0)=\dfrac{4}{3}$

（5）$y(k+2)+y(k+1)+y(k)=\varepsilon(k),y(0)=1,y(1)=2$

8.19　已知系统函数如下,试作其直接形式、并联形式及串联形式的模拟框图。

（1）$H(z)=\dfrac{3+3.6z^{-1}+0.6z^{-2}}{1+0.1z^{-1}-0.2z^{-2}}$　　　　（2）$H(z)=\dfrac{1+z^{-1}+z^{-2}}{1-0.2z^{-1}+z^{-2}}$

（3）$H(z)=\dfrac{z^2}{(z+0.5)^3}$

8.20　已知系统的阶跃序列响应为 $r_\varepsilon(k)=k(0.5)^k\varepsilon(k)$,试绘出该系统的模拟框图。

8.21　已知某离散系统系统函数的分母多项式如下,求系统稳定时常数 P 的取值范围。

（1）$D(z)=z^2+0.25z+P$　　　　（2）$D(z)=z^3-0.5z^2+0.25z+P$

8.22　求图 P8-22 所示系统的系统函数并粗略绘其频响。

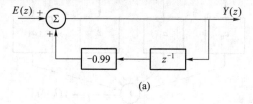

(a)

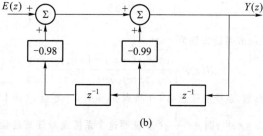

(b)

图 P8-22

8.23 粗略绘出具有下列系统函数的幅频响应曲线。

(1) $H(z) = \dfrac{1}{1+z^{-1}}$　　　　　(2) $H(z) = \dfrac{(1+z^{-1})^2}{1+0.16z^{-2}}$

(3) $H(z) = \dfrac{2z}{z^2+\sqrt{2}z+1}$

8.24 求图 P8-24 所示三阶非递归滤波器的系统函数,并绘出其极零图与粗略的幅频响应曲线。假设输入信号的抽样间隔为 1 ms。

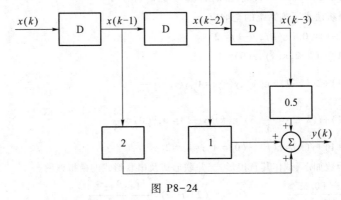

图 P8-24

8.25 图 P8-25 所示抽头滤波器,如要求其传输系数在 $\omega = 0$ 时为 1;在 $\omega_1 = \dfrac{\pi}{2} \times 10^3$ rad/s 及 $\omega_2 = \pi \times 10^3$ rad/s 时为零,求图中各标量乘法器的传输值 a_0、a_1、a_2、a_3,并绘其幅频响应曲线。

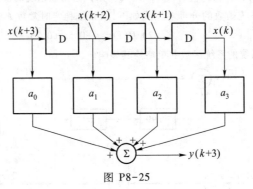

图 P8-25

8.26 已知某离散时间系统的系统方程为

$$H(z) = \frac{(z-z_1)(z-z_2)\cdots(z-z_n)}{(z-p_1)(z-p_2)\cdots(z-p_n)z^{k_0}}$$

其中 k_0 是任意大于零的整数,系统的任意第 i 个极点 p_i 和第 i 个零点 $z_i(i=1,2,\cdots,n)$ 之间满足辐角相等、幅度互为倒数的关系,即假设 $z_i = r_i e^{j\phi_i}$,则 $p_i = \dfrac{1}{r_i} e^{j\phi_i}$。证明这个系统是对任意的频率都具有相同幅频特性的全通系统。

第九章

线性系统的状态变量分析

§9.1 引言

要对一个系统进行分析,首先要把这个系统的工作状况表示为数学模型,也就是要用适当的数学式子来描述系统的工作状况。描述系统的方法,按照采用何种数学模型,可以分两类。一类是输入-输出描述法,另一类是状态变量描述法。

前面各章讨论的线性系统的各种分析法,包括时域分析法和变换域分析法,尽管各有不同的特点,但都着眼于激励函数和响应函数之间的直接关系,或者说输入信号和输出信号之间的直接关系,都属于系统的输入-输出描述法(the input-output description of systems)。这些方法中,人们关心的只是系统输入和输出端子上的有关变量。输入和输出信号之间的关系,在时域中可以用一个高阶的微分或差分方程表示,在变换域中是以系统函数相联系的。对于简单的单输入-单输出(single input single output,SISO)的系统,这种描述法和处理法是很方便的。但是,现代工程中所采用的系统日趋复杂,它们往往是多输入-多输出(multiple input multiple output,MIMO)的系统,要同时完成多种功能,用输入-输出方法很难对其进行描述。此外,输入-输出方法只关心系统的输入和输出之间的关系,无法描述系统内部各个部分的工作情况,对系统的特性无法进行全面的描述。例如,有的系统从传输函数上看是稳定的,但是系统内部存在不稳定的部分,从传输函数上有时很难发现系统的内部的不稳定性。

本章将介绍系统的另一种表述方法,即系统的状态变量描述法(the state-variable description of system)。这种方法在宇航、自动控制、雷达与声呐信号处理等方面有很重要的作用,甚至在经济、社会、生物等领域也有很大的应用价值。这种方法与输入-输出方法相比,有很多优点。第一,它可以提供有关系统的更多的信息。它可以描述多输入-多输出系统,不仅可以给出系统的输出响应,而且如果需要的话,还可以给出系统内部所需要的各种情况。第二是从数学处理上考虑,这套分析方法可以利用线性代数这个有力的工具,通过矩阵把冗繁的数学式表达得非常简明,并且把状态变量的微分方程或差分方程纳入一种统一的标准形式,这样就特别便于利用计算机来表述和分析。第三是从应用范围上考虑,状态变量分析法除了可以分析复杂的线性非时变系统外,还可以用来分析线性时变系统和非线性系统。第四,这种方式特别易于用计算机解算,无论是线性系统还是非线性系统,无论系统输入的是多么复杂的信号,通过状态方程,很容易求得其数值解,这一点在实际应用中有很大的实用价值。上面这些优点在分析一个复杂系统时表现得十分突出,但是在分析一个简单的系统时其优势可能难以显示出来,甚至有时会将简单问题复杂化。所以,不同的分析方法总是各有其适用的方面和其局限的方面,在使用时必须加以注意。

本章以后各节将分别研究状态方程的建立,状态方程的变换域解法以及数值解法等。由于连续时间系统和离散时间系统的状态变量分析也是平行相似的,所以本章对各个问题的研究,都先从连续时间系统开始,然后推及离散时间系统。

§9.2 系统的状态变量描述法

在前面各章中,系统都是以输入-输出法描述的。这种描述方法用一个单变量高阶微分或差分方程描述系统输入和输出之间的关系。而在系统的状态变量描述法中,则以另外一种方式,即通过状态方程(state equation)和输出方程(output equation)来描述系统。下面就详细介绍这种描述方法。

1. 状态变量、状态方程与输出方程

这里以一个简单的一维空间的物体运动方程为例,说明状态变量描述法中的相关概念。假设有一个质量为 m 的物体,在外力 $f(t)$ 的作用下沿坐标 x 轴进行一维运动,如图 9-1 所示。物体在 t 时刻的位置为 $x(t)$。要求列出这个物体的运动方程。

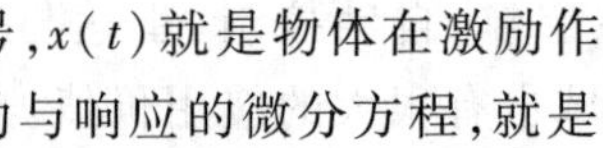

图 9-1 一维运动物体的例子

这个例子在很多大学物理的教材中能够见到,根据力学中的牛顿定理,可以得到

$$mx''(t) = f(t) \tag{9-1}$$

这里的 $f(t)$ 相当于外加的输入信号,$x(t)$ 就是物体在激励作用下位置随时间变化关系,可以看成是输出。这种直接描述输入激励与响应的微分方程,就是我们熟知的输入-输出方程。状态方程则用另外一个方式给出一个系统的数学模型,它并没有直接考察 $x(t)$ 与输入信号的关系,而是首先确定两个**状态变量**(state variable)

$$x_1(t) = x(t)$$
$$x_2(t) = x'(t)$$

显然,x_1 就是物体的位置,x_2 是物体的速度。特别要指出的是,这里的 x_1 恰好等于欲求解的输出

$x(t)$,但是在实际应用中欲求解的输出未必一定要出现在状态变量中。然后,根据这两个状态变量,列出两个一次微分方程

$$x_1'(t) = x_2(t) \tag{9-2a}$$

$$x_2'(t) = \frac{1}{m}f(t) \tag{9-2b}$$

这个方程就是**状态方程**(state equation)。其中式(9-2a)可以由前面状态变量的定义式直接导出,而式(9-2b)则与式(9-1)一样,由牛顿定理导出。这里的状态方程实际上是两个关于状态变量的一阶微分方程构成的方程组,它有着严格的格式要求:每个等式的左边必须是某状态变量的一阶导数;等式右边只可以出现状态变量和输入信号,而且不可以再出现任何微积分计算。在满足这两个要求的情况下,给定初始条件 $x_1(0)$、$x_2(0)$,就可以通过本书下册§10.5介绍的方法求解这个状态方程,解得状态变量的解 $x_1(t)$ 和 $x_2(t)$。

求得状态变量的解以后,还必须给出输出信号 $x(t)$,在这个例子中非常简单

$$x(t) = x_1(t) \tag{9-3a}$$

这就是**输出方程**(output equation)。它给出了系统的输出信号与状态变量和输入信号之间的关系。有的时候需要得到的输出信号可能不止一个,例如在这个例子中,如果还需要得到物体运动的速度 $v(t)$,则可以得到第二个输出方程

$$v(t) = x_2(t) \tag{9-3b}$$

这个输出方程就是由式(9-3a)和式(9-3b)构成的方程组。对输出方程的格式同样也有严格的要求:每个等式的左边为需要求解的系统输出信号;等式的右边只能出现状态变量和输入信号,而且不能出现微积分计算。在这个例子中,输出信号恰好等于状态变量中的 $x_1(t)$ 和 $x_2(t)$,实际应用中可能关系并不是这么简单,从后面的很多例子中可以看到,每一个输出方程中可能会涉及多个状态变量信号和输入信号。

状态方程(9-2)和输出方程(9-3)组成了系统的状态变量描述法的全部内容,它与系统的输入-输出描述法(9-1)一样,给出了实际应用系统的数学模型。通过这个模型,一样可以求解出系统的响应。到这里,可以对状态变量和状态方程等下一个一般的定义:

状态(或**状态变量**):描述系统内部状态所需用的最少的物理量。通过这些状态变量,可以列写出系统的状态方程;

状态方程:描述状态变量变化规律的一组一阶微分方程组,其中每一个等式左边是状态变量的一阶导数,右边是只包含状态变量和激励信号,而且只存在一般函数运算,不会涉及状态变量的微分和积分运算。

输出方程:描述系统的输出与状态变量之间的关系的方程组,其中每一个等式左边是输出变量,右边只包含状态变量和激励信号,而且只存在一般函数运算,不会涉及状态变量的微分和积分运算。通过状态变量在 t_0 时刻的值,可以计算出输出变量在 t_0 时刻的值。

这里着重说明两点。第一,上面定义中,对状态方程和输出方程等式右边内容的描述都提到了"一般函数运算",在这里是指除了微分和积分以外的函数计算,例如函数的加、减、乘、除、

平方、开方等,不会涉及函数的微积分计算。例如 $ax_1(t)+bx_2(t)$、$x_1^2(t)\sqrt{x_2(t)}$、$\sin[x_1(t)]+\log x_2(t)$ 都属于这个范畴。这种计算的特点是只需要知道相关的函数在某些特定时间点上的值,就可以指定时间点上的函数计算结果。例如,对于上面的几个例子,只要知道了 $x_1(t_0)$ 和 $x_2(t_0)$,就可以得到 t_0 上的运算结果。假设其中有延时运算,例如 $ax_1(t)+bx_2(t-a)$,则只要知道了 $x_1(t_0)$ 和 $x_2(t_0-a)$ 的数值,就可以得到 t_0 上的运算结果,也属于此列。但是,如果其中包含了微积分运算,就不是这样了,例如 $x_1'(t)+x_2(t)$ 的计算必须知道函数 $x_1(t)$ 的导数 $x_1'(t)$ 在 t_0 时刻的数值 $x_1'(t_0)$,就不属于"一般函数运算"之列了。对于线性系统而言,状态方程和输出方程中的函数运算更加简单,一定是 $ax_1(t)+bx_2(t)$ 这样的线性加权和。

第二,在对状态变量的定义中,谈到了"所需用的最少的物理量",这里是指列写系统的状态方程所必需的那些物理量,数量不能多,也不能少。如果状态变量选取得过少,就无法列出状态方程。如果状态变量过多,会使得状态方程的数量增加,求解复杂化,甚至无法求解。一般而言,状态变量的个数等于系统的阶数,例如上面的例子里面,系统是二阶的,所以必须确定两个状态变量。但如果事先不能确定系统的阶数,在选择状态变量的时候就必须加以注意了。如果某物理量可以用已经指定为状态变量的其他物理量通过一般函数运算计算出,那这个物理量就不可能是有用的状态变量,必须去除。在 §9.4 中,将讨论到这个问题。

状态变量描述法通过状态方程和输出方程,对系统进行描述。通过状态方程,可以求出系统的状态变量随时间变化的规律。然后,根据求得的状态变量,通过输出方程,不难得到系统的输出。显然,选择不同的输出方程,就可以得到不同的系统输出。所以,状态变量描述法特别适用于多输入-多输出系统。

2. 系统状态变量描述的一般形式

一般地,假设一个系统有 n 个状态变量 x_1、x_2、$\cdots$、x_n,有 l 个激励源 e_1、e_2、$\cdots$、e_l,m 个输出 y_1、y_2、$\cdots$、y_m。则系统的状态方程可以表示为

$$\begin{cases} x_1'=f_1(x_1,x_2,\cdots,x_n,e_1,e_2,\cdots,e_l) \\ x_2'=f_2(x_1,x_2,\cdots,x_n,e_1,e_2,\cdots,e_l) \\ \quad\quad\cdots\cdots\cdots\cdots \\ x_n'=f_n(x_1,x_2,\cdots,x_n,e_1,e_2,\cdots,e_l) \end{cases} \tag{9-4a}$$

系统的输出方程为

$$\begin{cases} y_1=g_1(x_1,x_2,\cdots,x_n,e_1,e_2,\cdots,e_l) \\ y_2=g_2(x_1,x_2,\cdots,x_n,e_1,e_2,\cdots,e_l) \\ \quad\quad\cdots\cdots\cdots\cdots \\ y_m=g_m(x_1,x_2,\cdots,x_n,e_1,e_2,\cdots,e_l) \end{cases} \tag{9-5a}$$

这里的函数 $f_i(\cdot)$ 和 $g_i(\cdot)$ 中只涉及变量的一般函数运算,没有对函数进行微分或积分之类的计算,其中的每一个方程都是一阶微分方程,所以式(9-4a)实际上是 n 个一阶微分方程构成的方程组。

如果系统是线性系统,则 $f_i(\cdot)$ 和 $g_i(\cdot)$ 是状态变量和激励函数的线性函数,状态方程可以记为

$$
\begin{cases}
x'_1 = a_{11}x_1 + a_{12}x_2 + \cdots + a_{1n}x_n + b_{11}e_1 + b_{12}e_2 + \cdots + b_{1l}e_l \\
x'_2 = a_{21}x_1 + a_{22}x_2 + \cdots + a_{2n}x_n + b_{21}e_1 + b_{22}e_2 + \cdots + b_{2l}e_l \\
\quad\quad\quad\quad\quad\quad\cdots\cdots\cdots\cdots\cdots \\
x'_n = a_{n1}x_1 + a_{n2}x_2 + \cdots + a_{nn}x_n + b_{n1}e_1 + b_{n2}e_2 + \cdots + b_{nl}e_l
\end{cases}
\tag{9-4b}
$$

同时输出方程可以记为

$$
\begin{cases}
y_1 = c_{11}x_1 + c_{12}x_2 + \cdots + c_{1n}x_n + d_{11}e_1 + d_{12}e_2 + \cdots + d_{1l}e_l \\
y_2 = c_{21}x_1 + c_{22}x_2 + \cdots + c_{2n}x_n + d_{21}e_1 + d_{22}e_2 + \cdots + d_{2l}e_l \\
\quad\quad\quad\quad\quad\quad\cdots\cdots\cdots\cdots\cdots \\
y_m = c_{m1}x_1 + c_{m2}x_2 + \cdots + c_{mn}x_n + d_{m1}e_1 + d_{m2}e_2 + \cdots + d_{ml}e_l
\end{cases}
\tag{9-5b}
$$

对于电系统而言,状态变量一般是电量,例如电压、电流、电荷等。对于非电系统,状态变量一般是非电量,例如热力学系统中的温度、压力,经济系统中的产值、成本,等等。状态变量可以是时间的函数,也可以是其他变量的函数。

在给定系统的模型和输入激励函数而要用状态变量去分析该系统时,可以分为三步来进行。第一步是确定系统的状态变量,列出状态方程;第二步,根据系统的初始状态和状态方程求出各个状态变量的时间函数;第三步是通过这些状态变量和输出方程确定系统的输出响应函数。所以通过状态方程去解出状态变量,其最终目的仍是为了求得在一定的输入激励下系统的输出响应,这样的分析方法常被称为现代的系统分析法。

上述对于状态变量和状态方程的概念,都是通过连续时间系统来说明的。对于离散时间系统,情况也相似,只是状态变量都是离散量,因而状态方程是一组一阶差分方程,而输出方程则是一组离散变量的代数方程组。

3. 状态方程和输出方程的矢量表示

通过矩阵,可以将上面介绍的式(9-4b)、(9-5b)记为非常简单的形式。对于式(9-4b)表示的一般的状态方程,可以用矩阵将它记为

$$
\begin{bmatrix} x'_1 \\ x'_2 \\ \vdots \\ x'_n \end{bmatrix} = \begin{bmatrix} a_{11} & a_{12} & \cdots & a_{1n} \\ a_{21} & a_{22} & \cdots & a_{2n} \\ \vdots & \vdots & & \vdots \\ a_{n1} & a_{n2} & \cdots & a_{nn} \end{bmatrix} \begin{bmatrix} x_1 \\ x_2 \\ \vdots \\ x_n \end{bmatrix} + \begin{bmatrix} b_{11} & b_{12} & \cdots & b_{1l} \\ b_{21} & b_{22} & \cdots & b_{2l} \\ \vdots & \vdots & & \vdots \\ b_{n1} & b_{n2} & \cdots & b_{nl} \end{bmatrix} \begin{bmatrix} e_1 \\ e_2 \\ \vdots \\ e_l \end{bmatrix}
\tag{9-6a}
$$

例如,式(9-2)可以写成矩阵形式

$$
\begin{bmatrix} x'_1 \\ x'_2 \end{bmatrix} = \begin{bmatrix} 0 & 1 \\ 0 & 0 \end{bmatrix} \begin{bmatrix} x_1 \\ x_2 \end{bmatrix} + \begin{bmatrix} 0 \\ \dfrac{1}{m} \end{bmatrix} f(t)
$$

定义矩阵

$$x = \begin{bmatrix} x_1 \\ x_2 \\ \vdots \\ x_n \end{bmatrix} \quad \dot{x} = \begin{bmatrix} x'_1 \\ x'_2 \\ \vdots \\ x'_n \end{bmatrix} \quad A = \begin{bmatrix} a_{11} & a_{12} & \cdots & a_{1n} \\ a_{21} & a_{22} & \cdots & a_{2n} \\ \vdots & \vdots & & \vdots \\ a_{n1} & a_{n2} & \cdots & a_{nn} \end{bmatrix}$$

$$B = \begin{bmatrix} b_{11} & b_{12} & \cdots & b_{1l} \\ b_{21} & b_{22} & \cdots & b_{2l} \\ \vdots & \vdots & & \vdots \\ b_{n1} & b_{n2} & \cdots & b_{nl} \end{bmatrix} \quad e = \begin{bmatrix} e_1 \\ e_2 \\ \vdots \\ e_l \end{bmatrix}$$

其中 x 称为**状态矢量**(state vector),$\dot{x}$ 为状态矢量的微分,它定义为对矢量中各个元素的微分;e 称为**激励矢量**(excitation vector)。A 和 B 分别为 $n \times n$ 维和 $n \times l$ 维矩阵,对于非时变系统而言,A 和 B 的各个元素是常数;对于时变系统而言,A 和 B 的各个元素是时间的函数。将上述定义代入式(9-6a),可以将状态方程简写为

$$\dot{x} = Ax + Be \tag{9-6b}$$

这是一个一阶的**矢量微分方程**(vector differential equation),矢量 x 是 n 维的。在前几章用输入-输出方法进行分析时,要处理的是一个变量为标量的 n 阶微分方程;在这里用状态变量法进行分析时,要处理的则是一个变量为 n 维矢量的一阶微分方程。这样,就用增加所处理的变量的复杂性(标量变为 n 维矢量)作为代价,来换取了所处理的微分方程的简化(n 阶降低为一阶)。因增加变量的复杂性所带来的计算工作可以由计算机来承担。

状态矢量可以用多维空间中的点来表示,这个多维空间被称为**状态空间**(state space)或**相空间**(phase space)。状态矢量在某一时刻的值对应于状态空间中某一点的坐标值。所以可以说,系统的状态是在一个多维的状态空间中来确定和描述的。状态矢量在状态空间中,矢量所包含的状态变量的个数即相当于空间的维数,它也就是系统的阶数。例如,假设某电路是一个三阶系统,它的状态可以在三维的状态空间中用一包含有三个状态变量的状态矢量来描述。随着时间的变化,状态矢量也发生变化,它在状态空间的点的位置也会发生变化,状态矢量随时间变化在状态空间形成的轨迹称为**状态轨迹**(state trajectory)或**相轨迹**(phase trajectory)。状态轨迹在线性系统分析中使用得不多,但是在非线性系统分析中使用得很广泛,在后面 §9.6 中将结合两种非线性系统给出两个状态轨迹的实例。

输出方程同样可以表示为矢量形式。对于式(9-5b)形式的输出方程,可以记为矢量方程(vector equation)

$$\begin{bmatrix} y_1 \\ y_2 \\ \vdots \\ y_r \end{bmatrix} = \begin{bmatrix} c_{11} & c_{12} & \cdots & c_{1n} \\ c_{21} & c_{22} & \cdots & c_{2n} \\ \vdots & \vdots & & \vdots \\ c_{r1} & c_{r2} & \cdots & c_{rn} \end{bmatrix} \begin{bmatrix} x_1 \\ x_2 \\ \vdots \\ x_n \end{bmatrix} + \begin{bmatrix} d_{11} & d_{12} & \cdots & d_{1l} \\ d_{21} & d_{22} & \cdots & d_{2l} \\ \vdots & \vdots & & \vdots \\ d_{r1} & d_{r2} & \cdots & d_{rl} \end{bmatrix} \begin{bmatrix} e_1 \\ e_2 \\ \vdots \\ e_l \end{bmatrix} \tag{9-7a}$$

例如(9-3)可以表示为

$$\begin{bmatrix} x \\ v \end{bmatrix} = \begin{bmatrix} 1 & 0 \\ 0 & 1 \end{bmatrix} \begin{bmatrix} x_1 \\ x_2 \end{bmatrix}$$

定义

$$\boldsymbol{y} = \begin{bmatrix} y_1 \\ y_2 \\ \vdots \\ y_r \end{bmatrix} \quad \boldsymbol{C} = \begin{bmatrix} c_{11} & c_{12} & \cdots & c_{1n} \\ c_{21} & c_{22} & \cdots & c_{2n} \\ \vdots & \vdots & & \vdots \\ c_{r1} & c_{r2} & \cdots & c_{rn} \end{bmatrix} \quad \boldsymbol{D} = \begin{bmatrix} d_{11} & d_{12} & \cdots & d_{1l} \\ d_{21} & d_{22} & \cdots & d_{2l} \\ \vdots & \vdots & & \vdots \\ d_{r1} & d_{r2} & \cdots & d_{rl} \end{bmatrix}$$

其中 $\boldsymbol{y}$ 称为输出矢量(output vector);$\boldsymbol{C}$ 和 $\boldsymbol{D}$ 分别是 $r \times n$ 和 $r \times l$ 矩阵,其各个元素为常数(对应于线性非时变系统)或时间函数(对应于线性时变系统)。这样一来,式(9-7)可以简单地记为矩阵形式

$$\boldsymbol{y} = \boldsymbol{C}\boldsymbol{x} + \boldsymbol{D}\boldsymbol{e} \tag{9-7b}$$

式(9-6b)和式(9-7b)合起来,构成一组用状态变量描写系统的完整方程。正如在输入-输出分析法中任何 n 阶系统可以用一个通用形式的 n 阶微分方程来描写那样,在状态变量分析法中,任何具有 l 个输入激励和 r 个输出响应的 n 阶系统,都可以用变量为多维矢量的一阶微分方程和一次代数方程来描写。这就把各种不同系统的描述,纳入到一种统一的标准形式。这种标准形式,非常便于计算机求解。

4. 离散时间系统的状态方程和输出方程

离散时间系统也可以用状态方程和输出方程描述,其形式与连续时间系统很相似,只不过其中的状态方程由一系列一阶差分方程构成。这里直接给出离散时间系统状态方程矩阵表示方式。离散时间系统的状态方程基本形式为

$$\begin{bmatrix} x_1(k+1) \\ x_2(k+1) \\ \vdots \\ x_n(k+1) \end{bmatrix} = \begin{bmatrix} a_{11} & a_{12} & \cdots & a_{1n} \\ a_{21} & a_{22} & \cdots & a_{2n} \\ \vdots & \vdots & & \vdots \\ a_{n1} & a_{n2} & \cdots & a_{nn} \end{bmatrix} \begin{bmatrix} x_1(k) \\ x_2(k) \\ \vdots \\ x_n(k) \end{bmatrix} + \begin{bmatrix} b_{11} & b_{12} & \cdots & b_{1l} \\ b_{21} & b_{22} & \cdots & b_{2l} \\ \vdots & \vdots & & \vdots \\ b_{n1} & b_{n2} & \cdots & b_{nl} \end{bmatrix} \begin{bmatrix} e_1(k) \\ e_2(k) \\ \vdots \\ e_l(k) \end{bmatrix} \tag{9-8a}$$

输出方程为

$$\begin{bmatrix} y_1(k) \\ y_2(k) \\ \vdots \\ y_r(k) \end{bmatrix} = \begin{bmatrix} c_{11} & c_{12} & \cdots & c_{1n} \\ c_{21} & c_{22} & \cdots & c_{2n} \\ \vdots & \vdots & & \vdots \\ c_{r1} & c_{r2} & \cdots & c_{rn} \end{bmatrix} \begin{bmatrix} x_1(k) \\ x_2(k) \\ \vdots \\ x_n(k) \end{bmatrix} + \begin{bmatrix} d_{11} & d_{12} & \cdots & d_{1l} \\ d_{21} & d_{22} & \cdots & d_{2l} \\ \vdots & \vdots & & \vdots \\ d_{r1} & d_{r2} & \cdots & d_{rl} \end{bmatrix} \begin{bmatrix} e_1(k) \\ e_2(k) \\ \vdots \\ e_l(k) \end{bmatrix} \tag{9-9a}$$

定义矢量

$$\boldsymbol{x}(k) = \begin{bmatrix} x_1(k) \\ x_2(k) \\ \vdots \\ x_n(k) \end{bmatrix} \quad \boldsymbol{y}(k) = \begin{bmatrix} y_1(k) \\ y_2(k) \\ \vdots \\ y_r(k) \end{bmatrix} \quad \boldsymbol{e}(k) = \begin{bmatrix} e_1(k) \\ e_2(k) \\ \vdots \\ e_l(k) \end{bmatrix}$$

则离散时间系统的状态方程和输出方程也可以简单记为

$$x(k+1) = Ax(k) + Be(k) \tag{9-8b}$$

$$y(k) = Cx(k) + De(k) \tag{9-9b}$$

其中的 A、B、C、D 矩阵的形式和含义与连续系统中相似,这里不再详细介绍。其中式(9-8b)又被称为矢量差分方程(vector difference equation)。此式是一般形式,它可以表示多输入-多输出系统变量间的关系。所有这些,都与连续时间系统的状态变量描述法相对应,所不同的只是这里的函数的变量都是离散时间变量,$x(k+1)$ 是状态矢量经过序号增 1 的移序后的矢量,而不是像连续时间系统中那样的状态矢量的一阶导数。正是因为离散时间系统与连续时间系统的描述有这样平行的相似之处,这里所需的有关表达式都可以从连续时间系统的相应表达式引申得来,所以就没有必要去作更详细的讨论了。

§9.3 由输入-输出方程求状态方程

输入-输出方程和状态方程是对同一系统工作情况的两种不同描述方法,这两者之间当然应存在一定的互换关系。由于状态方程更便于用计算机进行计算,有时就会要求从输入-输出方程或系统函数去写出状态方程,特别是对于离散时间系统,更是如此。有时系统是以模拟框图的形式给出,这时就要求从模拟框图去直接写出状态方程。输入-输出方程、系统函数和模拟框图是同一种系统描述方法的不同表现形式,所以由它们去求得状态方程的办法都是完全一样的。

用系统的状态变量描述法描述系统要经过三个步骤。首先,选定状态变量;其次,建立状态方程;最后,建立输出方程。其中,状态变量的选取特别重要,取用不同的状态变量将导致不同的状态方程。所以,同一个系统可能有很多种状态变量表示方法。下面将详细介绍通过输入-输出方程导出状态方程和输出方程的方法。

1. 简单的连续时间系统的状态方程

为了说明输入-输出方程和状态方程之间的关系,仍先讨论连续时间系统,并从一个简单的例子开始来说明。设已给一个三阶连续时间系统的微分方程

$$(p^3 + 8p^2 + 19p + 12)y(t) = (4p + 10)e(t) \tag{9-10}$$

这个系统的系统函数显然为

$$H(s) = \frac{Y(s)}{E(s)} = \frac{4s+10}{s^3 + 8s^2 + 19s + 12} \tag{9-11}$$

系统的模拟框图如图 9-2 所示。取其中的辅助变量 q 及其各阶导数为状态变量并分别表示为 $q = x_1$、$q' = x_2$、$q'' = x_3$,则 $q''' = x_3'$,于是,由此模拟框图可以立即写出如下方程

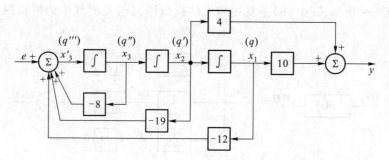

图 9-2   式(9-10)所示的系统的模拟框图

$$\begin{cases} x'_1 = x_2 \\ x'_2 = x_3 \\ x'_3 = -12x_1 - 19x_2 - 8x_3 + e \end{cases} \qquad (9-12\text{a})$$

$$y = 10x_1 + 4x_2 \qquad (9-13\text{a})$$

或者写成矩阵形式,上式即为

$$\begin{bmatrix} x'_1 \\ x'_2 \\ x'_3 \end{bmatrix} = Ax + Be = \begin{bmatrix} 0 & 1 & 0 \\ 0 & 0 & 1 \\ -12 & -19 & -8 \end{bmatrix} \begin{bmatrix} x_1 \\ x_2 \\ x_3 \end{bmatrix} + \begin{bmatrix} 0 \\ 0 \\ 1 \end{bmatrix} e \qquad (9-12\text{b})$$

$$y = Cx + De = \begin{bmatrix} 10 & 4 & 0 \end{bmatrix} \begin{bmatrix} x_1 \\ x_2 \\ x_3 \end{bmatrix} \qquad (9-13\text{b})$$

式(9-12)是状态方程,式(9-13)是输出方程,其中矩阵 D 为零。留心察看一下式中的系数矩阵 A、B、C 和微分方程式(9-10)或系统函数式(9-11)的系数间的关系,就不难看出其规律:即 A 矩阵的最后一行是系统函数分母多项式的系数 a_0、a_1、a_2 的负值,其他各行除对角线右边的元素为 1 外,其余均为 0;B 矩阵的最后一行为 1,余均为 0;C 矩阵前二列元素是系统函数分子多项式的系数 b_0、b_1,最后一元素是 0;D 矩阵则一定为零。关于这个规律还将在后面讨论一般情况时指明。

用图 9-2 来模拟传输过程或者说模拟系统函数式(9-11)的作用称为系统函数的**直接模拟法**(direct simulation)。用这种方法得到的状态方程中的状态变量称为**相变量**(phase variable)。

系统函数除了用直接方式进行模拟外,还可用**并联模拟**(parallel simulation)。式(9-10)的系统函数可以写成其部分分式之和

$$H(s) = \frac{1}{s+1} + \frac{1}{s+3} + \frac{-2}{s+4} \qquad (9-14)$$

所以这个复杂的系统函数可以用三个具有单极点系统函数的子系统模型并联来表示,如图 9-3 所示。对于其中每一个简单的系统函数 $\dfrac{1}{s+a}$,又可以各用一个积分器、一个标量乘法器的组合来

加以模拟,如图 9-4 所示,其中(b)是复频域中的模拟图,(c)是时域中的模拟图。在复频域内的传输关系

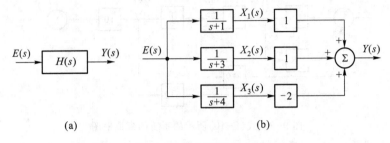

(a)　　　　　　　　　　　　　(b)

图 9-3　用三个一阶系统并联实现原系统

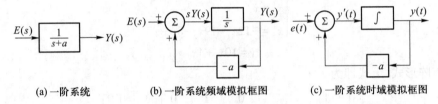

(a) 一阶系统　　　　(b) 一阶系统频域模拟框图　　　　(c) 一阶系统时域模拟框图

图 9-4　一阶系统的模拟

$$Y(s) = \frac{1}{s+a}E(s) \tag{9-15}$$

即相当于在时域中的微分方程

$$y' = -ay + e \tag{9-16}$$

取每一子系统的辅助变量为状态变量,并把式(9-15)和式(9-16)间的对应关系应用于图 9-4(b),就可以写出下列方程

$$\begin{cases} x_1' = -x_1 + e \\ x_2' = -3x_2 + e \\ x_3' = -4x_3 + e \end{cases} \tag{9-17a}$$

$$y = x_1 + x_2 - 2x_3 \tag{9-18a}$$

或者写成矩阵形式,上式即分别为

$$\begin{bmatrix} x_1' \\ x_2' \\ x_3' \end{bmatrix} = \begin{bmatrix} -1 & 0 & 0 \\ 0 & -3 & 0 \\ 0 & 0 & -4 \end{bmatrix} \begin{bmatrix} x_1 \\ x_2 \\ x_3 \end{bmatrix} + \begin{bmatrix} 1 \\ 1 \\ 1 \end{bmatrix} e \tag{9-17b}$$

$$y = \begin{bmatrix} 1 & 1 & -2 \end{bmatrix} \begin{bmatrix} x_1 \\ x_2 \\ x_3 \end{bmatrix} \tag{9-18b}$$

这里,式(9-17a)或式(9-17b)是对于具有式(9-11)系统函数的同一系统的另一组状态方程,式(9-18a)或式(9-18b)是相应的输出方程。留心察看一下式中矩阵 A、B、C 和 D 与式(9-14)的关系,可以看出,A 是一对角线矩阵,其对角线上元素的值就是系统函数的极点;列矩阵 B 的所有元素值均等于 1;行矩阵 C 的元素值顺次为部分分式的系数;D 矩阵在这里仍然是零。因为对系统函数作并联模拟所得的矩阵 A 为一对角线矩阵,所以由此得到的状态方程中的状态变量称为**对角线变量**(diagonal variable)。

系统函数还有别的模拟方法,但是上面两种是最常用的。这里请注意,由这些模拟方法所得的状态变量是人为地定义的,并不一定在物理上真有该变量存在,因此对这些状态变量一般都无法进行测量或观察。

2. 一般连续时间系统的状态方程

上面就一个三阶系统讨论了输入-输出方程和状态方程间的关系,特别是如何由系统函数写出状态方程。现在就可以将此讨论推广到一般情况。设有一 n 阶系统,它的输入-输出微分方程为

$$(p^n + a_{n-1}p^{n-1} + \cdots + a_1 p + a_0)y(t) = (b_m p^m + b_{m-1}p^{m-1} + \cdots + b_1 p + b_0)e(t) \qquad (9-19)$$

这一系统的系统函数为

$$H(s) = \frac{b_m s^m + b_{m-1}s^{m-1} + \cdots + b_1 s + b_0}{s^n + a_{n-1}s^{n-1} + \cdots + a_1 s + a_0} \qquad (9-20)$$

当 $m<n$ 时,式(9-19)表示的 n 阶系统可用图 9-5(a)所示的直接框图来模拟。这里也已把辅助变量及其各阶导数换成了状态变量(即相变量)。仿照前面三阶系统的办法,写出除第一个积分器外的其余各积分器输入、输出间关系的方程和输入端加法器输入、输出间关系的方程,合成共 n 个一组的状态方程如下

$$\begin{cases} x_1' = x_2 \\ x_2' = x_3 \\ \cdots\cdots\cdots\cdots \\ x_{n-1}' = x_n \\ x_n' = -a_{n-1}x_n - a_{n-2}x_{n-1} - \cdots - a_1 x_2 - a_0 x_1 + e \end{cases} \qquad (9-21a)$$

而输出方程由输出端加法器的输入、输出关系得到为

$$y = b_0 x_1 + b_1 x_2 + \cdots + b_m x_{m+1} \qquad (9-22a)$$

或者将上述状态方程和输出方程写成矩阵形式如下

$$\begin{bmatrix} x_1' \\ x_2' \\ \vdots \\ x_{n-1}' \\ x_n' \end{bmatrix} = \begin{bmatrix} 0 & 1 & 0 & \cdots & 0 & 0 \\ 0 & 0 & 1 & \cdots & 0 & 0 \\ \vdots & \vdots & \vdots & & \vdots & \vdots \\ 0 & 0 & 0 & \cdots & 0 & 1 \\ -a_0 & -a_1 & -a_2 & \cdots & -a_{n-2} & -a_{n-1} \end{bmatrix} \begin{bmatrix} x_1 \\ x_2 \\ \vdots \\ x_{n-1} \\ x_n \end{bmatrix} + \begin{bmatrix} 0 \\ 0 \\ \vdots \\ 0 \\ 1 \end{bmatrix} e \qquad (9-21b)$$

$$y = \begin{bmatrix} b_0 & b_1 & \cdots & b_m & 0 & \cdots & 0 \end{bmatrix} \begin{bmatrix} x_1 \\ x_2 \\ \vdots \\ x_{n-1} \\ x_n \end{bmatrix} \tag{9-22b}$$

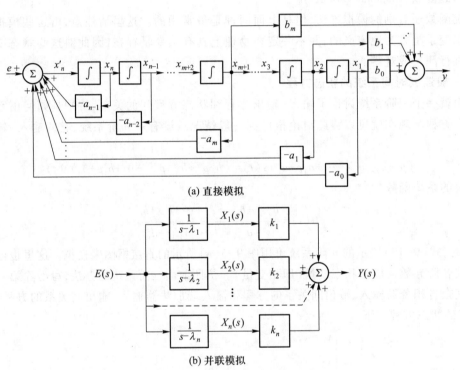

(a) 直接模拟

(b) 并联模拟

图 9-5　n 阶系统转移函数的模拟

这里定义的状态变量就是前述的相变量,式(9-21)和式(9-22)就是用相变量直接模拟法描述的状态方程和输出方程。把式(9-20)的系统函数和式(9-21)的状态方程对照一下,将会发现利用以下规律:状态方程中的 A 矩阵中,其第 n 行的元素即为系统函数分母中次序颠倒过来的系数的负数 $-a_0$、$-a_1$、$\cdots$、$-a_{n-1}$,其他各行除了对角线右边的元素均为 1 外,别的元素全为 0;列矩阵 B 除第 n 行的元素为 1 外,余均为 0;输出方程中的 C 矩阵为一行矩阵,前 $m+1$ 个元素即为系统函数分子中次序颠倒过来的系数 b_0、b_1、$\cdots$、b_m,其余 $n-m-1$ 个元素均为 0。用这种方法写出的输出方程,当 $m<n$ 时,D 矩阵为零。通过这些规律,可以直接由系统函数写出相变量状态方程。

若 $m=n$,则图 9-5(a)中乘法器 b_m 的输入将为 x_n',这时输出方程为

$$y = b_0 x_1 + b_1 x_2 + \cdots + b_{n-1} x_n + b_n x_n'$$

在输出方程中出现了状态变量的导数 x_n',这不符合"输出方程中不能出现求导运算"的规定,必

须设法消去 x_n'。将状态方程式(9-21a)中的最后一行代入,可以得到

$$y = b_0 x_1 + b_1 x_2 + \cdots + b_{n-1} x_n + b_n (-a_{n-1} x_n - a_{n-2} x_{n-1} - \cdots - a_1 x_2 - a_n x_1 - e)$$

$$= (b_0 - b_n a_0) x_1 + (b_1 - b_n a_1) x_2 + \cdots + (b_{n-1} - b_n a_{n-1}) x_n + b_n e$$

$$= \begin{bmatrix} b_0 - b_n a_0 & b_1 - b_n a_1 & \cdots & b_{n-1} - b_n a_{n-1} \end{bmatrix} \begin{bmatrix} x_1 \\ x_2 \\ \vdots \\ x_n \end{bmatrix} + b_n e$$

这时的方程满足输出方程的要求。与式(9-21)或式(9-22)相比,差别在于这里的 D 矩阵不再为零。当 $m > n$ 时,按照直接得到的输出方程中将会出现状态变量的二阶以上的导数,这时也可以通过类似的方法消去。

式(9-19)表示的线性系统还可以表示成对角线形式的状态方程。假设 $m < n$,且系统的特征根无重根,则可以通过部分分式分解将传输函数式(9-20)表达为

$$H(s) = \frac{k_1}{s - \lambda_1} + \frac{k_2}{s - \lambda_2} + \cdots + \frac{k_n}{s - \lambda_n} \tag{9-23}$$

当系统函数分解成部分分式(9-23)时,可用图 9-5b 所示的并联框图来模拟。这里只考虑系统函数仅有单阶极点的情况。图中每一个部分系统函数 $\dfrac{1}{s-a}$ 的输入和输出关系,可在时域中由微分方程式(9-16)来表示。于是,仿照式(9-17)和式(9-18),可写出图 9-5(b)的状态变量(对角线变量)方程和输出方程如下

$$\begin{bmatrix} x_1' \\ x_2' \\ \vdots \\ x_{n-1}' \\ x_n' \end{bmatrix} = \begin{bmatrix} \lambda_1 & 0 & \cdots & 0 & 0 \\ 0 & \lambda_2 & \cdots & 0 & 0 \\ \vdots & \vdots & & \vdots & \vdots \\ 0 & 0 & \cdots & \lambda_{n-1} & 0 \\ 0 & 0 & \cdots & 0 & \lambda_n \end{bmatrix} \begin{bmatrix} x_1 \\ x_2 \\ \vdots \\ x_{n-1} \\ x_n \end{bmatrix} + \begin{bmatrix} 1 \\ 1 \\ 1 \\ 1 \\ 1 \end{bmatrix} e \tag{9-24a}$$

$$y = \begin{bmatrix} k_1 & k_2 & \cdots & k_{n-1} & k_n \end{bmatrix} \begin{bmatrix} x_1 \\ x_2 \\ \vdots \\ x_{n-1} \\ x_n \end{bmatrix} \tag{9-24b}$$

对照式(9-23)和式(9-24),可以看出:这组状态方程的 A 矩阵是一对角线矩阵,对角线上的元素依次是系统函数的各极点;列矩阵 B 的元素均为 1;输出方程中的行矩阵 C 的各元素即依次为各部分分式的系数。

从以上讨论可以看出,由描写系统输入、输出关系的系统函数很易得到状态方程和输出方程。特别是利用相变量,可以由系统函数直接写出状态方程,而不必求特征方程的根或求部分分式,因此更加便捷。

以上所述是单输入-单输出系统的情况。在多输入-多输出系统中,设共有 l 个输入和 r 个输出,但状态变量仍为 n 个,而每一对输入和输出之间,各有一个相应的系统函数。对于这种多输入-多输出系统,不论用相变量或对角线变量来写状态方程,只要如式(9-20)所示的系统的系统函数中 $m<n$,则状态方程和输出方程均具有如下形式:

$$\dot{x}=Ax+Be$$
$$y=Cx$$

例题 9-1　图 9-6 所示为一反馈系统,写出其状态方程和输出方程。

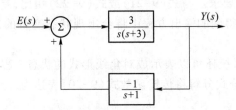

图 9-6　例题 9-1 的反馈系统框图

解:先求出该系统的系统函数 $H(s)$。为此,可由图写出频域中输入、输出函数间的关系

$$Y(s)=\frac{3}{s(s+3)}\left[E(s)-\frac{1}{s+1}Y(s)\right]$$

把此式加以整理可得

$$Y(s)=\frac{3(s+1)}{s^3+4s^2+3s+3}E(s)$$

故系统的系统函数为

$$H(s)=\frac{3(s+1)}{s^3+4s^2+3s+3}$$

根据系统函数,可以用相变量直接写出状态方程和输出方程分别为

$$\begin{bmatrix} x'_1 \\ x'_2 \\ x'_3 \end{bmatrix}=\begin{bmatrix} 0 & 1 & 0 \\ 0 & 0 & 1 \\ -3 & -3 & -4 \end{bmatrix}\begin{bmatrix} x_1 \\ x_2 \\ x_3 \end{bmatrix}+\begin{bmatrix} 0 \\ 0 \\ 1 \end{bmatrix}e$$

$$y=\begin{bmatrix} 3 & 3 & 0 \end{bmatrix}\begin{bmatrix} x_1 \\ x_2 \\ x_3 \end{bmatrix}$$

3. 系统的状态描述法的多样性

通过前面的讨论可以看到,对于同样一个系统,可以有多种状态变量选择方法。选择的状态变量不同,得到的状态方程和输出方程也就不同。这种多样性实际上在所有系统的描述中都是存在的。假设 x 是具有 n 个元素的状态变量,其状态方程和输出方程为

$$\dot{x} = Ax + Be$$

$$y = Cx + De$$

将状态变量乘以任意一个可逆的 $n \times n$ 维矩阵 G,就可以得到一个新的状态变量 $v = Gx$。将 $x = G^{-1}v$ 代入原来的状态方程,可以得到

$$G^{-1}\dot{v} = AG^{-1}v + Be$$

将等式两边同时乘以 G,可以得到新的状态方程

$$\dot{v} = (GAG^{-1})v + (GB)e \tag{9-25a}$$

同样,将 $x = G^{-1}v$ 代入输出方程,就可以得到新的输出方程

$$y = (CG^{-1})v + De \tag{9-25b}$$

式(9-25)构成了一个新的状态方程和输出方程。选择不同的可逆矩阵 G,就可以得到不同的状态变量、状态方程和输出方程,得到系统的不同状态变量描述。所以,对于一个系统而言,状态变量描述并不是唯一的。

4. 离散时间系统的状态方程

在离散时间系统的状态方程也可以由系统的输入–输出方程推导出,状态变量也有各种选择方法。假设系统的差分方程为

$$y(k+n) + a_{n-1}y(k+n-1) + \cdots + a_1 y(k+1) + a_0 y(k)$$
$$= b_m e(k+m) + b_{m-1}e(k+m-1) + \cdots + b_1 e(k+1) + b_0 e(k)$$

在推导系统的框图时,曾经引入中间变量 $q(k)$,使上面的差分方程改写为

$$q(k+n) + a_{n-1}q(k+n-1) + \cdots + a_1 q(k+1) + a_0 q(k) = e(k) \tag{9-26a}$$

$$y(k) = b_m q(k+m) + b_{m-1}q(k+m-1) + \cdots + b_1 q(k+1) + b_0 q(k) \tag{9-26b}$$

定义状态变量 x 为

$$q(k) = x_1(k)$$

$$q(k+1) = x_2(k) = x_1(k+1)$$

$$q(k+2) = x_3(k) = x_2(k+1)$$

$$\cdots\cdots$$

$$q(k+n-1) = x_n(k) = x_{n-1}(k+1)$$

这就直接得到了 $n-1$ 个状态方程,根据式(9-26a),可以得到最后一个状态方程

$$q(k+n) = x_n(k+1) = -a_0 x_1(k) - a_1 x_2(k) - \cdots - a_{n-1}x_n(k) + e(k)$$

这样就得到了离散时间系统的状态方程。可以利用矩阵将状态方程记为

$$\begin{bmatrix} x_1(k+1) \\ x_2(k+1) \\ \vdots \\ x_{n-1}(k+1) \\ x_n(k+1) \end{bmatrix} = \begin{bmatrix} 0 & 1 & 0 & \cdots & 0 & 0 \\ 0 & 0 & 1 & \cdots & 0 & 0 \\ \vdots & \vdots & \vdots & & \vdots & \vdots \\ 0 & 0 & 0 & \cdots & 0 & 1 \\ -a_0 & -a_1 & -a_2 & \cdots & -a_{n-2} & -a_{n-1} \end{bmatrix} \begin{bmatrix} x_1(k) \\ x_2(k) \\ \vdots \\ x_{n-1}(k) \\ x_n(k) \end{bmatrix} + \begin{bmatrix} 0 \\ 0 \\ 0 \\ 0 \\ 1 \end{bmatrix} e(k) \tag{9-27a}$$

同时根据式(9-26b),可以得到输出方程

$$y(k) = \begin{bmatrix} b_0 & b_1 & \cdots & b_m & 0 & \cdots & 0 \end{bmatrix} \begin{bmatrix} x_1(k) \\ x_2(k) \\ \vdots \\ x_{n-1}(k) \\ x_n(k) \end{bmatrix} \tag{9-27b}$$

这里输出方程是就差分方程中 $m<n$ 的情况写出的;如果 $m=n$,则式(9-27b)应为

$$y(k) = \begin{bmatrix} b_0-b_na_0 & b_1-b_na_1 & \cdots & b_{n-1}-b_na_{n-1} \end{bmatrix} \begin{bmatrix} x_1(k) \\ x_2(k) \\ \vdots \\ x_{n-1}(k) \\ x_n(k) \end{bmatrix} + b_ne(k) \tag{9-27c}$$

这就是离散时间系统的直接模拟法得到的状态方程,其状态变量同样也是相变量。根据与连续时间系统中一样的过程,也可以写出对角线变量形式下的状态方程和输出方程,这里不再赘述。

§9.4   电系统的状态方程的建立

在很多应用场合中,最初所遇到的往往是具体的物理模型,这时可以通过物理模型直接确定系统的状态方程,这样做可以更加全面地对系统进行描述,而且状态变量的物理意义也更加明确。因为在本书中主要讨论电系统,所以在这节中将介绍怎样根据电路模型建立电系统的状态变量和状态方程。

1. 电系统的状态变量的选取

在建立状态方程之前,首先要确定状态变量。电系统的状态变量可以选系统中元器件上的电流和电压等物理量。因为在状态方程中会出现状态变量的导数,所以所选择的状态变量的导数最好也具有明确的物理意义,这样便于列出状态方程。在电系统中,状态变量一般选取电感电流 i_L 和电容电压 u_C,因为这两个物理量的导数具有明确的物理意义,例如,电感电流的导数与电感电压有关

$$\frac{\mathrm{d}}{\mathrm{d}t}i_L = \frac{1}{L}u_L$$

而电容上的电压的导数与电容电流有关

$$\frac{\mathrm{d}}{\mathrm{d}t}u_C = \frac{1}{C}i_C$$

选用这些变量将会给状态方程的建立带来方便。

2. 状态方程的建立

建立一个线性电路的状态方程,就是要列出每个状态变量的一阶微分方程,并写成如式(9-4b)那样的形式。如果状态变量是电感上的电流,其微分 $i'_L = \dfrac{1}{L}u_L$ 与电感电压有关,所以可以写一个包括此电压在内的回路电压方程用来确定电感电流一阶导数与其他诸量间的关系。同样,电容电压的微分 $u'_C = \dfrac{1}{C}i_C$ 与电容电流相关,所以可以写一包括此电流在内的节点电流方程来确定电容电压一阶导数与其他诸变量间的关系。这些方程中,可能包含有状态变量和非状态变量。设法将其中的非状态变量消去,即得如式(9-4b)一样的状态方程。

例题 9-2 写出图 9-7 所示三回路二阶系统的状态方程。

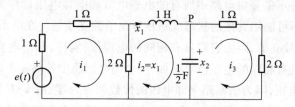

图 9-7 例题 9-2 的电路

解: 第一步,选取状态变量。在本题中选电感电流为状态变量 x_1,电容电压为另一状态变量 x_2,如图所示。

第二步,分别写包含有电感电压的回路电压方程和包含有电容电流的节点电流方程。根据第二个回路的回路方程,并代入元件参数,则有

$$x'_1 = -x_2 - 2x_1 + 2i_1$$

根据节点 P 的节点方程,则有

$$\frac{1}{2}x'_2 = x_1 - i_3$$

第三步,消去非状态变量。上两式中 i_1 和 i_3 不是状态变量,在状态方程中不应该出现,所以要把它们表为状态变量。由第一个回路有

$$e = 4i_1 - 2x_1$$

即

$$i_1 = \frac{1}{4}e + \frac{1}{2}x_1$$

由第三个回路有

$$x_2 = 3i_3$$

即

$$i_3 = \frac{1}{3}x_2$$

把 i_1 和 i_3 分别代入第二步中两式,并经整理,最后得所求状态方程为

$$x'_1 = -x_1 - x_2 + \frac{1}{2}e$$

$$x'_2 = 2x_1 - \frac{2}{3}x_2$$

或记成矩阵形式

$$\begin{bmatrix} x'_1 \\ x'_2 \end{bmatrix} = \begin{bmatrix} -1 & -1 \\ 2 & -\frac{2}{3} \end{bmatrix} \begin{bmatrix} x_1 \\ x_2 \end{bmatrix} + \begin{bmatrix} \frac{1}{2} \\ 0 \end{bmatrix} e$$

在电系统中,有时并不需要将电路中所有的电感电流和电容电压都作为状态变量。根据状态变量的定义,它应当是不可能用其他的状态变量推算出的独立变量。在电系统中,几个电感相串联时各个电感电流就不是独立的,因为它们具有相同的电流值;同样,几个电容相并联时各个电容电压也不独立,因为它们具有相同的电压值。又如,一个闭合回路中若除 k 个串联电容外别无其他元件,则只有 $k-1$ 个独立电压,因为该回路全部电压的代数和应为零,用 $k-1$ 个电容上的电压就可以推算出剩下的那个电容上的电压;同样,一个节点由 k 个电感汇合而别无其他元件相连时,只有 $k-1$ 个独立电流,因流入节点的诸电流的代数和应为零。上述情况,示于图 9-8。对于一个电路而言,选择状态变量最常用的方法是取全部独立的电感电流和独立的电容电压。线性系统的阶数等于状态变量的个数,对于电系统而言,也就等于系统中独立的电感和电容的总个数。

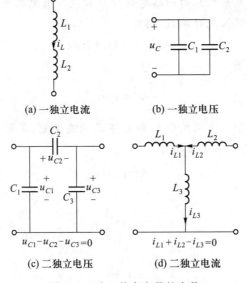

(a) 一独立电流   (b) 一独立电压

(c) 二独立电压   (d) 二独立电流

图 9-8 独立状态变量的个数

归纳以上的讨论,可把建立状态方程的工作分为以下三个步骤:

(1)取所有独立的电感电流和电容电压为状态变量;

(2)对于每一个电感电流,各写一个包括此电流的一阶导数在内的回路电压方程;对于每一个电容电压,各写一个包括此电压的一阶导数在内的节点电流方程;

(3)把上面方程中的非状态变量表示为状态变量从而消去非状态变量,并经过整理,就可得到标准形式的状态方程。

例题 9-3 图 9-9 所示为一滤波电路,写出它的状态方程。

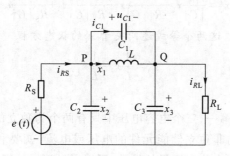

图 9-9 例题 9-3 的电路

解: 第一步,确定状态变量。这个电路中有一个仅由三个电容组成的回路,只有两个独立电容电压,所以可以从三个电容电压中任取其二作为状态变量。现在令电感电流 x_1、电容 C_2 上的电压 x_2 和电容 C_3 上的电压 x_3 为状态变量。

第二步,写出 LC_2C_3 回路的回路方程和节点 P、Q 的两节点方程,可得

$$Lx_1' = x_2 - x_3$$

$$C_2 x_2' = i_{RS} - x_1 - i_{C1}$$

$$C_3 x_3' = x_1 - i_{RL} + i_{C1}$$

第三步,消去非状态变量。上面的等式中根据第一个直接可以得到关于 x_1' 的状态方程,而后两式中有 i_{RS}、i_{RL}、i_{C1} 为非状态变量,将它们表为状态变量,可有

$$i_{RS} = \frac{e - x_2}{R_S}$$

$$i_{RL} = \frac{x_3}{R_L}$$

$$i_{C1} = C_1 u_{C1}' = C_1 (x_2' - x_3')$$

把这些关系代入第二步所得的后二式中并整理,得

$$(C_2 + C_1) x_2' - C_1 x_3' = \frac{e - x_2}{R_S} - x_1$$

$$-C_1 x_2' + (C_1 + C_3) x_3' = x_1 - \frac{x_3}{R_L}$$

在这两个等式中都出现了多个状态变量的导数,可以通过消元计算消去多余的那个。例如,将上面一个等式乘以 C_1+C_3,下面一个等式乘以 C_1,然后相加,就可消去 x'_3。同样,将上面一个等式乘以 C_1,下面一个等式乘以 C_1+C_2,然后相加,就可消去 x'_2。由此不难得到

$$x'_2 = -\frac{C_3}{|C|}x_1 - \frac{C_1+C_3}{R_S|C|}x_2 - \frac{C_1}{R_L|C|}x_3 + \frac{C_1+C_3}{R_S|C|}e$$

$$x'_3 = \frac{C_2}{|C|}x_1 - \frac{C_1}{R_S|C|}x_2 - \frac{C_1+C_2}{R_L|C|}x_3 + \frac{C_1}{R_S|C|}e$$

其中 $|C| = C_1C_2 + C_2C_3 + C_2C_1$。这两个等式连同关于 x'_1 的状态方程

$$x'_1 = \frac{1}{L}x_2 - \frac{1}{L}x_3$$

构成了系统完整的状态方程。

解本题必须注意三点。第一,三个电容电压中只有两个为独立的,所以只能选用其中之二。第二,为消去写方程时出现的非独立储能元件的电压或电流,就要利用它们和状态变量间的关系。第三,如果等式中出现多个状态变量的导数,可以通过消元计算将其消去。

3. 输出方程的建立

用状态变量法对系统进行描述的最后一个步骤是建立输出方程。前已指出,系统中所有的输出响应或者对系统内部需要知道的某些量,都可以直接由状态变量和输入激励函数来表示,成为如式(9-5)那样的输出方程。已知系统中的电感电流和电容电压,要列出这些方程并不困难,一般根据直观即可得到,这里不再赘述。

例题 9-4 图 9-10 所示为一小信号谐振放大器的等效电路,这里的激励信号 $e(t)$ 是一压控电流源,输出电压 $y(t)$ 由耦合电路的电阻 R_L 上取得。要求写出此电路的状态方程和输出方程。

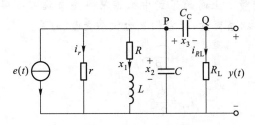

图 9-10 例题 9-4 的电路

解: 第一步,选状态变量。因为电感电流和电容电压等三个变量都是独立的,所以选回路电感 L 中的电流 x_1、回路电容 C 上的电压 x_2、耦合电容 C_C 上的电压 x_3 为状态变量。

第二步,分别写回路方程或节点方程。由 RLC 回路有

$$Lx'_1 + Rx_1 = x_2$$

由节点 P 有

$$Cx'_2 + C_C x'_3 + x_1 + i_r = -e$$

由节点 Q 有

$$C_C x'_3 = i_{RL}$$

第三步，消去非状态变量。上面三式中只有 i_r 和 i_{RL} 两个非状态变量，这两个量可以直接由图看出为

$$i_r = \frac{x_2}{r}$$

$$i_{RL} = \frac{x_2 - x_3}{R_L}$$

把这两个量代入第二步所得三式中，并经整理，最后可得状态方程

$$x'_1 = -\frac{R}{L} x_1 + \frac{1}{L} x_2$$

$$x'_2 = -\frac{C_C}{C} x'_3 - \frac{1}{C} x_1 - \frac{1}{Cr} x_2 - \frac{1}{C} e$$

$$x'_3 = \frac{1}{C_C R_L} x_2 - \frac{1}{C_C R_L} x_3$$

这三个方程虽然只含有激励和状态变量，但是其中的第二个方程中同时含有两个状态变量的导数，不符合状态方程的要求，必须消去一个。将第三个等式代入第二式中，消去其中的 x'_3，可以得到

$$x'_2 = -\frac{1}{C} x_1 - \left(\frac{1}{CR_L} + \frac{1}{Cr} \right) x_2 - \frac{1}{CR_L} x_3 - \frac{1}{C}$$

由此可以得到系统的状态方程。它同样可以记为矩阵形式

$$\begin{bmatrix} x'_1 \\ x'_2 \\ x'_3 \end{bmatrix} = \begin{bmatrix} -\dfrac{R}{L} & \dfrac{1}{L} & 0 \\ -\dfrac{1}{C} & -\left(\dfrac{1}{CR_L} + \dfrac{1}{Cr} \right) & -\dfrac{1}{CR_L} \\ 0 & \dfrac{1}{C_C R_L} & -\dfrac{1}{C_C R_L} \end{bmatrix} \begin{bmatrix} x_1 \\ x_2 \\ x_3 \end{bmatrix} + \begin{bmatrix} 0 \\ -\dfrac{1}{C} \\ 0 \end{bmatrix} e$$

输出方程可以很简单地从电路图中观察出

$$y(t) = x_2 - x_3 = \begin{bmatrix} 0 & 1 & -1 \end{bmatrix} \begin{bmatrix} x_1 \\ x_2 \\ x_3 \end{bmatrix}$$

§9.5 连续时间系统状态方程的复频域解法

上面已经分别讨论了在给定系统结构、模拟框图或系统函数等情况下,如何列出状态方程和输出方程。进一步的问题就是如何求解这些方程。这里主要讨论的问题是怎样来求解作为状态方程的一组联立一阶微分或差分方程。

求解状态方程的方法仍然是时域法和变换域法,只是要涉及一些有关矩阵卷积和矩阵变换等概念。状态方程的时域解法,由于涉及矩阵指数函数的定义和计算,比较复杂,所以在这里就不加以介绍了,有兴趣的读者可以参阅本书第三版。在本书中,只介绍状态方程的拉普拉斯变换求解方法。

1. 用拉普拉斯变换求解状态变量和输出响应

状态方程都可以记为矩阵形式,矩阵方程中作为状态变量的时间函数或者作为输入激励的时间函数,分别是一状态矢量或一输入矢量。对状态方程进行拉普拉斯变换时,就要对这些时间的矢量函数进行变换。**一个矢量函数的拉普拉斯变换是这样一个矢量函数,它的各元素是原矢量函数相应的元素的拉普拉斯变换。**例如,若状态矢量中第 r 个元素 $x_r(t)$ 的拉普拉斯变换为 $X_r(s)$,则状态矢量的变换为

$$\mathscr{L}\{\boldsymbol{x}(t)\} = \mathscr{L}\left\{\begin{bmatrix} x_1(t) \\ x_2(t) \\ \vdots \\ x_n(t) \end{bmatrix}\right\} = \begin{bmatrix} \mathscr{L}\{x_1(t)\} \\ \mathscr{L}\{x_2(t)\} \\ \vdots \\ \mathscr{L}\{x_n(t)\} \end{bmatrix} = \begin{bmatrix} X_1(s) \\ X_2(s) \\ \vdots \\ X_n(s) \end{bmatrix} = \boldsymbol{X}(s) \tag{9-28}$$

输入矢量的变换也可写成同样的形式。

根据拉普拉斯变换的线性特性,一个标量函数和一常数的乘积的变换,等于该标量函数的变换和该常数的乘积;同样,一个常数矩阵和一矢量函数的乘积的变换,等于该常数矩阵和该矢量函数变换的乘积,即

$$\mathscr{L}\{\boldsymbol{A} \cdot \boldsymbol{x}(t)\} = \boldsymbol{A} \cdot \mathscr{L}\{\boldsymbol{x}(t)\} = \boldsymbol{A} \cdot \boldsymbol{X}(s) \tag{9-29}$$

又根据拉普拉斯变换的微分特性,一标量函数 $x(t)$ 的导数的变换为

$$\mathscr{L}\{x'(t)\} = sX(s) - x(0)$$

其中 $x(0)$ 为初始条件。同样,一矢量函数 $\boldsymbol{x}(t)$ 的导数的变换为

$$\mathscr{L}\{\dot{\boldsymbol{x}}(t)\} = s \cdot \boldsymbol{X}(s) - \boldsymbol{x}(0) \tag{9-30}$$

应用以上式(9-28)到式(9-30)有关矢量函数的变换关系,就可以对状态方程

$$\dot{\boldsymbol{x}}(t) = \boldsymbol{A}\boldsymbol{x}(t) + \boldsymbol{B}\boldsymbol{e}(t)$$

进行拉普拉斯变换,并得变换式

$$s\boldsymbol{X}(s) - \boldsymbol{x}(0) = \boldsymbol{A}\boldsymbol{X}(s) + \boldsymbol{B}\boldsymbol{E}(s)$$

将上式移项,并引用 $n \times n$ 阶单位矩阵 $\boldsymbol{I}$ 以便将含有 $\boldsymbol{X}(s)$ 的项归并,即得

$$sX(s)-AX(s) = x(0)+BE(s)$$

或

$$(sI-A)X(s) = x(0)+BE(s) \tag{9-31}$$

于是得

$$X(s) = (sI-A)^{-1}[x(0)+BE(s)]$$

$$= (sI-A)^{-1}x(0)+(sI-A)^{-1}BE(s) \tag{9-32}$$

这即是状态变量的频域解,其中$(sI-A)^{-1}$为矩阵$(sI-A)$的逆矩阵。取式(9-32)的反变换,即得状态变量的时间矢量函数

$$x(t) = \mathcal{L}^{-1}\{(sI-A)^{-1}x(0)\}+\mathcal{L}^{-1}\{(sI-A)^{-1}BE(s)\} \tag{9-33}$$

这是所求的状态变量的解。注意式(9-32)和式(9-33)中都由两部分组成:第一部分仅由初始状态决定而与输入激励无关,当初始状态为零时该项亦为零,显然这是状态变量的零输入分量;第二部分仅由输入激励函数决定而与初始状态无关,当输入为零时该项亦为零,显然这是状态变量的零状态分量。

求得了状态变量,把它们代入输出方程,即得输出响应函数。将输出方程

$$y(t) = Cx(t)+De(t)$$

进行拉普拉斯变换,得变换式

$$Y(s) = CX(s)+DE(s) \tag{9-34}$$

将式(9-32)代入此式,得

$$Y(s) = C(sI-A)^{-1}x(0)+[C(sI-A)^{-1}B+D]E(s)$$

$$= Y_{zi}(s)+Y_{zs}(s) \tag{9-35}$$

这是已知系统的A、B、C、D矩阵和系统的初始状态及输入激励函数求输出响应函数的变换式。取此式的反变换,即得输出响应矢量函数$y(t)$。式中第一项代表零输入响应,第二项代表零状态响应。

2. 多输入-多输出系统的转移函数矩阵和自然频率

现在单独来考察全响应式(9-35)中的零状态响应部分的变换式

$$Y_{zs}(s) = [C(sI-A)^{-1}B+D]E(s) \tag{9-36}$$

试回忆一下,对于单输入-单输出系统,系统函数$H(s)$是在零状态响应的变换式$R_{zs}(s) = H(s)E(s)$中定义的。那么很自然,在多输入-多输出系统中,**转移函数矩阵**(transfer function matrix)$H(s)$也可在零状态响应矢量的变换式中来定义,即

$$Y_{zs}(s) = H(s)E(s) \tag{9-37}$$

这里的$Y_{zs}(s)$和单输入-单输出系统中的$R_{zs}(s)$相当,都表示响应函数,只是前者是矢量函数,后者是标量函数。比较式(9-36)和式(9-37),可得转移函数矩阵$H(s)$为

$$H(s) = C(sI-A)^{-1}B+D \tag{9-38}$$

这个矩阵仅由系统的A、B、C、D矩阵所确定,它具有r行m列,这里r是输出数目,m是输入数目。转移函数矩阵$H(s)$的元素$H_{ij}(s)$是表示在输入$e_j(t)$单独作用于系统时系统函数,即

$H_{ij}(s) = Y_i(s)/e_j(s)$。由此可见,知道了系统的状态方程和输出方程,就可以利用式(9-38)求得系统中每一个输入对各个输出的系统函数。§9.3曾讨论过对于单输入-单输出系统利用系统函数来求系统的状态方程和输出方程,这里则是反过来由后者求前者。

单输入-单输出系统的自然频率是系统特征方程的根,亦即是系统函数的极点。多输入-多输出系统的自然频率也是系统特征方程的根,也即是各系统函数 $H_{ij}(s)$ 的共同的极点。现在就来研究这一问题。由式(9-38)可以看出,因为对于线性非时变系统,$\boldsymbol{B}$、$\boldsymbol{C}$、$\boldsymbol{D}$ 都是常数矩阵,转移函数矩阵 $\boldsymbol{H}(s)$ 中只有矩阵 $(s\boldsymbol{I}-\boldsymbol{A})^{-1}$ 含有复频率变量 s,所以有必要对这后一矩阵稍加考察。由矩阵代数知

$$(s\boldsymbol{I}-\boldsymbol{A})^{-1} = \frac{\mathrm{adj}(s\boldsymbol{I}-\boldsymbol{A})}{|s\boldsymbol{I}-\boldsymbol{A}|} \tag{9-39}$$

这里 $\mathrm{adj}(s\boldsymbol{I}-\boldsymbol{A})$ 和 $|s\boldsymbol{I}-\boldsymbol{A}|$ 分别是矩阵 $(s\boldsymbol{I}-\boldsymbol{A})$ 的伴随矩阵和行列式。矩阵 $(s\boldsymbol{I}-\boldsymbol{A})$ 具有如下形式

$$(s\boldsymbol{I}-\boldsymbol{A}) = s\begin{bmatrix} 1 & 0 & \cdots & 0 \\ 0 & 1 & \cdots & 0 \\ \vdots & \vdots & & \vdots \\ 0 & 0 & \cdots & 1 \end{bmatrix} - \begin{bmatrix} a_{11} & a_{12} & \cdots & a_{1n} \\ a_{21} & a_{22} & \cdots & a_{2n} \\ \vdots & \vdots & & \vdots \\ a_{n1} & a_{n2} & \cdots & a_{nn} \end{bmatrix}$$

$$= \begin{bmatrix} s-a_{11} & -a_{12} & \cdots & -a_{1n} \\ -a_{21} & s-a_{22} & \cdots & -a_{2n} \\ \vdots & \vdots & & \vdots \\ -a_{n1} & -a_{n2} & \cdots & s-a_{nn} \end{bmatrix} \tag{9-40}$$

由此可见,伴随矩阵 $\mathrm{adj}(s\boldsymbol{I}-\boldsymbol{A})$ 是一 n 行 m 列的矩阵,它的每一元素都是一个次数不超过 $n-1$ 的变量 s 的多项式。由式(9-39)和式(9-38)可知,矩阵 $(s\boldsymbol{I}-\boldsymbol{A})^{-1}$ 和 $\boldsymbol{H}(s)$ 的所有元素均为 s 的有理分式,它们具有共同的分母 $|s\boldsymbol{I}-\boldsymbol{A}|$,这分母是一个 s 的 n 次多项式。所以可以得出结论,多项式 $|s\boldsymbol{I}-\boldsymbol{A}|$ 的零点,或者方程式

$$|s\boldsymbol{I}-\boldsymbol{A}| = 0 \tag{9-41}$$

的根是所有系统函数 $H_{ij}(s)$ 的公共极点。作为整个系统而言,方程式(9-41)的根也就是系统的自然频率。因此,式(9-41)是系统的特征方程,它的根是系统的特征根。对照线性代数中的理论,这个根正是 $\boldsymbol{A}$ 矩阵的特征根。设这些根为 λ_1、λ_2、$\cdots$、λ_n,则系统的零输入响应即具有

$$y_{zi}(t) = c_1 \mathrm{e}^{\lambda_1 t} + c_2 \mathrm{e}^{\lambda_2 t} + \cdots + c_n \mathrm{e}^{\lambda_n t}$$

的形式。$\boldsymbol{A}$ 矩阵的特征根可以决定系统的稳定性,对于稳定系统而言,其特征根的实部一定要小于零。如果系统有实部等于零的单根,则系统属于临界稳定。

在实际系统中,有时某个系统函数的分子分母可能有公共因子而消去,相应地,该系统函数就会少去一个极点。当某一系统函数 $H_{ij}(s)$ 因为有公共因子而消去一极点时,对于 j 处输入冲激激励在 i 处的输出响应中,就不出现等于此极点的自然频率项。但不管有无个别系统函数具有此类可以消去的公共因子,对于整个系统而言其特征根或自然频率是不变的。

由以上可以看出,在复频域中求解状态方程时,矩阵$(sI-A)^{-1}$具有重要的作用,因此对它还要稍作讨论。在式(9-32)中,当输入激励$E(s)=0$,再令

$$\boldsymbol{\Phi}(s)=(sI-A)^{-1} \tag{9-42}$$

则可以得到零输入响应的状态变量的变换式

$$\boldsymbol{X}(s)=\boldsymbol{\Phi}(s)\boldsymbol{x}(0) \tag{9-43}$$

对上式双方取拉普拉斯反变换,得零输入状态变量

$$\boldsymbol{x}(t)=\boldsymbol{\phi}(t)\boldsymbol{x}(0) \tag{9-44}$$

其中

$$\boldsymbol{\phi}(t)=\mathscr{L}^{-1}\{\boldsymbol{\Phi}(s)\}=\mathscr{L}^{-1}\{(sI-A)^{-1}\}=\mathscr{L}^{-1}\left\{\frac{\mathrm{adj}(sI-A)}{|sI-A|}\right\} \tag{9-45}$$

式(9-44)说明,一个零输入的系统,它在$t=0$时的状态与矩阵$\boldsymbol{\phi}(t)$相乘可以得到任何时刻系统的状态。矩阵$\boldsymbol{\phi}(t)$是矩阵$(sI-A)^{-1}$的拉普拉斯反变换,它起着从系统的一个状态过渡到另一个状态的联系作用,所以被称为**状态转移矩阵**(state transition matrix),亦称**特征矩阵**(characteristic matrix)。由于$t=0$是时间的某个参考点,在设定时有一定的任意性,利用状态过渡矩阵,实际上可以在系统的任意两时刻的状态之间转变。

例题 9-5 设一系统的状态方程和输出方程为

$$\begin{cases} x_1'(t)=x_1(t)+e(t) \\ x_2'(t)=x_1(t)-3x_2(t) \end{cases}$$

$$y(t)=-\frac{1}{4}x_1(t)+x_2(t)$$

系统的初始状态为$x_1(0)=1,x_2(0)=2$,输入激励为一单位阶跃函数$e(t)=\varepsilon(t)$。

(1) 试求此系统的输出响应。

(2) 求出此系统的传输函数、状态转移矩阵和状态转移方程。

解:将系统的状态方程和输出方程都写成矩阵形式

$$\begin{bmatrix} x_1'(t) \\ x_2'(t) \end{bmatrix}=\begin{bmatrix} 1 & 0 \\ 1 & -3 \end{bmatrix}\begin{bmatrix} x_1 \\ x_2 \end{bmatrix}+\begin{bmatrix} 1 \\ 0 \end{bmatrix}e(t)$$

$$y=\begin{bmatrix} -\dfrac{1}{4} & 1 \end{bmatrix}\begin{bmatrix} x_1 \\ x_2 \end{bmatrix}$$

由此二矩阵方程可知,除D为零外,其余A、B、C矩阵分别为

$$A=\begin{bmatrix} 1 & 0 \\ 1 & -3 \end{bmatrix} \quad B=\begin{bmatrix} 1 \\ 0 \end{bmatrix} \quad C=\begin{bmatrix} -\dfrac{1}{4} & 1 \end{bmatrix}$$

系统的初始状态为

$$\boldsymbol{x}(0)=\begin{bmatrix} x_1(0) \\ x_2(0) \end{bmatrix}=\begin{bmatrix} 1 \\ 2 \end{bmatrix}$$

（1）首先求解系统的响应。把这些矩阵代入式（9-35），即可求得输出响应的变换式。为此，先求矩阵 $(sI-A)^{-1}$

$$sI-A = s\begin{bmatrix} 1 & 0 \\ 0 & 1 \end{bmatrix} - \begin{bmatrix} 1 & 0 \\ 1 & -3 \end{bmatrix} = \begin{bmatrix} s-1 & 0 \\ -1 & s+3 \end{bmatrix}$$

$$|sI-A| = (s-1)(s+3)$$

$$\mathrm{adj}(sI-A) = \begin{bmatrix} s+3 & 0 \\ 1 & s-1 \end{bmatrix}$$

故有

$$(sI-A)^{-1} = \frac{\mathrm{adj}(sI-A)}{|sI-A|} = \frac{1}{(s-1)(s+3)}\begin{bmatrix} s+3 & 0 \\ 1 & s-1 \end{bmatrix}$$

$$= \begin{bmatrix} \dfrac{1}{(s-1)} & 0 \\ \dfrac{1}{(s-1)(s+3)} & \dfrac{1}{s+3} \end{bmatrix}$$

$(sI-A)^{-1}$ 也可以通过初等变换的方法求得，不需强记伴随矩阵的定义。这里只给出计算过程，有兴趣的读者可以查阅线性代数方面的书籍：

$$\left[\begin{array}{cc:cc} s-1 & 0 & 1 & 0 \\ -1 & s+3 & 0 & 1 \end{array}\right] \Rightarrow \left[\begin{array}{cc:cc} 1 & 0 & \dfrac{1}{s-1} & 0 \\ -1 & s+3 & 0 & 1 \end{array}\right] \Rightarrow \left[\begin{array}{cc:cc} 1 & 0 & \dfrac{1}{s-1} & 0 \\ 0 & s+3 & \dfrac{1}{s-1} & 1 \end{array}\right] \Rightarrow \left[\begin{array}{cc:cc} 1 & 0 & \dfrac{1}{s-1} & 0 \\ 0 & 1 & \dfrac{1}{(s-1)(s+3)} & \dfrac{1}{s+3} \end{array}\right]$$

其中右半部分就是 $(sI-A)^{-1}$，与上面的结果一致。

由式（9-35）的第一项求系统响应的零输入分量变换式

$$Y_{zi}(s) = C(sI-A)^{-1}x(0)$$

$$= \begin{bmatrix} -\dfrac{1}{4} & 1 \end{bmatrix} \begin{bmatrix} \dfrac{1}{(s-1)} & 0 \\ \dfrac{1}{(s-1)(s+3)} & \dfrac{1}{s+3} \end{bmatrix} \begin{bmatrix} 1 \\ 2 \end{bmatrix}$$

$$= \begin{bmatrix} -\dfrac{1}{4(s+3)} & \dfrac{1}{s+3} \end{bmatrix} \begin{bmatrix} 1 \\ 2 \end{bmatrix} = \dfrac{7}{4}\dfrac{1}{s+3}$$

由式（9-35）的第二项求系统响应的零状态分量变换式

$$Y_{zs}(s) = [C(sI-A)^{-1}B+D]E(s)$$

$$= \begin{bmatrix} -\dfrac{1}{4} & 1 \end{bmatrix} \begin{bmatrix} \dfrac{1}{(s-1)} & 0 \\ \dfrac{1}{(s-1)(s+3)} & \dfrac{1}{s+3} \end{bmatrix} \begin{bmatrix} 1 \\ 0 \end{bmatrix}\dfrac{1}{s}$$

$$= \left[-\frac{1}{4(s+3)} \quad \frac{1}{s+3} \right] \begin{bmatrix} 1 \\ 0 \end{bmatrix} \frac{1}{s}$$

$$= \frac{1}{12}\left(\frac{1}{s+3} - \frac{1}{s} \right)$$

将以上零输入和零状态两分量进行反变换后相加,即得系统的全响应,即

$$y_{zi}(t) = \mathscr{L}^{-1}\{Y_{zi}(s)\} = \mathscr{L}^{-1}\left\{ \frac{7}{4}\frac{1}{s+3} \right\} = \frac{7}{4}e^{-3t}\varepsilon(t)$$

$$y_{zs}(t) = \mathscr{L}^{-1}\{Y_{zs}(s)\} = \mathscr{L}^{-1}\left\{ \frac{1}{12}\left(\frac{1}{s+3} - \frac{1}{s} \right) \right\} = \frac{1}{12}(e^{-3t}-1)\varepsilon(t)$$

由此得到全响应

$$y(t) = y_{zs}(t) + y_{zi}(t) = \frac{1}{12}(e^{-3t}-1)\varepsilon(t)$$

(2)求出此系统的转移函数矩阵、状态过渡矩阵和状态转移方程。

根据式(9-38),可以得到系统传输矩阵为

$$H(s) = C(sI-A)^{-1}B + D$$

$$= \left[-\frac{1}{4} \quad 1 \right] \begin{bmatrix} \dfrac{1}{(s-1)} & 0 \\ \dfrac{1}{(s-1)(s+3)} & \dfrac{1}{s+3} \end{bmatrix} \begin{bmatrix} 1 \\ 0 \end{bmatrix}$$

$$= \left[-\frac{1}{4(s+3)} \quad \frac{1}{s+3} \right] \begin{bmatrix} 1 \\ 0 \end{bmatrix}$$

$$= -\frac{1}{4(s+3)}$$

因为这个系统是单输入-单输出系统,所以转移函数矩阵中只有一个元素。由式(9-45),可以得到该系统的状态过渡矩阵为

$$\boldsymbol{\phi}(t) = \mathscr{L}^{-1}\{(sI-A)^{-1}\}$$

把上面解得的矩阵$(sI-A)^{-1}$的每一元素取反变换,得到

$$\boldsymbol{\phi}(t) = \mathscr{L}^{-1}\{(sI-A)^{-1}\} = \mathscr{L}^{-1}\left\{ \begin{bmatrix} \dfrac{1}{(s-1)} & 0 \\ \dfrac{1}{(s-1)(s+3)} & \dfrac{1}{s+3} \end{bmatrix} \right\}$$

$$= \begin{bmatrix} e^{t}\varepsilon(t) & 0 \\ \dfrac{1}{4}(e^{t}-e^{-3t})\varepsilon(t) & e^{-3t}\varepsilon(t) \end{bmatrix}$$

而状态转移方程为

$$x(t) = \boldsymbol{\phi}(t)x(0)$$

$$= \begin{bmatrix} e^t \varepsilon(t) & 0 \\ \dfrac{1}{4}(e^t - e^{-3t})\varepsilon(t) & e^{-3t}\varepsilon(t) \end{bmatrix} \boldsymbol{x}(0)$$

由以上解题过程可以看出,就这样一个简单的单输入-单输出二阶系统而言,其运算过程是十分冗繁的,在求解含有复变量 s 矩阵逆矩阵 $(s\boldsymbol{I}-\boldsymbol{A})^{-1}$ 运算时尤其如此。所以,在分析简单系统时,应用状态变量法并没有什么优势。但是,如果系统比较复杂,这种方法的优越性就会表现出来。下面看一个多输入-多输出系统的例子。

例题 9-6 将上题系统改为一个多输入-多输出系统,状态方程和输出方程为

$$\begin{cases} x_1'(t) = x_1(t) + e_1(t) \\ x_2'(t) = x_1(t) - 3x_2(t) + e_2(t) \end{cases}$$

$$\begin{cases} y_1(t) = -\dfrac{1}{4}x_1(t) + x_2(t) \\ y_2(t) = 2x_1(t) - x_2(t) \end{cases}$$

系统的初始状态依然为 $x_1(0)=1, x_2(0)=2$,两个输入激励为 $e_1(t)=e_2(t)=\varepsilon(t)$。求此系统的输出响应。

解: 将系统的状态方程和输出方程都写成矩阵形式

$$\begin{bmatrix} x_1'(t) \\ x_2'(t) \end{bmatrix} = \begin{bmatrix} 1 & 0 \\ 1 & -3 \end{bmatrix} \begin{bmatrix} x_1 \\ x_2 \end{bmatrix} + \begin{bmatrix} 1 & 0 \\ 0 & 1 \end{bmatrix} \begin{bmatrix} e_1(t) \\ e_1(t) \end{bmatrix}$$

$$\begin{bmatrix} y_1(t) \\ y_2(t) \end{bmatrix} = \begin{bmatrix} -\dfrac{1}{4} & 1 \\ 2 & -1 \end{bmatrix} \begin{bmatrix} x_1 \\ x_2 \end{bmatrix}$$

由此二矩阵方程可知,除 $\boldsymbol{D}$ 为零外,其余 $\boldsymbol{A}$、$\boldsymbol{B}$、$\boldsymbol{C}$ 矩阵分别为

$$\boldsymbol{A} = \begin{bmatrix} 1 & 0 \\ 1 & -3 \end{bmatrix} \quad \boldsymbol{B} = \begin{bmatrix} 1 & 0 \\ 0 & 1 \end{bmatrix} \quad \boldsymbol{C} = \begin{bmatrix} -\dfrac{1}{4} & 1 \\ 2 & -1 \end{bmatrix}$$

系统的初始状态和激励分别为

$$\boldsymbol{x}(0) = \begin{bmatrix} x_1(0) \\ x_2(0) \end{bmatrix} = \begin{bmatrix} 1 \\ 2 \end{bmatrix} \quad \boldsymbol{e}(t) = \begin{bmatrix} e_1(t) \\ e_2(t) \end{bmatrix} = \begin{bmatrix} \varepsilon(t) \\ \varepsilon(t) \end{bmatrix}$$

其中的 $\boldsymbol{A}$ 矩阵与例题 9-5 中的一样,因此可以直接应用其中矩阵 $(s\boldsymbol{I}-\boldsymbol{A})^{-1}$ 的计算结果

$$(s\boldsymbol{I}-\boldsymbol{A})^{-1} = \begin{bmatrix} \dfrac{1}{(s-1)} & 0 \\ \dfrac{1}{(s-1)(s+3)} & \dfrac{1}{s+3} \end{bmatrix}$$

由此可得

$$\boldsymbol{Y}_{zi}(s) = \boldsymbol{C}(s\boldsymbol{I}-\boldsymbol{A})^{-1}\boldsymbol{x}(0)$$

$$= \begin{bmatrix} -\dfrac{1}{4} & 1 \\[2mm] 2 & -1 \end{bmatrix} \begin{bmatrix} \dfrac{1}{(s-1)} & 0 \\[3mm] \dfrac{1}{(s-1)(s+3)} & \dfrac{1}{s+3} \end{bmatrix} \begin{bmatrix} 1 \\[1mm] 2 \end{bmatrix}$$

$$= \begin{bmatrix} -\dfrac{1}{4(s+3)} & \dfrac{1}{s+3} \\[3mm] \dfrac{1}{4(s+3)}+\dfrac{7}{4(s-1)} & -\dfrac{1}{s+3} \end{bmatrix} \begin{bmatrix} 1 \\[1mm] 2 \end{bmatrix}$$

$$= \begin{bmatrix} \dfrac{7}{4}\dfrac{1}{s+3} \\[3mm] \dfrac{7}{4}\dfrac{1}{s-1}-\dfrac{7}{4}\dfrac{1}{s+3} \end{bmatrix}$$

$$\boldsymbol{Y}_{zs}(s) = \left[\boldsymbol{C}(s\boldsymbol{I}-\boldsymbol{A})^{-1}\boldsymbol{B}+\boldsymbol{D}\right]\boldsymbol{E}(s)$$

$$= \begin{bmatrix} -\dfrac{1}{4} & 1 \\[2mm] 2 & -1 \end{bmatrix} \begin{bmatrix} \dfrac{1}{(s-1)} & 0 \\[3mm] \dfrac{1}{(s-1)(s+3)} & \dfrac{1}{s+3} \end{bmatrix} \begin{bmatrix} 1 & 0 \\ 0 & 1 \end{bmatrix} \begin{bmatrix} \dfrac{1}{s} \\[2mm] \dfrac{1}{s} \end{bmatrix}$$

$$= \begin{bmatrix} -\dfrac{1}{4(s+3)} & \dfrac{1}{s+3} \\[3mm] \dfrac{1}{4(s+3)}+\dfrac{7}{4(s-1)} & -\dfrac{1}{s+3} \end{bmatrix} \begin{bmatrix} \dfrac{1}{s} \\[2mm] \dfrac{1}{s} \end{bmatrix}$$

$$= \begin{bmatrix} \dfrac{1}{4}\left(\dfrac{1}{s}-\dfrac{1}{s+3}\right) \\[3mm] \dfrac{1}{4}\left(\dfrac{7}{s-1}-\dfrac{8}{s}+\dfrac{1}{s+3}\right) \end{bmatrix}$$

将以上零输入和零状态两分量相加,即得系统的全响应,即

$$\boldsymbol{Y}(s) = \boldsymbol{Y}_{zi}(s)+\boldsymbol{Y}_{zs}(s) = \begin{bmatrix} \dfrac{1}{4}\left(\dfrac{1}{s}+\dfrac{6}{s+3}\right) \\[3mm] \dfrac{1}{4}\left(\dfrac{14}{s-1}-\dfrac{8}{s}-\dfrac{6}{s+3}\right) \end{bmatrix}$$

$$\boldsymbol{y}(t) = \mathscr{L}^{-1}\{\boldsymbol{Y}(s)\} = \mathscr{L}^{-1}\left\{ \begin{bmatrix} \dfrac{1}{4}\left(\dfrac{1}{s}+\dfrac{6}{s+3}\right) \\[3mm] \dfrac{1}{4}\left(\dfrac{14}{s-1}-\dfrac{8}{s}-\dfrac{6}{s+3}\right) \end{bmatrix} \right\}$$

$$= \begin{bmatrix} \dfrac{1}{4}(1+6e^{-3t})\varepsilon(t) \\[3mm] \dfrac{1}{4}(14e^{t}-8-6e^{-3t})\varepsilon(t) \end{bmatrix}$$

将上面两个例题中的求解过程相比较,可见对于状态变量分析法而言,分析多输入-多输出系统与分析单输入-单输出相比并不复杂多少。而如果用前面各章中介绍的基于输入-输出方程的时域解法则可能复杂得多,例如对于例题 9-6 给出的二输入-二输出系统,则可能要求解 4 个二阶微分方程才能得到全响应。所以,在分析多输入-多输出的复杂系统时,状态变量法具有很大的优势。

最后,还要顺便指出一个问题。在例题 9-5 中,细心的读者可能已经注意到,这个系统的特征方程为 $(s-1)(s+3)=0$,系统有一正实数 $s=1$ 的自然频率。这表示该系统是不稳定的。然而在系统函数 $H(s)$ 中看不到这个极点,这是因为 $(s-1)$ 作为分子分母的公共因子被消去了,所以在输出响应中并不出现相应的 e^{t} 这一随时间增长的项。而当例题 9-5 中将状态变量解出后,可看到 e^{t} 这一项在状态变量中依然是存在的,表现为 $x_1(t)$ 和 $x_2(t)$ 均随时间无限增大,但在输出方程中又抵消了。这里说明了系统中隐藏着一个不稳定的因素,系统中的一些物理量会随时间的增长趋于无穷大。虽然这些物理量无法在输出端口表现出来,但是它一样会导致它所在的元件或电路损坏,系统的工作稳定性也就破坏了。利用状态变量分析法,可以预见到这种隐患,并采取必要的预防措施。相比之下,只着眼于输入-输出关系的分析方法就不可能作出这种处理。所以,通过 A 矩阵的特征根对系统稳定性可以进行更全面的考察。这也是本章之初提到的状态变量分析法的优点之一。

3. 线性系统的特征根不变性

前面 §9.3 中曾经介绍过,对于同一个系统,状态变量的选取不是唯一的。选取不同的状态变量得到不同的状态方程,相应的 A 矩阵也不相同。如果这些不同的 A 矩阵给出了不同的特征根,将导致同一个系统在选用不同的状态变量时会得到不同的自然频率,这显然是不合逻辑的,因为系统的自然频率不可能随观测或计算方法的不同而改变。所以,这些同一个系统的不同状态变量描述中,带来的不同的 A 矩阵的特征值一定相同。下面就证明这个结论。

通过 §9.3 可知,如果 x 是系统一种状态变量,将它乘以任意一个可逆的 $n \times n$ 维矩阵 G,就可以得到一个新的状态变量 $v=Gx$,新的状态方程为

$$\dot{v} = (GAG^{-1})v + (GB)e$$

这时新的 A 矩阵为

$$A_1 = GAG^{-1}$$

它的特征值为

$$|\lambda I - A_1| = |\lambda GG^{-1} - GAG^{-1}| = |G(\lambda I - A)G^{-1}| = |G||\lambda I - A||G^{-1}|$$

这里因为 G 是一个可逆的矩阵,它一定是满秩的,其行列式一定不等于零。所以 $|\lambda I - A_1| = 0$ 与 $|\lambda I - A| = 0$ 将有相同的解 λ,或 A 与 A_1 有相同的特征根。所以,对于系统而言,虽然 A 矩阵不

同,但是其特征根相同,系统不会因为选用了不同的状态变量而导致特征频率的变化,这一性质称为系统的特征根的不变性。

从上面的内容可以看出,由解状态方程求系统响应的办法与前面输入-输出方程求解普通一阶微分方程十分相似。所不同的是,普通微分方程的变量是标量,而状态微分方程的变量是矢量,且相应的系数是矩阵。一阶的线性微分方程是人们作过比较透彻的研究的,现在把高阶微分方程转化为矩阵形式的一阶微分方程,就可以利用线性代数,把处理一阶线性微分方程的方法推广到处理矩阵形式的状态方程。这样,就为解决复杂系统的分析,找到了一个新的途径。

§9.6　连续时间系统状态方程的数值解法

无论是用时域法还是变换域法,求解连续时间系统的响应的计算过程还是比较麻烦的。尤其是当输入信号的波形复杂,甚至不能写成简单的函数形式时,计算困难将会更大。

系统的工作用状态变量来描写的优点之一,是状态方程非常便于利用计算机来解算出近似数值解,而且可以达到很高的精度。方程的近似数值解法,总是每隔一定间隔求出一个函数值,而求解函数的每个数值的步骤都是相同的。如果把这种解算步骤排成程序,就可让计算机去做这重复的计算工作。由于状态方程都是简单的一阶微分方程,进行数值计算也特别方便。应用数值法解算,还可以求得非线性系统和时变系统的状态方程的近似解,这是目前分析这些系统的最为有效而切实可行的方法。

对于描写连续时间系统的微分方程进行近似的数值求解,是将连续的输入-输出信号用离散的方法去作近似处理,这时微分方程已被近似地转变成差分方程了。本节只讨论状态微分方程的数值解法,也包括简单介绍求解非线性系统及时变系统的状态微分方程。

1. 线性非时变系统的数值解法

微分方程常用的数值计算方法有多种,这里作为基本原理的示例,首先介绍一种最简单的欧拉近似法(Euler approximation method)。为了说明这种计算法,现在设有二阶线性非时变系统的两个状态微分方程和一个输出方程如下

$$\begin{cases} \dfrac{\mathrm{d}x_1}{\mathrm{d}t} = a_{11}x_1 + a_{12}x_2 + b_1 e \\ \dfrac{\mathrm{d}x_2}{\mathrm{d}t} = a_{21}x_1 + a_{22}x_2 + b_2 e \end{cases} \tag{9-46a}$$

$$y = c_{11}x_1 + c_{12}x_2 + de \tag{9-46b}$$

又设系统的初始状态为 $x_1(0)$ 和 $x_2(0)$,并且已知输入激励函数 $e(t)$。将 $t=0$ 时的 $x_1(0)$、$x_2(0)$ 和 $e(0)$ 值代入式(9-46b),即可得 $y(0)$,这是起始时系统的响应。$x_1(0)$、$x_2(0)$、$e(0)$ 和 $y(0)$ 都

是起始时的情况,也是进行计算的出发点。

现在假定每隔一个时间间隔 Δt 计算一次 $x_1(t)$、$x_2(t)$ 和 $y(t)$ 的数值。先看第一个时间间隔末,即 $t = \Delta t$ 时的 $x_1(\Delta t)$、$x_2(\Delta t)$ 和 $y(\Delta t)$ 的计算方法。欧拉近似法的要点,是在 Δt 很小时,把在每一时间间隔 Δt 之内的所有状态变量的时间函数都用直线近似,这时状态变量在这段时间内的导数可以看成为常数,且等于间隔起始时的导数值。所以在第一个间隔 $0 \sim \Delta t$ 之内,有

$$\frac{\Delta x_1}{\Delta t} = \frac{\mathrm{d}x_1}{\mathrm{d}t}\bigg|_{t=0} = x'_1(0)$$

$$\frac{\Delta x_2}{\Delta t} = \frac{\mathrm{d}x_2}{\mathrm{d}t}\bigg|_{t=0} = x'_2(0)$$

这两个导数值可由将 $x_1(0)$、$x_2(0)$、$x_3(0)$ 代入状态方程式(9-46a)得到。有了这两个数值,就可求出 $t = \Delta t$ 时 x_1 和 x_2 的增量

$$\Delta x_1(\Delta t) = x'_1(0)\Delta t$$

$$\Delta x_2(\Delta t) = x'_2(0)\Delta t$$

把这两个增量分别加到 $x_1(0)$ 和 $x_2(0)$ 上去,即得

$$x_1(\Delta t) = x_1(0) + \Delta x_1(\Delta t) = x_1(0) + x'_1(0)\Delta t$$

$$x_2(\Delta t) = x_2(0) + \Delta x_2(\Delta t) = x_2(0) + x'_2(0)\Delta t$$

然后再用这两个状态变量值和 $e(\Delta t)$ 代入式(9-46b),可以计算出 $y(\Delta t)$。以上 $x_1(\Delta t)$ 和 $x_2(\Delta t)$ 就是 $t = \Delta t$ 时系统的状态,$y(\Delta t)$ 就是 $t = \Delta t$ 时系统的输出。这些是第一个时间间隔结束时的数值,也是下一个间隔开始时的数值。

重复上面的步骤,可以计算第二个时间间隔末 $t = 2\Delta t$ 时的状态 $x_1(2\Delta t)$、$x_2(2\Delta t)$ 和输出 $y(2\Delta t)$ 等值。这时候,把上面求得的 $x_1(\Delta t)$、$x_2(\Delta t)$ 和 $e(\Delta t)$ 代入式(9-46a),得到 $x'_1(\Delta t)$、$x'_2(\Delta t)$。这里同样在第二间隔 $\Delta t \sim 2\Delta t$ 内将函数用直线近似,使其间两状态变量的导数值保持不变,则用 Δt 乘此二值,分别得

$$\Delta x_1(2\Delta t) = x'_1(\Delta t)\Delta t$$

$$\Delta x_2(2\Delta t) = x'_2(\Delta t)\Delta t$$

将它们分别与 $x_1(\Delta t)$ 和 $x_2(\Delta t)$ 相加得

$$x_1(2\Delta t) = x_1(\Delta t) + \Delta x_1(2\Delta t) = x_1(\Delta t) + x'_1(\Delta t)\Delta t$$

$$x_2(2\Delta t) = x_2(\Delta t) + \Delta x_2(2\Delta t) = x_2(\Delta t) + x'_2(\Delta t)\Delta t$$

以此二值代入式(9-46b)得 $y(2\Delta t)$。至此,求得了第二个时间间隔末的有关数值。以此为出发点,重复以上方法可以计算再下一个时间间隔。不断作此重复计算,可以算到任意所需的时间为止。显然,这里计算出的结果都是有一定误差的,但如果时间间隔 Δt 取得足够小,它可以达到很高的计算精度。

由这里讨论的二阶单输入-单输出系统的计算法,不难推广到高阶多输入-多输出的系统,而且这种方法不仅适用于线性非时变系统,也可以用于时变和非线性系统。这里给出利用状态方程和输出方程计算系统输出的数值解的过程。为了更具有普遍性,这里假设状态方程和输出方

程可以表达为

$$\dot{x}(t) = f[x(t), e(t)] \tag{9-47}$$

$$y(t) = g[x(t), e(t)] \tag{9-48}$$

这个表达式不仅可以用于线性系统,而且可以表达非线性系统。如果系统是线性非时变系统,则 $f(x(t), e(t)) = A \cdot x(t) + B \cdot e(t)$,$g(x(t), e(t)) = C \cdot x(t) + D \cdot e(t)$。

欧拉法的计算过程如下:

(1)根据实际需要,确定时间间隔 Δt;

(2)根据系统条件,确定系统的初始状态 $x(0)$;同时,通过输出方程,可以得到系统初始状态下的输出 $y(0)$;

(3)令时间间隔数 $N = 0$;

(4)根据状态方程式(9-47),计算状态变量在 $t = N\Delta t$ 时刻的导数 $\dot{x}(N\Delta t)$

$$\dot{x}(N\Delta t) = \Delta t \cdot f(x(N\Delta t), e(N\Delta t)) \tag{9-49}$$

(5)计算 $t = (N+1)\Delta t$ 时刻系统的状态变量的数值

$$x[(N+1)\Delta t] \approx x(N\Delta t) + \Delta t \cdot \dot{x}(N\Delta t) \tag{9-50}$$

(6)根据输出方程,计算 $t = (N+1)\Delta t$ 时刻系统的输出

$$y[(N+1)\Delta t] = g\{x[(N+1)\Delta t], e[(N+1)\Delta t]\} \tag{9-51}$$

(7)令 $N = N+1$,回到(4),继续计算系统下一个时刻的状态和输出,直到完成指定时间内全部点上的计算。

现在仍以例题 9-5 的状态方程和输出方程为例,应用上述数值解法来求出状态变量 $x_1(t)$、$x_2(t)$ 和输出 $y(t)$。该例题的状态方程和输出方程是

$$\begin{cases} x_1' = x_1 + e(t) \\ x_2' = x_1 - 3x_2 \end{cases}$$

$$y = -\frac{1}{4}x_1 + x_2$$

初始状态是 $x_1(0) = 1$,$x_2(0) = 2$,激励信号 $e(t) = \varepsilon(t)$。在这里计算 $t = 0 \sim 2$ s 内各个时间点上的状态和输出。根据欧拉近似法的流程,很容易设计出相应的程序,并通过计算机得到数值计算结果。图 9-11(a)给出了当时间间隔 $\Delta t = 0.1$ s 时计算的结果。

用近似的数值计算法去解算,是有一定误差的。计算误差的大小,显然与近似计算所依据的方法、所取时间间隔 Δt 的大小等有关系。为了考察数值计算误差的大小,这里将用欧拉近似法得到的输出结果与前面按时域解法解出的输出函数

$$y(t) = \frac{11}{6}e^{-3t} - \frac{1}{12}$$

给出的结果做了一个比较,其差值见图 9-11(b)。从图上可见,误差最大处为 0.116 5。所以计算的精度还是比较高的。为了进一步提高计算精度,可以降低 Δt。图 9-12(a)给出了当 $\Delta t =$

0.01 时数值计算的误差,其中最大处仅为 0.010 2,精度有了很大提高。可以预见,当 Δt 取值非常小的时候,欧拉方法可望达到很高的精度。但是这时,计算一定时间间隔内的输出所需要的计算量有一定的增加。例如,为了计算 1 s 时间内系统的输出,如果采用 $\Delta t = 0.1$ 时,需要计算 10 个时间点上的结果,而当 $\Delta t = 0.01$ 时则需要计算 100 个时间点上的结果。也就是说,在减小 Δt 从而提高计算精度的同时,计算量也增加了。实际应用中,Δt 的取值要在计算量和计算精度这两个矛盾的因素间权衡轻重,适当选取。按照现在计算机的计算速度和容量,完全可以完成大计算量、高精度的计算。

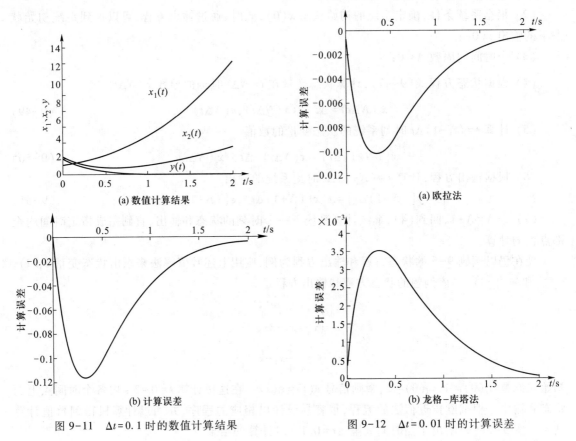

图 9-11 $\Delta t = 0.1$ 时的数值计算结果   图 9-12 $\Delta t = 0.01$ 时的计算误差

上面的过程中 Δt 是一个固定的值,实际上 Δt 也可以在计算中根据实际情况灵活改变。例如可在导数变化大的地方选一较小值,保证计算精度;在导数变化小的地方选一较大值,减小计算量。

另外还有一种非常流行的经典数值积分的算法,叫做龙格 – 库塔算法（Runge-Kutta method）。这种算法将欧拉算法中计算 $t = (N+1)\Delta t$ 时刻系统的状态变量的数值（第 5 步）的公式（9-50）进行了修改。首先计算几个中间结果：

$$\boldsymbol{x}_1 = \boldsymbol{x}(N\Delta t) + \frac{\mathrm{d}}{\mathrm{d}t}\boldsymbol{x}(N\Delta t)\Delta t$$

$$= \boldsymbol{x}(N\Delta t) + f(\boldsymbol{x}(N\Delta t), \boldsymbol{e}(N\Delta t))\Delta t \tag{9-52a}$$

$$\boldsymbol{x}_2 = \boldsymbol{x}(N\Delta t) + f(\boldsymbol{x}_1, \boldsymbol{e}(N\Delta t))\Delta t \tag{9-52b}$$

$$\boldsymbol{x}_3 = \boldsymbol{x}(N\Delta t) + f(\boldsymbol{x}_2, \boldsymbol{e}(N\Delta t))\Delta t \tag{9-52c}$$

$$\boldsymbol{x}_4 = \boldsymbol{x}(N\Delta t) + f(\boldsymbol{x}_3, \boldsymbol{e}(N\Delta t))\Delta t \tag{9-52d}$$

然后可以得到 $t = (N+1)\Delta t$ 时刻系统的状态

$$\boldsymbol{x}\left[(N+1)\Delta t\right] = \frac{1}{3}\left[\boldsymbol{x}_1 + 2\boldsymbol{x}_2 + \boldsymbol{x}_3 - \boldsymbol{x}_4\right] \tag{9-53}$$

其他的步骤与欧拉方法一样。用式(9-52)和式(9-53)替代欧拉方法中的式(9-50),就可以得到龙格-库塔算法的计算步骤。这种算法的计算精度高于欧拉方法,而计算量和复杂性却比欧拉方法大不了多少。有关这种算法的原理可参考有关数值计算方面的文献。图9-12(b)给出了这种算法在 $\Delta t = 0.01$ 时的误差曲线,最大处仅 0.003 58,比同样时间间隔下的欧拉近似法小了近三倍。

2. 非线性系统的数值分析方法

非线性系统中,有的元件参数不具有线性特性,例如非线性电阻的伏安特性不是直线,非线性电感的磁链-电流特性、非线性电容的电荷-电压特性也都不是直线。用这些非线性元件构成的系统就不再是线性系统,而是非线性系统。描写具有这些非线性系统的微分方程都不再是线性微分方程,而是非线性微分方程。无论是在电系统还是非电系统中,非线性系统都是广泛存在的,而线性系统往往只不过是非线性系统在某些意义下的近似。例如,对于三极管、二极管和集成电路等,在输入输出信号幅度很小时,可以近似看做是线性元件,当信号幅度很大时,就不能看成是线性元件了。

求解这些非线性微分方程往往是非常困难的。虽然前人做了许多工作,包括一些图解法以及解某些特殊方程的解析法,但是很难找到一个能够解决所有(或大多数)非线性方程的通用的解法。目前在工程中具体可行并且广为应用的方法,还是数值计算方法。例如,早期在非线性系统中的一种常用方法是分段线性法(即折线法),就是在一定的条件下,把非直线的元件特性近似地用几条不同斜率的直线段组成的折线来代表,然后进行分段计算。近年来,由于计算机的普及应用,利用计算机求解非线性方程的数值解就成为工程上更为有效和实用的方法了。

关于非线性系统分析方面的内容远远超出了本书的范围,这里不打算对其进行详细讨论,而只是从线性系统数值解法的推广的角度着重介绍非线性系统的数值解法,同时通过例题简单介绍一些非线性科学上的一些基本知识。

非线性微分方程的数值计算的常用方法依然是前面介绍的欧拉法和龙格-库塔方法,后者因为计算精度高,使用得尤其广泛。为了使用这些方法,首先必须将非线性的微分方程改写成状态方程形式。这里以著名的范德波尔方程(Van der Pol equation)为例,这是德国物理学家范德波尔在研究真空电子管电路特性时给出的,其方程为

$$y(t)'' - \lambda\left[1 - y(t)^2\right]y(t)' + y(t) = 0 \qquad (9\text{-}54)$$

其中 λ 是一个大于零的常数。为了能够用数值计算求解该方程的数值解,首先将该方程表示为状态方程。为此设状态变量 $x_1(t) = y(t)$,$x_2(t) = y'(t)$。则可以将式(9-54)表示成

$$\begin{cases} x_1'(t) = x_2(t) \\ x_2'(t) = \lambda\left[1 - x_1(t)^2\right]x_2(t) - x_1(t) \end{cases} \qquad (9\text{-}55)$$

假设已经给定了系统的初始状态 $y(0)$ 和 $y'(0)$,就可以得到状态变量的初始值 $x_1(0) = y(0)$ 和 $x_2(0) = y'(0)$。确定了步长 Δt 后,通过递推计算就可以求出其他时间点上的系统状态。这里以龙格-库塔方法为例,给出计算流程:

(1) 令时间间隔数 $N = 0$;

(2) 按照公式(9-52),计算中间结果

$$\begin{cases} x_{11} = x_1(N\Delta t) + x_2(N\Delta t)\Delta t \\ x_{12} = x_2(N\Delta t) + \left[\lambda\left(1 - x_1(N\Delta t)^2\right)x_2(N\Delta t) - x_1(N\Delta t)\right]\Delta t \end{cases}$$

$$\begin{cases} x_{21} = x_{11} + x_{12}\Delta t \\ x_{22} = x_{12} + \left[\lambda\left(1 - x_{11}^2\right)x_{12} - x_{11}\right]\Delta t \end{cases}$$

$$\begin{cases} x_{31} = x_{21} + x_{22}\Delta t \\ x_{32} = x_{22} + \left[\lambda\left(1 - x_{21}^2\right)x_{22} - x_{21}\right]\Delta t \end{cases}$$

$$\begin{cases} x_{41} = x_{31} + x_{32}\Delta t \\ x_{42} = x_{32} + \left[\lambda\left(1 - x_{31}^2\right)x_{32} - x_{31}\right]\Delta t \end{cases}$$

(3) 根据式(9-53),计算 $t = (N+1)\Delta t$ 时刻系统的状态

$$\begin{cases} x_1\left[(N+1)\Delta t\right] = \dfrac{1}{3}\left[x_{11} + 2 \cdot x_{21} + x_{31} - x_{41}\right] \\ x_2\left[(N+1)\Delta t\right] = \dfrac{1}{3}\left[x_{12} + 2 \cdot x_{22} + x_{32} - x_{42}\right] \end{cases}$$

计算 $t = (N+1)\Delta t$ 时刻系统的输出

$$y\left[(N+1)\Delta t\right] = x_1\left[(N+1)\Delta t\right]$$

(4) 令 $N = N+1$,回到(2),继续计算系统下一个时刻的状态和输出。

根据上面的流程,可以计算出范德波尔方程在给定初始条件下的数值解。图 9-13(a)给出了范德波尔方程在初始条件 $y(0) = 0$,$y'(0) = 0.25$ 时的解 $y(t)$ 的时间波形,其中常数 $\lambda = 1$。从波形上可以看出,在经历了一段时间以后,这个二阶非线性系统很快就进入了一个周期性振荡状态,但是其波形并不是正弦波,而是含有无穷多个频谱分量。这与二阶线性系统(如 LC 振荡器)产生的正弦振荡波形不同。

在本章第二节中,曾经提到过可以用多维状态空间的点表示系统的状态。这时,随着时间的变换,系统的状态也会发生变化,映射在状态空间的点也会在状态空间上移动,所形成的轨迹被称为**状态轨迹**(state trajectory)。例如,范德波尔方程描述的是一个具有两个状态变量的系

统,它的响应可以用一个二维空间上的状态空间轨迹进行描述,如图 9-13(b)所示,图中的箭头指明了轨迹运动的方向。从图中可以看出,系统的状态很快进入一个固定的闭合路径中,在其中循环运动。这个闭合路径被称为**极限环**(limit cycle)。所以,这种振荡又被称为极限环振荡。

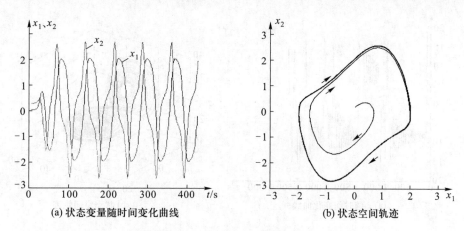

(a) 状态变量随时间变化曲线　　　　　(b) 状态空间轨迹

图 9-13　范德波尔系统的输出

非线性系统研究中最著名的例子是洛伦兹方程(Lorenz equation),这是美国动力气象学家 E. N. Lorenz 在研究对流实验时提出的。它的状态方程为

$$\begin{cases} \dfrac{d}{dt}x_1(t) = \sigma[x_2(t)-x_1(t)] \\[2mm] \dfrac{d}{dt}x_2(t) = [r-x_3(t)]x_1(t)-x_2(t) \\[2mm] \dfrac{d}{dt}x_3(t) = x_1(t)x_2(t)-b\cdot x_3(t) \end{cases} \tag{9-56}$$

通过前面介绍的计算机数值计算方法,很容易求出这个方程在某些情况下的数值解。图 9-14(a)给出了其状态变量 x_2 随时间变换的曲线,这个变量随时间变化的轨迹与范德波尔系统中状态变量的变化规律不同,不会进入周期性振荡状态。其三维状态轨迹如图 9-14(b)所示。从图中可以看作,其波形很像一个飞舞的蝴蝶,所以有人又将它称为洛伦兹蝴蝶图。这个图形表现出了与范德波尔系统完全不同的特性。第一,其轨迹没有固定的归宿,不存在极限环;第二,无论运行多长时间,状态空间轨迹没有任何重叠点,没有周期性;第三,状态空间轨迹似乎是绕着两个中心点交替运行,但轨迹每次绕每个中心点运动的次数似乎是随机的,这种交替没有规律可循。这两个中心点好像对轨迹有一定的吸引力,所以又被称为**奇怪吸引子**(strange attracter);第四,这个系统对初始条件极度敏感,即使系统的初始状态有非常非常小的扰动或误差,也会导致系统的输出产生很大的差异。Lorenz 用一句非常经典而又形象的话形容这种现象:"巴西的一只蝴蝶扇动一下翅膀,可能会导致加利福尼亚的一场飓风"。这种系统对初值的极度敏感性使得我们无法对系统将来的状态做出准确的预测,从而给系统未来的状态带来了很

大的不确定性。这种由确定性系统产生的不确定现象称之为**混沌**(chaos)。洛伦兹蝴蝶图被认为是非线性混沌特性的具有代表性的图形,它的出现掀起了混沌研究的热潮。

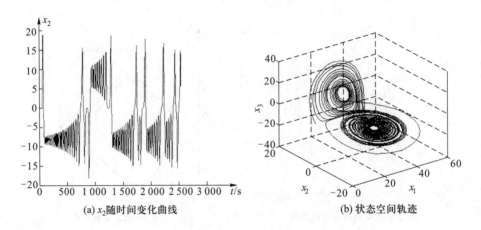

(a) x_2随时间变化曲线　　　　　　　(b) 状态空间轨迹

图 9-14　洛伦兹系统的输出

除了混沌、极限环、奇怪吸引子以外,非线性系统还表现出了其他许多与线性系统截然不同的特性,例如**孤立子**(soliton)、**分形维**(fractal)等。这些现象向人们展开了一个广阔的新天地,成为当前科学研究的一个热门课题。而在非线性系统的研究过程中,计算机数值计算的作用功不可没。

非线性系统的种种特性在很多领域得到了实际应用。例如,利用混沌特性所提出的混沌通讯就是充分利用混叠所带来的不确定性,提高通信的保密性和抗干扰能力。本书中对非线性科学只是介绍了非常少的一些入门内容,希望能够引起读者的兴趣。

§9.7　离散时间系统状态方程的解

离散时间系统状态方程是一个一阶的差分方程组。在第七章中我们看到,差分方程可以很方便地通过递推得到其数值解。但是这种数值解无法给出响应的解析表达式,且无法揭示响应中的一些规律。所以时域法和变换域法依然是离散时间系统状态方程求解的重要的工具。

1. 离散时间系统状态方程的时域解法

离散时间系统的状态方程和输出方程的一般形式如式(9-8)及式(9-9)所示,现在重写如下

$$\boldsymbol{x}(k+1) = \boldsymbol{A}\boldsymbol{x}(k) + \boldsymbol{B}\boldsymbol{e}(k) \tag{9-57a}$$

$$y(k) = Cx(k) + De(k) \tag{9-57b}$$

本节要研究的是如何求解式(9-57a)所示的状态方程,至于式(9-57b)所示的输出矢量,只要解得了状态矢量 $x(k)$,就很容易通过矩阵的代数运算求出。

先研究状态差分方程的时域解法。当式(9-57a)中给定了输入激励函数 $e(k)$ 和初始条件 $x(0)$ 时,只要把式中的 k 依次用 0、1、2…反复代入,直到所需求的数值 k。

$$x(1) = Ax(0) + Be(0)$$

$$x(2) = Ax(1) + Be(1) = A^2 x(0) + ABe(0) + Be(1)$$

$$x(3) = Ax(2) + Be(2) = A^3 x(0) + A^2 Be(0) + ABe(1) + Be(2)$$

$$\cdots\cdots\cdots\cdots$$

按此进行,可以推知

$$x(k) = A^k x(0) + A^{k-1} Be(0) + A^{k-2} Be(1) + \cdots + ABe(k-2) + Be(k-1)$$

$$= A^k x(0) + \sum_{j=0}^{k-1} A^{k-1-j} Be(j) \tag{9-58a}$$

这就是所要求的状态变量的时域解。式中右方第一项仅由初始状态决定而与输入激励无关,故为零输入分量;第二项仅由输入激励决定而与初始状态无关,故为零状态分量。由此式可以看出,把状态矢量 $x(k)$ 的零输入分量与它的初始值 $x(0)$ 相联系的,是矩阵 A^k;而零状态分量则是矩阵 A^{k-1} 与矢量 $Be(k)$ 的卷积和。令

$$\boldsymbol{\phi}(k) = A^k \tag{9-59}$$

相应地,这矩阵称为离散时间系统的状态转移矩阵,或**基本矩阵**(fundamental matrix),它等同于前面 §9.5 式(9-44)介绍的连续时间系统中的状态转移矩阵 $\boldsymbol{\phi}(t)$。式(9-58a)又可以写成

$$x(k) = \boldsymbol{\phi}(k) x(0) + \sum_{j=0}^{k-1} \boldsymbol{\phi}(k-1-j) Be(j) \tag{9-58b}$$

求得了状态矢量 $x(k)$,输出矢量 $y(k)$ 就可由式(9-57b)直接写出为

$$y(k) = CA^k x(0) + \sum_{j=0}^{k-1} CA^{k-1-j} Be(j) + De(k)$$

$$= C\boldsymbol{\phi}(k) x(0) + \sum_{j=0}^{k-1} C\boldsymbol{\phi}(k-1-j) Be(j) + De(k) \tag{9-60}$$

求状态矢量和输出矢量时,都需要计算状态过渡矩阵 $\boldsymbol{\phi}(k) = A^k$。这矩阵当然可以用矩阵 A 自乘 k 次来算得。但当 k 值较大时,计算工作就十分繁重。在计算状态过渡矩阵的其他方法中,最方便的还是利用 z 变换来解算。见下面的状态方程的变换域解法。

2. 离散时间系统状态方程的变换域解法

正如对于一个矩阵函数进行拉普拉斯变换是将该矩阵函数的每一元素进行拉普拉斯变换一样,对一个矩阵函数进行 z 变换也是将该矩阵函数的每一元素进行 z 变换。因此,对式(9-57a)两边进行 z 变换,可以得到

$$zX(z) - zx(0) = AX(z) + BE(z)$$

经移项整理,上式成为

$$(z\boldsymbol{I}-\boldsymbol{A})\boldsymbol{X}(z) = z\boldsymbol{x}(0) + \boldsymbol{B}\boldsymbol{E}(z)$$

由此式解 $\boldsymbol{X}(z)$ 得

$$\boldsymbol{X}(z) = (z\boldsymbol{I}-\boldsymbol{A})^{-1}z\boldsymbol{x}(0) + (z\boldsymbol{I}-\boldsymbol{A})^{-1}\boldsymbol{B}\boldsymbol{E}(z)$$

$$= (\boldsymbol{I}-z^{-1}\boldsymbol{A})^{-1}\boldsymbol{x}(0) + (z\boldsymbol{I}-\boldsymbol{A})^{-1}\boldsymbol{B}\boldsymbol{E}(z) \tag{9-61a}$$

取反 z 变换,得状态矢量

$$\boldsymbol{x}(k) = \mathscr{Z}^{-1}\left\{(\boldsymbol{I}-z^{-1}\boldsymbol{A})^{-1}\right\}\boldsymbol{x}(0) + \mathscr{Z}^{-1}\left\{(z\boldsymbol{I}-\boldsymbol{A})^{-1}\boldsymbol{B}\boldsymbol{E}(z)\right\} \tag{9-61b}$$

这就是用 z 变换求得的状态矢量的解。式中右方第一项是零输入分量,第二项是零状态分量。将此式与式(9-58a)相比较,则很易看出

$$\boldsymbol{A}^k = \mathscr{Z}^{-1}\left\{(\boldsymbol{I}-z^{-1}\boldsymbol{A})^{-1}\right\} \tag{9-62a}$$

或

$$\mathscr{Z}\left\{\boldsymbol{A}^k\right\} = \mathscr{Z}\left\{\boldsymbol{\phi}(k)\right\} = \boldsymbol{\Phi}(z) = (\boldsymbol{I}-z^{-1}\boldsymbol{A})^{-1} \tag{9-62b}$$

$\boldsymbol{\Phi}(z)$ 是状态过渡矩阵 $\boldsymbol{\phi}(k)$ 的 z 变换,取其反变换,即可算出 $\boldsymbol{\phi}(k)$。这是计算状态过渡矩阵较为方便的方法。把式(9-62b)与连续时间系统的状态过渡矩阵的拉普拉斯变换 $\boldsymbol{\Phi}(s) = (s\boldsymbol{I}-\boldsymbol{A})^{-1}$ 相比较,可以看出两者的相似和不同之处。

有了状态矢量的 z 变换 $\boldsymbol{X}(z)$,则输出矢量的 z 变换就可写出

$$\boldsymbol{Y}(z) = \boldsymbol{C}\boldsymbol{X}(z) + \boldsymbol{D}\boldsymbol{E}(z)$$

$$= \boldsymbol{C}(\boldsymbol{I}-z^{-1}\boldsymbol{A})^{-1}\boldsymbol{x}(0) + \left[\boldsymbol{C}(z\boldsymbol{I}-\boldsymbol{A})^{-1}\boldsymbol{B}+\boldsymbol{D}\right]\boldsymbol{E}(z)$$

$$= \boldsymbol{C}\boldsymbol{\Phi}(z)\boldsymbol{x}(0) + \left[\boldsymbol{C}z^{-1}\boldsymbol{\Phi}(z)\boldsymbol{B}+\boldsymbol{D}\right]\boldsymbol{E}(z) \tag{9-63}$$

式(9-63)中等式右方第一项是零输入响应的 z 变换 $\boldsymbol{Y}_{zi}(z)$,第二项是零状态响应的量变换 $\boldsymbol{Y}_{zs}(z)$。此式与连续时间系统的式(9-35)相当,但亦略有不完全相对应之处。

正如由标量函数变换式 $Y_{zs}(z) = H(z)E(z)$ 定义系统函数 $H(z)$ 一样,对于矢量函数变换式(9-63)中的零状态响应,也有

$$\boldsymbol{Y}_{zs}(z) = \left[\boldsymbol{C}z^{-1}\boldsymbol{\Phi}(z)\boldsymbol{B}+\boldsymbol{D}\right]\boldsymbol{E}(z) = \boldsymbol{H}(z)\boldsymbol{E}(z) \tag{9-64}$$

其中

$$\boldsymbol{H}(z) = \boldsymbol{C}z^{-1}\boldsymbol{\Phi}(z)\boldsymbol{B}+\boldsymbol{D}$$

是离散时间系统的转移函数矩阵,它的元素 $H_{ij}(z)$ 是输入激励源只有 $e_j(k)$ 时联系输出 $y_i(k)$ 和输入 $e_j(k)$ 的系统函数。转移函数矩阵的反 z 变换是系统的**单位函数响应矩阵**(unit function response matrix),即

$$\boldsymbol{h}(k) = \mathscr{Z}^{-1}\left\{\boldsymbol{H}(z)\right\}$$

它的元素 h_{ij} 表示第 j 个输入 $e_j(k)$ 为单位函数 $\delta(k)$ 而其他输入均为零时的第 i 个输出处的零状态响应 $y_i(k)$。

例题 9-7 利用状态方程法求解前面提到过的斐波那契序列,它满足下列差分方程

$$y(k+2) - y(k+1) - y(k) = 0$$

设初始值 $y(0) = 0, y(1) = 1,$ 求 $y(k)$。

解: 令状态变量 $x_1(k) = y(k), x_2(k) = y(k+1)$,则原差分方程可化为状态方程

$$\begin{cases} x_1(k+1) = x_2(k) \\ x_2(k+1) = x_1(k) + x_2(k) \end{cases}$$

输出方程为

$$y(k) = x_1(k)$$

把上述状态方程写成矩阵形式

$$x(k+1) = Ax(k)$$

其中

$$A = \begin{bmatrix} 0 & 1 \\ 1 & 1 \end{bmatrix}$$

由式(9-58),此方程的解为

$$x(k) = A^k x(0)$$

其中 $x(0) = \begin{bmatrix} 0 \\ 1 \end{bmatrix}$。现在只要求出矩阵 A^k,则立刻就可得到结果。由式(9-62b)

$$\mathscr{Z}\{A^k\} = \boldsymbol{\Phi}(z) = (I - z^{-1}A)^{-1}$$

$$= \left(\begin{bmatrix} 1 & 0 \\ 0 & 1 \end{bmatrix} - \begin{bmatrix} 0 & \dfrac{1}{z} \\ \dfrac{1}{z} & \dfrac{1}{z} \end{bmatrix} \right)^{-1} = \begin{bmatrix} 1 & -\dfrac{1}{z} \\ -\dfrac{1}{z} & 1 - \dfrac{1}{z} \end{bmatrix}^{-1} = \frac{z}{z^2 - z - 1} \begin{bmatrix} z-1 & 1 \\ 1 & z \end{bmatrix}$$

$$\frac{\boldsymbol{\Phi}(z)}{z} = \frac{1}{z^2 - z - 1} \begin{bmatrix} z-1 & 1 \\ 1 & z \end{bmatrix} = \frac{K_1}{z - v_1} + \frac{K_2}{z - v_2}$$

其中 v_1 和 v_2 是特征方程 $z^2 - z - 1 = 0$ 的两个根,$v_{1,2} = \dfrac{1 \pm \sqrt{5}}{2}$。求部分分式的系数矩阵 K_1 和 K_2:

$$K_1 = \frac{z - v_1}{z^2 - z - 1} \begin{bmatrix} z-1 & 1 \\ 1 & z \end{bmatrix} \bigg|_{z=v_1} = \frac{\begin{bmatrix} v_1 - 1 & 1 \\ 1 & v_1 \end{bmatrix}}{v_1 - v_2}$$

$$K_2 = \frac{z - v_2}{z^2 - z - 1} \begin{bmatrix} z-1 & 1 \\ 1 & z \end{bmatrix} \bigg|_{z=v_2} = \frac{\begin{bmatrix} v_2 - 1 & 1 \\ 1 & v_2 \end{bmatrix}}{v_2 - v_1}$$

将 v_1 和 v_2 的数值代入,可得 A^k 的 z 变换

$$\boldsymbol{\Phi}(z) = \frac{\begin{bmatrix} \dfrac{-1+\sqrt{5}}{2} & 1 \\ 1 & \dfrac{1+\sqrt{5}}{2} \end{bmatrix}}{\sqrt{5}} \frac{z}{z - \dfrac{1+\sqrt{5}}{2}} + \frac{\begin{bmatrix} \dfrac{1+\sqrt{5}}{2} & -1 \\ -1 & \dfrac{-1+\sqrt{5}}{2} \end{bmatrix}}{\sqrt{5}} \frac{z}{z - \dfrac{1-\sqrt{5}}{2}}$$

取反变换,得

$$\boldsymbol{A}^k=\frac{\sqrt{5}}{5}\begin{bmatrix}\dfrac{-1+\sqrt{5}}{2} & 1 \\ 1 & \dfrac{1+\sqrt{5}}{2}\end{bmatrix}\left(\frac{1+\sqrt{5}}{2}\right)^k\varepsilon(k)+\frac{\sqrt{5}}{5}\begin{bmatrix}\dfrac{1+\sqrt{5}}{2} & -1 \\ -1 & \dfrac{-1+\sqrt{5}}{2}\end{bmatrix}\left(\frac{1-\sqrt{5}}{2}\right)^k\varepsilon(k)$$

于是可以得到

$$\boldsymbol{x}(k)=\boldsymbol{A}^k\boldsymbol{x}(0)=\boldsymbol{A}^k\begin{bmatrix}0 \\ 1\end{bmatrix}$$

$$=\frac{\sqrt{5}}{5}\begin{bmatrix}1 \\ \dfrac{1+\sqrt{5}}{2}\end{bmatrix}\left(\frac{1+\sqrt{5}}{2}\right)^k\varepsilon(k)+\frac{\sqrt{5}}{5}\begin{bmatrix}-1 \\ \dfrac{-1+\sqrt{5}}{2}\end{bmatrix}\left(\frac{1-\sqrt{5}}{2}\right)^k\varepsilon(k)$$

$$=\frac{\sqrt{5}}{5}\begin{bmatrix}\left(\dfrac{1+\sqrt{5}}{2}\right)^k-\left(\dfrac{1-\sqrt{5}}{2}\right)^k \\ \left(\dfrac{1+\sqrt{5}}{2}\right)^{k+1}-\left(\dfrac{1-\sqrt{5}}{2}\right)^{k+1}\end{bmatrix}\varepsilon(k)$$

最后得输出 $y(k)$ 为

$$y(k)=x_1(k)=\left[\frac{\sqrt{5}}{5}\left(\frac{1+\sqrt{5}}{2}\right)^k-\frac{\sqrt{5}}{5}\left(\frac{1+\sqrt{5}}{2}\right)^k\right]\varepsilon(k)$$

这个求解过程,要比对差分方程进行 z 变换求解,或对该齐次式直接在时域中求零输入响应,都要繁复得多。这里也与在连续变量系统中一样,用状态变量法去分析简单的系统,反而会不必要地增加计算的复杂性。但是当分析复杂系统时,特别是当分析的系统有多个输入和多个输出时,除了增加矢量的分量数目和矩阵的行列数目外,解算步骤仍然是相同的。

§9.8 线性系统的可控制性和可观测性

在前面各章的内容中,已经讨论过系统的多种特性,例如系统的频率特性、稳定性和因果性等。从线性系统的状态方程出发,还可以确定系统的另外两个非常重要的特性以及判断方法,这两个特性就是系统的**可控制性**(controllability)和**可观测性**(observability)。下面分别对这两个特性及其判别方法进行讨论。

1. 线性系统的可控制性

首先讨论系统**状态**的可控制性。在实际应用中,需要通过外界的激励控制系统,使之能够达到指定的状态。例如,在卫星发射的过程中,需要通过推进火箭,将卫星送入预定的轨道。这就需要判断系统是否可以在合适的输入信号控制下,完成相应的状态转移工作,也就是说可被控制。这种可控制性对工业控制、航天测控等有着重要的意义。

为了说明可控制性,首先介绍一个可控制状态的概念。如果系统在某种初始状态 $x(0) = x_0$ 下,可以通过施加一定的激励信号 $e(t)$ 控制,使系统经过一段时间以后在任意指定时刻 T 的状态 $x(T)$ 等于零状态,即 $x(T) = 0$,则称 x_0 为系统的**可控制状态**(controllable state)。

要考察一个状态 x_0 是否是系统的可控制状态,就必须看是否对于任意不为 0 的时间 T,都能够找到合适的激励信号 $e(t)$,使得系统在满足 $x(0) = x_0$ 的初始条件下,可以通过施加这个激励,在 T 时刻达到 $x(T) = 0$。对于某些系统而言,可能只有满足某些条件的状态是可控制的。

例题 9-8 假设某系统的状态方程为

$$\begin{cases} \dfrac{\mathrm{d}}{\mathrm{d}t}x_1(t) = -2x_1(t) + x_2(t) + e(t) \\ \dfrac{\mathrm{d}}{\mathrm{d}t}x_2(t) = x_1(t) - 2x_2(t) + e(t) \end{cases}$$

或

$$\frac{\mathrm{d}}{\mathrm{d}t}x(t) = \begin{bmatrix} -2 & 1 \\ 1 & -2 \end{bmatrix} x(t) + \begin{bmatrix} 1 \\ 1 \end{bmatrix} e(t)$$

试判断哪些状态是该系统的可控制状态。

解: 根据状态方程的解(9-35),并求其拉普拉斯反变换,可以得到响应为

$$x(t) = \frac{1}{2}\begin{bmatrix} e^{-t}+e^{-3t} & e^{-t}-e^{-3t} \\ e^{-t}-e^{-3t} & e^{-t}+e^{-3t} \end{bmatrix} x(0) + \begin{bmatrix} 1 \\ 1 \end{bmatrix}\int_0^t e^{-(t-\tau)}e(\tau)\,\mathrm{d}\tau \tag{9-65}$$

从可控制性上看,能够使系统在时间 T 时的状态 $x(T) = 0$ 的初始状态和激励一定满足

$$\frac{1}{2}\begin{bmatrix} e^{-T}+e^{-3T} & e^{-T}-e^{-3T} \\ e^{-T}-e^{-3T} & e^{-T}+e^{-3T} \end{bmatrix}\begin{bmatrix} x_1(0) \\ x_2(0) \end{bmatrix} + \begin{bmatrix} 1 \\ 1 \end{bmatrix}\int_0^T e^{-(T-\tau)}e(\tau)\,\mathrm{d}\tau = \begin{bmatrix} 0 \\ 0 \end{bmatrix} \tag{9-66}$$

设 $\displaystyle\int_0^T e^{-(T-\tau)}e(\tau)\,\mathrm{d}\tau = K$,根据上式可以得到

$$\begin{cases} \dfrac{1}{2}\left[x_1(0)+x_2(0)\right]e^{-T} + \left[x_1(0)-x_2(0)\right]e^{-3T} + K = 0 \\ \dfrac{1}{2}\left[x_1(0)+x_2(0)\right]e^{-T} - \left[x_1(0)-x_2(0)\right]e^{-3T} + K = 0 \end{cases}$$

将方程组中的两个方程分别相加和相减,可以得到

$$\begin{cases} \left[x_1(0)+x_2(0)\right]e^{-T} = -2K \\ \left[x_1(0)-x_2(0)\right]e^{-3T} = 0 \end{cases}$$

由此可得其解为

$$x_1(0) = x_2(0) = -Ke^{T}$$

可见能够满足 $x(T) = 0$ 的初始状态一定必须满足 $x_1(0) = x_2(0)$,或者说只有满足 $x_1(0) = x_2(0)$

的状态才是这个系统的可控制性状态,这是系统的可控制性状态所必须满足的必要条件。容易证明,这个条件同时也是充分条件,只要满足这个条件,总能找到满足式(9-66)的激励。例如对于任意满足 $x_1(0) = x_2(0)$ 的初始状态,激励信号

$$e(t) = -\frac{x_1(0)}{T}e^{-t}\varepsilon(t) = -\frac{x_1(0)}{T}e^{-t}\varepsilon(t)$$

可以保证式(9-66)成立。所以,对于这个系统而言,满足 $x_1 = x_2$ 的状态是系统的可控制状态。

为了分清系统的哪些状态是可控制状态,可以将系统的状态用状态空间中的点来表示,然后将状态空间中的点分为两部分(称为两个子空间):由所有的可控制状态组成的空间称为系统的**可控制状态空间**(controllable state space);其他不可控制状态组成的空间称为系统的**不可控制空间**(uncontrollable state space)。对于例题 9-8 的系统而言,可控制空间是二维空间中过原点且斜率为 45°的直线,如图 9-15 所示。

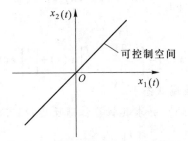

图 9-15 例题 9-8 系统的可控制空间

接下来,通过状态的可控制性可以进一步定义**系统**的可控制性。如果对一个系统而言,**所有的状态都是可控制状态**,则称该系统是**可控制系统**(controllable system)或**完全可控制系统**。如果系统只有某些状态是可控制的,则称系统是**部分可控制的**。如果系统的所有状态都是不可控制的,则称系统是完全**不可控制的**。如果一个线性系统是完全可控制的,则一定也是完全可达的,也就是说,可以通过施加一定的激励,使系统从零状态起,在指定的时刻过渡到任意指定的状态。或进一步讲,可以通过一定的激励,使系统从任意的初始状态(不一定是零状态)过渡到任意的另外一个状态。根据这个定义,例题 9-8 给出的系统显然不是一个完全可控制的系统,只是一个部分可控制系统。

根据系统的可控制性的定义来判断是否可控制是很困难的,因为它必须考察所有的状态是否都是可控制的,有没有例外。系统是否是可控制的,可以通过状态方程中的系数矩阵进行判定。这里定义 n 阶系统的**可控制性矩阵**为

$$M_c = [\boldsymbol{B} \mid \boldsymbol{A} \cdot \boldsymbol{B} \mid \quad \cdots \quad \boldsymbol{A}^{n-1} \cdot \boldsymbol{B}] \tag{9-67}$$

其中的 $\boldsymbol{A}$ 和 $\boldsymbol{B}$ 矩阵是标准矩阵形式的状态方程式(9-6b)中的系数矩阵。则**系统满足可控制性的充分必要条件是其可控制性矩阵 M_c 满秩**(non-degenerate)。这个定理的证明比较复杂,这里

就不再介绍了,有兴趣的读者可以参见本书第四版。用 $\boldsymbol{M}_c$ 进行判断显然要比用定义判定简单得多。例如,对于例题 9-8 给出的二阶系统,其 $\boldsymbol{A}$ 和 $\boldsymbol{B}$ 矩阵分别为

$$\boldsymbol{A} = \begin{bmatrix} -2 & 1 \\ 1 & -2 \end{bmatrix} \quad \boldsymbol{B} = \begin{bmatrix} 1 \\ 1 \end{bmatrix} \quad \boldsymbol{A} \cdot \boldsymbol{B} = \begin{bmatrix} -2 & 1 \\ 1 & -2 \end{bmatrix} \begin{bmatrix} 1 \\ 1 \end{bmatrix} = \begin{bmatrix} -1 \\ -1 \end{bmatrix}$$

相应的可控制矩阵为

$$\boldsymbol{M}_c = \begin{bmatrix} \boldsymbol{B} & | & \boldsymbol{A} \cdot \boldsymbol{B} \end{bmatrix} = \begin{bmatrix} 1 & -1 \\ 1 & -1 \end{bmatrix}$$

这个矩阵的对应的行列式等于零,说明 $\boldsymbol{M}_c$ 不满秩,相应的系统也就不是可控制的。

对于线性系统而言,可控制性不仅意味着系统可以在激励信号的作用下从任意一个初始状态回到零状态,而且也意味着系统可以在激励信号的作用下从任意一个状态转移到另一个指定的状态(未必是零状态),也就是说系统具有在任意两个状态之间转移的可能性。这一点在很多控制领域非常重要。例如,在人造卫星发射的过程中,必须能够根据系统的初始状态,在给定的时间内,通过实施一定的激励将卫星的状态调整到一个指定的状态,从而完成卫星的入轨、定位等工作。这就要求系统是一个完全可控制的,不能存在不可控制状态空间,因为如果存在不可控制状态空间,一旦卫星进入了这个不可控制状态空间中的任意一个状态以后,地面控制中心就无法控制卫星系统进入指定的工作状态,对卫星的控制就无法进行。所以,可控制性系统在实际应用中具有很大的价值。

2. 线性系统的可观测性

在实际应用中,由于客观条件的限制,一般无法直接观测到我们所关心的系统状态。例如,对于火箭测控系统中,必须掌握火箭的位置、速度、加速度等状态,但是实际情况下只能观测到火箭在空间中的位置,并不能直接观测到速度、加速度。所以,我们必然关心是否可以通过观测到的结果,推算出系统的状态。线性系统的可观测性就是研究是否可以通过对系统的输出的观测而计算出系统内部的状态。

系统的可观测性的定义为:如果可以通过对系统在有限时间内输出的 $\boldsymbol{y}(t)$($0 < t < T$)观测,推知系统全部状态变量的初始状态 $\boldsymbol{x}(0^-)$,则称系统是可观测的;如果只能推测出部分状态变量的结果,则系统是部分可观测的;如果不可能推算出任何一个状态变量,则称系统是完全不可观测的。显然,如果能够推算出状态变量在初始时刻的状态,通过系统的状态方程就可以得到系统在其他时刻的状态。

对于某些系统而言,并非所有状态都是可观测的。例如,假设某系统的状态方程为

$$\begin{cases} \dfrac{\mathrm{d}}{\mathrm{d}t} x_1(t) = -2x_1(t) + x_2(t) + e(t) \\[2mm] \dfrac{\mathrm{d}}{\mathrm{d}t} x_2(t) = x_1(t) - 2x_2(t) \end{cases}$$

或

$$\frac{\mathrm{d}}{\mathrm{d}t}\boldsymbol{x}(t) = \begin{bmatrix} -2 & 1 \\ 1 & -2 \end{bmatrix}\boldsymbol{x}(t) + \begin{bmatrix} 1 \\ 0 \end{bmatrix}e(t)$$

输出方程

$$y(t) = x_1(t) - x_2(t) = \begin{bmatrix} 1 & -1 \end{bmatrix}\boldsymbol{x}(t)$$

则系统的零输入响应为

$$y(t) = \begin{bmatrix} 1 & -1 \end{bmatrix}\frac{1}{2}\begin{bmatrix} \mathrm{e}^{-t}+\mathrm{e}^{-3t} & \mathrm{e}^{-t}-\mathrm{e}^{-3t} \\ \mathrm{e}^{-t}-\mathrm{e}^{-3t} & \mathrm{e}^{-t}+\mathrm{e}^{-3t} \end{bmatrix}\boldsymbol{x}(0)$$

$$= \begin{bmatrix} \mathrm{e}^{-3t} & -\mathrm{e}^{-3t} \end{bmatrix}\begin{bmatrix} x_1(0) \\ x_2(0) \end{bmatrix}$$

$$= \begin{bmatrix} x_1(0) - x_2(0) \end{bmatrix}\mathrm{e}^{-3t}$$

可见,无论系统的初始状态怎样,各时间点上系统的输出只与 $x_1(0)-x_2(0)$ 有关,通过 $y(t)$ 只能计算出 $x_1(0)-x_2(0)$ 的大小,而无法分别确定 $x_1(0)$ 和 $x_2(0)$,从而就无法确定系统的初始状态 $\boldsymbol{x}(0)$。所以这个系统是不可观测的。

系统的可观测性也可以用状态方程和输出函数来判定。定义系统的可观测性矩阵为

$$\boldsymbol{M}_o = \begin{bmatrix} \boldsymbol{C} \\ \boldsymbol{C} \cdot \boldsymbol{A} \\ \vdots \\ \boldsymbol{C} \cdot \boldsymbol{A}^{n-1} \end{bmatrix} \tag{9-68}$$

其中的矩阵 $\boldsymbol{A}$ 和 $\boldsymbol{C}$ 分别是标准矩阵形式的状态方程式(9-6b)和输出方程式(9-7b)中的系数矩阵。则**系统满足可观测性的充分必要条件是其可观测性矩阵 $\boldsymbol{M}_o$ 满秩**。这个定理的证明同样见本教材第 3 版。利用这个定理同样可以简化系统可观测性的判定过程。例如对于上面的这个例子,其 $\boldsymbol{A}$ 和 $\boldsymbol{C}$ 以及 $\boldsymbol{A} \cdot \boldsymbol{C}$ 矩阵分别为

$$\boldsymbol{A} = \begin{bmatrix} -2 & 1 \\ 1 & -2 \end{bmatrix} \quad \boldsymbol{C} = \begin{bmatrix} 1 & -1 \end{bmatrix} \quad \boldsymbol{C} \cdot \boldsymbol{A} = \begin{bmatrix} 1 & -1 \end{bmatrix}\begin{bmatrix} -2 & 1 \\ 1 & -2 \end{bmatrix} = \begin{bmatrix} -3 & 3 \end{bmatrix}$$

相应的可观测矩阵为

$$\boldsymbol{M}_o = \begin{bmatrix} \boldsymbol{C} \\ \boldsymbol{C} \cdot \boldsymbol{A} \end{bmatrix} = \begin{bmatrix} 1 & -1 \\ -3 & 3 \end{bmatrix}$$

$\boldsymbol{M}_o$ 不是一个满秩的矩阵,所以这个系统不是一个可观测的系统。

例题 9-9 桥式电路如图 9-16 所示,其输入为 $e(t)$,输出为电容上的电压 $u_C(t)$。试判断该系统的可控制性和可观测性。

解: 这是一个二阶系统。由电路分析法,选定电感上的电流 $i_L(t)$ 和电容上的电压 $u_C(t)$ 作为状态变量,可以得到该系统的状态方程

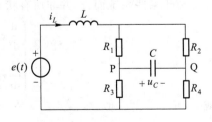

图 9-16 例题 9-9 电路图

$$\begin{cases} \dfrac{\mathrm{d}}{\mathrm{d}t}i_L(t) = -\dfrac{1}{L}\left(\dfrac{R_1R_2}{R_1+R_2}+\dfrac{R_3R_4}{R_3+R_4}\right)i_L(t) + \dfrac{1}{L}\left(\dfrac{R_1}{R_1+R_2}-\dfrac{R_3}{R_3+R_4}\right)u_C(t) + \dfrac{e(t)}{L} \\[4mm] \dfrac{\mathrm{d}}{\mathrm{d}t}u_C(t) = -\dfrac{1}{C}\left(\dfrac{R_1}{R_1+R_2}-\dfrac{R_3}{R_3+R_4}\right)i_L(t) - \dfrac{1}{C}\left(\dfrac{1}{R_1+R_2}+\dfrac{1}{R_3+R_4}\right)u_C(t) \end{cases}$$

及输出方程

$$y(t) = u_C(t)$$

从而可以得到相应的系数矩阵为

$$A = \begin{bmatrix} -\dfrac{1}{L}\left(\dfrac{R_1R_2}{R_1+R_2}+\dfrac{R_3R_4}{R_3+R_4}\right) & \dfrac{1}{L}\left(\dfrac{R_1}{R_1+R_2}-\dfrac{R_3}{R_3+R_4}\right) \\[4mm] -\dfrac{1}{C}\left(\dfrac{R_1}{R_1+R_2}-\dfrac{R_3}{R_3+R_4}\right) & -\dfrac{1}{C}\left(\dfrac{1}{R_1+R_2}+\dfrac{1}{R_3+R_4}\right) \end{bmatrix}$$

$$B = \begin{bmatrix} \dfrac{1}{L} \\ 0 \end{bmatrix} \quad C = \begin{bmatrix} 0 \\ 1 \end{bmatrix} \quad D = 0$$

由此可以得到可控制性矩阵和可观测性矩阵分别为

$$M_c = \begin{bmatrix} B & AB \end{bmatrix} = \begin{bmatrix} \dfrac{1}{L} & -\dfrac{1}{L^2}\left(\dfrac{R_1R_2}{R_1+R_2}+\dfrac{R_3R_4}{R_3+R_4}\right) \\[4mm] 0 & -\dfrac{1}{LC}\left(\dfrac{R_1}{R_1+R_2}-\dfrac{R_3}{R_3+R_4}\right) \end{bmatrix}$$

$$M_o = \begin{bmatrix} C \\ CA \end{bmatrix} = \begin{bmatrix} 0 & 1 \\[4mm] -\dfrac{1}{C}\left(\dfrac{R_1}{R_1+R_2}-\dfrac{R_3}{R_3+R_4}\right) & -\dfrac{1}{C}\left(\dfrac{1}{R_1+R_2}+\dfrac{1}{R_3+R_4}\right) \end{bmatrix}$$

两者都是一个方阵。从矩阵表达式中可以看出,两者满秩的条件都是

$$\frac{R_1}{R_1+R_2}-\frac{R_3}{R_3+R_4}\neq 0$$

或

$$R_1R_4 \neq R_2R_3$$

这也正是电桥不平衡的条件。所以,当电桥不平衡时,这个系统是可控制和可观测的;如果电桥平衡,这个电路就不是可控制和可观测的。

3. 离散时间系统的可控制性和可观测性判据

离散时间系统同样存在可控制性和可观测性问题,其表述和内容与连续时间系统一致。其可控制性和可观测性的判据也与连续时间系统的一样,都是观察系统的可控制性矩阵 M_c 和可观测性矩阵 M_o 是否满秩。这两个矩阵的构成与连续时间系统中得到的式(9-67)和式(9-68)完全一样。

习　题

9.1 写出图 P9-1 框图所示系统的状态方程及输出方程。

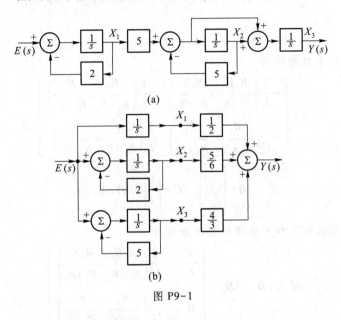

(a)

(b)

图 P9-1

9.2 选图中各子系统辅助变量为状态变量，写出图 P9-2 所示系统的状态方程及输出方程。

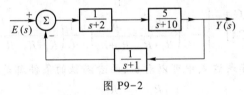

图 P9-2

9.3 已知系统函数如下，列写系统的相变量状态方程与输出方程。

（1）$H(s) = \dfrac{2s^2+9s}{s^2+4s+29}$　　　　（2）$H(s) = \dfrac{4s}{(s+1)(s+2)^2}$

（3）$H(s) = \dfrac{4s^3+16s^2+23s+13}{(s+1)^3(s+2)}$

9.4 已知系统函数如下，列写系统的相变量与对角线变量的状态方程。

（1）$H(s) = \dfrac{3s+10}{s^2+7s+12}$　　　　（2）$H(s) = \dfrac{2s^2+10s+14}{(s+1)(s+2)(s+3)}$

9.5 n 阶系统函数的一般形式为

$$H(s) = \frac{b_m s^m + b_{m-1} s^{m-1} + \cdots + b_1 s + b_0}{s^n + a_{n-1} s^{n-1} + \cdots + a_1 s + a_0}$$

如以图 P9-5(a) 所示流图表示该系统,则所列状态方程即为相变量方程。但该系统函数亦可用图 P9-5(b) 的流图表示。试列出此时的状态方程。

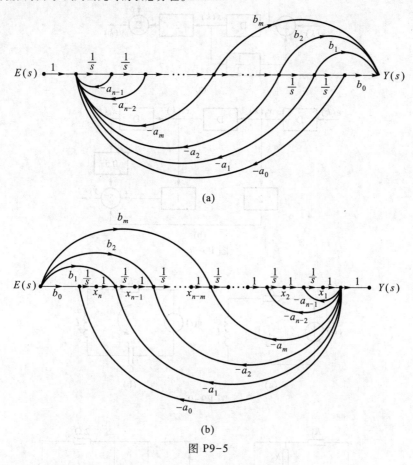

(a)

(b)

图 P9-5

9.6　离散时间系数由下列差分方程描述,列写该系统的状态方程与输出方程。

(1) $y(k+2)+2y(k+1)+y(k)=e(k+2)$

(2) $y(k+2)+3y(k+1)+2y(k)=e(k+1)+e(k)$

(3) $y(k)+3y(k-1)+2y(k-2)+y(k-3)=e(k-1)+2e(k-2)+e(k-3)$

9.7　列写图 P9-7 框图所示系统的状态方程和输出方程。

9.8　已知离散时间系统的系统函数如下,列写系统的状态方程与输出方程。

$$H(z)=\frac{1}{1-z^{-1}-0.11z^{-2}}$$

9.9　列写图 P9-9 所示电路的状态方程。

9.10　列写图 P9-10 所示电路的状态方程。

9.11　列写图 P9-11 所示电路的状态方程。

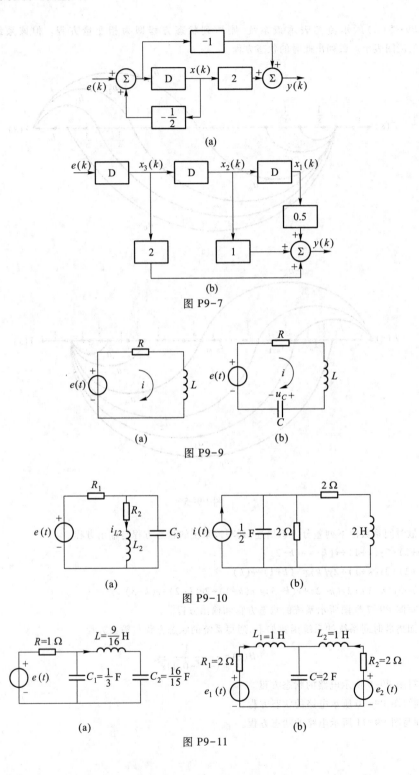

(a)

(b)

图 P9-7

(a)　　　　　　(b)

图 P9-9

(a)　　　　　　　　(b)

图 P9-10

(a)

图 P9-11

9.12　列写图 P9-12 所示电路的状态方程。

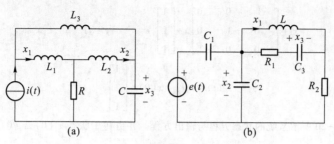

图 P9-12

9.13　设图 P9-9(b)所示电路元件参数如下: $R=\dfrac{5}{6}\ \Omega, C=1\ \mathrm{F}, L=\dfrac{1}{6}\ \mathrm{H}, e(t)=5\sin t\,\varepsilon(t)\,\mathrm{V}$;电路初始状态为 $i_L(0)=5\ \mathrm{A}, u_C(0)=4\ \mathrm{V}$。

（1）求状态过渡矩阵 $\boldsymbol{\phi}(t)=\mathscr{L}^{-1}\{\boldsymbol{\Phi}(s)\}=\mathscr{L}^{-1}\{(s\boldsymbol{I}-\boldsymbol{A})^{-1}\}$ 及系统的自然频率。

（2）用复频域解法求响应电流 $i(t)$,并指出其中的零输入响应与零状态响应。

9.14　设图 P9-11(b)所示电路中,激励 $e_1(t)=\varepsilon(t)$, $e_2(t)=\delta(t)$,电容初始电压 $u_C(0)=1\ \mathrm{V}$,电感初始电流均为零。用复频域解法求状态过渡矩阵 $\phi(t)$ 和状态矢量。

9.15　图 P9-15 所示电路中如 $e_S(t)=\varepsilon(t)\,\mathrm{V}$, $i_S(t)=\delta(t)\,\mathrm{A}$,初始状态为零。列写电路的状态方程并用复频域解法求 $u_{C1}(t)$

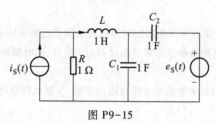

图 P9-15

9.16　列出下列微分方程所描述的系统的状态方程与输出方程。求系统函数矩阵 $\boldsymbol{H}(s)$ 并求输出响应。

（1）$y'''(t)+4y''(t)+5y'(t)+6y(t)=4e(t)$,

　　　$e(t)=\delta(t)$, $y''(0)=y'(0)=y(0)=0$

（2）$y''(t)+7y'(t)+12y(t)=e'(t)+2e(t)$, $e(t)=\varepsilon(t)$, $y'(0)=y(0)=0$

9.17　已知系统函数如下,求此系统的状态方程与输出方程。如系统初始状态为零,激励 $e(t)=\varepsilon(t)$,用状态方程的复频域解法求其零状态响应。

$$H(s)=\frac{s^2+3s+2}{s^2+4s+8}$$

9.18　系统矩阵方程参数如下,求系统函数矩阵 $\boldsymbol{H}(s)$、零输入响应及零状态响应。

（1）$\boldsymbol{A}=\begin{bmatrix} -3 & 1 \\ -2 & 0 \end{bmatrix}$　$\boldsymbol{B}=\begin{bmatrix} 1 \\ 0 \end{bmatrix}$　$\boldsymbol{C}=[\,0\ \ 1\,]$　$\boldsymbol{D}=0, e(t)=\varepsilon(t), \boldsymbol{x}(0)=\begin{bmatrix} 2 \\ 0 \end{bmatrix}$

（2）$\boldsymbol{A}=\begin{bmatrix} -1 & 1 \\ -1 & -1 \end{bmatrix}$　$\boldsymbol{B}=\begin{bmatrix} 0 \\ 1 \end{bmatrix}$　$\boldsymbol{C}=[\,1\ \ 1\,]$　$\boldsymbol{D}=1, e(t)=\varepsilon(t), \boldsymbol{x}(0)=\begin{bmatrix} 2 \\ 1 \end{bmatrix}$

9.19 系统的对角线变量的状态方程与输出方程以及激励与系统的初始状态如下,求系统的输出。

$$\boldsymbol{x}' = \begin{bmatrix} -1 & 0 & 0 \\ 0 & -3 & 0 \\ 0 & 0 & -2 \end{bmatrix} \boldsymbol{x} + \begin{bmatrix} 1 \\ 1 \\ 1 \end{bmatrix} e \qquad \boldsymbol{y} = \begin{bmatrix} 1 & 3 & 1 \end{bmatrix} \boldsymbol{x}$$

$$e(t) = \varepsilon(t) \qquad \boldsymbol{x}(0) = \begin{bmatrix} 1 \\ 2 \\ 1 \end{bmatrix}$$

9.20 列写图 P9-20 所示系统的状态方程与输出方程。并由初始状态 $x_1(0)$, $x_2(0)$ 导出系统的初始条件 $y(0)$, $y'(0)$。

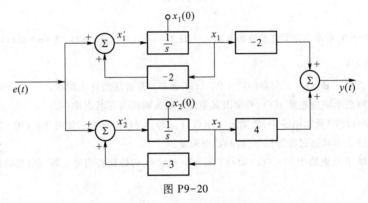

图 P9-20

9.21 用时域解法及 z 域解法求题 9.7 中离散时间系统的状态过渡矩阵 $\boldsymbol{\phi}(k) = \boldsymbol{A}^k$。

9.22 设题 9.8 所示离散系统初始状态为零且激励 $e(t) = \delta(t)$,用时域解法及 z 域解法求状态矢量 $\boldsymbol{x}(k)$ 与输出矢量 $\boldsymbol{y}(k)$。

9.23 列写下列差分方程所示系统的状态方程与输出方程,并据此作系统的模拟框图。

(1) $y(k+2) + 11y(k+1) + 28y(k) = e(k)$

(2) $y(k+3) + 3y(k+2) + 3y(k+1) + y(k) = 2e(k+1) + e(k)$

9.24 已知系统的状态方程与输出方程如下,试分析系统的可控性与可观性。

(1) $\begin{bmatrix} x_1' \\ x_2' \end{bmatrix} = \begin{bmatrix} 1 & 0 \\ -1 & 2 \end{bmatrix} \begin{bmatrix} x_1 \\ x_2 \end{bmatrix} + \begin{bmatrix} 1 \\ 0 \end{bmatrix} e$, $y = \begin{bmatrix} 0 & 1 \end{bmatrix} \begin{bmatrix} x_1 \\ x_2 \end{bmatrix}$

(2) $\begin{bmatrix} x_1' \\ x_2' \end{bmatrix} = \begin{bmatrix} 1 & 0 \\ -1 & 2 \end{bmatrix} \begin{bmatrix} x_1 \\ x_2 \end{bmatrix} + \begin{bmatrix} 1 \\ 0 \end{bmatrix} e$, $y = \begin{bmatrix} 1 & 0 \end{bmatrix} \begin{bmatrix} x_1 \\ x_2 \end{bmatrix}$

(3) $\begin{bmatrix} x_1' \\ x_2' \end{bmatrix} = \begin{bmatrix} 1 & 0 \\ -1 & 2 \end{bmatrix} \begin{bmatrix} x_1 \\ x_2 \end{bmatrix} + \begin{bmatrix} 0 \\ 1 \end{bmatrix} e$, $y = \begin{bmatrix} 0 & 1 \end{bmatrix} \begin{bmatrix} x_1 \\ x_2 \end{bmatrix}$

9.25 如已知系统的参数矩阵如下,试分析该系统的可控性与可观性。

$$\boldsymbol{A} = \begin{bmatrix} 0 & 1 & 0 \\ 0 & 0 & 1 \\ -6 & -11 & -6 \end{bmatrix} \qquad \boldsymbol{B} = \begin{bmatrix} 0 \\ 0 \\ 1 \end{bmatrix}$$

$$\boldsymbol{C} = \begin{bmatrix} 4 & 5 & 1 \end{bmatrix} \qquad \boldsymbol{D} = 0$$

部分习题参考答案

第 一 章

1.2　(a) $T=2\pi$ 　　　　　　　(b) $T=2\pi$

　　(c) $\pi\approx3$ 时 $,T\approx\dfrac{2\pi}{3}$ 　　(d) $T=2$

　　(e) $T=140\pi$ 　　　　　　(f) $T=\dfrac{\pi}{2}$

　　(g) $T=2\pi$

1.3　(1) $P=6.25$ W 　　　　(2) $W=8$ J

　　(3) $P=62.5$ W 　　　　(4) $W=38.18$ J

　　(5) $P=2.5$ W

1.10　$r_3(t)=4\cos\pi t-e^{-t},t>0$

1.11　$r(t)=-3te^{-t},t>0$

第 二 章

2.1　$H_1(p)=\dfrac{2p+2}{p^2+3p+3}$

　　$H_2(p)=\dfrac{2p}{p^2+3p+3}$

2.2　$\dfrac{\mathrm{d}^4i_1}{\mathrm{d}t^4}+2\dfrac{\mathrm{d}^3i_1}{\mathrm{d}t^3}+2\dfrac{\mathrm{d}^2i_1}{\mathrm{d}t^2}+3\dfrac{\mathrm{d}i_1}{\mathrm{d}t}=\dfrac{\mathrm{d}^3e(t)}{\mathrm{d}t^3}+2\dfrac{\mathrm{d}^2e(t)}{\mathrm{d}t^2}+\dfrac{\mathrm{d}e(t)}{\mathrm{d}t},H(p)=\dfrac{p(p^2+2p+1)}{p(p^3+2p^2+2p+3)}$

2.3　(a) $H_1(p)=\dfrac{i_1(t)}{f(t)}=\dfrac{3(10p^2+3)}{20p^3+80p^2+36p+24}$

　　　　$H_2(p)=\dfrac{i_2(t)}{f(t)}=\dfrac{9}{20p^3+80p^2+36p+24}$

　　　　$H_3(p)=\dfrac{u_0(t)}{f(t)}=\dfrac{3p}{10p^3+40p^2+18p+12}$

（b）$H_1(p) = \dfrac{i_1(t)}{f(t)} = \dfrac{p^2+p+1}{p^2+4p+4}$

$\qquad$ $H_2(p) = \dfrac{i_2(t)}{f(t)} = \dfrac{3p}{p^2+4p+4}$

$\qquad$ $H_3(p) = \dfrac{u_0(t)}{f(t)} = \dfrac{3}{p^2+4p+4}$

（c）$H_1(p) = \dfrac{i_1(t)}{f(t)} = \dfrac{p^2}{4p^2+6p+4}$

$\qquad$ $H_2(p) = \dfrac{i_2(t)}{f(t)} = \dfrac{p(p+2)}{4p^2+6p+4}$

$\qquad$ $H_3(p) = \dfrac{u_0(t)}{f(t)} = \dfrac{(p+1)(p+2)}{2p^2+3p+2}$

2.4　（1）$r_{zi}(t) = 4e^{-t} - 3e^{-2t}, t>0$；自然频率为：$-1, -2$

$\qquad$（2）$r_{zi}(t) = e^{-t}(\cos t + 3\sin t), t>0$；自然频率为：$-1+j, -1-j$

$\qquad$（3）$r_{zi}(t) = e^{-t}(3t+1), t>0$；自然频率为：$-1$

2.5　（1）$r_{zi}(t) = 1 - (t+1)e^{-t}, t>0$；自然频率为：$0, -1$

$\qquad$（2）$r_{zi}(t) = 1, t>0$；自然频率为：$0, -1, -2$

2.6　（1）$i_{zi1}(t) = \dfrac{7}{2}e^{-t} - \dfrac{3}{2}e^{-3t}, t>0$

$\qquad$ $i_{zi2}(t) = \dfrac{7}{2}e^{-t} + \dfrac{3}{2}e^{-3t}, t>0$

$\qquad$（2）$i_{zi1}(t) = \dfrac{3}{2}e^{-t} - \dfrac{1}{2}e^{-3t}, t>0$

$\qquad$ $i_{zi2}(t) = \dfrac{3}{2}e^{-t} + \dfrac{1}{2}e^{-3t}, t>0$

2.7　（1）$\sin 2$ $\qquad$（2）2 $\qquad$（3）e^3 $\qquad$（4）5

2.8　（a）$i(t) = \dfrac{I}{4}\left[\varepsilon(t) + \varepsilon\left(t-\dfrac{T}{4}\right) + \varepsilon\left(t-\dfrac{T}{2}\right) + \varepsilon\left(t-\dfrac{3T}{4}\right)\right] - I\varepsilon(t-T)$

$\qquad$（b）$i(t) = I[\varepsilon(t-t_1) - \varepsilon(t-t_1-\tau) + \varepsilon(t-t_2) - \varepsilon(t-t_2-\tau)]$

$\qquad$（c）$i(t) = I\sin t[\varepsilon(t) - \varepsilon(t-\pi)] + I\sin(t-\pi)[\varepsilon(t-\pi) - \varepsilon(t-2\pi)]$

$\qquad$（d）$i(t) = I\displaystyle\sum_{k=0}^{\infty} e^{-(t-k)}[\varepsilon(t-k) - \varepsilon(t-k-1)]$

$\qquad$（e）$i(t) = I\displaystyle\sum_{k=0}^{\infty} (t-k)^2[\varepsilon(t-k) - \varepsilon(t-k-1)]$

$\qquad$（f）$i(t) = I\dfrac{t-t_1}{t_2-t_1}[\varepsilon(t-t_1) - \varepsilon(t-t_2)] + I[\varepsilon(t-t_2) - \varepsilon(t-t_3)] +$

$\qquad\qquad$ $I\dfrac{t_4-t}{t_4-t_3}[\varepsilon(t-t_3) - \varepsilon(t-t_4)]$

2.9　（a）$i'(t) = \dfrac{I}{4}\left[\delta(t) + \delta\left(t-\dfrac{t}{4}\right) + \delta\left(t-\dfrac{t}{2}\right) + \delta\left(t-\dfrac{3T}{4}\right)\right] - I\delta(t-T)$

(b) $i'(t) = I[\delta(t-t_1) - \delta(t-t_1-\tau) + \delta(t-t_2) - \delta(t_1-t_2-\tau)]$

(c) $i'(t) = I\cos t[\varepsilon(t) - \varepsilon(t-\pi)] + I\cos(t-\pi)[\varepsilon(t-\pi) - \varepsilon(t-2\pi)]$

(d) $i'(t) = I\delta(t) + I(1-e^{-1})\sum\limits_{k=1}^{\infty}\delta(t-k) - I\sum\limits_{k=0}^{\infty}e^{-(t-k)}[\varepsilon(t-k) - \varepsilon(t-k-1)]$

(e) $i'(t) = 2I\sum\limits_{k=0}^{\infty}(t-k)[\varepsilon(t-k) - \varepsilon(t-k-1)] - I\sum\limits_{k=1}^{\infty}\delta(t-k)$

(f) $i'(t) = \dfrac{I}{t_2-t_1}[\varepsilon(t-t_1) - \varepsilon(t-t_2)] -$

$\dfrac{I}{t_4-t_3}[\varepsilon(t-t_3) - \varepsilon(t-t_4)]$

2.11　激励为 $\delta(t)$ 时，$i_C(t) = \delta(t) - \dfrac{1}{RC}e^{-\frac{t}{RC}}\varepsilon(t)$

$$u_R(t) = \frac{1}{C}e^{-\frac{t}{RC}}\varepsilon(t)$$

激励为 $\varepsilon(t)$ 时，$i_C(t) = e^{-\frac{t}{RC}}\varepsilon(t)$

$$u_R(t) = (1-e^{-\frac{t}{RC}})\varepsilon(t)$$

2.12　激励为 $\delta(t)$ 时，$i(t) = \dfrac{1}{L}e^{-\frac{R}{L}t}\varepsilon(t)$

$$u_L(t) = \delta(t) - \frac{R}{L}e^{-\frac{R}{L}t}\varepsilon(t)$$

激励为 $\varepsilon(t)$ 时，$i(t) = \dfrac{1}{R}(1-e^{-\frac{R}{L}t})\varepsilon(t)$

$$u_L(t) = e^{-\frac{R}{L}t}\varepsilon(t)$$

2.13　(a) $u(t) = \dfrac{1}{2}\delta(t) - \dfrac{5}{2}e^{-5t}\varepsilon(t)$ 　　　　(b) $u(t) = \dfrac{1}{2}e^{-\frac{1}{8}t}\varepsilon(t)$

2.14　$h(t) = \dfrac{1}{2}\delta(t) + \dfrac{1}{4}e^{-\frac{3}{2}t}\varepsilon(t)$

$$r_\varepsilon(t) = \left(\frac{2}{3} - \frac{1}{6}e^{-\frac{3}{2}t}\right)\varepsilon(t)$$

2.16　(1) $h(t) = e^{-2t}\varepsilon(t)$ 　　　　　　　　(2) $h(t) = \dfrac{1}{4}\sin 2t\,\varepsilon(t)$

(3) $h(t) = e^{-t}\varepsilon(t)$ 　　　　　　　　　(4) $h(t) = 2\delta(t) - 6e^{-3t}\varepsilon(t)$

(5) $h(t) = \delta'(t) + \delta(t) - (2e^{-t} + 3e^{-2t})\varepsilon(t)$

2.17　$h(t) = \delta(t) + \delta(t-1) + \delta(t-1) - \delta(t-4)$

2.18　(1) $\varepsilon(-t) + (2-e^{-t})\varepsilon(t)$

(2) $[1-\cos(t+1)]\varepsilon(t+1)$

(3) $\dfrac{2}{\pi}(1-\cos\pi t)$, $0 < t < 2$

$$(4) \begin{cases} \dfrac{3}{2}+t, & -\dfrac{3}{2}<t<-\dfrac{1}{2} \\ 1, & -\dfrac{1}{2}<t<\dfrac{1}{2} \\ \dfrac{3}{2}-t, & \dfrac{1}{2}<t<\dfrac{3}{2} \end{cases}$$

2.19　$f(t)=2\left[1-e^{-(t+1)}\right]\varepsilon(t+1)-2\left[1-e^{-(t-1)}\right]\varepsilon(t-1)$

2.20　(1) $f(t)=(t-1)\varepsilon(t-1)$

　　　　(2) $f(t)=t\varepsilon(t)-(t-1)\varepsilon(t-1)-(t-2)\varepsilon(t-2)+(t-3)\varepsilon(t-3)$

　　　　(3) $f(t)=\dfrac{1}{2\pi}(1-\cos2\pi t)\left[\varepsilon(t)-\varepsilon(t-1)\right]$

　　　　(4) $f(t)=\left[1-e^{-(t-1)}\right]\varepsilon(t-1)$

2.21　(a) $r_{zs}(t)=(2e^{-2t}-1)\varepsilon(t)-\left[4e^{-2(t-2)}-2\right]\varepsilon(t-2)+\left[2e^{-2(t-3)}-1\right]\varepsilon(t-3)$

　　　　(b) $r_{zs}(t)=(1-t-e^{-2t})\varepsilon(t)$

　　　　(c) $r_{zs}(t)=(1-t-e^{-2t})\varepsilon(t)-\left[1-t+e^{-2(t-1)}\right]\varepsilon(t-1)$

　　　　(d) $r_{zs}(t)=(1-t-e^{-2t})\varepsilon(t)-(3-2t)\varepsilon(t-1)+\left[2-t+e^{-2(t-2)}\right]\varepsilon(t-2)$

　　　　(e) $r_{zs}(t)=(1-t-e^{-2t})\varepsilon(t)-2\left[2-t-e^{-2(t-1)}\right]\varepsilon(t-1)+$
　　　　　　　　$\left[3-t-e^{2(t-2)}\right]\varepsilon(t-2)$

2.22　$i_2(t)=\dfrac{E}{4}\left[e^{-\frac{3}{8}t}\varepsilon(t)-e^{-\frac{3}{8}(t-T)}\varepsilon(t-T)\right]$

2.23　$u_L(t)=\dfrac{E}{2}e^{-20t}\varepsilon(t)-\dfrac{E}{40T}(1-e^{-20t})\varepsilon(t)+\dfrac{E}{40T}\left[1-e^{-20(t-T)}\right]\varepsilon(t-T)$

2.24　(1) $i(t)=10\delta(t)\,\mathrm{A}$　　　　(2) $R=2.5\ \Omega,C=4\ \mathrm{F}$

2.25　(1) $i(t)=\left(2e^{\frac{t}{RC}}-1\right)\varepsilon(t)$　　　　(2) $i(t)=\dfrac{C}{2}\delta(t)-\dfrac{1}{2R}\varepsilon(t)$

2.26　$u_C(t)=\varepsilon(t)$

2.27　$i(t)=\left[2-(1+e^{-0.5})e^{-2.5(t-0.1)}\right]\varepsilon(t-0.1)$

2.28　$u_1(t)=-\dfrac{21}{8}\delta(t)-\dfrac{3}{8}e^{-t}\varepsilon(t)$

　　　　$i_2(t)=-\dfrac{3}{4}e^{-t}\varepsilon(t)$

第 三 章

3.1　(1) $f(t)\approx\dfrac{4}{\pi}\sin t$

3.2　$c_{12}=1,\rho_{12}=\dfrac{1}{\sqrt{2}}$

3.4　$f(t) \approx A\left(\dfrac{1}{2} + \dfrac{4}{\pi^2} \cos t \right)$

3.5　$f_a(t) = \dfrac{A}{\pi} + \dfrac{A}{2} \cos \omega t + \dfrac{2A}{\pi} \displaystyle\sum_{k=1}^{\infty} (-1)^{k+1} \dfrac{1}{4k^2-1} \cos 2k\omega t$

$\qquad f_b(t) = \dfrac{A}{\pi} + \dfrac{A}{2} \sin \omega t + \dfrac{2A}{\pi} \displaystyle\sum_{k=1}^{\infty} \dfrac{1}{1-4k^2} \cos 2k\omega t$

3.6　$f(t) = 0.4A\left[1 + \dfrac{5}{\pi} \displaystyle\sum_{k=0}^{\infty} \dfrac{1}{2k+1} \sin(2k+1)\dfrac{2\pi}{T}t + \dfrac{2}{\pi^2} \displaystyle\sum_{k=0}^{\infty} \dfrac{1}{(2k+1)^2} \cos(2k+1)\dfrac{2\pi}{T}t \right]$

3.11　$F_2(j\omega) = F_1(-j\omega) e^{-j\omega t_0}$

3.12　（a）$F(j\omega) = \pi\{ \mathrm{Sa}[\pi(\omega+5)] + \mathrm{Sa}[\pi(\omega-5)] \}$

$\qquad$（b）$F(j\omega) = \dfrac{\pi}{2}\left\{ \mathrm{Sa}^2\left[\dfrac{\pi(\omega+5)}{2} \right] + \mathrm{Sa}^2\left[\dfrac{\pi(\omega-5)}{2} \right] \right\}$

$\qquad$（c）$F(j\omega) = \pi\{ \mathrm{Sa}[\pi(\omega+5)] + \mathrm{Sa}[\pi(\omega-5)] \} e^{-j2\pi\omega}$

3.14　（1）$F(j\omega) = [\varepsilon(\omega+2\pi) - \varepsilon(\omega-2\pi)] e^{-j2\omega}$

$\qquad$（2）$F(j\omega) = 2\pi e^{-\alpha|\omega|}$

$\qquad$（3）$F(j\omega) = \dfrac{1}{2}\left(1 - \dfrac{|\omega|}{4\pi} \right) [\varepsilon(\omega+4\pi) - \varepsilon(\omega-4\pi)]$

3.15　（1）$f(t) = \dfrac{1}{j\pi} \sin \omega_c t$ $\qquad\qquad$（2）$f(t) = \varepsilon\left(t+\dfrac{\tau}{2} \right) - \varepsilon\left(t-\dfrac{\tau}{2} \right)$

$\qquad$（3）$f(t) = te^{-\alpha t}\varepsilon(t)$ $\qquad\qquad$（4）$f(t) = t\,\mathrm{sgn}\,t$

3.16　（a）$F(j\omega) = \dfrac{2}{\omega}(\sin 3\omega - \sin \omega)$ $\qquad$（b）$F(j\omega) = \dfrac{4\pi\cos\omega}{\pi^2 - 4\omega^2}$

3.17　（a）$F(j\omega) = \pi\delta(\omega) + \dfrac{1}{\omega}\mathrm{Sa}\left(\dfrac{\omega}{2} \right) e^{-j\left(\frac{\omega}{2}+\frac{\pi}{2} \right)}$

$\qquad$（b）$F(j\omega) = \dfrac{2}{\omega^2}(\cos\omega - \cos 2\omega)$

$\qquad$（c）$F(j\omega) = j\dfrac{2}{\omega}(\cos\omega - \mathrm{Sa}\,\omega)$

3.20　（a）$F(j\omega) = j\dfrac{4}{\omega}\sin^2\dfrac{\omega\tau}{2}$ $\qquad$（b）$F(j\omega) = \dfrac{2}{\omega}(\sin 2\omega + \sin\omega)$

$\qquad$（c）$F(j\omega) = \dfrac{1}{\omega^2\tau}(1 - j\omega\tau - e^{-j\omega\tau})$ $\qquad$（d）$F(j\omega) = 2\tau\mathrm{Sa}(\omega\tau) - \tau\mathrm{Sa}^2\left(\dfrac{\omega\tau}{2} \right)$

3.21　（1）$F(j\omega) = j\dfrac{1}{2}\dfrac{d}{d\omega}F_1\left(j\dfrac{\omega}{2} \right)$ $\qquad$（2）$F(j\omega) = j\dfrac{d}{d\omega}F_1(j\omega) - 2F_1(j\omega)$

$\qquad$（3）$F(j\omega) = -F_1(j\omega) - \omega\dfrac{d}{d\omega}F_1(j\omega)$ $\qquad$（4）$F(j\omega) = F_1(-j\omega) e^{-j\omega}$

$\qquad$（5）$F(j\omega) = -je^{-j\omega}\dfrac{d}{d\omega}F_1(-j\omega)$ $\qquad$（6）$F(j\omega) = \dfrac{1}{2}F\left(j\dfrac{\omega}{2} \right) e^{j\frac{5}{2}\omega}$

3.23　$F_2(j\omega) = 2\pi \displaystyle\sum_{n=-\infty}^{\infty} \mathrm{Re}[F_1(jn\pi)] \delta(\omega - n\pi)$

3.24 (1) $\overline{i(t)}=\dfrac{I}{2},\sqrt{\overline{i^2(t)}}=\dfrac{I}{\sqrt{3}}$ (2) $\overline{P}=\dfrac{I^2}{3},P_{DC}=\dfrac{I^2}{4},P_{AC}=\dfrac{I^2}{12}$

3.25 $f(t)\approx\dfrac{1}{2}+\dfrac{1}{4}\mathrm{Cal}(1,t)+\dfrac{1}{8}\mathrm{Cal}(3,t)$

第 四 章

4.1 $r(t)\approx\dfrac{2A}{\pi}-\dfrac{4A}{3\pi\sqrt{1+4\pi^2}}\cos(2\pi t-\arctan 2\pi)-$

$\dfrac{4A}{15\pi\sqrt{1+16\pi^2}}\cos(4\pi t-\arctan 4\pi)$

4.2 $Q\geqslant 112.5$

4.3 $r(t)=\dfrac{A}{2}+\dfrac{2A}{\pi}\left(\sin\omega t-\dfrac{1}{3}\sin 3\omega t\right)$

4.4 $h(t)=-\delta(t)+2\mathrm{e}^{-t}\varepsilon(t)$

$r_\varepsilon(t)=(1-2\mathrm{e}^{-t})\varepsilon(t)$

$r_{zs}(t)=(2\mathrm{e}^{-t}-3\mathrm{e}^{-2t})\varepsilon(t)$

4.5 $h(t)=(\mathrm{e}^{-t}+\mathrm{e}^{-2t})\varepsilon(t)$

$r_{zs}(t)=2(\mathrm{e}^{-t}-\mathrm{e}^{-2t})\varepsilon(t)$

4.7 $h(t)=K\delta(t-t_0)-\dfrac{K\omega_{c0}}{\pi}\mathrm{Sa}[\omega_{c0}(t-t_0)]$

4.8 $r(t)=\dfrac{1}{2\pi}\mathrm{Sa}(t)\cos 1\ 000\ t$

4.9 (1) $m_1=0.3,m_2=0.1$ (2) $B_A=10$ kHz

(3) $P=5.25$ W,$P_{max}=9.8$ W,$P_c=5$ W,$P_s=0.25$ W

4.13 $R_1C_1=R_2C_2$

4.14 $R_1=R_2=1\ \Omega$

第 五 章

5.1 (1) $s_1=2$ (2) $s_{1,2}=-1$

(3) $s_{1,2}=\pm\mathrm{j}2$ (4) $s_{1,2}=-1\pm\mathrm{j}5$

5.2 (1) $f(t)=A\mathrm{e}^{-t}\varepsilon(t)$ (2) $f(t)=A\mathrm{e}^{2t}\varepsilon(t)$

(3) $f(t)=A\mathrm{e}^{-t}\cos(2t+\varphi)\varepsilon(t)$ (4) $f(t)=A\cos(4t+\varphi)\varepsilon(t)$

5.3 (1) $F(s)=\dfrac{1}{s+2}+\dfrac{1}{s+8},\sigma>-2$ (2) $F(s)=\dfrac{4s}{s^4+10s^2+9},\sigma>0$

(3) $F(s)=\dfrac{1}{s(s+\alpha)}$,如 $\alpha>0$,则 $\sigma>0$ $\Big\}$ 即 $\sigma>\max[0,-\alpha]$

如 $\alpha<0$,则 $\sigma>-\alpha$

(4) $F(s)=\dfrac{-1}{(s-s_1)(s-s_2)},\sigma>\max[s_1,s_2]$

(5) $F(s) = \dfrac{s^3 - 4s + 6}{s^4}, \sigma > 0$ 　　　　(6) $F(s) = \dfrac{(s+\alpha)\cos\theta - \omega\sin\theta}{(s+\alpha)^2 + \omega^2}, \sigma > -\alpha$

(7) $F(s) = \dfrac{s+1}{s+2}, \sigma > -2$ 　　　　(8) $F(s) = \dfrac{1}{(s+2)^2}, \sigma > -2$

5.4　(1) $f(t) = \left(-\dfrac{1}{3}e^{-t} + \dfrac{4}{3}e^{-4t}\right)\varepsilon(t)$ 　　　　(2) $f(t) = e^t\varepsilon(t)$

　　(3) $f(t) = \delta'(t) + (2e^{-2t} - 4e^{-4t})\varepsilon(t)$ 　　　(4) $f(t) = e^{-t}\left(\cos 2t + \dfrac{1}{2}\sin 2t\right)\varepsilon(t)$

　　(5) $f(t) = [1 - (1-t)e^t]\varepsilon(t)$

5.5　(1) $f(t) = (e^{-t} + 2e^{-2t} + 3e^{-3t})\varepsilon(t)$ 　　(2) $f(t) = (e^{-t} - \cos t + \sin t)\varepsilon(t)$

　　(3) $f(t) = 2e^{-5t}(\cos 5t + 2\sin 5t)\varepsilon(t)$ 　　(4) $f(t) = \left[(t-3) + \left(\dfrac{t^2}{2} + 2t + 3\right)e^{-t}\right]\varepsilon(t)$

5.6　(1) $f(t) = (4 - e^{-12t} - 3e^{-4t})\varepsilon(t)$ 　　(2) $f(t) = (e^{-3t} + 3e^{-2t} - 2te^{-2t})\varepsilon(t)$

　　(3) $f(t) = \left[1 - e^{-\frac{1}{2}t}\left(\cos\dfrac{\sqrt{3}}{2}t + \dfrac{1}{\sqrt{3}}\sin\dfrac{\sqrt{3}}{2}t\right)\right]\varepsilon(t)$

　　(4) $f(t) = 2\delta(t) + (1 - e^{-4t})\varepsilon(t)$

5.7　(1) $F(s) = \dfrac{2}{(s+4)^2}$ 　　　　(2) $F(s) = \dfrac{s}{s^2 + 4}$

　　(3) $F(s) = \dfrac{s+2}{(s+2)^2 + 4\omega^2}$ 　　　　(4) $F(s) = \dfrac{2^n n!}{s^{n+1}}$

5.8　(1) $F(s) = \dfrac{e^{-(s+2)}}{s+2}$ 　　　　(2) $F(s) = \dfrac{e^2}{s+2}$

　　(3) $F(s) = \dfrac{e^{-s}}{s+2}$ 　　　　(4) $F(s) = \dfrac{e^{-s}}{(s+2)^2}$

5.9　(a) $F(s) = \dfrac{1}{s}(e^{-s} - e^{-2s})$ 　　　　(b) $F(s) = \dfrac{1}{s^2}(1 - e^{-s} - se^{-s})$

　　(c) $F(s) = \dfrac{1}{s^2}(1 - 2e^{-s} + e^{-2s})$ 　　　(d) $F(s) = \dfrac{\pi}{s^2 + \pi^2}(1 - e^{-2s})$

5.10　(a) $F(s) = e^{-s} - e^{-2s}$ 　　　　(b) $F(s) = \dfrac{1}{s^2}(1 - e^{-s})$

　　(c) $F(s) = \dfrac{1}{s} - \dfrac{1}{s^2}(1 - e^{-s})$ 　　　(d) $F(s) = \dfrac{1}{s+1}[1 - e^{-(s+1)}]$

5.11　(a) $F(s) = \dfrac{1}{1 + e^{-s}}$ 　　　　(b) $F(s) = \dfrac{1}{s}\left(\dfrac{1 - e^{-s}}{1 + e^{-s}}\right)$

5.13　(1) $f(t) = e^{-t}\varepsilon(t) + e^{-(t-1)}\varepsilon(t-1) + e^{-(t-2)}\varepsilon(t-2)$

　　(2) $f(t) = e^t\sin 2t\,\varepsilon(t) + \dfrac{1}{2}e^t\sin 2(t-1)\varepsilon(t-1)$

　　(3) $f(t) = \displaystyle\sum_{k=0}^{\infty}(-1)^k\delta(t-k)$

(4) $f(t) = \sum_{k=0}^{\infty} \varepsilon(t-k)$

(5) $f(t) = t\varepsilon(t) - 2(t-1)\varepsilon(t-1) + (t-2)\varepsilon(t-2)$

5.14 (1) $r(0^+) = 0, r(\infty) = \dfrac{3}{5}$ (2) $r(0^+) = 0, r(\infty) = 2$

(3) $r(0^+) = 3, r(\infty) = 0$

5.15 (1) $r(t) = (4e^{-t} - 3e^{-2t})\varepsilon(t)$ (2) $r(t) = (3e^{-2t} - e^{-t})\varepsilon(t)$

(3) $r_1(t) = \left(\dfrac{2}{3} + e^{-t} + \dfrac{1}{3}e^{-3t} \right)\varepsilon(t)$

$r_2(t) = \left(\dfrac{1}{3} + e^{-t} - \dfrac{1}{3}e^{-3t} \right)\varepsilon(t)$

5.16 (1) $r_{zs}(t) = \delta(t) - e^{-2t}\varepsilon(t)$ (2) $r_{zs}(t) = \dfrac{1}{2}(1 + e^{-2t})\varepsilon(t)$

(3) $r_{zs}(t) = e^{-2t}\varepsilon(t)$ (4) $r_{zs}(t) = (1-t)e^{-2t}\varepsilon(t)$

(5) $r_{zs}(t) = (2e^{-2t} + 3\cos t - \sin t)\varepsilon(t)$

5.17 $h(t) = \left(\dfrac{4}{5}e^{-t} + \dfrac{1}{5}e^{-6t} \right)\varepsilon(t)$

$r_\varepsilon(t) = \left(\dfrac{5}{6} - \dfrac{4}{5}e^{-t} - \dfrac{1}{30}e^{-6t} \right)\varepsilon(t)$

5.18 $u(t) = \left(1 + \dfrac{1}{3}e^{-t}\cos t - \dfrac{1}{3}e^{-t}\sin t \right)\varepsilon(t)$

5.19 $u(t) = (\cos t - \cos 2t)\varepsilon(t)$

5.20 $i(t) = 5\left(1 - \dfrac{1}{2}e^{-t} \right)\varepsilon(t)$

$u_L(t) = 2.5e^{-t}\varepsilon(t) - 2.5\delta(t)$

5.21 $u_{C1}(t) = \left(1 - \dfrac{1}{2}e^{-\frac{1}{2}t} \right)\varepsilon(t)$

$i(t) = -\dfrac{1}{2}\delta(t) + \dfrac{1}{4}e^{-\frac{1}{2}t}\varepsilon(t)$

5.22 $h(t) = \dfrac{1}{2}\delta(t) + \dfrac{1}{4}e^{-\frac{3}{2}t}\varepsilon(t)$

$r_\varepsilon(t) = \left(\dfrac{2}{3} - \dfrac{1}{6}e^{-\frac{3}{2}t} \right)\varepsilon(t)$

5.23 $u(t) = \sum_{k=0}^{\infty} \left[1 - e^{-(t-2k)} \right]\varepsilon(t-2k) - \sum_{k=0}^{\infty} \left[1 - e^{-(t-2k-1)} \right]\varepsilon(t-2k-1)$

5.24 $e(t) = \left(\dfrac{1}{2} - \dfrac{1}{4}e^{-2t} \right)\varepsilon(t)$

5.25 $r(t) = \varepsilon(t)$

5.26 (1) $F_d(s) = \dfrac{-5}{(s-2)(s+3)}, -3 < \sigma < 2$ (2) $F_d(s) = \dfrac{-1}{(s-3)(s-4)}, 3 < \sigma < 4$

(3) 没有

5.27　（1）$f(t) = -\dfrac{1}{2}e^{t}\varepsilon(t) - \dfrac{1}{2}e^{3t}\varepsilon(-t)$　　　　（2）$f(t) = 2e^{-2t}\varepsilon(t) + e^{-t}\varepsilon(-t)$

　　　（3）$f(t) = \delta(t) - \cos t\,\varepsilon(-t)$　　　　　　（4）$f(t) = -e^{-4t}\varepsilon(t) + \cos 5t\,\varepsilon(-t)$

5.28　（1）$f(t) = (-e^{t} - e^{-t} - e^{-3t})\varepsilon(-t)$　　　（2）$f(t) = e^{-3t}\varepsilon(t) - (e^{t} + e^{-t})\varepsilon(-t)$

　　　（3）$f(t) = (e^{-t} + e^{-3t})\varepsilon(t) - e^{t}\varepsilon(-t)$　　（4）$f(t) = (e^{t} + e^{-t} + e^{-3t})\varepsilon(t)$

5.29　$r(t) = e^{t}\varepsilon(t) + e^{2t}\varepsilon(-t)$

5.31　$H(s) = \dfrac{s^{2} + 3s + 2}{s^{2} + 2s + 1} = 1 + \dfrac{s+1}{s^{2} + 2s + 1}$

5.33　$H(s) = \dfrac{K(s+1)(s+5)}{s^{2} + 6s + 5 + K}$

5.34　（a）$H(s) = \dfrac{X+Y}{1+YZ}$　　　　　　　（b）$H(s) = \dfrac{UVW}{1 - UVX + UVWZ + VWY}$

第 六 章

6.1　（a）$H(s) = \dfrac{s+1}{s^{2} + s + 1}$　　　　　　（b）$H(s) = \dfrac{2s^{2} + 2s + 1}{s^{2} + s + 1}$

6.2　（a）$H(s) = \dfrac{s+60}{s^{2} + 130s + 2\,200}$　　　（b）$H(s) = \dfrac{1}{s^{2} + 2s + 1}$

　　　（c）$H(s) = \dfrac{-25 \times 10^{6}}{s + 25 \times 10^{5}}$　　　　　（d）$H(s) = \dfrac{s}{s + \dfrac{4}{R_{0}C}}$

6.3　$H(s) = \dfrac{s + \dfrac{1}{R_{1}C}}{s + \dfrac{R_{1} + R_{2}}{R_{1}R_{2}C}},\ e(t) = Ae^{-\frac{t}{R_{1}C}}\varepsilon(t)$

6.4　$H(\mathrm{j}4) = 32.47e^{\mathrm{j}25.5°}$

6.5　（a）$H(s) = \dfrac{s}{s + \dfrac{1}{R_{1}C}}$　　　　　（b）$H(s) = \dfrac{\dfrac{R_{2}}{L}}{s + \dfrac{R_{2}}{L}}$

6.9　$H(s) = 10\dfrac{s-1}{s(s+1)}$

6.10　$R = 1\ \Omega, L = \dfrac{1}{2}\mathrm{H},\quad C = \dfrac{8}{5}\mathrm{F}$

6.15　（1）$0 < K < 16$　　　　（2）$K > -6$　　　　　　（3）$0 < K < 99$

6.16　$K < \dfrac{1}{2}$

6.17　$K > -2$

6.18　$0 < K < 30$

6.21　$5 < K < 8$

6.22　$K>5$

第　七　章

7.3　(a) $f(k)=2[\varepsilon(k)-\varepsilon(k-5)]$　　　　　(b) $f(k)=\dfrac{1}{2}(1+k)\varepsilon(k)$

　　　(c) $f(k)=-[\varepsilon(k-1)-\varepsilon(k-4)]+[\varepsilon(-k-1)-\varepsilon(-k-4)]$

　　　(d) $f(k)=(8-2k)[\varepsilon(k)-\varepsilon(k-4)]-2\delta(k)+(8+2k)[\varepsilon(-k-1)-\varepsilon(-k-4)]$

7.4　(1) $f(k)=(-1)^{k}\varepsilon(k)$　　　　　　　　(2) $f(k)=\left(\dfrac{k}{k+1}\right)\varepsilon(k)$

　　　(3) $f(k)=(k^{2}-2)\varepsilon(k)$

　　　(4) $f(k)=[(3+2k)^{2}+3(3+k)-1]\varepsilon(k)=(4k^{2}+15k+17)\varepsilon(k)$

7.5　(1) 非周期　　　　　(2) 周期,$T=5$　　　　　(3) 周期,$T=20$

　　　(4) 周期,$T=125$　　　(5) 周期,$T=2$　　　　(6) 非周期

7.6　$n=24\,000$

7.9　$y(k+1)-(1+\beta)y(k)=e(k+1)$

7.10　$y[(k+1)T]-e^{-2T}y(kT)=\dfrac{(1-e^{-2T})}{2}e(kT)$

7.12　$y(k)=\left[4+3\left(\dfrac{1}{2}\right)^{k}-\left(-\dfrac{1}{2}\right)^{k}\right]\varepsilon(k)$

7.13　(a) $y(k+1)+ay(k)=be(k)$

　　　(b) $y(k+1)+ay(k)=be(k+1)$

　　　(c) $y(k+2)+(a+b)y(k+1)+(ab-c)y(k)=e(k)$

7.16　(1) $y_{zi}(k)=(-2)^{k}\varepsilon(k)$　　　　　(2) $y_{zi}(k)=[5(-1)^{k}-3(-2)^{k}]\varepsilon(k)$

　　　(3) $y_{zi}(k)=4(3)^{k}\cos\dfrac{k\pi}{2}\varepsilon(k)$　　　(4) $y_{zi}(k)=(\sqrt{2})^{k}\sin\dfrac{3k\pi}{4}\varepsilon(k)$

　　　(5) $y_{zi}(k)=(1-k)(-1)^{k}\varepsilon(k)$　　　(6) $y_{zi}(k)=\dfrac{1}{2}[(-1+\sqrt{2})^{k}-(1+\sqrt{2})^{k}]\varepsilon(k)$

7.17　(1) $y_{zi}(k)=\left(-\dfrac{1}{3}\right)^{k+1}\varepsilon(k)$　　　(2) $y_{zi}(k)=[2(-1)^{k}-4(-2)^{k}]\varepsilon(k)$

　　　(3) $y_{zi}(k)=(2k+1)(-1)^{k}\varepsilon(k)$　　　(4) $y_{zi}(k)=[3^{k}-(k+1)2^{k}]\varepsilon(k)$

7.18　(1) $h(k)=[0.8^{k-1}-(0.2)^{k-1}]\varepsilon(k-1)$

　　　(2) $h(k)=\dfrac{1}{2}[(\sqrt{2}+1)^{k-2}-(\sqrt{2}-1)^{k-2}]\varepsilon(k-1)+\delta(k-1)$

　　　(3) $h(k)=4(k-1)(0.5)^{k}\varepsilon(k-1)$　　　(4) $h(k)=-\cos\dfrac{k\pi}{2}\varepsilon(k-1)$

　　　(5) $h(k)=\dfrac{1}{2}[1-(-1)^{k-1}]\varepsilon(k-1)$　　　(6) $h(k)=(-1)^{k-1}\varepsilon(k-1)$

　　　(7) $h(k)=-(-\sqrt{2})^{k}\cos\dfrac{k\pi}{2}\varepsilon(k-1)$

7.19　$h(k)=2\delta(k-1)+\delta(k-2)+0.5\delta(k-3)$

7.21 $h(k) = (-1)^{k-1}\varepsilon(k-1) + \delta(k-1)$

$r_s(k) = \left[\dfrac{3}{2} - \dfrac{1}{2}(-1)^k\right]\varepsilon(k-1)$

7.23 (4) $\{0,0,0,1,2,2,2,\cdots\}$　(5) $\{0,0,0,1,2,4,6,\cdots\}$　(6) $\{0,0,1,1,2,2,3,\cdots\}$

7.24 (1) $(k+1)\varepsilon(k)$　　　　　　　　(2) $[2-(0.5)^k]\varepsilon(k)$

　　 (3) $(3^{k+1}-2^{k+1})\varepsilon(k)$　　　　(4) $(k-1)\varepsilon(k-1)$

7.26 (1) $y_{zs}(k) = \dfrac{1}{2}[2^k+(-2)^k]\varepsilon(k)$　　(2) $y_{zs}(k) = \dfrac{1}{4}[2^k-(-2)^k]\varepsilon(k)$

　　 (3) $y_{zs}(k) = \dfrac{1}{20}[3^k-5(-1)^k+4(-2)^k]\varepsilon(k)$

　　 (4) $y_{zs}(k) = -(-\sqrt{2})^{k-1}\cos\dfrac{\pi}{4}(k-1)\varepsilon(k-2)$

7.27 $y_{zs}(k) = k(0.5)^{k-1}\varepsilon(k)$

7.28 $y_{zi}(k) = \left[\cos\dfrac{2\pi}{3}k + \dfrac{5}{\sqrt{3}}\sin\dfrac{2\pi}{3}k\right]\varepsilon(k)$

　　 $y_{zs}(k) = \left[\dfrac{1}{3} - \dfrac{1}{3}\cos\dfrac{2\pi}{3}k - \dfrac{1}{\sqrt{3}}\sin\dfrac{2\pi}{3}k\right]\varepsilon(k)$

7.29 $y_{zi}(k) = \varepsilon(k)$

　　 $y_{zs}(k) = k\varepsilon(k)$

7.30 $h_5 = 2.37 \text{ m}, h_8 = 1 \text{ m}$

7.31 $y(k) = \dfrac{k(k+1)}{2}$

7.33 (1) $y(k+1)-(1+\alpha)y(k) = -x(k)$

　　 (2) 一次还本付息法：$x(k) = 1\,093\,734.93\delta(k-240)1\,093\,734.93$

　　　　 等额本息还款法：$x(k) = 2\,648.67\,\varepsilon(k)$

　　　　 等本本金还款法：$x(k) = 3\,346.67-7k$

　　　　 等比累进法：

　　　　　 $x(k) = 1\,477.37\,\varepsilon(k)+738.69\,\varepsilon(k-60)+1\,108.03\,\varepsilon(k-120)+1\,662.04\,\varepsilon(k-180)$

　　　　 等额累进法：

　　　　　 $x(k) = 1\,457.51\,\varepsilon(k)+1\,000\,\varepsilon(k-60)+1\,000\,\varepsilon(k-120)+1\,000\,\varepsilon(k-180)$

第 八 章

8.1 (1) $F(z) = \dfrac{z}{z+1}, |z|>1$　　　　　(2) $F(z) = \dfrac{z}{z^2-1}, |z|>1$

　　 (3) $F(z) = z^{-k_0}, +\infty \geqslant |z| > 0$　　(4) $F(z) = z^{k_0}, +\infty > |z| \geqslant 0$

　　 (5) $F(z) = \dfrac{0.5}{z-0.5}, |z|>0.5$　　(6) $F(z) = \dfrac{z}{z-1}, |z|<1$

8.2 (1) $F(z) = \dfrac{z^{-2}}{(z-1)^2}, |z|>1$　　(2) $F(z) = \dfrac{-3z^2+4z}{(z-1)^2}, |z|>1$

（3）$F(z) = 3 + 2z^{-1} + z^{-2} + \dfrac{z^{-2}}{(z-1)^2}, |z| > 1$

8.3　（1）$F(z) = \dfrac{z^2}{z^2-1}, |z| > 1$　　　　（2）$F(z) = \dfrac{z-z^{-7}}{z-1}, |z| > 1$

　　　（3）$F(z) = \dfrac{-z}{(z+1)^2}, |z| > 1$　　　　（4）$F(z) = \dfrac{2z}{(z-1)^2}, |z| > 1$

　　　（5）$F(z) = \dfrac{z^2}{z^2+1}, |z| > 1$　　　　（6）$F(z) = \dfrac{4z^2}{4z^2+1}, |z| > 0.5$

8.4　$F(z) = \dfrac{z^2}{(z-1)(z-a)}$

8.5　$f(\infty) = b$

8.6　（1）$\left\{ \underset{k=0}{1}, 3, 7, \cdots \right\}$　　　　　　（2）$\left\{ \underset{k=0}{1}, \dfrac{3}{2}, \dfrac{9}{4}, \cdots \right\}$

　　　（3）$\left\{ \underset{k=0}{0}, 1, 2, \cdots \right\}$　　　　　　（4）$\left\{ \cdots, 2, 1, \underset{k=0}{0} \right\}$

8.7　（1）$f(k) = [5 + 5(-1)^k] \varepsilon(k)$

　　　（2）$f(k) = [1 + (-1)^k - 2(-0.5)^k] \varepsilon(k)$

　　　（3）$f(k) = 2\delta(k) - [(-1)^{k-1} - 6(5)^{k-1}] \varepsilon(k-1)$

　　　（4）$f(k) = 2\delta(k) + \delta(k-1) + 4\cos\left(\dfrac{2\pi}{3}k - \dfrac{\pi}{3} \right) \varepsilon(k)$

　　　（5）$f(k) = -4\delta(k) + \left[\dfrac{20}{3}(-2)^k + \dfrac{4}{3}\left(-\dfrac{1}{2} \right)^k \right] \varepsilon(k)$

　　　（6）$f(k) = \left[\dfrac{1}{2}\left(1 + \dfrac{3}{5}\sqrt{5} \right)\left(\dfrac{1+\sqrt{5}}{2} \right)^k + \dfrac{1}{2}\left(1 - \dfrac{3}{5}\sqrt{5} \right)\left(\dfrac{1-\sqrt{5}}{2} \right)^k \right] \varepsilon(k)$

8.8　（1）$f(k) = 7\delta(k-1) + 3(k-2) - 8\delta(k-10)$

　　　（2）$f(k) = 2\delta(k+1) + 3\delta(k) + 4\delta(k-1)$

　　　（3）$f(k) = \varepsilon(k) - \varepsilon(k-4)$

　　　（4）$f(k) = \delta(k) - 7(-2)^{k-1}\varepsilon(k-1)$

8.9　（1）$F(z) = \dfrac{-2z}{2z-1}, |z| < \dfrac{1}{2}$

　　　（2）$F(z) = \dfrac{-5z}{(z-2)(3z-1)}, \dfrac{1}{3} < |z| < 2$

　　　（3）$F(z) = \dfrac{-3z}{(z-2)(2z-1)}, \dfrac{1}{2} < |z| < 2$

8.10　（1）$f(k) = \dfrac{2}{3}\delta(k) + \left[\dfrac{1}{3}(3)^k - \left(\dfrac{1}{2} \right)^k \right] \varepsilon(k)$

　　　（2）$f(k) = \dfrac{2}{3}\delta(k) - \left[\dfrac{1}{3}(3)^k - \left(\dfrac{1}{2} \right)^k \right] \varepsilon(-k-1)$

　　　（3）$f(k) = \dfrac{2}{3}\delta(k) - \dfrac{1}{3}(3)^k\varepsilon(-k-1) - \left(\dfrac{1}{2} \right)^k \varepsilon(k)$

8.11　(1) $f(k)=\left[8-(2k+6)\left(\dfrac{1}{2}\right)^{k}\right]\varepsilon(k)$　(2) $f(k)=-\left[8-(2k+6)\left(\dfrac{1}{2}\right)^{k}\right]\varepsilon(-k-1)$

　　(3) $f(k)=-8\,\varepsilon(-k-1)-(2k+6)\left(\dfrac{1}{2}\right)^{k}\varepsilon(k)$

8.12　(1) $y(k)=a^{(k-2)}\varepsilon(k-2)$　　　　　　(2) $y(k)=\dfrac{1-a^{k+2}}{1-a}\varepsilon(k+1)$

　　(3) $y(k)=\dfrac{b^{k+1}-a^{k+1}}{b-a}\varepsilon(k)$

8.13　(1) $F(z)=\dfrac{\mathrm{e}^{-a}z}{(z-\mathrm{e}^{-a})^{2}}$　　　　　　(2) $F(z)=\dfrac{z(z+1)}{(z-1)^{2}}$

8.17　(1) $y(k)=\dfrac{1}{4}\left[5-(0.2)^{k}\right]\varepsilon(k)$　　(2) $y(k)=k\,\varepsilon(k)$

　　(3) $y(k)=\left[(-0.5)^{k}-\dfrac{4}{3}(-1)^{k}+\dfrac{1}{3}(0.5)^{k}\right]\varepsilon(k)$

8.18　(1) $y(k)=\left[1+(0.9)^{k+1}\right]\varepsilon(k)$

　　(2) $y(k)=\left[\dfrac{1}{3}k-\dfrac{4}{9}+\dfrac{13}{9}(-2)^{k}\right]\varepsilon(k)$

　　(3) $y(k)=\left[\dfrac{1}{6}+\dfrac{1}{2}(-1)^{k}-\dfrac{2}{3}(-2)^{k}\right]\varepsilon(k)$

　　(4) $y(k)=\left[\dfrac{3}{4}(3)^{k}+\dfrac{1}{3}k(-1)^{k}+\dfrac{7}{12}(-1)^{k}\right]\varepsilon(k)$

　　(5) $y(k)=\left[\dfrac{1}{3}+\dfrac{2}{3}\cos\dfrac{2\pi}{3}k+\dfrac{4\sqrt{3}}{3}\sin\dfrac{2\pi}{3}k\right]\varepsilon(k)$

8.21　(1) $-\dfrac{3}{4}<P<1$　　　　　　(2) $-\dfrac{3}{4}<P<\dfrac{9}{12}$

8.22　(1) $H(z)=\dfrac{z}{z+0.99}$　　　　(2) $H(z)=\dfrac{z^{2}}{z^{2}+0.99z+0.98}$

8.24　$H(z)=2z^{-1}+z^{-2}+0.5z^{-3}$

8.25　$a_{0}=a_{1}=a_{2}=a_{3}=\dfrac{1}{4}$

第　九　章

9.1　(a) $\begin{bmatrix}x_{1}'\\x_{2}'\\x_{3}'\end{bmatrix}=\begin{bmatrix}-2&0&0\\5&-5&0\\5&-4&0\end{bmatrix}\begin{bmatrix}x_{1}\\x_{2}\\x_{3}\end{bmatrix}+\begin{bmatrix}1\\0\\0\end{bmatrix}\boldsymbol{e},y=[\,0\ \ 0\ \ 1\,]\begin{bmatrix}x_{1}\\x_{2}\\x_{3}\end{bmatrix}$

　　(b) $\begin{bmatrix}x_{1}'\\x_{2}'\\x_{3}'\end{bmatrix}=\begin{bmatrix}0&0&0\\0&-2&0\\0&0&-5\end{bmatrix}\begin{bmatrix}x_{1}\\x_{2}\\x_{3}\end{bmatrix}+\begin{bmatrix}1\\1\\1\end{bmatrix}\boldsymbol{e},y=\begin{bmatrix}\dfrac{1}{2}&\dfrac{5}{6}&\dfrac{4}{3}\end{bmatrix}\begin{bmatrix}x_{1}\\x_{2}\\x_{3}\end{bmatrix}$

9.2 $\begin{bmatrix} x_1' \\ x_2' \\ x_3' \end{bmatrix} = \begin{bmatrix} -10 & 1 & 0 \\ 0 & -2 & -1 \\ 5 & 0 & -1 \end{bmatrix} \begin{bmatrix} x_1 \\ x_2 \\ x_3 \end{bmatrix} + \begin{bmatrix} 0 \\ 1 \\ 0 \end{bmatrix} e, y = \begin{bmatrix} 5 & 0 & 0 \end{bmatrix} \begin{bmatrix} x_1 \\ x_2 \\ x_3 \end{bmatrix}$

9.3 （1） $\begin{bmatrix} x_1' \\ x_2' \end{bmatrix} = \begin{bmatrix} 0 & 1 \\ -29 & -4 \end{bmatrix} \begin{bmatrix} x_1 \\ x_2 \end{bmatrix} + \begin{bmatrix} 0 \\ 1 \end{bmatrix} e, y = \begin{bmatrix} -58 & 1 \end{bmatrix} \begin{bmatrix} x_1 \\ x_2 \end{bmatrix} + 2e$

（2） $\begin{bmatrix} x_1' \\ x_2' \\ x_3' \end{bmatrix} = \begin{bmatrix} 0 & 1 & 0 \\ 0 & 0 & 1 \\ -4 & -8 & -5 \end{bmatrix} \begin{bmatrix} x_1 \\ x_2 \\ x_3 \end{bmatrix} + \begin{bmatrix} 0 \\ 0 \\ 1 \end{bmatrix} e, y = \begin{bmatrix} 0 & 4 & 0 \end{bmatrix} \begin{bmatrix} x_1 \\ x_2 \\ x_3 \end{bmatrix}$

（3） $\begin{bmatrix} x_1' \\ x_2' \\ x_3' \\ x_4' \end{bmatrix} = \begin{bmatrix} 0 & 1 & 0 & 0 \\ 0 & 0 & 1 & 0 \\ 0 & 0 & 0 & 1 \\ -2 & -7 & -9 & -5 \end{bmatrix} \begin{bmatrix} x_1 \\ x_2 \\ x_3 \\ x_4 \end{bmatrix} + \begin{bmatrix} 0 \\ 0 \\ 0 \\ 1 \end{bmatrix} e, y = \begin{bmatrix} 13 & 23 & 16 & 4 \end{bmatrix} \begin{bmatrix} x_1 \\ x_2 \\ x_3 \\ x_4 \end{bmatrix}$

9.4 （1） $\begin{bmatrix} x_1' \\ x_2' \end{bmatrix} = \begin{bmatrix} 0 & 1 \\ -12 & -7 \end{bmatrix} \begin{bmatrix} x_1 \\ x_2 \end{bmatrix} + \begin{bmatrix} 0 \\ 1 \end{bmatrix} e, y = \begin{bmatrix} 10 & 3 \end{bmatrix} \begin{bmatrix} x_1 \\ x_2 \end{bmatrix}$

$\begin{bmatrix} x_1' \\ x_2' \end{bmatrix} = \begin{bmatrix} -3 & 0 \\ 0 & -4 \end{bmatrix} \begin{bmatrix} x_1 \\ x_2 \end{bmatrix} + \begin{bmatrix} 1 \\ 1 \end{bmatrix} e, y = \begin{bmatrix} 1 & 2 \end{bmatrix} \begin{bmatrix} x_1 \\ x_2 \end{bmatrix}$

（2） $\begin{bmatrix} x_1' \\ x_2' \\ x_3' \end{bmatrix} = \begin{bmatrix} 0 & 1 & 0 \\ 0 & 0 & 1 \\ -6 & -11 & -6 \end{bmatrix} \begin{bmatrix} x_1 \\ x_2 \\ x_3 \end{bmatrix} + \begin{bmatrix} 0 \\ 0 \\ 1 \end{bmatrix} e, y = \begin{bmatrix} 14 & 10 & 2 \end{bmatrix} \begin{bmatrix} x_1 \\ x_2 \\ x_3 \end{bmatrix}$

$\begin{bmatrix} x_1' \\ x_2' \\ x_3' \end{bmatrix} = \begin{bmatrix} -1 & 0 & 0 \\ 0 & -2 & 0 \\ 0 & 0 & -3 \end{bmatrix} \begin{bmatrix} x_1 \\ x_2 \\ x_3 \end{bmatrix} + \begin{bmatrix} 1 \\ 1 \\ 1 \end{bmatrix} e, y = \begin{bmatrix} 3 & -2 & 1 \end{bmatrix} \begin{bmatrix} x_1 \\ x_2 \\ x_3 \end{bmatrix}$

9.5 $\begin{bmatrix} x_1' \\ x_2' \\ \vdots \\ x_{n-m-1}' \\ x_{n-m}' \\ \vdots \\ x_{n-1}' \\ x_n' \end{bmatrix} = \begin{bmatrix} -a_{n-1} & 1 & 0 & \cdots & 0 & 0 & \cdots & 0 \\ -a_{n-2} & 0 & 1 & \cdots & 0 & 0 & \cdots & 0 \\ \vdots & \vdots & \vdots & & \vdots & \vdots & & \vdots \\ -a_{m+1} & 0 & 0 & \cdots & 1 & 0 & \cdots & 0 \\ -a_m & 0 & 0 & \cdots & 0 & 1 & \cdots & 0 \\ \vdots & \vdots & \vdots & & \vdots & \vdots & & \vdots \\ -a_1 & 0 & 0 & \cdots & 0 & 0 & \cdots & 1 \\ -a_0 & 0 & 0 & \cdots & 0 & 0 & \cdots & 0 \end{bmatrix} \begin{bmatrix} x_1 \\ x_2 \\ \vdots \\ x_{n-m-1} \\ x_{n-m} \\ \vdots \\ x_{n-1} \\ x_n \end{bmatrix} + \begin{bmatrix} 0 \\ 0 \\ \vdots \\ 0 \\ b_m \\ \vdots \\ b_1 \\ b_0 \end{bmatrix} e$

9.6 （1） $\begin{bmatrix} x_1(k+1) \\ x_2(k+1) \end{bmatrix} = \begin{bmatrix} 0 & 1 \\ -1 & -2 \end{bmatrix} \begin{bmatrix} x_1(k) \\ x_2(k) \end{bmatrix} + \begin{bmatrix} 0 \\ 1 \end{bmatrix} e(k), y(k) = \begin{bmatrix} -1 & -2 \end{bmatrix} \begin{bmatrix} x_1(k) \\ x_2(k) \end{bmatrix} + e(k)$

（2） $\begin{bmatrix} x_1(k+1) \\ x_2(k+1) \end{bmatrix} = \begin{bmatrix} 0 & 1 \\ -2 & -3 \end{bmatrix} \begin{bmatrix} x_1(k) \\ x_2(k) \end{bmatrix} + \begin{bmatrix} 0 \\ 1 \end{bmatrix} e(k), y(k) = \begin{bmatrix} 1 & 1 \end{bmatrix} \begin{bmatrix} x_1(k) \\ x_2(k) \end{bmatrix}$

(3) $\begin{bmatrix} x_1(k+1) \\ x_2(k+1) \\ x_3(k+1) \end{bmatrix} = \begin{bmatrix} 0 & 1 & 0 \\ 0 & 0 & 1 \\ -1 & -2 & -3 \end{bmatrix} \begin{bmatrix} x_1(k) \\ x_2(k) \\ x_3(k) \end{bmatrix} + \begin{bmatrix} 0 \\ 0 \\ 1 \end{bmatrix} e(k),\ y(k) = \begin{bmatrix} 1 & 2 & 1 \end{bmatrix} \begin{bmatrix} x_1(k) \\ x_2(k) \\ x_3(k) \end{bmatrix}$

9.7　(a) $x(k+1) = -\dfrac{1}{2}x(k) + e(k),\ y(k) = \dfrac{5}{2}x(k) - e(k)$

(b) $\begin{bmatrix} x_1(k+1) \\ x_2(k+1) \\ x_3(k+1) \end{bmatrix} = \begin{bmatrix} 0 & 1 & 0 \\ 0 & 0 & 1 \\ 0 & 0 & 0 \end{bmatrix} \begin{bmatrix} x_1(k) \\ x_2(k) \\ x_3(k) \end{bmatrix} + \begin{bmatrix} 0 \\ 0 \\ 1 \end{bmatrix} e(k),\ y(k) = \begin{bmatrix} 0.5 & 1 & 2 \end{bmatrix} \begin{bmatrix} x_1(k) \\ x_2(k) \\ x_3(k) \end{bmatrix}$

9.8　$\begin{bmatrix} x_1(k+1) \\ x_2(k+1) \end{bmatrix} = \begin{bmatrix} 0 & 1 \\ 0.11 & 1 \end{bmatrix} \begin{bmatrix} x_1(k) \\ x_2(k) \end{bmatrix} + \begin{bmatrix} 0 \\ 1 \end{bmatrix} e(k),\ y(k) = \begin{bmatrix} 0.11 & 1 \end{bmatrix} \begin{bmatrix} x_1(k) \\ x_2(k) \end{bmatrix} + e(k)$

9.9　(a) $i' = -\dfrac{R}{L}i + \dfrac{1}{L}e$

(b) $\begin{bmatrix} i' \\ u_C' \end{bmatrix} = \begin{bmatrix} -\dfrac{R}{L} & -\dfrac{1}{L} \\ \dfrac{1}{C} & 0 \end{bmatrix} \begin{bmatrix} i \\ u_C \end{bmatrix} + \begin{bmatrix} \dfrac{1}{L} \\ 0 \end{bmatrix} e$

9.10　(a) $\begin{bmatrix} i_{L2}' \\ u_{C3}' \end{bmatrix} = \begin{bmatrix} -\dfrac{R_2}{L_2} & \dfrac{1}{L_2} \\ -\dfrac{1}{C_3} & -\dfrac{1}{R_1 C_3} \end{bmatrix} \begin{bmatrix} i_{L2} \\ u_{C3} \end{bmatrix} + \begin{bmatrix} 0 \\ \dfrac{1}{R_1 C_3} \end{bmatrix} e$

(b) $\begin{bmatrix} u_C' \\ i_L' \end{bmatrix} = \begin{bmatrix} -1 & -2 \\ \dfrac{1}{2} & -1 \end{bmatrix} \begin{bmatrix} u_C \\ i_L \end{bmatrix} + \begin{bmatrix} 2 \\ 0 \end{bmatrix} i$

9.11　(a) $\begin{bmatrix} u_{C1}' \\ u_{C2}' \\ i_L' \end{bmatrix} = \begin{bmatrix} -3 & 0 & -3 \\ 0 & 0 & \dfrac{15}{16} \\ \dfrac{16}{9} & -\dfrac{16}{9} & 0 \end{bmatrix} \begin{bmatrix} u_{C1} \\ u_{C2} \\ i_L \end{bmatrix} + \begin{bmatrix} 3 \\ 0 \\ 0 \end{bmatrix} e$

(b) $\begin{bmatrix} i_{L1}' \\ i_{L2}' \\ u_C' \end{bmatrix} = \begin{bmatrix} -2 & 0 & -1 \\ 0 & -2 & -1 \\ \dfrac{1}{2} & \dfrac{1}{2} & 0 \end{bmatrix} \begin{bmatrix} i_{L1} \\ i_{L2} \\ u_C \end{bmatrix} + \begin{bmatrix} 1 & 0 \\ 0 & 1 \\ 0 & 0 \end{bmatrix} \begin{bmatrix} e_1 \\ e_2 \end{bmatrix}$

9.12　(a) $\begin{bmatrix} x_1' \\ x_2' \\ x_3' \end{bmatrix} = \begin{bmatrix} -\dfrac{R}{L_1+L_3} & \dfrac{R}{L_1+L_3} & \dfrac{1}{L_1+L_3} \\ \dfrac{R}{L_2} & -\dfrac{R}{L_2} & -\dfrac{1}{L} \\ -\dfrac{1}{C} & \dfrac{1}{C} & 0 \end{bmatrix} \begin{bmatrix} x_1 \\ x_2 \\ x_3 \end{bmatrix} + \begin{bmatrix} 0 & \dfrac{L_3}{L_1+L_3} \\ 0 & 0 \\ \dfrac{1}{C} & 0 \end{bmatrix} \begin{bmatrix} i \\ i' \end{bmatrix}$

（b）

$$\begin{bmatrix} x_1' \\ x_2' \\ x_3' \end{bmatrix} = \begin{bmatrix} \dfrac{-R_1 R_2}{(R_1+R_2)L} & \dfrac{R_1}{(R_1+R_2)L} & \dfrac{R_2}{(R_1+R_2)L} \\ \dfrac{-R_1}{(R_1+R_2)(C_1+C_2)} & \dfrac{-1}{(R_1+R_2)(C_1+C_2)} & \dfrac{1}{(R_1+R_2)(C_1+C_2)} \\ \dfrac{-R_2}{(R_1+R_2)C_3} & \dfrac{1}{(R_1+R_2)C_3} & \dfrac{-1}{(R_1+R_2)C_3} \end{bmatrix} \begin{bmatrix} x_1 \\ x_2 \\ x_3 \end{bmatrix} + \begin{bmatrix} 0 \\ \dfrac{C_1}{C_1+C_2} \\ 0 \end{bmatrix} e'$$

9.13 （1）$\boldsymbol{\phi}(t) = \begin{bmatrix} -2e^{-2t}+3e^{-3t} & -6e^{-2t}+6e^{-3t} \\ e^{-2t}-e^{-3t} & 3e^{-2t}-2e^{-3t} \end{bmatrix}$, $\lambda_1 = -2, \lambda_2 = -3$

（2）$i_{zi}(t) = (-34e^{-2t}+39e^{-3t})\varepsilon(t)$

$i_{zs}(t) = (-12e^{-2t}+9e^{-3t}+3\cos t+3\sin t)\varepsilon(t)$

9.14 $\boldsymbol{\phi}(t) = \begin{bmatrix} \dfrac{1}{2}(1-t)e^{-t}+\dfrac{1}{2}e^{-2t} & \dfrac{1}{2}(1-t)e^{-t}-\dfrac{1}{2}e^{-2t} & -te^{-t} \\ \dfrac{1}{2}(1-t)e^{-t}-\dfrac{1}{2}e^{-2t} & \dfrac{1}{2}(1-t)e^{-t}+\dfrac{1}{2}e^{-2t} & -te^{-t} \\ \dfrac{1}{2}te^{-t} & \dfrac{1}{2}te^{-t} & (1+t)e^{-t} \end{bmatrix}$

$$\begin{bmatrix} i_{L1}(t) \\ i_{L2}(t) \\ i_{L3}(t) \end{bmatrix} = \begin{bmatrix} \dfrac{1}{4}+\left(\dfrac{1}{2}-t\right)e^{-t}-\dfrac{3}{4}e^{-2t} \\ -\dfrac{1}{4}+\left(\dfrac{1}{2}-t\right)e^{-t}+\dfrac{3}{4}e^{-2t} \\ \dfrac{1}{2}+\left(\dfrac{1}{2}+t\right)e^{-t} \end{bmatrix}$$

9.15 $\begin{bmatrix} i_L' \\ u_C' \end{bmatrix} = \begin{bmatrix} 1 & -1 \\ \dfrac{1}{2} & 0 \end{bmatrix} \begin{bmatrix} i_L \\ u_C \end{bmatrix} + \begin{bmatrix} -1 & 1 & 0 \\ 0 & 0 & -\dfrac{1}{2} \end{bmatrix} \begin{bmatrix} e_S \\ i_S \\ e_S' \end{bmatrix}$

$u_{C2}(t) = \left[-1+\dfrac{1}{2}e^{-\frac{t}{2}}\left(3\cos\dfrac{t}{2}+\sin\dfrac{t}{2} \right) \right]\varepsilon(t)$

$u_{C1}(t) = \dfrac{1}{2}e^{-\frac{t}{2}}\left(3\cos\dfrac{t}{2}+\sin\dfrac{t}{2} \right)\varepsilon(t)$

9.16 （1）$H(s) = \dfrac{4}{s^3+4s^2+5s+6}$

$y(t) = \left[\dfrac{1}{2}e^{-3t}-\dfrac{1}{2}e^{-\frac{1}{2}}\left(\cos\dfrac{\sqrt{7}}{2}t-\dfrac{5}{\sqrt{7}}\sin\dfrac{\sqrt{7}}{2}t \right) \right]\varepsilon(t)$

（2）$H(s) = \dfrac{s+2}{s^2+7s+12}$

$y(t) = \left(\dfrac{1}{6}+\dfrac{1}{3}e^{-3t}-\dfrac{1}{2}e^{-4t} \right)\varepsilon(t)$

9.17　$\begin{bmatrix} x_1' \\ x_2' \end{bmatrix} = \begin{bmatrix} 0 & 1 \\ -8 & -4 \end{bmatrix} \begin{bmatrix} x_1 \\ x_2 \end{bmatrix} + \begin{bmatrix} 0 \\ 1 \end{bmatrix} e, y = \begin{bmatrix} -6 & -1 \end{bmatrix} \begin{bmatrix} x_1 \\ x_2 \end{bmatrix} + e$

$y_{zs}(t) = \left[\dfrac{1}{4} + \dfrac{1}{4} e^{-2t} (3\cos 2t + \sin 2t) \right] \varepsilon(t)$

9.18　（1）$H(s) = \dfrac{-2}{s^2 + 3s + 2}$

$y_{zi}(t) = (-4e^{-t} + 4e^{-2t}) \varepsilon(t)$

$y_{zs}(t) = (-1 + 2e^{-t} - e^{-2t}) \varepsilon(t)$

（2）$H(s) = \dfrac{s^2 + 3s + 4}{(s+1)^2 + 1}$

$y_{zi}(t) = e^{-t} (3\cos t - \sin t) \varepsilon(t)$

$y_{zs}(t) = (2 - e^{-t} \cos t) \varepsilon(t)$

9.19　$y(t) = \left(\dfrac{5}{2} + \dfrac{1}{2} e^{-2t} + 5 e^{-3t} \right) \varepsilon(t)$

9.20　$\begin{bmatrix} x_1' \\ x_2' \end{bmatrix} = \begin{bmatrix} -2 & 0 \\ 0 & -3 \end{bmatrix} \begin{bmatrix} x_1 \\ x_2 \end{bmatrix} + \begin{bmatrix} 1 \\ 1 \end{bmatrix} e, y = \begin{bmatrix} -2 & 4 \end{bmatrix} \begin{bmatrix} x_1 \\ x_2 \end{bmatrix}$

$y(0) = -2x_1(0) + 4x_2(0)$

$y'(0) = 4x_1(0) - 12x_2(0)$

9.21　（1）$\boldsymbol{\phi}(k) = \left(-\dfrac{1}{2} \right)^k$

（2）$\boldsymbol{\phi}(k) = \begin{bmatrix} \delta(k) & \delta(k-1) & \delta(k-2) \\ 0 & \delta(k) & \delta(k-1) \\ 0 & 0 & \delta(k) \end{bmatrix}$

9.22　$\boldsymbol{x}(k) = \begin{bmatrix} \dfrac{5}{6}(1.1)^{k-1} \varepsilon(k-1) - \dfrac{5}{6}(-0.1)^{k-1} \varepsilon(k-1) \\ \dfrac{11}{12}(1.1)^{k-1} \varepsilon(k-1) + \dfrac{1}{12}(-0.1)^{k-1} \varepsilon(k-1) \end{bmatrix}$

$y(k) = \left[\dfrac{11}{12}(1.1)^k + \dfrac{1}{12}(-0.1)^k \right] \varepsilon(k)$

9.24　（1）可控,可观　　　（2）可控,不可观　　　（3）不可控,可观

9.25　可控,不可观

索　引

B

C

D

T

W

X

参 考 书 目

[1] 郑君里,杨为理,应启珩.信号与系统(上、下册)[M].北京:高等教育出版社,1981.

[2] 郑君里,应启珩,杨为理.信号与系统(上、下册)[M].2版.北京:高等教育出版社,2000.

[3] 吴大正,杨林耀,张永瑞.信号与线性系统分析[M].3版.北京:高等教育出版社,1998.

[4] 刘永健.信号与线性系统[M].北京:人民邮电出版社,1985.

[5] Oppenheim A V,et.al.Signals & Systems[M].2nd ed.Prentice-Hall Inc.,1997.

[6] 郑钧.线性系统分析[M].毛培法,译.北京:科学出版社,1978.

[7] Siebert W M.Circuits,Signals,and Systems[M].The MIT Press,McGraw-Hill Book Company,1986.

[8] Lathi B P.Signals,Systems,and Controls[M].Intext Educational Publishers,1974.

[9] Frederick Dean K,Carlson A Bruce.Linear Systems in Communication and Control[M].John Wiley and Sons,Inc.,1971.

[10] Gabel R A,Roberts R A.Signals and Linear Systems[M].3rd ed.John Wiley and Sons,Inc.,1987.

[11] Liu C L,Jane Liu W S.Linear System Analysis[M].McGraw-Hill Inc.,1975.

[12] Lago G,Benningfield L M.Circuit and System Theory[M].John Wiley and Sons,Inc.,1979.

[13] 德陶佐 M L,等.系统、网络与计算:基本概念[M].江缉光等,译.北京:人民教育出版社,1978.

[14] Mason S J and Zimmermann H J.Electronic Circuits,Siganls,and Systems[M].John Wiley and Sons,Inc.,1960.

[15] 拉斯 B P.通信系统[M].路卢正,译.北京:国防工业出版社,1976.

[16] 施瓦茨 M.信息传输、调制和噪声[M].柴振明,译.2版.北京:人民邮电出版社,1979.

[17] Muth E J.Transform Methods with Applications to Engineering and Operations Research[M].Prentice-Hall,Inc.,1977.

[18] Papoulis A.The Fourier Integral and It's Applications[M].McGraw-Hill Book Company,Inc.,1962.

[19] Jury E I.Theory and Application of the Z-Transform Method[M].John Wiley and Sons Inc.,1964.

[20] Kuo F F.Network Analysis and Synthesis[M].John Wiley and Sons,Inc.,1962.

[21] Balabanian N,Bickart T A,Seshu S.Electrical Network Theory[M].John Wiley and Sons,Inc.,1969.

[22] 江泽佳.网络分析的状态变量法[M].北京:人民教育出版社,1978.

[23] W D 斯坦利.数字信号处理[M].常迥,译.北京:科学出版社,1979.

［24］　Cadzow J A.Discrete-Time Systems,Probabilistic Methods of Signal and System Analysis［M］.
Holt,Rinehart and Winston,Inc.,1971.

［25］　Peebles P Z.Probability,Random Variables,and Random Signal Principles［M］.McGraw-Hill,
New York,1980.

［26］　Wong E.Introduction to Random Processes［M］.Dowden & Culver,Inc.,1983.

［27］　帕普里斯 A.电路与系统,模拟与数字新讲法［M］.葛果行等,译.北京:人民邮电出版
社,1983.

［28］　吴镇扬.数字信号处理的原理与实现［M］.南京:东南大学出版社,1997.

郑重声明

高等教育出版社依法对本书享有专有出版权。任何未经许可的复制、销售行为均违反《中华人民共和国著作权法》，其行为人将承担相应的民事责任和行政责任；构成犯罪的，将被依法追究刑事责任。为了维护市场秩序，保护读者的合法权益，避免读者误用盗版书造成不良后果，我社将配合行政执法部门和司法机关对违法犯罪的单位和个人进行严厉打击。社会各界人士如发现上述侵权行为，希望及时举报，我社将奖励举报有功人员。

反盗版举报电话　　(010) 58581999　58582371

反盗版举报邮箱　dd@hep.com.cn

通信地址　北京市西城区德外大街4号　高等教育出版社法律事务部

邮政编码　100120